河南省洁净能源浅层地热能勘察与开发关键技术研究

王现国　王春晖　任军旗　等编著

黄河水利出版社
·郑州·

内 容 提 要

本书主要介绍了浅层地热能研究的目的、任务、内容及方法;重点研究了河南省第四系地质结构特征、水文地质条件、岩土体热物性特征、浅层地温场特征、地层热响应特征等浅层地热能赋存条件;按照地下水源热泵和地埋管地源热泵两种方式,采用热储法和水量折算法计算和评价了河南省浅层地热能资源量与开发利用潜力;利用典型地源热泵工程开展回灌试验和动态监测,研究了地下水动力场、温度场、化学场、微生物等主要地质环境要素变化特征;对地下水源热泵运行中水、热运移过程进行了定量数值模拟,确定了抽、灌井间距适宜范围和最优的抽、灌井组合方案;同时结合监测资料,分析论述了浅层地热能开发利用对地质环境的影响,并提出了综合防治措施。

本书可供从事浅层地热能勘察与开发利用、地温空调系统工程施工与运行工作的管理人员、高等院校相关专业师生、相关专业科研及工程技术人员参考使用。

图书在版编目(CIP)数据

河南省洁净能源浅层地热能勘察与开发关键技术研究/王现国等编著. —郑州:黄河水利出版社,2022.3
ISBN 978-7-5509-3252-4

Ⅰ.①河… Ⅱ.①王… Ⅲ.①地热勘探-研究-河南②地热能-资源开发-研究-河南 Ⅳ.①P314

中国版本图书馆 CIP 数据核字(2022)第 047524 号

组稿编辑:王路平 电话:0371-66022212 E-mail:hhslwlp@163.com
田丽萍 66025553 912810592@qq.com

出 版 社:黄河水利出版社 网址:www.yrcp.com
地址:河南省郑州市顺河路黄委会综合楼 14 层 邮政编码:450003
发行单位:黄河水利出版社
发行部电话:0371-66026940、66020550、66028024、66022620(传真)
E-mail:hhslcbs@126.com
承印单位:广东虎彩云印刷有限公司
开本:787 mm×1 092 mm 1/16
印张:23.25
字数:540 千字 印数:1—1 000
版次:2022 年 3 月第 1 版 印次:2022 年 3 月第 1 次印刷

定价:180.00 元

《河南省洁净能源浅层地热能
勘察与开发关键技术研究》

编委会

序

浅层地热能是地热资源的重要组成部分,属可再生的新型环保能源,也是一种特殊的、各国都在大力探索和发展的新型能源。浅层地热能作为一种能自然补给的绿色能源,逐渐受到世界各国的重视和广泛利用。我国正在逐步将地热能源列为优先开发利用的替代型能源。国民经济和社会发展“十二五”规划纲要指出:要大力发展可再生能源,积极开发利用地热能。要把节约资源作为基本国策,发展循环经济,保护生态环境,加快建设资源节约型、环境友好型社会,促进经济发展与人口、资源、环境相协调。“十三五”规划纲要提出深入推进能源革命,加快发展地热能。2017 年 1 月 23 日,国家发展和改革委、国家能源局、国土资源部联合印发《地热能开发利用“十三五”规划》(发改能源〔2017〕158 号),这是我国第一部国家层面编制的地热能发展规划,其中明确提出,在“十三五”时期,新增浅层地热能供暖(制冷)面积 7 亿 m^2。2020 年 9 月 22 日,国家主席习近平在第七十五届联合国大会上宣布,中国力争 2030 年前实现碳达峰,2060 年前实现碳中和的国家战略发展目标。随着我国能源结构政策的调整和地源热泵技术的逐步提高完善,城镇对浅层地热能需求不断加大,实现我国碳达峰、碳中和战略发展目标要求,浅层地热能必将成为我国今后开发利用中的新型能源,建筑物供暖(或制冷)中,浅层地热能所占的比重也将愈来愈高。

河南省地处华北平原,地域广阔、人口众多,是能源消费大省。河南省对发展中西部经济具有承东启西的重要战略地位,节能减排任务非常繁重,发展低碳经济势在必行。根据以往研究成果,河南省埋深 200 m 以浅的地下水和土壤中的浅层地热能资源量相当于 5 亿 t 标准煤,适用于浅层地热能开发利用的地区面积约占河南省总面积的 67%。全省浅层地热资源具有分布广泛、资源量丰富、可再生性强、开发利用方便等特点,开发利用潜力巨大。因此,开展河南省洁净能源浅层地热能勘察与开发关键技术研究,系统查清河南省浅层地热能的埋藏、分布规律及循环特征,评价浅层地热能开发利用潜力,总结研究河南省浅层地热能勘察方法与技术、可持续开发利用模式,为浅层地热能进一步勘察、科学规划与开发,减少开发风险,提高可再生能源利用能力与水平,取得浅层地热能开发利用最大的社会经济效益和环境效益,促进社会经济可持续发展,具有十分重要的现实意义和长远的战略价值。

该研究成果针对河南省浅层地热能开发利用面临的重大问题和节能减排的迫切需求,通过浅层地热能调查、地球物理勘探、钻探、岩土地热效应试验、水文地质试验、室内试验、动态监测、典型热泵工程运行监测和数值模拟等多手段交叉融合,查明了全省浅层地热能的水源热泵地热条件及土壤源热泵地热条件;构建了典型工程(三门峡、开封、济源)的地下水水热概念模型,采用 FlowHeat(地下水热模拟软件)对典型工程地下水源热泵运行过程中的水、热变化进行了模拟,提出了浅层地热能开发工程方案,为工程运行提供了可靠保障;利用典型水源热泵工程开展回灌试验和动态监测,研究地下水动力场、温度场、化学场、微生物等主要地质环境要素变化特征;首次利用大量室内实验和现场原位热响应试验数据,计算确定了河南省主要岩土体热物性参数,在此基础上计算和评价了全省浅层地热能的资源量;形成了配套、完整的河南省浅层地热能勘察与应用的科研成果,为节能减排、碳达峰和碳中和工作提供了重要科学依据,对河南省乃至全国浅层地热能合理开发利用提供了重要的借鉴和指导。

因此为序,以示欣慰,以表祝贺!

中国工程院院士

2022 年 3 月 19 日

前　言

浅层地热能是一种地球本土的能源，具有储量大、分布广、清洁环保、稳定可靠等特点，是一种现实可行且具有竞争力的清洁能源。加快开发利用地热能对调整我国能源结构、节能减排、改善环境，助力碳达峰、碳中和具有十分重要的意义。在2020年9月的第七十五届联合国大会一般性辩论上，国家主席习近平向全世界表示中国将采取更有力的政策措施，在2030年达到碳达峰，单位国内生产总值二氧化碳排放将比2005年下降60%~65%，2060年前实现碳中和。碳达峰、碳中和是一场广泛而深刻的经济社会系统性变革。根据国家相关统计，我国目前一次能源消费总量约为每年50亿t标准煤，其中煤炭、石油、天然气的占比分别为57.7%、18.9%、8.1%，非碳基能源的占比仅为15.3%。在我国，地热资源丰富，且绿色低碳、稳定可靠，是一种极具发展潜力的优质能源，也是风能、太阳能、水电、地热能、核能五大非碳基能源中名副其实的“优先选项”。如何逐步增加非碳基能源占比，这将是“双碳”目标实现的重要因素。

河南省地处华北平原，地域广阔、人口众多，是能源消费大省。全省浅层地热能资源具有分布广泛、资源量丰富、开发利用方便等特点，做好整体规划、合理开发和有效利用，大力开发利用浅层地热能，对调整能源结构、缓解资源与环境压力、减少二氧化碳排放、促进节能减排战略目标的实现、促进生态文明建设与经济可持续发展等具有重要的战略意义。

河南省水文地质工作，从空白到全面覆盖，水文地质、工程地质、环境地质（简称水工环地质）工作为浅层地热能水文地质勘察与评价和社会经济发展做出了重要贡献，为促进河南省水文地质学科技术发展和进步发挥了重大作用，为地热资源开发和生态环境保护奠定了重要的科学基础。

20世纪50年代末期到60年代中期，河南水工环地质工作主要以1∶20万区域水文地质调查为主，开展了以支援农业抗旱打井和黄淮海平原盐碱土改良为主的水文地质勘察，为这时期工农业经济建设发挥了重要作用。60年代末期到70年代中期，河南省水工环地质工作以农田供水水文地质勘察工作为主；同期，水文地质工作者进入缺水山区，寻找水源，解决了缺水群众的生活用水问题，取得了很好的效果。

70年代末期开始到90年代初期，全省1∶20万区域水文地质普查工作全面完成，城市和工矿供水水文地质勘探得到加强，区域地下水资源评价和地下水试验取得突破，以服务城市建设和重点工程建设为主的水工环地质工作得到重视和快速发展。

以上时期的工作为推进全省浅层地热能开发利用提供了坚实的基础水文地质科学依据。

近30年来，河南省水文地质工作为全省经济社会发展做出了巨大贡献，水文地质科技创新水平显著提高，涌现出了一批在国内外有重要影响的创新成果，河南省郑州市地下水资源研究、河南省灵宝市银家沟硫铁矿矿床水文地质研究荣获河南省科技进步二等奖。

2009~2013年,河南省各地勘单位水文地质工作人员分别完成郑州市、开封市、洛阳市、三门峡市等16个地级市的浅层地热能勘察评价工作,总面积达6 815.15 km^2。这些项目通过浅层地热能勘察、物探、钻探、抽回灌试验、水土样测试、热响应试验等手段,查明了各工作区内的浅层地热场特征、岩土体热物理性质等浅层地热地质条件,并对工作区内不同换热方式进行适宜性分区及开发利用区划。

2013~2015年,河南省地质工程勘察院有限公司、河南省地质矿产勘查开发局第五地质勘查院(原河南省地矿局第三水文地质工程地质队)承担完成了中国地质调查局下达的《河南省主要城市浅层地热能开发区1:5万水文地质调查》,对河南省主要城市(18个地级城市、10个计划单列县级市与郑州航空港区)进行了浅层地热能开发1:5万水文地质勘察与评价,为河南省浅层地热能合理开发利用和保护提供了重要依据。

以上工作成果为推进全省浅层地热能开发利用奠定了坚实的基础,为水文地质专业提供理论及应用技术指导和资料。

本书依托河南省地质矿产勘查开发局于2018年5月批准下达的河南省地矿局重大科技攻关项目"河南省浅层地热能资源综合评价与应用"(豫地矿文〔2018〕11号文),在全面收集利用以往河南省浅层地热能勘察成果和开发利用工程应用实例的基础上,参考大量专家、学者文献进行综合研究、整合而成,研究总结了河南省浅层地热能勘察和开发利用的关键技术,主要目标是紧紧围绕浅层地热能开发过程中具有重大经济社会意义的水文地质问题,充分运用新理论、新方法、新技术对河南省水文地质及浅层地热能勘察评价方面的成果进行再梳理、再研究、再提升,形成反映河南省浅层地热能开发科技创新的系统集成成果,以指导新时期浅层地热能勘察实现重大突破,更好地服务经济社会发展,并为河南省或类似地区的地热能合理开发利用和保护提供专业理论指导和应用技术依据,该研究成果的推广应用或可为实现"2030碳达峰"和"2060碳中和"目标,做出一些新的地质贡献。

本书在撰写过程中,得到了河南省自然资源厅、河南省地质矿产勘查开发局等单位的领导和专家的指导,他们的真知灼见使笔者获益和启发很多,对洁净能源浅层地热能的勘察与开发有了更新和更深刻的认识。书中还参考引用了相关单位和广大水文地质工作者的文献和资料,为本书撰写提供了宝贵的理论、方法和案例支撑。

鉴于编者专业水平所限,书中难免出现不妥甚至错缪之处,敬请同行专家读者批评指正。

借本书出版之际,向老一辈水文地质工作者致敬,感谢他们为河南省水文地质事业的发展所付出的辛勤努力！向各位领导、专家及编撰本书时学习参考、引用的文献资料和成果的作者表示衷心的感谢！同时祝愿新一代水文地质工作者和从事浅层地热能勘察评价开发的同行专业学者不断创新,为推进河南省浅层地热能勘察开发可持续发展做出新贡献！

作 者

2022年3月于郑州

目　录

第一章　绪　论

第一节　研究意义及目标任务

一、研究意义

浅层地热能是一种清洁的、可再生的能源，是国家要求大力探索和发展的新能源。随着我国能源结构政策的调整和地源热泵技术的逐步提高和完善、城市对浅层地热能需求不断加大、实现我国“碳达峰、碳中和”战略发展目标的要求，浅层地热能必将成为我国今后开发利用中的新型能源，建筑物供暖（或制冷）中，浅层地热能所占的比重也将愈来愈高。河南省对发展中西部经济具有承东启西的重要战略地位，节能减排任务非常繁重，发展低碳经济势在必行。开发利用浅层地热能这一可再生的、新型、洁净、环保能源符合国家政策，而河南省具备开发浅层地热能的良好地质条件。因此，开展河南省洁净能源浅层地热能勘察与开发关键技术研究，系统查清河南省浅层地热能的埋藏、分布规律及循环特征，评价浅层地热能开发利用潜力，总结研究河南省浅层地热能勘察方法与技术，可持续开发、利用模式，为浅层地热能进一步勘察，科学规划与开发，减少开发风险，提高可再生能源利用能力与水平，取得浅层地热能开发利用最大的社会效益、经济效益和环境效益，保护生态环境，促进社会、经济可持续发展，提供技术支撑。对促进河南省丰富的浅层地热资源的勘察及合理开发利用，构建资源节约型社会，保证国家资源安全，促进国家节能减排战略目标的实现，具有非常重要的意义，同时对缓解河南省资源与环境压力，促进经济可持续发展，具有十分重要的现实意义。

二、研究目标任务

开展河南省浅层地热能开发区水文地质调查，查明浅层地热能分布特点和赋存条件，评价浅层地热资源量及开发利用潜力，编制浅层地热能开发利用适宜性区划，对典型浅层地热能开发利用工程进行监测，为河南省浅层地热能合理开发利用和保护提供依据。主要任务为：

（1）充分收集和整理以往气象、地质、水文地质和浅层地热能开发利用成果，开展一般研究区区域水文地质补充调查和重点研究区 1∶5万专项水文地质调查，查明 200 m 以浅是第四系水文地质条件和岩土层岩性为主的结构。

（2）开展勘探孔施工、取样、测试、热响应试验以及抽水、回灌试验等工作，取得浅层地热能资源评价与开发利用区划的相关技术参数。

（3）根据地质条件、地下水资源状况，以及换热方式，分别进行地埋管换热方式和地下水换热方式适宜性分区。

(4)开展区域浅层地热能评价,编制浅层地热能合理开发利用区划。

(5)开展典型浅层地热能开发利用示范工程运行监测及水热运行模拟研究。

第二节 研究区范围及研究程度

一、研究区范围

本次研究工作的研究区范围为河南省行政区范围(见图1-1)。河南省位于我国中部黄河中下游,地理坐标:东经110°21′~116°39′,北纬31°23′~36°22′。南北纵跨530 km,东西横亘580 km,总面积16.70万 km^2,约占全国总面积的1.74%,周边与山东、安徽、湖北、陕西、山西和河北6省毗邻。因河南省大部分地区位于黄河之南,故称河南,简称“豫”。

河南交通发达,陇海、京广、焦枝、京九四条铁路干线贯通全境,并分别交会于郑州、洛阳、商丘;太新、新兖、漯阜铁路分别交会于新乡、漯河,已开工的宁西铁路交会于南阳、信阳、潢川,铁路在境内已连成网络,为全国重要的交通枢纽。全省公路四通八达,安阳至新乡、郑州至漯河、开封至洛阳高速公路已建成通车,洛阳至三门峡、开封至商丘、漯河至驻马店高速公路建成通车,全省实现了乡乡通公路,有14个县实现了村村通柏油路。以郑州为转运站的航空运输有40余条国内航线。内河航运不甚发达,目前只有淮河、黄河、唐河、白河、丹江及沙颍河、洪河等部分河段可通航。

本次工作重点研究区为18个省辖市规划区及郑州航空港经济综合实验区。河南省辖18个地级城市,分别为郑州、洛阳、开封、新乡、许昌、漯河、周口、安阳、濮阳、焦作、南阳、平顶山、驻马店、信阳、三门峡、商丘、鹤壁、济源,没有计划单列市。除地级城市外,2013年,国务院批准成立了郑州航空港经济综合实验区,批准规划面积415 km^2。这是我国首个也是现今唯一的国家级航空港经济综合实验区,国务院将郑州定位为国际航空物流中心、国际化陆港城市,努力将郑州建设为引领中原、服务全国、连通世界的国际化航空大都市。重点研究区面积合计为8 350.13 km^2(见表1-1)。

二、以往工作研究程度

20世纪80年代以来,有关部门在研究区开展了大量的水文地质、工程地质、环境地质等工作,取得了大量资料和成果,为本次研究工作奠定了基础。前人工作成果如下。

(一)以往区域基础地质工作

20世纪60年代河南省地矿局编制了河南省1∶50万基岩地质图;1986年河南省水文地质一队完成了《河南平原第四纪地质研究报告》;1992年河南省区测队编制了《1∶50万河南省区域地质志》;河南省地质调查院完成的《淮河流域(河南段)环境地质调查报告》,地质矿产局第三水文地质工程地质队完成的《河南省地裂缝与地面沉陷调查研究报告》《河南省环境地质调查报告》《河南省工程地质图及说明书(1∶50万)》,这些成果为认识本区的区域地质条件、区域地质构造及地层岩性特征、第四纪对比划分等方面提供了翔实的基础资料。

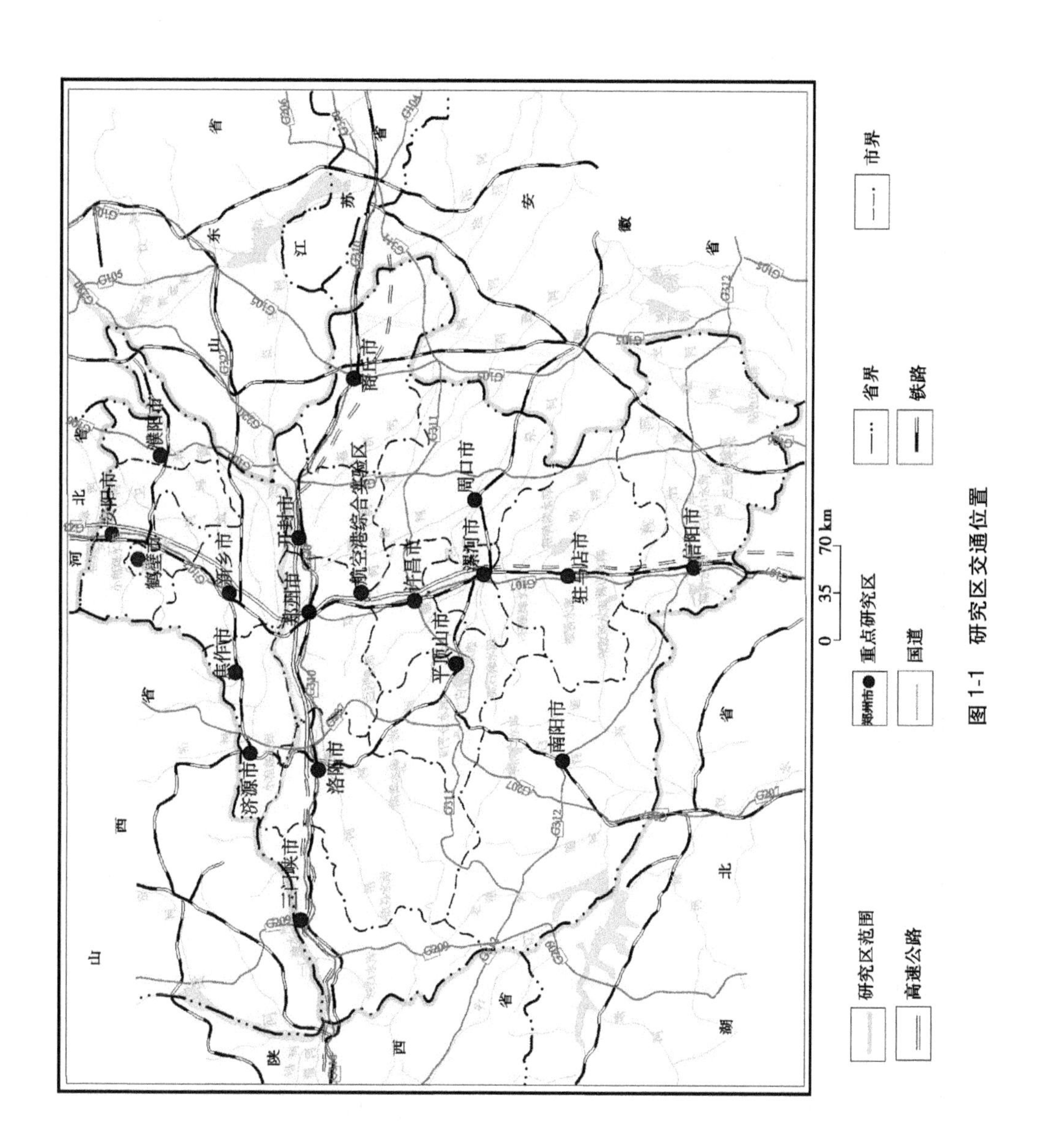

安阳市
濮阳市
鹤壁市
新乡市
焦作市
济源市
郑州市
开封市
商丘市
航空港综合实验区
许昌市
漯河市
周口市
驻马店市
信阳市
平顶山市
洛阳市
三门峡市
南阳市
河北省
山东省
江苏省
安徽省
湖北省
陕西省
山西省
0 35 70 km
研究区范围
高速公路
重点研究区
国道
省界
铁路
市界

图 1-1 研究区交通位置

表 1-1 重点研究区面积一览表

重点研究区	研究区面积/km^2
郑州市	1 068.6
洛阳市	915.5
周口市	440.0
驻马店市	360.0
焦作市	240.0
新乡市	471.61
濮阳市	476.44
开封市	554.74
鹤壁市	137.49
济源市	336.47
商丘市	316.0
南阳市	440.0
安阳市	600.0
漯河市	544.0
三门峡市	117.54
郑州航空港综合实验区	415.0
许昌市	379.55
平顶山市	414.72
信阳市	122.47
合计	8 350.13

2006年开展了河南省国土资源厅两权价款科研项目——"河南省中原城市群城市地质调查"项目,该项目运用高精度遥感解译、环境地质调查、工程地质调查、地面物探和钻探、抽水试验、测试以及三维可视化等方法和手段,对城市地质环境、地质灾害、存在的主要环境地质问题、资源分布、开发利用及对环境的影响进行了调查,对城市环境地质现状与脆弱性、土地适宜性等进行了总体评价,提出了土地利用和资源开发规划以及生态环境修复与改善意见。

(二)水文地质工作

河南省水文地质工作起步于20世纪50年代末。1957~1960年开展了大别山北麓地质-水文地质综合调查(1:20万)和豫东、豫东南平原区综合性水文地质测绘工作(1:20万),填补了河南省水文地质工作的空白。

1. 区域水文地质普查

20 世纪 70 年代中后期,相继开展了“国际分幅 1:20 万水文地质普查”工作,至 1993 年底,全省 1:20 万水文地质普查工作全部结束,共完成 20 个图幅,19 份区域水文地质普查报告。该项工作对全省的区域水文地质条件进行了全面、系统的分析研究,取得了丰富的水文地质资料和成果。

2011~2013 年,同时开展了河南省粮食核心区国际分幅 1:10 万水文地质调查工作,共完成焦作、扶沟、新乡、许昌、柘城和南阳 6 个图幅的水文地质调查报告。

2. 区域地下水资源评价

20 世纪 70 年代,随着开采地下水规模的日益扩大,加强了区域地下水资源评价工作。1972 年编制了第一代 1:50 万河南省水文地质图。1978 年编制了第二代 1:50 万河南省水文地质图。1982~1984 年,开展了黄淮海平原(河南部分)及太行山东侧地下水资源评价及编图工作。河南省地矿局 2001 年编制了第三代 1:50 万河南省水文地质图。

3. 城市供水水文地质勘察与地下水水源地勘察

20 世纪 70 年代末至 90 年代初,相继开展了以城市(镇)及能源基地供水为目的的供水水文地质勘察与水源地勘察工作。此类工作在区内主要包括郑州市、开封市、新乡市、焦作市、濮阳市、济源市、安阳市、许昌市、漯河市、周口市、驻马店市等城市。2009~2011 年开展了河南省沿黄城市后备地下水水源地勘察,在沿黄地带预测 13 个远景水源地,其允许开采量达 165 万 m^3/d。为中原经济区沿黄城市提交了 10 处可供进一步勘察开发的大型、特大型城市后备地下水水源地。

4. 农田供水水文地质勘察

河南省农田供水水文地质勘察工作自 20 世纪 60 年代相继展开,于 80 年代初结束,研究区域主要为农业区,区内主要项目有周口地区农田供水水文地质勘察(1:10 万)、许昌地区北部农田供水水文地质勘察(1:10 万)、开封地区东部农田供水水文地质勘察(1:10 万)、新乡地区东段农田供水水文地质勘察(1:10 万)等。

5. 区域地下水污染调查评价

2010 年,河南省地质矿产勘查开发局第五地质调查察院和河南省地质调查院一起提交了《河南平原地区地下水污染调查评价(淮河流域)》和《河南地下水污染调查评价(华北平原)》,系统全面地对地下水质量和污染状况进行调查评价工作,同时对地下水、地表水进行了样品采集与分析,查明了污染源分布状况、地下水和地表水水质现状及污染程度;了解了地下水污染基本特征;对浅层地下水污染程度和水质质量进行了评价。

(三)浅层地热能工作开展情况

2007 年开展的河南省国土资源厅两权价款科研项目“重点城市浅层地热能评价与开发利用研究”,通过水文地质调查,水位、水温统测,抽水试验,注水试验等手段,结合现有的水文地质钻孔和浅层地热能利用工程调研,对浅层地热能的赋存条件进行了总结,初步研究了浅层地热能的分布、赋存特征;通过水温、水位测量,初步了解了浅层地温场特征,划分了地下水源热泵适宜区并进行了资源量评价。

河南省地质调查院于 2009 年完成了“河南省重点城市浅层地热能评价与开发利用研究”项目,工作范围包括郑州、开封、新乡、许昌、漯河、周口、安阳、濮阳、焦作、洛阳、南阳

11 个重点城市的城市建成区及规划区,面积约 5 000 km^2。研究过程中根据社会发展状况,调整研究区面积为 2020 年规划区面积。该项目通过水文地质调查,水位、水温统测,抽水试验,注水试验等手段,结合现有的水文地质钻孔和浅层地热能利用工程调研,对研究区浅层地热能的赋存条件进行了总结,初步研究了区内浅层地热能的分布、赋存特征;通过水温、水位测量,初步了解了浅层地温场特征;通过抽灌试验对部分地段含水层回灌能力进行了研究,并建立了典型地段地下水源热泵工程的热运移模型。

2010 年 2 月,赵云章、闫震鹏、刘新号等编写了《河南省城市浅层地热能》一书,此书在"河南省重点城市地温能资源评价与开发利用研究"成果的基础之上,又补充了鹤壁、济源、三门峡、商丘、平顶山、驻马店、信阳等 7 个城市及地埋管热泵系统应用适宜性评价与区划研究内容,使得成果的应用性更加规范和全面。研究区域总面积为 8 607. 14 km^2。该专著介绍了国内外热泵技术尤其是地源热泵技术和浅层地热能开发利用方面的研究现状及发展趋势,初步研究了河南省 18 个城市的浅层地热能埋藏分布规律及循环特征,并对浅层地热能采集与回灌技术进行研究。采用不同评价方法,计算浅层地热能储存量和可采资源量;根据浅层地热资源现状开采量与可采资源量,计算开采潜力;在以上研究的基础上,对 18 个城市进行浅层地热能开发利用适宜性分区;根据开发利用技术条件,确定浅层地热能开发利用方式。这为本次工作提供了技术与方法上的支持。

2011~2013 年,河南省各地质勘查单位分别完成郑州、开封、鹤壁、安阳等 16 地市的浅层地热能调查评价工作。这些项目通过浅层地热能调查,地下水水位、水温统调,物探,钻探,抽回灌试验,水土采样测试,土温测试,热响应试验等手段,在各个市区浅层地热能调查评价报告中均已查明研究区内的含水层岩性、厚度、富水性等水文地质条件及浅层地温场特征、第四系松散层岩土体热物理性质等浅层地热地质条件,查明了各研究区内浅层地热能的现状及存在问题,并对研究区内不同换热方式进行适宜性分区,评价区内浅层地热能资源量,进行了浅层地热能开发利用区划。

2015 年,河南省地质矿产勘查开发局第五地质勘查院完成的河南省主要城市浅层地温能开发区 1:5万水文地质调查项目,重点研究区为郑州航空港综合实验区、平顶山、信阳和许昌,调查面积为 1 200 km^2。通过浅层地热能调查,地下水水位、水温统调,物探,钻探,抽回灌试验,水土采样测试,土温测试,热响应试验等手段,查明研究区内的含水层岩性、厚度、富水性等水文地质条件及浅层地温场特征、第四系松散层岩土体热物理性质等浅层地温地质条件,查明了各研究区内浅层地热能的现状及存在问题,并对研究区内不同换热方式进行适宜性分区,评价了区内浅层地热能资源量,进行了浅层地热能开发利用区划。

2019~2020 年,河南省地质矿产勘查开发局第五地质勘查院、河南省水文地质应用工程技术研究中心分别完成了"郑东新区浅层地温能回灌试验研究与示范工程"和"基于地下水地源热泵技术浅层地热能开发的地质环境影响研究"等研究项目,结合郑州东区地质科技园浅层地热能热泵系统工程运行,开展了回灌系统试验研究与技术改造、试验监测系统设计安装与长期监测等工作,分析研究了浅层地热能空调井运行对地下水地质环境的影响。

这些成果是本次研究工作的基础,为本次研究工作提供了强有力的技术支撑(见表 1-2)。

表 1-2 河南省浅层地热能调查评价研究成果一览表

编号	成果名称	工作面积/km^2	完成时间	说明
1	河南省重点城市浅层地热能评价与开发利用研究	5 000	2009 年	
2	河南省城市浅层地热能	8 607.14	2010 年	专著
3	郑汴新区浅层地热能开发利用及示范工程综合实验研究	2 127	2012 年	科研成果
4	郑州市浅层地热能调查评价	1 068.6	2013 年	中国地调局项目
5	河南省主要城市浅层地热能开发区 1:5万水文地质调查	8 000.28	2015 年	
6	开封市城区浅层地热能调查评价	554.74	2011 年	河南省两权价款项目
7	河南省安阳市浅层地热能调查评价	500	2013 年	
8	河南省济源市浅层地热能勘查与区划	300	2013 年	
9	焦作市浅层地热能调查评价	240	2013 年	
10	漯河市区浅层地热能调查评价	544	2013 年	
11	周口市区浅层地热能调查评价	440	2013 年	
12	驻马店市区浅层地热能调查评价	360	2013 年	
13	南阳市城市规划区浅层地热能调查评价	440	2013 年	
14	河南省濮阳市重点经济区浅层地热能勘查评价	450	2013 年	
15	三门峡市浅层地热能调查评价	117.54	2010 年	
16	洛阳市浅层地热能调查评价	773.92	2011 年	
17	商丘市城区浅层地热能调查评价	316	2013 年	
18	新乡市浅层地热能勘查评价	400.06	2013 年	
19	鹤壁市浅层地热能调查评价	130.29	2012 年	
20	许昌市浅层地热能区域性初步调查	180	2010 年	许昌市财政项目
21	郑东新区浅层地温能回灌试验研究与示范工程		2019 年	科研成果
22	基于地下水地源热泵技术浅层地热能开发的地质环境影响研究		2020 年	科研成果

第三节　国内外研究现状

一、国外研究现状及发展趋势

(一)早期发展阶段

浅层地热能的研究与开发利用是随着热泵技术的研究与开发而兴起的。早在1824年法国物理学家卡诺奠定了热泵理论基础,之后英国的物理学家焦耳论证了改变气体的压力引起温度变化的原理。英国勋爵汤姆逊教授首先提出了“热量倍增器”可以供暖的设想。1912年,瑞士的苏黎世已成功安装了一套以河水作为低品位热源的热泵设备用于供暖,并以此申报专利,这就是早期的水源热泵系统,也是世界上第一个水源热泵系统。

在此之后的几十年,地源热泵基本处于实验研究阶段,并先后有地表水源热泵、地下水源热泵、土壤源热泵系统的问世与发展。到1940年美国已安装了15台大型商用热泵,其中大部分以井水为热源。1937年日本在大型办公楼内安装2台194 kW压缩机带有蓄热箱的地下水热泵系统,其性能系数达4.4。至20世纪40~50年代,美国应用的主要是地下水地源热泵。

1941年第二次世界大战爆发后,影响和中断了空调供暖用热泵技术的研究和发展。二战结束后,热泵技术研究及应用逐步恢复,至1950年美国已有20个厂商和10余所大学研究单位从事热泵开发研究,当时拥有600台热泵中,50%用于房屋供暖。地埋管式地源热泵技术初始于美、英两国。1950年前后,两国开始使用地埋管吸收地热作为热源为家用房屋供暖的小型土壤热泵。1957年,美国军用基地住房大量采用热泵供暖代替燃气供热方案。1963年年产量增加到7.6万套。至20世纪60年代初,美国安装的热泵机组已达近8万台。

(二)迅速发展阶段

20世纪70年代,世界石油危机的出现,引起人们对地下水源热泵的关注与兴趣,又开始大量安装与使用地下水源热泵,热泵工业进入了黄金时期。

热泵真正意义的商业应用也只有近20年的历史。20世纪90年代后,随着环保要求的进一步提高,美国地下水源热泵系统的应用一直呈上升趋势。美国能源信息部的调查表明:美国地下水源热泵的生产量从1994年的5 924台上升到1997年的9 724台。1998年美国商业建筑中地源热泵系统已占空调总保有量的19%,其中在新建筑中占30%。目前,每年大约有5万套地源热泵在安装。

欧洲一些国家由于采取积极的财政补贴、减税、优惠电价和广告宣传等促进政策,热泵市场得到快速发展。1997年欧洲发展基金会重新提出热泵发展计划。到2000年,欧洲用于供热、热水供应的热泵总数约为46.7万台,其中地下水源热泵约占11.75%。与美国的热泵发展有所不同,中、北欧如瑞典、瑞士、奥地利、德国等国家主要利用浅部地热资源,地下土壤埋盘管的地源热泵,用于室内地板辐射供暖及提供生活热水。据1999年统计,在家用的供热装置中,地源热泵所占比例,瑞士为96%,奥地利为38%,丹麦为27%。

(三)发展趋势

浅层地热能是宝贵的新型能源,与风能、太阳能等非人力控制的自然资源相比,浅层地热能是一种在开采利用时间上,可人为控制使用的可再生能源,是集热、矿、水为一体,具有洁净、廉价、用途广泛的新能源。开发利用浅层地热能可以降低常规能源消耗,减少环境污染,尤其是大气污染,又可以在发展某些相关产业经济与提高人们生活质量方面发挥作用,具有显著的环境效益及商业价值。因此,引起了各国对其开发利用的重视。特别是 1973 年世界能源危机以来,浅层地热能的勘察与开发利用正在迅速向深度和广度发展。

近年来,各国浅层地热能的开发利用规模和发展速度都在快速增长。美国和加拿大的一些大学和研究机构,对于土壤源热泵进行了较深入的试验研究,取得了一些重要数据。美国能源部(DOE)、美国环保局(EPA)及爱迪生电器学会(EEI)、国家农业电力合作公司等组成一家政府参与的工业设施国际集团,推广热泵供暖系统。目前从国外发展趋势看,开发利用浅层地热能,将是地热资源开发利用的主流和方向。

(四)地下水热运移数值模拟研究进展

地下水源热泵运行后,回灌井注入含水层的冷热能会在对流和热传导的作用下向抽水井运移,从而对地下水温度场产生影响,因此有必要对地下水热运移过程进行深入研究。数值模拟方法以其高效性、便捷性和灵活性等众多优势,逐渐成为研究这一问题的有效工具。

国外对于专门针对水源热泵的地下水热运移也进行了一定的模拟研究。为了确定开采井群和回灌井群之间的合理布局,Paksoy 应用 CONFLOW 程序,对含水层采能过程中热锋面的运移特征进行了定量模拟研究。通过限定开采井和回灌井的水位变幅,同时确保不出现热突破,最终确定上述约束条件下开采井群和回灌井群之间的最小距离。Tenma 建立了一个理想的对井模型,利用 FEHM 软件对不同的开采与回灌量、水井滤管长度与位置和运行周期情况进行定量对比模拟。研究结果表明,前两个因素是控制模型温度变化幅度的主要影响因素。

二、国内研究现状及发展趋势

(一)早期热泵的应用与起步阶段(1949~1966 年)

相对世界热泵的发展,我国热泵的研究工作起步晚 20~30 年。20 世纪 50 年代天津大学热能研究所吕灿仁教授就开展了我国热泵的最早研究,1956 年吕教授的《热泵及其在我国应用的前途》一文是我国热泵研究现存的最早文献。

我国早期热泵经历了 17 年的发展历程,度过了一段漫长的起步发展阶段。其特点可归纳为:第一,对新中国而言,起步较早,起点高,某些研究具有世界先进水平。第二,由于受当时工业基础薄弱、能源结构与价格的特殊性等因素的影响,热泵空调在我国的应用与发展始终很缓慢。第三,在学习外国基础上走创新之路,为我国今后热泵研究工作的开展指明了方向。

(二)热泵应用与发展的停滞期(1966~1977 年)

这一时期正处于"十年动乱"期间,在此期间热泵的应用与发展基本处于停滞状态。期间没有一篇有关热泵方面的学术论文发表和正式出版过有关热泵的译作、著作等;国内没有举办过一次有关热泵的学术研讨会,也没有派人参加过任何一次国际热泵学术会议,与世隔绝十余年。只有原哈尔滨建筑工程学院徐邦裕、吴元炜领导科研小组在 1966~

1969 年期间，坚持了 LHR20 热泵机组的研制收尾工作，于 1969 年通过技术鉴定，这是当时全国唯一的一项热泵科研工作。

（三）热泵应用发展的复苏与兴旺期（1978～1999 年）

1978～1988 年，我国热泵应用与发展进入全面复苏阶段。这期间，为了充分了解国外热泵发展的现状与进展，大量出版有关著作，国内刊物积极刊登有关热泵的译文，对国外热泵产品进行测试与分析，积极参加国际学术交流。同时，一些国外知名热泵生产厂家开始来中国投资建厂。

1989～1999 年，我国热泵又迎来了新的发展历程。在我国应用的热泵形式开始多样化，有空气/空气热泵、空气/水热泵、水/空气热泵和水/水热泵等。土壤耦合热泵的研究已成为国内暖通空调界的热门研究话题。国内的研究方向和内容主要集中在地下埋管换热器，在国外技术的基础上有所创新。

1978～1999 年，中国制冷学会第二专业委员会主办过 9 届"全国余热制冷与热泵技术学术会议"。1988 年中国科学院广州能源研究所主办了"热泵在我国应用与发展问题专家研讨会"。自 20 世纪 90 年代起，中国建筑学会暖通空调委员会、中国制冷学会主办全国暖通空调制冷学术年会上专门增设"热泵"专题交流。

1988 年，由中国建筑工业出版社出版了徐邦裕教授等编写的《热泵》教材。机械工业出版社 1993 年出版了郁永章教授主编的《热泵原理与应用》，1997 年出版了蒋能照教授主编的《空调用热泵技术及应用》，1998 年出版了郑祖义博士著的《热泵技术在空调中的应用》。1994 年，由华中理工大学出版社出版了郑祖义著的《热泵空调系统的设计与创新》。1989～1999 年，正式发表有关热泵方面论文 270 篇，热泵专利总数 161 项，而发明专利 77 项。这些教材、著作、译著、论文的出版，专利技术的应用，推动了热泵技术在我国的普及与推广。

（四）热泵技术的飞速发展时期

进入 21 世纪后，由于城市化进程的加快，人均 GDP 的增长拉动了中国空调市场的发展，促进了热泵在我国的应用越来越广泛，热泵的发展十分迅速，热泵技术的研究不断创新。热泵的应用、研究空前活跃，硕果累累。2000～2003 年 4 年间，专利总数 287 项，是 1989～1999 年专利平均数的 4.9 倍。这期间发明专利共 119 项，是 1989～1999 年发明专利平均数的 4.25 倍。4 年间热泵文献数量剧增。全国各省市几乎都有应用热泵技术的工程实例。热泵技术研究更加活跃，创新性成果累累。在短短的几年中有 3 项世界领先的创新性成果问世，包括：同井回灌热泵系统、土壤蓄冷与土壤耦合热泵集成系统、供寒冷地区应用的双级耦合热泵系统。

（五）地源热泵的应用与研究

目前，我国浅层地热能的开发利用研究发展很快，经过二十几年的研究和开发，热泵技术在我国已取得了很大进步，尤其是地源热泵技术发展迅速。已经初步建立了各类地下水源热泵系统的水源井施工技术和技术要求，井群设计和计算方法、水质评价和处理方法、环境评价方法等。

截至 2019 年底，我国浅层地热能建筑应用面积约 8.41 亿 m^2，位居世界第一。我国浅层地能应用已遍及北京、上海、天津、河北、河南、山西、四川、湖南、西藏、新疆等地。应用的建筑类型包括宾馆、住宅、商场、写字楼、学校、体育场馆、医院、展览馆、军队营房、别墅、厂房等,应用前景广阔。

辛长征等利用美国地质调查局编写的 HST3D 程序,对一典型双井承压含水层的速度场和温度场进行了全年运行模拟,由于程序的限制,模拟时采用全年固定流量和固定温度的办法。周健伟等利用基于 HST3D 的 Flowheat 程序对武汉市某地下水源热泵系统进行了模拟,并对布井方式和抽灌组合的合理性进行了分析。张昆峰等模拟了大口径井水源热泵的冬季运行工况,结果表明大口径井中的井水流动为均匀下降。

(六)浅层地热能的开发利用与发展趋势

浅层地热能的开发利用涉及城市能源结构、环境保护和提高人民生活质量的重大课题。特别是浅层地下水源热泵和土壤源热泵的可再生能量采集系统是解决上述重大课题的关键,它的能量采集基本不受使用地域和气候的影响。浅层地热能作为建筑物的冷热源初始采集更具有推广价值。

浅层地热能的开发利用不仅受到学术界和企业界关注,也使政府更加重视。国家能源局、自然资源部、中国地质调查局等部门多次召开浅层地热能勘察开发经验交流会、技术研讨会,并编制出台浅层地热能勘察评价规范,做到了浅层地热能勘察开发有标准可依。近年来,随着国家加大建设"资源节约型、环境友好型"社会的力度,实现节能减排目标,国家从中央财政安排专项资金用于支持可再生能源建筑应用示范和推广,财政部、住房和城乡建设部已批准下达三批包括浅层地热能利用的可再生能源建筑应用示范推广项目。各地也相继开展支持开发利用浅层地热能项目。

进入 21 世纪,伴随着中国经济的迅速发展,人们对生活品质和舒适性的要求不断提高。城市能源结构的改变,建筑市场的巨大,为浅层地热能开发利用技术的推广创造了前所未有的机遇。国内在热泵理论研究、试验研究、产品开发、工程项目的应用诸方面都取得了可喜的成果。

目前,我国已经建立了比较完善的开发利用浅层地热能的工程技术、机械设备、监测和控制系统,但回灌技术中的水质控制和回灌对储层及用水管的影响评价,堵塞井的处理技术,对井群采灌系统温度场、化学场和压力场的模拟计算方法,参数采集方法等尚在研究之中。

第四节 主要研究内容与方法

一、主要研究内容

本次研究工作主要包括以下内容:

(1)浅层地热能赋存条件和开发利用现状研究。

(2)浅层地热能开发利用适宜性分区评价与区划研究。

(3)浅层地热能资源量与开发利用潜力评价研究。

(4)地下水源热泵运行过程中的水、热变化模拟研究。

(5)浅层地热能开发利用对地质环境的影响与综合防治研究。

二、研究方法

本次采用的研究方法主要包括:资料收集与整理,浅层地热能调查,地球物理测量,钻探,试验,水(土)样品采集与测试,钻孔抽水回灌、现场热响应试验。具体如下:

(1)通过资料收集分析、水文地质调查、浅层地热能调查、统测、动态监测及试验测试等工作,查明河南省浅层地热能分布特点及赋存条件。通过钻探、试验测试、综合研究等工作,研究含水层出水能力与回灌能力,研究土体物理力学指标与热物性参数,为浅层地热能资源量计算提供依据。

(2)通过综合研究,对河南省浅层地热能开发利用适宜性进行分区,计算河南省浅层地热能资源量,评价其开发潜力,进行浅层地热能开发利用区划。

(3)对典型浅层地热能开发利用工程运行进行长期监测,包括对回灌系统的水量、水位、水质、水温进行监测,对室内温度、空调系统用电量等进行监测。

(4)构建典型工程地下水水热概念模型,采用 FlowHeat(地下水热模拟软件)对典型工程地下水源热泵运行过程中的水、热变化进行模拟研究。

(一)资料收集与整理

收集了区域地质、水文地质、气象、水文、浅层地热能资源利用、已有浅层地热能调查评价成果、钻孔资料、现场试验成果、水土样品测试成果等各类资料。在此基础上,对比本次工作技术要求分析研究已有成果的可利用程度,是否满足本次工作需要,特别是浅层地热能适宜性分区和资源评价方法是否满足本次技术要求,对于不规范和与本次工作要求不一致的进行二次开发,按要求统一整理。

(二)浅层地热能调查

浅层地热能调查包括 1:5万水文地质调查(见图 1-2、图 1-3)和浅层地热能开发利用现状调查(图 1-4、图 1-5)。包括:工程占地面积,应用建筑面积,抽、回水井数量,井间距,抽水量与地下水温,回水量与回灌水温,运行期间地下水动态变化,运行效果等;对研究区浅层地温场特征进行了调查。调查所需仪器设备均及时检测校正并做好校正记录,调查工作均按设计要求执行。

图 1-2　水文地质调查

图 1-3　地下水位统测

图 1-4　浅层地热能开发利用现状调查

图 1-5　地温空调系统运行情况调查

(三)物探

1. 视电阻率垂向电测深

物探工作主要布置在信阳市区,不仅能补充水文地质钻探工作薄弱区,还具有良好的解译效果。物探方法选择视电阻率垂向电测深,仪器选用 JD-2 型自控电位仪(见图 1-6)。野外定点用 GPS 卫星定位仪结合 1∶5万地形图定点。野外工作严格按照《直流电法工作规范》要求执行。每天出工前均对仪器、线架及电池进行漏电检查。对不极化电极进行极差测定。保证一次场电压大于 10 mV,供电电源采用铅酸蓄电池组,最大供电电压 280 V。随着极距的增加,增多供电电极,减少接电电阻来增大供电电流。一次场电压较小时,可进行多次重复读数来压制干扰。

2. 物探测井

钻孔终孔后(下管前)及时进行物探测井工作,测井项目主要测自然电位、视电阻率、井径、井斜、地温等五项参数,并现场解译,与钻孔岩芯编录结果进行对比,发现问题及时处理(见图 1-7)。

图 1-6　视电阻率垂向电测深

图 1-7　ZD2 物探测井

3. 地温测量

采用 HW-3 型深水测温仪,在施工的 13 眼地下水换热孔中进行地温测量,测量精度读到 0.1 ℃。30 m 以上每米测量一次,30 m 以下每隔 2~3 m 测量一次,夏季和冬季各测量一次,共测量两次,地温测量共计 1 517 点次。在施工的 10 眼地埋管中进行了冬季的地温测量,共计 704 点次。地温测量点合计 2 221 点次(见图 1-8、图 1-9)。

图 1-8　PS3 冬季地温测量

图 1-9　PS1 夏季地温测量

(四)钻探

钻探工作包括水文地质钻探及浅层地热钻探,其中水文地质钻探即地下水换热孔 13 眼,浅层地热钻探即地埋管换热孔 10 眼。

地下水换热孔施工时采用反循环清水钻进工艺,井深 80~150 m。反循环施工采用泵吸反循环 SPJ-150 钻机回转钻进,终孔并完成物探测井后,扩孔至 550 mm 成井,然后进行抽水试验。钻孔施工工艺要求严格按《水文水井地质钻探规程》(DZ/T 0148—2014)标准施工。洗井采用空压机洗井(见图 1-10~图 1-13)。

浅层地热钻探即地埋管换热孔采用 XY-2 岩芯钻机回转钻进施工,终孔孔径 φ 150 mm,孔深 30~200 m,泥浆护壁,全孔采芯。钻孔施工按《岩土工程勘察规范》(GB 50021—2001)施工。岩芯取样、岩芯编录符合规范要求。成孔后,下管严格按成孔钻进→取样、测井→管材、耗材准备→一次打压试验→下管→管口封堵保护→回填→二次打压试验→凉井的顺序执行。打压试验按《浅层地热能勘查评价规范》(DZ/T 0225—2009)打压试验要求执行(见图 1-14~图 1-19)。

图 1-10　管材

图 1-11　反循环施工钻进

图 1-12　PS1 施工钻进

图 1-13　PS4 下管

图 1-14　ZD1 施工

图 1-15　ZD2 下管

图 1-16　ZD2 打压试验

图 1-17　ZD4 下管

（五）水土样品采集与测试

根据野外调查结果选取不同地貌单元、不同深度的机民井、地温空调井及施工的 13 眼地下水换热孔分别进行采样，水样采集前进行不少于 2 h 的抽水，以采集到新鲜水样。点位采用 GPS 定点，样品的采集、保存、送检测试均满足设计和相关规范要求（见图 1-18）。

地埋管换热孔中采取岩土体原状样。取样工具采用薄壁取土器，采样要求参照《岩土工程勘察规范》（GB 50021—2001）执行（见图 1-19）。

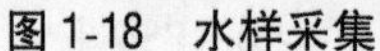

图 1-18　水样采集

图 1-19　岩样

采样过程严格按照设计要求进行。项目所取水、土样品分别由国家资质认证的河南省地质工程勘察院分析测试,并取 5%样品送至河南省地质环境监测院检测中心作为外检样,保证了试验成果的质量。

(六)钻孔抽水、回灌试验

1. 抽水试验

对施工的地下水换热孔进行了抽水试验。抽水延续时间 32~48 h,采用水表计量水量,抽水结束后进行了水位恢复观测,试验前对测线及水表、水位计等进行检查校核,试验精度满足设计要求。通过抽水试验求取了含水层渗透系数等,了解了含水层富水性,分析确定了适宜的抽水量与井间距(见图 1-20)。

2. 回灌试验

对施工的地下水换热孔进行了回灌试验。回灌试验采用自流方式回灌,回灌时保持回灌井内水位稳定。试验过程符合规范与设计要求。通过回灌试验初步确定了抽水井与回灌井数量比(见图 1-21)。

图 1-20　ZS1 抽水试验

图 1-21　ZS2 回灌水试验

(七)现场热响应试验

现场测试是测岩土体的综合导热系数,使用经过中国地调局认证的北京华清荣昊公司生产的 CR-24T/3 车载式热响应测试仪进行。本次试验进行了 10 组现场换热试验,80~100 m 的地埋管换热孔进行两次不同负荷的热响应试验。工作质量满足《浅层地热能勘查评价规范》(DZ/T 0225—2009)及设计要求(见图1-22、图1-23)。通过热响应试验,取得了地层热物性参数,为地埋管地源热泵系统的适宜性分区和资源量计算提供地层参数。

图1-22　车载式热响应测试仪

图1-23　现场热响应试验

第五节　完成的主要实物工作量

本次工作完成区域水文地质补充调查面积16.70万km^2,重点研究区1∶5万专项水文地质调查面积8 350.13 km^2,地埋管换热孔71个,总进尺9 677.05 m,地下水换热孔104个,总进尺13 775.5 m,现场热响应试验共进行了58组,抽水试验146组,回灌试验95组,热物性试验3 199组,水质分析1 055组,地温测量9 550点次。

完成主要实物工作量(含收集)见表1-3。

表1-3　实物工作量(含收集)情况一览表

重点研究区	地埋管/个	地埋管总进尺/m	地下水孔/m	地下水孔总进尺/m	抽水试验/组	回灌试验/组	现场热响应试验/组	水质分析/组	热物性试验/组	地温测量/点次
郑州	10	1 183	17	2 551.5	17	17	10	404	625	2 381
驻马店	4	600	2	350	2	2	4	47	65	915
三门峡	6	815.9	7	1 050	4	4		11	6	452
焦作	2	400.45	6	800	6	6	2	30	60	145
新乡	2	400	4	800	4	4	2	20	80	200
濮阳	2	200	4	827	4	4	2	30	75	826
洛阳	4	495.1	7	670.5	4	4		38	30	
开封	3	280	16	1 720	3	3	3	33	366	478
安阳	4	601.5	7	826.5	5	5	2	30	202	

续表 1-3

重点研究区	地埋管/个	地埋管总进尺/m	地下水孔/m	地下水孔总进尺/m	抽水试验/组	回灌试验/组	现场热响应试验/组	水质分析/组	热物性试验/组	地温测量/点次
商丘	2	400	7	810	3	3	2	32	300	390
周口	4	600. 1	3	450	3	3	4	45	102	460
鹤壁	3	600	4	800	2	2	2	20	300	
南阳	3	580	2	330	8	2	3	46	71	
济源	4	340	3	320	54	18	4	51	50	664
漯河	4	601	3	450	15	6	4	44	65	518
航空港	4	460	4	400	4	4	4	64	465	871
平顶山	3	230	4	320	4	4	3	47	235	520
信阳市	3	90	2	100	2	2	3	33	102	195
许昌市	4	800	2	200	2	2	4	30		535
合计	71	9 677. 05	104	13 775. 5	146	95	58	1 055	3 199	9 550

第二章　自然地理概况与区域地质背景

第一节　气象水文

一、气象

河南省处于暖温带和亚热带气候过渡地区,气候具有明显的过渡性特征。以秦岭至淮河一线为界,以南的信阳、南阳属亚热带湿润半湿润季风气候区,以北的城市均属暖温带干旱半干旱季风气候区。其气候特征一般是冬季寒冷雨雪少,春季干旱风沙多,夏季炎热雨丰沛,秋季晴和日照足。

据河南气象局资料,全省年太阳总辐射量 4 600~5 000 MJ/m^2,淮河以南及山区较小;年实际日照时数 2 000~2 600 h;年平均气温 12.8~15.5 ℃。7 月气温最高,月平均气温 27~28 ℃;1 月气温最低,月平均气温为-2~2 ℃。全年无霜期在 180~240 d。夏季空调利用时间为 6~9 月,冬季供暖时间一般为 11 月 15 日至翌年的 3 月 15 日,供暖与制冷时间相当。

省内降水量年际变化较大,时空分布不均。全省年平均降水量在 600~1 200 mm,南部达 1 000~1 200 mm,黄淮之间为 700~900 mm,北部及西部仅 600~700 mm,见图 2-1。全省年平均相对湿度多在 65%~75%,大致自东南向东北逐渐减小。由于受季风影响,灾害性天气如干旱、干热风、大风、暴雨、冰雹等现象较为频繁。重点研究区气象要素见表 2-1。

二、水文

河南省地跨长江、淮河、黄河、海河四大流域,其流域面积分别为 2.77 万 km^2、8.61 万 km^2、3.60 万 km^2、1.53 万 km^2。境内 1 500 多条河流纵横交织,流域面积 100 km^2 以上的河流有 493 条。其中,河流流域面积超过 10 000 km^2 的 9 条,为黄河、洛河、沁河、淮河、沙河、洪河、卫河、白河、丹江。

全省水资源总量 413 亿 m^3/a,水资源人均占有量 440 m^3/a。全省修建水库 2 347 座,总库容 270 亿 m^3。

(一)黄河流域河流

黄河干流在灵宝市进入河南省境,流经三门峡、洛阳、郑州、焦作、新乡、开封、濮阳 7 市。黄河干流孟津以西为峡谷段,水流湍急,孟津以东进入平原,水流骤缓,泥沙大量沉积,河床逐年淤高,两岸设堤,堤距 5~20 km,主流摆动不定,为游荡性河流。花园口以下,河床高出大堤背河地面 4~8 m,形成悬河,涨洪时期,威胁着下游地区广大人民生命财产的安全,成为防汛的重中之重。干流流经兰考县三义寨后,转为东北行,基本上成为河南、

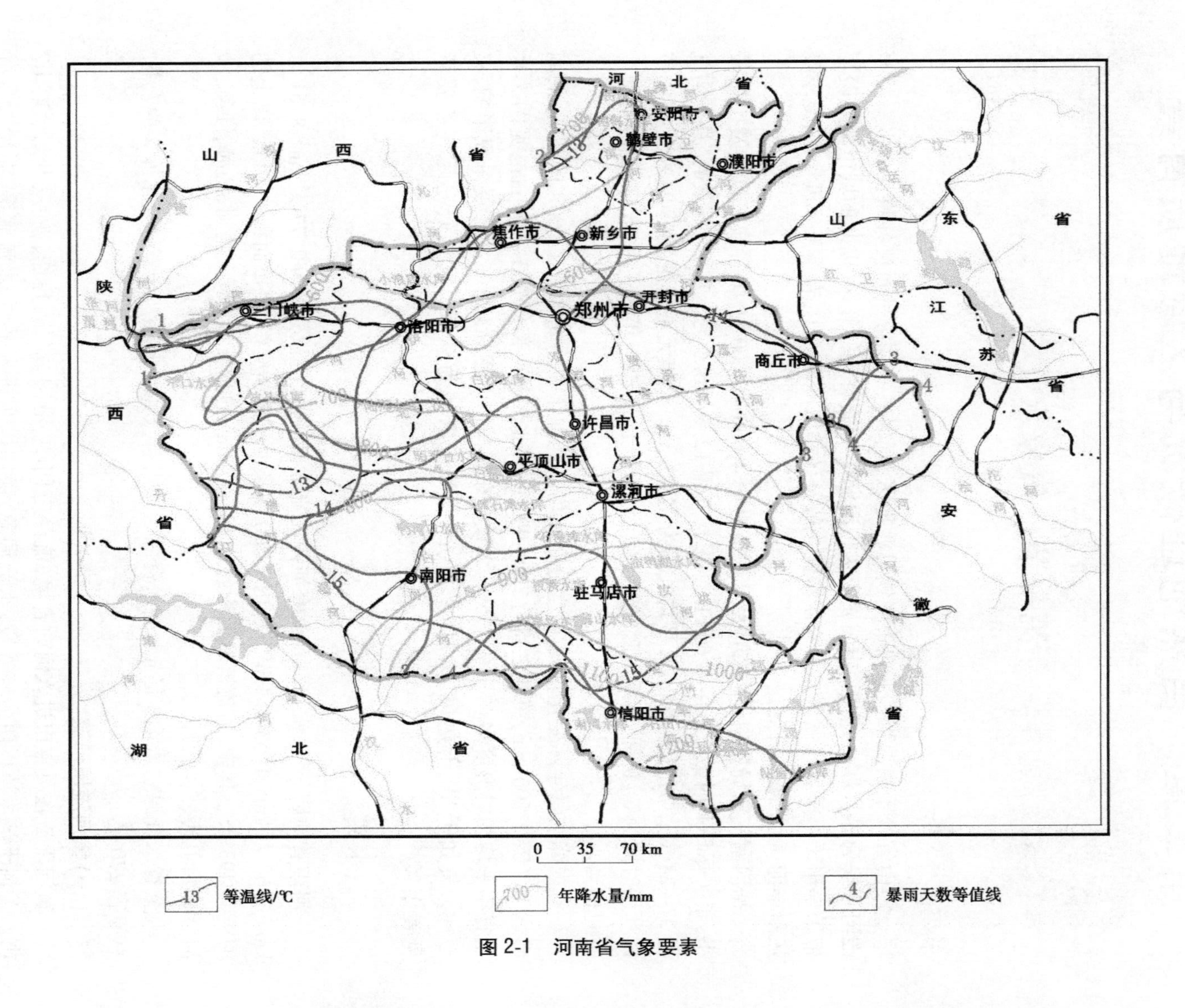
河北省
山西省
山东省
江苏省
安徽省
湖北省
陕西省
安阳市
鹤壁市
濮阳市
焦作市
新乡市
三门峡市
洛阳市
郑州市
开封市
商丘市
许昌市
平顶山市
漯河市
南阳市
驻马店市
信阳市
0 35 70 km
13 等温线/℃
700 年降水量/mm
4 暴雨天数等值线

图 2-1 河南省气象要素

表 2-1 重点研究区气象要素

重点研究区	气候分带	年平均气温/℃	1月平均气温/℃	7月平均气温/℃	年均降水量/mm	年日照时数/h	无霜期/d
郑州市	暖温带	14.4	0.2	27.3	640.9	2 400	220
洛阳市	暖温带	14.2	0.2	25.9	535		210
开封市	暖温带	14.2	1.8	27.2	674		213
安阳市	暖温带	14.1	-2.1	26.9	594.8		208
新乡市	暖温带	14.0	-0.8	27.2	617.9		210
焦作市	暖温带	14.5	0.2	27.4	603		238
濮阳市	暖温带	13.3	-2.4	26.9	626		205
许昌市	暖温带	14.6	0.5	27.2	687.7		219
漯河市	暖温带	14.7			786.0	2 181	216
周口市	暖温带	14.5	0.3	27.3	760.2		218
南阳市	北亚热带	15	1.5	27.8	800~1 200		225
平顶山	暖温带	15	0.7	27.5	801.0		231
驻马店	暖温带	14.8	1.2	27.8	953.8		221
信阳市	暖温带	15.1	1.9	27.7	1 107		218
三门峡市	暖温带	13.05	0.85	26.25	717.5		215
商丘市	暖温带	14.1	-0.75	27.5	779.4		210
鹤壁市	暖温带	14.1	-1.8	27.1	617.8	2 147.9	225
济源市	暖温带	14.3	0.2	27.0	600.3		212

山东的省界，至台前县张庄附近出省，横贯全省长达 711 km。黄河花园口站多年月平均水文要素变化曲线见图 2-2，据花园口水文站 1949~2000 年资料（见图 2-3），黄河多年平均流量 1 269 m^3/s；最大实测洪峰流量 22 300 m^3/s（1958 年 7 月 17 日），最小流量 0（1960 年 6 月 1 日）。多年平均含沙量 26.4 kg/m^3，最大年平均含沙量 53.6 kg/m^3。实测最大含沙量 546 kg/m^3（1977 年）。黄河在省境内的主要支流有伊河、洛河、沁河、弘农涧、蟒河、金堤河、天然文岩渠等。伊河、洛河、沁河是黄河三门峡以下洪水的主要发源地。

洛河水系：洛河发源于陕西省蓝田县境，流经河南省的卢氏、洛宁、宜阳、洛阳、偃师，于巩义市神北村汇入黄河，总流域面积 19 056 km^2，省内河长 366 km。省内面积 17 400 km^2。主要支流伊河发源于栾川县熊耳山，流经嵩县、伊川、洛阳，于偃师县杨村汇入洛河，河长 268 km，流域面积 6 120 km^2。伊、洛河夹河滩地低洼，易发洪涝灾害。

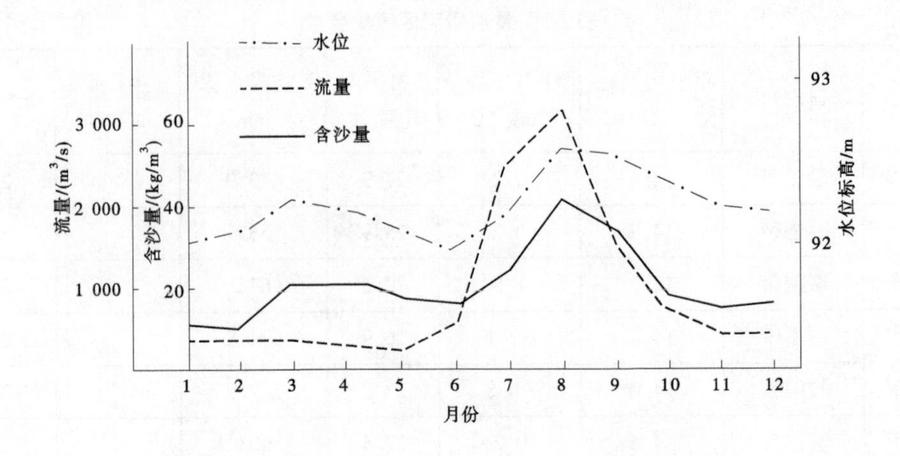

图 2-2 黄河花园口站多年月平均水文要素变化曲线

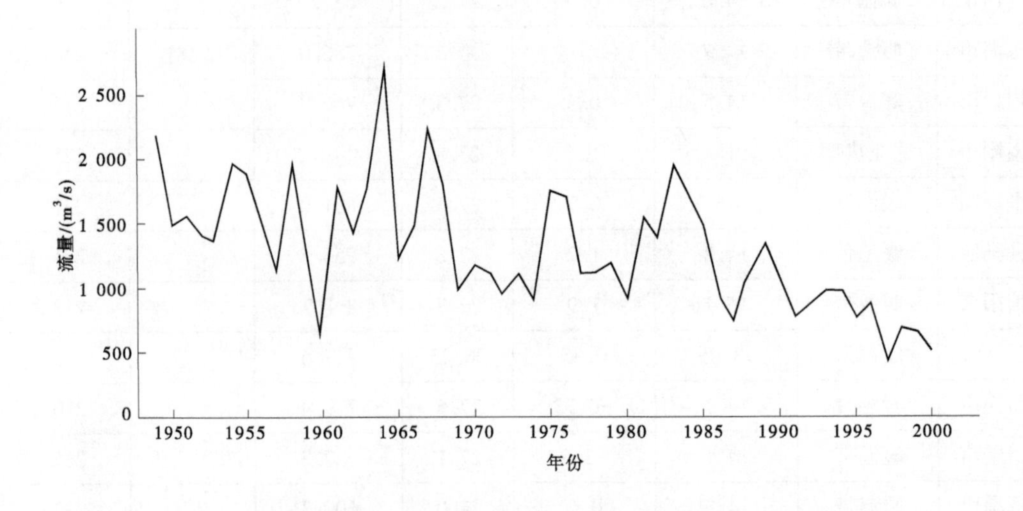

图 2-3 黄河花园口站多年平均流量曲线

沁河水系:沁河发源于山西省平遥县黑城村,由济源市辛庄乡火滩村进入河南省境,经沁阳、博爱、温县至武陟县方陵汇入黄河,总流域面积 13 532 km^2,省内面积 3 023 km^2,省内河长 135 km。沁河在济源五龙口以下进入冲积平原,河床淤积,高出堤外地面 2~4 m,形成悬河。主要支流丹河发源于山西省高平县丹珠岭,流经博爱、沁阳汇入沁河。总流域面积 3 152 km^2,全长 169 km,省内面积 179 km^2,省内河长 46.4 km。

弘农涧、蟒河:弘农涧和蟒河是直接流入黄河的山丘型河流。弘农涧(也称西涧河)发源于灵宝县芋园西,河长 88 km,流域面积 2 068 km^2;蟒河发源于山西省阳城县花野岭,在济源市西北的克井乡窟窿山入境,经孟县、温县在武陟城南汇入黄河,全长 130 km,流域面积 1 328 km^2。

金堤河、天然文岩渠:金堤河发源于新乡县荆张村,上游先后为大沙河、西柳青河、红旗总干渠,自滑县耿庄起始为金堤河干流,流经濮阳、范县及山东莘县、阳谷,到台前县东张庄汇入黄河，干流长 159 km，流域面积 5 047 km²。天然文岩渠源头分两支，南支称天然渠，北支称文岩渠，发源于原阳县王禄南和王禄北，在长垣县大车集汇合后称天然文岩渠，于濮阳县渠村入黄河，流域面积 2 514 km²。由于黄河淤积，河床逐年抬高，仅在黄河小水时，天然文岩渠及金堤河的径流才有可能自流汇入，黄河洪水时常对两支流造成顶托，排涝困难。

（二）淮河流域河流

淮河流域的主要河流有淮河干流及淮南支流、洪河、颍河和豫东平原河道。淮河干流及淮南支流均发源于大别山北麓，占省内淮河流域总面积的 17.5%。左岸支流主要发源于西部的伏牛山系及北部、东北部的黄河、废黄河南堤，沿途汇集众多的二级支流，占省内淮河流域总面积的 82.5%。左右两岸支流呈不对称分布。山丘区河道河短流急，进入平原后，排水不畅，易成洪涝灾害。

淮河干流及淮南支流：淮河干流发源于桐柏县桐柏山太白顶，向东流经信阳、罗山、息县、潢川、淮滨等县境，在固始县三河尖乡的东陈村入安徽省境，省界以上河长 417 km，淮河干流水系包括淮河干流、淮南支流及洪河口以上淮北支流，流域面积 21 730 km²。息县以下，两岸开始有堤，至淮滨，河长 99 km，河床比降为 1/7 000，河宽 2 000 余 m，由于淮河干流排水出路小，防洪除涝标准低，致使沿淮干流和各支流下游平原洼地经常发生洪涝灾害。南岸主要支流有浉河、竹竿河、寨河、潢河、白露河、史河、灌河，均发源于大别山北麓，呈西南—东北流向，河短流急。

洪河水系：洪河发源于舞钢市龙头山，流经舞阳、西平、上蔡、平舆、新蔡，于淮滨县洪河口汇入淮河，全长 326 km，班台以下有分洪道，长 74 km，流域面积 12 325 km²。流域形状上宽下窄，出流不畅，易成水灾。汝河是洪河的主要支流，发源于泌阳五峰山，经流遂平、汝南、正阳、平舆，在新蔡县班台村汇入洪河，全长 222 km，流域面积 7 376 km²。臻头河为汝河的主要支流，发源于确山鸡冠山，于汝南汇入汝河，河长 121 km，流域面积 1 841 km²。汝河另一主要支流北汝河，发源于西平县杨庄和遂平县嵖岈山，经上蔡、汝南汇入汝河，河长 60 km，流域面积 1 273 km²。

颍河水系：是淮河流域最大的河系。在河南省境内，颍河水系也俗称沙颍河水系，以沙河为主干，周口以下至省境段也俗称沙河。颍河发源于嵩山南麓，流经登封、禹州、襄城、许昌、临颍、西华、周口、项城、沈丘，于界首入安徽省。省界以上河长 418 km，流域面积 34 400 km²。颍河南岸支流有沙河、汾泉河，北岸支流有清潩河、贾鲁河、黑茨河。沙河是颍河的最大支流，发源于鲁山县石人山，流经宝丰、叶县、舞阳、漯河、周口汇入颍河，河长 322 km，流域面积 12 580 km²。其北岸支流北汝河，发源于嵩县跑马岭，流经汝阳、临汝、郏县，在襄城县简城汇入沙河。全长 250 km，流域面积 6 080 km²。沙河南岸支流澧河发源于方城县四里店，流经叶县、舞阳，于漯河市西注入沙河，全长 163 km，流域面积 2 787 km²。汾泉河发源于郾城县召陵岗，流经商水、项城、沈丘，于安徽省阜阳市三里湾汇入颍河，省界以上河长 158 km，流域面积 3 770 km²。其支流黑河（泥河）发源于漯河市，流经上蔡、项城，于沈丘老城入汾河，河长 113 km，流域面积 1 028 km²。清潩河发源于新郑，流经长葛、许昌、临颍、鄢陵，于西华县逍遥镇入颍河，河长 149 km，流域面积 2 362 km²。贾鲁河发源于新密市圣水峪，流经中牟、尉氏、扶沟、西华，于周口市北汇入颍河，全长276 km,流域面积5 896 km²。其主要支流双洎河发源于新密市赵庙沟,流经新郑、长葛、尉氏、鄢陵,于扶沟县彭庄汇入贾鲁河,全长171 km,流域面积1 758 km²。颍河其他支流尚有清流河、新蔡河、吴公渠等,流域面积1 000~1 400 km²。黑茨河源于太康县姜庄,于郸城县张胖店入安徽,省境内河长107 km,流域面积1 214 km²,原于阜阳市汇入颍河,现改流入茨淮新河,经怀洪新河入洪泽湖。

豫东平原水系:豫东平原水系主要有涡惠河、包河、浍河、沱河及黄河故道。

涡惠河是豫东平原较大的河流。涡河发源于开封县郭厂,经尉氏、通许、杞县、睢县、太康、柘城、鹿邑入安徽省亳州,省境以上河长179 km,流域面积4 226 km²。其主要支流惠济河发源于开封市济梁闸,流经开封、杞县、睢县、柘城、鹿邑,进入安徽亳州境汇入涡河,省境以上河长166 km,流域面积4 125 km²。

包河、浍河、沱河属洪泽湖水系:浍河发源于夏邑县马头寺,经永城入安徽省。省内河长58 km,流域面积1 341 km²。较大支流有包河,流域面积785 km²。沱河发源于商丘县刘口集,经虞城、夏邑、永城进入安徽省,省内河长126 km,流域面积2 358 km²。较大支流王引河和虬龙沟,流域面积分别为1 020 km² 和710 km²。

黄河故道是历史上黄河长期夺淮入海留下的黄泛故道,西起兰考县东坝头,沿民权、宁陵、商丘、虞城北部入安徽,省境以上河长136 km,流域面积1 520 km²,两堤间距平均6~7 km,堤内地面高程高出堤外6~8 m。主要支流有杨河、小堤河以及南四湖水系万福河的支流黄菜河、贺李河等。

(三)海河流域河流

海河流域的主要河流有卫河干支流和徒骇河、马颊河。

卫河:卫河是河南省海河流域最大的河流,发源于山西省陵川县夺火镇,流经河南省博爱、焦作、武陟、修武、获嘉、辉县、新乡、卫辉、浚县、滑县、汤阴、内黄、清丰、南乐,入河北省大名县,至山东省馆陶县秤钩湾与漳河相汇后进入南运河。省境以上河长286 km,流域面积12 911 km²。卫河在新乡县以上叫大沙河,1958~1960年开挖的引黄共产主义渠,1961年停止引黄后,成为排水河道,该渠在新乡县西永康村与大沙河汇合,沿卫河左岸并行,截卫河左岸支流沧河、思德河、淇河后行至浚县老观嘴,复注入卫河。

卫河的主要支流:淇河是卫河最大支流,发源于山西省陵川县,经辉县、林州、鹤壁、淇县,在浚县刘庄入卫河,河长162 km,流域面积2 142 km²;汤河发源于鹤壁市孙圣沟,经汤阴、安阳,于内黄县西元村汇入卫河,河长73 km,流域面积1 287 km²;安阳河发源于林州黄花寺,经安阳县于内黄县入卫河,河长160 km,流域面积1 953 km²;漳河有南北两支,南支浊漳河发源于山西省平顺县,为河南、河北两省界河,流经河南省林州、安阳,于观台和北支清漳河汇合为漳河,向东至安阳县南阳城入河北转山东注入卫河。省内流域面积仅624 km² 是安阳市的重要水源。

马颊河、徒骇河:马颊河、徒骇河是独流入渤海的河流。马颊河源自濮阳县金堤闸,流经清丰、南乐进入山东省,省界以上河长62 km,流域面积1 034 km²。徒骇河发源于河南省清丰县东北部边境,流经南乐县东南部边境后入山东省,省界以上流域面积731 km²。

(四)长江流域河流

河南省长江流域汉江水系的河流有唐河、白河、丹江,均发源于山丘地区,源短流急,汛期洪水骤至,河道宣泄不及,常在唐河、白河下游造成灾害。

白河:发源于嵩县玉皇顶,流经南召、方城、南阳、新野出省。省内河长 302 km,流域面积 12 142 km^2。主要支流湍河发源于内乡县关山坡,流经邓州、新野入白河,河长 216 km,流域面积 4 946 km^2。其他支流有赵河和刁河。

唐河:上游东支潘河,西支东赵河,均发源于方城,在社旗县合流后称唐河,经唐河、新野县后出省。省内干流长 191 km,流域面积 7 950 km^2。主要支流有泌阳河及三夹河。

丹江:发源于陕西省商南县秦岭南麓,于荆紫关附近入河南淅川县,经淅川老县城向南至王坡南进湖北省汇入汉江。省境内河长 117 km,流域面积 7 278 km^2。主要支流老灌河发源于栾川县伏牛山水庙岭,向南经西峡县至淅川老县城北入丹江,河长 255 km,流域面积 4 219 km^2。支流淇河发源于卢氏县童子沟,于淅川县荆紫关东南汇入丹江,河长 147 km,流域面积 1 498 km^2。

三、社会经济概况

河南省位于中国中东部、黄河中下游,总面积 16.7 万 km^2,居全国各省(区、市)第 17 位,占全国总面积的 1.73%。据《河南省统计年鉴 2020》,截至 2019 年底,全省辖郑州、开封、洛阳、平顶山、安阳、鹤壁、新乡、焦作、濮阳、许昌、漯河、三门峡、南阳、商丘、信阳、周口、驻马店等 17 个省辖市、济源市 1 个省直管市,21 个县级市,83 个县,53 个市辖区,1 791 个乡镇(乡:618,镇:1 173),660 个街道办事处,6 083 个居民委员会,45 595 个村委会。

截至 2019 年,河南省常住人口 9 936.6 万人,位居全国第三,居住在城镇的人口为 5 507.9 万人,占 55.43%;居住在乡村的人口为 4 428.7 万人,占 44.57%。全省人口密度 621 人/km^2。

河南省蕴藏着丰富的矿产资源,是全国矿产资源大省之一。已发现各类矿产 126 种(含亚矿种为 157 种);探明储量的 73 种(含亚矿种为 81 种);已开发利用的 85 种(含亚矿种为 117 种)。其中,能源矿产 6 种,金属矿产 27 种,非金属矿产 38 种。在已探明储量的矿产资源中,居全国首位的有 8 种,居前 3 位的有 19 种,居前 5 位的有 26 种。煤、铝、钼、金、石油、天然气、天然碱、萤石、耐火黏土等储量较大,其中石油保有储量居全国第 12 位,煤炭保有储量居全国第 8 位,天然气保有储量居全国第 17 位。

河南省自然资源总量较多,但人均较少:全省人均水资源量不足 440 m^3,仅占全国人均水平的 1/5;在固体矿产资源方面,人均仅为全国的 1/4,居第 22 位。随着经济建设事业的发展,河南省自然资源的供需矛盾将更加突出。河南省虽然矿产资源种类多,但部分支柱性的矿产探明储量不足;中、小型矿床多,富矿少;共生、伴生矿多,独立矿床少,重要矿产资源保障需求难度大,供求关系紧张。

2019 年底全省生产总值 54 997.07 亿元,全年财政总收入 6 267.39 亿元,居民人均可支配收入 24 810.10 元,人民群众衣、食、住、行用条件明显改善。全年全省粮食种植面积 1 073.879 万 hm^2,粮食产量 6 825.80 万 t。航空货运网络、连接周边省会城市的高铁

“两小时交通圈”、全省“一小时交通圈”框架加快形成。资金、土地、人力资源等要素保障机制创新深入推进。

第二节 地形地貌

河南省地形地貌的显著特点是北、西、南三面为山地、丘陵和台地,东部为坦荡辽阔的大平原,山地、丘陵面积 7.40 万 km^2,平原面积 9.30 万 km^2。其地势是西高东低,从西向东呈阶梯状下降,由西部的中山、低山、丘陵和台地,逐渐下降为平原,见图 2-4。

河南省在全国地貌中的位置,正处于第二级地貌台阶向第三级地貌台阶过渡的地带,西部的崤山、熊耳山、嵩箕山、外方山、伏牛山等及北部的太行山等山地,属于全国第二级地貌台阶;东部平原和西南部的南阳盆地,属于全国第三级地貌台阶;而南部边境地带的桐柏—大别山构成第三级地貌台阶中的横向突起。

一、丘陵山地

(一)豫西北山地

太行山是豫晋两省的界山,在华北地区居众山之首,构成山西高原与华北平原的天然分界。太行山自河北进入河南后,延伸方向出现明显的转折,辉县以北为南北向,辉县至博爱间,转为北东—南西向,博爱以西一直到省界,则为东西向展布。

太行山在河南境内长达 185 km,山地海拔多在 1 000 m 以上,最高海拔 1 725 m。由于断裂发育,断崖峭壁林立,加之河谷深切,呈现山高谷深、山势陡峻雄伟的断块山地的地貌特征。山地中分布的一系列构造盆地,如林州盆地、临淇盆地、南村盆地等,构成山地中的负地貌形态。

(二)豫西山地

豫西山地包括小秦岭、崤山、熊耳山、外方山、嵩箕山、伏牛山等,属于秦岭山脉的东延部分,是境内面积最大的山地。豫西山地由西呈扇形分别向东北、东、东南展布,绵延数百千米,为黄河、长江、淮河三大水系的分水岭,伏牛山主脊为我国亚热带和暖温带在境内的分界线。豫西山地的主要山峰海拔多在 1 500 m 以上,较高的山峰海拔超过 2 000 m,灵宝境内的老鸦岔脑海拔 2 413.8 m,为河南省最高峰。省内较大的河流均发源于豫西山地,且山脉与河流谷地相间分布。在豫西山地与太行山之间的黄河流域,分布着一种独特的地貌——黄土地貌,其地貌特征与黄土高原有相似之处,也有显著的差别。

(三)豫南山地

豫南山地指横亘于豫鄂两省边界的桐柏山和大别山,两山地首尾相接,连为一体,呈东西向展布,是江、淮两大水系的分水岭,也是我国南北的分界。海拔高度多在 300~800 m,桐柏山主峰太白顶海拔 1 140 m,大别山主峰金刚台海拔 1 580 m。

(四)山间盆地

豫西山地中也分布有一系列山间盆地,均为断陷盆地,较大的有南阳盆地、洛阳盆地、灵宝—三门峡盆地和济源盆地。

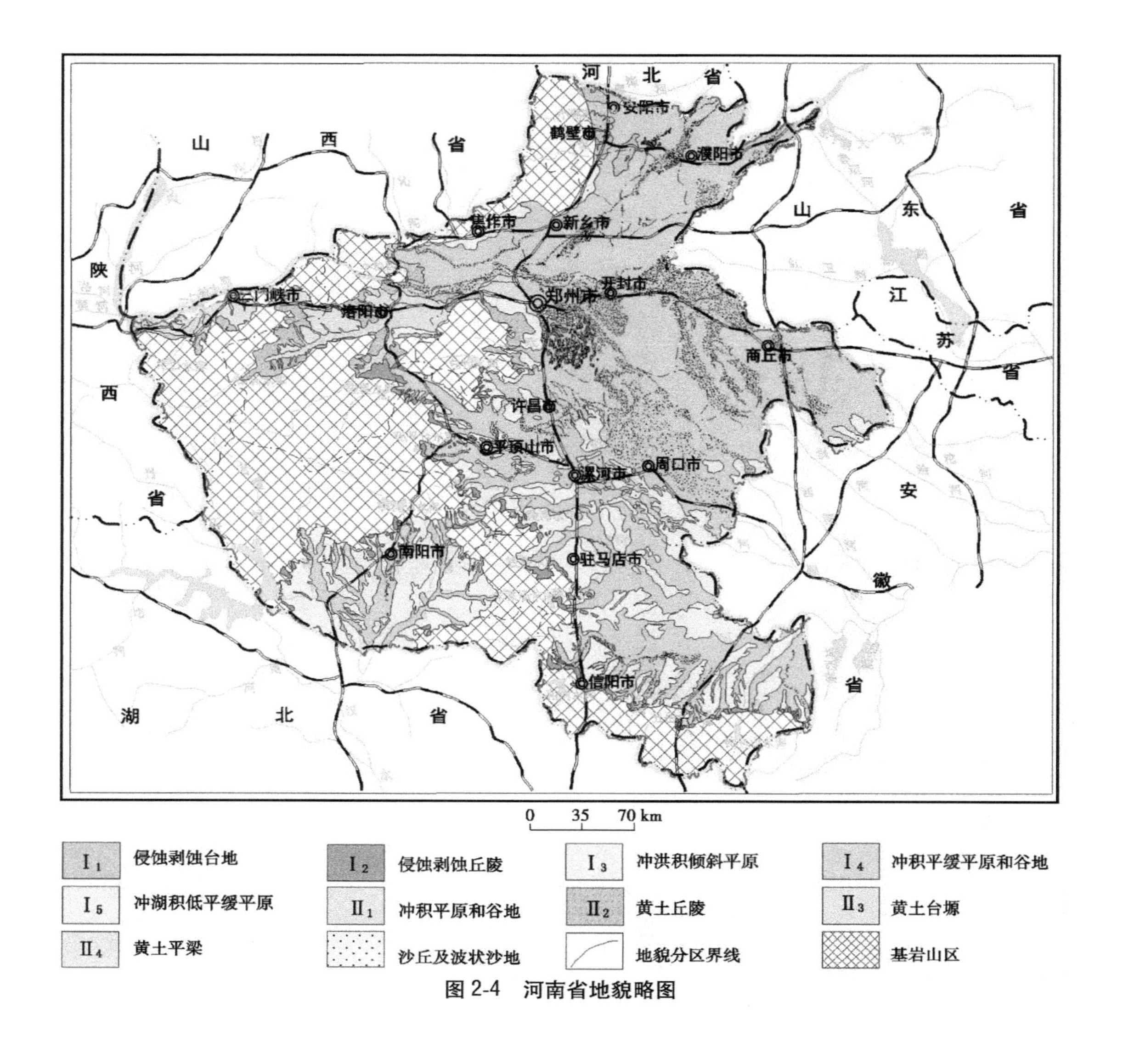
河北省
山西省
山东省
江苏省
安徽省
湖北省
陕西省
安阳市
鹤壁市
濮阳市
焦作市
新乡市
开封市
郑州市
三门峡市
洛阳市
商丘市
许昌市
平顶山市
漯河市
周口市
南阳市
驻马店市
信阳市
0　35　70 km
I1　侵蚀剥蚀台地
I2　侵蚀剥蚀丘陵
I3　冲洪积倾斜平原
I4　冲积平缓平原和谷地
I5　冲湖积低平缓平原
II1　冲积平原和谷地
II2　黄土丘陵
II3　黄土台塬
II4　黄土平梁
沙丘及波状沙地
地貌分区界线
基岩山区

图 2-4　河南省地貌略图

1. 南阳盆地

南阳盆地是全省最大的山间盆地，属南襄盆地的一部分，北、东、西三面环山，其地势由盆地边缘向中心和缓倾斜，具有明显的环状和阶梯状地貌特征，盆地海拔在200 m以下，盆地东西宽120 km，南北长150 km，呈椭圆形，面积约11 900 km^2。盆地边缘地貌类型为冲洪积倾斜平原（$Ⅰ_3$）地貌，大部分为冲洪积扇，是中更新世时期形成的，由于后期新构造运动的隆起抬升，整个冲洪积倾斜平原伴随山体上升，由堆积转为侵蚀剥蚀；在河流切割处形成宽阔的冲积平缓平原和谷地（$Ⅰ_4$）地貌；在一般相对低洼地带形成冲湖积低平缓平原（$Ⅰ_5$）地貌特征。

2. 洛阳盆地

洛阳盆地北依邙山，南抵嵩山，西有小秦岭，中东部为伊洛河冲积平原，构成三面环山、向东敞开的箕形地形。总地势西高东低，南北高中间低，由中心至周边，地形渐次升高，且整体由西向东倾斜。北部为邙山，中部为伊洛河河谷平原区，山丘与河谷平原之间为洪积扇及洪积倾斜平原。在伊河、洛河谷地一带形成冲积平原和谷地地貌（$Ⅱ_1$）；流水的侵蚀作用形成的黄土丘陵（$Ⅱ_2$）、黄土丘陵（$Ⅱ_3$）和黄土平梁（$Ⅱ_4$）地貌。

3. 灵宝—三门峡盆地

灵宝—三门峡盆地地势东南高西北低，海拔最高640 m，最低308 m，相对高差332 m，以黄河为最低侵蚀基准面，区内地形被侵蚀切割，总轮廓以岭沟相间为特征，按其成因、形态和结构，其地貌类型可分为黄土地貌、河流地貌两大地貌单元。区内有流水的侵蚀作用形成的黄土丘陵（$Ⅱ_2$）和黄土丘陵（$Ⅱ_3$）地貌。在黄河、涧河谷地一带形成冲积平原和谷地地貌（$Ⅱ_1$）。

4. 济源盆地

济源盆地位于我国地形第一阶梯与第二阶梯的交界处，北部和西部为太行山和中条山，南部和东南部为黄土丘陵，中部和东部为三面环山向东开阔的簸箕形盆地，蟒河自西向东流过。总的地势形态是西高东低，地面高程259～130 m。根据地貌成因、形态、物质组成及浅层地能地质意义等因素一级地貌单元依据大地构造单元控制的地貌形态划分为平原、丘陵和山地。盆地南部为黄土丘陵（$Ⅱ_2$）地貌，北部为来源于基岩丘陵的冲洪积倾斜平原（$Ⅰ_3$），中部大部分是由蟒河沁河冲积形成的冲积平缓平原和谷地（$Ⅰ_4$）。

二、黄淮海平原

东部平原属我国最大的平原——华北平原的西南部分，因由黄河、淮河、海河三大水系共同堆积而成，习惯上也称黄淮海平原，区内可分为冲洪积平原和山前冲洪积倾斜平原两大类。冲洪积平原进一步分为黄河冲积平原和淮河冲积湖积平原；山前冲洪积倾斜平原进一步分为山前岗地及冲洪积平原和太行山山前冲洪积平原。

（一）黄河冲积平原区

黄河冲积平原区（$Ⅰ_4$）：黄河下游地区主要是由黄河冲积形成的广阔平原，为华北大平原的主体，由黄河多次决口泛滥改道而成今日之地貌。冲积平原按其形成历史、形态特征及其地质结构，进一步分为冲积扇平原和泛滥平原，在二者之上，受人类工程干预影响形成现黄河河道。主要分布在东部，是由黄河、淮河、海河三大水系共同堆积而成。有些河流流出山地以后,便形成较大的冲积扇。有些河流是切割早期的山前倾斜平原,并在其间形成宽阔的河流谷地,出谷地以后,才变得宽阔平坦,与其他冲积扇连为一体,因而扇体不明显。

(二)淮河冲积湖积平原区

淮河冲积湖积平原($Ⅰ_4$)位于沙颍河以南、伏牛山以东和大别山以东地区,主要是淮河泛滥冲积和湖积而形成的低洼缓平原,地面高程西部50~100 m,东部35~50 m,地势向东南倾斜,坡降1/5 000~1/6 000。该区河流众多,地势低洼,时常积水,流水不畅,经常洪水泛滥成灾。

(三)山前冲洪积倾斜平原

山前冲洪积倾斜平原($Ⅰ_3$)地貌区主要包括太行山山前冲洪积平原区和伏牛山、大别山山前岗地及冲洪积平原区。

太行山山前冲洪积平原:浚县—内黄以西,大致以卫河为界,其西侧为山前冲洪积平原,主要由漳河、安阳河冲洪积扇组成,区内仅是冲洪积扇东南边缘部分。地势由西北向东南缓倾斜,地面高程50~80 m。地貌特征以微倾斜平地为主。前缘与黄河禹河故道之间有交接洼地,沿倾斜方向也有一些浅槽状洼地。它是由一系列河流冲洪积扇组合而成,新乡—安阳之间,有岗地分布。

伏牛山、大别山山前岗地及冲洪积平原:该冲洪积平原为早期形成,靠山前地表岩性为黄土状土,前缘分布有沙丘、沙岗。区内地形有起伏,向东或向北倾斜,后缘发育为岗地,冲沟较发育,地面高程100~150 m。南部山地边缘的120 m左右逐渐下降至东部的50 m以下,信阳淮滨沿淮河一些地方降至海拔22 m,是本省地势最低处。

三、重点研究区地貌特征

(一)郑州市

郑州市地势西高东低,南高北低。其地形地貌主要受北西向构造控制,京广铁路东西两侧的地貌景观迥然不同。西部台塬区沟壑纵横,东部平原广阔坦荡,二者高差达100余m。北部黄河横贯全区。

按地貌成因分类,主要有侵蚀—堆积地貌和堆积地貌,其特征如下。

1. 侵蚀—堆积地貌

1)黄土台塬

黄土台塬分布在郑州市西北部邙山和西南部山前一带,为上更新统和中更新统风成黄土组成的黄土台塬。邙山一带塬面平坦,微向南倾,塬面高程190~200 m,高出黄河河床100~110 m,南坡相对平缓,北坡陡,为黄河冲刷岸,塬边冲沟较发育,切割深度30~80 m,切割密度2 km/km^2。西南部三李一带,高程200 m,塬面已被侵蚀破坏,地形破碎,塬面起伏不平,向北微倾斜,冲沟发育,切割深度60 m左右,切割密度2 km/km^2。

2)塬前冲洪积岗地

塬前冲洪积岗地呈条带状分布在黄土台塬前缘地带,地形起伏不平,地面高程130~150 m,冲沟较发育,切割深度10~30 m。

3) 塬间冲积平原

塬间冲积平原分布在黄土塬之间及前缘地带，地面高程 95～132 m，地面较平坦开阔，微向东、东北倾，纵坡降 2.5‰～20‰。冲沟不太发育，浅而窄小，切割深度小于 5 m，由于受流水侵蚀切割，地面形态成河间地块状。此外，在东南部由于风的吹扬作用形成沙丘或沙地。地表岩性为晚更新世冲洪积物。

上街区大致以陇海铁路为界，北部为塬间冲积平原，以南为黄土丘陵及黄土台塬。

2. 堆积地貌

1) 黄河冲积平原

(1) 冲积平原。该区长期处于沉降带内，黄河所挟泥沙大量落淤，致使黄河成为地上悬河，长期以来多次决口、泛滥、改道形成了广阔平坦、略向下游倾斜的冲积平原。地面高程 80～100 m，地势略向东北倾斜，坡降 1/500 左右。地表岩性为全新统粉质黏土、粉土、粉细砂等。

(2) 决口扇。分布在花园口东南方向的扇形地带，为黄河决口泛滥的地貌遗迹，地表岩性为粉土和粉细砂。

(3) 河漫滩。分布在黄河大堤以北，黄河主流线以南地带，地面高程 95～89 m，高出堤外地面 5 m 左右，滩面平坦，微向河床倾斜，据其高度不同分为嫩滩、新滩和老滩，特大洪水常被淹没。地表岩性为近代沉积的粉土和粉细砂。

2) 风积沙丘、沙地

在黄河故道上和东南部冲洪积倾斜平原的前缘，由风的吹扬和堆积作用形成的沙地和沙丘，沙丘高度 5～10 m 不等，由粉砂和粉细砂组成，地表多被耕植或绿化，湿沙丘呈固定或半固定状。

(二) 洛阳市

洛阳盆地北依邙山，南抵嵩山，西有小秦岭，中东部为伊洛河冲积平原，构成三面环山，向东敞开的箕形地形。总地势呈西高东低，南北高中间低，由中心至周边，地形渐次升高，且整体由西向东倾斜。北部为邙山，中部为伊洛河河谷平原区，山丘与河谷平原之间为洪积扇及洪积倾斜平原。

本区地形起伏，地貌类型较复杂。按其成因的动力条件划分为流水地貌、黄土地貌。按成因、物质组成和形态特征进一步细分。地貌特征如下。

1. 黄土地貌

1) 黄土丘陵

黄土丘陵分布于本区西北部，地面高程 170～270 m，地表岩性为上更新统风成黄土，下伏新近系、古近系，下伏基岩为中生界砂页岩。总体地形略向河谷倾斜，冲沟发育，切割深度大于 15 m。黄土柱、黄土崩塌、黄土滑坡等微地貌及不良地质现象发育。

2) 黄土台塬

分布于盆地北部邙山东段。走向近东西，地面起伏不大，略向南倾斜。地表高程 180～250 m，高出河谷阶地 50～150 m，地表为上、中更新统黄土，下伏下更新统—新近系。边缘冲沟发育，切割深度 30～50 m，黄土柱、天生桥、侵蚀洼地等微地貌发育。

2. 流水地貌

1) 洪积扇及洪积平原

分布于盆地南部偃师府店附近,地面高程 160~300 m,后坡较陡,前缘缓。前缘与冲积平原,河谷阶地多成渐变接触,部分成陡坡接触。冲沟多在后部发育,切割深度 10~50 m。组成物质为中、上更新统洪积含砾黄土状粉质黏土及卵砾石层。

2) 洪流平地

分布于丰李—龙门、诸葛—李村一带,叠加于一级阶地后缘,前缘界线不清,地形上为多个扇形并联而成的缓倾斜平地,组成物质为粉质黏土及薄层砂砾透镜体。

3) 河谷冲积平原

区内主要为伊洛河河谷平原,呈 NE 向展布,平坦开阔,西高东低,阶地、漫滩呈阶梯状相连,沿河两侧不对称分布。

二级阶地:主要分布在洛河北岸及在伊河南岸的高崖一带亦有小面积分布。阶面平坦,微向河谷倾斜,阶面高程 125~150 m,前缘呈陡坎或缓坡高出一级阶地 3~10 m。由上更新统冲积黄土状粉质黏土及砂卵石组成。

一级阶地:主要分布在洛河、伊河河间地块及伊河南岸,洛河北岸亦有断续分布,阶面平坦,微向河谷及下游方向倾斜,阶面高程 115~140 m,前缘呈陡坎或缓坡高出漫滩 2~4 m。组成岩性为全新统河流堆积粉质黏土、粉土及砂卵石。

漫滩:呈带状沿河分布在伊河、洛河两岸。地形变化较大,地面标高 115~137 m。组成物质为全新统堆积的砂卵石,部分地段表层被淤泥质粉砂或粉土覆盖。洛河漫滩区段,因修筑橡胶坝工程,多被河水淹没。

(三) 开封市

研究区位于河南省东部平原黄河以南中牟—睢县沙地沙丘平原区。区内地形西北高东南低,坡降 1/4 000~1/2 000,地势平坦。黄河大堤以北河漫滩区地势偏高,最高点高程 90 m;大堤以南地面高程 70~78 m。

研究区处于黄河冲积平原冲积扇的脊轴部,现状地貌主要是黄河历次泛滥改道留下的遗迹。按其形态,分为黄河漫滩区、背河洼地区、微倾斜平地区及沙丘分布微起伏平地区。

1. 黄河漫滩区

黄河漫滩区分布于黄河大堤以北,地面高程 78~85 m。地面微向黄河倾斜,滩面一般高出黄河水平面 2~3 m,高出大堤南侧 6~8 m,东部有半固定沙丘。

2. 背河洼地区

背河洼地区沿黄河大堤南侧呈东西带状分布,宽 1~3 km,地面高程 70~77 m。具有地势低洼、流水不畅、易涝易碱的特征。由于黄河水的侧补作用,常形成积水洼地。

3. 微倾斜平地区

微倾斜平地区位于背河洼地以南,陈坟、北郊乡、鲁屯、前台连线以北地区。地面高程 70~75 m,坡降 1/3 000~1/2 500。

4. 沙丘分布微起伏平地区

沙丘分布微起伏平地区分布于研究区西南部及南部,约占全区面积的 1/2。地面高程 70~78 m,坡降 1/3 000~1/2 000。沙丘、沙岗零星分布于西部及东部,沙丘一般高出地面 2~4 m,绝大部分已固定。

(四)鹤壁市

鹤壁市总体上处于太行山东麓向华北平原的过渡地带。其地势总体上西高东低,西部为低山丘陵,中部为岗地、残丘,东部为平原。故其区域一级地貌类型可分为低山(Ⅰ)、岗丘(Ⅱ)和倾斜平原(Ⅲ)三个类型。

1. 低山(Ⅰ)

低山(Ⅰ)分布于调查区西边界西约 8 km。山体走向为北北东向,高程 500~935 m,相对高差 200~560 m。其二级地貌类型主要为侵蚀剥蚀低山($Ⅰ_1$),组成岩性以碳酸盐岩为主,其次为碎屑岩,岩浆岩零星分布。由于地壳的强烈上升,地表遭受剥蚀和侵蚀,形成河谷和夷平面。河谷谷坡陡立,多呈"V"形。

2. 岗丘(Ⅱ)

岗丘(Ⅱ)分布于调查区外西北部至浚县屯子一带,以岗地和丘陵为主。可分为侵蚀剥蚀丘陵($Ⅱ_1$)、侵蚀剥蚀岗地($Ⅱ_2$)和剥蚀堆积洼地($Ⅱ_3$)三个二级地貌单元。分述如下:

侵蚀剥蚀丘陵($Ⅱ_1$):分布于调查区外西北部,高程 120~280 m,相对高差 50~80 m。主要岩性为上第三系黏土岩、泥灰岩和砂岩、砾岩,局部地表被第四系覆盖,成岩程度差,侵蚀剥蚀严重,沟谷纵横。地形呈波状起伏,丘陵顶部较平坦,水系呈树枝状下切,将丘顶切割成块状,沟谷相连形成洼地。其河谷呈"U"形,常有河岸坍塌。

侵蚀剥蚀岗地($Ⅱ_2$):分布于调查区东部及东部外围,高程 100~130 m,相对高差 20 m 左右,呈北北东向展布,岗顶呈浑圆状。组成岩性为上第三系泥岩、砂岩,成岩程度差,局部有第四系中更新统残坡积层分布。与侵蚀剥蚀丘陵之间有断陷洼地相隔。局部有基岩残丘出露。

剥蚀堆积洼地($Ⅱ_3$):分布于调查区中部侵蚀剥蚀丘陵($Ⅱ_1$)和岗地($Ⅱ_2$)之间。高程 60~100 m。呈北北东向展布,东西两侧分别为岗地和丘陵,地形平坦,由南向北倾斜。其两侧边界为两条北北东向深大断裂。地表岩性为第四系上更新统(Q_P^3)黏土、粉质黏土。

3. 倾斜平原(Ⅲ)

倾斜平原(Ⅲ)分布于淇河南岸。地势西高东低,坡降大于 3‰。近山前地带有冲沟发育,并有残丘分布。又可分为山前冲洪积扇($Ⅲ_1$)和山前冲洪积扇群($Ⅲ_2$)两个二级地貌单元。

山前冲洪积扇($Ⅲ_1$):分布于淇河两岸,具有扇形特征,分布于调查区西南部。地形坡降 3‰~8‰,冲洪积扇分多期,上更新统(Q_P^3)、全新统(Q_h)扇叠加于中更新统(Q_P^2)其上,Q_P^2、Q_P^3 及 Q_h 本身为嵌入型串珠状,扇顶点向外推移,扇顶部为卵砾石、砾石,向边缘渐变为粉土、粉质黏土。

山前冲洪积扇群($Ⅲ_2$):分布于淇河南部,位于调查区外部。地形坡降 3‰~6‰,由西向东变缓,是山前倾斜平原的主体。山前地带上部分布有卵砾石层,向东渐变为粉土、粉质黏土。

(五)焦作市

焦作市地貌景观是长期内外营力相互作用的结果,一级地貌单元按成因划分为侵蚀剥蚀山地和冲洪积倾斜平原。研究区地貌类型为山前冲洪积倾斜平原,再根据成因和形态划分为坡洪积斜地、冲洪积扇(裙)和冲洪积扇前(间)洼地。

1. 坡洪积斜地 I_1

坡洪积斜地分布在研究区的近山前地带,主要由重力作用和小河谷的水流作用形成,堆积物为黏土夹砾石、卵石等,向南倾斜,坡降 10‰~17‰。

2. 冲洪积扇(裙) I_2

冲洪积扇(裙)主要有西石河、山门河等冲洪积扇(裙),分布于研究区的东部和西南部。组成扇体的主要岩性为卵砾石层夹黏土。

3. 冲洪积扇前(间)洼地 I_3

冲洪积扇前(间)洼地位于冲洪积扇前(间)的李万一带,地形低洼,地面高程 80~87 m,微向东南倾斜,岩性以粉质黏土、粉土为主夹砂层。

(六)安阳市

1. 剥蚀堆积丘陵

1)丘陵

丘陵主要分布在研究区的西南部马投涧—龙泉一带。丘顶平缓,呈圆丘状。高程 100~250 m,相对高差 10~150 m。冲沟发育,大致有南坡冲沟狭窄平直,北坡冲沟宽缓呈树状的规律。由早更新世的泥砾及新近系的砾岩、砂岩、泥岩组成。

2)残丘

残丘主要分布在研究区的东北部西见山和东见山一带。丘顶平缓,多被人工改造,且南坡平缓,北坡较陡。由早更新世的泥砾及新近系的砾岩、泥岩组成。

2. 冲洪积平原

1)丘前斜地

丘前斜地主要分布在研究区的中西部三十里铺—宝莲寺车站—牛房—许张村—老爷庙—四门券—周家庄一带。绕丘陵周边展布。地面倾斜,坡度 2‰,局部 2.8‰。地表岩性为黄土状粉土。

2)早期扇形地

早期扇形地主要分布在研究区的西部和北部,安阳河以南分布在西梁村—南流寺—申家岗—马店一带,安阳河以北分布在皇甫屯—麻王度—高村—路家庄一带。大致呈瓣状对称分布于安阳河两岸。地面高程 75~100 m。倾向东南,坡度 2‰~2.8‰。地壳上升,遭受侵蚀。地表岩性为黄土状粉质黏土。

3)晚期扇形地

晚期扇形地主要分布在研究区中部安阳市、张家庄和郭村一带。西高东低,呈扇状分布,地面高程 65~80 m。倾向东南,坡度 1.3‰~1.5‰。地表岩性为粉土和粉质黏土。

(七)平顶山市

平顶山市区地处伏牛山脉与黄淮平原的接壤地带,地势西北高,东南低,最高峰落凫山海拔 493.7 m,平原一般海拔 80~85 m,市区北靠香山、平顶山、金牛山,南依锅底山、北渡山、河山,形成两山夹一谷,由西北向东南倾斜,并向东南敞开的箕形地势。淇河自西北向东南横穿市区,沙河自西向东从市区南部流过。白龟山大型水库位于市区西南沙河干流之上,市区依山傍水,自然环境优美。

(八)新乡市

研究区位于太行山东南麓,黄河中下游冲积平原的北缘,根据《新乡市地下水资源管理模型研究报告》及《河南省新乡县区域水文地质调查报告》,研究区地貌类型向南依次为岗地、冲洪积平原、冲积平原。

1. 岗地

岗地位于五陵、潞王坟、东张门以北,地面高程 75~110 m,地形由北向南倾斜,坡降 10‰~15‰,岩性由泥灰岩、砂岩、泥岩和黏性土组成。

2. 冲洪积平原

1)微倾斜地

微倾斜地分布在张门、鲁堡、耿庄李土屯等地,呈东西条带状展布,高程 70~34 m,坡降 3‰左右。地形由北向南倾斜,地表发育有平行排列的箱形谷,成为特殊的地貌景观,还有微高地和冲沟等微地貌形态。人工地貌有排污渠等,岩性为黄土状粉土。

2)交接洼地

交接洼地分布在卫河以北、共产主义渠的两侧,西高东低,高程 68.8~74 m,自西南向东北缓缓倾斜,地面平坦低洼,为地表水和地下水的汇集地带,在共产主义渠的北侧为行洪区,村庄稀少,地下水位埋藏较浅,坑塘较多。人工地貌主要有防洪堤、共产主义渠,组成岩性为粉土、粉质黏土。

3. 冲积平原

1)残留高地

残留高地分布在新乡市的东西两侧,西段呈片状,东段呈零星状,一般高程 72.5~79 m,地形高出地面 2~5 m,坡度平缓,地表水流侵蚀严重,冲沟发育,岩性为黄土状粉土。

2)泛流平地

泛流平地呈片状分布在市区一代,高程 70~74 m,地形自西南向东北倾斜,坡降 0.25‰左右。卫河横贯全区,常年有水,上段芦苇、灌木丛生;下段黑水满床,组成岩性主要为粉土。

3)背河洼地

背河洼地分布在洪门、杨村一带,地面高程 71~73 m,为一北东向的槽状洼地,地势低洼,易积水,多坑塘、沼泽,且有岩渍化现象,地表岩性为粉土。

4)黄河故道

黄河故道分布在古固寨、介山一带,地面高程 73~74 m,古河床区,有风积沙丘、沙垄和丘间洼地,地表岩性以粉砂为主。由于人类活动,沙丘数量减少。

(九)濮阳市

研究区地处黄河下游冲积平原,地形较为平坦,略有起伏,总地势是西南高,东北低,地面高程 56.0~49.0m,地面坡降 0.1‰~0.2‰。花园屯、前田丈、陈庄一带的垄岗状古高漫滩和南堤、桃园附近的古河道高地较高,地形起伏略大,地面高程 55~60 m;金堤河及马颊河河床最低，高程仅为46~47 m。

研究区地貌类型比较简单，根据成因类型和地貌形态将本区划分为黄河故道、泛流平地和决口扇三个地貌单元。

1. 黄河故道

由于黄河"善徙、善淤、善决"的特点，导致故道宽窄不等，范围较大者涉及市区西南部地区。东汉时期（公元11年），黄河自滑县分支改道东流，经濮阳县城南门外流向清河头西，折向东北，穿过研究区东部。根据次一级地貌结构特征又分为三种地貌形态。

（1）古河道高地：分布于金堤河北岸南堤和桃园一带，呈条带状断续分布，地势较高，高程50~55 m，地表岩性多为粉砂及泥质粉砂。

（2）古高漫滩：分布于花园屯、濮阳南关、前田丈、陈庄一带。在花园屯附近呈片状分布，地势较高，略有起伏，高程55~56 m，南关至陈庄一带呈垄岗分布，高程52~55 m，地表岩性多为粉土。

（3）古河道洼地：分布于金堤河北侧的火厢头、南关、火化场及陈庄以东一带，高程49~52 m，地表岩性多为粉砂及泥质粉砂。

2. 泛流平地

根据形成时期和微地貌特征，可分为两个地貌形态。

（1）早期泛流平地：分布于濮阳县城以北，包括市区、马颊河两侧、濮范公路一带，由早期黄河泛滥淤积而成，除濮阳县城附近由于人为因素形成较多坑塘、洼地外，其余地形平坦，微向东倾斜，地面高程53.0~50.7 m，坡降0.12‰~0.35‰。地表岩性多为粉土和粉质黏土，此区渠系网布，地下水位埋藏较浅。

（2）近期泛流平地：分布于金堤河以南，由近代黄河多次决口泛滥淤积而成。据历史记载，1901~1949年49年间，黄河在该区决口泛滥30余次，堆积厚度2~10 m，故称为近期泛流平地。总地势是西南高东北低，地面高程50.2~49.0 m，坡降0.18‰~0.27‰，本区地下水位埋藏较浅，局部易涝。

3. 决口扇

决口扇分布于研究区西部国营林场、黄甫村以北以及市区西部韩庄一带，地面高程56.0~51.3 m，西高东低，相对高差3~5 m，呈扇状分布，地表岩性以粉砂和粉土为主。

（十）许昌市

1. 古黄河冲积扇

古黄河冲积扇分布于研究区东北部。它是由古黄河泛滥而形成的岗地地形，由于后期的侵蚀和改造作用，多数呈南北向延伸的零星分布残岗。岗宽200~1 500 m，高5~15 m，由上更新统古黄河冲积的黄土状粉土及砂层组成。古黄河冲积扇面积约7.70 km^2，占研究区总面积的0.44%。

2. 冲洪积倾斜平原

冲洪积倾斜平原分布于研究区西北部山前地带。绝对高程100~200 m，由中、上更新统冲洪积黄土状粉土组成。冲沟发育，切割深度2~15 m，切割密度在无梁—后河一带为0.8条/km。冲洪积倾斜平原面积约129.35 km^2，占研究区总面积的7.43%。

3. 冲积平缓平原

冲积平缓平原分布于研究区中东部。绝对高程 70~100 m,由古黄河、颍河、双洎河、清溴河、洪河灯泛滥改道冲积而成,地形平坦,由全新统粉土及黑灰色粉质黏土组成。冲积平缓平原面积约 1 142.55 km^2,占研究区总面积的 65.66%。

(十一)漯河市

漯河市处于伏牛山东麓平原和淮北平原交错地带,地形上总的趋势西北高东南低。研究区为平原区,地貌类型简单。按照形态特征将区内地貌分为岗地和平原两个大类,再按全新统所受地质营力作用进一步将平原分为全新统沼泽平原和全新统冲积平原两个亚类。

1. 岗地(Ⅰ)

岗地(Ⅰ)为全新统剥蚀缓岗,分布于观西刘—观东王、叶岗—后张、寺后张—王孟寺、圪挡刘一带以及漯河市东部的召陵岗地段,总面积 50.8 km^2,占全区面积的 9.3%。其中,召陵岗岗顶平缓,最高点(召陵)高程为 85 m,坡度 3°~5°。

2. 平原(Ⅱ)

1) 全新统冲积平原($Ⅱ_1$)

全新统冲积平原($Ⅱ_1$)分布于研究区大部分地区,分布面积 466.2 km^2,占全区面积的 85.8%。总地势西高东低,中部高南北低。以沙河、澧河河间微高地(高庄)为高点,其高程 65.96 m;东南角与东北角为最低,高程均在 55 m 左右,坡降 1‰~3‰,地表岩性沿河道两侧与澧河故道地带分布为上全新统冲积的轻粉土,其余为中全新统冲积的粉土。

2) 全新统沼泽平原($Ⅱ_2$)

全新统沼泽平原($Ⅱ_2$)分布于湖西王—前黄、叶岗南—楼陈以及人和南三个地段,总面积 27.0 km^2,占全区面积的 4.9%。地形平坦,地面高程小于 60 m,地表岩性为下全新统沼泽沉积的灰黑色粉质黏土,坡降 3‰~5‰。

(十二)周口市

研究区地貌由黄河冲积平原和沙颍河冲积平原两大部分汇合而成。平原上地势非常平坦。坡降 1/6 000~1/4 000。市区位于沙颍冲洪积平原之上。根据形成时代及成因类型,黄河冲积平原又可分为近期黄河冲积平原、早期黄河冲积平原。

1. 黄河冲积平原

1) 近期黄河冲积平原

近期黄河冲积平原分布在研究区东北、颍河主河道以北广大地区,呈西北东南向,地形平坦,高程 56~40 m,自西北向东南倾斜,相对高差 0.5~1.0 m,坡降 1/ 6 000~1/4 000,是 1938 年黄河泛滥沉积形成,岩性为黄褐、灰黄色粉土质轻粉土、粉砂,周口以东沙河北岸黄泛堤外高出堤内 1.0~1.5 m,构成与沙河冲积平原不同的地貌景观。由于近期沉积物的覆盖(古老盐碱地被埋藏在底下)且岩性以粉质砂土为主,因而盐碱土极少分布为近期黄河沉积平原的主要特征。

2) 早期黄河冲积平原

研究区东北部为早期黄河冲积平原,地形平坦,相对高差 0.5~1.0 m,自西北向东南微倾斜,坡降 1/5 000 左右,岩性主要以粉土、粉质黏土为主,并有零星粉质砂土及粉砂分布。

2. 沙颍河冲积平原

研究区西南、颍河主河道以南广大地区为沙颍河冲积平原。呈西北—东南向条带状，为沙河决口改道所形成。岩性为浅黄、褐黄色粉土、粉质黏土。高程40~60 m，相对高差1~2 m，坡降1/3 000~1/4 000，沿河一带地形较高，堤内高出堤外2~3 m。

(十三)商丘市

调查区地处华北平原东南部，地势平坦，视野开阔。主要为黄河冲积平原，地形基本平坦，由北向南和西北向东南微倾，自然坡降1/6 000~1/4 500。黄河故道横贯本区北部，故道南至陇海铁路以北地区有低洼易涝沙地，地面高程西北50 m左右，东南47~48 m，地表岩性主要为粉土、粉质黏土。根据微地貌成因特征，可分为两种地貌形态：黄河泛流平原(Ⅰ)，黄河故道地形(Ⅱ)。

(十四)驻马店市

区域上地势西南高，东北低，地貌形态可分为低山丘陵、剥蚀缓岗、冲洪积平原与冲湖积缓倾斜平原。

1. 低山丘陵(Ⅰ)

调查区西南殷岗—香山—五道庙一带以南为低山丘陵区，由寒武系灰岩、泥岩、页岩和第四系坡洪积层组成。地面高程大于90 m。

2. 剥蚀缓岗(Ⅱ)

胡庙—朱胡同一线为剥蚀缓岗区，由第四系中更新统棕黄色、姜黄色粉质黏土组成。地面高程80~90 m。

3. 冲积平原(Ⅲ)

调查区大面积为平原区，以关王庙—顺河—古城一线为界，西部为冲洪积平原($Ⅲ_1$)，东部为冲湖积缓倾斜平原($Ⅲ_2$)，地表由第四系上更新统浅黄色粉质黏土、局部淤泥质黏土组成。地面高程一般小于80 m。

调查区位于冲积平原之上，大面积为平原区，地形较平缓，地面坡降1‰~10‰。以关王庙—顺河—李楼一线为界，西部为冲洪积平原，东部为冲湖积平原。地表由中更新统上部坚硬密实的粉质黏土及上更新统浅黄色湖沼相淤泥质黏土组成。

(十五)信阳市

1. 山前倾斜平原

山前倾斜平原位于研究区北部坡度2‰，地面高程100~150 m。地势北高南低。地表岩性为粉质黏土。

2. 河谷平原

1) 二级阶地($Ⅲ_1$)

二级阶地主要分布于浉河两岸及市区南部，高程80~100 m，纵向坡降2‰左右，微向一级阶地倾斜。

2) 一级阶地($Ⅲ_2$)

一级阶地主要分布于浉河两岸城，北岸高程60~80 m，纵向坡降2. 8‰，阶面微向河漫滩倾斜。

（十六）南阳市

评价区总的地形特点是西北高、东南低。其地貌类型主要侵蚀剥蚀丘陵、坡洪积倾斜平原、冲洪积倾斜平原和冲积平原。

1. 侵蚀剥蚀丘陵（Ⅰ）

侵蚀剥蚀丘陵分布于评价区东北部和西北部的独山、磨山，高程 135～367.8 m，相对高差 232.8 m。独山组成岩性为加里东期侵入的辉长岩和元古界片岩，辉长岩呈岩株状产出，片岩多为捕虏体。磨山组成岩性为华力西期侵入灰色—灰白色黑云母花岗岩。

2. 坡洪积倾斜平原（$Ⅱ_3$）

坡洪积倾斜平原分布于独山、磨山周围，其坡度 8°～10°，组成岩性为棕黄色、棕褐色粉质黏土，含钙质结核和碎石。

3. 冲洪积倾斜平原（Ⅱ）

冲洪积倾斜平原分布于焦枝铁路以西和坡洪积倾斜平原外围，高程 135～155 m，呈近南北向展布向南倾斜的垄岗地貌。根据区内地貌形态，可分为垄状岗地和岗间洼地。

1）垄状岗地（$Ⅱ_1$）

垄状岗地分布于西部的十八里岗、麒麟—卧龙岗、黄土岗、姚站岗等地，垄状岗地呈近南北展布，北高南低，自然坡降为 3‰，岗顶较平坦，呈向南倾斜的微倾斜垄状岗地。组成岩性为中更新统冲洪积棕黄色、棕红色黏土，含钙质结核和铁锰质结核。

2）岗间洼地（$Ⅱ_2$）

岗间洼地分布于垄状岗地之间，洼地与岗顶相对高差在 5～20 m，呈近南北向展布，北高南低，纵向坡降为 2.5‰，谷坡陡缓不一，一般坡度为 2%。

4. 冲积平原（Ⅲ）

1）二级阶地（$Ⅲ_1$）

二级阶地主要分布于白河北岸市区以北地区，其次分布于白河南岸冉营—五里堡以南地区，高程 121～135 m，纵向坡降 2‰左右，微向一级阶地倾斜。

2）一级阶地（$Ⅲ_2$）

一级阶地主要分布于白河北岸城区及其东部，白河南岸沿河分布较窄，北岸高程 120～130 m，南岸高程 116～121 m，纵向坡降 2.8‰，阶面微向河漫滩倾斜。

（十七）济源市

研究区位于济源盆地内，根据地貌成因、形态、物质组成及浅层地热能地质意义等因素进行地貌单元划分。一级地貌单元依据大地构造单元控制的地貌形态划分为平原、丘陵和山地；结合地貌形态、成因、物质组成及浅层地热能地质意义等因素，在一级地貌单元的基础上进行二级地貌单元划分。

1. 山地（Ⅰ）

山地（Ⅰ）分布于研究区外围北部、西部，主要为侵蚀中低山、低山。

1）中低山（$Ⅰ_1$）

中低山分布于道前寺—白涧—河口一线以北，由奥陶系、寒武系碳酸盐组成。在北蟒河及其支流两侧，由于河谷深切，出露有寒武系中下统碎屑岩及震旦系石英砂岩。山势陡峻，河流、沟谷切割强烈，北蟒河在山区形成深切的“V”形沟谷。绝对高程 500～1 200 m，最高海拔 1 359.0 m（胡板沟），相对高差 400～700 m。

浑圆，沟壑纵横，切割强烈。绝对高程 200~500 m，相对高差 100~200 m。

2）低山（Ⅰ$_2$）

分布于研究区外围万羊山以西及东北部孔山。万羊山以西低山区岩性组成为寒武系碳酸盐岩、碎屑岩、震旦系石英砂岩、下元古界及太古界片麻岩、片岩。绝对高程 400~1 000 m，相对高差 200~400 m。受构造运动影响，河谷相对宽缓。孔山主要由奥陶系中统灰岩组成，南坡局部地段出露寒武系上统白云岩。地势由西向东变高，绝对高程 250~600 m，相对高差 50~400 m。

2. 丘陵（Ⅱ）

1）基岩丘陵（Ⅱ$_1$）

分布在研究区外围西南部，由古近系、三叠系、侏罗系砂岩、页岩组成。丘顶浑圆，沟壑纵横，切割强烈。绝对高程 200~500 m，相对高差 100~200 m。

2）黄土丘陵（Ⅱ$_2$）

研究区东南部分布有黄土丘陵。组成岩性为中更新统黄土，一般厚 20~50 m，下伏古近系粉砂岩。地形起伏较大，沟壑密布。高程 140~250 m，相对高差 20~90 m。

3. 平原（Ⅲ）

平原为冲洪积或坡积成因，在区内广泛分布，高程一般为 130~200 m。

1）坡洪积倾斜地（Ⅲ$_1$）

北部孔山山前的坡洪积倾斜地，由坡洪积成因的中更新统粉土、卵砾石混杂堆积而成，绝对高程 150~210 m，地势向南倾斜，坡降 50‰左右；南部丘陵区北缘的坡洪积倾斜地主要由中更新统黄土状粉土、粉砂、细砂组成，冲沟较发育，绝对高程 140~200 m，地势由东向西渐高，倾向北东，坡降西部 50‰，东部 15‰左右。

2）坡洪积缓倾斜地（Ⅲ$_2$）

坡洪积缓倾斜地主要分布于西承留—大驿—闫斜—西添浆一带，由上更新统粉土、中细砂组成。其物质来源于基岩丘陵、黄土丘陵区。绝对高程 136~200 m，倾向北东，坡降 4‰~10‰，由西向东渐缓。

3）冲洪积扇（Ⅲ$_3$）

冲洪积扇包括蟒河冲洪积扇和沁河冲洪积扇。蟒河冲洪积扇分布于研究区西北部，组成岩性为上更新统粉土、粉质黏土、砂砾石、卵砾石等，倾向东、东南，坡降 7‰左右。沁河冲洪积扇分布于研究区东北部，由沁河冲洪积物堆积而成，组成岩性为上更新统粉土、卵砾石。绝对高程 130~200 m，自北西向南东倾斜，坡降 2‰~20‰。

4）冲洪积微倾斜地（Ⅲ$_4$）

冲洪积微倾斜地分布于蟒河两侧，由蟒河冲洪积物堆积而成。地表岩性为上更新统粉土。绝对高程 130~170 m，整体倾向东，蟒河北岸倾向东南，南岸倾向北东，坡降 1‰~5‰。

5）交接洼地（Ⅲ$_5$）

交接洼地分布于北社—勋掌、东逯寨南及裴村—谷堆头—梨林三处。

北社—勋掌附近为蟒河冲洪积物与西北部山前坡洪积物交错堆积而成。东逯寨南为沁河冲洪积物与东北部山前坡洪积物交错堆积而成。沿裴村—谷堆头—梨林呈条带状分布的洼地，为沁河冲洪积物、孔山山前坡洪积物、蟒河冲洪积物三方物质交错堆积所形成，绝对高程 130~147 m，向南东倾斜。

(十八)郑州航空港综合实验区

研究区内地形西高东低。倾斜平原地面高程160~220 m,岗间洼地高程140~160 m。整个地形自西向东逐渐变低,至尉氏以西、中牟南部黄河二级阶地前缘高程变为110~120 m。武岗—薛店—三官庙—大营以北一带为分水岭,地面由此分别向南、北倾斜。分水岭以南,岗洼相间,呈南北条带状分布,高差5~15 m;分水岭以北,沙丘分布,地表波状起伏。

研究区内地貌条件较为复杂,根据不同地貌成因和地貌形态自西向东分为:山前坡洪积倾斜平原、洼地和黄河古冲积平原。其地貌形态特征分述如下。

1. 山前坡洪积倾斜平原

分布在马岭岗以西,其上为黄土状粉砂覆盖,高程140~220 m,大致由西向东倾斜,坡降1/100~2/200。冲沟发育,多呈深窄沟谷,切割深度一般为10~20 m。薛店—三官庙—大营(三官庙—大营为黄河古冲积平原)一线为东西向分水岭,把港区内冲沟分为南北水系,分别汇入双洎河和贾鲁河。由于间歇性水流的作用,京广铁路以东已成为南北向条形岗地,长短不等、宽窄不一,由于后期风力吹扬作用,其上有沙丘零星分布。

2. 洼地

在尉氏以西黄河古冲积平原和山前坡洪积倾斜平原上,由于水流切割作用,形成南北向条形岗地。在岗地形成的同时,两岗之间,相应地形成了南北向的岗间洼地。洼地浅平,由北向南倾斜。根据形成时代和成因的不同分为:山前倾斜岗间洼地和黄河二级阶地条形岗间洼地。前者的形成始于上更新世晚期,为间歇性水流侵蚀而成,后者形成于全新世,由间歇性水流和黄泛散流侵蚀堆积而成。

3. 黄河古冲积平原

黄河古冲积平原亦称黄河二级阶地。分布在郑州南郊的十八里河至中牟的八岗、尉氏的大营一带,呈西北—东南向带状分布,西窄东宽。阶面高程由西向东为120~95 m。分水岭以北阶地台面保留完整,宽7~12 km,由西南向东北倾斜,坡降为1/350~1/300,上有沙丘和沙地分布,水系不发育;分水岭以南,由于长期水流切割,呈南北向条形岗地,长短、宽窄不等,亦有沙丘分布。

第三节 地质构造

一、地层

河南省地层发育齐全,从太古界到新生界均有出露。以栾川—固始韧性剪切带为界分为华北和秦岭两个地层区,秦岭地层区又以镇平—龟山韧性剪切带分为北秦岭和南秦岭两个分区。省域内第四系广泛分布,面积约9.3万 km^2,占全省总面积的60%。

(一)前新生界

1. 太古界(Ar)

太古界在华北地层区有登封群和太华群。登封群(Ardn)由花岗—绿岩带组成,花岗质岩系属TTG岩系,绿岩带下部为超铁镁火山岩,上部为沉积岩系。太华群(Arth)下部为英云闪长岩—奥长花岗岩,上部为绿岩带,属科马提岩及沉积岩系。在南秦岭地层分区有大别山群(Ardb),由花岗质岩系及表壳岩系组成,前者为TTG岩系,后者为沉积岩系,发育高压变质带。

2. 下元古界(Pt_1)

下元古界在华北地层区有嵩山群(Pt_1sn),不整合于登封群之上,为滨海—浅海相沉积,由石英岩、云母片岩、千枚岩夹白云岩组成,厚1 170~3 228 m,在北秦岭地层分区有陆缘沉积秦岭群(Pt_1qn),为角闪质和云母质片麻岩,在南秦岭地层分区有活动陆缘沉积陡岭群(Pt_1dl),主要为混合岩、斜长角闪片麻岩及大理岩。

3. 中元古界(Pt_2)

中元古界在华北地层区下部为熊耳群,上部分别为汝阳群或官道口群。熊耳群(Pt_2xn)不整合于登封群、太华群、嵩山群之上,底部为碎屑岩,主体为陆内裂谷生成的玄武岩、粗面岩、安山岩、流纹岩,厚4 154~8 548 m。汝阳群(Pt_2ry)不整合于熊耳群之上,为海滩—潮坪相沉积,主要为石英砂岩夹页岩,上部为砾屑白云岩,厚939~2 346 m。官道口群(Pt_2gh)不整合于熊耳群之上,下部为海滩相石英砂岩,上部为局限台地相含叠层石大理岩,厚1 793~3 076 m。北秦岭地层分区有宽坪群(Pt_2kn),为陆缘裂谷生成的拉斑玄武岩、复理石砂岩、云母大理岩。

4. 上元古界(Pt_3)

上元古界在华北地层区有洛峪群和震旦系、栾川群和陶湾群。洛峪群(Pt_3ly)为滨海—浅海相沉积的页岩、石英砂岩、白云岩,厚212~611 m,震旦系(Z)平行不整合于洛峪群之上,下部为海滩—局限台地相砾岩、白云岩、海绿石砂岩,厚280~700 m;上部为山岳冰川沉积的冰碛砾岩及页岩,厚38~298 m 。栾川群(Pt_3ln)平行不整合于官道口群之上,为浅海陆棚—局限台地相沉积的石英岩、云母石英片岩、大理岩,夹炭质页岩,顶部有变粗面岩,厚2 495~3 126 m,陶湾群(Ztw)为陆缘斜坡环境生成的砾岩、板岩、条带状大理岩,具滑塌及风暴沉积,厚350~3 100 m。

5. 下古生界(Pz_1)

下古生界在华北地层区发育寒武系和奥陶系局限、开阔台地沉积。寒武系(∈)平行不整合于中、上元古界之上,下统为含磷砂岩、含膏白云岩、云斑灰岩、泥质白云岩,厚37~483 m;中统为含云母页岩、海绿石砂岩夹灰岩、鲕状灰岩,厚306~634 m;上统为泥质白云岩、白云岩,厚76~293 m。奥陶系(O)下统为燧石团块白云岩、细晶白云岩,厚60 m;中统分布在三门峡—禹州以北,平行不整合于下统或上寒武统之上,主要为白云岩、灰岩,厚84~672 m。

6. 上古生界(Pz_2)

华北地层区发育有海陆交互相的石炭系—二叠系(C-P)。石炭系上统为铁铝质岩系,灰岩夹砂岩、泥岩及煤层,厚149 m;下二叠统为砂岩、页岩夹煤层,厚366 m,上二叠统为砂岩、泥岩夹煤层、海绵岩、厚层长石石英砂岩、粉砂岩,厚1 100 m。

7. 中生代(Mz)

华北地层区三叠系(T)为河流、湖泊相沉积,下统为紫红色砂岩夹泥岩,厚329~849 m,中统为砂岩与泥岩互层,厚199~609 m,上统为砂岩、泥岩、夹泥灰岩、煤层、油页岩,厚2 718 m;侏罗系(J)为湖泊、沼泽相砂岩,泥岩夹煤层,厚497 m;白垩系(K)分布零星,宝丰大营有中基性火山岩,厚1 108 m,汝阳九店有凝灰岩夹砾岩,厚1 807 m,在南秦岭地层分区西峡、淅川盆地仅有白垩系,为河流相紫红色砂岩、砾岩、泥岩、泥灰岩,厚2 263 m。

(二)新生界

1. 古近系与新近系

古近系与新近系在盆地和凹陷分布,主要为河流、湖泊相砂岩、粉砂岩、砂砾岩、泥岩、泥灰岩。在华北地层区,古近系在洛阳、三门峡等盆地边缘出露,厚1 000~3 150 m,新近系在卢氏、汤阴、洛阳盆地及濮阳凹陷有分布,厚500~800 m。在北秦岭地层分区的吴城、平昌关盆地有古近系和新近系分布,在南秦岭地层分区李官桥盆地出露有古近系和新近系,厚1 000~2 000 m;在南阳凹陷厚达8 000 m,有含油岩系。

2. 第四系

第四系广泛分布于平原、山间盆地及山前丘陵一带。

西部山间盆地及山前丘陵区,第四系下更新统为冲、湖积砂及砂砾石、黏土等,黄河两岸有午城黄土;中更新统为冲湖积、冲洪积粉质黏土、砂及砂砾石,灵宝—郑州有离石黄土;上更新统(Q_p^3)豫西为冲积粉土、粉质黏土及砂层、砂砾石层,灵宝—郑州有马兰黄土;全新统(Q_h)为河流冲积层,局部有风积物。

东部平原区第四纪以来,堆积了厚100~400 m的第四系松散堆积物。第四系依成因类型、地层结构和分布位置不同,分上、下两段。

1)下段

下更新统冰水—冲湖积物:由两部分组成,其一分布在内黄、浚县、长垣、开封、尉氏、扶沟、漯河、遂平以西,遂平—新蔡以南至山前地区。岩性为灰绿色、棕黄色粉质黏土、粉土及含砾中粗砂或含砾泥质粗砂。砂砾石分选差,呈棱角、半棱角状。堆积物厚度一般为60~120 m,最厚可达200 m,其物质来源于西部。其二分布在濮阳、范县、台前一带和商丘、鹿邑以东地区的河道带、河间带。前者岩性为棕、棕褐色黏性土夹多层含砾粗中砂、细中砂、中细砂组成。后者由厚层棕红、灰绿色黏性土夹中细砂层组成,砂层分选较好,局部含小砾石,其厚度濮阳、范县一带为120~160 m,商丘、鹿邑一带为100~160 m。其物质来源于东部。

中、下更新统湖相堆积物:分布在东西两个物质来源方向的冰水—冲洪积物的中间地带。岩性由棕红、红棕夹灰绿色厚层、巨厚层黏土、粉质黏土夹薄层粉细砂、粉砂组成。在湖相地层的周边,分布有大小不等的河口三角洲堆积物,岩性由粉土、粉质黏土和较厚层粉细砂组成。该层厚度为120~160 m。

2)上段

中、上更新统冲积—洪积物:主要分布在内黄、滑县、新乡、上街、郑州、鄢陵、漯河、上蔡、汝南、正阳、息县、淮滨以西及以南的山前地区。在漯河、舞阳以北主要呈扇(裙)展布,尤以太行山前更为典型。由灰黄、棕黄、黄棕色粉土、粉质黏土及砂砾石、中细砂组成,钙质含量较高,从扇顶向扇缘粒径由粗变细,砂层厚度由厚变薄(30~10 m),结构由单层变为多层;在扇(裙)的前缘或扇间分布有湖沼相堆积,由灰褐色、黄灰色淤泥质粉土、粉质黏土组成;在郑州以南及以西,分布着大面积的黄土状土,绝大部分暴露地表,遭受剥蚀,质地疏松,垂直节理发育,沟谷深切,多呈岗地出现,其岩性在漯河以北为黄土状粉土,局部夹砂砾石透镜体或底砾层,漯河以南为黄土状粉土、粉质黏土;大别山前为黄土状粉质黏土。其厚度多为20~60 m。

中、下更新统及全新统黄河冲积物:分布在逍遥、周口、沈丘一线以北。在新乡、濮阳、兰考、杞县、通许、尉氏、郑州一带形成一个较大面积的片状砂体,构成黄河冲积扇的主体。其岩性为灰黄色厚层中细砂、粉细砂和粉土夹薄层粉质黏土透镜体组成。在冲积扇的前缘为泛流带的堆积,河道带呈树枝状、条带状展布,岩性由中细砂、粉细砂夹粉土、粉质黏土组成;河间带呈片状、长条状分布其间,岩性为粉土、粉质黏土夹薄细砂层。总厚度大体以现行河道为脊柱,由厚度 140 m 向两侧逐渐变薄。

中、上更新统及全新统淮河及其支流沙、汝河冲积物:分布在南部山前冲洪积平原区以东及以北,逍遥、周口、沈丘一线以南的广大低平原地区。其岩性为褐黄色、棕黄色、灰黄色粉质黏土夹砂层组成。砂层厚度 10~25 m;上部河间带堆积区,分布有沼泽洼地堆积,多由灰色、灰黑色粉质黏土及少量粉土组成。总厚度为 60~100 m,最厚可达 120 m。堆积物均由沙、汝、淮诸河流搬运而来,组成当今的沙、汝、淮冲积平原。

重点研究区地质特征见表 2-2。

表 2-2 重点研究区地质概况

地貌类型	重点研究区	200 m 以浅地层岩性	地质构造
山前冲洪积倾斜平原	焦作市	新近系下部为砾岩、砂岩、泥岩、泥灰岩互层;上部为黏土、砂质黏土、砂砾石互层夹薄层钙质结核。厚度 10~20 m。第四系底板埋深 80~200 m,为杂色黏土、粉质黏土夹砂、砂砾石层。冲洪积黏土、砂砾石、卵石层、黄土状粉质黏土。粉土、黄土状土、粉质黏土与厚层粉细砂、细粉砂	焦作市处于济源—开封凹陷与太行山隆起的交接部位。主要发育有近东西向的凤凰岭断层、朱村断层、董村断层等;北东与北北东向的朱岭断层、赵庄断层、九里山断层等;北西向的李万—武陟断层、朱庄断层
	安阳市	新近系主要出露于西南部丘陵区,为泥岩(黏土岩)、泥质粉砂岩、含钙质砂质泥岩、泥灰岩、火山角砾岩和凝灰质含砾粉砂岩,厚度大于 300 m;第四系为冰碛泥砾层、粉质黏土、黏土、卵砾石及砂层,局部钙质胶结成岩、黄土状粉土及粉质黏土	位于汤阴断陷内,主要发育 NNE、NE 及 NWW 向两组断裂
	平顶山	北部及西南部前新生界出露。新近系出露于西部,为泥灰岩及砂砾岩、黏土岩互层,厚度大于 50 m。其他地区为第四系分布,厚度一般大于 50 m,东南部厚度较大,岩性主要为黏土、粉质黏土为主,山前分布有泥质砾石,南部、东南部沙河两侧有砂砾石和砂层分布	位于辛集—平顶山凹陷带西缘,区内以北西向构造为主。褶皱构造主要有李口向斜和辛集背斜。除九里山断层部分出露外,其他断裂多为隐伏断裂。北西向主要有鲁—叶断层、襄—郏断层、九里山断层、锅底山断层等,北东向断裂构造主要有郏县断层、洛岗断层

续表 2-2

地貌类型	重点研究区	200 m 以浅地层岩性	地质构造
山前冲洪积倾斜平原	鹤壁市	新近系主要出露于西部岗丘区,为泥岩(黏土岩)、含砾砂岩、泥灰岩;第四系为泥砾层、粉质黏土、黏土、粉土、砂砾石及砂层,总厚度小于 30 m。城区新近系与第四系总厚度大于 300 m	位于汤阴断陷内,主要发育 NNE 的汤东断裂、汤西断裂及一些近 EW 断层等
	信阳市	第四系厚度小于 20 m,下伏白垩系泥质砂岩、砾岩。第四系岗地区以粉质黏土为主;河谷平原区为粗砂、砾石夹粉质黏土	位于南秦岭褶皱带东段,主要发育北西西向、近南北向、北北东向断裂,分别为信阳—方集断裂、龟山—梅山断裂带,赐儿山断裂,信阳—正阳断裂等
冲洪积平原	郑州市	新近系与第四系厚度大于 400 m。新近系岩性为黏土或泥岩、中砂、中粗砂、细砂互层,局部夹卵砾石;第四系为厚层黏土,粉质黏土,粉土,粗、中、细砂层,西南山前和邙山一带为粉质黏土;西部台塬区堆积有马兰黄土,为风成黄土,第四系厚度大于 100 m	位于开封凹陷内,隐伏断裂发育,断裂展布方向以北西向、近东西向为主。近东西向断裂主要由中牟断层、中牟北断层、上街断层、须水断层;北西向断层主要有老鸦陈断层、花园口断层、古荥断层等
	开封市	第四系厚度 400 m 左右。上部是浅层地热能开发利用的主要层位。堆积物为黏土、粉质黏土、似黄土状粉土、粉细砂、中细砂、中粗砂等	位于开封凹陷内,发育隐伏断裂有:新乡—商丘断裂、郑汴断裂、中牟断裂、武陟断裂、原阳断裂、兰考断裂等。断裂以北西—南东向和近东西向为主

续表 2-2

地貌类型	重点研究区	200 m 以浅地层岩性	地质构造
冲洪积平原区	新乡市	新近系下部为泥岩、泥质砂岩、中细砂岩互层,上部为角砾状泥灰岩、泥灰岩,岩溶裂隙发育,厚度 10~1 300 m。第四系黏土、粉质黏土、粉土、泥砾、黄土状粉质黏土、粉细、中细、中粗砂。第四系厚度 130~200 m	位于汤阴断陷北段,主要发育 NNE、NE 及 NWW、近 EW 向两组断裂。主要地质构造有:青羊口断裂、白壁集—淇门镇断裂、盘古寺—新乡断裂、山彪—五陵断裂、西曲里断裂、杨九屯—李屯宽缓倾伏背斜
	濮阳市	第四系底板埋深为 370~400 m,为黏土、粉质黏土、粉土、细砂、细中砂、粗砂	位于内黄凸起与东濮凹陷之间的过渡地带,主要受北北东和北东向构造所控制。对本区有影响的构造均为隐伏构造,以断裂为主,主要有北北东向的长垣断裂、黄河断裂、聊兰断裂、汤东断裂和北西西向的磁县—大名断裂、清丰断裂等
	许昌市 漯河市	第四系为泥砾石透镜体与含砾粉土、粉质黏土互层、黏土夹粉质黏土、粉土及中细砂组成;其中上更新统在许昌一带以灰黄色、褐黄色粉土为主,漯河一带以粉土、粉质黏土为主,底部有薄层细砂、中细砂。第四系厚度大于 300 m	许昌市、漯河市均位于周口凹陷的西段。凹陷内断裂较发育,主要为北西西向,次为北东向。北西西向有临颍—沈丘大断裂、鲁山—漯河大断裂、襄城—漯河北大断裂等。北东向的断裂主要有济阳、郸城北断裂等
	周口市	第四系为粉质黏土、粉土、黏土、细砂、粉细砂和细中砂,周口市西北的贾鲁河与沙颍河河间地带,下部有一层厚 5~12 m 砂砾泥质粗中砂及砾卵石,分布不稳定,分选差,钙质胶结。第四系厚度大于 400 m	位于周口凹陷中。凹陷内断裂较发育,主要为北西西向,次为北东向。周口市附近的断裂主要有近东西向的商水—项城断裂、北北西向的周口大断裂等
	商丘市	第四系厚度 450 m 左右,其中中上更新统及全新统约 170 m。沉积物下部主要为黏土、粉质黏土夹各类砂层;上部为粉土、粉质黏土夹粉细砂、细砂、细中砂层	位于通许隆起东端,发育隐伏断裂有:北西西向的新乡—商丘断裂,近东西向的商丘南断裂等
	驻马店市	第四系为粉质黏土、黏土夹粉土、泥质砂卵砾石及中细砂;新近系为黏土岩、泥灰岩夹薄层砂。第四系及新近系厚度大于 200 m	位于驻马店—平舆凹陷西缘,主要发育北北西向和北西向断裂,为隐伏断裂
	郑州航空港综合实验区	被第四系松散堆积物所覆盖,第四系发育齐全。根据钻孔揭露,研究区 200 m 以浅的地层均为第四系,上部为粉土、细粉砂,下部为中细砂、中粗砂,构成了上细下粗典型的“二元结构”,或粗细相间的多元结构	研究区处于小秦岭—嵩箕山东西向构造带的东段

续表 2-2

地貌类型	重点研究区	200 m 以浅地层岩性	地质构造
内陆河谷盆地	洛阳市	新近系为砂质黏土、钙质黏土，泥灰岩、泥质砂、中细砂（岩）、砂卵石层（岩）。厚 200~300 m。第四系为砂质粉土、黏土、泥质粉砂、黏土砾石层、粉质黏土、中细砂、砂卵石层、粉土、黄土状粉质黏土；风积层主要分布于盆地南北两侧的台塬地区，为马兰黄土	位于洛阳盆地内，盆地基底断裂构造发育，主要发育有东西向、北东向、北西向三组断裂
内陆河谷盆地	南阳市	新近系为砾岩、砂岩与泥岩互层。顶板埋深 50~220 m，底板埋深在城区南为 370~420 m。第四系在城区厚度 200 m 左右，主要为含卵砾石中粗砂、砂砾卵石、含砾黏土、中细砂及粉质黏土	位于南秦岭褶皱带的断陷盆地内。南阳盆地为三面环山向南开口的新生代盆地。构造的主要特征表现为凹陷的不对称性，即盆地南深北浅，向南倾斜，新生界有北薄南厚的规律。朱阳关—夏馆—南阳—大河断裂从城区南部通过
内陆河谷盆地	济源市	新近系、第四系厚度大于 300 m。新近系岩性为黏土岩、砂质黏土岩、粉砂岩、泥灰岩、砂砾岩；第四系岩性为粉质黏土、粉土、砂、砂砾石、卵砾石等，厚度 50~200 m	位于济源—开封凹陷西北缘。褶皱有济源向斜，为隐伏状；断裂主要有盘古寺断层、封门口断层、三樊断层等
内陆河谷盆地	三门峡市	第四系厚度大于 200 m，岩性自下而上分别为黏土、粉质黏土加中细砂、细砂，砂及砂卵砾石层，黄土状粉土	位于灵宝—三门峡盆地东段，盆地基底断裂构造发育，主要发育有北东向灵宝—三门峡断层、史家滩断层、七里沟断层、樱桃山断层、席村南沟断层，近东西向的温水沟断层等

二、岩浆岩

河南省岩浆活动频繁，可分为 8 期，岩浆岩分布广泛，侵入岩出露面积 11 250 km^2，火山岩 7 284 km^2。岩类较全，从超基性到酸性都有分布。

侵入岩：全省岩体 466 个，其中酸性岩类占 85%，中性岩类 10%，其余为基性—超基性岩和碱性岩。

火山岩：河南省岩浆喷发活动剧烈，火山岩分布广泛，王屋山期 5 300 km^2，加里东期

1 580 km^2,燕山期 330 km^2,喜山期 74 km^2,嵩阳期和中条期火山岩已遭受深变质。

三、地质构造

河南省在大地构造上跨华北板块和扬子板块,镇平—龟山韧性剪切带为主缝合线。华北板块由华北陆块和其南缘的北秦岭褶皱带组成,扬子板块为其北缘的南秦岭褶皱带。

(一)华北陆块

南界为栾川—明港韧性剪切带,基底为太古代和早元古代不同变质程度的各种变质岩系;盖层包括中、晚元古代浅海相碎屑岩—碳酸盐岩、寒武纪—中奥陶世海相碳酸盐岩和石炭纪—二叠纪海陆交互相含煤碎屑岩系;中—新生代陆内断陷盆地型沉积,主要为陆源碎屑岩和各种成因类型的松散堆积。陆块内发育三条大型上地壳构造带,即济源—焦作断裂带,为白垩纪形成的断面南倾的正断层;三门峡—鲁山逆冲构造带,为白垩纪形成的由南向北逆冲构造带;马超营—确山韧性剪切带,为多期活动构造带。陆块南部发育晋宁期俯冲型花岗岩和燕山期后造山花岗岩。

(二)北秦岭褶皱带

北秦岭褶皱带为华北板块南部主动大陆边缘,是华力西—印支褶皱带。北部为中元古代陆缘裂谷沉积的宽坪群,中部为早古生代裂谷型蛇绿岩带—二郎坪群及晚古生代类复理石沉积柿树园组、小寨组,南部为早元古代陆缘沉积秦岭群和晚元古代陆缘沉积峡河群,以及古生代雁岭沟组海相碳酸盐岩外来体。三部分之间为两条大型构造带,即瓦穴子—毛集上地壳逆冲构造带,为晚古生代—三叠纪向南推覆带;朱阳关—大河韧性剪切带,为多期活动超地壳构造带。该褶皱带内发育古生代弧型花岗岩以及碰撞型花岗岩,该带南界镇平—龟山韧性剪切带为多期活动的超地壳构造带。

(三)南秦岭褶皱带

南秦岭褶皱带为扬子板块北缘的被动大陆边缘,为华力西—印支褶皱带。该带具有扬子型基底,震旦纪—晚古生代浅海相沉积发育。区内有三条大型构造带,西峡—周党韧性剪切带为上地壳构造带,分隔龟山组和南湾组;内乡—商城韧性剪切带为超地壳构造带,分隔南湾组与苏家河群,大陡岭—浒湾构造带为上地壳断裂,分隔苏家河群与陡岭群、大别群。带内发育晚元古代弧型花岗岩、碰撞型花岗岩,及加里东期和华力西期酸性岩类和基性-超镁铁岩类。

(四)主要断裂构造

河南省内主要断裂构造有 22 条:F_1—三门峡—鲁山断裂;F_2—马超营—拐河—确山断裂;F_3—栾川—明港断裂带;F_4—景湾韧性断裂带;F_5—瓦穴子—小罗沟断裂带和道士湾、王小庄、小董庄韧性剪切带;F_6—邵家—小寨断裂带;F_7—朱阳关—大河断裂带;F_8—寨根韧性断裂带;F_9—西官庄—镇平—松扒韧性断裂带和龟山—梅山韧性断裂带;F_{10}—丁河—内乡韧性剪切带和桐柏—商城韧性剪彩切带;F_{11}—定远韧性剪切带;F_{12}—木家垭—固庙—八里畈韧性剪切带;F_{13}—新屋场—田关韧性剪切带;F_{14}—淅川—黄风垭韧性剪切带;F_{15}—任村—西平罗断裂;F_{16}—青羊口断裂;F_{17}—太行山东麓断裂;F_{18}—长垣断裂;F_{19}—黄河断裂;F_{20}—聊城—兰考断裂;F_{21}—盘古寺断裂;F_{22}—新乡—商丘断裂(见图 2-5)。

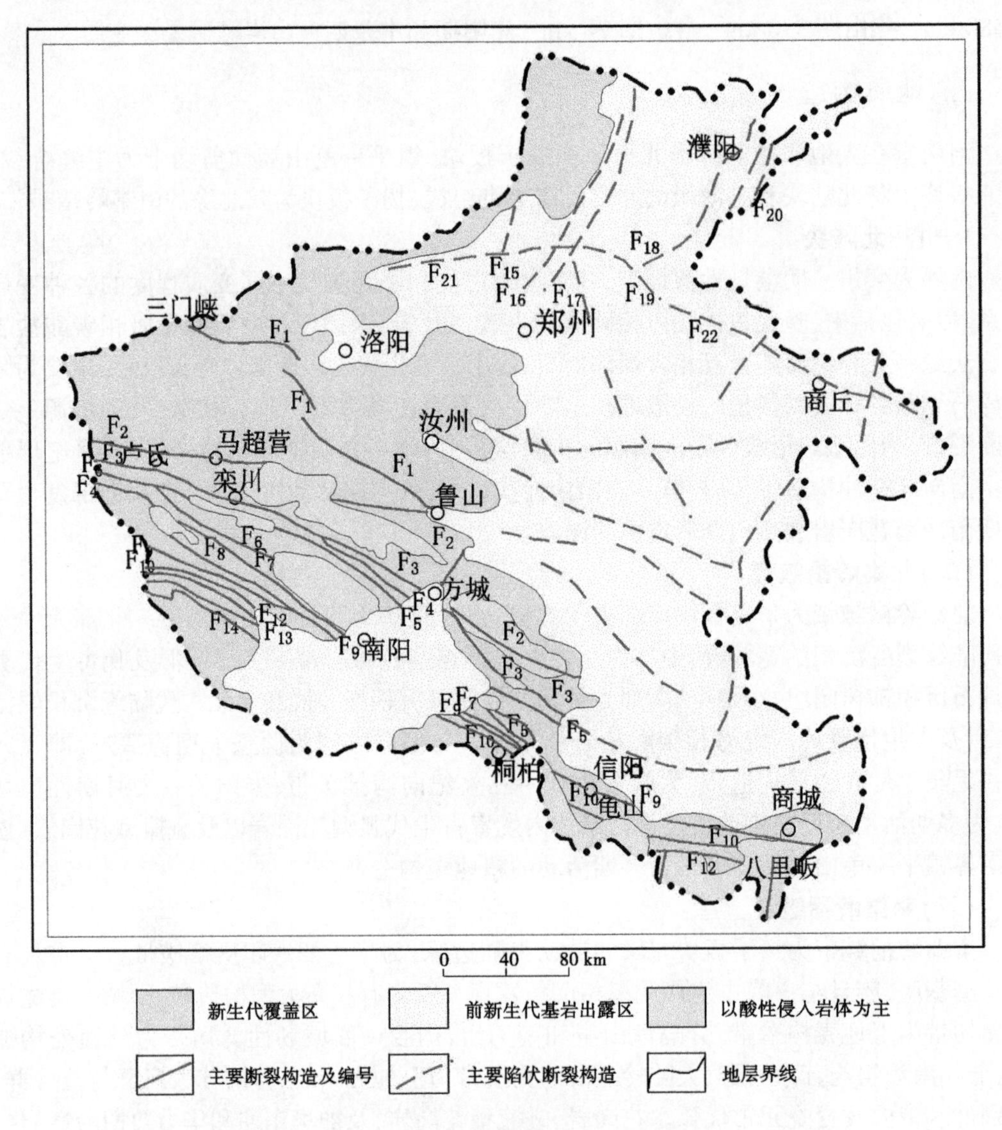

图 2-5 河南省主要断裂构造分布图

1. 北北东向深断裂

1) 太行山东麓深断裂带

太行山东麓深断裂带呈近南北向展布在河南省北部太行山东麓，北入河北省，南被焦作—新乡—商丘深断裂所限，河南境内长 140 km，宽 40～50 km，由任村—西平罗断裂(F_{15})、青羊口断裂(F_{16})、太行山东麓断裂(F_{17})三条主要断裂组成。

2) 聊城—兰考深断裂带

聊城—兰考深断裂带为一隐伏深断裂带，沿河南、山东两省交界地带呈北北东向展布在山东省聊城—河南省兰考一带，省内长约 140 km，宽 15～40 km。自西向东由长垣断裂(F_{18})、黄河断裂(F_{19})、聊城—兰考断裂(F_{20})三条主要断裂组成。

2. 北西西向深断裂带

共6条深断裂带，其中5条分布于秦岭褶皱系内及与中朝准地台交界地带，1条河南省中部中朝准地台区。深断裂形成较早，活动时期长，对自中元古代以来秦岭地槽系和中朝准地台南缘地质构造发展演化具有一定控制作用。由焦作—商丘深断裂带（F_{21}）、栾川—确山—固始深断裂带、栾川—明港断裂带（F_3）、栾川—明港断裂带（F_3）、朱阳关—大河断裂带（F_7）、西官庄—镇平—龟山—梅山断裂带（F_9）和木家垭—内乡—桐柏—商城深断裂带（F_{10}）构成。

（五）新构造运动与地震

河南省新构造运动的特征以垂直升降运动为主，受其影响，地壳升降运动不仅使地层产生形变，亦使古地理发生了演变。上升区遭受侵蚀剥蚀，下降区接受堆积，形成平原、山地和山间盆地。本区新构造运动的特点和表现具有明显的继承性、差异性和震荡性。

（六）区域地壳稳定性

按照中华人民共和国国家标准《中国地震动参数区划图》（GB 18306—2015），河南省所处地震动参数值为<0. 05*g*、0. 05*g*、0. 10*g*、0. 15*g*、0. 20*g*，对应的地震基本烈度分别为<Ⅵ、Ⅵ、Ⅶ、Ⅶ、Ⅷ，属区域地壳稳定—较不稳定区。

第三章　浅层地热能赋存条件

浅层地热能指蕴藏在200 m以浅的岩土层和地下水中的地热能。根据河南省地质、水文地质特征,河南省浅层地热能的评价深度确定为200 m以浅。

第一节　第四系地质结构特征

河南省浅层地热能的赋存层位主要为第四系及新近系上部的各类松散堆积物,这些松散的堆积物和储存于其孔隙内的地下水为浅层地热能的载体,广泛分布于洪积平原区、山前冲洪积倾斜平原区及山间盆地区。自山前向平原区第四系厚度增大,厚度由数米到百米以上(见图3-1)。新近系主要在盆地和东部平原区分布,岩性以冲、湖积砂岩(砂层)、粉砂岩、泥岩、泥灰岩为主;第四系广泛分布于东部冲洪积平原区、山前冲洪积倾斜平原区及山间盆地区。西部的山间盆地区及山前冲洪积倾斜平原区,下更新统(Q_p^1)为冲、湖积砂及砂砾石、黏土等,黄河两岸有午城黄土;中更新统(Q_p^2)为冲湖积、冲洪积粉质黏土、砂及砂卵砾石,灵宝—郑州有离石黄土;上更新统(Q_p^3)豫西为冲积粉土、粉质黏土及砂层、砂砾石层,灵宝—郑州有马兰黄土;全新统(Q_h)为河流冲积层,局部有风积物。一般冲洪积扇、河谷一带地层岩性以冲积、冲洪积为主的松散地层,且沉积物以粗粒相的砂卵石、砂砾石、粗砂、中砂为主;广大冲积平原区地层岩性以冲积、冲湖积、湖沼相等细粒相沉积为主的松散地层,包括第四系、新近系黏性土、粉土、细粒相砂土为主,见图3-2。

一、下更新统(Q_p^1)

(一)冲洪积平原区

冲洪积平原区分布广泛,200 m深度内厚度较大。

淮河冲积平原区200 m深度内分布着下更新统上段地层,多埋藏于100 m以下,厚度40~100 m,其中西部较薄,东部较厚。岩性上部黄绿色,下部灰绿色中夹黄棕色、浅棕红色粉质黏土、黏土及细、中砂。该层顶部的黄绿色黏土(或粉质黏土)分布非常稳定,且普遍含有豆状大小的铁锰质结核富集层。其下则为钙质结核。明显的混粒结构是本段的标志层。较中段黏性土断面粗糙,砂层分选稍差,其成因类型为冰水、冲积、湖积及河口三角洲堆积。

黄河冲积平原区200 m深度内分布着下更新统中段和上段地层,多埋藏于60~100 m以下,厚度40~80 m。中段为黄棕、棕、棕红色黏土、粉质黏土夹中细砂层。黏性土细腻、致密块状、断面光滑;砂层分选性好,为冲湖积成因。上部岩性为黄绿、灰绿夹黄棕、浅棕红色粉质黏土、黏土及细、中砂层。该段地层顶部的黄绿色黏土分布非常稳定,几乎每孔必见。普遍含有豆大的铁锰结核富集层,其下为钙质结核。明显的泥粒结构是本段的标志层。黏性土断面粗糙,砂层分选稍差,为冰水、冲湖积及河口三角洲堆积。

郑州黄河两岸有午城黄土,厚10~40 m,局部有冰碛层分布。

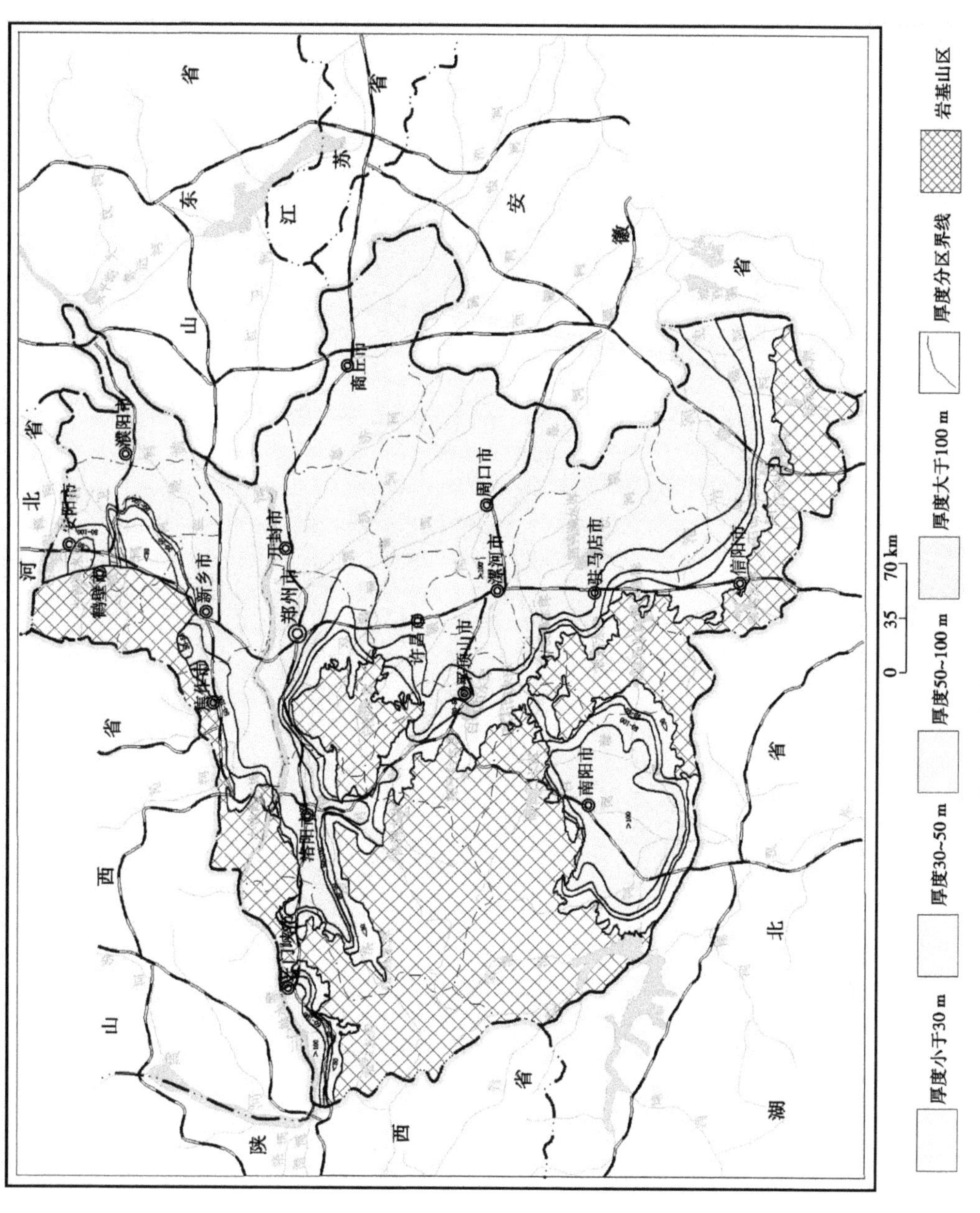

图 3-1　河南省第四系厚度图(200 m以浅)

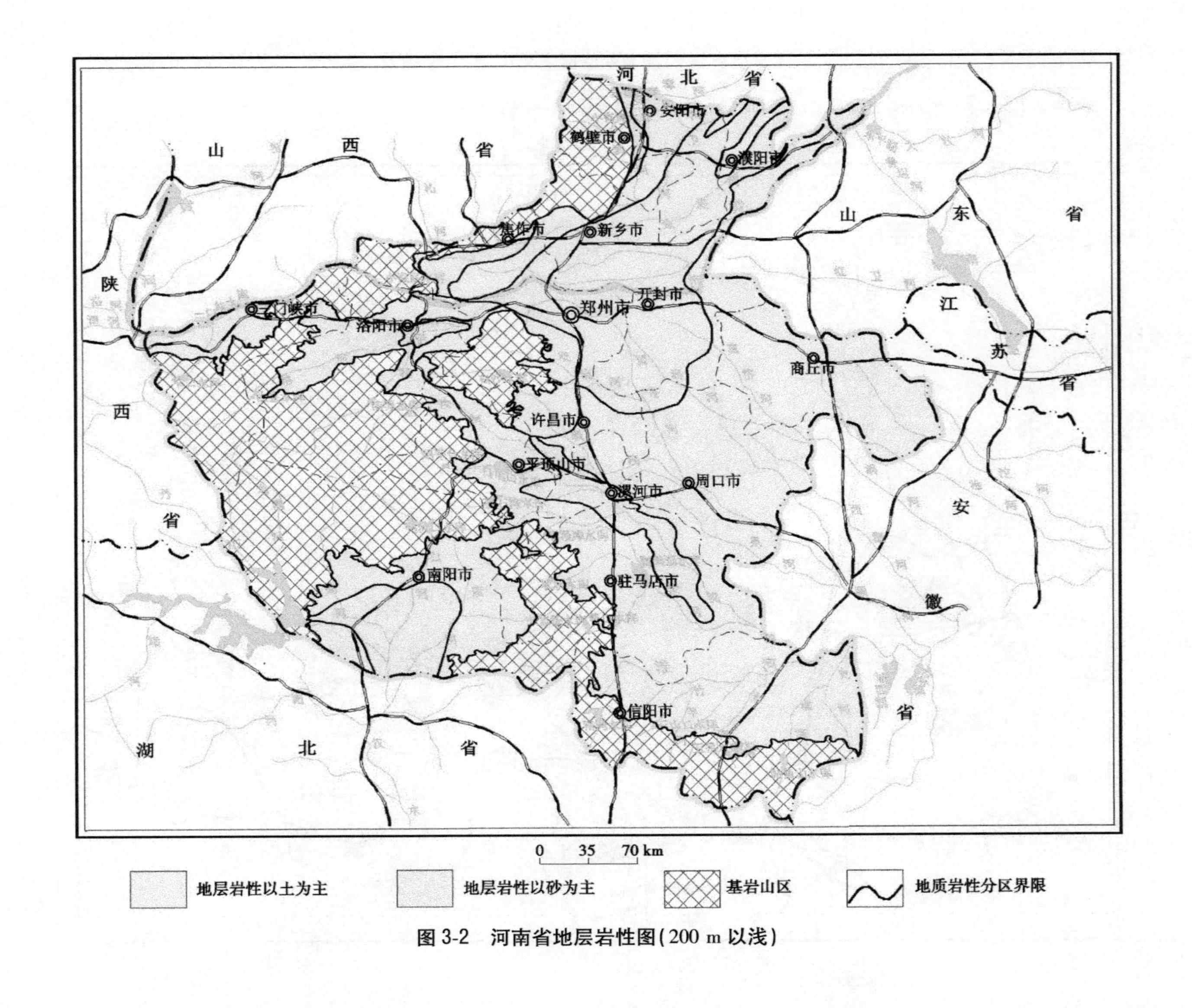

图 3-2 河南省地层岩性图(200 m 以浅)

黄河下游地区均有分布,埋藏较深,200 m 深度内厚度较小。成因类型主要为冰水、冲积及冲湖积、湖积等。

(二)山前冲洪积倾斜平原区

区内多埋藏于地下。安阳伦掌韩陵山附近有零星出露。呈小丘状,为冰川泥砾(泥砾),棕红色,砾石大小混杂,排列无定向,砾径 2~10 cm,成分主要为石英砂岩,砾石中压裂、刀削面、直立者多见。黏土含量较高,质地坚韧、细腻、塑性强,砾石脱落处留有完整的印模。厚约 30 m。

(三)山间盆地区

南阳盆地:市区西部垄岗区岗间洼地冲沟壁、沟底有出露,平原区埋藏于中更新统之下。评价区所见 Q_p^1 为冰水堆积物和河床相堆积物。河床相堆积岩性以杂色、灰绿色混粒砂为主,冰水堆积物以灰绿色、灰白色黏土为主,夹有粉细砂、中细砂透镜体,砂多为半胶结状。北薄南厚,厚度 50~200 m。

洛阳盆地:分布于全区,多被全新统及上更新统覆盖。岩性为浅黄色砂质粉土、黏土、泥质粉砂、灰白色砂卵石及黏土砾石层,局部尚夹有泥灰岩,厚 110~190 m。

灵宝—三门峡盆地:仅个别钻孔揭露,据区域资料,总厚 150~250 m,具上粗下细特征,本层在区内构成黄河阶地基座,分上下两段。

下段湖积层岩性以浅灰—灰绿色硬黏土为主夹薄层透镜状粉细砂,局部砂层呈半胶结状,胶结物为钙质,密实坚硬。含钙核和暗色晶粒状或楔形脉状次生石膏,为湖积黏土龟裂充填物。与第三系呈不整合接触。上段冲湖积层:厚 45~75 m,为浅黄色—灰绿色、褐棕色硬黏土夹灰白色粉细砂薄层。硬黏土中含砂团和钙核,水平和交错层理发育。

济源盆地:分布于盆地中东部,济源市区下更新统缺失,自西北至东南厚度 50~100 m。丘陵岗地一带为棕红色黏土、粉质黏土及泥砾,属冰碛及冰水堆积;南部广大平原区,埋藏在 150 m 以下,为棕红色厚层黏土、粉质黏土夹薄层粉砂、中细砂,见淡黄色、淡绿色斑状浸染及黑色锰结核,厚度可达 100 m,为湖泊相沉积。

二、中更新统(Q_p^2)

(一)冲洪积平原区

中更新统在豫西为河流—湖泊相沉积,厚 10~40 m。灵宝—郑州有离石黄土,厚 10~80 m。豫西南有冲—洪积层,南召云阳有洞穴沉积。

淮河冲积平原区均有分布,底板埋深一般 40~100 m,最大埋深分布在中牟—开封—兰考、新蔡等地,埋深大于 120 m(见图 3-3)。厚度分布不均,中部逐渐变厚,沉积厚度最大处大于 80 m,分布在开封一带,扶沟—西华—周口,新蔡一带沉积厚度大于 60 m。其岩性为一套浅棕黄色、棕红色、褐黄色杂有灰绿色染的似黄土状土、粉土、粉质黏土夹厚度不等的中细砂、粉细砂互层,砂层西部颗粒粗、厚度大,向东部变薄、变细,成因西部以冲积为主,向东过渡为冲湖积。该层普遍含钙质结核和少量铁锰质结核,具有古土壤层和淋滤淀积层。因受基底构造活动影响,隆起区厚度较凹陷(断陷)区小,单层薄、色调深,而且上下段间或层与层之间色差也有明显的不同。粉土质结构明显,角闪石含量剧增,微体古生物发现最多,是该层沉积物的最大特点。依岩性特征不同可分为上下两段。总体上看,上段色浅、砂层多,下段色深、砂层少。

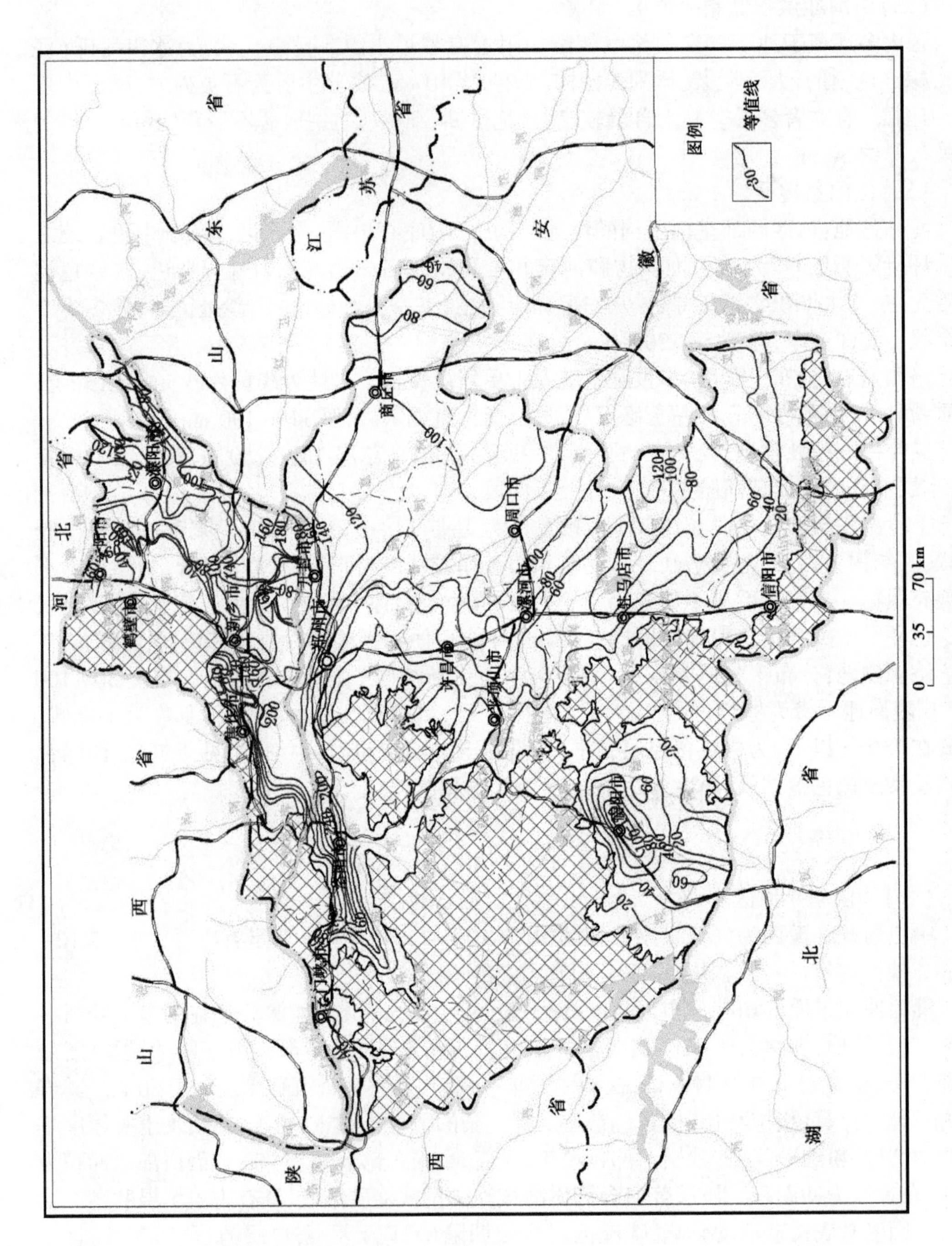

图 3-3 河南省中更新统底板埋深等值线图（200 m 以浅）

黄河冲积平原区埋藏于地下20~80 m,厚40~80 m。由西向东埋藏越来越深,厚度也越来越大,1985年河南省地质矿产厅第一水文地质工程地质队建有开封组。岩性为一套较Ⅰ区颜色略浅的棕黄色、棕红色、褐黄色杂有灰绿色的似黄土状粉土、粉质黏土夹中细砂、粉细砂层。普遍含钙质结核和少量铁锰结核。具有古土壤和淋滤淀积层,其中,隆起区厚度较凹陷区小,单层薄,色调深。成因以冲积为主。

(二)山前冲洪积倾斜平原区

太行山前呈条带状分布在汤阴、淇县一带,焦作北部、辉县东、新乡、安阳北部零星分布,其他地区均埋藏于地下10~20 m,厚度一般不大,为20~40 m。

棕红、黄棕色粉质黏土夹黄棕色薄层砂、砂砾石层或透镜体。在安阳北、辉县东部分布着黄土状土堆积(俗称老黄土),普遍含有较大的钙质结核。红色古土壤层发育(俗称红三条)下两层为深棕红色,一般具有淋滤层和钙质结核或钙质富集层;上一层为褐红色,仅有淋滤的白色钙质薄膜,没有形成淀积层。淋滤层结构疏松,孔隙、孔洞发育,并含有黑色条纹、星点和较细的白色条纹或钙质薄膜,为冲积、残坡积成因。在冲洪积扇前缘地带由于地形低洼,地层颜色发暗。

在郑州—新郑以西山前地带,物质来源于嵩箕山区、黄河及东部,为冲洪积粉质黏土、粉土、砂砾石,可见2~4层古土壤层,为冲洪积物。

航空港、许昌西为黄河冲洪积物和伏牛山区物质交汇地带,岩性为洪积棕红色粉质黏土、含卵砾石粉质黏土或泥质卵石和漂砾,无分选性,发育有2~4层古土壤层。

驻马店西部山区、信阳一带物质来源于舞钢市—泌阳县的伏牛山区、南部桐柏山、大别山,山前为坡积、冲洪积泥质卵砾石、粉土、粉质黏土,部分地区可见有1~2层古土壤层。

(三)山间盆地区

南阳盆地:①中更新统洪积层(Q_p^{2pl}),广泛分布于垄岗区,以帽盖式覆盖于下更新统之上,组成岩性为棕黄色、黄褐色黏土,厚度10~30 m。②中更新统冲洪积层($Q_{p2}{}^{al+pl}$),埋藏于平原区上更新统之下,组成岩性为黄色、棕黄色、间有白色、锈黄色的砂砾卵石层,及含砾石黏土,厚度5~45 m。

洛阳盆地:冲积层(Q_p^{2al}),分布全区,埋藏于全新统、上更新统之下,岩性为棕红色、棕黄色粉质黏土,夹中细砂及砂卵石层,厚20~90 m。风积层(Q_p^{2eol}),分布于邙山、洛阳西、缑氏东北。岩性为棕黄色、灰黄色富含钙质结核的粉土,并夹多层棕红色古土壤,每层下部多有钙质结核层。其中黄土具垂直节理和大孔隙。底部多有一层1~4 m厚的钙质结核层与下伏地层呈不整合接触。总厚20~60 m。

灵宝—三门峡盆地:黄土塬区裸露。厚度160~300 m,分上下两段。①下段冲湖积层,区内无出露,钻孔揭露厚度82~118 m,岩性湿为青灰蓝色,干为浅灰绿色,棕褐色粉质黏土、黏土,青灰色粉细砂、细砂、中砂,局部为中粗砂含细砾石。砂层从西向东有颗粒变粗,厚度增大的现象。层理清晰,黏土中含褐黄色砂团,并见少量白色石膏细脉。②上段风积层,分布于黄土塬区。岩性为棕黄色、褐黄色黄土状粉质黏土、粉土,具垂直节理,夹13~18层暗红、浅棕红色古土壤层及钙质结核层。底见含泥砾中细砂透镜体。

济源盆地:出露于区内坡洪积倾斜地和黄土丘陵区,其他地区则隐伏于上更新统之下,与下伏新近系及其以前不同时代地层皆为角度不整合接触。中更新统岩性在黄土丘陵区为黄土状粉土、棕黄色粉质黏土,一般厚 20~50 m。其他地区为棕红色、棕黄色粉质黏土、黄土状粉土、砂、砂砾石层,富含钙质结核。厚度 5~90 m。

三、上更新统(Q_p^3)

(一)冲洪积平原区

豫北黄河冲洪积平原区埋藏于全新统之下,深度 10~30 m。由西向东逐渐加深,厚 30~60 m 不等,由西向东逐渐变厚(见图 3-4)。1985 年河南省第一水文地质工程地质队建有太康组。本区均为黄河冲积物,其特点是"二元结构"明显,黄土状土发育,分散钙质高,砂层富集。上部主要为土黄色、灰黄色具锈染的粉土、粉质黏土与中细砂、粉细砂互层,含较多小钙核;下段色调稍重,以暗灰色、浅黄棕色为主夹浅黄色、灰黄色的粉土、粉质黏土与中粗、中细砂互层,局部含小砾石,顶部部分地区可见古土壤层。由于黄河多次泛滥改道,原阳、长垣地区砂体呈片状大面积分布,分选较好,多以中细砂、粉细砂为主。总的来说,下部砂层较上部砂层细而薄,且土层中钙质结核含量高。隆起区(如内黄隆起)下部地层顶部残留有薄层灰褐色古土壤。

淮河流域冲积平原区北部普遍分布着黄河堆积物,厚度较大,一般 30~50 m,凹陷(断陷)中心可达 60 m 以上。该层组成物质颗粒较粗,由于黄河多次泛滥改道,形成巨大的黄河冲积扇,粗粒相前缘达长垣、兰考、太康以东。扇体的中部砂体呈片状大面积分布,分选较好,砂层厚度最大的位置在温县—原阳一线,即现河道的北侧,岩性以中粗砂、中砂、含砾中粗砂、中细砂、细砂等为主。冲积扇体下部为砂层和粉土互层,砂层以中细砂、细砂、粉细砂为主。总体上看,下段砂层较上段细而薄,且土层中钙质结核含量高,局部隆起区下段地层顶部残留有薄层灰褐色古土壤。堆积物颜色以黄色为主,多呈现灰黄色、土黄色、褐黄色等,个别地段显棕色。东部的上层为淤泥质砂,下层为黄褐色粉质黏土,黏土夹黄色细砂层,含大量的介形类及腹足类化石,为河湖相或湖沼相沉积层。

(二)山前冲洪积倾斜平原区

豫北山前倾斜平原区呈条带状沿西部边缘分布,东部呈隐伏状,深度约数米。厚度 10~30 m,由西向东逐渐增厚。岩性以粉土、粉质黏土为主夹有砂砾石层透镜体,并有砾卵石出露地表被钙质胶结成砾岩,颜色呈土黄色、褐黄色。地层中夹有风化壳和古土壤层,上段多呈褐色,下段多呈褐黄色,淋滤淀积层发育,含钙质较多,冲洪积成因。在扇体及扇裙前缘沉积了一套以细粒物质为主并含有淤泥质的洼地相物质,局部为黄土状土分布于各扇体之间,厚度不大,岩性多以棕黄色粉土、粉质黏土为主。

该统沉积厚度在新郑—长葛—许昌—叶县—西平及南部淮河南岸小于 10 m,砂层厚度小于 5 m 的地段分布在北部中牟、开封、兰考、太康等地,其余地段一般为 5~10 m,南部部分地段无含水砂层分布。

在郑州—新郑以西山前地带,物质来源于嵩箕山区、黄河及东部,多为冲积、冲洪积地层,岩性为粉土、粉质黏土、砂卵石,一般分布在二级阶地之上,具"二元结构"。航空港、许昌西物质来源于西部伏牛山及黄河。山前地带属冲洪积物,岩性为粉质黏土、粉土、砂卵砾石。驻马店西部山区、信阳一带物质来源于舞钢市—泌阳县的伏牛山区、南部桐柏山、大别山,形成一套灰黄色、灰褐色、灰黑色的粉质黏土、粉土,南部多以粉质黏土为主。淮河及各支流河谷地带,发育一套冲积地层,出露部位为二级阶地,具典型的二元结构,下部为

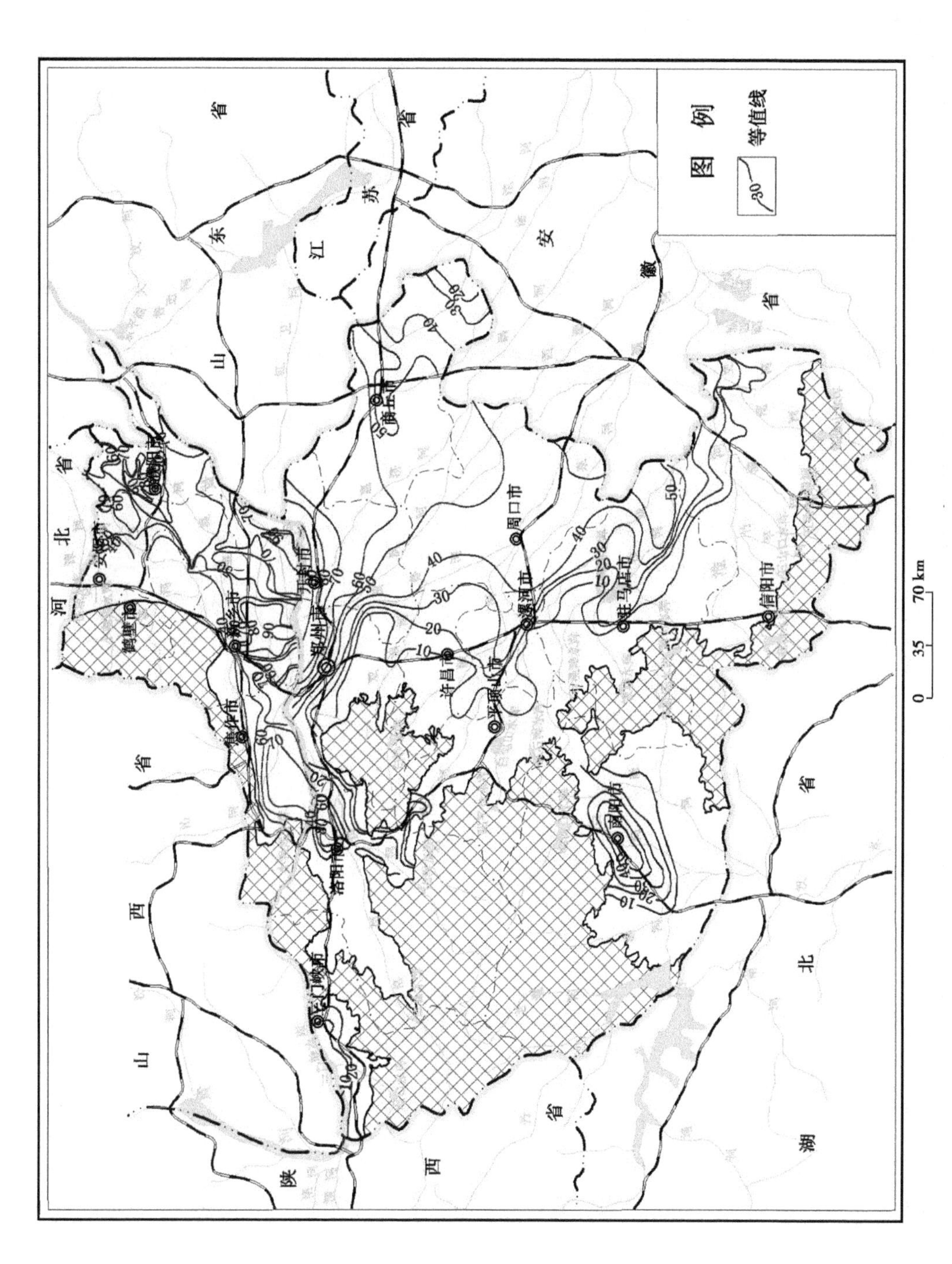

图 3-4　河南省上更新统底板埋深等值线图(200 m以浅)

中粗砂、中细砂,上部为灰黄色粉土、灰黑色粉质黏土。

(三)山间盆地区

南阳盆地:①上更新统冲积层主要分布于平原区白河北岸的中部和白河南岸冉营—苏庄以南地段,构成白河二级阶地。组成岩性,表层为5~10 m的棕黄色、灰黄色粉质黏土,其下为8.5~19.0 m的中细砂和砂砾卵石层。②冲洪积层分布于市区西部岗间洼地中,组成岩性主要为黄色、棕黄色粉质黏土。

含少量钙质结核和铁锰质结核。岗间洼地上游粉质黏土以下见有粉土或中粗砂1~2 m。厚度3~7 m。

洛阳盆地:①洪积层,分布于偃师南缑氏、大口、寇店等地山前洪积扇的前缘,为棕黄色、浅黄色含钙质结核的黄土状粉质黏土夹薄层或透镜体状砂砾石,厚3~10 m,与下伏中更新统呈不整合接触。②冲积层,分布于洛河、伊河、涧河两岸二级阶地,具二元结构,上部为灰黄色、棕黄色含钙质结核的黄土状粉质黏土。下部为卵石或卵石夹砂、粉质黏土薄层,本层总厚10~50 m。③风积层,主要分布于盆地南北两侧的广大台塬地区,为灰黄色粉土,含少量钙质结核,质地疏松,有良好的垂直节理和大孔隙,中夹1~3层不太明显的古土壤,与中更新统黄土不整合接触,厚5~20 m。

灵宝—三门峡盆地:①洪积层,分布于偃师南缑氏、大口、寇店等地山前洪积扇的前缘,为棕黄色、浅黄色含钙质结核的黄土状粉质黏土夹薄层或透镜体状砂砾石,厚3~10 m,与下伏中更新统呈不整合接触。②冲积层:分布于洛河、伊河、涧河两岸二级阶地,具二元结构,上部为灰黄色、棕黄色含钙质结核的黄土状粉质黏土。下部为卵石或卵石夹砂、粉质黏土薄层。本层总厚10~50 m。③风积层:主要分布于盆地南北两侧的广大台塬地区,为灰黄色粉土,含少量钙质结核,质地疏松,有良好的垂直节理和大孔隙,中夹1~3层不太明显的古土壤。与中更新统黄土不整合接触,厚5~20 m。

济源盆地:广泛出露于平原区,厚度20~120 m。岩性比较简单,主要为浅黄色粉土、夹粉质黏土、砂、砂砾石、卵砾石组成,柱状节理发育,富含钙质结核,局部富集成层;孔隙多,直径最大者可达1 cm。其中砾石一般磨圆度较差,常呈棱角状、次棱角状,分选性一般很差,个别地段稍有分选。

四、全新统(Q_h)

(一)冲洪积平原区

该套地层在黄河冲积平原区较发育。其厚度在隆(凸)起区较薄,一般为10~20 m,其他地区均在20~30 m,开封凹陷最厚可达30余m(见图3-5)。堆积物主要为黄土物质经黄河搬运堆积而成。

淮河流域由于黄河在平原区多改道泛滥,使堆积物叠复出现,形成一个规模宏大的冲积扇,厚度为10~30 m,由西向东逐渐增厚,开封附近达40 m。在鄢陵—漯河—平舆—新蔡一线以西,地层厚度小于5 m,中部地层厚度一般为5~15 m,大于20 m的地段分布在中牟—开封—睢县一带。北部黄河多次决口改道,黄河向东、南流,致使在开封一带沉积厚度大,沉积厚度大于30 m,砂层厚度大于15 m。岩性为黄褐、灰黄色的粉质黏土、粉土、粉细砂,另还含有2~3层淤泥层。中部为黄河及西部物质混合沉积地带。岩性为黄褐色、灰黄色的粉质黏土、粉土、粉细砂;受黄河物质的影响,在西华、周口—商水等地有砂层

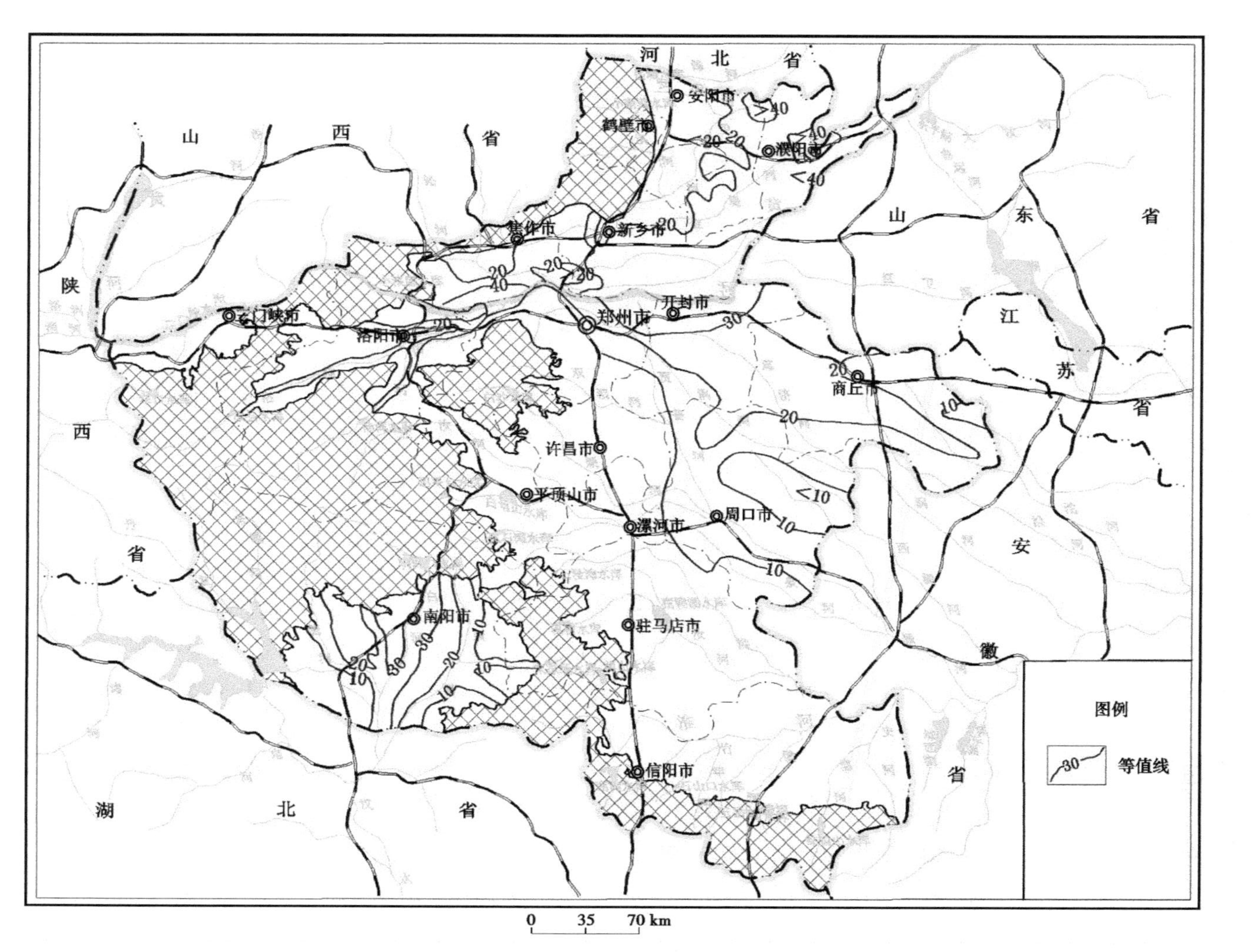

图 3-5　河南省全新统底板埋深等值线图(200 m 以浅)

沉积,其余地段无砂层分布;在现代河床内沉积有粉细砂和中细砂。南部物质来源于舞钢市—泌阳县的伏牛山区,在主河道内沉积细中砂、中粗砂,个别河段沉积有砂砾石层,大面积为浅灰、灰褐、暗灰色的粉质黏土、粉土,以粉质黏土为主;沉积厚度薄。淮河主干流区:物质来源于桐柏山和大别山,主要是淮河主干道和南部支流沉积,范围较小。主要沿河道发育,所处位置在一级阶地、现代河床等地带。一级阶地具典型的二元结构,下部为中细砂,上部为浅灰黄色粉土。

黄河以北均为第四系全新统地层,厚度为 10~30 m,由西向东逐渐增厚,长垣附近达 30 m。1985 年河南省第一水文地质工程地质队建有濮阳组。岩性由粉土、粉质黏土、黄土状土与厚层粉细砂、细粉砂组成。垂向上具二元结构,富含分散钙,不含钙核及铁锰结核,个别地段有被搬运而来的钙质小砾石,圆度较好,粒径 1~3 cm。本段可见 1~2 层淤泥层,特别是洼地中更明显。颜色以灰色、灰黑色、黄灰色为主。经^{14}C测年为(8 125±605)年。

(二)山前冲洪积倾斜平原区

黄河以北分布在山前的安阳、汤阴、淇河、石门河、峪河等冲积扇及扇前洼地以及现代河床中,厚度一般数米。扇体岩性为浅灰黄色粉质黏土、粉土夹砂砾石层,砾石含量不均,成分以灰岩、白云岩为主,次为石英岩状砂岩及少量片麻岩;砾径一般为 5~15 cm,多呈次棱角—次圆状,有不太清晰的层理及分选,横向上由轴部向两侧渐小,纵向上自山区向山前渐小,为冲洪积成因。洼地岩性为浅灰色—灰色黏土、粉质黏土,局部具淤泥夹层。现代河床、河漫滩堆积物为砾石层,冲洪积成因。

淮河流域区郑州西南—新郑西—许昌西北,厚度小于 5 m,岩性为黄褐色、灰黄色的粉质黏土、粉土;汝州—平顶山以南厚度小于 5 m,岩性为黄褐色、灰黄色的粉质黏土;舞阳南—泌阳东大面积为浅灰色、灰褐色、暗灰色的粉质黏土、粉土,以粉质黏土为主,沉积厚度薄;淮河主干流沉积区:物质来源于桐柏山和大别山,主要是淮河主干道和南部支流沉积,范围较小。主要沿河道发育,所处位置在一级阶地、现代河床等地带。一级阶地具典型的二元结构,下部为中细砂,上部为浅灰黄色粉土。

(三)山间盆地区

1. 南阳盆地

南阳盆地分布于市区白河沿岸的广大平原区,组成白河一级阶地及河漫滩,厚度 16~27 m。一级阶地组成岩性上部 3~5 m 为棕黄色、灰黄色粉土,前缘多为粉细砂。下部为 11.6~24.0 m 的砂砾石层。漫滩区为中粗砂—中细砂含砾卵石,其下为砂砾卵石层。

2. 洛阳盆地

洛阳盆地主要为冲积层,分布于洛河、伊河、涧河的洪流平地、一级阶地及河床、漫滩。一级阶地为其下段(Q_h^{1al}),二元结构明显,上部为淡黄色粉质黏土、粉土,下部为卵石层及砂层。分选、磨圆均较好,总厚 15~30 m。上段(Q_h^{2al})为河床及漫滩,岩性为卵石及砂层,厚 3~5 m。在山前、黄土台塬前的河流阶地及洪积扇后缘的洪流平地也有部分洪积层(Q_h^{2pl})分布。

3. 灵宝—三门峡盆地

全新统主要为河流相冲积堆积物,分布于黄河一级阶地和漫滩区及苍龙涧河地带,分上下两段:

(1)下段冲积层:分布于一级阶地上。岩性为粉土、棕黄色粉质黏土夹粉细砂,底部局部可见中细砂及中粗砂含砾石，结构松散。

（2）上段冲积层：为近代河流堆积，分布于河床及漫滩地带。岩性以粉土、粉质黏土为主夹粉细砂透镜体。

该统总厚度 30 m 左右，与上更新统呈假整合接触。

4. 济源盆地

为新近堆积物，堆积于蟒河、沁河及其支流的河床、河漫滩，分布面积小、厚度较薄，一般为 1～10 m。

岩性为浅黄色粉土、砂、砂砾石、卵砾石，双层结构明显。

第二节　水文地质条件

因本次勘察深度为 200 m 以浅，包括原来水文地质报告划分的浅层地下水和中层地下水，根据在黄河下游影响带地下水资源评价与开发利用研究成果，二者有一定的水力联系，本书统称为浅层地下水。

一、区域水文地质特征

（一）松散堆积物的空间展布特征

依据地下水赋存条件和含水介质的空间特征，将浅层地下水含水层系统划分为松散岩类孔隙含水层层组、碳酸盐岩类裂隙岩溶含水层层组、碎屑岩类孔隙裂隙含水层层组、基岩类裂隙含水层层组。因研究区 18 个重点城市和 1 个航空港综合实验区多分布在松散层地区，故本次重点研究松散岩类孔隙含水层组的水文地质特征。

松散岩类孔隙含水层主要分布在黄淮海冲积平原、山前倾斜冲洪积平原和灵宝—三门峡盆地、伊洛盆地、南阳盆地及济源盆地。地下水主要赋存在第四系、新近系各类砂层、砂砾石层及卵砾石层孔隙中。含水层由第四系、新近系冲积、冲洪积、湖积、冰水沉积物组成。含水层自山前向平原，厚度逐渐增大，由数米至几十米（见图 3-6），颗粒亦由粗变细，在河谷地带一般有卵石层分布，这里用不计卵石层厚度的含水层厚度来表示有效含水层厚度（见图 3-7）。由于黄河、淮河多次改道变迁，沉积环境的不断变化，使黄淮平原浅层含水层的分布、厚度及富水程度，都具有条带状特征。富水性由极强到极弱，见图 3-8。

河南省黄淮海冲积平原，山前倾斜平原，南阳、洛阳、灵宝—三门峡盆地和淮河及其支流河谷地带，浅层含水层主要为冲积、冲洪积砂、砂砾、卵砾石，结构松散，分选性好，普遍为二元结构，具有埋藏浅、厚度大、分布广且稳定、渗透性强、补给快、储存条件好、富水性强等特点。尤其是太行山前洪积扇、黄河冲积扇、三大盆地中的河谷平原、淮河上游主要支流河谷等地段，水文地质条件优越，单位涌水量 10～30 $m^3/(h \cdot m)$，最大可达 30 $m^3/(h \cdot m)$ 以上。其地下水主要接受大气降水入渗补给、地表水入渗及侧渗补给，为浅层地热能开发利用的良好循环水源。浅层地下水一般为潜水—微承压水，局部为承压水。

浅层地热能尤其是采用地下水源热泵系统利用浅层地热能方式的，其分布、赋存、运移、利用方式等都受水文地质条件所控制，即使采用竖埋管换热方式，同样受地下水的影响。

河南省城市浅层地热能的赋存层位主要为第四系及新近系上部的各类松散堆积物，

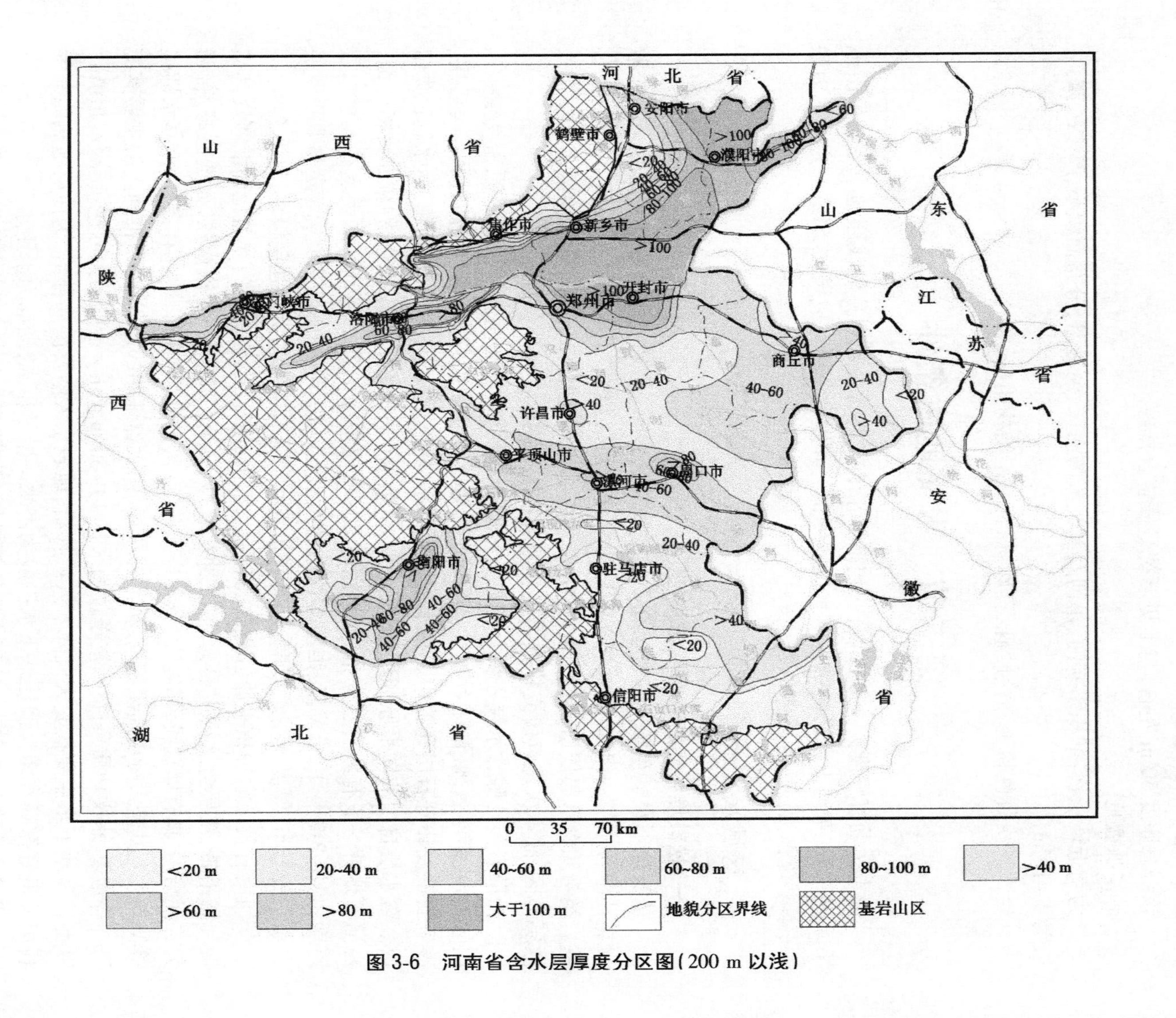

图 3-6 河南省含水层厚度分区图(200 m 以浅)

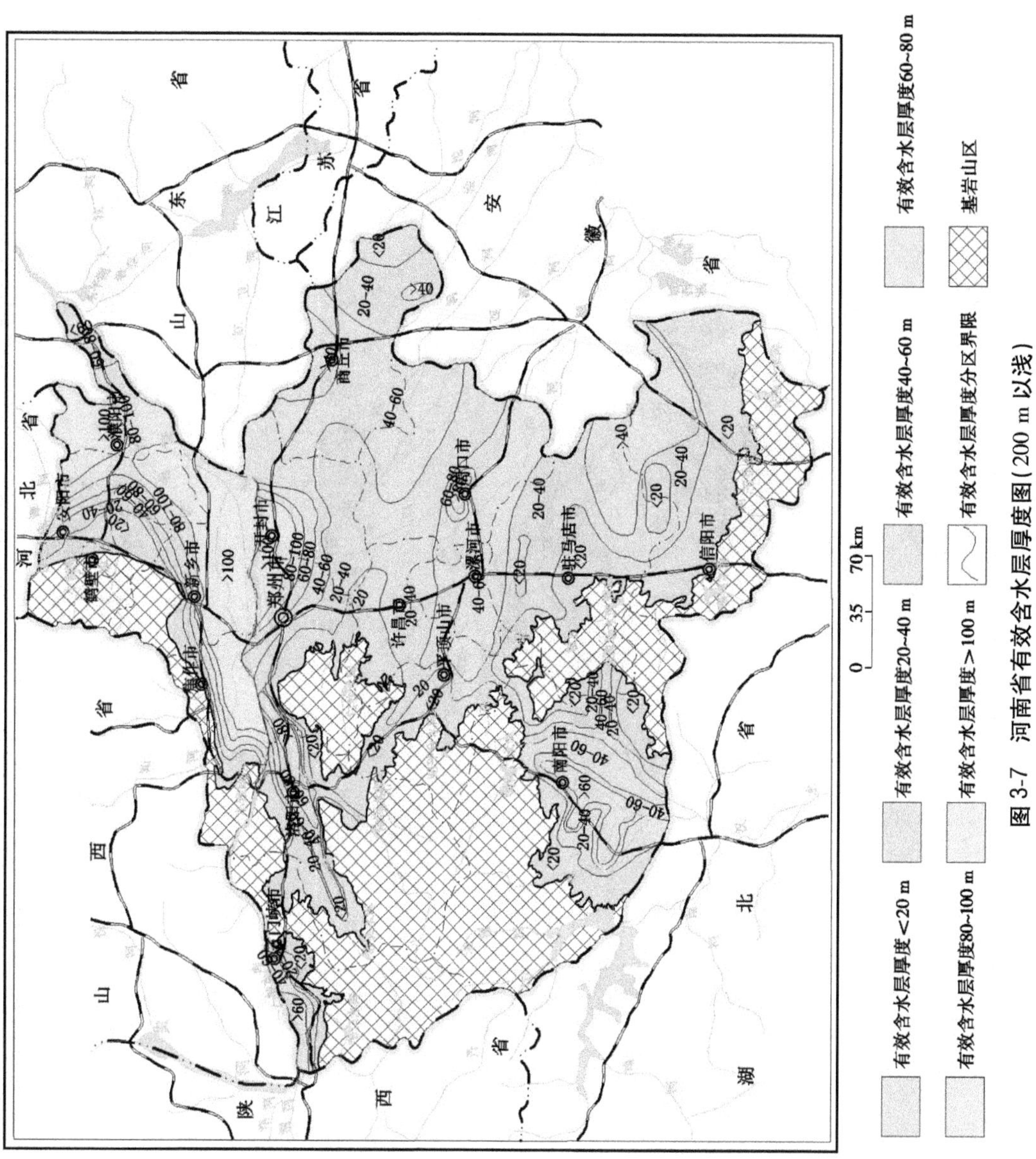

图 3-7　河南省有效含水层厚度图(200 m 以浅)

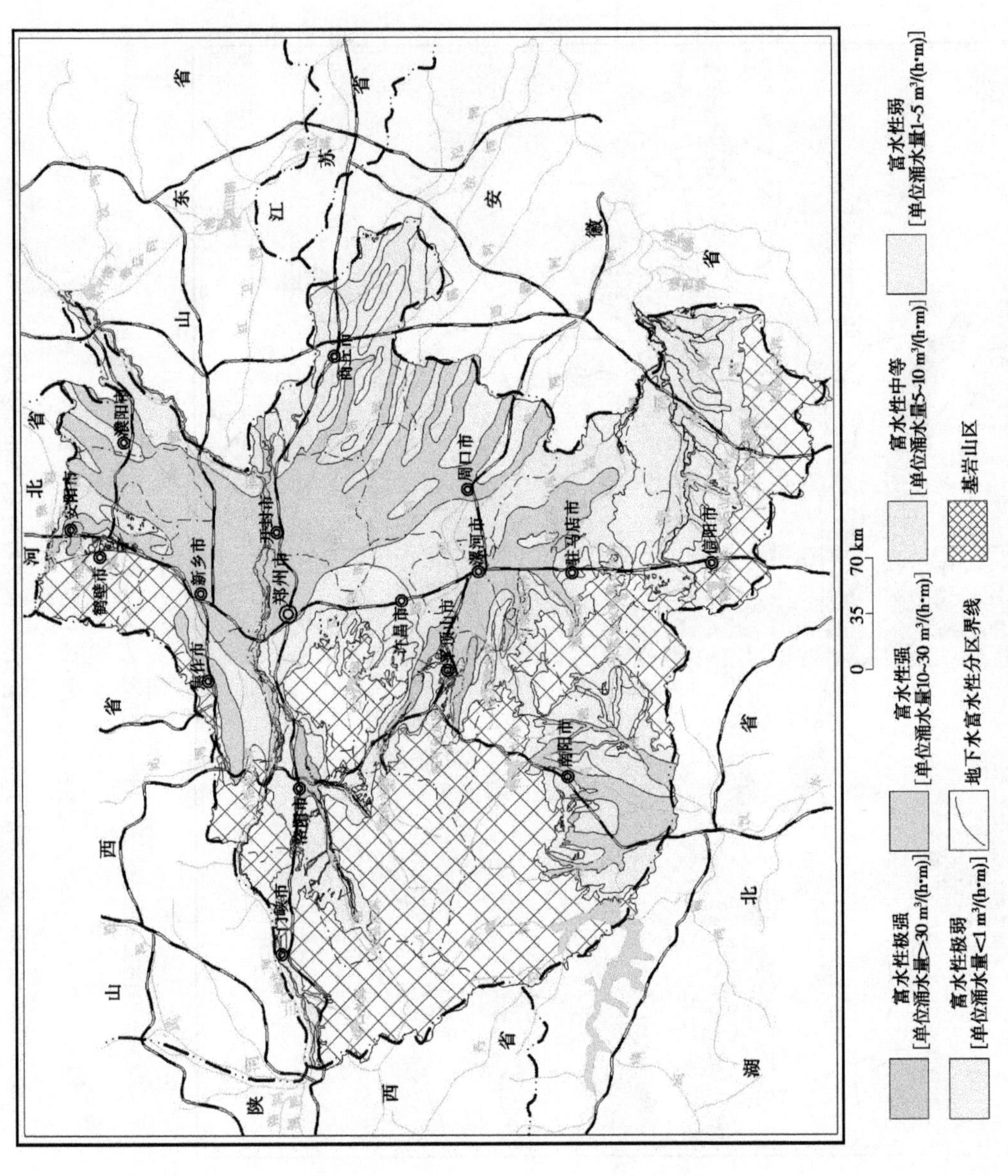

图 3-8 河南省浅层地下水富水性分区图(200 m 以浅)

其所含地下水为松散岩类孔隙水，含水层分布广，厚度大，水量较丰富，易开采，可恢复性强。尤其是位于盆地的洛阳、南阳、三门峡和山前地带的安阳、鹤壁、新乡、焦作、济源、郑州、信阳、平顶山等水文地质条件优越的城市或地段，开发利用浅层地热能时，宜采用地下水换热方式。

(二)浅层含水层岩性及富水特征

1.冲积平原区

黄河流域冲积平原：分布在豫北广大平原区，地表多分布着粉土、粉细砂，降水易于渗入。含水层由中更新统上段、上更新统和全新统的砂砾石、中粗砂、中细砂、细砂、粉细砂组成。含水层顶板埋深 5~22 m，含水层底板埋深 60~120 m，厚度自西北向东南由薄变厚（见图 3-9）。含水层厚度新乡—滑县以东—濮阳西南一线以北小于 80 m，濮阳市东北、范县、黄河北岸温县—原阳—长垣一带、濮阳—清风一带大于 100 m。豫北黄河冲积平原区 200 m 深度内含水层富水性相对较好，单位涌水量一般为 10.4~25.56 $m^3/(h \cdot m)$，仅在濮阳—清风、范县、内黄等地为 5~10 $m^3/(h \cdot m)$。含水层自西向东、东北、东南颗粒逐渐变细，由厚变薄，由单层变为多层。平原区由古河道或主流带向两侧河间带，含水层颗粒由粗变细，富水程度减弱。导水系数为 200~500 m^2/d，古河道带大于 500 m^2/d。

淮河流域冲、洪、湖积平原：黄河冲积平原分布在豫中、豫东广大平原区，淮河冲积平原区包括漯河东南、确山以东、淮河以北至颍河。上部为湖沼相的弱到中等富水的黏土、粉质黏土裂隙孔隙水，下部为冲、洪积相的中到强富水的砂、砂砾石和泥质砂砾石孔隙含水层。含水砂层底板埋深 20~120 m，厚度自西、西北向东、东北由薄变厚，见图 3-10。含水层厚度最厚分布在郑州东—开封等地大于 100 m，通许—兰考—宁陵—太康—柘城—鹿邑、许昌—商水—项城等地大于 40~60 m，尉氏—睢县—淮阳—郸城—许昌西、舞阳南—遂平—平舆—正阳、夏邑—永城一带为 20~40 m，其余地区一般小于 20 m。黄河冲积扇区郑州东—开封—尉氏—通许—杞县以及下游冲积扇前缘区富水性强，单位涌水量一般为 10~30 $m^3/(h \cdot m)$，鄢陵—临颍—漯河—新蔡、睢县南、商丘西南富水性中等单位涌水量一般为 5~10 $m^3/(h \cdot m)$，正阳—新蔡南、永城南、民权、夏邑等地富水性弱，单位涌水量一般为 1~5 $m^3/(h \cdot m)$。含水层自西北向东南颗粒逐渐变细，由厚变薄，由单层变为多层。平原区由古河道或主流带向两侧河间带，含水层颗粒由粗变细，富水程度减弱。导水系数一般为 50~200 m^2/d，开封县、商丘市、漯河市、新蔡县等地大于 300 m^2/d，局部大于 500 m^2/d。

2.山前冲洪积倾斜平原区

太行山前冲洪积倾斜平原：沿太行山前呈弧形分布，包括安阳冲洪积扇、汤阴地堑、黄水口和上八里冲洪积扇及沁阳—济源冲洪积扇群等。含水层倾向东、东南，颗粒也随之变细，主要为上更新统冲洪积相砂、砂砾石、中粗砂组成，向下游逐渐过渡为含砾中细砂、细砂。含水层厚度一般小于 20 m，自西北向东南由薄变厚。受河流作用，含水层具有条带状分布特征。该区从山区向平原，水量、水质都具较为明显的分带性；山脚斜坡地段，为混杂堆积的极弱富水地带，并有基岩零星出露，在太行山南麓为中等富水的碎屑岩类夹碳酸盐岩类含水岩组，具有一定的供水意义；在倾斜平原的中部，为上更新统和全新统冲洪积相强富水的砂、砂砾石及部分卵砾石含水层，水量丰富。局部地段并常有季节性泉水溢出，在安阳西最大可达 30 $m^3/(h \cdot m)$以上，焦作—博爱—沁阳—济源等地富水性强单位

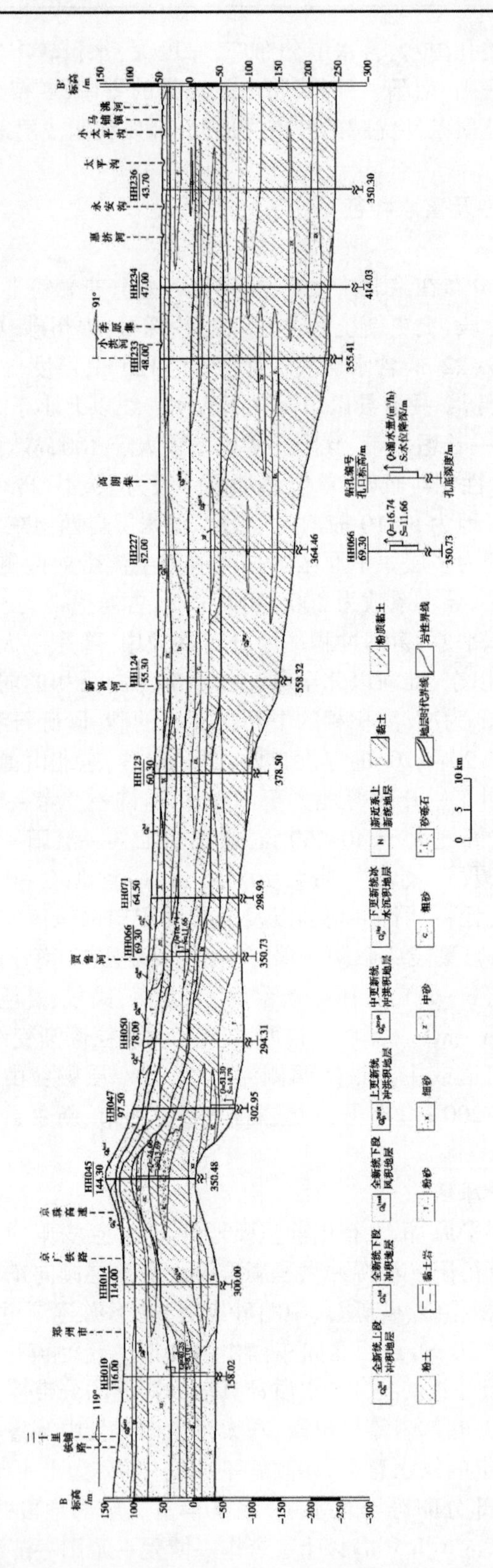

图 3-9 荥阳二十里铺—鹿邑马铺镇水文地质剖面图

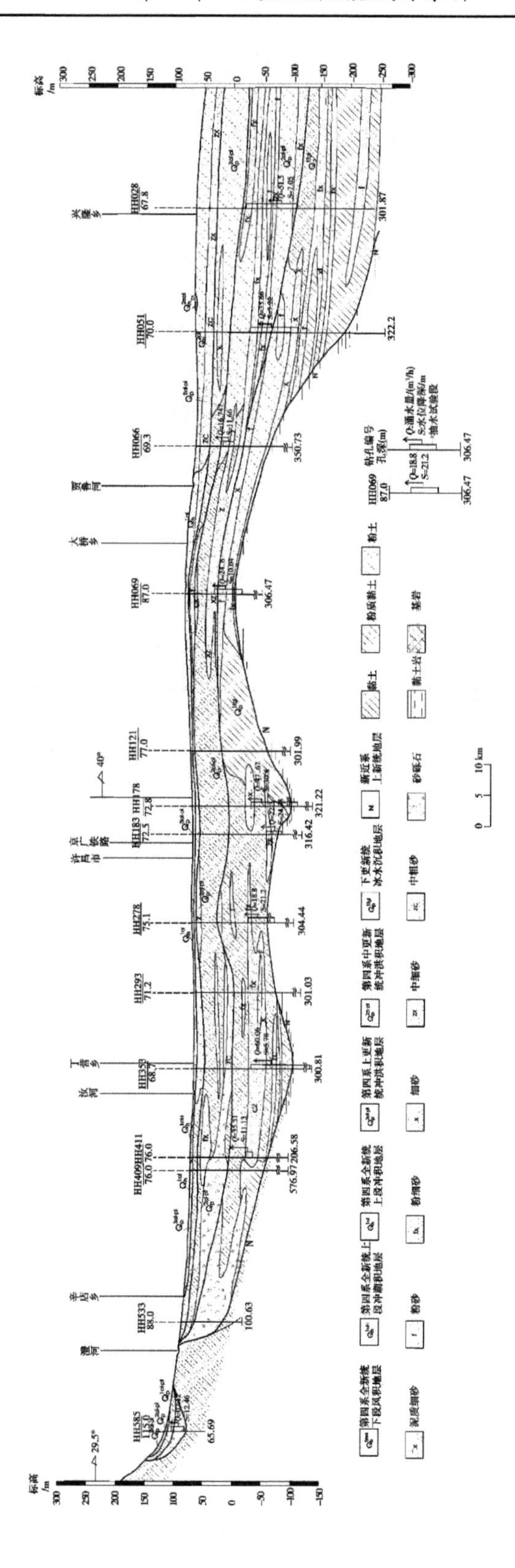

图 3-10 叶县辛店乡—开封兴隆乡水文地质剖面图

涌水量一般为10~30 $m^3/(h \cdot m)$、修武、温县、淇县、汤阴等地富水性中等单位涌水量一般为5~10 $m^3/(h \cdot m)$,个别地区富水性弱,水质较好。

桐柏、大别山前丘陵垄岗区:沿大别山北麓和桐柏山东麓呈弧形分布。上部为中更新统冰碛相或冰水相极弱—弱富水的黏土、粉质黏土或黏土砾石,下伏有冲湖积相或冰水相弱—中等富水的砂、砂砾石含水层。该区松散层自山区向北、东北平原区厚度变大,砂砾石中多含泥质。含水层厚度一般小于20 m,自西北向东南由薄变厚。叶县、郏县河道带含水层富水性极强单位涌水量一般大于30 $m^3/(h \cdot m)$,驻马店北、襄城南河谷地带富水性强单位涌水量一般为10~30 $m^3/(h \cdot m)$,南部淮河支流的河谷涧地富水中等,单位涌水量一般为5~10 $m^3/(h \cdot m)$,其余山前岗区由山前到平原富水性由极弱到弱,单位涌水量一般为5 $m^3/(h \cdot m)$。水化学以溶滤作用为主,水质良好。

3. 山间盆地区

1) 南阳盆地

西部垄岗区含水层主要为黏土、粉质黏土,含钙质和铁锰质结核,坡积层粉质黏土中局部含碎石。该区上部除钙质结核密集部位裂隙不发育外,一般垂直节理及胀缩土的瓣状裂隙比较发育,地下水属黏性土裂隙水类型。含水层厚度与节理裂隙发育的深度密切相关,一般垄状岗地及其边缘裂隙深度较岗间洼地为大,含水层厚度一般小于40 m,为中等富水区,单位涌水量为5~10 $m^3/(h \cdot m)$,水质良好。含水组的颗粒组成,由东向西总的规律是由粗变细,由东部白河漫滩区的粗砂砾卵石,至西部二级阶地后缘渐变为中细砂。

东部白河冲积平原含水组垂直方向的变化规律是上部全新统和上更新统的冲积层结构疏松,含泥量少,颗粒纯净,级配比较均一;下部中更新统的冲洪积层结构较密实,且含泥量多,一般为10%~30%,颗粒级配不均,有时渐变为黏土含砾石。沿唐、白河河谷及主要支流呈带状分布的上更新统和全新统洪冲积砂、砂砾石含水层,厚度大于40 m,顶板埋深为20~30 m,为强富水区,单位涌水量为10~30 $m^3/(h \cdot m)$。

2) 洛阳盆地

洛阳盆地是一个较完整的水文地质单元。北部及西部邙山丘陵区,黄土台塬丘陵区堆积了几米至几十米厚的以风成为主的黄土,其垂直节理及大孔隙发育,垂直渗透性能较强,为地下水的垂直入渗补给创造了有利条件。因而在黄土台塬及丘陵区普遍存在黄土孔隙、孔洞、裂隙潜水。由于分布地形高,地形坡度大,沟谷发育,切割强烈,不利于地下水的补给、储存,有利于地下水的径流、排泄。加之含水层岩性为黄土(粉土),含水性较差,地下水资源极为贫乏,单位涌水量小于1 $m^3/(h \cdot m)$。

黄土台塬丘陵区下伏的下更新统、新近系的砂、卵石,由于时代相对较老,压密程度高,局部胶结成岩,且地势相对较高,地下水主要通过上覆黄土下渗补给,由于补给不足,因而富水性相对较差。单位涌水量小于1 $m^3/(h \cdot m)$。

伊洛河冲积平原区第四纪以来长期沉降,沉降幅度较大,是本区地形的最低部分。由于地形相对较低,是地表水和地下水的汇集场所。在洛河、伊河的漫滩区,一、二级阶地区,松散堆积物为第四系及新近系冲积、湖积及湖积物,一般为粉质黏土、粉土、砂及卵石互层的双层结构,表层多为粉土和粉质黏土,地层坡度小,地下水位埋藏较浅,地表水及地下水径流滞缓,有利于大气降水入渗补给,下伏以卵石层为主的含水层、厚度较大,结构疏松,分选磨圆较好,渗透性能较好,第三系砂质黏土或砂页岩为底板,埋藏有丰富的孔隙潜水，为地下水丰富、极丰富区。含水层厚度小于 40 m。单位涌水量小于 5~10 $m^3/(h \cdot m)$。

伊河、洛河河谷及河间地块区，赋存于全新统、上更新统、中更新统上部的冲洪积成因的一套砂卵石、粗砂砾石、中粗砂含水层中和粉土、粉质黏土层中，底板埋深 150~170 m，其中含水层厚度 70~135 m；在北部、南部及西部的黄土丘陵区与坡（洪）积倾斜平原区，赋存于中更新统、新近系黄土状土中和砂砾石、砂含水层中，受地形起伏的影响，单位涌水量小于 10~30 $m^3/(h \cdot m)$，见图 3-11。

3）灵宝—三门峡盆地

黄河横贯盆地北缘发育有三级阶地。南部发育有黄土台塬和梁峁地形。黄土台塬上部为地下水深埋的黄土、黄土砾石及钙质结核孔隙含水层，为极弱到中等富水的上更新统地层，下伏有中等富水的冲洪积相砂、砂砾石含水层；黄河漫滩，一、二级阶地及主要支流的下游下更新统中可见 30~50 m 砂、砂砾石层，顶板埋深小于 70 m，单位涌水量 5~10 $m^3/(h \cdot m)$；三级阶地及黄土塬区，含水层颗粒细、厚度薄、埋深 2~35 m，富水程度不均，水质较好；黄土梁峁地段，水土流失较严重，地下水不易赋存，十分缺水。

4）济源盆地

松散岩类孔隙含水岩组包括第四系松散岩类孔隙含水岩组和新近系孔隙含水岩组。第四系松散岩类孔隙含水岩组广泛分布于济源市及邻近地区。在蟒河和沁河冲洪积扇地段，含水介质主要由第四系中更新统、上更新统冲洪积卵砾石、砂砾石、砂层组成，为当地工农业生产及居民生活饮用地下水开采主要目的层。含水层厚度由大于 80 m 渐变为不足 20 m，且渗透性减弱，为强富水区，单位涌水量 10~30 $m^3/(h \cdot m)$，渐变为小于 5 $m^3/(h \cdot m)$，渗透系数由 300 m/d 变为 20 m/d 左右。新近系孔隙含水层组隐伏于第四系松散层孔隙含水层组之下，其顶板埋深 50~200 m，厚度大于 50 m，岩性为泥岩、粉质黏土及半胶结卵砾石、细砂，结构较第四系堆积物致密、坚硬，透水性较差。

二、区域地下水流动特征

（一）补给

豫北平原地下水系统主要接受大气降水直接入渗补给和间接入渗补给，接受南部黄河水侧向径流补给，接受西部太行山区地下水系统的远距离侧向径流补给，以及河渠和坑塘的下渗补给、灌溉入渗补给等。地下水的补给源有三种，即黄河侧渗补给、上游远距离补给、河流补给与大气降水补给。淮河冲、洪、湖积平原主要接受大气降水入渗补给和间接入渗补给、北部黄河侧渗补给、西部山区地下水系统的远距离侧向径流补给，以及河渠和坑塘的下渗补给、灌溉入渗补给等。

结合河南省地质环境监测院 2015 年修编的《河南省地下水资源图说明书》及本次工作综合整理得出全区补给模数，见图 3-12。

河渠渗漏和坑塘渗漏补给地下水。豫北平原沿山前发育有漳河、安阳河等十多条河流，豫东南发育的主要河流有沙颍河、涡沱河等，地表水下渗补给地下水，尤其是汛期，河流补给造成地下水温增高，安阳河、汤河在 1996 年汛期水温明显升高，地表径流增大，沿河道行洪补给地下水，使地下水位迅速上升，见图 3-13。

山前倾斜平原区地下水补给主要来源于大气降水入渗补给，以及北部山区和西部山区的侧渗补给。

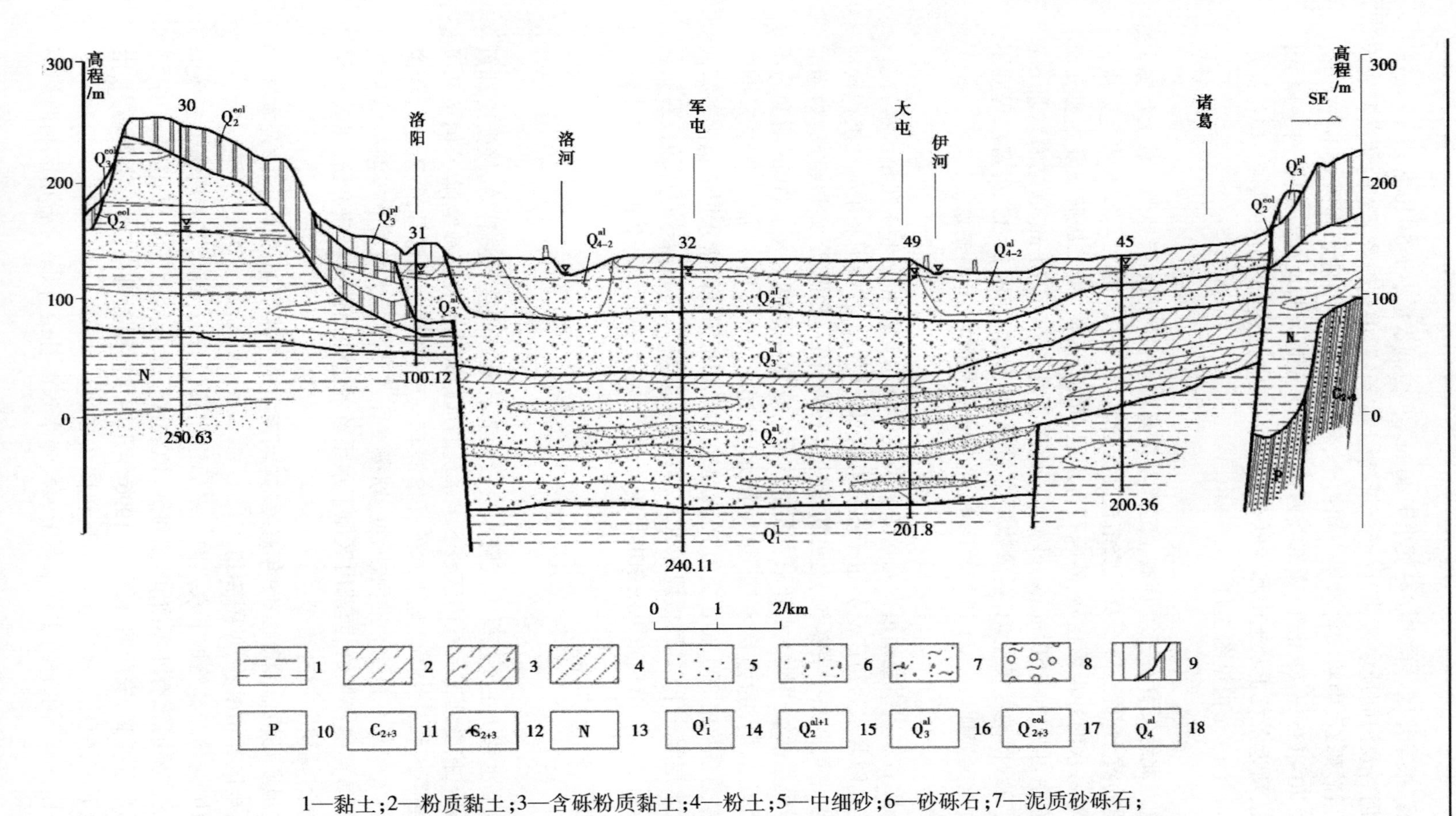

1—黏土;2—粉质黏土;3—含砾粉质黏土;4—粉土;5—中细砂;6—砂砾石;7—泥质砂砾石;8—泥卵石;9—黄土;10—二叠系;11—石炭系中、上统;12—上寒武系中统;13—新近系;14—下更新统湖积层;15—中更新统冲洪积层;16—上更新统冲洪积层;17—中、上更新统风积层;18—全新统冲积层。

图3-11 伊、洛河上游洛阳—诸葛水文地质剖面图

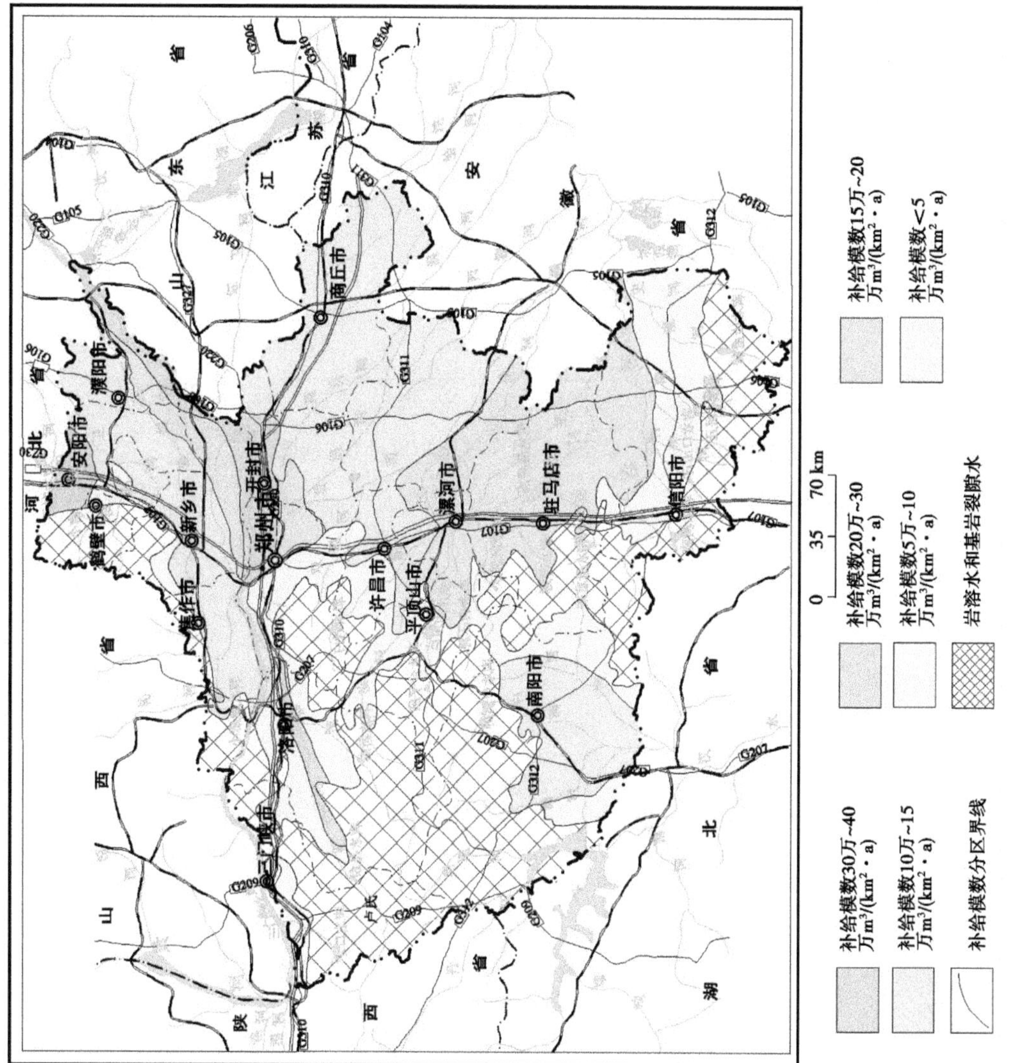

图 3-12 河南省松散岩类孔隙水补给模数图

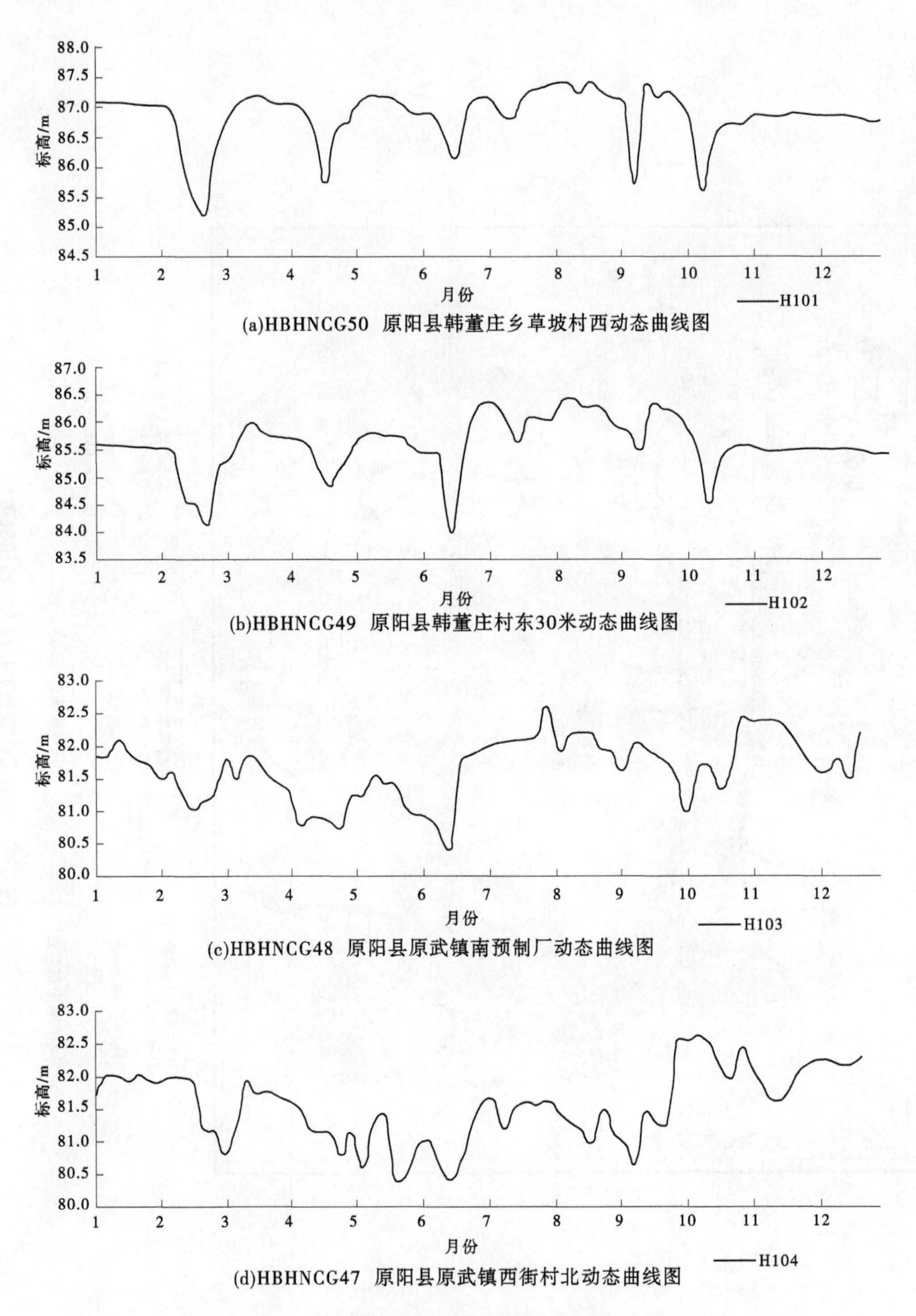

(a)HBHNCG50 原阳县韩董庄乡草坡村西动态曲线图

(b)HBHNCG49 原阳县韩董庄村东30米动态曲线图

(c)HBHNCG48 原阳县原武镇南预制厂动态曲线图

(d)HBHNCG47 原阳县原武镇西街村北动态曲线图

图 3-13 原阳县黄河至原武浅层地下水动态剖面图
（从上至下，距黄河由近到远）

山间盆地区由于在山前冲洪积扇、坡洪积倾斜平原中、上部,包气带岩性为卵砾石、砂砾石等,对降雨入渗极为有利。在傍河区,地下水的补给来源主要为河库水补给、山区地下径流补给、渠水渗漏及灌溉回渗补给。三门峡盆地区未来开采条件下,尤其是傍河集中强化开采,袭夺黄河水库水补给量将不断提高;南阳盆地白河属水源型河流,白河河床及河漫滩地表岩性为中粗砂及中细砂含砾石,与阶地下伏的砂砾石层连通性好,河水位高于地下水位,渗漏补给地下水;济源盆地区南、北蟒河及沁河出山后即进入冲洪积扇区,此处岩性主要为卵砾石、砂砾石且河水水位高于地下水位,使河水得以迅速下渗直接转化为地下水。洛阳盆地区洛河从东下池以东至下游因地下水高于河水位,补给地下水;洛河水面工程每年4~6月蓄水,7~9月底塌坝放水,蓄水时间90 d左右。蓄水期间在洛河水位高于地下水位,河水可渗漏补给地下水。

(二)径流

地下水径流受地形地貌和地质构造影响,同时也受地下水补给形式所制约。总体径流方向与地势变化基本一致,豫北由西南向东北方向,由西部山前的补给源区向东部径流,由南部黄河补给源区向东北方向径流;豫东平原由西北向东南方向径流。局部因人工开采及河渠补给,其径流方向有所改变。根据河南省环境地质监测院2019年资料综合整理河南省浅层地下水水位埋深分区图(见图3-14)。

豫北冲积平原区地下水埋深小的区主要分布在沿黄濮阳县的渠灌水稻种植区;埋深小于4 m的区分布在沿黄地区;埋深4~8 m的区主要分布在新乡市的辉县、延津、原阳、获嘉,焦作市的武陟部分及范县小部分等地区;埋深8~16 m的区主要分布在封丘、长垣、范县等地区,东部延伸到延津东部,北部与市区西部漏斗连成一片;埋深16~20 m的区成片状分布于滑县北、浚县东北及内黄西等地;在濮阳、清风、南乐、内黄等降落漏斗区水位埋深大于20 m。豫东冲积平原黄河冲积扇区水位埋深一般为4~8 m,局部背河洼地区水位埋深小于4 m,北部成片状分布于开封、商丘、许昌东等地,南部沿山前分布在平顶山、驻马店、信阳市区以南等地;小于4.0 m的区主要分布在漯河和周口以南、驻马店和信阳以东的淮河两岸;在许昌、荥阳、新郑西、汝州等地水位埋深较大,中心部位大于20 m。由于城市大规模的集中开采地下水,已形成降落漏斗。全区水力坡度0.2‰~0.8‰。盆地区中心河谷地带水位埋深一般为4~8 m,山前黄土丘陵等地水位埋深大,在三门峡、洛阳等地一般大于20 m,南阳盆地为8~12 m。

豫北山前倾斜平原区总体径流方向与地势变化基本一致,由西南向东北方向,由西部山前的补给源区向东部径流,由南部黄河补给源区向东北方向径流。豫东山前倾斜平原区地下水总体流向由西北流向东南,南部则由西流向东,西南流向东北,在西部、南部山前地带由于受地形影响流向复杂。平均水力坡度为1‰~10‰。

盆地区浅层地下水位的变化与地形变化相吻合,地下水的流向与地形坡降一致,洛阳盆地区即由山前的黄土丘陵、台塬,洪积扇向河谷阶地径流,水力坡度1‰~0.1‰。济源盆地区内地下水总体流向与地形倾向基本一致,北蟒河在西石露头以下,南蟒河在曲阳水库以下,向下游至南官庄,大部分地下水向蟒河汇集,转化为河水经东部边界流出区外。南阳盆地区东部平原区是一个有多年开采历史和相当开采规模的水文地质单元,经多年开采,已形成西部北部以垄岗和独山坡积裙为界,东部南部以白河为界的基本封闭的地下水漏斗区。接受的大气降水入渗量、河流侧渗补给量、灌溉入渗量和坑塘水入渗量转变为地下径流后，连同上游地下径流流入量均向漏斗中心汇流；漏斗外围及沿河开采段水力坡度为2.4‰~2.8‰，漏斗北部斜坡带水力坡度为1.1‰~3.4‰；西部垄岗地区地下水以垂直交替运动为主，向岗间洼地和下游侧向径流。三门盆地地下水总体流向为从南向北，即由黄土台塬流向阶地。因有降落漏斗的存在，局部流向有所改变。黄河蓄水期河水补给地下水，泄水期地下水补给河水。

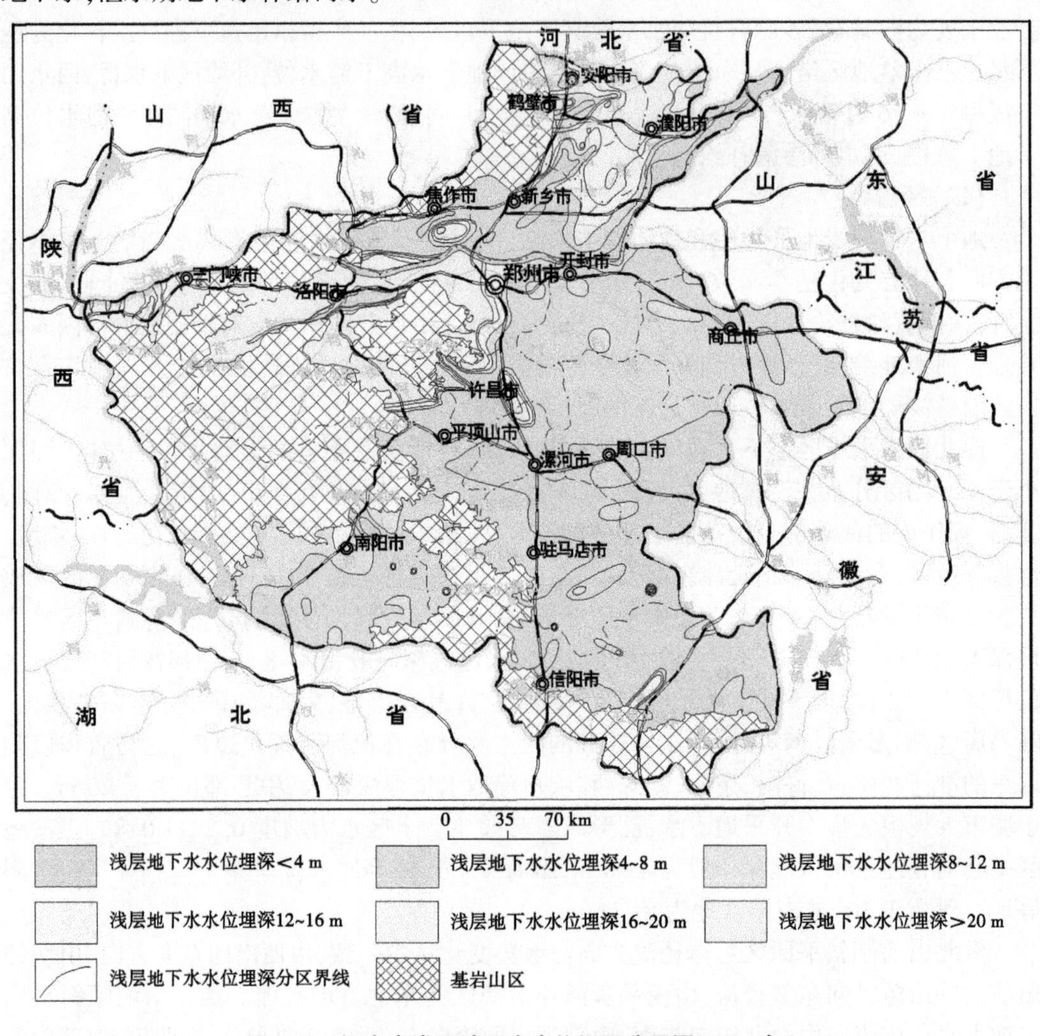

图3-14　河南省浅层地下水水位埋深分区图(2019年)

(三)排泄

豫北平原自20世纪50~70年代末，地下水流场变化较小，其排泄以蒸发、泉及地表水方式为主。80年代以来，由于需水量增大，而补给量相对减少，工农业大量开采利用地下水，使人工开采地下水成为主要排泄方式，其次是向下游区的径流排泄。豫东平原区水位埋深相对较浅，地下水排泄主要为蒸发，随着需水量的增大，人工开采逐渐增大，另外就是径流排泄及河流排泄。

山前倾斜平原区水位埋深一般较大，排泄方式以径流排泄和人工开采为主。

山间盆地区浅层地下水的排泄方式主要有以下几种：

(1)开采排泄。河谷阶地区农业灌溉用水、工业用水、居民生活用水多以开采浅层地下水为主，尤其是沿河两岸分布的大型集中供水水源地，主要开采浅层地下水，因此开采排泄是区内地下水的主要排泄方式。

(2)蒸发排泄。河流漫滩区及一级阶地前缘，包气带岩性多为粉土及砂砾石层，浅层地下水位埋深局部小于地下水蒸发临界深度，因此漫滩区局部存在蒸发排泄。

(3)河流排泄。河流局部地段，河岸两侧浅层地下水位高于河水位，河流排泄地下水，尤其是丰水期可明显见到岸边有清水流出，岸边水质较清，而河中间水质浑浊。

(4)泉排泄。在冲洪积扇前缘，地下水常以下降泉形式排泄，如济源盆地区庙街珍珠泉。

(5)越流补给。浅层地下水位高于中深层地下水位，透过弱透水层，浅层地下水越流补给中深层地下水。另外，浅层地下水通过深浅地下水混合开采井的“天窗”补给中深层地下水，如南阳盆地。

(四)地下水动态特征类型

1. 气象型

该类型主要分布于市区及山前地带，主要为黏性土分布区。含水层岩性为黏土和粉质黏土，属黏性土裂隙含水层，水位埋深一般为 5~10 m，以大气降水入渗补给为主，径流条件差，开采强度低，地下水主要是通过蒸发排泄，垂直水交替较强烈。降水量大时，相应地下水位埋深浅，降水量小而蒸发量大时，地下水位埋深大，降水量、蒸发量小时，地下水位埋深浅。

2. 气象—水文型

该类型分布在河流的影响带一级阶地和河漫滩区，地下水位主要受降水和蒸发及地表水影响，水位变幅一般为 1.5~2.5 m，最低水位在 5 月前后，此时降水量小，蒸发量大，而 7~9 月降水集中，河道水位上升，水位升高(见图 3-15)。

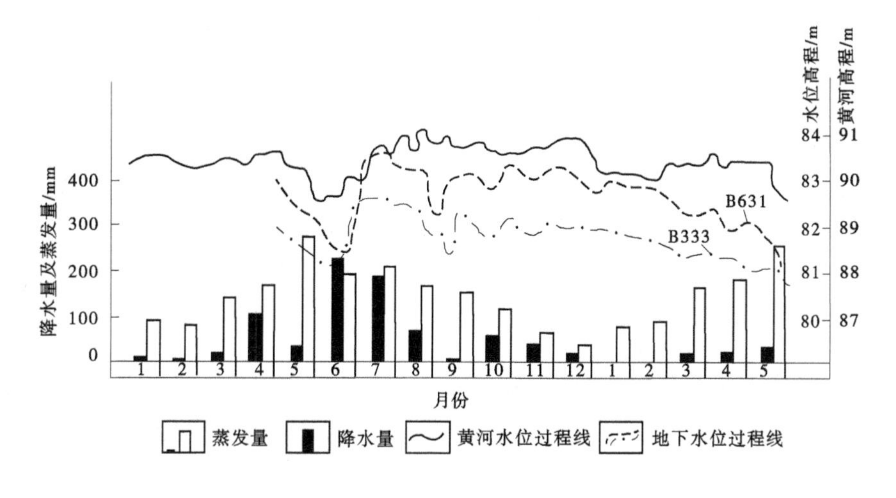

图 3-15　气象—水文型图

3. 气象—径流开采型

该类型主要分布在平原区城乡接合部集中供水区,因上半年地下水开采程度高,地下水主要受开采和径流的影响,地下水位呈下降趋势,到7~9月,由于降水量大,开采程度减小,水位上升(见图3-16)。

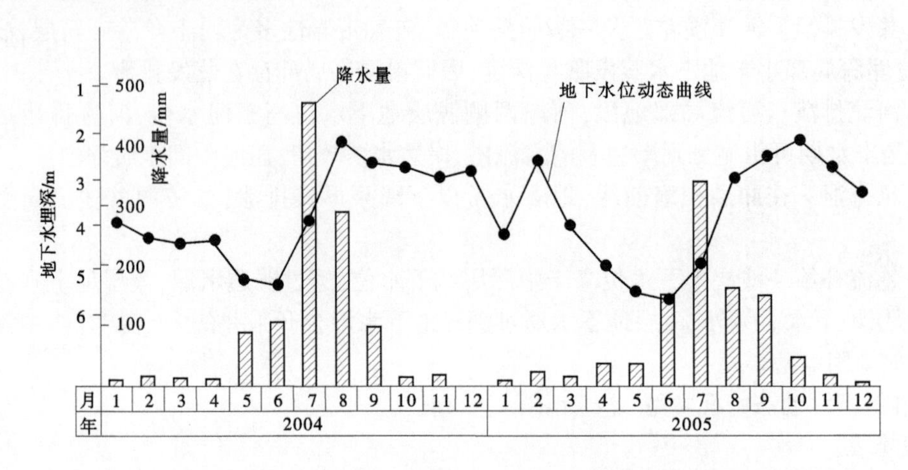

图3-16 周口市北郊浅层地下水水位过程曲线图

4. 气象—开采型

该类型主要分布于城市集中开采地区,因地下水开采程度高,地下水主要受开采的影响。如图3-17所示,在降水量较多的6~9月而开采量小的情况下地下水就逐渐升高,降水量少而开采量集中的2~5月,地下水位最低。

5. 渗入—径流、开采型

渗入—径流、开采型分布于冲洪积扇中、上部,径流条件好,工矿企业开采地下水多的集中区。降水入渗、渠系灌溉入渗及径流排泄、人工开采为影响地下水动态的主要因素。其特点为:5~7月水位较低,8~12月水位较高。最高水位相对雨季滞后1~2个月。年水位变幅大于3 m,且各处变化不均,差异较大,见图3-18。

6. 径流—开采型

径流—开采型主要分布在集中开采的城市区域,地下水受径流和开采影响,其原因是开采量大,形成降落漏斗,地下水位较深,降水补给难度大,其补给主要来自侧向径流。如郑州市华山路第二砂轮厂西南($Ⅱ_{195}$)9号井,地下水动态受开采影响,秋、冬季节开采量小,水位受侧向径流补给影响水位回升;夏、春季节开采量大,地下水位下降(见图3-19)。

7. 回灌—开采型

回灌—开采型主要分布在用于工矿企业地下水集中的开采区,由于开采量大,水位下降过快,为了缓解该区地下水位埋深大的矛盾,多年来在该区采取冬季回灌措施,从而达到蓄水调节的作用。此区地下水位受回灌和开采等因素影响。如郑州市国棉三厂大门东1井($Ⅱ_{52}$),冬季回灌时,水位逐渐回升,2月达到峰值。回灌结束后,因开采影响,水位又开始下降。

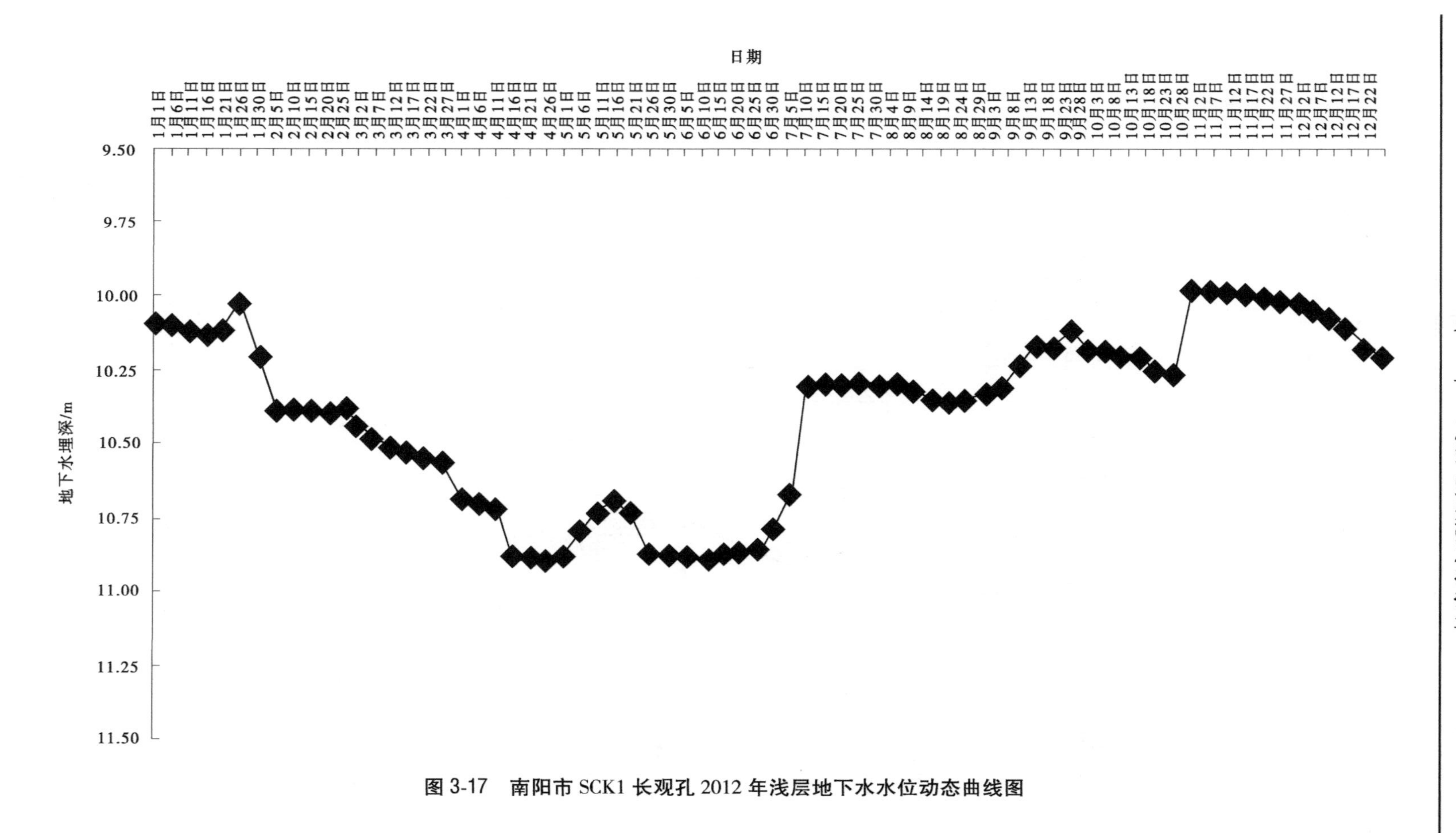

图 3-17　南阳市 SCK1 长观孔 2012 年浅层地下水水位动态曲线图

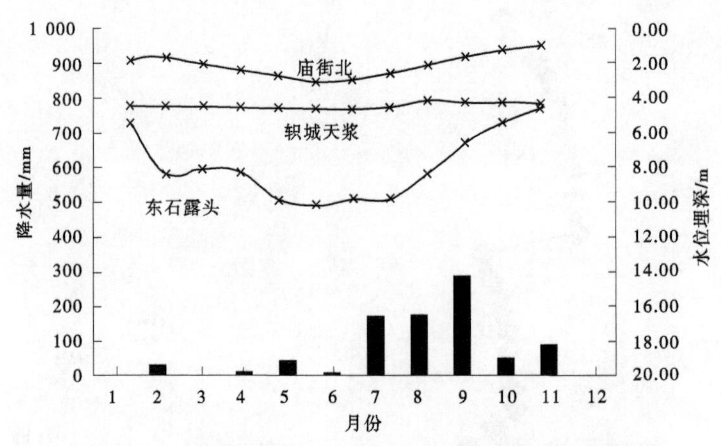

图 3-18　济源市(2012 年)地下水位、降水量动态曲线图

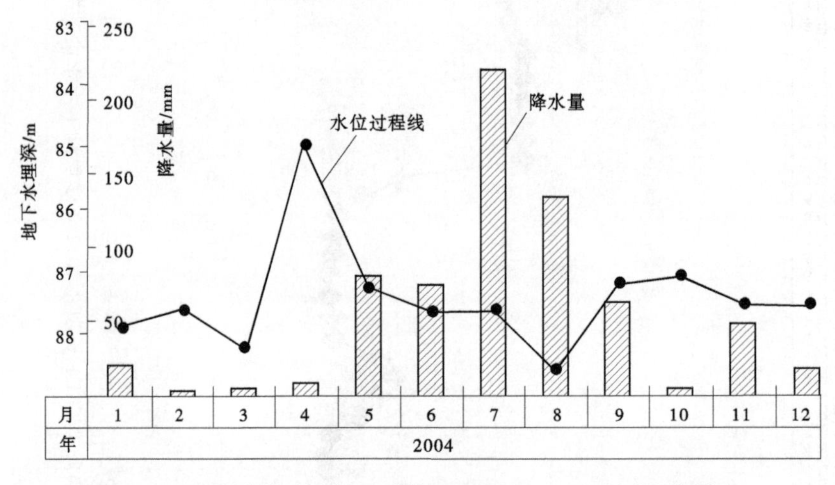

图 3-19　郑州市华山路第二砂轮厂西南(Ⅱ$_{195}$)水位过程曲线图

三、区域地下水水化学特征

地下水的化学成分,是在长期地质历史发展过程中,经过溶滤、浓缩、混合等综合作用形成的。它主要受自然地理、地质、水文地质条件及人为等多种因素的影响。

(一)地下水化学类型与分布规律

全省地下水化学类型为矿化度≤0.5 g/L 的重碳酸盐型为主的淡水、矿化度 0.5~1.0 g/L 的重碳酸盐型为主的淡水、矿化度 1.0~3.0 g/L 的重碳酸-硫酸盐型为主的微咸水、矿化度 3.0~5.0 g/L 的硫酸盐型与硫酸盐-氯化物型咸水、矿化度 5.0~10.0 g/L 的硫酸盐-氯化物型咸水等 5 大类。综合河南省环境地质监测院 2015 年《河南省地下水环境图说明书》及本次资料综合整理出河南省水化学类型图和矿化度分布图(见图 3-20、图 3-21),根据全省主要城市浅层地热能调查评价报告、《河南省地下水污染调查评价(淮河流域)报告》和《河南地下水污染调查评价(华北平原)成果报告》综合整理出河南省地下水总硬度和腐蚀性分区图(见图 3-22 和图 3-23)。河南省浅层地下水主要的水化学类型

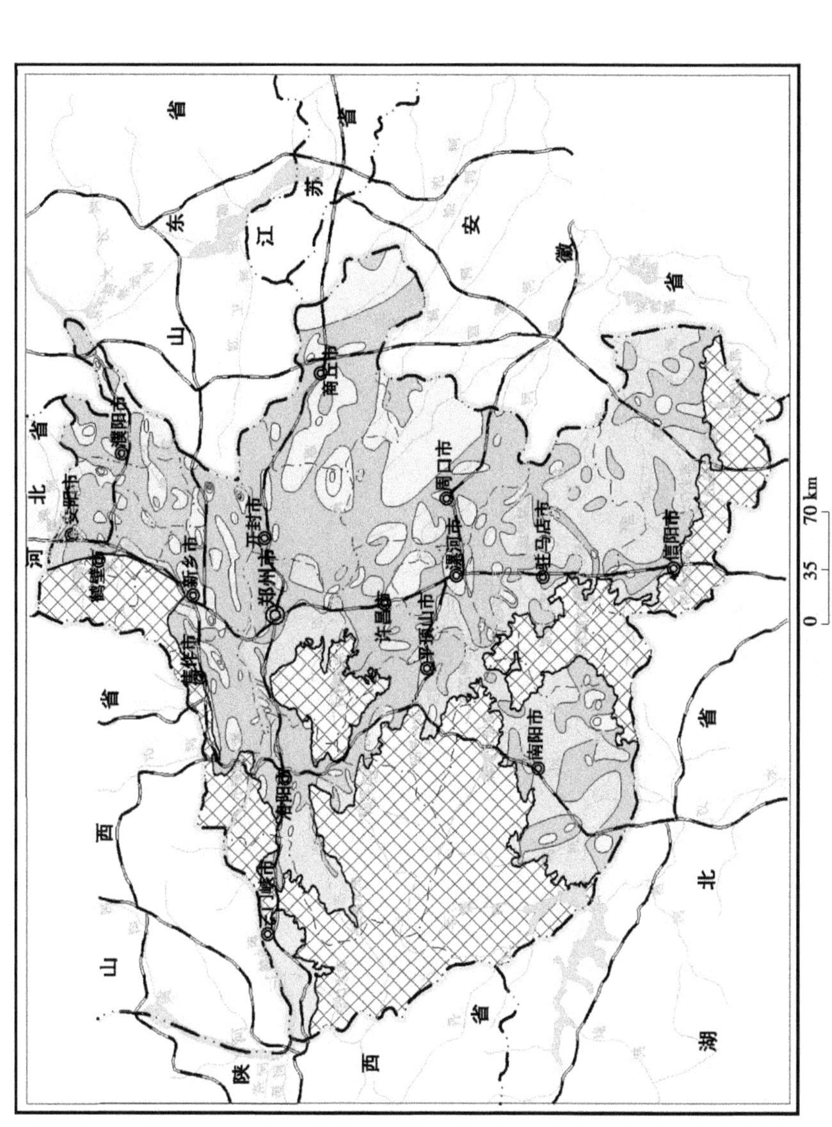

图 3-20　河南省水化学类型图

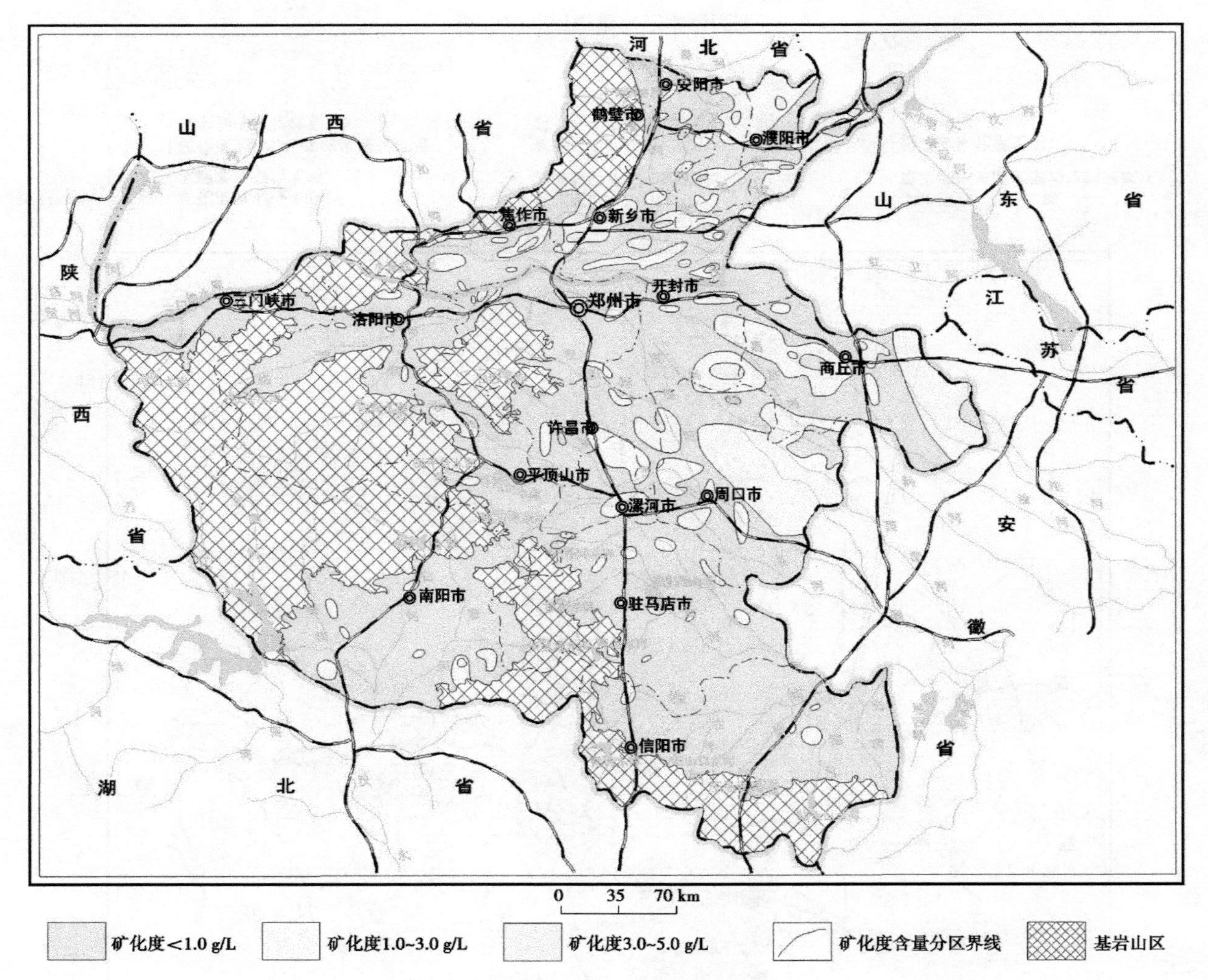

图 3-21 河南省地下水矿化度分区图

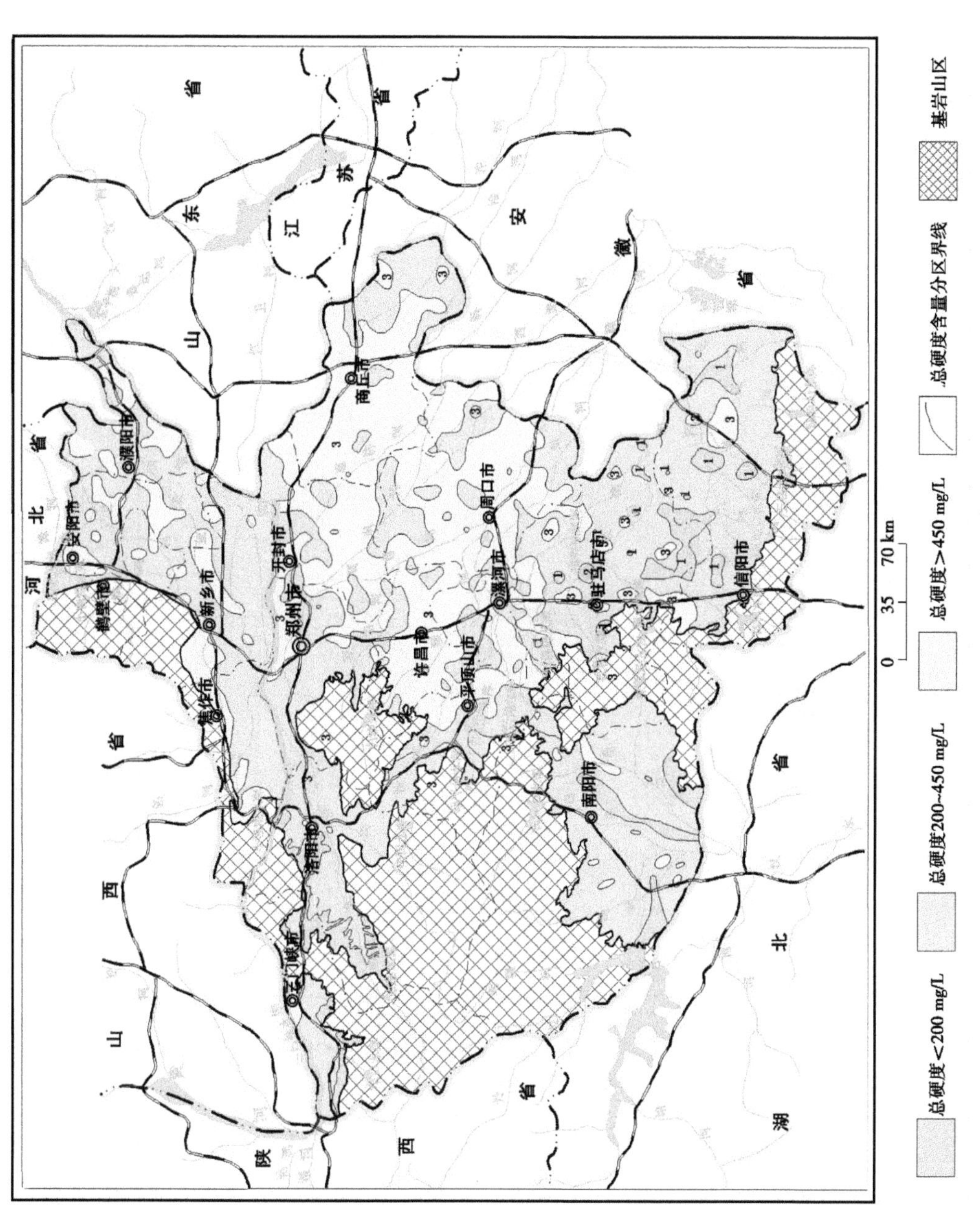

图 3-22　河南省地下水总硬度分区图

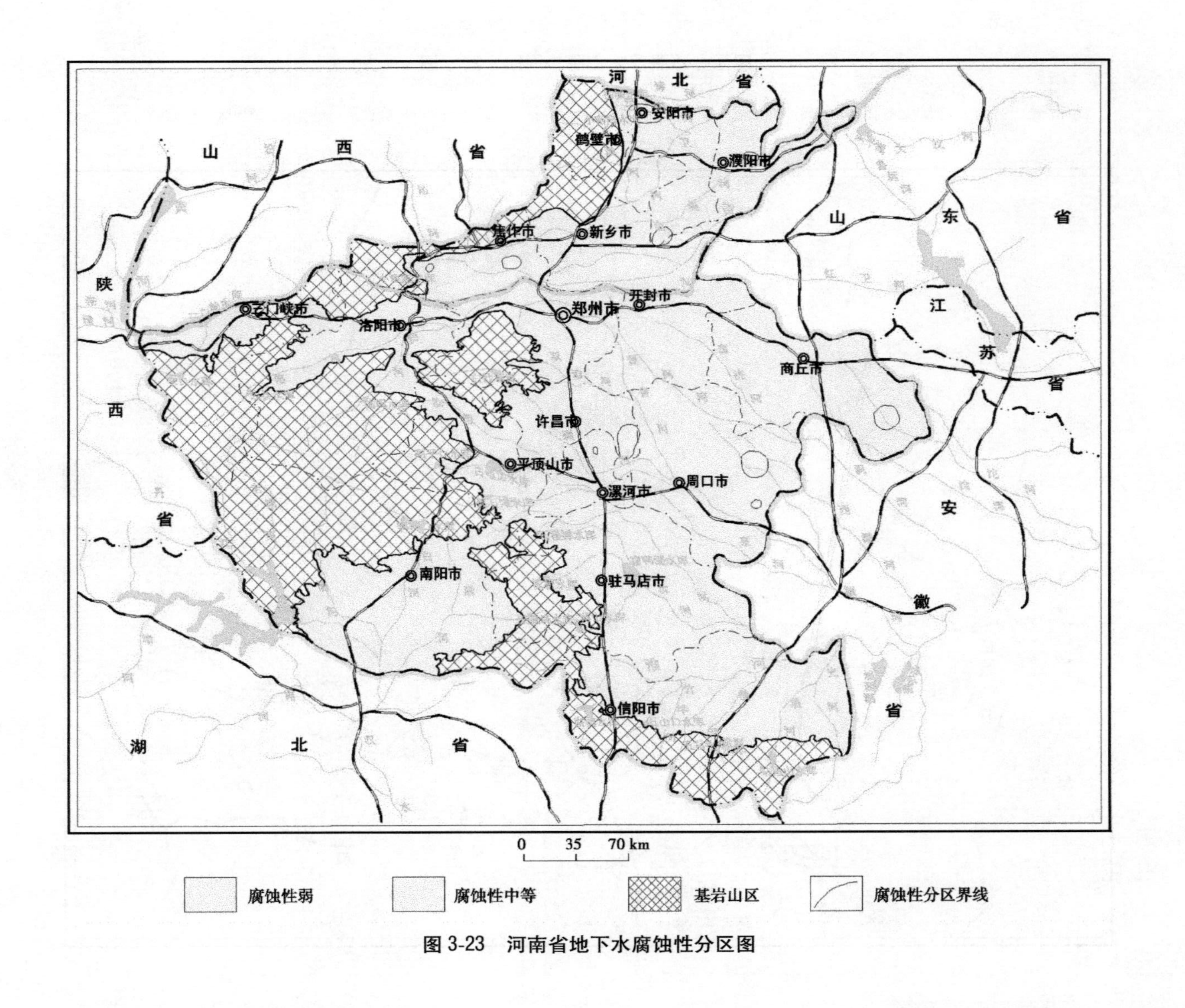

图 3-23　河南省地下水腐蚀性分区图

为矿化度≤0.5的重碳酸盐型为主的淡水和矿化度0.5~1.0 g/L的重碳酸盐型为主的淡水两种,合计分布面积为147 202 km^2,占全省面积的88.85%。总硬度小于200 mg/L的居多,全区地下水以腐蚀性弱为主。

1. 矿化度≤0.5 g/L的重碳酸盐型为主的淡水

矿化度≤0.5 g/L的重碳酸盐型为主的淡水为河南省浅层地下水的主要水化学类型之一,大面积集中分布于西部山地及山前岗地,包括灵(宝)—三(门峡)盆地全部和南阳盆地、洛阳盆地的部分地区,分散分布于豫北的卫河冲积平原,淮河平原则集中分布于郑州—平顶山的山前地带和泥河以南直至山前的广泛区域。

该类型矿化度为0.099~0.500 g/L,总硬度一般小于200 mg/L。共包含重碳酸盐型、重碳酸—硫酸盐型和重碳酸—氯化物型水,共计3种类型,以重碳酸盐型水为主,占91.1%。

2. 矿化度0.5~1.0 g/L的重碳酸盐型为主的淡水

矿化度0.5~1.0 g/L的重碳酸盐型为主的淡水为河南省浅层地下水的主要水化学类型之一,大面积集中分布在安阳东—滑县—卫辉—焦作—孟州—偃师—巩义—荥阳北—郑州西—中牟—新郑—禹州—叶县—舞阳一线以东的黄河冲积平原、豫东黄河—沙颍河冲积平原、济源盆地全部、洛阳盆地中东部和南阳盆地南部,分散分布于豫南淮河冲积平原、大别山北麓岗地区及山地小型盆地,占据河南省东部平原区的核心部位,也是中原城市群的集中分布区域。

该类型矿化度为0.50~1.00 g/L,总硬度一般大于450 mg/L。共包含重碳酸盐型、重碳酸-硫酸盐型、重碳酸-氯化物型、重碳酸-氯-硫酸盐型、硫酸盐型、氯化物型和重碳酸-硝酸盐型水,共计7种类型,以重碳酸盐型水为主,占74.5%。

3. 矿化度1.0~3.0 g/L的重碳酸-硫酸盐型为主的微咸水

矿化度1.0~3.0 g/L的重碳酸-硫酸盐型为主的微咸水为河南省东部平原区及南阳盆地浅层地下水普遍发育的一种水化学类型,黄河以北呈北东向条带状展布,黄河以南呈南东向条带状展布,南阳盆地呈近南北向展布,太行山林州山间盆地小面积分布。

该类型矿化度为1.0~3.0 g/L,总硬度一般大于450 mg/L,为微咸水。共包含重碳酸盐型、重碳酸-硫酸盐型、重碳酸-硫酸盐-氯化物型、氯化物-重碳酸盐型、硫酸盐型、硫酸-氯化物型、氯化物型和硝酸盐型水,共计8种类型,以重碳酸盐型、重碳酸-硫酸盐型及氯化物-重碳酸盐型水为主,合计占78.5%。

4. 硫酸盐型与硫酸盐-氯化物型咸水

硫酸盐型与硫酸盐-氯化物型咸水为河南省东部平原区及南阳盆地浅层地下水发育的一种水化学类型,分布面积较小,为"岛"状分布。黄河以北分布于南乐县南部、内黄县西南部、范县东南部、台前县西南部、濮阳县东南部、长垣县城东北部、延津县东北部、获嘉县南部、修武县西南部及封丘县东部;黄河以南分布于杞县南部、宁陵县西北部、商丘东北部;南阳盆地分布于唐河县城东南、桐柏县西北部。

该类型矿化度为3.03~3.94 g/L,总硬度一般大于450~2 500 mg/L,为咸水。共包含重碳酸-硫酸盐型、氯化物-硫酸-碳酸盐型、硫酸盐型、硫酸-氯化物型、氯化物型及硝酸盐型水,共计6种类型,以硫酸盐型、硫酸-氯化物型水为主。

5. 硫酸-氯化物型咸水

硫酸-氯化物型咸水为河南省东部黄河冲积平原区浅层地下水发育的一种水化学类型,分布面积较小,为"岛"状、点状分布。黄河以北有7处,分布于内黄县城西南部、台前县西南部、长垣县城东北部、获嘉县南部、武陟县西北部及封丘县东部;黄河以南只有杞县南1处。

该类型矿化度为5.03~8.16 g/L,为咸水。共包含氯化物-硫酸盐型、硫酸盐型、氯化物-重碳酸型水,共计3种类型,以氯化物-硫酸盐型、硫酸盐型水为主,占87.5%。

(二)地下水化学类型形成的背景条件

河南省地下水的水化学类型较全面,主要为重碳酸盐型,占67.8%;其次为重碳酸-硫酸盐型和重碳酸-氯化物型,分别占10.5%和14.6%。地下水矿化度以小于0.5 g/L为主,占52.7%;其次为0.5~1.0 g/L,占36.1%。地下水水化学类型、矿化度的形成是与水文地质条件和地球化学背景息息相关的,大规模的人类工程活动会导致水化学类型与矿化度的变化。总体来看,基岩山区及山前岗地、地下水强径流带等地区分布低矿化度的重碳酸盐型水,远离山区及地下水径流迟缓地带分布高矿化度重碳酸盐-硫酸盐型水,人类活动强烈的城市区氯化物、硫酸盐型水的比例增加。

漳卫河冲积平原浅层地下水径流条件较好,大部分为重碳酸盐型水,在安阳市西南部、内黄西北和西南部、浚县西南部、卫辉市西南部、辉县南部、修武等地为重碳酸-硫酸盐型水,安阳县东部北郭、内黄县城西北、汤阴西部和东部、浚县小河镇和浚县县城西北等地有重碳酸-氯化物型水;阳离子大部分为钙或钙-镁型水,与黄河冲积平原交界地带多为钙-镁-钠型水。大部分地区矿化度小于1.0 g/L,沿沁阳西—武陟—获嘉—新乡—卫辉—内黄一线矿化度大于1.0 g/L,呈北东向断续分布。

黄河冲积平原地下水的补、径、排条件变化较大,其水化学类型也有较大的变化。沿黄河一带明显受黄河测渗及引黄渠系引黄河水灌溉的影响,长期稀释地下水中的盐分,为重碳酸盐型水,阳离子多为镁-钙-钠型水;矿化度为0.5~1.0 g/L。滑县—濮阳东南部—范县—台前的沿黄地带,为重碳酸-硫酸盐型水和重碳酸-氯化物型水,阳离子多为钠-镁型、钠-钙-镁型水;矿化度1.0~3.0 g/L,局部大于3.0 g/L。在远离黄河的大部分地区为重碳酸盐型水,阳离子较为复杂,为钙、镁、钠的多种组合类型;矿化度多小于0.5~1.0 g/L。

新乡至焦作南部为漳卫河冲积平原与黄河冲积平原两大地下水系统的交接洼地区,浅层地下水径流条件较差,水化学类型复杂,边缘地区为重碳酸-硫酸盐型水,向中心依次为硫酸-重碳酸-氯化物型水、硫酸盐型水,阳离子则由钠-镁、钙-镁型水变为镁-钠型水;矿化度由边缘的1.0 g/L过渡至中心的2.0~3.0 g/L,局部大于3.0 g/L。

淮河平原区地下水水化学类型多为重碳酸盐型,矿化度多小于1.0 g/L。淮河平原南部、西部冲洪积平原区主要由近山前河流冲积物组成,地下水接受山区地下径流补给途径较短,径流条件较好,地下水化学类型与山区相近,以重碳酸-钙、重碳酸-钙-镁型为主。北东部的黄泛平原区,地表岩性大部分为粉土,部分地段为粉质黏土,利于大气降水入渗和蒸发;黄河及废黄河对地下水补给量相当大,浅层地下水位埋藏较浅,径流缓慢,潜水蒸发强烈,造成盐分积累,导致浅层地下水各因子含量普遍增高,钠离子含量迅速升高,水化学类型以重碳酸-钙-镁-钠型为主，矿化度 1.0~3.0 g/L，局部大于 3.0 g/L；在 20 世纪 60~70 年代以前，在开封—兰考—民权—商丘梁园区等地出现大面积的盐碱地。

山间盆地区地下水化学类型以重碳酸型为主，矿化度多小于 1.0 g/L，主要是接受山区地下水补给后，径流距离短、时间短，且径流条件均较好，还没有造成复杂的离子富集。

山间盆地和近山前地带地下水含水层颗粒较粗，为地下水强径流带，分布低矿化度的重碳酸盐型水；远离山前的东部平原区地下水径流迟缓，分布高矿化度重碳酸盐-硫酸盐-氯化物型水。大规模的人类工程活动导致浅层地下水水化学类型与矿化度变化的同时，一定程度上也影响了中深层地下水水化学类型与矿化度，这种影响表现在平原区的城市及城镇区。

四、重点研究区水文地质特征

本次重点研究区水文地质特征见表 3-1。

表 3-1 重点研究区水文地质特征一览表

重点研究区	地貌类型	主要水文地质特征			
		含水层岩性	含水层埋藏深度与厚度	富水性特征	水位埋深
焦作	山前冲洪积倾斜平原	中细砂、细砂、砂砾石、粗砂	埋深 40~60 m，厚 6~30 m；埋深 60~150 m，厚 20~36 m	富水区单井涌水量大于 100 m³/h，中等富水区 40~100 m³/h，弱富水区小于 40 m³/h	一般小于 5 m，市中心一带 8 m 左右
安阳		卵砾石、半胶结钙砾石层	埋深 20~90 m，厚 9~40m	单井涌水量一般为 120~200 m³/h	一般为 20~30 m，市中心地带大于 30 m，向东部渐浅，一般 10~20 m
平顶山		泥质中细砂、泥质砂卵石、砂砾石	埋深 150 m 以浅，城区厚度小于 10 m，东南部 20~30 m	东南部富水区单井涌水量 50~80 m³/h，其他地区为弱富水区，小于 20 m³/h	一般大于 30 m，东南部小于 20 m
信阳市		粗砂、砾石	埋深 30 m 以浅，厚度 7~11 m	河谷平原区 50~100 m³/h，岗丘区小于 20 m³/h	一般为 2~6 m
鹤壁市		砂及砂砾石层、卵砾石	分布在新城区，埋深 50 m 以浅，厚度一般 5~10 m	新城区大于 100 m³/h	一般大于 4 m

续表 3-1

重点研究区	地貌类型	主要水文地质特征			
		含水层岩性	含水层埋藏深度与厚度	富水性特征	水位埋深
洛阳市	内陆河谷盆地	砂卵石	埋深 100 m 以浅,厚 5~80 m	城区单井涌水量大于 100 m^3/h,盆地边缘单井涌水量 15~100 m^3/h	市区一带一般为 10~15 m。向南北两侧水位埋深逐渐增大至 20~25 m,至黄土台塬区大于 25 m
南阳市		卵砾石粗砂、砂砾石中粗砂、中细砂含砾石	东部平原埋深 5~200 m,厚 20~70 m;西部龙岗埋深 5~140 m,厚 10~30 m	富水区 100~300 m^3/h,中等富水区大于 30 m^3/h,贫水区小于 30 m^3/h	白河北建成区北部一带、白河南棉纺厂—常庄—姚庄一带 10~20 m;白河侧渗影响带及岗区西部水位埋深小于 5 m;其他地区水位埋深 5~10 m
三门峡市		中细纱、含砾中细纱、粉细砂、砂卵砾石	埋深 30~80 m,厚 10~15 m;埋深 100~200 m,厚 30~50 m	一般 50~80 m^3/h,局部大于 100 m^3/h	三级阶地大于 60 m,一、二级阶地 6~20 m
济源市		砂砾石、卵砾石、砂	埋深 200 m 以浅,厚 30~70 m	富水区单井涌水量大于 100 m^3/h,中等富水区 50~100 m^3/h	一般为 5~20 m。西北部大于 20 m,东南部小于 5 m
郑州市	冲洪积平原	细砂、中细砂、粉细砂、粗砂	埋深 5~55 m,厚 25~45 m;埋深 60~190 m,厚 30~80 m	富水区单井涌水量 50~200 m^3/h;中等或弱富水区单井涌水量 20~50 m^3/h	东区大部分小于 10 m,其他地区 10~20 m,西南部黄土台塬一带埋深大于 30 m
开封市		中砂、细砂、粉砂	埋深 10~70 m,厚 20~55 m;埋深 70~170 m,厚 12.1~46.35 m	单井涌水量 50~105 m^3/h	市中心一带为 10~20 m,南部及东南部 5~10 m,北部、西部、东部 < 5 m

续表 3-1

重点研究区	地貌类型	主要水文地质特征			
		含水层岩性	含水层埋藏深度与厚度	富水性特征	水位埋深
新乡市	冲洪积平原	中砂、细砂	埋深 6~100 m,厚 20~45 m;埋深 100~180 m,厚 10~40 m	富水区单井涌水量大于 125 m^3/h,中等富水区 30~125 $m^3/$,弱富水区小于 30 m^3/h	大致以共产主义渠为界,南部小于 5 m,北部 5~11 m
濮阳市	冲洪积平原	以粉细砂、细砂、中砂为主	埋深 15~140 m,厚 15~60 m;埋深 100~200 m,厚 30~40 m	主流带单井涌水量大于 80 m^3/h,泛流带 20~40 m^3/h	北部一般埋深 16~18 m,向南部至金堤河一带变浅至 4~6 m。市区一带一般大于 20 m
许昌市	冲洪积平原	粉砂、细砂、粉土	埋深 5~60 m,厚约 20 m;埋深 64.5~195.9 m,厚 26.6 m	富水区单井涌水量 40~60 m^3/h,中等富水区 20~40 m^3/h,弱富水区 10~20 m^3/h	城区东北部水位降落漏斗区 10~17 m,南部漏斗区 11.24~22.34 m。城区中部及北部 5~10 m 为主。西部一般小于 5 m
漯河市	冲洪积平原	粉细砂、细砂、砂砾石	埋深 5~45 m,厚 5~20 m;埋深 80~200 m,厚 20~50 m	富水区单井涌水量大于 80 m^3/h,中等富水区 40~80 m^3/h,弱富水区小于 40 m^3/h	一般 2~6 m,漏斗中心大于 10 m;中深层水 10~30 m
周口市	冲洪积平原	粉砂、细砂、中细砂	埋深 5.5~38.7 m,厚 1.0~23.7 m;埋深 60~160 m,厚 20~60 m	浅层水单井涌水量一般为 20~40 m^3/h,中层水一般为 40~120 m^3/h	沙河北区浅层水一般为 5~10 m,沙河南区一般小于 5 m;中层水:以市区为中心形成一个降落漏斗,漏斗内 20~40 m,市区边缘部位 10~20 m
驻马店	冲洪积平原	泥质卵砾石、中细纱	城区小于 10 m,北部 10~20 m	北部中等富水区单井涌水量 20~40 m^3/h,城区小于 20 m^3/h	浅层一般为 4~8 m,中层大于 20 m
商丘市	冲洪积平原	中砂、细砂、粉细砂	埋深 60 m 以浅,厚 10~15 m;埋深 100~190 m,厚 16~38.6 m	浅层水单井涌水量一般为 50~60 m^3/h;中层水一般为 40~50 m^3/h,为微咸水	城市漏斗区大于 10 m,市区边缘以外小于 10 m

根据收集的及本次测试资料,重点研究区浅层地下水化学组分特征值见表3-2。

表3-2　重点研究区浅层地下水化学组分特征值表

重点研究区	特征值	pH	总硬度/(mg/L)	总碱度/(mg/L)	Fe^{2+}/(mg/L)	Cl^-/(mg/L)	CaO/(mg/L)	SO_4^{2-}/(mg/L)	矿化度/(mg/L)	游离CO_2/(mg/L)
焦作	最大值	8.0	940	578	0.100	312	238	280	1 823	18
	最小值	7.3	243	200	0.010	15	85	29	423	2
	平均值	7.5	532	322	0.023	121	177	171	1 020	8
安阳	最大值	8.3	943	486		612	393	281	1 814	19
	最小值	7.3	193	159		15	91	1	465	8
	平均值	7.7	438	253		70	182	115	676	
平顶山	最大值	7.6	983	476	0.170	590	411	406	1 819	26
	最小值	7.1	186	96	0.000	9	52	35	271	4
	平均值	7.3	498	307	0.022	82	179	141	734	10
鹤壁	最大值	7.9	955	886	0.120	300	459	431	1 684	15
	最小值	6.8	273	90	0.001	7	40	37	278	4
	平均值	7.5	499	268	0.015	64	191	136	673	8
信阳	最大值	7.3	518	451		144	226	223	1 103	22
	最小值	6.5	162	147		14	70	58	295	4
	平均值	7.1	292	270		52	106	97	528	11
郑州	最大值	7.6	612	469		147	262	233	1 139	23
	最小值	7.1	218	208		12	69	17	501	4
	平均值	7.4	398	319		74	140	86	786	10
开封	最大值	7.6	831	568		363	224	361	1 947	21
	最小值	7.2	261	262		12	102	17	576	2
	平均值	7.3	476	428		121	140	109	1 091	12
新乡	最大值	8.3	2 022	625	1.700	669	645	1 554	3 915	10
	最小值	7.2	255	183	0.010	26	38	30	577	1
	平均值	7.6	675	430	0.066	206	189	364	1 755	5

续表 3-2

重点研究区	特征值	pH	总硬度/(mg/L)	总碱度/(mg/L)	Fe^{2+}/(mg/L)	Cl^-/(mg/L)	CaO/(mg/L)	SO_4^{2-}/(mg/L)	矿化度/(mg/L)	游离 CO_2/(mg/L)
濮阳	最大值	8.5	980	663		457	309	479	1 966	12
	最小值	7.5	285	244		24	56	13	663	2
	平均值	7.8	498	385		170	126	160	1 174	6
许昌	最大值	7.7	1 419	648		674	481	415	2 397	26
	最小值	6.9	162	274		23	37	37	421	4
	平均值	7.4	521	416		125	168	130	888	9
漯河	最大值	7.7	5 902	580		1 618	1 201	387	3 675	12
	最小值	7.1	261	220		12	73	6	568	9
	平均值	7.4	867	411		171	295	114	1 212	11
商丘	最大值	7.61	262	464		83	245	107	2 710	10
	最小值	8.11	975	886		413	546	487	480	43
	平均值	7.89	634	634		188	356.5	249	1 343	21
周口	最大值	7.3	873	578		207	309	345	1 764	46
	最小值	6.9	473	346		32	102	64	951	2
	平均值	7.3	596	445		136	191	152	1 164	19
驻马店	最大值	7.6	582	71		164	185	134	620	36
	最小值	6.4	120	577		7	45	19	170	3
	平均值	7.0	262	258		49	98	46	360	14
港区航空	最大值	7.95	1 059	567		384	396	287	1 701	15
	最小值	6.78	83	172		9	23	4	213	4
	平均值	7.52	312	276		53	98	137	644	6
洛阳	最大值	8.0	710	413		182	293	303	1 526	25
	最小值	7.2	134	178		13	41	47	481	2
	平均值	7.7	438	253		70	172	115	676	9
南阳	最大值	8.4	851			331	876	163	1 077	
	最小值	6.9	136			5	101	4	203	
	平均值	7.3	321			46	274	26	441	

续表 3-2

重点研究区	特征值	pH	总硬度/(mg/L)	总碱度/(mg/L)	Fe^{2+}/(mg/L)	Cl^-/(mg/L)	CaO/(mg/L)	SO_4^{2-}/(mg/L)	矿化度/(mg/L)	游离CO_2/(mg/L)
三门峡	最大值	8.1	757	440	0.620	169	251	614	1 349	25
	最小值	7.1	124	78	0.000	10	31	18	218	2
	平均值	7.7	322	255	0.045	64	106	157	623	7
济源	最大值	7.7	834	634	0.06	251	314	532	1 685	44
	最小值	7.2	212	100	0.01	13	84	72	380	4
	平均值	7.5	483	310	0.02	67	189	182	738	13
规范参考值		6.5~8.5	≤200	≤500	<1	<100	<200	<200	<3 000	<10

第三节 岩土体热物性特征

一、岩土热物性测试

岩土体热物性参数一般是指岩土体的导热系数、比热容及热阻等,获得方法主要有:查手册、取样法、现场测试法等。

目前,国内外很多专业手册都提供多种岩土材质的热物性参数,但由于岩土各层的湿度、孔隙率以及材质的复杂性,查手册这种方式存在很大的局限性;而且在不同地区、不同气候条件,甚至同一地区、不同区域岩土热物性都会存在很大差异,这会对地埋管换热器的换热效果有很大影响。

取样法是指将某一深度、一定厚度的岩土层提取出来,利用试验仪器进行测量来获取岩土体的热物性参数。该方法较查手册更为准确、有效,但由于取上来的岩土受到外界环境的干扰,自身特性会有一些变化。为得到精确的热物性参数,本书将采用二元回归和加权平均的方法,对试验测试值进行修正。从采集的数据来看,恒温带以上是粉质黏土和黏土,恒温带以下仍以黏土和粉质黏土为主。

相比以上两种方法而言,现场测试法最为科学、准确。它是通过模拟土壤源热泵系统的运行工况,对试验孔进行放热或取热测试,分析试验数据,计算得出当地地质条件下的综合热物性参数。

二、岩土热物性参数统计

全区共测试分析了 3 199 组岩土样,按照岩土体的岩性、物理性质分类,在对各种热物性参数进行数理统计基础上进行全孔段的加权平均。对全区主要城市热物性参数进行了统计分析,结果见表 3-3 和图 3-24。

表 3-3　不同岩性热物性参数统计

地貌单元	地区	岩性	含水量 ω/%	密度 ρ/(g/cm³)	导热系数 λ/[W/(m·K)]	比热容 C/[kJ/(kg·℃)]	热扩散系数 A/(10^{-3}·m²/h)
山前冲洪积倾斜平原	焦作	砂卵石	11.50	2.03	1.79	1.68	
		中砂	13.60	2.06	1.79	1.66	
		细砂	17.52	2.01	1.75	1.65	
		粉细砂	20.10	2.03	1.76	1.42	
		粉质黏土	20.00	2.10	1.59	1.48	
		黏土	20.93	2.03	1.51	1.40	
	安阳	砂质黏土	20.43	1.84	1.35	1.34	1.99
		砂质黏土	25.32	1.97	1.35	1.43	1.78
		砂砾石	29.30	1.93	1.19	1.55	1.43
		砂砾石	28.81	1.93	1.35	1.48	1.70
		砂岩	21.87	2.01	1.56	1.17	2.39
		砂质黏土	31.11	1.86	1.30	1.62	1.58
		中细砂	18.02	2.07	1.68	1.30	2.29
		中细砂	18.98	2.05	1.69	1.28	2.34
		砂质黏土	18.90	2.07	1.59	1.26	2.26
		中细砂	32.20	1.95	1.30	1.18	2.03
		砂岩	4.57	2.46	2.55	0.90	4.16
		粗砂	13.60	2.10	1.55	1.14	2.30
	平顶山	粉土	13.30	1.79	1.58	1.19	
		粉质黏土	20.17	1.98	1.47	1.35	
		黏土	21.20	1.83	1.46	1.47	
		灰岩	5.44	2.43	1.72	1.05	
		卵石	0.62	2.51	1.76	0.84	
		泥岩	4.37	2.40	1.85	1.06	
		砂岩	2.78	2.50	1.72	0.93	
		细砂	17.25		1.78	1.30	
		中砂	7.15		1.82	0.95	
		粗砂	7.65		1.90	0.96	
		粉砂	17.77		1.59	1.31	
	信阳	粉土	17.95	1.93	1.49	1.27	
		粉质黏土	20.92	1.98	1.51	1.45	
		黏土	26.35	1.97	1.25	1.63	
		砾砂	3.67		1.78	0.91	
		卵石	1.26	2.59	1.81	0.80	
		泥岩	11.55	2.20	1.57	1.14	
		砂岩	6.13	2.33	1.53	0.96	
		粗砂	15.40		1.75	1.39	
		中砂	18.40		1.64	1.43	

续表 3-3

地貌单元	地区	岩性	含水量 ω/%	密度 ρ/(g/cm^3)	导热系数 λ/[W/(m·K)]	比热容 C/[kJ/(kg·℃)]	热扩散系数 A/(10^{-3}·m^2/h)
山前冲洪积倾斜平原	鹤壁	黏土	11.7	2.22	1.74	1.16	
		黏土	23.5	2	1.39	1.43	
		泥岩	14.8	2.1	1.68	1.27	
		泥灰岩	11	2.18	1.83	1.15	
		砂岩	10.4	2.12	1.94	1.11	
		卵砾石	6.4	2.46	2.20	1.00	
		粉细砂	24.1	2.09	1.82	1.37	
		卵砾石	5.4	2.31	2.70	0.97	
冲洪积平原区	郑州	粉质黏土	21.78	2.00	1.61	1.36	2.17
		粉土	22.19	1.98	1.65	1.37	2.24
		粉砂	14.39	1.94	1.69	1.12	2.78
		细砂	14.55	1.98	1.83	1.17	2.85
		中细砂	11.91	1.96	1.74	1.08	2.97
		中砂	12.02	1.97	1.85	1.10	3.07
		中粗砂	11.71	2.09	1.94	1.10	3.34
		钙质胶结砂岩	11.80	2.29	2.30	1.00	3.71
		泥岩	12.27	2.19	1.85	1.03	2.99
	开封	粉土	19.21	2.05	1.82	1.54	2.09
		黏质粉土	22.47	2.01	1.72	1.67	1.85
		黏土	19.65	2.07	1.78	1.51	2.02
	漯河	粗砂	14.40	—	2.93	1.23	
		粉细砂	19.60	—	2.93	1.34	
		中砂	17.10	—	3.18	1.29	
		粉质黏土	22.49	1.95	2.75	1.45	
		黏土	22.83	1.96	2.77	1.50	
	周口	粉土	22.97	1.98	2.70	1.45	
		粉质黏土	23.14	2.01	2.77	1.45	
		黏土	26.18	1.96	2.70	1.51	
	驻马店	粗砂	14.60		3.22	1.18	
		粉质黏土	24.37	2.08	2.82	1.44	
		黏土	23.86	2.02	2.65	1.45	
	新乡	粉质黏土	26.00	2.07	1.53	1.47	
		黏土	18.00	1.97	1.47	1.39	
		粉土	20.00	2.00	1.46	1.50	
		粉细砂	17.00	1.92	1.70	1.60	
		中砂	15.00	1.98	1.80	1.63	
		泥灰岩	16.00	1.97	1.62	1.61	

续表 3-3

地貌单元	地区	岩性	含水量 ω/ %	密度 ρ/ (g/cm³)	导热系数 λ/ (W/m·K)	比热容 C/ [kJ/(kg·℃)]	热扩散系数 A/ (10^{-3}·m²/h)
冲洪积平原区	濮阳	黏土	24.15	1.98	1.54	1.66	
		粉质黏土	21.35	2.05	1.88	1.50	
		粉土	21.35	2.02	1.97	1.51	
		粉砂	15.17	2.09	2.63	1.34	
		中砂、细砂	21.50	1.90	2.57	1.59	
	郑州航空港	粉土	18.12	1.99	1.61	1.35	
		粉质黏土	20.59	1.98	1.74	1.42	
		黏土	24.54	1.92	1.47	1.54	
		粉砂	19.02	1.52	1.69	1.32	
		砂质钙化	10.50	2.07	1.47	1.26	
		细砂	14.03	1.96	1.75	1.20	
		中砂	16.99	2.01	1.85	1.40	
	商丘	黏土	24.10	2.01	1.42	1.54	
		粉质黏土	19.90	2.09	1.44	1.41	
		粉土	20.50	2.04	1.67	1.42	
内陆河谷型盆地区		粉砂	16.80		1.36	1.28	
		细砂	15.70		1.56	1.31	
		中砂	14.30		1.43	1.26	
	许昌	粉质黏土	17.44	2.06	1.33	1.34	
	三门峡	粉土	9.50	1.50	1.07	1.22	2.10
		粉土	15.90	1.81	1.67	1.40	2.38
		粉质黏土	16.00	1.54	1.44	1.42	2.37
		粗砂	4.80	1.81	1.30	1.04	2.49
		中细砂	3.10	1.47	1.13	0.89	3.09
		细砂	20.30	1.78	1.57	1.40	2.26
	洛阳	黏土	22.52	1.97	0.96	1.41	1.26
		粉土	21.70	1.89	1.29	1.33	1.85
		粉质黏土	22.22	1.98	1.01	1.40	1.33
	南阳	粉土	14.22	1.97	1.36	1.20	
		粉砂	15.70	1.91	1.34	1.20	
		中砂	15.70	1.93	1.41	1.18	
		粗砂	14.87	1.93	1.38	1.04	
		砾砂石	14.10	1.87	1.38	1.05	
		粉质黏土	17.95	1.97	1.31	1.31	
		黏土	26.20	1.83	1.25	1.52	
	济源	粉土	24.43	1.96	1.63	1.37	2.20
		粉质黏土	23.80	2.02	1.61	1.47	1.99

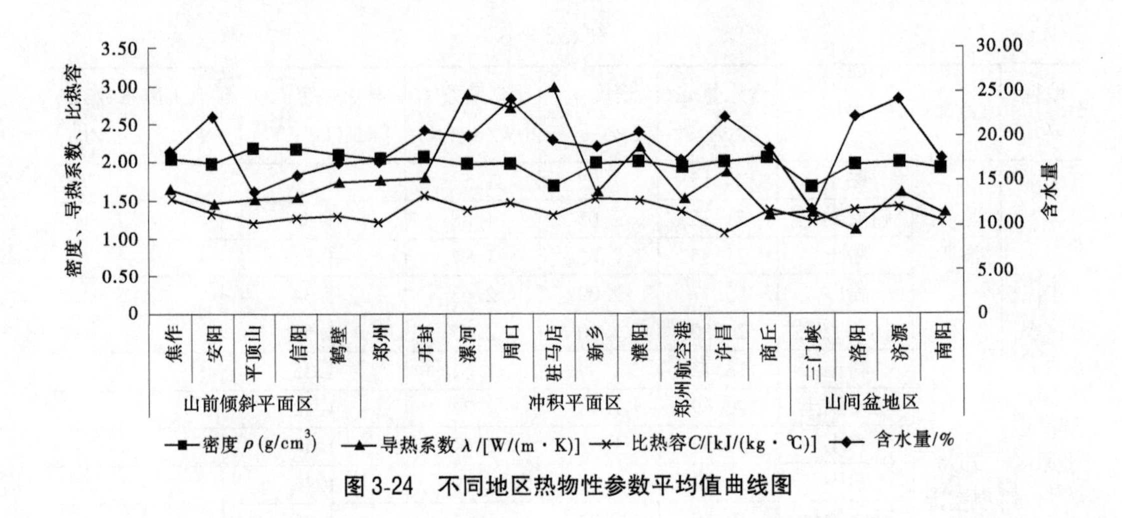

图 3-24　不同地区热物性参数平均值曲线图

三、岩土热物性参数变化规律

(一)不同岩性热物性参数分析

全区不同岩性主要热物性参数平均值统计见表 3-4、图 3-25 和图 3-26。由表 3-4 和图 3-25、图 3-26 可知,卵砾石的导热系数最大为 1.95 W/(m · K),砂质黏土最小为 1.41 W/(m · K),其导热系数从大到小排序大致为:卵砾石>粗砂>中砂>粉细砂>粉砂>粉质黏土>砂岩>黏土>泥岩>粉土>细砂>中细砂>砂质黏土。

表 3-4　各类岩性平均热物性参数统计表

岩性	平均导热系数 λ/[W/(m · K)]	平均比热容 C/[kJ/(kg · ℃)]	平均含水量 ω/%	平均密度 ρ/(g/cm³)
黏土	1.68	1.48	22.41	2.37
粉细砂	1.76	1.46	20.40	2.01
粉质黏土	1.73	1.42	21.38	2.97
砂质黏土	1.41	1.38	21.25	1.96
粉土	1.60	1.37	18.22	1.92
细砂	1.59	1.34	16.56	1.93
中砂	1.92	1.33	14.86	1.99
粉砂	1.73	1.29	17.93	1.88
泥岩	1.65	1.26	13.38	2.10
砂岩	1.70	1.22	14.42	2.16
中细砂	1.51	1.15	16.68	1.90
粗砂	1.94	1.14	12.07	1.95
卵砾石	1.95	0.95	6.09	2.35

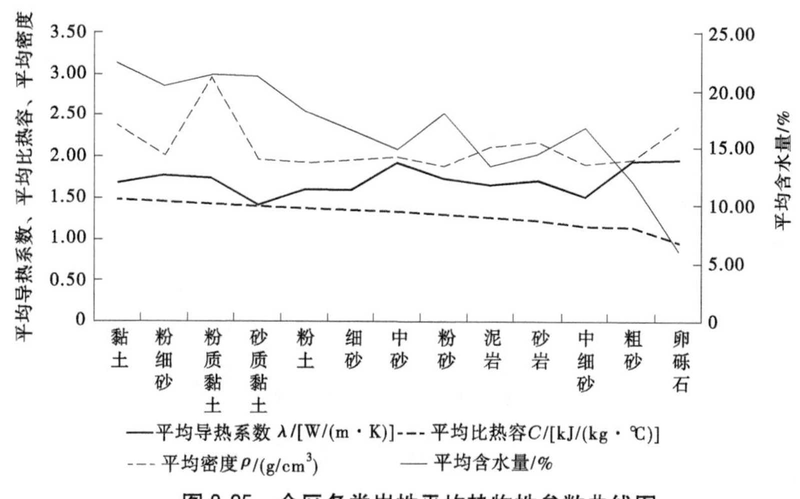

图 3-25　全区各类岩性平均热物性参数曲线图

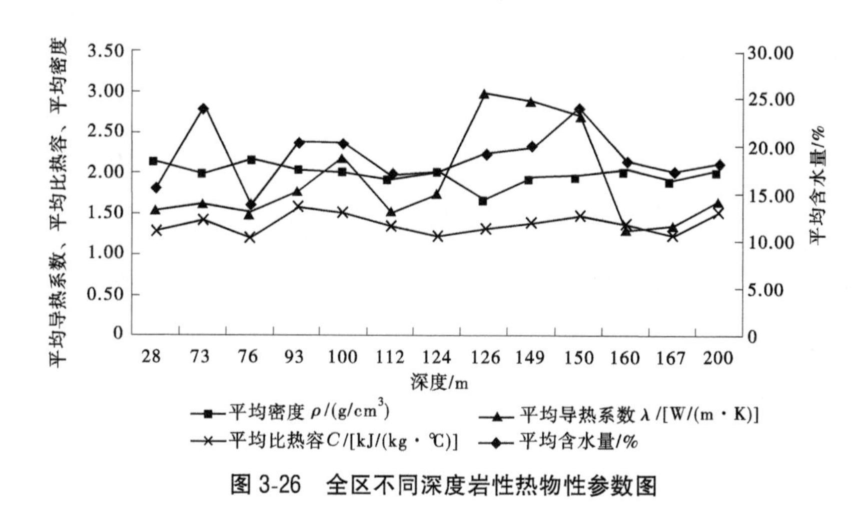

图 3-26　全区不同深度岩性热物性参数图

黏土的比热容最大为 1.48 kJ/(kg·℃),卵砾石的比热容最小为 0.95 kJ/(kg·℃),其比热容从大到小排序大致为:黏土>粉细砂>砂质黏土>粉土>细砂>中砂>粉砂>泥岩>砂岩>中细砂>粗砂>卵砾石。

随岩性颗粒变粗,导热系数 λ 有增大的趋势,比热容 C 则呈减小的趋势。

(二)同一钻孔不同深度热物性参数分析

通过漯河 LDM3 孔、驻马店 DMG1 孔和济源 S3 孔同一钻孔不同深度岩土热物性参数曲线见图 3-27~图 3-29。

从图 3-29 可以看出,同一钻孔中岩性热物性参数在垂向上没有明显的变化。

(三)同一深度不同岩性热物性参数分析

同一深度不同岩性热物性参数曲线见图 3-30~图 3-32。

以上关系曲线反映出同不同岩性热物理参数具有以下特征:

(1)随岩性颗粒变粗,导热系数 λ、热扩散系数 α 有增大的趋势,容积比热容 C 则呈减小的趋势;

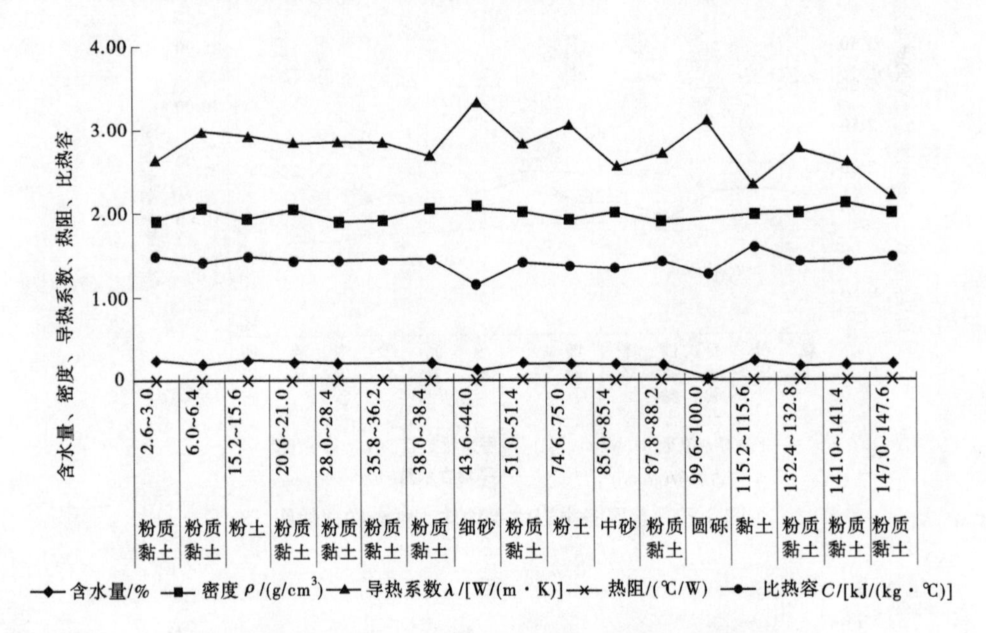

图 3-27 漯河 LDM3 孔不同深度岩性热物性参数图

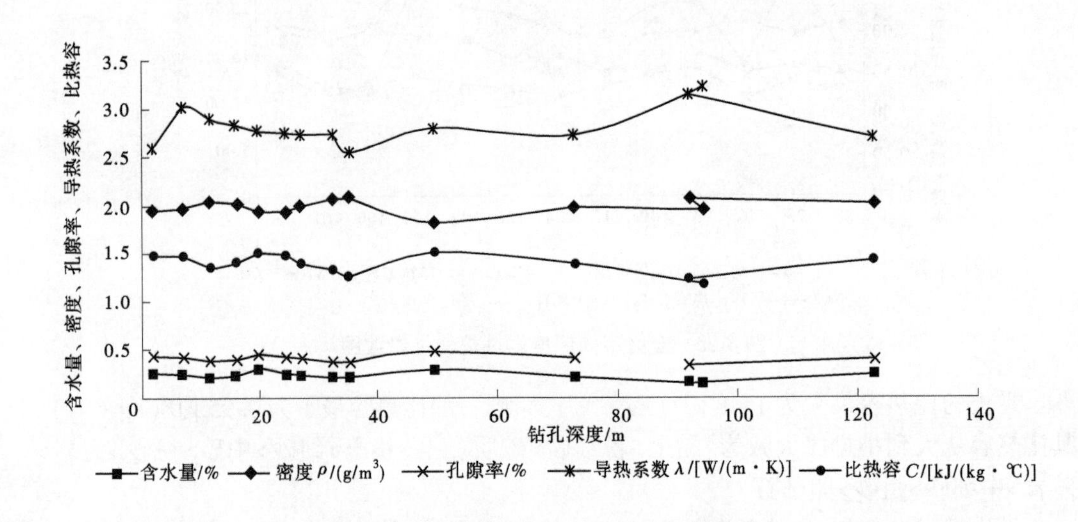

图 3-28 驻马店 DMG3 孔不同深度热物性参数图

(2)同一深度,相同岩性的导热系数 λ、热扩散系数 α 与含水量呈正相关,与容积比热容 C 则呈负相关。

(四)相同岩性不同深度热物理参数特征

同一岩性不同深度热物性参数曲线见图 3-33~图 3-38。

从以上关系曲线可以看出:

(1)导热系数 λ、热扩散系数 α 为正相关,二者与容积比热容 C 为负相关。

(2)相同岩性热物理参数与深度无明显相关关系,与含水量、湿密度呈正相关。

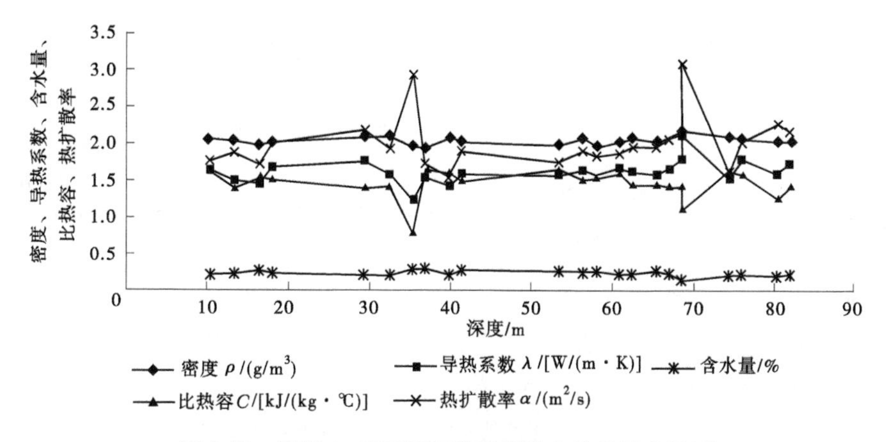

图 3-29　济源 S3 孔不同深度粉质黏土热物性参数图

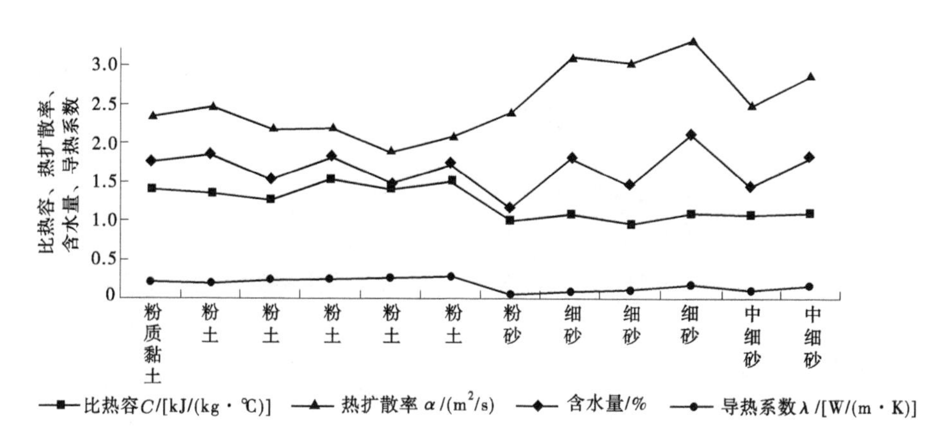

图 3-30　10 m 深度处不同岩性热物性参数曲线图

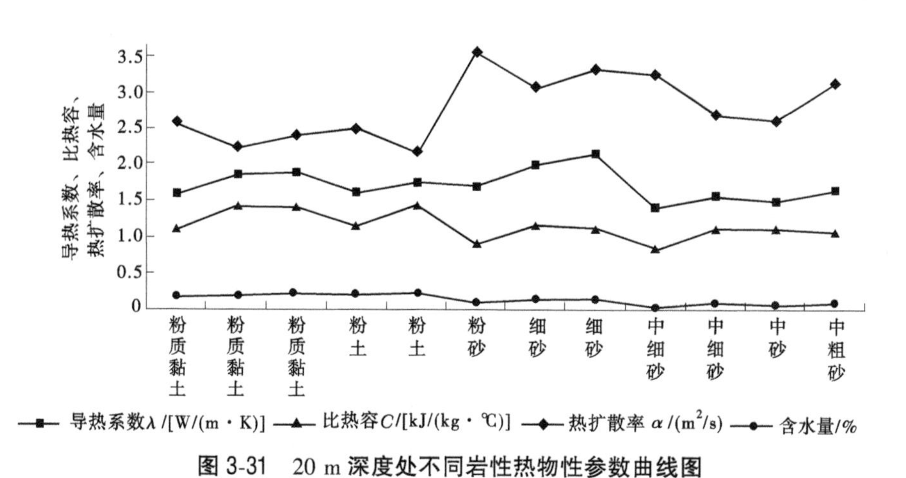

图 3-31　20 m 深度处不同岩性热物性参数曲线图

(五)相同岩性不同含水量热物理参数特征

同一岩性不同深度热物性参数曲线见图 3-39～图 3-41。

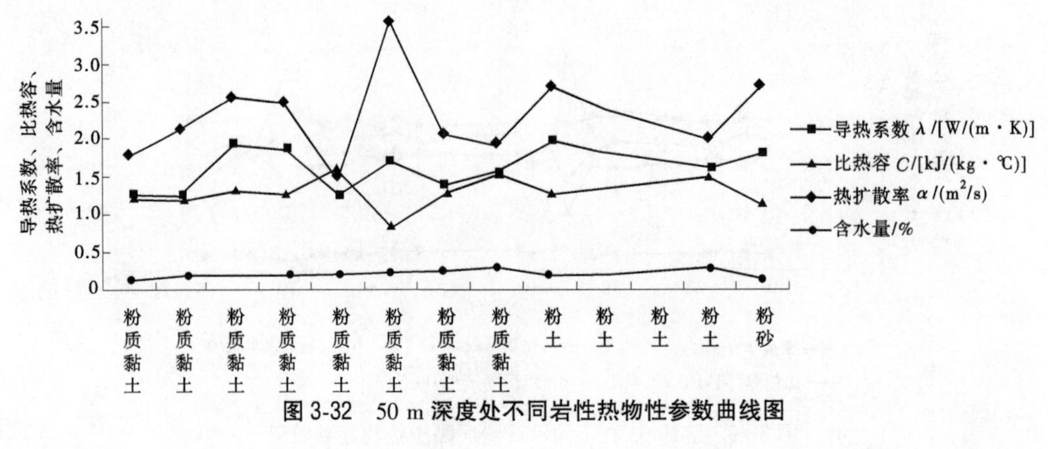

图 3-32　50 m 深度处不同岩性热物性参数曲线图

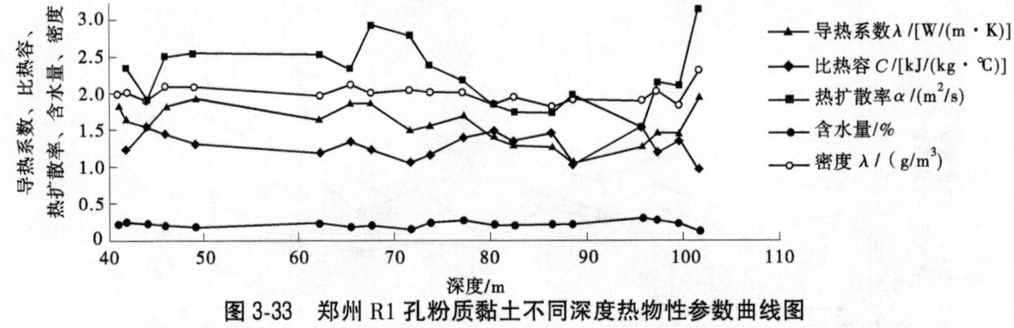

图 3-33　郑州 R1 孔粉质黏土不同深度热物性参数曲线图

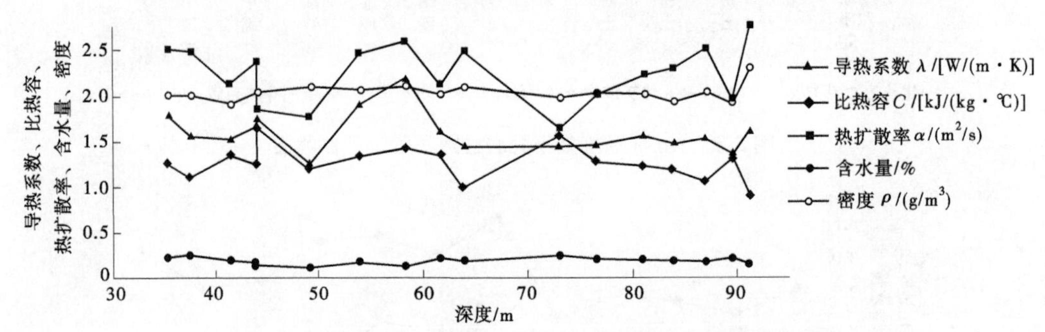

图 3-34　郑州 R2 孔粉质黏土不同深度热物性参数曲线图

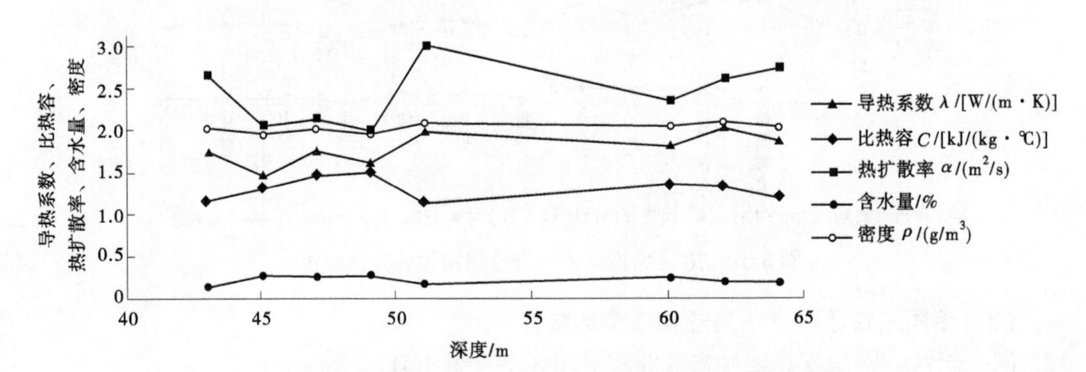

图 3-35　郑州 R3 孔粉土不同深度热物性参数曲线图

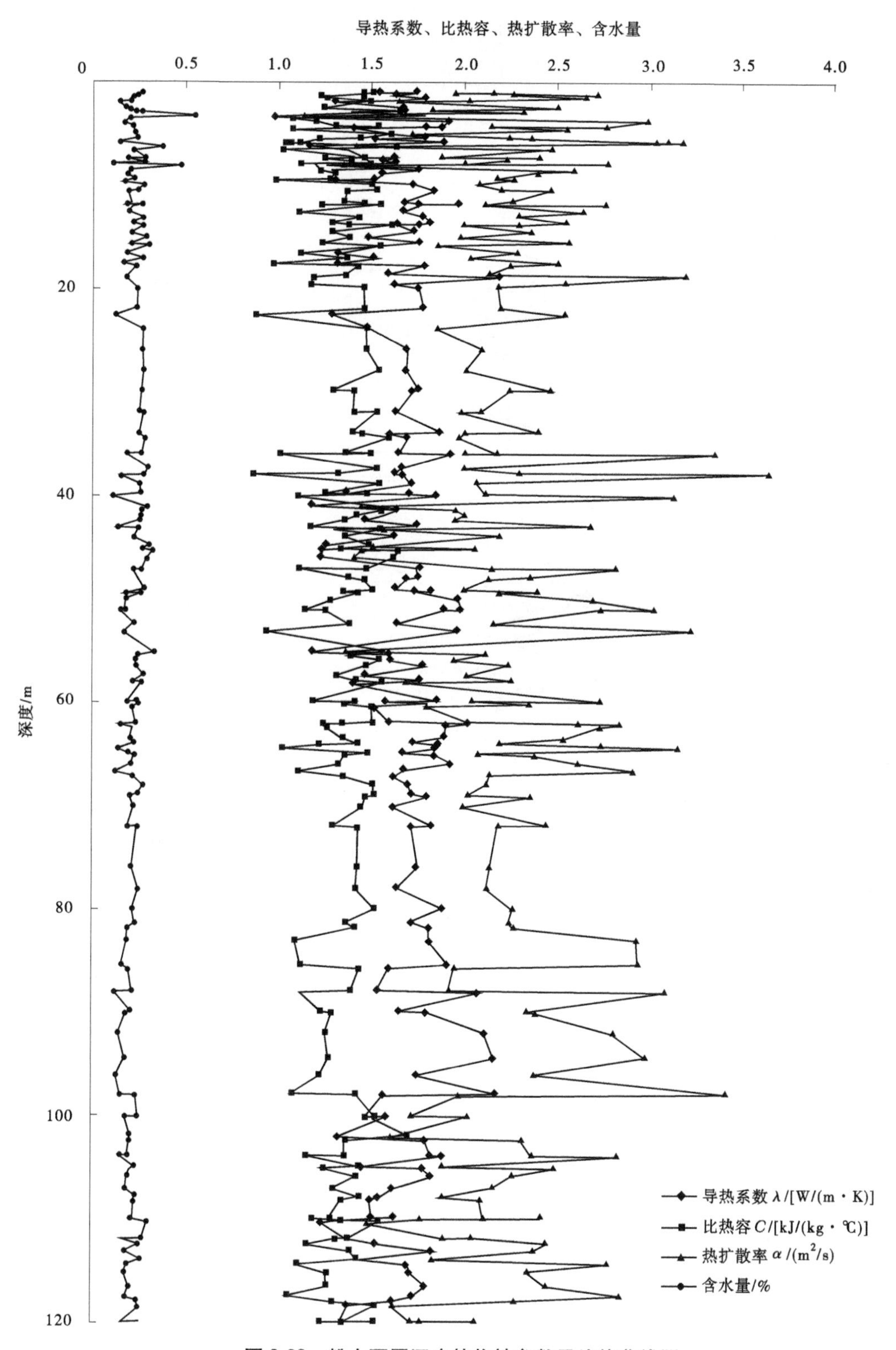

图 3-36　粉土不同深度热物性参数平均值曲线图

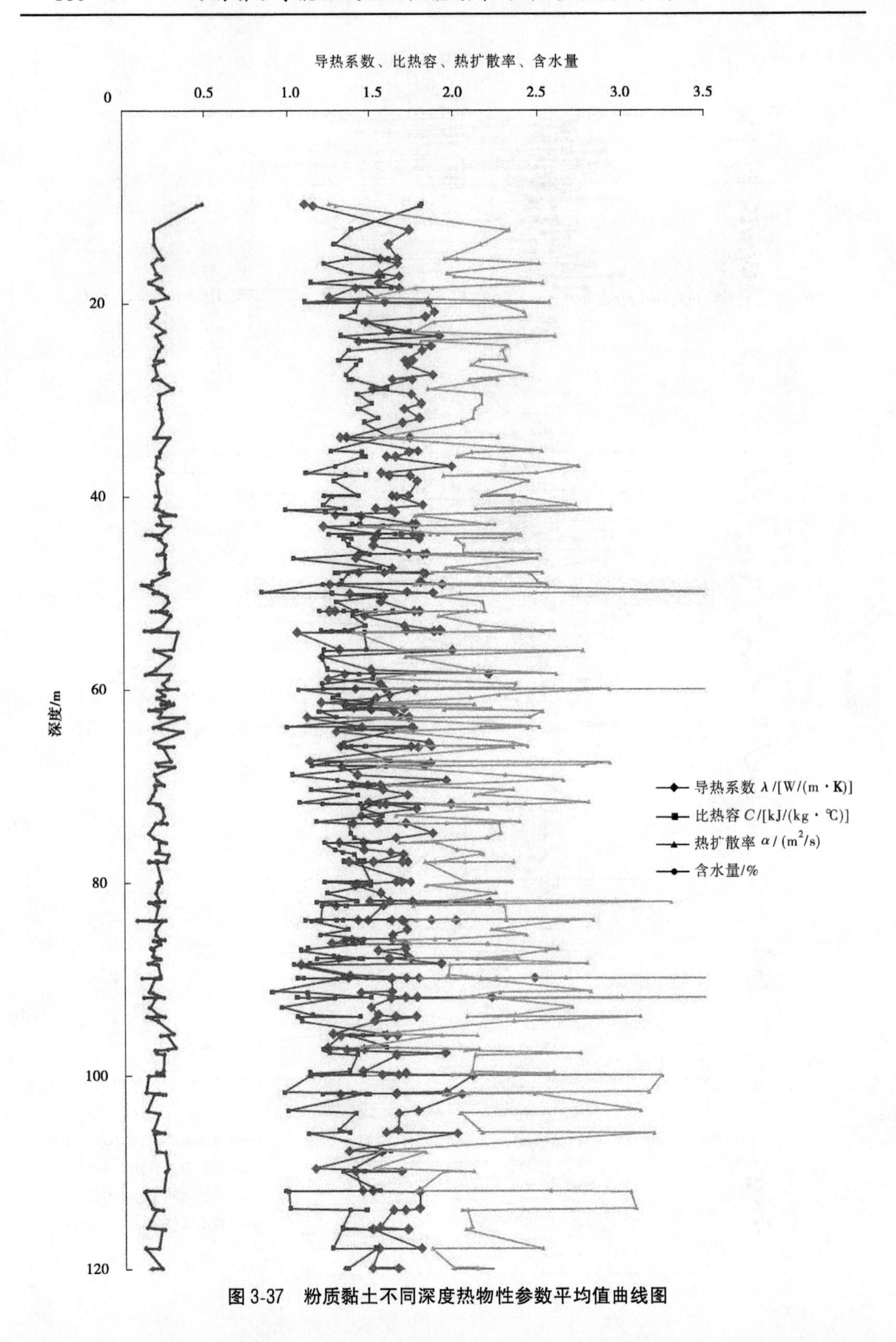

图 3-37 粉质黏土不同深度热物性参数平均值曲线图

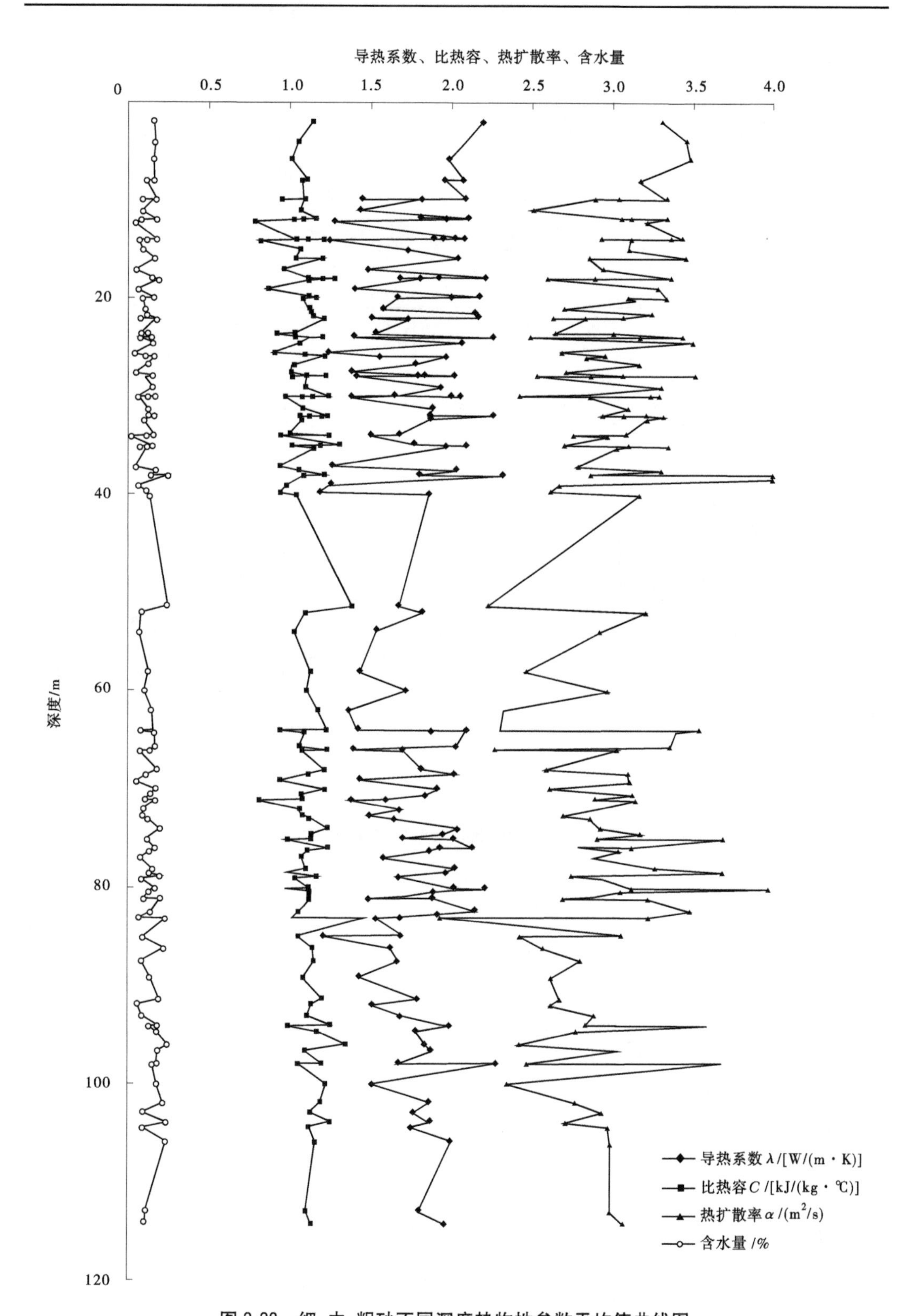

图 3-38　细、中、粗砂不同深度热物性参数平均值曲线图

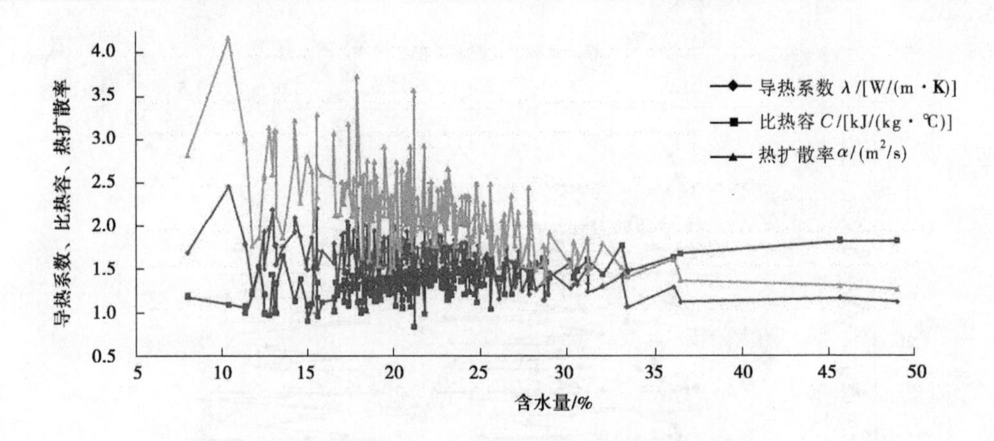

图 3-39 粉质黏土不同含水量热物性参数曲线图

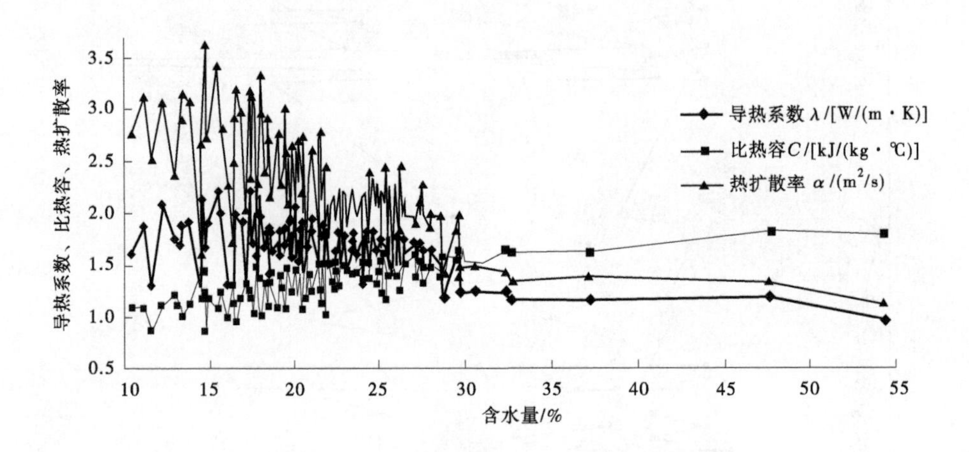

图 3-40 粉土不同含水量热物性参数曲线图

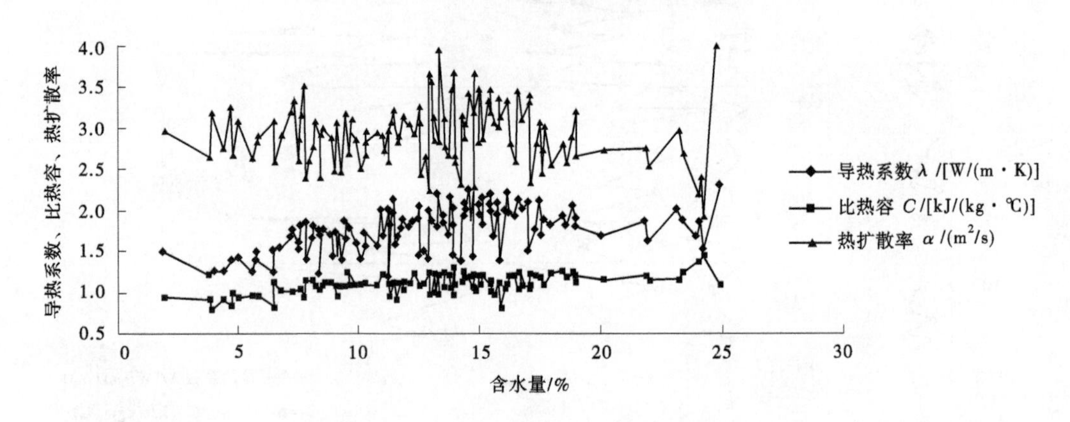

图 3-41 细、中、粗砂不同含水量热物性参数曲线图

从以上关系曲线可以看出,不同岩性热物理参数受含水量变化影响不尽相同:对于颗粒较细的粉质黏土、粉土而言,热物性参数受含水量影响,表现出明显的拐点特征,即粉质

黏土和粉土分含水量以30%为折点，当含水量大于30%时，热物性参数因含水量的增加而引起的变化幅度逐渐减弱。而颗粒较粗的砂类土则不具有上述特征。建议将含水量30%作为郑州乃至类似地区相应岩性热物理参数随含水量变化的临界值，超过临界值以后，含水量对热物理参数的影响减弱。可用于指导野外试验及参数分析。

综上所述，由于水和空气的导热系数比矿物质小，所以岩土导热系数会随着孔隙率的增加而减小。土壤容重的增加可降低孔隙率，并改善固体颗粒间的热接触。导热能力低的空气量减小，总导热率增加。另外，由于水的比热容较大，因此当含水量增加时，岩土的比热容也将增加。如果岩土的孔隙率很低，则其热物性主要由其中的矿物质决定。如果岩土孔隙率较高，则岩土的含水量对其热物性产生很重要的影响。水渗透到土壤中使其容重变大所造成的导热率的增加，比容重大的密实土壤所造成的影响大得多。这是因为颗粒间接触点上出现的水膜不仅减小了颗粒间的接触热阻，而且水分(导热系数是空气的20多倍)取代了土壤孔隙间的空气，同时潮湿土壤中热湿迁移的作用大大增强，这些使其传热能力远大于相同密度下的干燥的土壤。

第四节　浅层地温场特征

这里所指的浅层地温场为200 m以上松散层地温的综合反映，以该深度混合水的温度来表征。

一、恒温带的确定

地球内热与太阳幅射热互相影响达到平衡的地带为恒温带。年恒温带的深度和温度受纬度、高度、岩性、地表水体的分布，植被及小气候条件等的影响。据以往区域测温资料和本次井中连续测温结果综合确定研究区恒温带深度与温度。冲积平原型城市恒温带深度一般为15~27 m，平均深度22.9 m；温度一般为15.5~17.5 ℃，平均温度16.5 ℃。山前冲洪积倾斜平原型城市恒温带深度一般为20~27 m，平均深度24 m；温度一般为15.5~17.5 ℃，平均温度16.2 ℃。内陆河谷盆地型城市恒温带深度一般为27~29 m，平均深度27.5 m；温度一般为15.5~17.21 ℃，平均温度16.1 ℃。综合以上统计分析可以看出，冲积平原区松散层恒温带深度最浅，温度最高，内陆河谷盆地区平原区松散层恒温带深度最深，温度最低，见图3-42。

各地区测温曲线图见图3-43~图3-51，可以看出恒温带以上，地下水温度与埋深关系不明显，主要随季节和地表环境温度变化；而在恒温带以下，地下水温度有随埋深增加而增加的趋势。郑州市恒温带深度27 m，温度17 ℃；洛阳市恒温带深度20 m，温度16.4 ℃；据驻马店井测温资料，恒温带深度25 m，温度16.9 ℃；开封市恒温带深度20 m，温度16.4 ℃；平顶山市恒温带深度21.5 m，温度16.2 ℃；济源市恒温带深度27 m，温度16.2 ℃。综合考虑城市地貌类型、表层土体结构和纬度变化，结合实测数据确定18个(含郑州航空港综合实验区)城市恒温带深度与温度(见表3-5)。

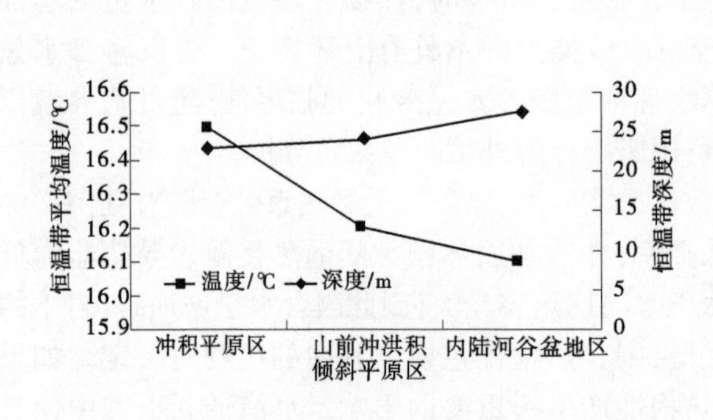

图 3-42 不同地貌类型区恒温带深度与温度关系曲线图

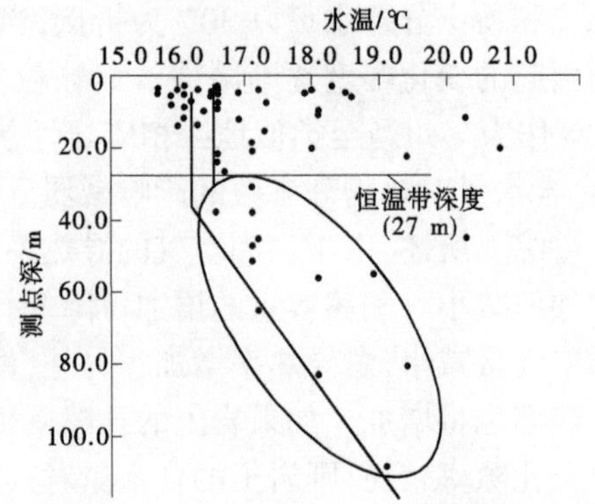

图 3-43 郑州市地下水温度与深度对应关系散点图

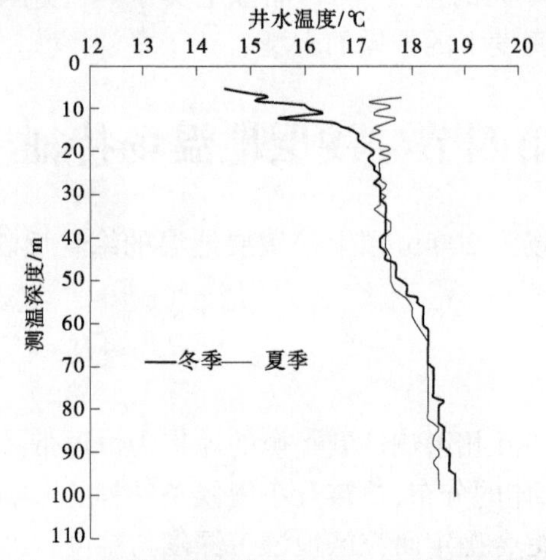

图 3-44 郑州航空港综合实验区 ZS2 孔地层温度曲线图

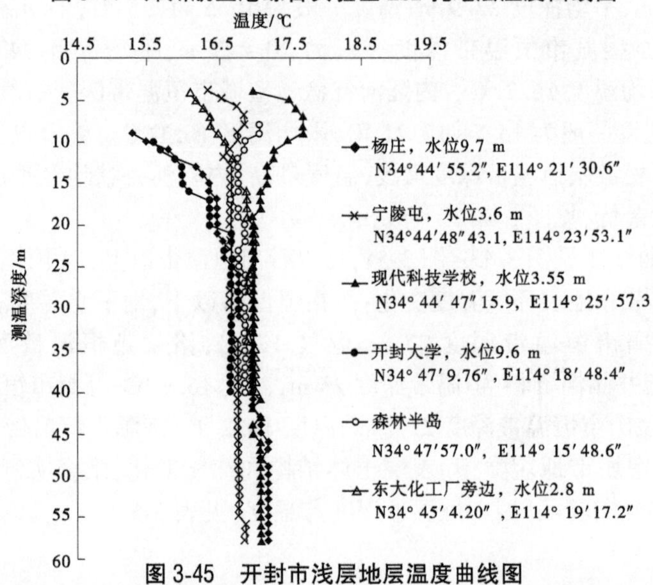

图 3-45 开封市浅层地层温度曲线图

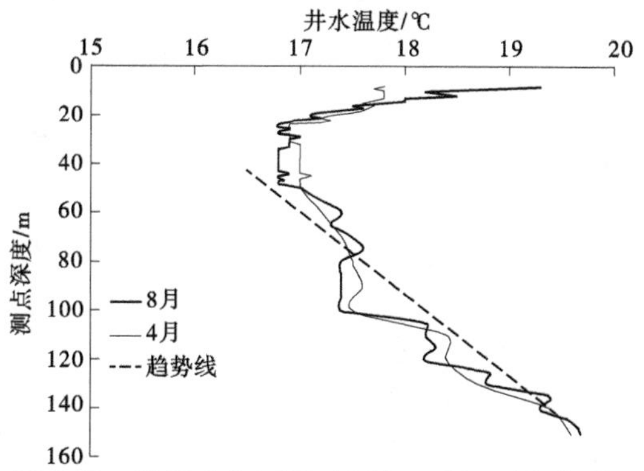

图 3-46　驻马店市不同时间浅层地温测量曲线图

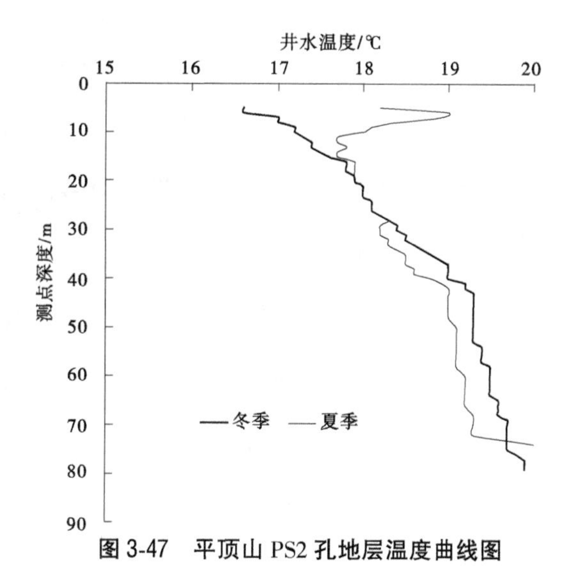

图 3-47　平顶山 PS2 孔地层温度曲线图

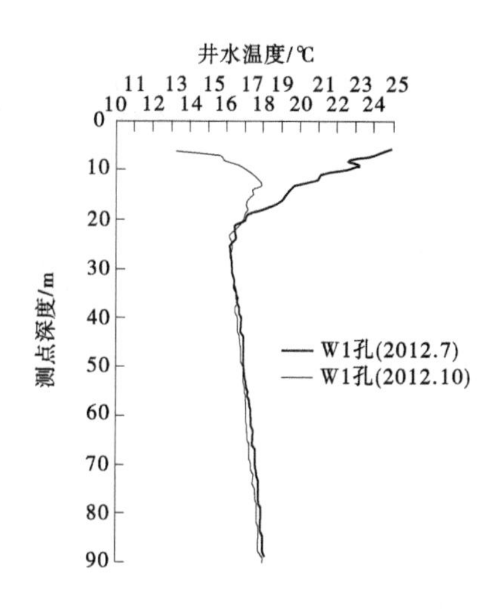

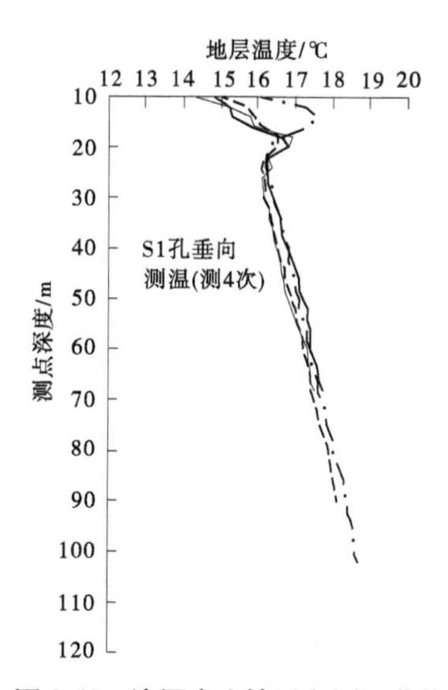

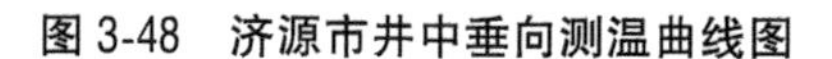

图 3-48　济源市井中垂向测温曲线图

图 3-49　济源市土壤垂向测温曲线图

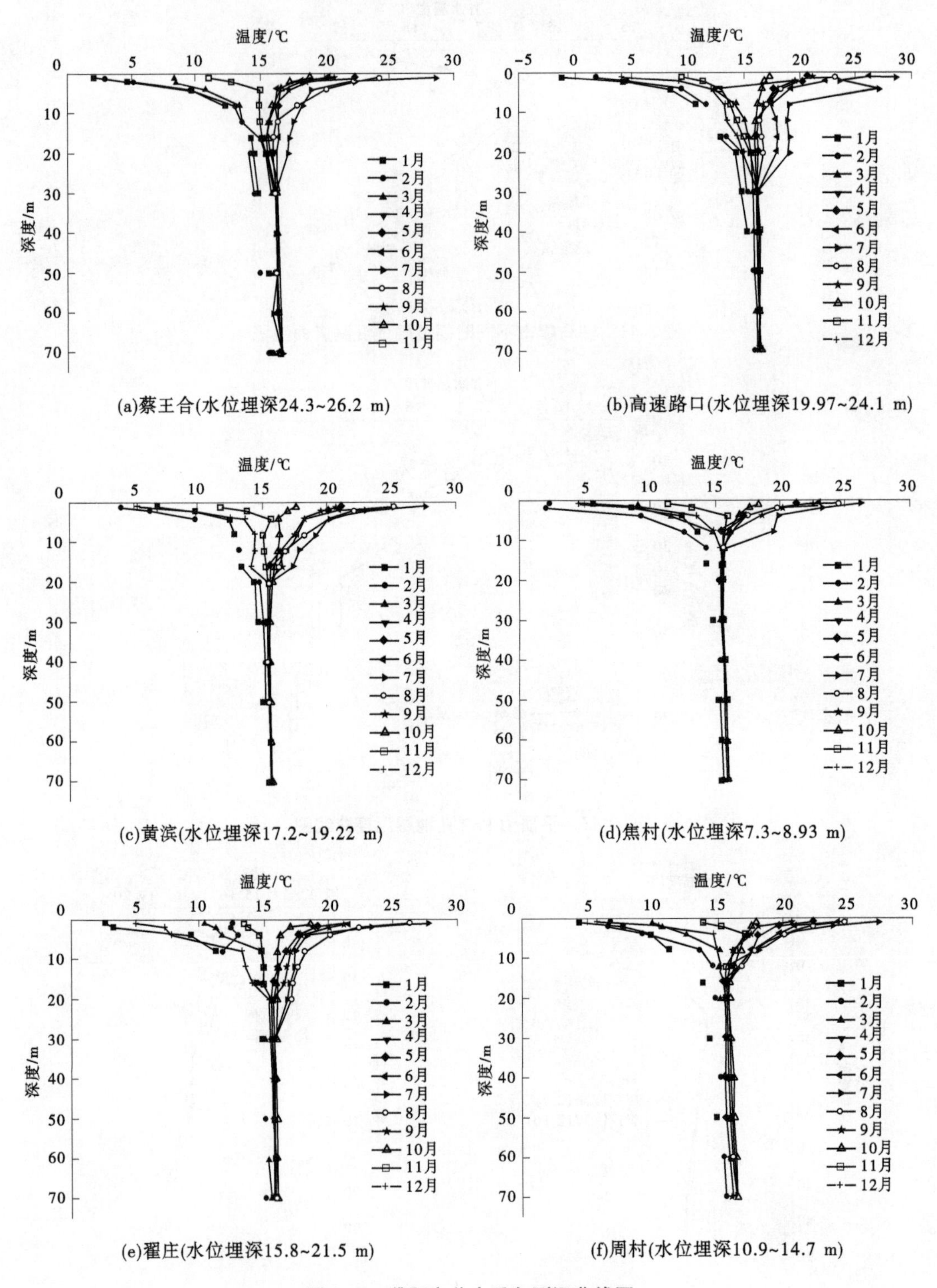

图 3-50　濮阳市井中垂向测温曲线图

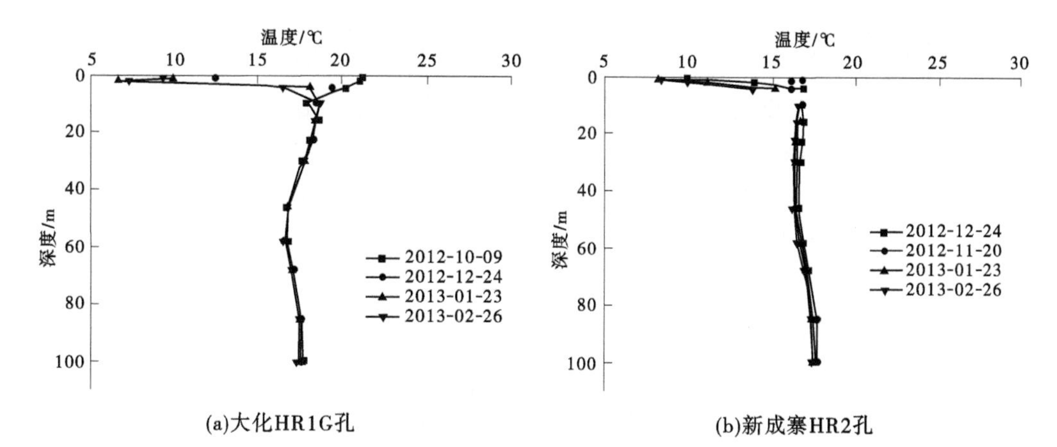

图 3-51　濮阳市土壤垂向测温曲线图

表 3-5　恒温带深度与温度特征值

地貌类型	地区	深度/m	温度/℃
冲积平原	郑州	27	17
	漯河	24	16.3
	航空港	27	17.5
	许昌	20	17
	开封	20	16.4
	濮阳	15	16.4
	商丘	19	15.5
	新乡	27	15.5
	周口	26	16.5
	驻马店	25	16.9
山前冲洪积倾斜平原	鹤壁	27	15.5
	安阳	20	15.6
	焦作	24	16.3
	平顶山	25	17.5
	信阳	24	16.1
内陆河谷盆地	济源	27	16.2
	三门峡	27	15.5
	南阳	29	17.21
	洛阳	27	15.5

二、地温增温率

恒温带以下随着深度的增加而地温逐渐增高的地带,称为增温带。其值的大小用地温梯度(G)表示,即深度每向下增加 100 m 所增高的温度值。地温梯度的计算可采用水井深度与混合水温的关系确定(见图 3-52~图 3-54),也可采用井中测点水温与测点深度的关系确定(见图 3-55)。

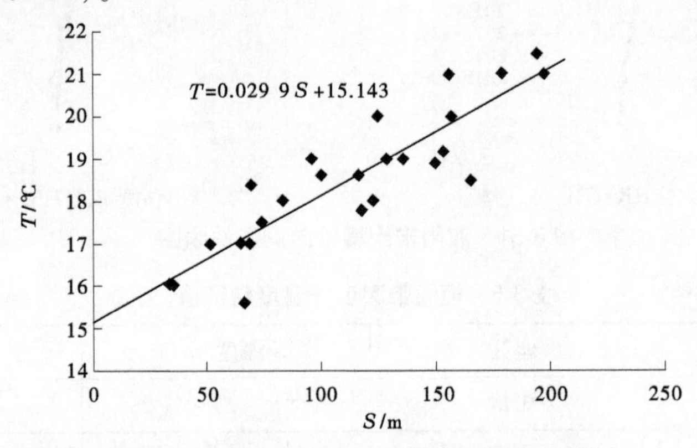

图 3-52　新乡市 200 m 以浅水温深度关系图

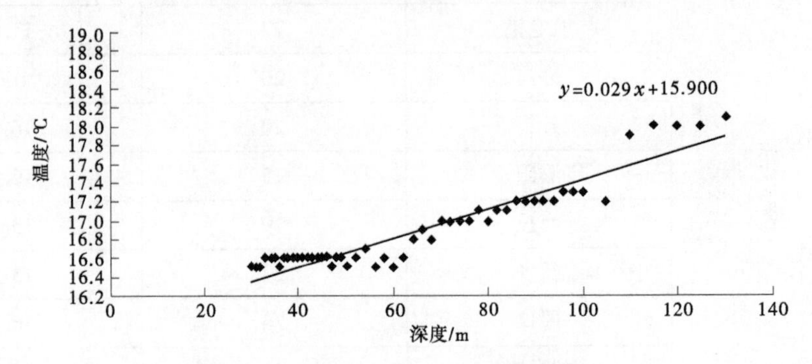

图 3-53　周口市 G1 井垂向测温曲线图

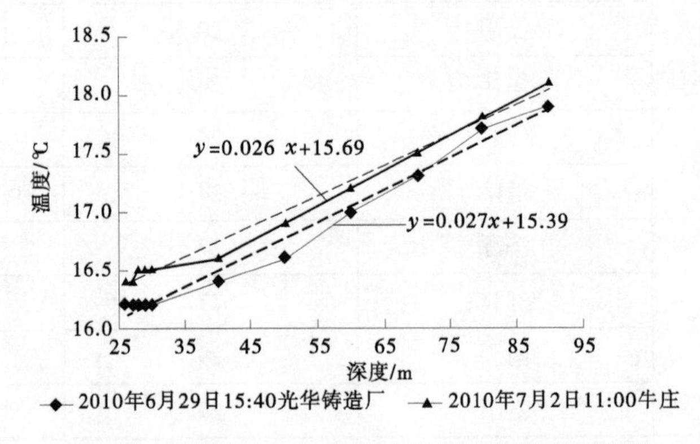

图 3-54　开封市 100 m 深度内浅层地温梯度曲线图

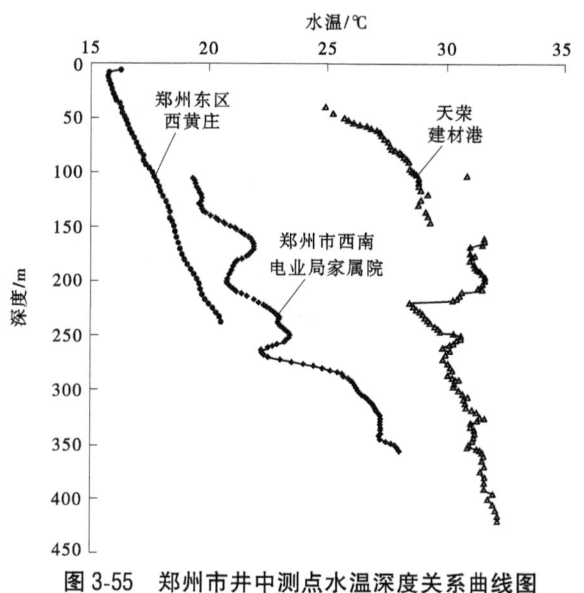

图 3-55　郑州市井中测点水温深度关系曲线图

不同地区地温梯度不同,这主要和控热的地质构造、热储层结构、岩浆和断裂活动及水文地质环境有密切关系。如河南省地温梯度分布(见图 3-56)明显受热储层结构和断裂构造(见图 3-57)的控制。近山前地带基岩埋深较浅,上覆地层颗粒粗,地下水径流较强烈,地温梯度低,一般为 1.5~2.5 ℃/100 m;沿深大断裂带和构造隆(凸)起区,地温梯度高,济源—商丘断裂的新乡—延津地温梯度达 3.5~4.8 ℃/100 m,内黄凸起、通许凸起地温梯度高达 3.5 ℃/100 m。

在地温梯度分布特征的基础上,结合本次实测数据,确定重点研究区在 200 m 以浅增温带的地温梯度(见表 3-6)。

三、浅层地温场特征

这里所称浅层地温场指浅层地热能资源可开发利用深度范围内的温度场,与浅层地热能边界相一致。按照不同地貌单元类型,根据重点研究区开展的地温测量,通过对潜水位以下 2 m 处水温观测结果分析(见表 3-7),其浅层地温场具有如下分布特征:

(1)地下水流动是影响浅层地温分布的重要因素,在地下水侧向流动强烈、地下水的补给、径流和排泄条件均十分良好的地区,从补给区进入温度较低的地下水,在流动过程中不断地把岩体的热量带走,从而降低了地温,由于地下水交替强烈,岩温和水温之间尚未达到平衡,地下水起着冷却的作用。因此,山前地带水温略低。

(2)浅部地下水水温明显受气候和埋藏深度的影响。以郑州市为例,市区一带地下水埋深较大温度稍高,一般为 18~20 ℃,局部大于 20 ℃;向外围逐渐降低至 16~18 ℃。郑州市西郊地下水埋藏较深,含水层颗粒较细,局部呈胶结状,导水性较差,地下水水温较高,200 m 深水井的地下水温可达 20 ℃左右;郑州市东北郊,浅层含水层为黄河冲积物,埋藏较浅,颗粒较粗且松散,导水性能好,黄河侧渗补给强烈,浅层地温场温度较低,另外,在郑州市地下水降落漏斗区,因地下水位埋深较大,水温会略偏高。

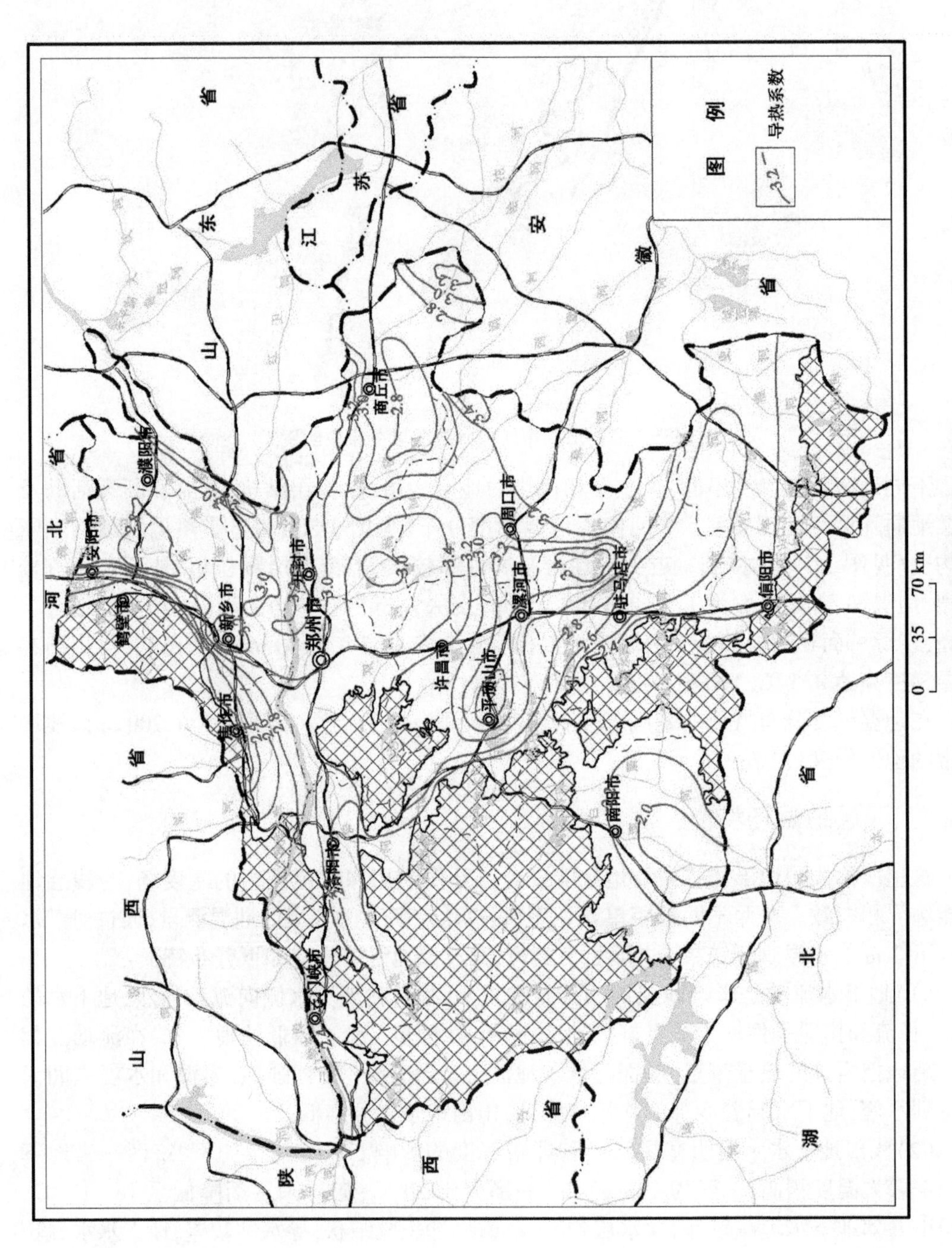

图 3-56 河南省松散层地温梯度等值线图

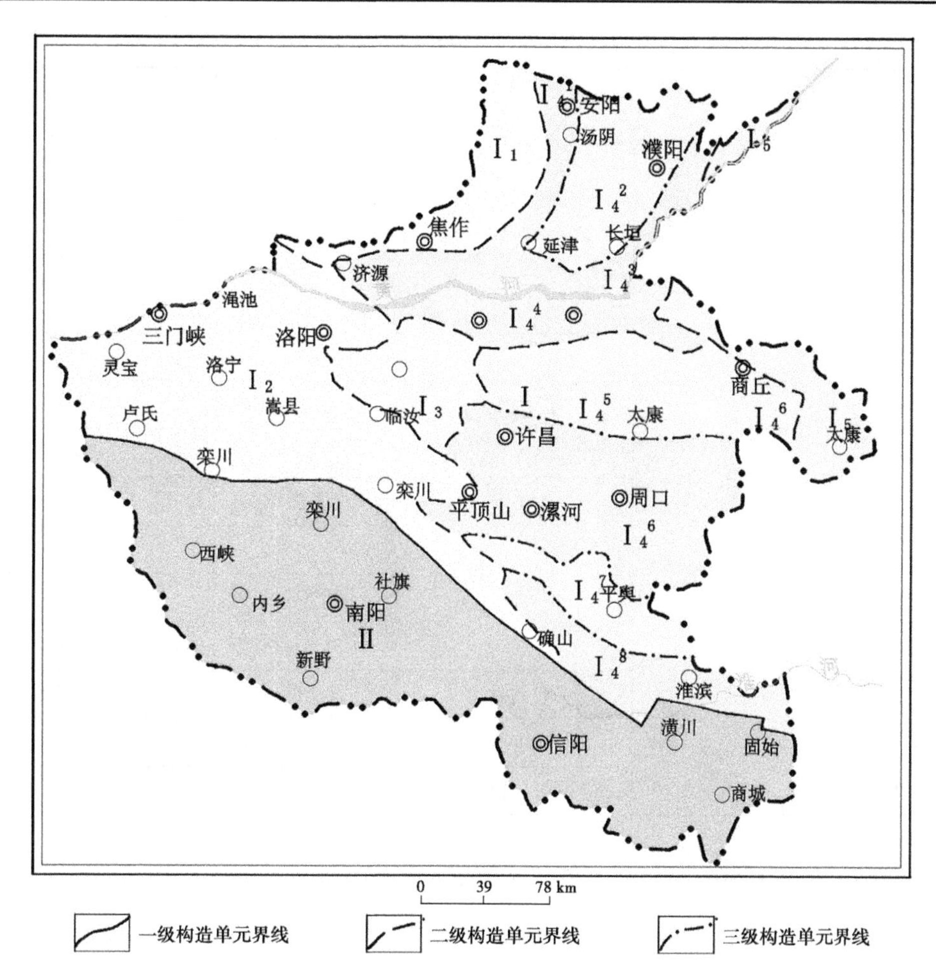

Ⅰ—中朝准地台；$Ⅰ_1$—山西台隆；$Ⅰ_2$—华熊台缘凹陷；$Ⅰ_3$—篙箕台隆；$Ⅰ_4$—华北台坳；$Ⅰ_4^1$—汤阴断陷；$Ⅰ_4^2$—内黄隆起；$Ⅰ_4^3$—东明断陷；$Ⅰ_4^4$—济源—开封凹陷；$Ⅰ_4^5$—通许隆起；$Ⅰ_4^6$—周口凹陷；$Ⅰ_4^7$—平舆—西平隆起；$Ⅰ_4^8$—驻马店—淮滨凹陷；$Ⅰ_5$—鲁西中台隆；Ⅱ—秦岭褶皱系。

图 3-57　河南省地质构造单元划分图

(3)受井深度的影响。由于水对温度的传递速度较快,深度越大的井,相应的浅部水温也高。

(4)沿着河流两侧受地表水影响较大的地区,西部和北部岗区受地下水径流交替影响较大地区,地下水有一定的降温作用,浅层温度最低。

综合分析认为,浅层地温受城市、人类活动、地下水流场、地下水埋深和地下水补给、排泄等因素影响。

鉴于上述因素,浅层地温场特征应采用浅层地热能利用深度内综合温度来描述。本次根据恒温带深度与温度、增温带地温梯度与浅层地热能底界深度,采用公式:

$$T = G/100 \times (S - S_0)/2 + T_0$$

式中:G 为地温梯度,℃/100 m;S 为浅层地温场底界深度,m;S_0 为恒温带深度,m;T_0 为恒温带温度,℃。

计算浅层地温场温度(T)。计算结果见表 3-8。

表 3-6　地温梯度分布特征值

<table>
<tr><th>地区</th><th colspan="2">构造单元</th><th>地温梯度区间值/
(℃/100 m)</th><th>选择特征值/
(℃/100 m)</th></tr>
<tr><td>郑州</td><td rowspan="14">华北台坳</td><td rowspan="4">济源—开封凹陷</td><td></td><td>3.00</td></tr>
<tr><td>开封</td><td>2.6~3.8</td><td>3.15</td></tr>
<tr><td>焦作</td><td></td><td>1.80</td></tr>
<tr><td>济源</td><td>2.5~2.8</td><td>2.65</td></tr>
<tr><td>鹤壁</td><td rowspan="3">汤阴断陷</td><td></td><td>1.80</td></tr>
<tr><td>新乡</td><td>2.2~4.82</td><td>3.80</td></tr>
<tr><td>安阳</td><td>1.67~3.09</td><td>2.16</td></tr>
<tr><td>平顶山</td><td rowspan="4">周口凹陷</td><td>3.2~4.4</td><td>3.50</td></tr>
<tr><td>许昌</td><td></td><td>3.20</td></tr>
<tr><td>漯河</td><td>2.81~3.92</td><td>3.00</td></tr>
<tr><td>周口</td><td>2.81~3.29</td><td>2.95</td></tr>
<tr><td>濮阳</td><td>内黄隆起</td><td>2.06~3.50</td><td>2.20</td></tr>
<tr><td>商丘</td><td>通许隆起</td><td>2.62~2.85</td><td>2.82</td></tr>
<tr><td>驻马店</td><td>驻马店—淮滨凹陷</td><td></td><td>2.61</td></tr>
<tr><td>洛阳</td><td rowspan="2">华北台缘凹陷</td><td>洛阳盆地</td><td></td><td>2.40</td></tr>
<tr><td>三门峡</td><td>三门峡盆地</td><td></td><td>2.40</td></tr>
<tr><td>南阳</td><td rowspan="2">秦岭褶皱系</td><td>南阳盆地</td><td>1.70~2.69</td><td>2.11</td></tr>
<tr><td>信阳</td><td></td><td></td><td>2.40</td></tr>
</table>

四、地温恢复能力

岩土体的吸热与排热场所，即温度场直接影响着地下岩土的传热，进而影响热泵机组功耗的系统性能指标，随着热泵连续运行，岩土在热湿传递作用下，地下换热埋管周围的土壤温度场随时间而改变，传热驱动势在衰减，传热速率降低。因此，地温恢复能力直接影响着土壤源热泵系统运行热经济性。

本次工作通过观察热响应试验回水时间段地温的变化，绘制出了地温恢复段平均地温与时间对数线性关系斜率的绝对值(K)，该值反映了地层温度恢复能力的强弱，进而决定了地埋管换热方式适宜性与否的直接因素之一(见表 3-9、图 3-58 ~ 图 3-60)。从图上可以看出，K(绝对值)与含水层岩性、富水性、水力坡度、钻孔回填材料及回填材料的沉淀密实速度等有一定关系，即卵砾石 K(绝对值)较大，富水性越强、水力坡度越大 K(绝对值)越大。

表 3-7 浅层地温场特征一览表

地貌单元	地区	温度/℃(水位埋深/m)		
山前倾斜平原区	安阳	15. 5~15. 8(<15)	17. 2~18. 6(18~35)	15. 5~17. 4(10~20)
	焦作	15. 7~18. 3(<40)		
	平顶山	16. 0~19. 1(5. 0~10. 0)	17. 4~19. 5(10. 0~20. 0)	
	信阳	15. 1~16. 8(<5. 0)	16. 0~18. 8(<5. 0~10. 0)	
冲积平原区	郑州	15. 9~17. 0(<20)	18~20(>40)	16~18(10~50)
	新乡	15. 4~16. 7(<10)	17. 1~19. 2(4~20)	16. 1~18. 2(4~15)
	航空港	16. 9~19. 6(20. 0~30. 0)	16. 0~18. 8(<10. 0)	
	许昌	18. 4~20. 0(15. 0~25. 0)	16. 5~20. 0(5. 0~5. 0)	
	驻马店	16~17(<20)	17~18(>30)	15~16(20~30)
	漯河	14. 5~16. 0(<5)	16. 0~16. 5(5~10)	16. 5~18(>10)
	濮阳	15. 2~20. 8(4~30)	15. 2~18. 5(9. 7~22)	17. 2~20. 1(4~20)
	开封	16. 0~19. 0(<20)		
	周口	18. 99~19. 27(<6)		
	商丘	14. 5~18. 5(<20)		
内陆性河谷盆地区	济源	15. 9~19. 1(>10)	16. 0~17. 0(5. 0~10)	
	南阳	15. 9~19. 3(<28. 45)		
	洛阳	15. 9~19. 1(<20)	20. 0~20. 6(>20)	

表 3-8 浅层地温场特征温度计算结果一览表

地区		地温梯度/(℃/100 m)	恒温带		浅层地温场底界深度/m	浅层地温场温度/℃
			深度/m	温度/℃		
郑州	西部与南部	3	27	17	140	20. 39
	其他				160	20. 99
开封		3. 15	20	16. 4	160	20. 81
洛阳	河谷区	2. 4	27	15. 5	160	18. 69
	丘陵区				200	19. 65
平顶山	北部与西部	3. 5	25	17. 5	80	19. 43
	其他				160	22. 23
焦作	老城区	1. 8	24	16. 3	80	17. 31
	高新区				120	18. 03
鹤壁		1. 8	27	15. 5	200	18. 61

续表 3-8

地区		地温梯度/(℃/100 m)	恒温带		浅层地温场底界深度/m	浅层地温场温度/℃
			深度/m	温度/℃		
新乡		3.8	27	15.5	100	18.27
安阳	西部	2.16	20	15.6	60	16.46
	东部				80	16.90
濮阳	2.2	15	16.4	14.0	19.15	
许昌	3.2	20	17	15.0	21.16	
漯河		3	24	16.3	150	20.08
三门峡		2.4	27	15.5	200	19.65
南阳		2.11	29	17.21	150	19.76
商丘		2.82	19	15.5	200	20.60
信阳		2.4	24	16.1	40	16.48
周口		2.95	26	16.5	200	21.63
驻马店		2.61	25	16.9	200	21.47
济源		2.65	27	16.2	120	18.66

表 3-9 地温恢复段平均地温与时间对数线性关系斜率的绝对值(K)统计表

钻孔编号	位置	K(绝对值)	含水层岩性	富水性	平均比热容/[kJ/(kg·℃)]	平均导热系数/[W/(m·K)]
PD2	平顶山市	1.824	中砂、砾石厚度	富水性中等	1.102	1.549
PD3	平顶山市	2.618	中砂、卵石厚度	富水性较强	1.241	1.446
ZD1	郑州市中牟县	0.686	细砂(钙化)	富水性极弱	1.414	1.426
ZD2	郑州市航空港	1.612	细砂	富水性中等	1.413	1.469
ZD3	郑州市航空港	1.722	细砂	富水性中等	1.355	1.502
ZD4	郑州市航空港	1.036	细砂、粉细砂	富水性中等	1.332	1.559

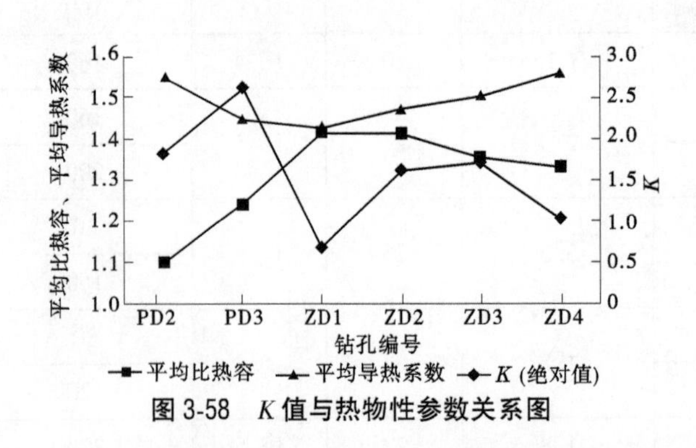

图 3-58 K 值与热物性参数关系图

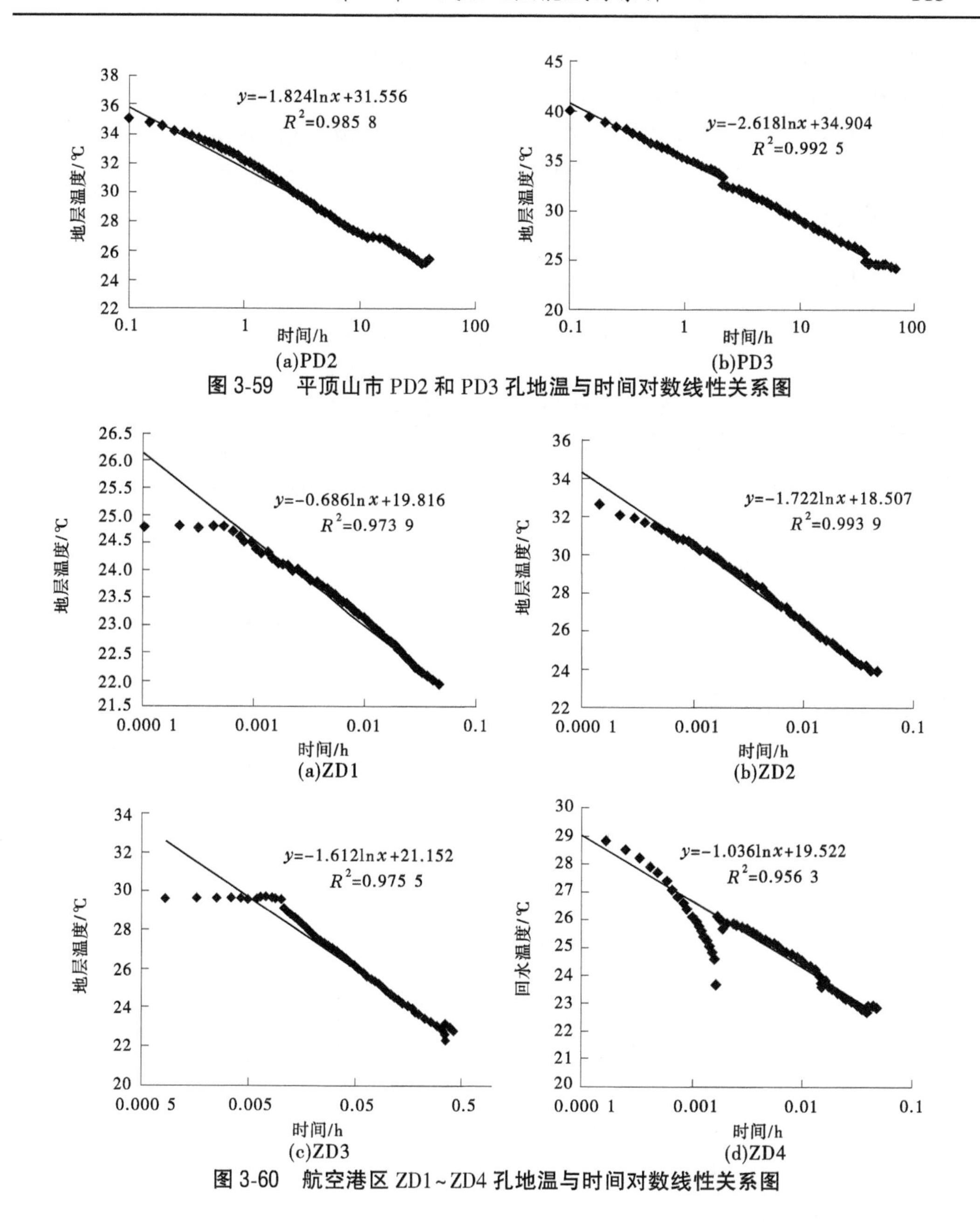

图 3-59　平顶山市 PD2 和 PD3 孔地温与时间对数线性关系图

图 3-60　航空港区 ZD1～ZD4 孔地温与时间对数线性关系图

第五节　地层热响应特征

现场热响应试验原理将岩土热物性测试仪与用于测试的竖直地埋管换热器(测试孔)组成循环水系统,设定加热功率,对测试孔进行一定时间的连续散热试验,并实时监测记录加热功率、水流量和温度数据,依据《地源热泵系统工程技术规范》(GB 50366—2005),分析得到岩土热物性参数。

地埋管换热器与周围岩土的换热可分为钻孔内传热过程和钻孔外传热过程。相比钻孔外，钻孔内的几何尺寸和热容量均很小，可以很快达到一个温度变化相对比较平稳的阶段，因此埋管与钻孔内的换热过程可近似为稳态换热过程。埋管中循环介质温度沿流程不断变化，循环介质平均温度可认为是埋管出入口温度的平均值。钻孔外可视为无限大空间，地下岩土的初始温度均匀，其传热过程可认为是线热源或柱热源在无限大介质中的非稳态传热过程。

一、现场热响应试验分析

根据调查和收集的资料，全区共有 17 个场地进行了 54 组热响应试验，每孔进行了至少两个加热功率试验，共获得了 102 组试验数据，基本参数统计结果见表 3-10。

表 3-10　现场热响应试验结果统计表

地貌单元	地区	测试孔	有效埋管深度/m	循环流量/(m^3/h)	埋管平均进水温度/℃	埋管平均出水温度/℃	平均加热功率/W	平均导热系数/[W/(m·K)]	岩土容积比热容[J/(m^3·K)]
山前冲洪积倾斜平原	安阳市	钻孔-1	145	1.39			3 555	2.59	
		钻孔-2	150	1.38			4 332	1.31	
	平均		147	1.39			3 944	1.95	
	焦作市	R1	200	1.3	23.67	20.37	4 980	1.77	3 525 587
			200	1.3	29.73	24.23	8 288	1.92	3 430 386
		R2	200	1.3	24.38	21.06	4 990	1.77	3 569 739
			200	1.3	30.38	25.03	8 056	1.91	3 587 242
	平均		200	1.3	27.04	22.67	6 579	1.84	3 528 239
	鹤壁市	7#	120	1.34				1.3	
		6#	120	1.34				1.49	
	平均		120	1.34				1.40	
	信阳市	XD1	28	1.51	27.8	27.1	1 496	1.71	
		XD2	28	1.5	28.81	28.02	1 496	1.54	
		XD3	28	1.51	28.6	27.9	1 485	3.43	
	平均		28	1.51	28.4	27.67	1 492	2.02	
	平顶山	PD1	74	1.51	36	33.2	3 980	2.14	
			74	1.49	47.1	42.6	6 970	2.43	
		PD2	73	1.5	36.4	33.6	3 984	2.3	
			73	1.48	47.1	42.6	6 970	2.63	
		PD3	80	1.52	41.5	38.7	3 993	1.79	
			80	1.5	49.4	44.8	6 987	1.97	
	平均		76	1.5	42.92	39.25	5 481	2.21	

续表 3-10

地貌单元	地区	测试孔	有效埋管深度/m	循环流量/(m^3/h)	埋管平均进水温度/℃	埋管平均出水温度/℃	平均加热功率/W	平均导热系数/[W/(m·K)]	岩土容积比热容[J/(m^3·K)]
冲积平原	郑州市	R1	92	1.68	25.7	23.89	3 208	1.72	2 286 008
			92	1.46	30.78	27.91	4 727	1.76	2 792 445
			92	1.41	34.57	30.64	6 355	1.97	2 038 025
			92	1.45	40.06	35.21	8 171	1.92	2 336 353
		R2	92	1.08	27.34	24.68	3 201	1.89	2 389 889
			92	1.14	42.92	36.84	7 937	1.99	2 190 214
		R3	100	1.18	27.4	24.8	3 390	1.71	2 103 845
			100	1.5	40.5	35.5	8 221	1.82	2 356 643
		R4	120	1.51	24.71	22.8	3 167	1.88	2 134 023
			120	1.41	35.47	30.44	8 191	1.91	2 091 767
		R5	120	1.22	28.9	23.4	3 400	1.62	2 121 654
			120	1.5	37.5	32.8	8 183	1.72	2 330 901
		R6	110	1.16	27.34	24.75	3 388	1.66	2 115 987
			110	1.49	40.43	35.66	8 286	1.81	2 256 969
		R7	120	1.24	27.9	25.4	3 398	1.49	2 714 635
			120	1.5	42.1	37.4	8 195	1.69	2 378 190
		R8	120	1.5	25.4	21.5	3 850	2.19	2 138 543
			120	1.6	31	27.1	8 070	2.38	2 216 379
		R9	120	1.3	24.7	22.5	3 352	2.38	2 325 252
			120	1.34	35.8	32.1	6 290	2.42	2 636 854
		R10	120	1.4	25.5	21.9	4 066	2.27	2 389 485
			120	1.4	33.1	27.5	7 449	2.42	2 616 854
		R11	200	1.3	24.38	21.06	4 990	1.77	3 569 739
			200	1.3	30.38	25.03	8 056	1.91	3 587 242
		R12	200	1.3	23.67	20.37	4 980	1.77	3 525 587
			200	1.3	29.73	24.23	8 288	1.92	3 430 386
	平均		124	1.37	31.43	27.52	5 800	1.92	2 502 841
	开封市	1#	90	1.04	44.16	37.07	8 413	1.72	3 082 159
		2#	95	1.02	35.11	29.79	6 201	1.63	3 483 345
		3#	95	1.07	34.86	30.2	5 660	2.24	2 589 633
	平均		93	1.04	38.04	32.35	6 758	1.86	3 051 712

续表 3-10

地貌单元	地区	测试孔	有效埋管深度/m	循环流量/(m^3/h)	埋管平均进水温度/℃	埋管平均出水温度/℃	平均加热功率/W	平均导热系数/[W/(m·K)]	岩土容积比热容[J/(m^3·K)]
冲积平原	新乡市	R1	200	1.3	26.03	22.73	4 965	1.97	2 380 029
			200	1.3	32.62	26.73	8 879	1.85	2 505 582
		R2	200	1.41	27.6	24.2	5 538	1.79	2 227 442
			200	1.41	35.2	29	10 192	1.96	2 026 132
	平均		200	1.36	30.36	25.67	7 394	1.89	2 284 796
	濮阳市	HR1	100	1.19	32.8	29.4	4 671	1.83	2 155 330
			100	1.19	45.5	39.4	8 438	1.82	2 044 817
		HR2	100	1.19	27.2	22.9	5 038	2.15	2 210 357
			100	1.19	38.6	32.4	8 256	2.01	2 343 827
	平均		100	1.19	36.03	31.03	6 601	1.95	2 188 583
	漯河市	LM1	144	1.3	23.9	21.3	3 814	1.78	2 354 981
			144	1.3	31.4	16.2	7 822	1.61	3 100 181
		LM2	150	1.3	23.6	21.6	3 005	1.98	2 283 997
			150	1.3	28.8	25.3	5 268	2.02	2 212 473
		LM3	150	1.3	24.6	22.3	3 579	1.53	2 219 494
			150	1.3	32	27.2	7 230	1.71	2 754 725
		LM4	150	1.2	25.4	23	3 223	1.79	2 835 592
			150	1.2	33.4	28.4	6 872	1.8	2 798 861
	平均		148.5	1.28	27.89	23.16	5 102	1.78	2 570 038
	周口市	ZD1	148	1.2	23.44	20.93	3 483	2.04	2 872 246
			148	1.2	29.96	24.98	6 920	2.02	2 712 650
		ZD2	150	1.2	23.9	21.5	3 348	2.4	2 245 686
			150	1.2	30.9	26.7	5 771	2.12	2 246 873
		ZD3	150	1.48	23.3	21.6	2 790	1.61	2 613 521
			150	1.43	24	22.1	2 910	1.73	2 783 056
		ZD4	150	1.5	26	23.3	4 623	1.62	2 522 215
			150	1.51	32.3	27.6	8 314	1.82	2 369 178
	平均		150	1.34	26.73	23.59	4 770	1.92	2 545 678

续表 3-10

地貌单元	地区	测试孔	有效埋管深度/m	循环流量/m³/h	埋管平均进水温度/℃	埋管平均出水温度/℃	平均加热功率/W	平均导热系数/[W/(m·K)]	岩土容积比热容[J/(m³·K)]
冲积平原	驻马店市	DMG1	134	1	27.7	23.5	4 765	2.17	2 053 962
			134	1.01	34.8	29.1	6 634	2.66	2 141 671
		DMG2	120	1.2	23.94	21.28	3 584	1.89	3 129 461
			120	1.2	30.4	25.74	6 485	2.31	2 394 279
		DMG3	150	1.2	23.6	21.8	3 541	1.86	3 656 039
			150	1.2	32.2	26.8	7 415	2.27	3 228 778
		DMG4	100	1.3	26.4	24.6	2 823	1.29	2 195 065
			100	1.3	36.5	32.3	6 267	1.55	2 922 860
	平均		126	1.18	29.44	25.64	5 189	2	2 715 264
	商丘市	DM1	150	1.3	25.2	21.7	5 243	2.32	2 573 965
			150	1.3	31.5	25.9	8 463	2.17	2 883 601
		DM2	150	1.3	25	21.2	5 691	2.49	2 978 923
			150	1.3	31	25.2	8 748	2.66	2 159 818
	平均		150	1.3	28.18	23.5	7 036	2.41	2 649 077
	航空港	ZD1	99	1.48	26.8	23.9	3 993	4.76	
			99	1.5	34.2	28.4	8 978	4.36	
		ZD2	194	1.49	30.7	27.8	3 980	1.42	
			194	1.49	43.1	38.6	6 955	2.31	
		ZD3	78	1.52	33.3	30.5	3 995	1.95	
			78	1.49	44.7	40.2	6 998	2.25	
		ZD4	78	1.52	29.3	27	2 987	2.2	
			78	1.49	35.8	32.6	4 815	2.11	
	平均		112	1.5	34.74	31.13	5 338	2.04	
内陆河谷盆地	南阳市	K1 孔 1#	100	1.23	32.5	29.2	4 658	1.98	2 125 216
		K1 孔 2#	100	1.24	35.7	32.2	6 474	1.74	2 161 990
		K2 孔 1#	200	1.34	31.6	28.4	4 924	1.67	2 148 235
		K2 孔 2#	200	1.36	38.8	33.5	8 292	1.84	2 131 385
		K3 孔 1#	200	1.3	28.6	25.3	4 880	1.67	2 011 684
		K3 孔 2#	200	1.3	35.7	30.2	8 210	1.77	2 116 654
	平均		167	1.3	33.82	29.8	6 240	1.78	2 115 861
	济源市	S1	60	1.3	26.5	24.1	3 665	2.13	2 290 012
			60	1.3	36.1	31.8	6 464	2.29	2 516 888
		S2	86	1.2	28.8	26.5	3 298	1.72	2 128 985
			86	1.2	40.6	36.1	6 167	2.2	2 024 250
	平均		73	1.25	33	29.63	4 899	2.09	2 240 034

(一)不同地区热响应试验特征

根据不同地区现场热响应试验情况统计见图 3-61~图 3-63,全区试验负荷为 1 485~10 192 kW;试验孔孔深 28~200 m;平均导热功率 0. 77~4. 76 W/(m·℃);岩土容积比热容 2 011 684~3 656 039 J/(m^3·℃);循环流量 1. 00~1. 34 ℃;地埋管平均进水温度 33. 8 ℃;地埋管平均出水温度 29. 7 ℃。

从所处不同地貌类型地区现场热响应试验热物性参数对比结果可以看出,山前冲洪积倾斜平原区地下水径流条件相对较好,平均导热系数最大、平均比热容值最小,内陆河谷盆地区一般位于盆地中心部位地下水径流条件相对较差平均导热系数最小,位于冲积平原区则两个参数值均居中。

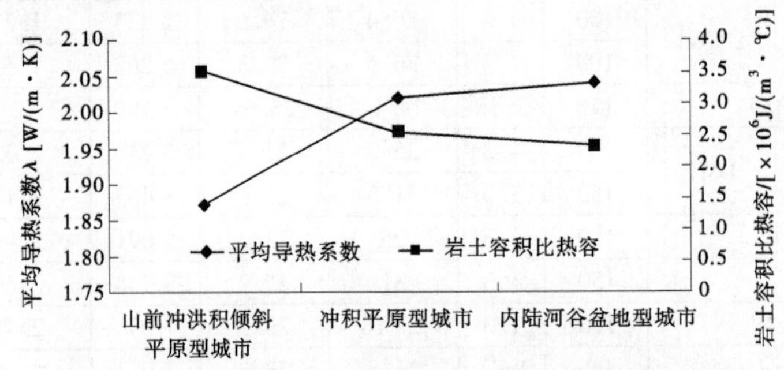

图 3-61 不同地貌单元现场热响应试验热物性参数曲线图

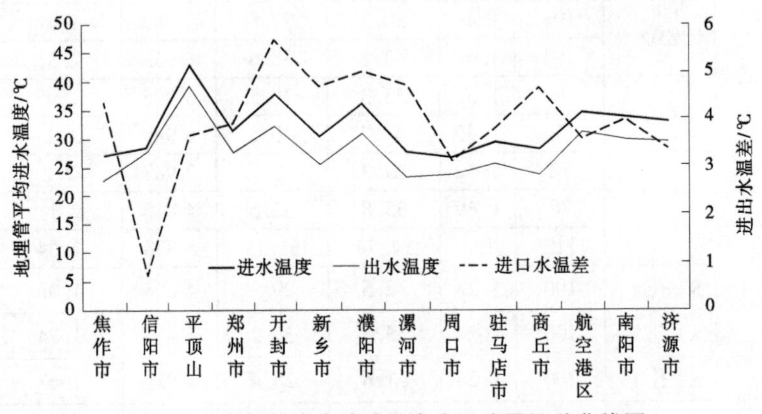

图 3-62 现场热响应试验进出水温度及温差曲线图

(二)不同负荷热响应试验特征

不同负荷加热功率下热物性参数对比见图 3-64。

从图 3-64 可以看出,全区不同地区现场热响应试验平均进出口温差一般为 3. 0~4. 0 ℃,一般来说进出口温差和埋管深度没有明显的关系。大负荷的试验比小负荷试验取得的热物性参数普遍略大。下面以郑州市为例,来研究不同加热功率对岩土热物性参数的影响(见表 3-11)。

按规范要求每孔进行至少两次不同负荷的试验,遵照规范要求,小负荷为 3. 2~4. 7 kW,大负荷为 6. 4~8. 2 kW;为研究单 U 管和双 U 管不同埋管方式取得的热物理参数的差异,在水利工程二局开展了对比试验(R1、R2);为进行参数可靠性验证,在白沙科

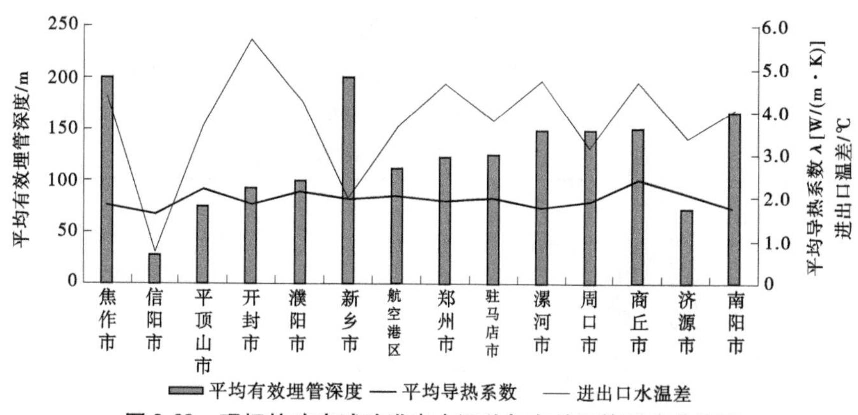

图 3-63　现场热响应试验进出水温差与有效埋管深度曲线图

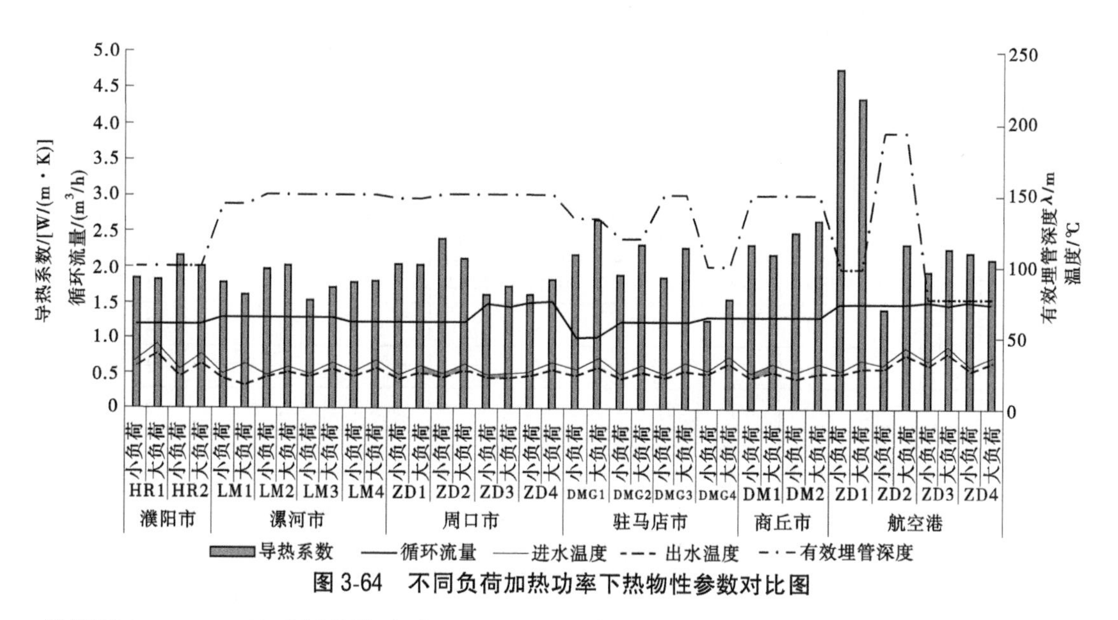

图 3-64　不同负荷加热功率下热物性参数对比图

莱智星(R6、R7)、地矿局物资仓库(R8、R10)进行了对比试验。

从试验结果可以看出：

(1)现场热响应试验大负荷比小负荷取得的导热系数、比热容大,在进行现场试验加热功率及试验参数选取时,应根据实际工程运行的参数进行设计和取值。本次暂按照不同功率热响应试验及室内试验参数加权取值确定参数。

(2)关于两次不同负荷的选取:R1 孔进行了 3.2 kW、4.7 kW、6.4 kW、8.2 kW 四组负荷的试验,表现出在大小负荷时,试验参数差异较大,这与区域上其他大部分地区试验结果一致。但是在进行小负荷(3.2~4.7 kW)、大负荷(6.4~8.2 kW)的对比试验时,数值非常接近,分析认为,在规范规定的大、小负荷各自要求的取值范围内选取加热功率对试验数据影响不大。

(3)R1、R2 孔单双 U 对比试验参数反映出单 U 数值偏大。由表 3-11 可看出,3 kW 和 8 kW 时,单 U 试验孔均比双 U 试验孔利用温差要大,可能是造成单 U 试验孔数据偏大的原因。

(4)R6、R7 孔在同一场地,相距 31 m,相同加热功率下取得的导热系数相差 7%~11%,经分析认为 10%的数值差异可能与埋管深度差异有关;R8、R10 孔在同一场地,相距 29.3 m,相近加热功率下取得的导热系数相差 2%~5%,在许可误差范围。

表 3-11 现场热响应试验结果统计表

孔号	参数										
	埋管方式	孔深/m	孔径/mm	有效埋管深度/m	循环流量/(m^3/h)	埋管平均进水温度/℃	埋管平均出水温度/℃	进出温差/℃	平均加热功率/W	岩土综合导热系数 λ/[W/(m·K)]	岩土容积比热容 C/[J/(m^3·K)]
R1	双 U	121.5	200	92	1.68	25.7	23.89	1.81	3 208	1.72	2 286 008
				92	1.46	30.78	27.91	2.87	4 727	1.76	2 792 445
				92	1.41	34.57	30.64	3.93	6 355	1.97	2 038 025
				92	1.45	40.06	35.21	4.85	8 171	1.92	2 336 353
R2	单 U	93.5	200	92	1.08	27.34	24.68	2.66	3 201	1.89	2 389 889
				92	1.14	42.92	36.84	6.08	7 937	1.99	2 190 214
R3	双 U	121	150	100	1.18	27.4	24.8	2.6	3 390	1.71	2 103 845
				100	1.5	40.5	35.5	5	8 221	1.82	2 356 643
R4	双 U	122	150	120	1.51	24.71	22.8	1.91	3 167	1.88	2 134 023
				120	1.41	35.47	30.44	5.03	8 191	1.91	2 091 767
R5	双 U	121	150	120	1.22	28.9	23.4	5.5	3 400	1.62	2 121 654
				120	1.5	37.5	32.8	4.7	8 183	1.72	2 330 901
R6	双 U	121	200	110	1.16	27.34	24.75	2.59	3 388	1.66	2 115 987
				110	1.49	40.43	35.66	4.77	8 286	1.81	2 256 969
R7	双 U	121	200	120	1.24	27.9	25.4	2.5	3 398	1.49	2 714 635
				120	1.5	42.1	37.4	4.7	8 195	1.69	2 378 190
R8	双 U	122	150	120	1.5	25.4	21.5	3.9	3 850	2.19	2 138 543
				120	1.6	31	27.1	3.9	8 070	2.38	2 216 379
R9	双 U	121	150	120	1.3	24.7	22.5	2.2	3 352	2.38	2 325 252
				120	1.34	35.8	32.1	3.7	6 290	2.42	2 636 854
R10	双 U	120.5	150	120	1.4	25.5	21.9	3.6	4 066	2.27	2 389 485
				120	1.4	33.1	27.5	5.6	7 449	2.42	2 616 854

二、地层热响应特征

(一)地层热响应特征分析

根据原状土样测试的热物理参数,按照钻孔地层进行加权平均,求得单孔热物理参数,并与现场热响应试验数据进行对比,见图 3-65 和表 3-12。

通过以上数据可以看出:室内试验取得的地层加权平均值和现场热响应试验有较好的一致性,其数值与小功率试验数据更为接近,在同一场地可以互为补充校正,以保证数据的可靠。

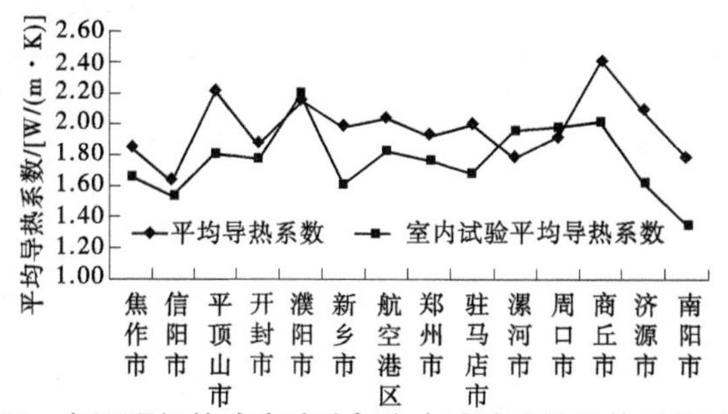

图 3-65　各区现场热响应试验与室内试验平均导热系数对比图

表 3-12　不同试验手段取得地层热物理参数对比表

地区	平均有效埋管深度/m	现场试验平均导热系数/[W/(m·K)]	室内试验平均导热系数/[W/(m·K)]	现场试验平均比热容/[kJ/(kg·K)]	室内试验平均比热容/[kJ/(kg·K)]
焦作市	200	1.85	1.66	1.72	1.52
信阳市	28	1.63	1.53	1.10	1.28
平顶山	76	2.13	1.81	1.71	1.21
郑州市	124	1.86	1.76	1.16	1.23
开封市	93	1.86	1.77	1.46	1.57
新乡市	200	1.89	1.60	1.13	1.53
濮阳市	100	1.95	2.20	1.07	1.51
漯河市	149	1.78	1.96	1.31	1.38
周口市	150	1.92	1.98	1.29	1.47
驻马店市	126	2.01	1.68	1.62	1.31
商丘市	150	2.33	1.48	1.33	1.37
航空港区	112	2.04	1.82	1.32	1.35
南阳市	167	1.74	1.34	1.10	1.23
济源市	73	2.02	1.62	1.12	1.42

(二)钻孔单位延米换热量

全区钻孔延米换热量计算公式见下式：

$$\begin{cases} Q = mc_p(t_{in} - t_{out}) \\ Q = qH \end{cases}$$

式中：Q 为加热器和水泵提供的能量，J/h；m 为地埋管换热器内水的流量，kg/h；c_p 为水的比热容，J/(kg·℃)；t_{in}、t_{out} 为地埋管的进、出口水温；q 为地埋管换热器每延米换热量，W/m；H 为地埋管长度，m。

按照计算公式求得的全区钻孔延米换热量见表 3-13 和图 3-66。从图 3-66 上可以看出，全区每延米换热量以 40~80 W/m 为主，最小为安阳一带，为 26.70 W/m，最大为平顶山一带，为 84.49 W/m，全区平均为 51.14 W/m。每延米换热量 60~80 W/m 主要分布在灵宝—三门峡盆地区、洛阳盆地区、济源盆地区、开封—航空港区—许昌、豫北黄河冲积平原区等地。每延米换热量 40~60 W/m 主要分布在淮河冲湖积平原区的漯河、商丘、驻马店、信阳等地。每延米换热量 20~40 W/m 主要分布在南阳盆地区、豫北山前倾斜平原区。

表 3-13　重点研究区钻孔单位延米换热量统计表

地区	测试孔	每延米换热量/(W/m)	各孔每延米换热量平均值/(W/m)	平均值每延米换热量/(W/m)
新乡	R1	24.94	34.73	37.04
		44.52		
	R2	27.87	39.35	
		50.83		
濮阳	HR1	47.05	65.73	69.19
		84.41		
	HR2	59.50	72.64	
		85.79		
开封	1#	95.27		74.24
	2#	66.42		
	3#	61.03		
南阳	K1孔1#	47.20	48.83	38.50
	K1孔2#	50.46		
	K2孔1#	24.93	33.42	
	K2孔2#	41.91		
	K3孔1#	24.94	33.26	
	K3孔2#	41.57		
漯河	LM1	27.29	93.43	47.83
		159.56		
	LM2	20.15	27.71	
		35.27		
	LM3	23.18	35.77	
		48.37		
	LM4	22.33	34.42	
		46.51		
周口	ZD1	23.66	35.31	32.37
		46.95		
	ZD2	22.33	30.70	
		39.07		
	ZD3	19.50	20.28	
		21.06		
	ZD4	31.40	43.20	
		55.01		
驻马店	DMG1	36.45	43.20	41.15
		49.96		
	DMG2	30.93	42.56	
		54.19		
	DMG3	16.74	33.49	
		50.23		
	DMG4	27.21	45.35	
		63.49		
济源	S1	60.46	84.40	69.78
		108.33		
	S2	37.32	55.16	
		73.01		
安阳		24.52		26.70
		28.88		

地区	测试孔	每延米换热量/(W/m)	各孔每延米换热量平均值/(W/m)	平均值每延米换热量/(W/m)
商丘	DM1	35.27	45.85	47.11
		56.43		
	DM2	38.29	48.37	
		58.45		
焦作	高新区同仁医院	25.09	32.76	33.01
		40.44		
	高新区张建屯村	24.94	33.26	
		41.58		
郑州	R1	38.43	62.58	56.82
		52.96		
		70.04		
		88.88		
	R2	36.31	61.96	
		87.60		
	R3	35.67	61.44	
		87.21		
	R4	27.95	48.33	
		68.72		
	R5	65.02	66.67	
		68.31		
	R6	31.76	53.44	
		75.13		
	R7	30.04	49.18	
		68.31		
	R8	56.69	58.57	
		60.46		
	R9	27.71	37.88	
		48.04		
	R10	48.84	62.40	
		75.97		
郑州航空港	ZD1	50.41	76.30	63.16
		102.18		
	ZD2	25.90	33.04	
		40.19		
	ZD3	63.45	81.70	
		99.95		
	ZD4	52.12	61.60	
		71.08		
平顶山	PD1	66.44	85.90	84.49
		105.36		
	PD2	66.90	86.49	
		106.08		
	PD3	61.86	81.07	
		100.29		
信阳	XD1	43.89		45.67
	XD2	49.21		
	XD3	43.89		

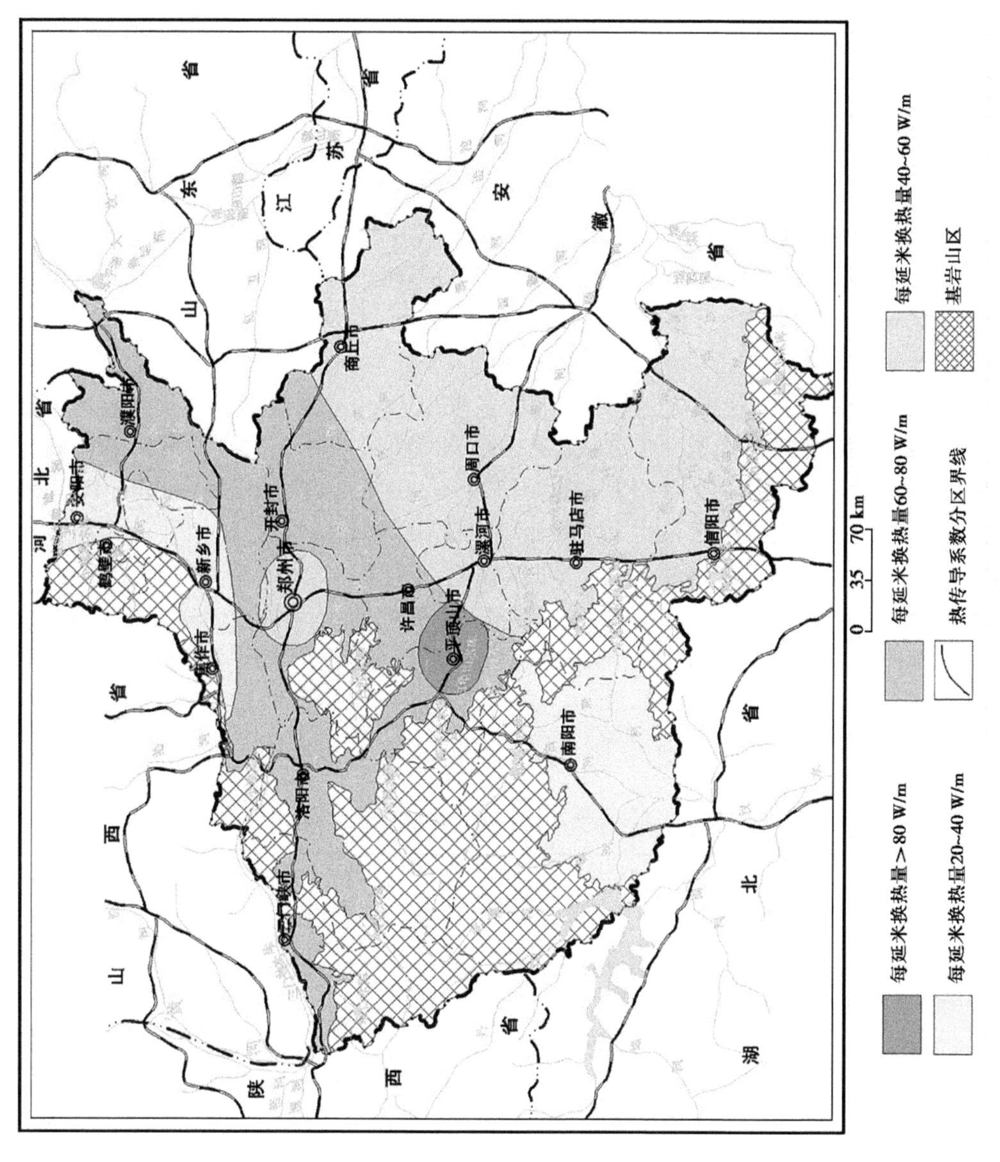

图 3-66　河南省单位延米换热量分区图

第六节 环境地质条件

现状条件下,河南省存在的对浅层地热能开发利用有一定影响的环境地质问题主要有地下水位降落漏斗、地面沉降、水质恶化、黄土湿陷性及地裂缝等。

一、地下水位降落漏斗

(一)区域浅层地下水位持续下降

全省浅层地下水监测工作始于20世纪70年代初期,据统计1974年全省浅层地下水开采量不到50亿 m^3,井灌面积约2 787万亩(1亩=1/15 hm^2,下同),地下水埋深普遍小于4 m,面积约64 404 km^2,占平原区面积的82.8%,其中埋深小于2 m的面积约17 983 km^2,主要分布于郑州、开封、周口、商丘、驻马店、信阳等地。2019年全省地下水开采总量为135.14亿 m^3,其中浅层地下水开采量为124.82亿 m^3,中深层地下水开采量为10.31亿 m^3。

2019年枯水期(5月)浅层地下水水位埋深多数小于8 m,其中埋深小于4 m的面积为17 405 km^2,占监测区总面积(102 314 km^2)的17%;埋深4~8 m的面积为51 664 km^2,占监测区总面积的50.5%;埋深8~12 m的面积为10 901 m^2,占监测区总面积的10.7%;埋深12~16 m的面积为8 328 km^2,占监测区总面积的8.1%;埋深16~20 m的面积为4 110 km^2,占监测区总面积的4%,主要分布在安阳—滑县—清丰—南乐半环状地带、南阳盆地、大别山北麓的潢川—罗山一带;埋深大于20 m的面积为9 905 km^2,占监测区总面积的9.7%,主要分布在豫北的安阳—新乡—鹤壁之间地区、伊洛河盆地、灵三盆地、郑州西部、南阳盆地、大别山北麓等地。1964~2019年河南省平原区浅层地下水埋深变化情况(见表3-14)表明,地下水位埋深小的区域面积逐年减少,而地下水位埋深大的区域则从无到有,分布面积也在逐年增加。

表3-14 河南省平原区浅层地下水埋深面积变化 单位:km^2

<table>
<tr><th>埋深/m</th><th>1964年</th><th>1976年</th><th>1991年</th><th>1995年</th><th>1996年</th><th>1997年</th><th>1998年</th><th>2004年</th><th>2007年</th><th>2013年</th><th>2015年</th><th>2017年</th><th>2019年</th></tr>
<tr><td><4</td><td>71 367</td><td>61 763</td><td>38 192</td><td>28 999</td><td>24 400</td><td>14 200</td><td>26 276</td><td>27 694</td><td>32 460</td><td>34 760</td><td>29 310</td><td>35 729</td><td>17 405</td></tr>
<tr><td>4~8</td><td>8 215</td><td rowspan="4">17 819</td><td>35 981</td><td>48 016</td><td>35 800</td><td>46 000</td><td>39 355</td><td>37 021</td><td>34 450</td><td>33 464</td><td>37 030</td><td>39 639</td><td>51 664</td></tr>
<tr><td>8~12</td><td rowspan="3"></td><td rowspan="3">10 529</td><td rowspan="3">10 102</td><td rowspan="2">15 600</td><td rowspan="2">15 560</td><td rowspan="2">10 504</td><td>7 026</td><td>7 360</td><td>6 021</td><td>6 800</td><td>10 642</td><td>10 901</td></tr>
<tr><td>12~16</td><td>3 019</td><td rowspan="2">5 530</td><td rowspan="2">5 555</td><td rowspan="2">6 660</td><td>4 813</td><td>8 328</td></tr>
<tr><td>>16</td><td>2 300</td><td>2 350</td><td>3 033</td><td>5 096</td><td>17 777</td><td>14 015</td></tr>
</table>

(二)区域浅层地下水位降落漏斗

由于地下水开采量的分布不均,并大量集中于农灌区、工业区及城市区,继而形成地下水位降落漏斗。河南省区域上形成的较大浅层地下水位降落漏斗有滑县—南乐漏斗、孟州—温县漏斗、许昌—漯河漏斗、新野—唐河漏斗(见图3-67),滑县—南乐漏斗、孟州—温县漏斗均形成于20世纪70年代,2019年漏斗区面积分别为3 940 km^2 和512.36

km^2,漏斗中心最大水位埋深分别为 25.94 m 和 29.5 m,近两年来这两个漏斗的面积与中心水位较为稳定(见表 3-15、图 3-68)。新野—唐河漏斗形成于 2012 年,其漏斗面积和中心水位埋深均增大较快,2019 年枯水期(5 月)漏斗区面积为 226.29 km^2,漏斗中心最大水位埋深为 6.57 m,与上年同期相比,面积增加了 56.01 km^2,漏斗中心水位下降了 1.67 m。

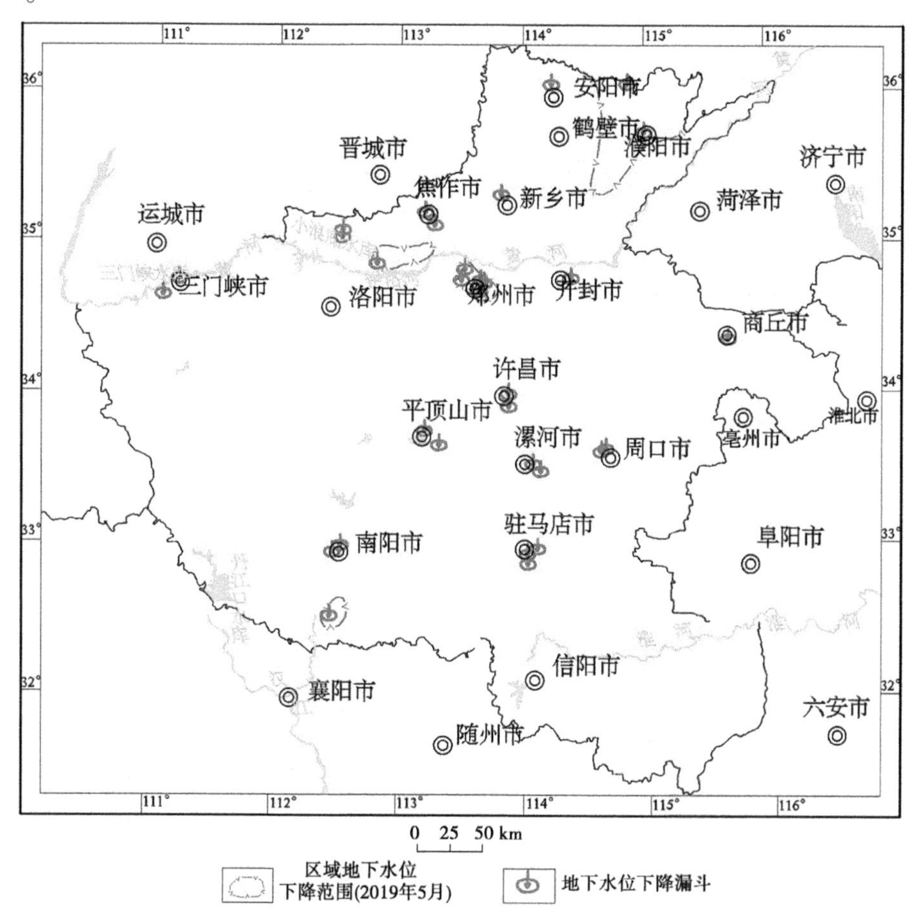

图 3-67　河南省浅层地下水位下降与降落漏斗分布图

(三)重点研究区地下水位降落漏斗

重点研究区中,除信阳以地表水作为供水水源外,郑州、开封、平顶山、鹤壁、安阳、漯河、三门峡、洛阳、驻马店等为地表水和地下水联合供水,其他均依赖地下水作为供水水源。城市工业布局集中,井群密度大,导致城市主要供水层严重超采,地下水水位急剧下降,形成了城市地下水降落漏斗(见表 3-16)。出现地下水降落漏斗的 15 个城市中,浅层地下水降落漏斗普遍存在,单个漏斗面积为 1.37~307.25 km^2,浅层地下水降落漏斗总面积大于 50 km^2 的城市有郑州市、濮阳市、开封市、许昌市;出现中深层地下水降落漏斗的城市有郑州市、焦作市、漯河市、周口市、驻马店市、南阳市,单个漏斗面积为 3.69~139.10 km^2;郑州市还出现了深层和超深层地下水降落漏斗,面积达 140.74 km^2 和 74.37 km^2。

表 3-15 河南省区域地下水降落漏斗统计表

区域地下水降落漏斗	2000 年 6 月		2004 年 4 月		2007 年 4 月		2015 年 4 月		2017 年 5 月		2019 年 5 月	
	漏斗面积/km²	中心最大水位埋深/m	漏斗面积/km²	中心最大水位埋深/m	漏斗面积/km²	中心最大水位埋深/m	漏斗面积/km²	中心最大水位埋深/m	漏斗面积/km²	中心最大水位埋深/m	漏斗面积/km²	中心最大水位埋深/m
滑县—南乐漏斗	6 700		5 200	26. 95	5 320	27. 95	5 290	28. 02	3 964. 3	28. 06	3 940	25. 94
孟州—温县漏斗	850	23. 49	370	26. 81	350	26. 13	290	24. 11	519. 4	24. 36	512. 36	29. 5
许昌—漯河漏斗	1 400	14. 14										
新野—唐河漏斗									170. 28	4. 9	226. 29	6. 57

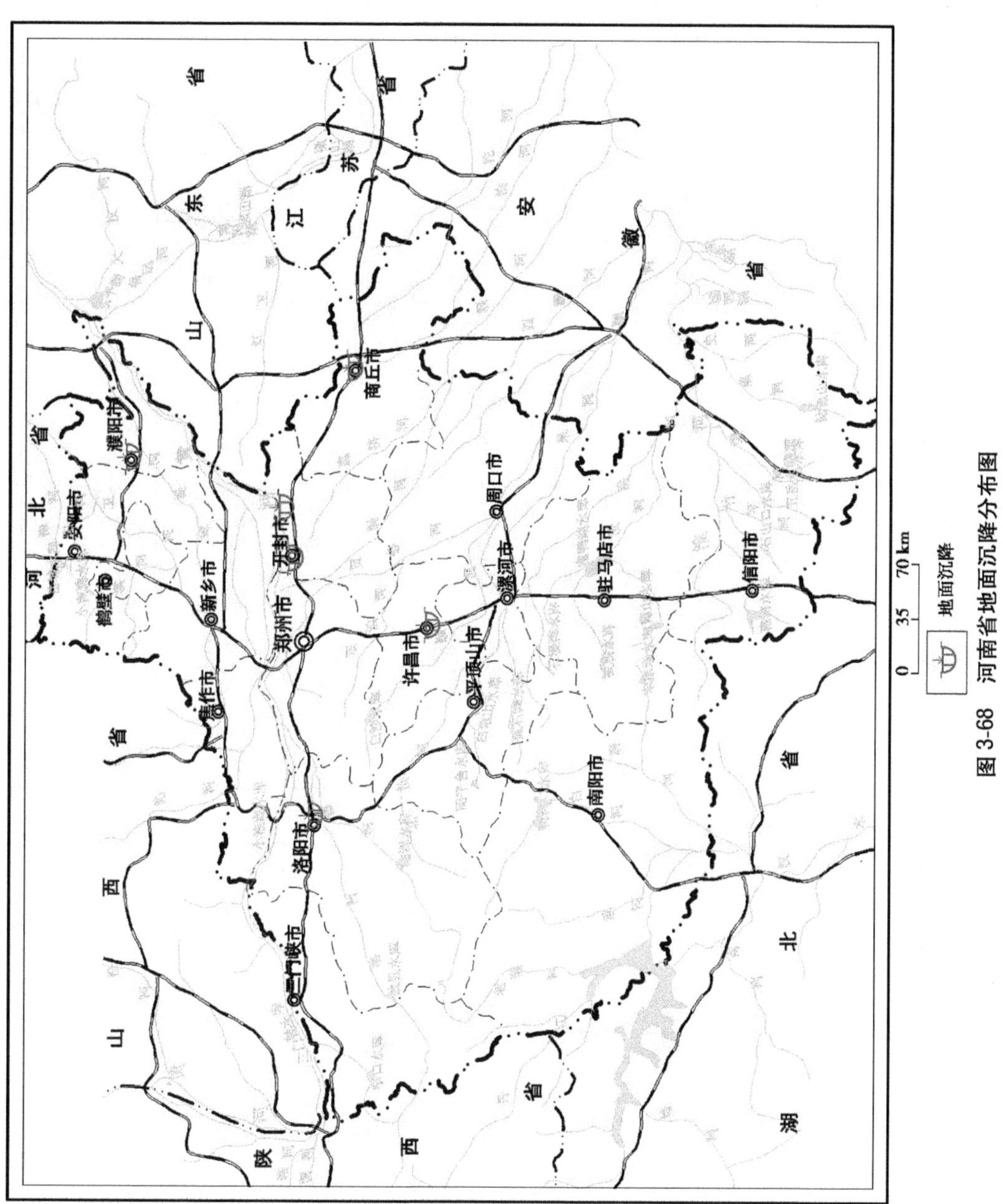

图3-68　河南省地面沉降分布图

表 3-16 城市地下水位降落漏斗统计表

城市名称	层位	漏斗名称	漏斗面积/km^2	漏斗中心水位		监测时间
				标高/m	埋深/m	
郑州	浅层	古荥镇漏斗	117.74	56.18	32.18	2019年4月
		马渡村漏斗	180.43	70.40	15.10	
	中深层	农业路漏斗	139.10	25.96	68.65	
		航海路漏斗	110.10	22.60	83.26	
	深层	郑铁科技站漏斗	140.74	-4.03	108.29	
	超深层	干休所漏斗	74.37	-31.60	124.70	
三门峡	浅层	黄河路漏斗	1.37	298.50	91.50	2019年10月
		王元—上官漏斗	12.15	289.51	80.49	
济源	浅层	北部漏斗	7.53	146.60	18.30	2019年10月
		南部漏斗	2.05	159.70	8.30	
焦作	浅层	东周村漏斗	1.79	90.96	6.54	2019年10月
	岩溶水	六水厂漏斗	55.85	74.63	140.00	
安阳	浅层		34.90		18.78	2019年9月
新乡	浅层		7.21		10.22	2019年10月
漯河	浅层	韩店漏斗	27.18	51.15	4.85	2019年5月
	中深层	人民路漏斗	16.36	52.45	6.05	
濮阳	浅层		307.25		29.14	2019年8月
开封	浅层	小李庄漏斗	157.52	55.23	16.27	2019年5月
周口	浅层	川汇区漏斗	10.54	42.48	5.52	2018年8月
	中深层	睢阳区漏斗	30.66		50.00	2018年8月
驻马店	浅层	市中心漏斗	6.39	49.75		2018年9月
		小陈庄漏斗	46.13	35.70		
	中深层	谢庄漏斗	3.69	35.24		
商丘	浅层		36.90	38.57	10.18	2019年5月
许昌	浅层	天河农场漏斗	63.38	57.01		2019年9月
		郑湾村漏斗	57.50	59.47		
平顶山	浅层	平郏路漏斗	5.85	65.81		2019年9月
		高新区漏斗	9.60	73.89		
南阳	浅层	红十字医院漏斗	25.55	99.69		2019年9月
	中深层	工业路两相路漏斗	19.23	59.35		

二、地面沉降

长期过量开采地下水,会导致含水层固结压缩,引起地面沉降。河南省已经发生地面沉降的城市有开封市、许昌市、濮阳市、洛阳市、商丘市、兰考县城等(见图 3-68)。以许昌市为例,许昌市区由于地下水的持续开采,中深层地下水降落漏斗面积达 88 km^2,中心水位埋深 75 m,漏斗中心位于县委旧址附近。1985 年对全市 23 个高程控制点进行了复测,发现该市已发生地面沉降,当时最大沉降量为 188 mm(见图 3-69、图 3-70);1989 年又在市区布设观测网,测线总长 120 km,测点增加到 43 个,测量值相对 1985 年又下沉 5~20.8 mm沉降面积达 54 km^2,其中有 3.31 km^2 沉降量大于 150 mm,由采深层地下水所致。资料表明,洛阳市最大沉降量达 100 mm,沉降中心在涧西区上海市场;开封市最大沉降量达 113 mm,沉降中心位于南关一带;濮阳市近年来也发生地面沉降,平均沉降量 8 mm,最大 23 mm。

开封市地面沉降漏斗区的分布主要在东南郊制药厂、五福路纱厂和西北部三水厂及东郊边村一带,呈三个小漏斗状。总沉降量大于 30 mm 的地区面积为 18.2 km^2。1954~1980 年间总沉降量 124 mm 的沉降量最大点分布在一水院内的国家二级点 18127 号点;而 1980~1989 年间总沉降量为 113 mm 的点分布在高压阀门厂国家二级点Ⅲ10 号点;1954~1989 年最大沉降量为 213~242 mm。濮阳市 1997~2001 年沉降中心累计最大沉降量 41 mm,沉降速率 10.25 mm/a,地面沉降面积 100 km^2。洛阳市最大沉降量达 100 mm,沉降中心在涧西区上海市场。商丘市在民主路、凯旋路、文化路一带出现地面沉降。兰考县 1992 年相对沉降量为 45 mm。

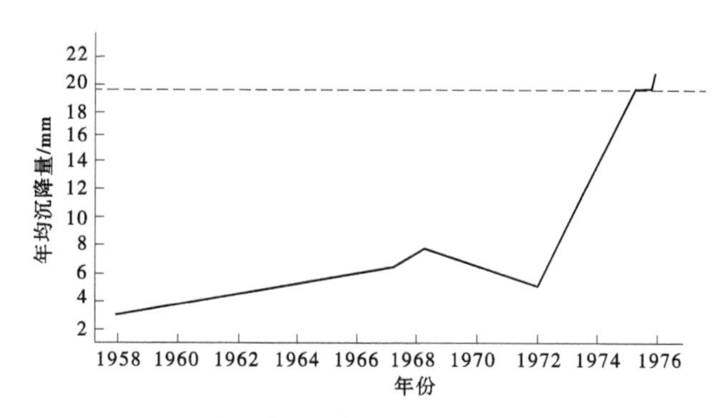

图 3-69 许昌市不同年份地面沉降量变化曲线图

三、水质恶化

(一)水化学类型趋于复杂化

水化学类型反映了水的总体特征,其变化直接反映了地下水环境的演化趋势。由表 3-17 可知,2005 年与 1985 年相比,简单的 HCO_3 型水的分布面积减少了 9 437 km^2,其他复杂的水化学类型面积相应扩大,水化学类型也更加复杂。基岩山区及灵三盆地、伊洛流域、豫北安阳—淇县一带、荥阳—新郑—许昌—遂平—信阳一线以西地区、南阳盆地的大部分地区水化学类型基本未变,仍为 HCO_3-Ca 型水;北部浚县—濮阳—范县—台前、封丘—兰考、南部光山—潢川—固始等地水质明显好转,水化学类型趋于简单;豫北的南乐—内黄和修武—卫辉—延津一带、中部的郑州—中牟—开封—杞县—睢县—商丘—夏邑—永城和漯河—上蔡—新蔡一带、东部的郸城—沈丘一带和南阳盆地的局部地段水质恶化,水化学类型趋于复杂,平原地区浅层地下水水质趋于恶化。

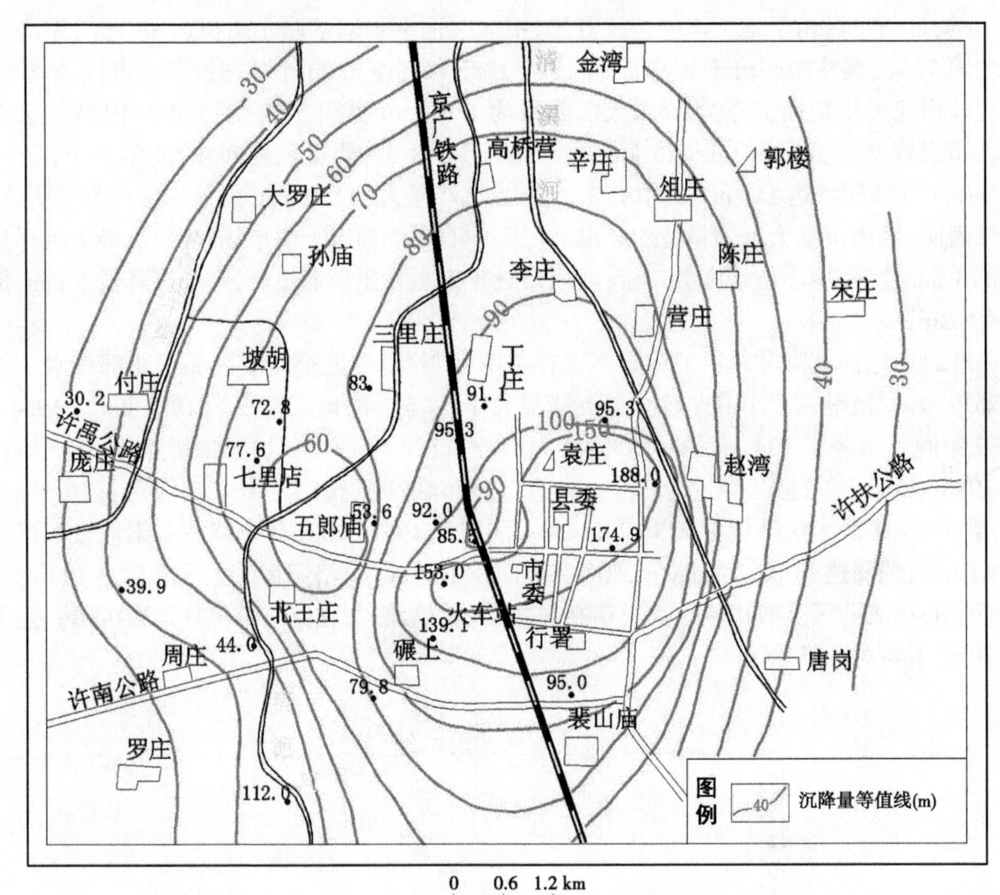

图 3-70 许昌市地面沉降等值线图

表 3-17 不同时期河南省浅层地下水水化学类型分布情况对比表

水化学类型	分布面积/km^2		2005 年与 1985 年相比
	1985 年	2005 年	
HCO_3-Ca	62 561	58 766	-3 795
HCO_3-Mg	68	12 369	+12 301
HCO_3-Na	24 394	6 451	-17 943
HCO_3. SO_4-Ca(Mg · Na)	8 902	4 783	-4 119
HCO_3. Cl- Ca(Mg · Na)	11 739	16 769	+5 030
HCO_3 · SO_4 · Cl-Na(Mg)		831	+831
HCO_3 · Cl · SO_4-Ca(Mg · Na)	426	547	+121
SO_4-Ca(Mg · Na)	410	1 663	+1 253
Cl-Na(Mg · Ca)		4 515	+4 515
NO_3-Ca(Ca · Mg、Ca · Na)		1 806	+1 806
合计	108 500	108 500	

(二)水的矿化度发生了变化

地下水矿化度的变化不仅取决于地质环境条件,人为因素的影响同样不可忽视。浅层地下水矿化度的变化与人类工程活动紧密相关,其变化大致可分为两个阶段。20 世纪 80 年代以来,开采量仍在逐渐增加,大部分地区浅层地下位埋深大于 4 m,一方面蒸发强度减弱,土壤淋滤作用增强,不利于土壤中的盐分积累;但另一方面水位降低,有利于高矿化度废污水的渗入,造成浅层地下水污染而使矿化度升高。表 3-18 表明,2005 年与 1985 年相比,含量<0.5 g/L 的地区面积减少了 9 121 km^2,而含量 0.5~1.0 g/L、1.0~2.0 g/L、>2.0 g/L 的面积则分别增加了 7 730 km^2、193 km^2、1 198 km^2。从整个平原地区来讲,浅层地下水的矿化度基本稳定,部分地区有升高趋势。

(三)地下水水质普遍较差

根据收集的全省 407 组浅层地下水样分析结果,依据《地下水质量标准(GB/T 14848—2017)》,对 407 组地下水水质分析资料进行了综合评价(见图 3-71),评价结果表明,符合优良水的 2 组,仅占取样总数的 0.5%;符合良好级的有 106 组,占 26.0%;符合较差级有 220 组,占 54.1%;符合极差级的有 79 组,占 19.4%;较差和极差的共有 299 组,占 73.5%;说明全省浅层地下水污染普遍,主要污染因子为矿化度、总硬度及三氮等。全省 18 个市中,污染较严重的有漯河、新乡、平顶山、商丘、周口、焦作、许昌等,其中水质极差的以平顶山市为最高,占 47.06%;其次是焦作市,占 41.67%;水质较差的以漯河市为最高,占 89.47%;其次是新乡市,占 82.61%。

四、黄土湿陷性

河南省湿陷性黄土主要分布在豫西灵宝—三门峡、孟津—巩义、新郑、豫北林州盆地等地(见图 3-72),面积约 8 000 km^2。湿陷性黄土层厚度一般为 4~8 m,颗分试验表明砂粒(粒径>0.05 mm)含量 11%~18%,粉粒(粒径 0.05~0.005 mm)含量 53%~66%,黏粒(粒径<0.005 mm)含量 19%~26%,其湿陷敏感性弱,湿陷量小,等级低,为非自重湿陷类型。根据其湿陷系数(δ)分为弱湿陷性黄土(0.015~0.03)、中等湿陷性黄土(0.03~0.07)、强湿陷性黄土(>0.07)。其中强湿陷性黄土分布在洛阳以西的洛河、涧河的一级阶地及三门峡、灵宝和林州盆地中,由全新统冲积黄土及上更新统冲积—洪积黄土组成;中等湿陷性黄土主要分布在巩义—孟津、伊河洛河的二级阶地上、新郑至新密及林州盆地东部,由上更新统风积、冲积—洪积及坡积—洪积黄土组成;弱湿陷性黄土主要分布在伊河东侧的高阶地、嵴山北麓、卢氏、观音堂等地,由上更新统风积及冲积—洪积黄土组成。

五、地裂缝

全省地裂缝的方向以东西向为最多,其次是南北向、北西向和北东向。发生多条或多组方向的地裂缝,一般有以下几种排列方式:平行排列、帚状排列、相互穿插排列、雁列式排列、网格状排列,见图 3-73。地裂缝规模,一是地裂缝带的规模,二是单条地裂缝的规模。

规模最大的地裂缝带是潢川—固始地裂缝带,该地裂缝带涉及省内息县、潢川县、光山县、商城县、固始县、淮滨县,南北宽 70 km,东西长 200 km,面积 14 000 km^2。全省地裂缝长度大于 100 m 的有 24 条,其中大于 500 m 的 11 条,单条地裂缝在地表显示宽度不一,一般 0.5 m 左右,宽者达 2 m 以上。

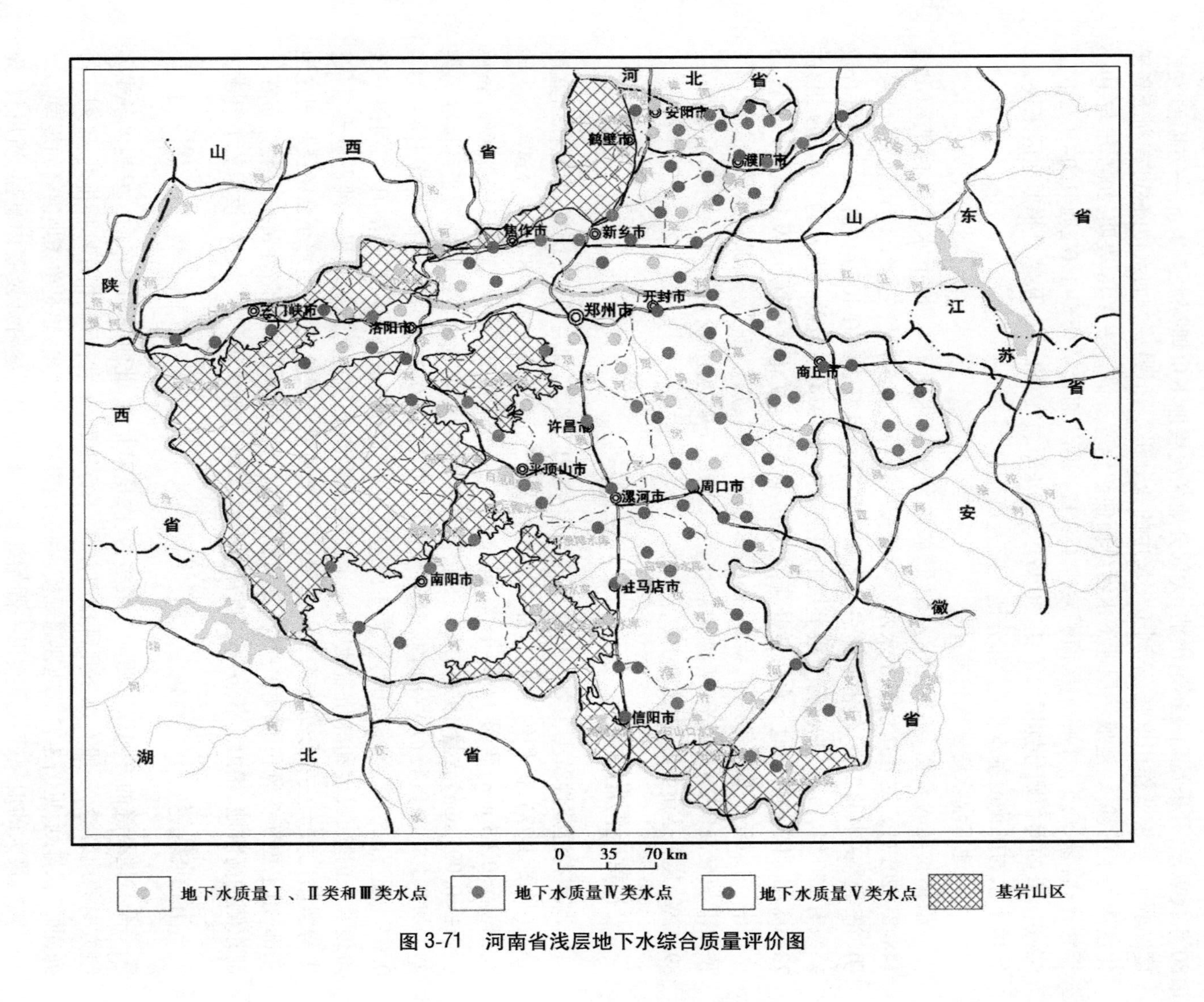

图 3-71 河南省浅层地下水综合质量评价图

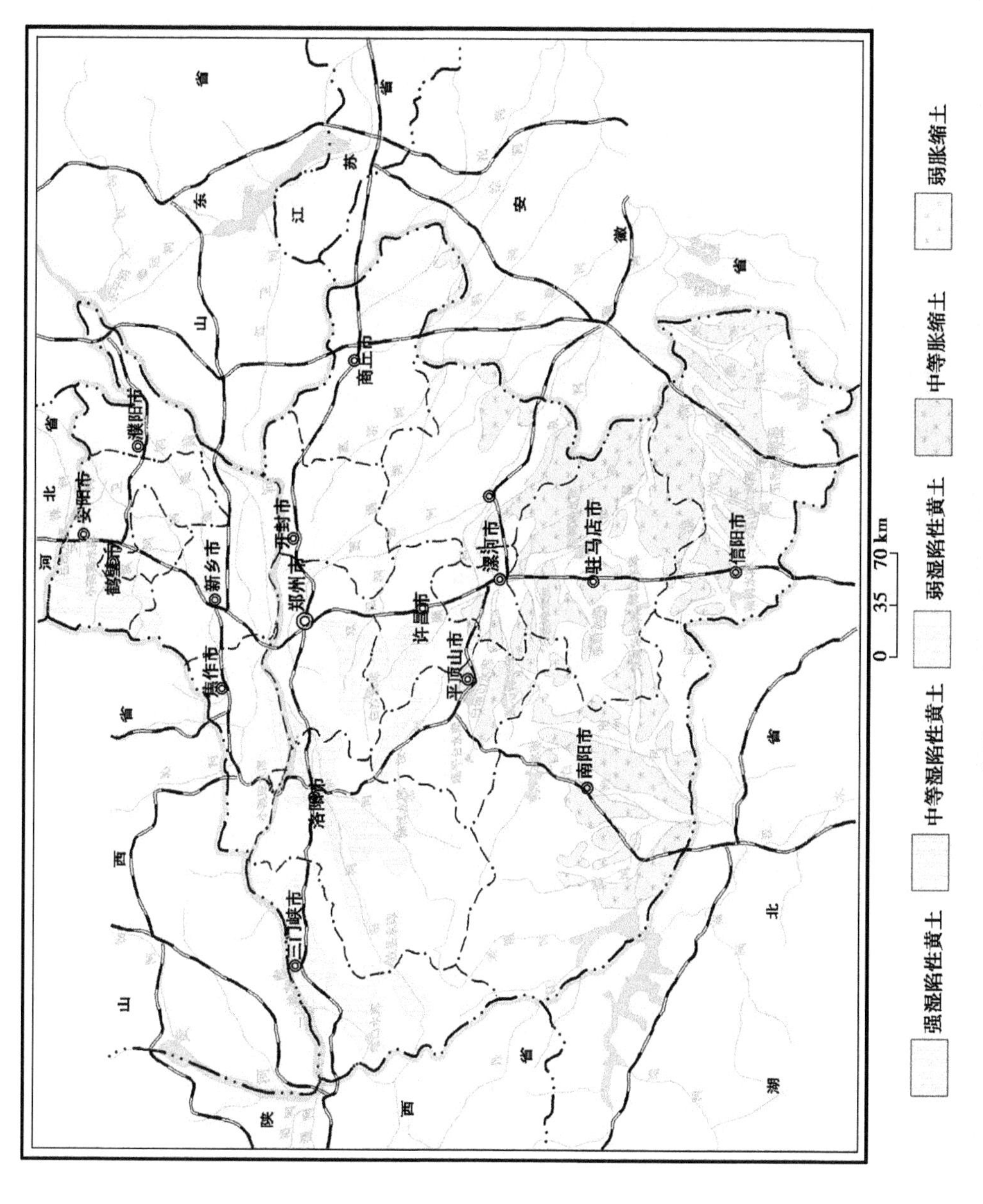

图 3-72　河南省特殊不良岩土体分布图

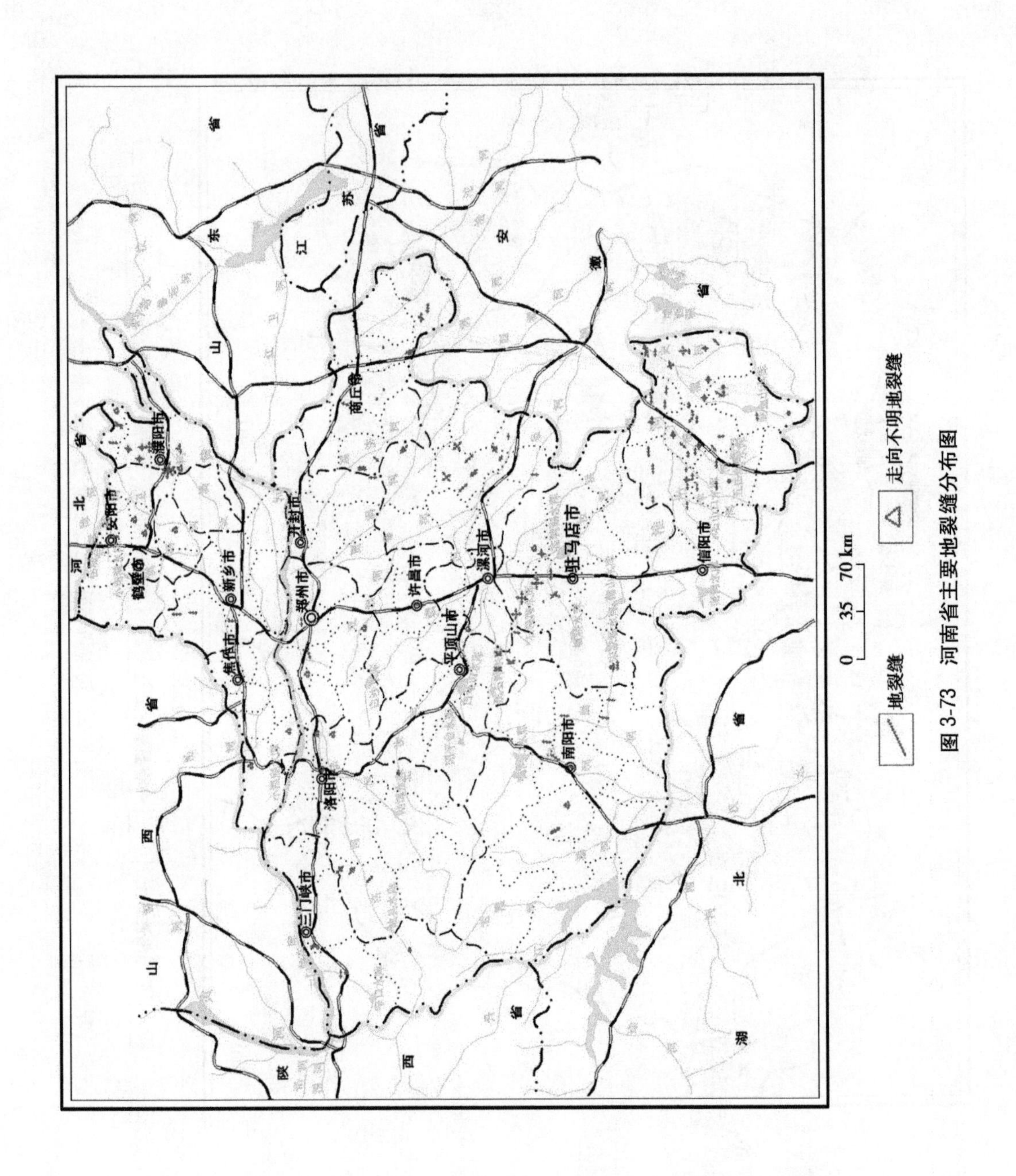

图 3-73 河南省主要地裂缝分布图

表 3-18　不同时期河南省浅层地下水矿化度变化情况对比表

矿化度/(g/L)	分布面积/km^2		2005 年与 1985 年相比	
	1985 年	2005 年		
<0.5	58 112	48 991	−9 121	−1 391
0.5~1.0	37 604	45 334	+7 730	
1.0~2.0	11 586	11 779	+193	+1 391
>2.0	1 198	2 396	+1 198	
合计	108 500	108 500		

第四章 浅层地热能开发利用适宜性评价

第一节 重点研究区地下水源热泵系统应用适宜性评价

一、评价原则

地下水地源热泵系统采用地下水作为冷热源,地下水资源的丰富程度决定了一个地区是否适宜采用该系统以及是否能满足用户制冷负荷或制热负荷的需要。为了保护地下水资源与地质环境,地下水地源热泵系统均要求100%回灌所抽取的水量,因此区域的水文地质条件必须适于回灌,且回灌成本适中。本次评价原则为:

(1)水资源量应能保证用户对制冷或供暖负荷的要求,且地下水的开采比较容易,成本适中。

(2)区域水文地质条件易于回灌。

(3)水质条件,包括温度、化学成分、浑浊度、含砂量、硬度、矿化度和腐蚀性等,应符合《浅层地热能勘查评价规范》(DZ/T 0225—2009),不会对热泵系统造成不利影响。

本次采用层次分析法对重点研究区地下水地源热泵系统应用适宜性进行评价(以郑州市为例)。

二、指标建立

(一)评价指标的选取

影响地下水地源热泵系统建设的因素很多,根据本次评价原则,分别选择供水条件、回灌条件以及水化学条件来构建评价指标体系。结合收集的资料情况,所选取的3个评价指标又分别包括不同的要素。

1. 供水条件

供水条件主要考虑地下水的富水性、补给条件、开采潜力3个因素。

2. 回灌条件

影响回灌效果的因素主要有含水层岩性、地下水位埋深和成井质量。含水层颗粒越粗,越有利于回灌。根据已有成果,一般情况下,卵砾石含水层中单位回灌量为单位抽水量的70%以上;粗砂、中砂含水层中单位回灌量为单位出水量的40%~70%;中细砂含水层中,单位回灌量为单位出水量的30%~50%;细砂、粉砂含水层中单位回灌量小于单位出水量的30%。水位埋深对总回灌量的大小影响明显,在成井质量理想的情况下,水位埋深越大、含水层颗粒越粗,单位回灌量越大。

本次选择含水层岩性和地下水位埋深构成回灌条件的评价要素。

3. 水化学条件

地下水源热泵的运行效果与水源的水质关系密切,影响热泵运行效果的水质方面的因素包括化学成分、浑浊度、含砂量、硬度、矿化度和腐蚀性等。同时,热泵系统对水源的温度也有一定的要求,不满足温度要求的地下水不适合作为热泵系统的供水水源。

本次选择地下水硬度、矿化度和腐蚀性作为水化学条件的评价要素。

上述三个评价指标对区内地下水源热泵系统应用的适宜性评价起到的是影响作用,而区内的环境和地质环境条件则是起到了决定性的作用。在地质环境差的地区,不论前三个指标好坏与否,都不适宜应用地下水源热泵系统。

(二)评价体系的构建

层次分析法是处理决策问题的有效方法,是一种定性与定量相结合、系统化、层次化的分析方法。

其评价体系分为三层,从顶层至底层分别为系统目标层 O(Object)、属性层 A(Attribute)和要素指标层 F(Factor)。O 层是对地下水源热泵系统应用适宜性评价的一个总的判断;A 层是对地下水源热泵系统应用适宜性不同侧面的反映,由供水条件、回灌条件和水化学条件三部分构成;F 层是描述各属性指标的最基础要素,由含水层富水性、地下水位埋深、补给模数、地下水开采潜力、含水层岩性、地下水的腐蚀性、硬度和矿化度共 8 个指标构成(见图 4-1)。

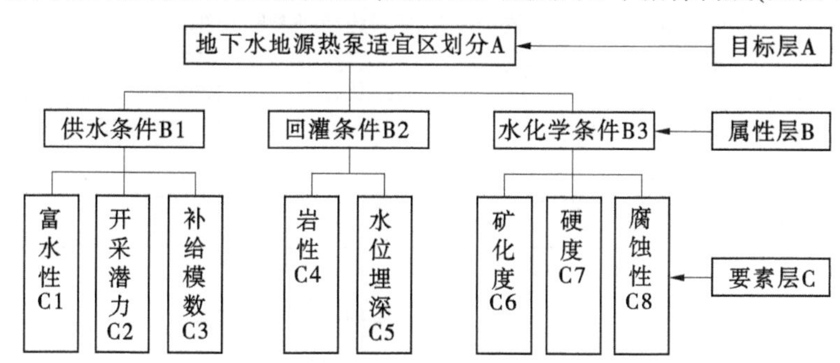

图 4-1　地下水源热泵适宜性评价层次结构图

(三)权重系数的确定

按照层次分析法的要求,在评价体系层次隶属关系的基础上,通过个人与多人、专业与专家相结合的方式,分别比较同一层次各要素之间的相对重要性,并采用 1~9 标度法给出各要素的分值。其中,对适宜性评价影响越大的因素重要性就越大,分值也越大,由此构造比较矩阵。通过计算,检验比较矩阵的一致性,必要时对比较矩阵进行修改,以达到可以接受的一致性。最后求出要素层中各个要素在目标层中所占的权重。具体的建立过程如下:

以判断矩阵 $\boldsymbol{A}=(a_{ij})_{n\times n}$,$\boldsymbol{A}>0$ 为例

(1)判断矩阵 $\boldsymbol{A}$ 中每行元素连乘并开 n 次方,得到向量 $\boldsymbol{W}^*=(w_1^*,w_2^*,\cdots,w_n^*)^{\mathrm{T}}$,其中 $w_i^*=\sqrt[n]{\prod_{j=1}^{n}a_{ij}}$。

(2)对 $\boldsymbol{W}^*$ 做归一化处理,得到权重向量 $\boldsymbol{W}=(w_1,w_2,\cdots,w_n)^{\mathrm{T}}$,其中 $w_i=w_i^*/\sum_{i=1}^{n}w_i^*$。

(3)对判断矩阵 $\boldsymbol{A}$ 中每列元素求和,得到向量 $\boldsymbol{S}=(s_1,s_2,\cdots,s_n)$,其中 $s_j=\sum_{i=1}^{n} a_{ij}$。

(4)计算 λ_{max} 的值,$\lambda_{max}=\sum_{i=1}^{n} s_i w_i = SW = \frac{1}{n}\sum_{i=1}^{n}\frac{(AW)_i}{w_i}$。

判断矩阵一致性指标 CI。

$$CI=\frac{\lambda_{max}-n}{n-1}$$

一致性指标 CI 的值越大,表明判断矩阵偏离完全一致性的程度越大,CI 的值越小,表明判断矩阵越接近于完全一致性。对于 3 阶判断矩阵,平均随机一致性指标 RI 为 0.58。当 $n<3$ 时,判断矩阵永远具有完全一致性。判断矩阵一致性指标 CI 与同阶平均随机一致性指标 RI 之比成为随机一致性比率 CR。

$$CR=\frac{CI}{RI}$$

当 $CR<0.10$ 时,便认为判断矩阵具有可以接受的一致性。当 $CR\geqslant 0.10$ 时,就需要调整和修正判断矩阵,使其满足 $CR<0.10$,从而具有满意的一致性。

结果如表 4-1~表 4-5 所示。

表 4-1 目标层与属性层制约因子判断矩阵

水源热泵适宜区划分	供水条件	回灌条件	水化学条件	W_i	一致性检验
供水条件	1.000	1.500	7.000	0.539	$\lambda_{max}=3.007$ $CI=0.04$ $CR=0.006$ $CR<0.1$
回灌条件	0.500	1.000	6.000	0.391	
水化学条件	0.143	0.167	1.000	0.071	

表 4-2 属性层与要素指标层制约因子判断矩阵

供水条件	富水性	补给模数	开采潜力	W_i	一致性检验
含水层富水性	1.000	3.000	5.000	0.648	$\lambda_{max}=3.004$ $CI=0.002$ $CR=0.003$ $CR<0.1$
补给模数	0.333	1.000	2.000	0.230	
地下水开采潜力	0.200	0.500	1.000	0.122	

表 4-3 属性层与要素指标层制约因子判断矩阵

回灌条件	岩性	水位埋深	W_i	一致性检验
含水层岩性	1.000	2.000	0.667	$\lambda_{max}=2.000$ $CI=0.000$ $CR=0.000$
地下水水位埋深	0.500	1.000	0.333	

由最终的权重系数可以看出,此次评价对结果影响最大的因素分别为含水层富水性、含水层岩性、地下水开采潜力和地下水水位埋深。这几个要素是含水层出水能力和回灌能力的综合体现。由此可见,含水层的供水条件和回灌条件是决定一个地区是否适合建

设地下水源热泵最重要的两个方面。

表 4-4　属性层与要素指标层制约因子判断矩阵

水化学条件	腐蚀性	矿化度	硬度	W_i	一致性检验
腐蚀性	1.000	2.000	3.000	0.540	$\lambda_{max}=3.009$
矿化度	0.500	1.000	2.000	0.297	$CI=0.005$
硬度	0.333	0.500	1.000	0.163	$CR=0.008$ $CR<0.1$

表 4-5　要素层中各要素占总目标的最终权重

备选方案	权重
含水层富水性	0.349
地下水开采潜力	0.124
补给模数	0.066
含水层岩性	0.260
地下水水位埋深	0.130
腐蚀性	0.038
矿化度	0.021
硬度	0.012

三、基础数据处理

本次评价采用的所有基础数据均来自近年来的各类科研报告及野外测量数据,数据的预处理主要包括数据的矢量化、数据的分类与标准化,采用 GIS 软件来实现。

(一)数据的矢量化

数据的矢量化过程即编制要素指标层各要素分区图。包括对扫描图件的配准与矢量化,最终将所有图件统一到一个坐标系统下,以便进行叠加分析。

(二)数据的标准化

评价所用数据的类型和量纲各不相同,为了在同一评价体系内对不同数据进行比较和运算,需要在评价之前对数据进行标准化处理。本次评价对数据标准化的具体处理方法为:以是否适宜建设地下水源热泵系统为比较标准,对各个要素的范围值在 1~9 打分,越有利于地下水源热泵系统应用则所获分值越高,从而将所有数据转化为介于 1~9 可以互相比较运算的无量纲数值。各个要素的标准化处理具体过程如下。各要素的具体赋值见表 4-6。

1. 硬度分区

硬度较大的地下水可能会导致水管结垢等问题的发生,影响水源热泵的工作效率,所以硬度越大的地区赋值越小。本次地下水硬度分区主要分为 200~450 mg/L 和大于 450 mg/L 两个范围(见图 4-2)。

表 4-6 各要素赋值表

项目	分级	赋值	项目	分级	赋值
补给模数/(m/a)	0.02~0.05	2	水位埋深/m	<5	1
	0.05~0.09	3		5~10	5
	0.09~0.12	4		10~15	7
	0.12~0.16	5		>15	9
	0.16~0.22	6	含水层岩性	黏土	2
	0.22~0.24	7		砂及黏土	4
	0.24~0.32	8		砂砾石及砂	7
富水性/(m^3/d)	100~500	1	矿化度/(g/L)	0~0.5	9
	500~1 000	2~3		0.5~1	8
	1 000~3 000	4~8		1~2	7
	3 000~5 000	9		>2	6
开采程度	0.96	8	硬度/(mg/L)	200~450	4
	1.01	6		>450	2
	1.08	4	腐蚀性	中等	4
	1.40	2		弱	7

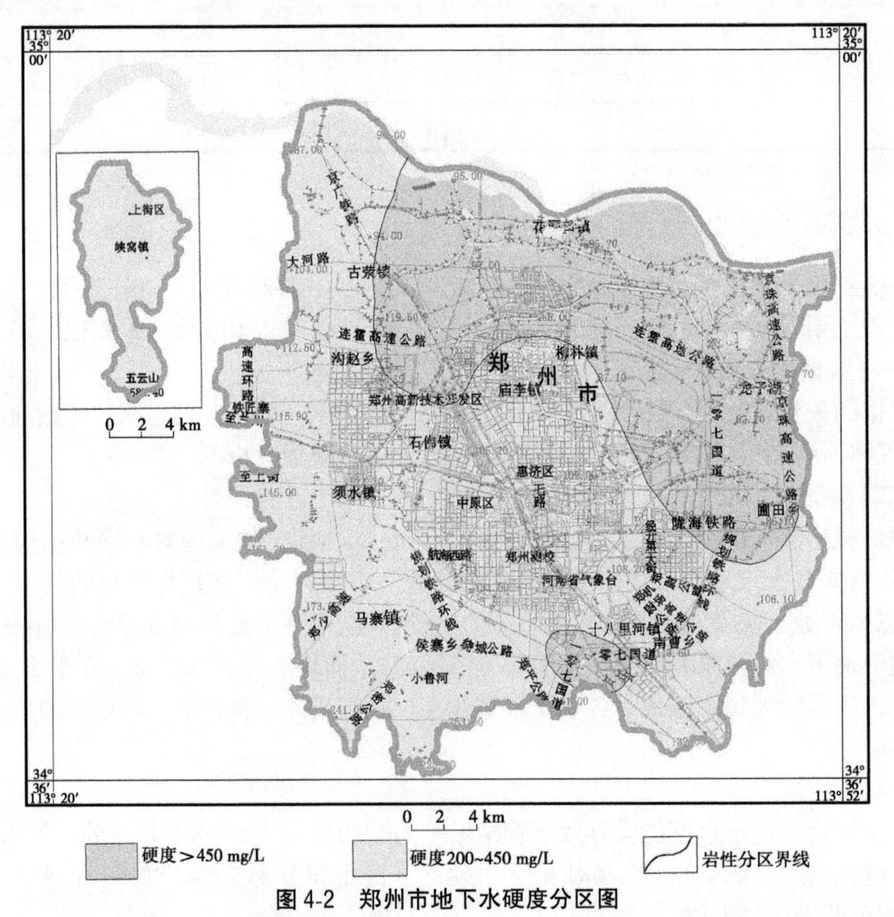

图 4-2 郑州市地下水硬度分区图

2. 矿化度分区

总矿化度说明了水中所含盐量的多少，地下水矿化度越小，越适于热泵系统的运行，用于水源热泵系统的水源水矿化度应小于3 g/L。评价区内地下水的矿化度大部分地区均小于1 g/L，满足热泵系统运行的要求(见图4-3)。

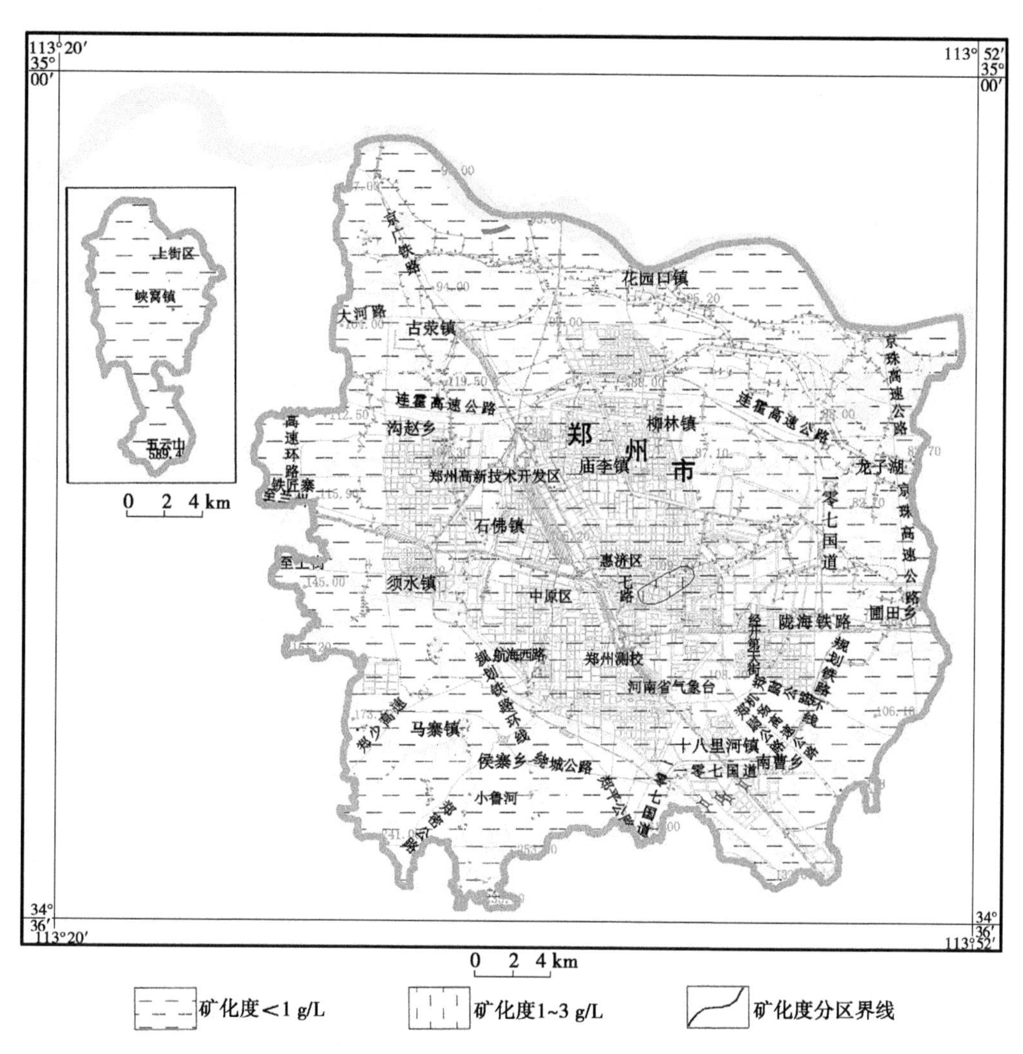

图4-3 郑州市地下水矿化度分区图

3. 腐蚀性分区

地下水腐蚀性是影响地下水源热泵机组正常运行的一个重要因素。腐蚀性越强，机组越容易被损坏，本次采取的所有水样的腐蚀性大部分为弱(见图4-4)。

4. 含水层富水性分区

含水层富水性代表了其供水能力，富水性越大，其供水能力越强，越适宜地下水源热泵建设，因而所得分值也越高。含水层富水性分区见图4-5。

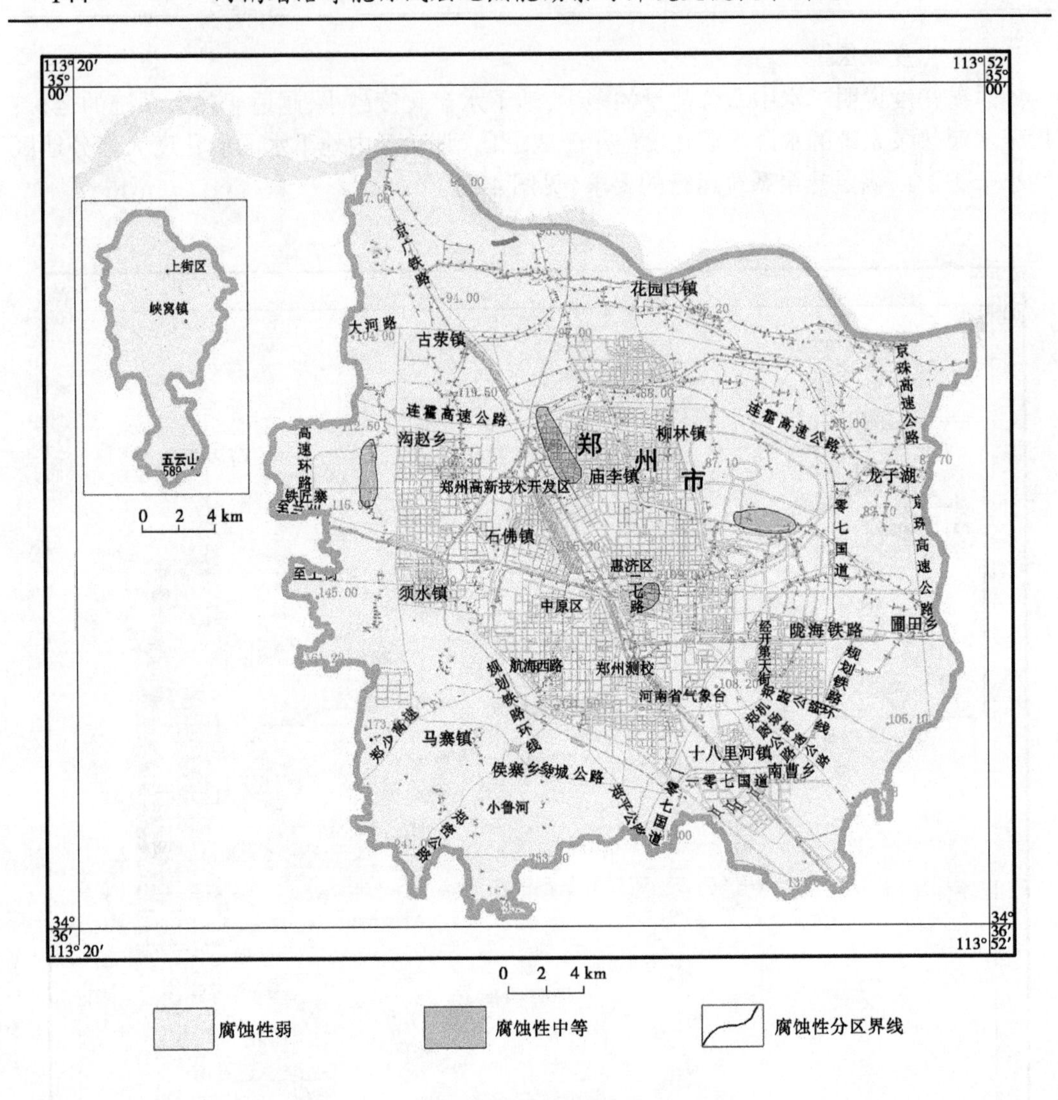

图 4-4　郑州市地下水腐蚀性分区图

5. 补给模数分区

补给模数大,说明该区域接受补给的能力较强,也就越适宜水源热泵应用,则赋值相应较大(见图 4-6)。

6. 地下水埋深分区

对于相同的岩性,水位埋深是影响回灌效果的主要因素。尤其对于细颗粒的含水层介质,水位埋深越浅,越不利于地下水的回灌(见图 4-7)。

7. 地下水开采潜力分区

地下水开采潜力反映了一个地区还有多少地下水资源可供开采,这个指标其实更能反映含水层的实际供水能力,开采潜力越大,越适宜建设地下水源热泵。本次评价采用地下水开发程度分区代表开采潜力,开发程度越高,相应的开采潜力越低。评价区的开发程度分区见图 4-8。

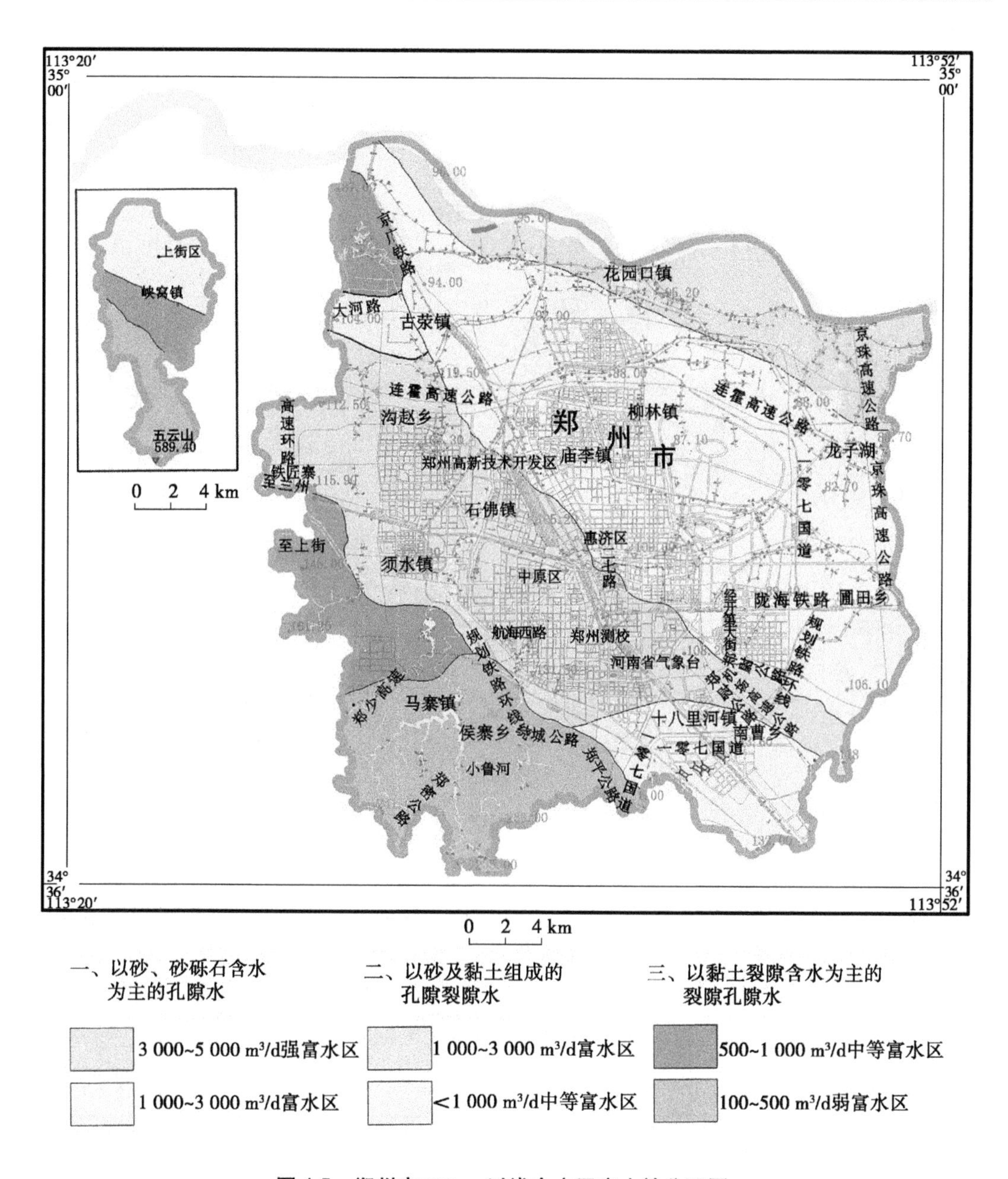

图 4-5　郑州市 200 m 以浅含水层富水性分区图

8. 含水层岩性分区

地层颗粒越细,越容易进入水源热泵机组,这样会磨损设备和管道,排到地下后,这些细颗粒会堵塞回灌井中的地层孔隙,并最终使回灌井失去回灌能力而报废。同时,岩性颗粒越细,越不利于回灌。所以,岩性颗粒越粗,赋值越大,越有利于水源热泵建设(见图 4-9)。

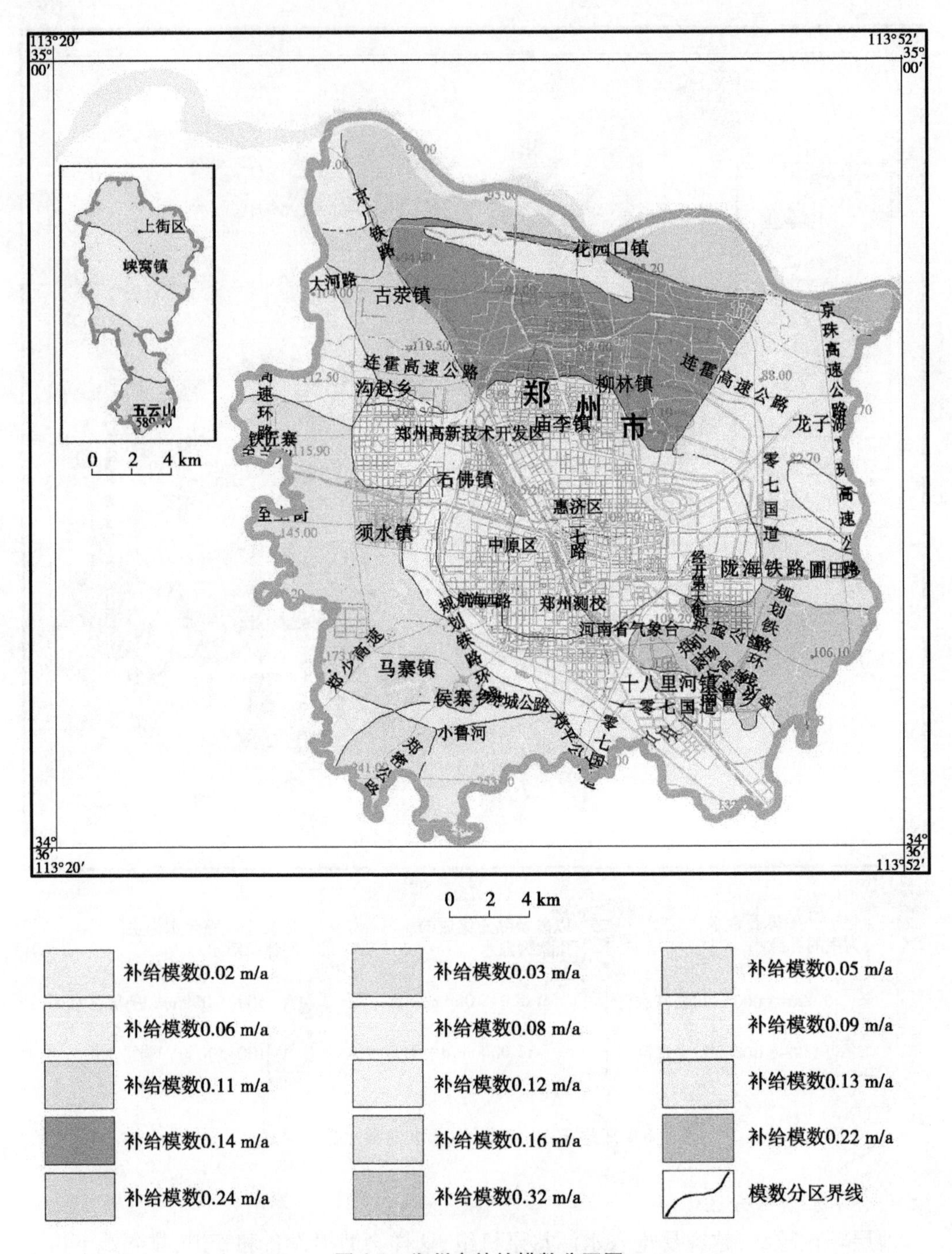

图 4-6 郑州市补给模数分区图

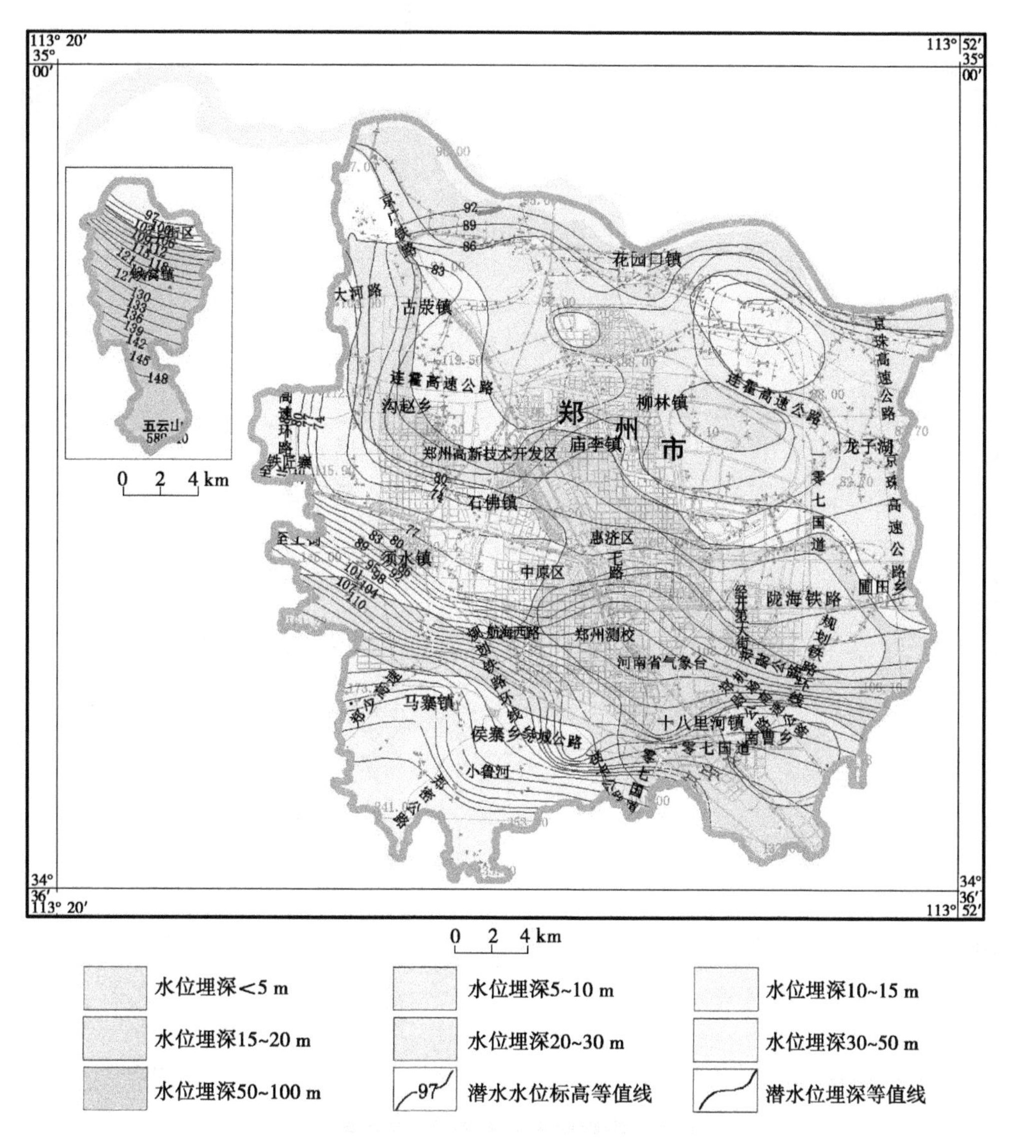

图 4-7　郑州市地下水埋深分区图

四、评价结果

将调查区按 200 m×200 m 的间隔进行网格剖分，将 8 项要素的属性赋值链接到每个网格点上。采用综合指数法，将每个网格点的分值与其相对应的权重值相乘，然后求和，得出每个点上的总分值。

在此基础上，将总分值乘以相应的水源地保护区系数，得到每个网格的最终分值。根据最终分值的分布情况，制定水源热泵各个适宜区的分数范围值，并划分适宜区。

根据本次评价工作实际计算结果的分值分布情况，将分值 0~5 划分为水源热泵不适宜区，5~6 为水源热泵较适宜区，6~9 为水源热泵适宜区。最后的评价结果见表 4-7 和图 4-10。

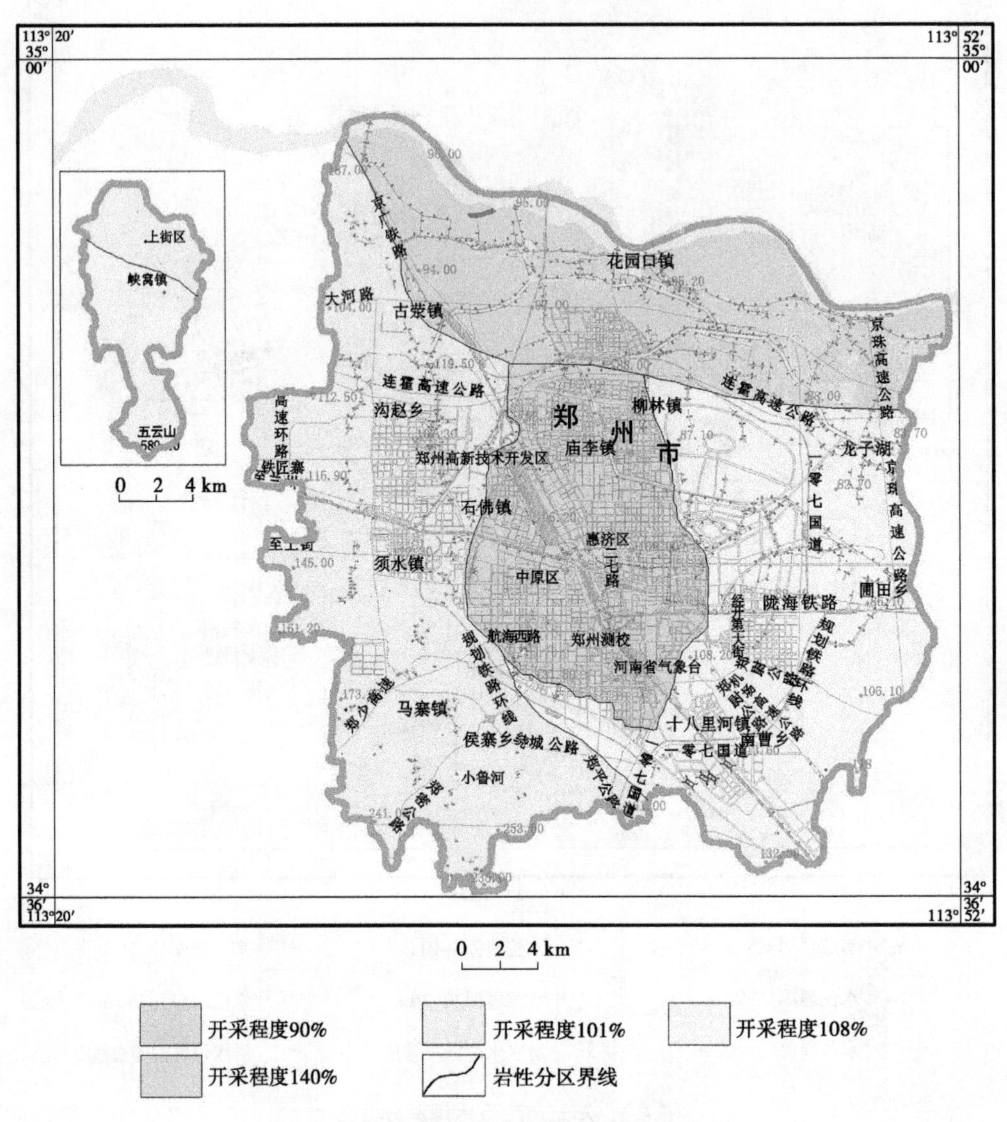

图 4-8　郑州市地下水开发利用程度分区图

由郑州市地下水源热泵适宜性划分结果可以看出，适宜性分区主要受富水性分区、含水层岩性和水位埋深的影响，适宜区分布在富水性最好的黄河岸边以及水位埋深较大、富水性较好的城区，较适宜区分布在富水性比较好的黄河冲积平原和塬间平原，不适宜区分布在富水性较差、岩性颗粒较细的黄土台塬。其中适宜区、较适宜区的面积分别为 265.79 km^2、518.12 km^2，二者合计总面积 783.91 km^2。

按照上述方法，分别对其他地区进行地下水源热泵系统应用适宜性评价，结果见表 4-8。

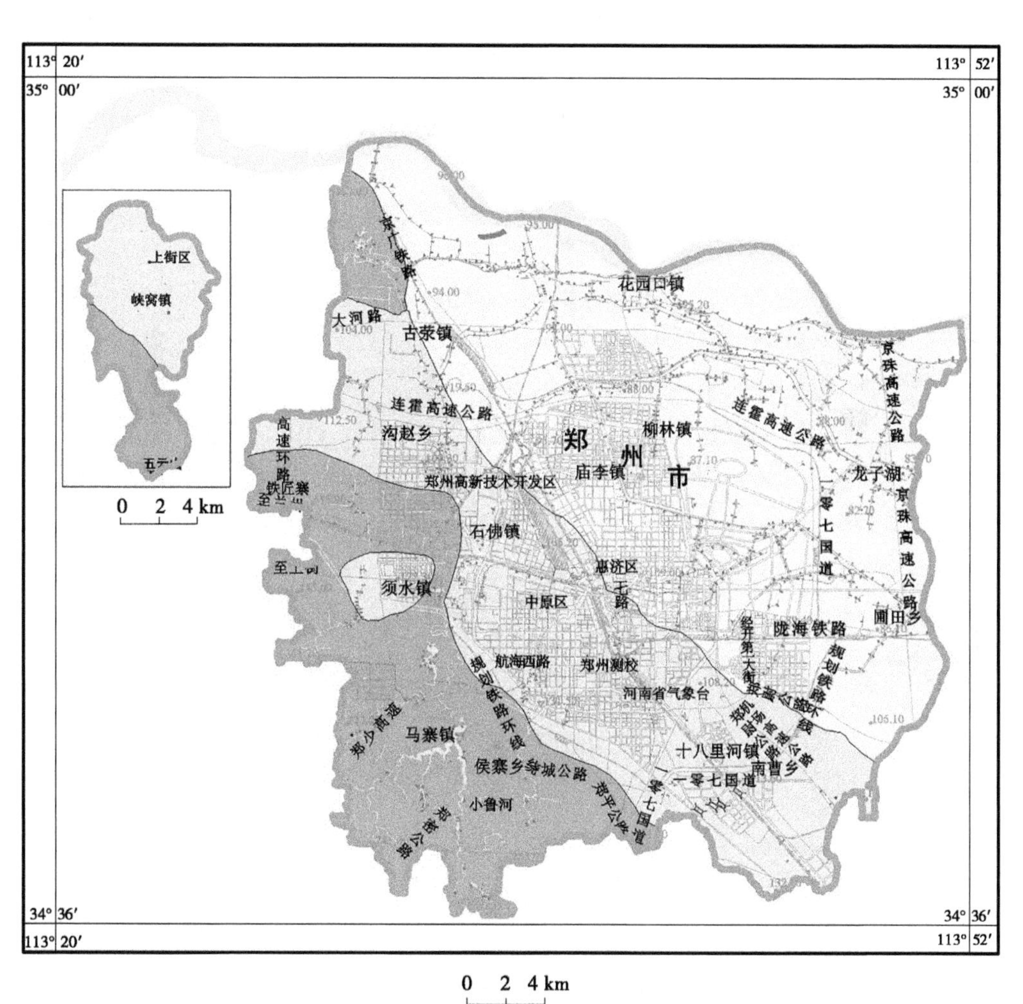

0　2　4 km

砂及砂砾石　　砂及黏土　　黏土　　岩性分区界线

图 4-9　郑州市含水层岩性分区图

表 4-7　郑州市地下水地源热泵系统适宜性评价结果

适宜性分区	面积/km^2	占全区比例/%	分布范围
适宜区	265.79	24.87	黄河岸边，市区中东部一带
较适宜区	518.12	48.49	除适宜区外的黄河冲积平原和塬间平原
不适宜区	284.69	26.64	西南部和西北部的黄土台塬
合计	1 068.6		

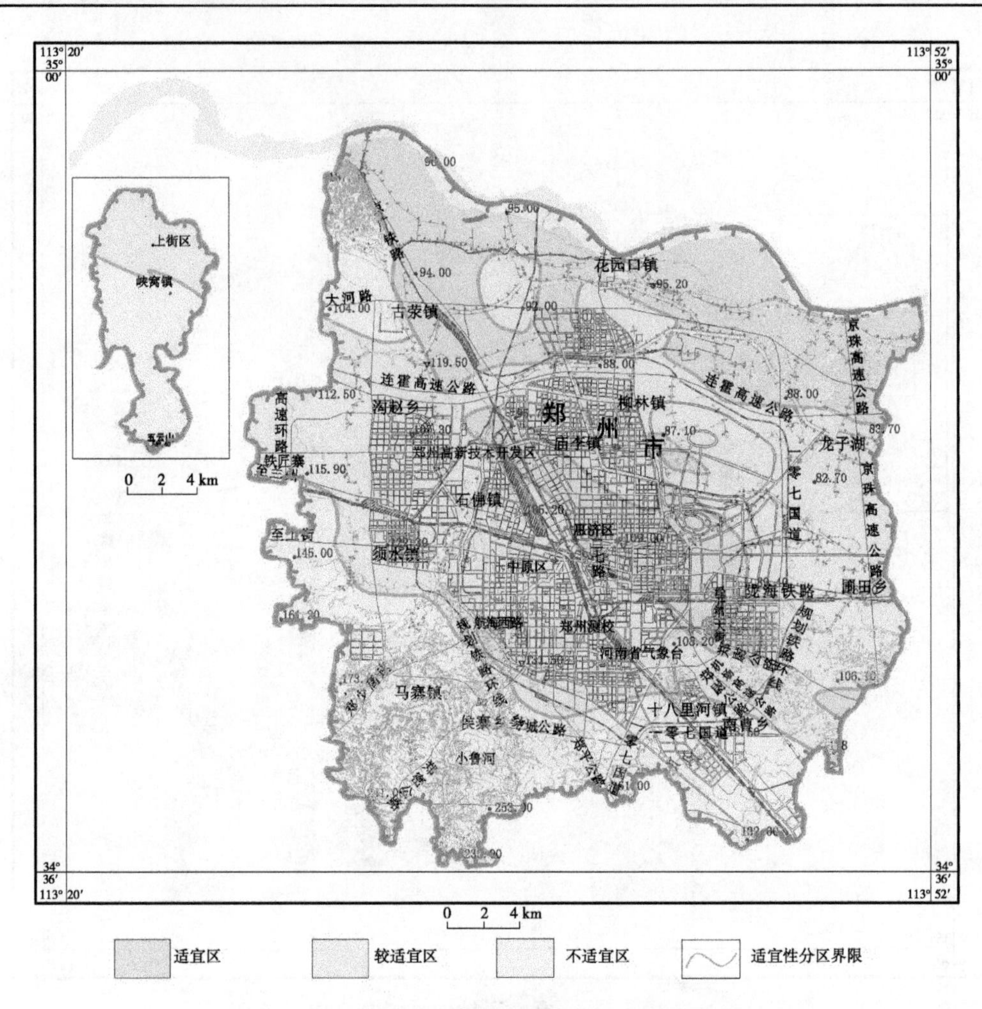

图 4-10 郑州市地下水地源热泵适宜性分区图

表 4-8 重点研究区地下水源热泵系统适宜性分区结果

地貌单元	地区	适宜性	面积/km^2	分布范围
山前冲洪积倾斜平原	安阳	适宜区	79.25	南流寺、郝家店、大司空、八里庄及城区一带
		较适宜区	92.18	适宜区外围,在崇义—辛店—白壁一带分布面积较大
		不适宜区	427.94	研究区北部及研究区西南部丘陵一带
	焦作	较适宜区	96.45	中北部嘉旽—王褚—马村区一带坡洪积斜地、冲洪积扇
	平顶山	不适宜区	118.16	北部山前的坡洪积斜地及南部冲洪积扇前(间)洼地
		适宜区	3.21	市区北部井营一带
		较适宜区	112.87	市区南部沙河两侧冲积平原
	信阳	不适宜区	282.32	市区北部采矿区
	信阳	较适宜区	37.15	市区南部浉河河谷平原一级、二级阶地
	鹤壁	不适宜区	81.73	北部山前倾斜平原区
		较适宜区	49.72	研究区西部主城区范围
		不适宜区	87.12	主城区以东地区

续表 4-8

地貌单元	地区	适宜性	面积/km^2	分布范围
冲洪积平原	郑州	适宜区	265.79	黄河岸边,市区中东部一带
		较适宜区	518.12	除适宜区外的黄河冲积平原和塬间平原
		不适宜区	284.69	西南部和西北部的黄土台塬
	开封	较适宜区	38.79	研究区东南部地区及西北部和中部局部地区
		不适宜区	483.69	开封市城区广大地区
	新乡	较适宜区	8.60	北部杨九屯一带冲洪积平原、古固寨南部古背河洼地等局部地区
		不适宜区	463.01	全区大部分地区
	濮阳	较适宜区	110.11	研究区、西北部黄河决口扇、中部黄河故道西北部、中部黄河冲积平原
		不适宜区	361.78	研究区中北部、东南部黄河冲积平原泛流平地
	许昌	较适宜区	6.66	研究区西南部高楼陈局部地区
		不适宜区	370.09	研究区大部分地区
	漯河	适宜区	44.64	研究区北部孟庙—黑龙潭一带冲积平原
		较适宜区	205.00	研究区中部沙河两侧
		不适宜区	287.48	研究区东南部地区、水源地保护区
	商丘	较适宜区	22.70	研究区东部冯庄、四营、平台集等地
		不适宜区	298.83	研究区中西部大部分地区、水源地保护区
	周口	较适宜区	272.07	黄河冲积平原及东南部颍河冲积平原、沙颍河河间地带
		不适宜区	118.72	西南部沙河以南地区、东北部新运河以东地区
	驻马店	较适宜区	153.26	刘阁—水屯一带的中部平原
		不适宜区	205.45	北部平原区及南部剥蚀缓岗区
	郑州航空港	较适宜区	260.00	南部坡洪积倾斜平原、黄河冲积洼地区
		不适宜区	153.99	北部坡洪积倾斜平原、黄河古冲积平原

续表 4-8

地貌单元	地区	适宜性	面积/km^2	分布范围
内陆河谷型盆地	南阳	较适宜区	74.51	中心城区中东部及白河一级阶地
		不适宜区	320.77	研究区西部剥蚀垄岗、岗状洼地及白河二级阶地
	济源	适宜区	104.40	沁河、蟒河冲洪积扇及蟒河冲洪积微倾斜地
		较适宜区	111.32	沁河冲洪积扇前缘、蟒河冲洪积微倾斜地、坡洪积缓倾斜地
		不适宜区	117.53	市区南北部的坡洪积倾斜地区、市区南部的黄土丘陵地区及沁蟒河冲洪积扇之间的交接洼地区
	洛阳	适宜区	192.24	魏屯—关林以东的伊洛河河间地块及河漫滩
		较适宜区	292.91	一级阶地,洛河二级阶地及涧河三级阶地
		不适宜区	268.80	市区外围的黄土丘陵地区
	三门峡	适宜区	52.79	黄河漫滩及一级阶地、二级阶地及青龙涧河苍龙涧河河谷及阶地
		较适宜区	60.86	黄河三级阶地、涧河三级阶地及山前冲洪积扇
		不适宜区	2.58	黄河湿地保护区

第二节 全省地下水地源热泵适宜性分区

按照重点研究区评价方法,河南省评价区面积为河南省的总面积减去基岩面积和区内所有河流面积,总共108 582.66 km^2。将全区按700 m×700 m的间隔进行网格剖分,将8项要素的属性赋值链接到每个网格点上。采用综合指数法,将每个网格点的分值与其相对应的权重值相乘,然后求和,得出每个点上的总分值。

在此基础上,将总分值乘以相应的水源地保护区系数,得到每个网格的最终分值。根据最终分值的分布情况,制定水源热泵各个适宜区的分数范围值,并划分适宜区。

根据本次评价工作实际计算结果的分值分布情况,将分值1.562 5~5划分为水源热泵不适宜区,分值5~6划分为水源热泵较适宜区,分值6~7.598 3划分为水源热泵适宜区。考虑浅层地下水位下降漏斗、地面沉降区和地裂缝等环境地质问题,最后的评价结果见表4-9、图4-11。

表 4-9　河南省地下水地源热泵系统适宜性评价结果

适宜性分区	面积/km^2	占全区比例/%	分布范围
适宜区	9 605.91	8.85	东部黄河岸边、沙河岸边以及洛阳、南阳盆地的中心部位
较适宜区	20 751.75	19.11	黄河冲积平原、沙河冲积平原和三门峡盆地、洛阳、南阳盆地外围地带
不适宜区	78 225.00	72.04	其他地区
合计	108 582.66	100	

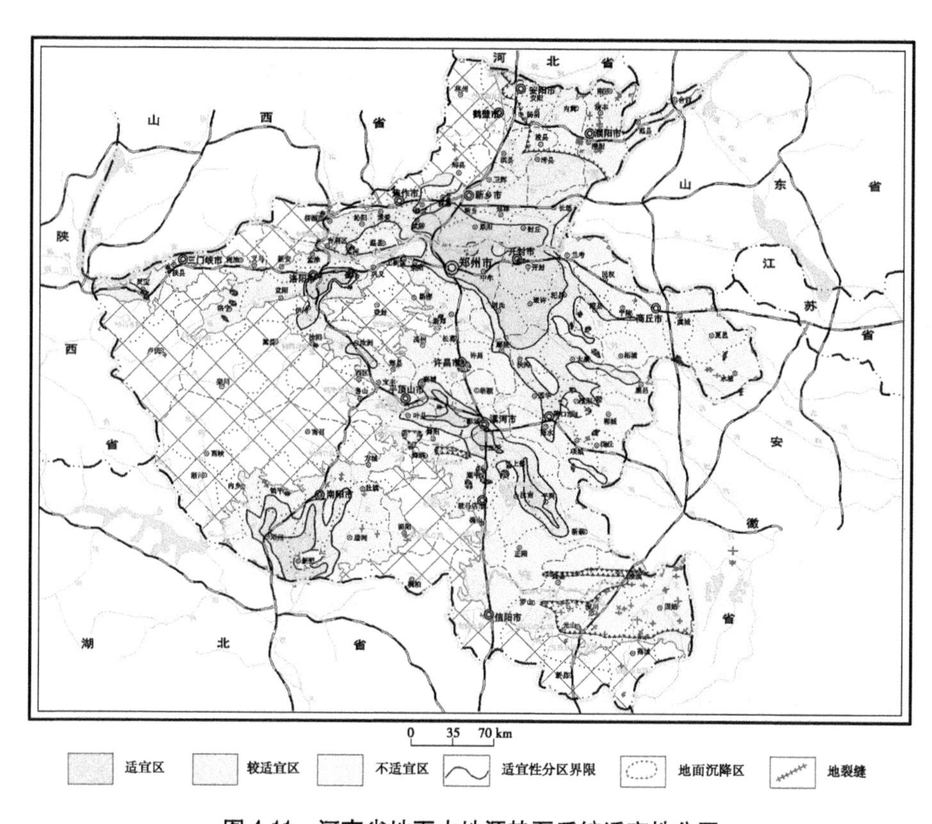

图 4-11　河南省地下水地源热泵系统适宜性分区

由河南省地下水源热泵适宜性划分结果可以看出，适宜性分区主要受含水层的富水性、含水层岩性、地下水水位埋深和补给模数的影响，地下水换热方式适宜区主要分布在东部黄河岸边、沙河岸边以及洛阳、南阳盆地的中心部位，较适宜区东黄河冲积平原、沙河冲积平原和三门峡盆地、洛阳、南阳盆地外围地带。这些地区第四系及新近系厚度一般大于200 m，含水层颗粒较粗且单层厚度较大，富水性好，地下水回灌条件较好（抽灌井比例小于1∶3的地区）。从行政区划来说，包括郑州市大部、新乡市一部分、开封市全部、洛阳城区、三门峡沿黄地带、南阳市南部及邓县、新野等区域。不适宜区分布在富水性较差、岩性颗粒较细的其他地区。其中适宜区、较适宜区的面积分别为 9 605.91 km^2、20 751.75 km^2，二者合计总面积 30 357.66 km^2。

第三节　重点研究区地埋管热泵系统应用适宜性评价

一、评价原则

地埋管地源热泵系统,是以传热介质(水或加入防冻剂的水)通过在密闭的竖直或水平地埋管换热器中循环,利用传热介质与地下岩土体、地下水之间的温差进行热交换,达到利用浅层地热能的目的,并进而通过热泵技术实现对建筑物的供暖与制冷。

本次对竖直地埋管系统换热适宜性进行分区评价,评价所采用的原则可以概括为以下三点:

(1)地质条件为基础。地质条件是浅层地热能资源赋存的基层条件,包括岩土体的岩性、结构、颗粒度、地层厚度、地层热物理参数等物理性质。

(2)水文地质条件为依托。岩土体的含水量、含水层分布、水动力条件、地下水径流条件给能量流动创造了有利条件。

(3)地温能开发利用与地质环境保护相结合。

本次采用层次分析法对重点研究区地埋管地源热泵系统应用适宜性进行评价(以郑州市为例)。

二、指标建立

(一)评价指标的选取

影响地埋管热泵建设的因素很多,根据本次评价原则,分别选择“水文地质条件”“地层属性”以及“地温场”来构建评价指标体系。结合收集的资料情况,所选取的3个评价指标又分别包括不同的要素。

地埋管地源热泵系统适宜性评价主要考虑评价区岩土层的岩性、结构、地下水赋存状况;评价区岩土层的导热性能、换热效率、导热系数、温度,确定恒温带的深度和温度;评价区岩土体的含水量、颗粒级配、密度、比热、导热系数、温度;热泵系统的投资成本、能耗及运行成本等。

1. 地质、水文地质条件

影响地埋管地源热泵系统的地质、水文地质条件主要包括地层的结构、地下水水位埋深、水温及水质;地下水径流方向、速度等。

2. 地层热物性特征

岩土的热物性参数对埋管换热性能有着重要影响,它是设计地埋管地源热泵系统的基础。地层岩性、地层厚度、地层热物性参数决定地埋管的适宜性和取热层位。

3. 施工条件

施工条件主要包括地层的可钻性(如坚硬钙质胶结层或卵石层的深度、厚度等)、环境影响条件。

(二)评价体系的构建

评价体系构建见图4-12,具体评价过程同地下水地源热泵系统。

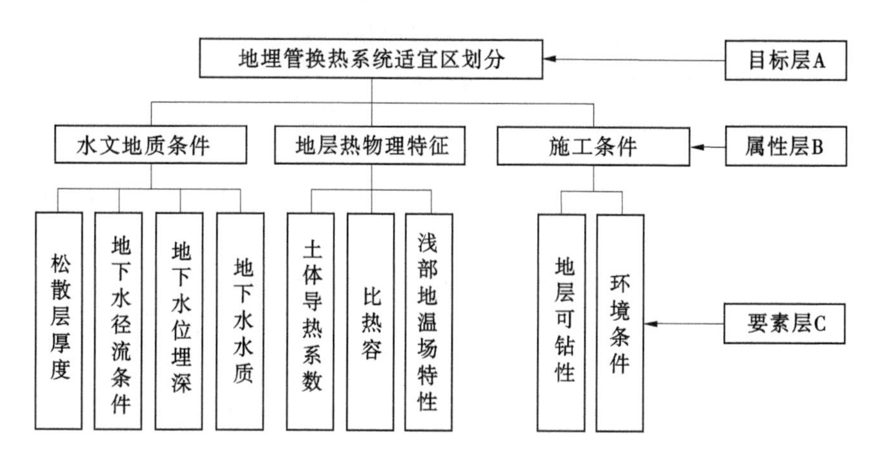

图 4-12　地埋管地源热泵系统适宜性评价层次结构图

(三)权重系数的确定

具体的建立过程同地下水源热泵系统,结果如表 4-10~表 4-14 所示。

表 4-10　目标层与属性层制约因子判断矩阵表

地埋管适宜区划分	水文地质条件	地层热物理特征	施工条件	W_i	一致性检验
水文地质条件	1.000	2.000	4.000	0.558	$\lambda_{max}=3.018$ $CI=0.009$ $CR=0.016$ $CR<0.1$
地层热物理特征	0.500	1.000	3.000	0.320	
施工条件	0.250	0.333	1.000	0.122	

表 4-11　属性层与要素指标层制约因子判断矩阵表

水文地质条件	松散层厚度	地下水径流条件	地下水埋深	地下水水质	W_i	一致性检验
松散层厚度	1.000	4.000	5.000	9.000	0.593	$\lambda_{max}=4.234$ $CI=0.078$ $CR=0.087$
地下水径流条件	0.250	1.000	3.000	7.000	0.245	
地下水埋深	0.200	0.333	1.000	5.000	0.123	
地下水水质	0.111	0.143	0.200	1.000	0.038	

表 4-12　属性层与要素指标层制约因子判断矩阵表

地层热物理特征	土层导热系数	比热容	浅部地温场特征	W_i	一致性检验
土层导热系数	1.000	2.000	3.000	0.540	$\lambda_{max}=3.009$ $CI=0.005$ $CR=0.008$
比热容	0.500	1.000	2.000	0.297	
浅部地温场特征	0.333	0.500	1.000	0.163	

表 4-13　属性层与要素指标层制约因子判断矩阵表

施工条件	地层可钻性	环境条件	W_i	一致性检验
地层可钻性	1.000	5.000	0.833	$\lambda_{max}=2.000$ $CI=0.000$ $CR=0.000$
环境条件	0.200	1.000	0.167	

表 4-14　要素层中各要素占总目标的最终权重表

备选方案	权重
松散层厚度	0.331
地下水径流条件	0.137
地下水水位埋深	0.069
地下水水质	0.021
土层导热系数	0.173
比热容	0.095
浅部地温场特征	0.052
地层可钻性	0.102
环境条件	0.020

由最终的权重系数可以看出，此次评价对结果影响最大的因素分别为松散层厚度、土层导热系数、地下水径流条件以及地层可钻性。这四个要素是确定一个地区是否适合建设地埋管地源热泵系统最重要的指标。

三、基础数据处理

基础数据处理同地下水源热泵系统。

四、评价结果

将调查区按 200 m×200 m 的间隔进行网格剖分，将 9 项要素的属性赋值链接到每个网格点上。采用综合指数法，将每个网格点的分值与其相对应的权重值相乘，然后求和，得出每个点上的总分值。根据最终分值的分布情况，制定地埋管地源热泵各个适宜区的分数范围值，并划分适宜区。根据本次评价工作实际计算结果的分值分布情况，将分值<5 划分为地埋管地源热泵不适宜区，分值 5~6 为地埋管地源热泵较适宜区，分值>6 为地埋管地源热泵适宜区。考虑浅层地下水位下降漏斗、地面沉降区和地裂缝等环境地质问题。

郑州市地埋管地源热泵系统应用适宜性评价结果见表 4-15 及图 4-13。

由郑州市地埋管地源热泵适宜性划分结果可以看出，适宜性分区主要受松散层厚度、土层导热系数、地下水径流条件、地层可钻性的影响，适宜区分布在松散层厚度大、土层导热系数大、地下水径流条件及地层可钻性好的黄河冲积平原，较适宜区分布在松散层厚度较大、土层导热系数较大、地下水径流条件及地层可钻性较好的塬间平原和黄河冲积平原。其中适宜区、较适宜区的面积分别为 353.85 km²、479.61 km²。

表 4-15 郑州市地埋管地源热泵系统应用适宜性评价结果表

适宜性分区	面积/km²	占全区比例/%	分布范围
适宜区	353.85	33.11	市区东北黄河冲积平原
较适宜区	479.61	44.88	市区西部塬间平原、中部黄河冲积平原,上街区北部
不适宜区	235.14	22.01	南部黄土台塬(下伏基岩)、上街区南部
合计	1 068.60	100	

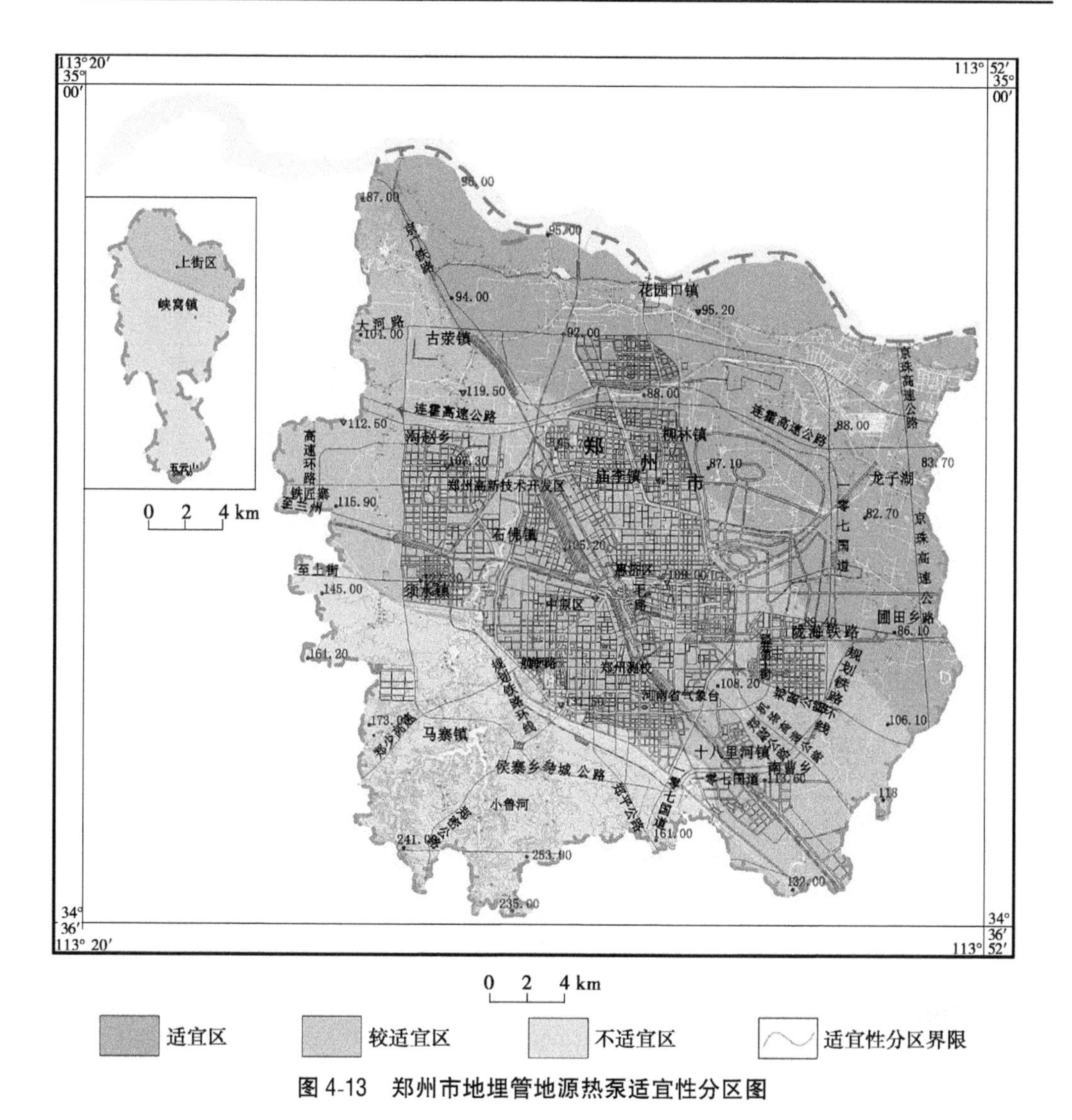

图 4-13 郑州市地埋管地源热泵适宜性分区图

按地埋管热泵系统适宜性分区标准,对河南省重点研究区分别进行地埋管热泵系统应用适宜性评价,结果见表 4-16。

表 4-16 重点研究区地埋管地源热泵系统适宜性分区结果表

地貌单元	地区	适宜性	面积/km^2	分布范围
山前冲洪积倾斜平原	安阳	适宜区	106.82	白壁—袁小屯冲洪积扇下部扇缘地带
山前冲洪积倾斜平原	安阳	较适宜区	198.56	研究区中北部和中南部的市区外围地带
山前冲洪积倾斜平原	安阳	不适宜区	293.99	研究区中部城区和西南部丘陵一带
山前冲洪积倾斜平原	焦作	适宜区	97.75	南部府城、李万、徐王等地区
山前冲洪积倾斜平原	焦作	较适宜区	86.02	中部嘉砘—王褚—新城—马村一带
山前冲洪积倾斜平原	焦作	不适宜区	30.84	北部王村—上白作—中星等近山前坡洪积斜地
山前冲洪积倾斜平原	平顶山	较适宜区	112.87	南部沙河两侧冲积平原
山前冲洪积倾斜平原	平顶山	不适宜区	285.53	市区北部采矿区
山前冲洪积倾斜平原	信阳	较适宜区	81.73	北部山前倾斜平原区
山前冲洪积倾斜平原	信阳	不适宜区	37.15	市区南部浉河两岸冲积平原区
山前冲洪积倾斜平原	鹤壁	较适宜区	128.00	主要分布在断陷洼地地貌区
山前冲洪积倾斜平原	鹤壁	不适宜区	8.84	主要分布在漓江路以北的城区范围
冲洪积平原	郑州	适宜区	355.88	市区东北黄河冲积平原
冲洪积平原	郑州	较适宜区	461.62	市区西部塬间平原、中部黄河冲积平原,上街区北部
冲洪积平原	郑州	不适宜区	193.76	南部黄土台塬(下伏基岩)、上街区南部
冲洪积平原	开封	适宜区	315.67	市区外围广大地区
冲洪积平原	开封	较适宜区	206.81	城区中心、西南等地
冲洪积平原	新乡	适宜区	447.73	全区大部分地区
冲洪积平原	新乡	不适宜区	23.88	北站一带岗地
冲洪积平原	濮阳	适宜区	457.98	除水源地保护区外的地区
冲洪积平原	濮阳	不适宜区	13.91	水源地保护区
冲洪积平原	许昌	适宜区	376.75	全区
冲洪积平原	漯河	适宜区	523.87	除水源地保护区外的地区
冲洪积平原	漯河	不适宜区	13.25	水源地保护区
冲洪积平原	商丘	适宜区	234.01	大部分地区
冲洪积平原	商丘	较适宜区	15.06	东南部许楼和南部李瓦房地区
冲洪积平原	商丘	不适宜区	72.46	水源地保护区
冲洪积平原	周口	适宜区	389.06	除水源地保护区外的地区
冲洪积平原	周口	不适宜区	1.73	水源地保护区
冲洪积平原	驻马店	适宜区	289.14	中北部冲洪积倾斜平原及东部冲湖积平原区
冲洪积平原	驻马店	较适宜区	69.57	西南部冲洪积倾斜平原
冲洪积平原	航空港	较适宜区	394.56	除禁建区以外的地区
冲洪积平原	航空港	不适宜区	19.43	水源保护区、机场及配套服务区

续表 4-16

地貌单元	地区	适宜性	面积/km^2	分布范围
内陆河谷型盆地	南阳	适宜区	255.77	西南部冲洪积倾斜平原及白河二级阶地与下段一级阶地
		较适宜区	59.08	独山和磨山周围坡洪积倾斜平原
		不适宜区	80.43	白河中上段两侧一级阶地与两侧二级阶地及剥蚀残山丘陵区
	济源	适宜区	134.66	冲洪积微倾斜地区及沁蟒河冲洪积扇之间的交接洼地区
		较适宜区	81.16	沁河蟒河冲洪积扇前缘、坡洪积缓倾斜地区
		不适宜区	117.43	沁河、蟒河冲洪积扇主流带、市区南北部的坡洪积倾斜地区、市区南部的黄土丘陵地区
	洛阳	较适宜区	268.80	市区外围邙山、南山、龙门山的黄土丘陵地区
		不适宜区	485.15	伊洛河河间地块，洛河二级阶地及涧河三级阶地河漫滩
	三门峡	较适宜区	89.38	黄河一级阶地、二级阶地、三级阶地及青龙涧河苍龙涧河河谷及阶地和山前冲洪积扇一带
		不适宜区	26.85	黄河一级阶地及漫滩、黄河湿地保护区

第四节　全省地埋管地源热泵适宜性分区

按照重点研究区评价方法，基础数据处理同重点研究区。本次适宜性区划和全省水源热泵相同，也是通过将调查区网格化，计算网格点的适宜性指数，从而得到整个调查区的适宜性分区。本次参与计算评价的网格中心点的个数也为 2 450 个，将 7 项要素的属性赋值链接到每个网格点上。采用综合指数法，将每个网格点的分值与其相对应的权重值相乘，然后求和，得出每个点上的总分值。

以是否适宜建设地埋管换热系统为比较标准，对各个要素的范围值在 1~9 打分，越有利于地埋管换热系统应用，则所获分值越高，从而将所有数据转化为介于 1~9 可以互相比较运算的无量纲数值。

根据本次评价工作实际计算结果的分值分布情况，将分值 3.437 5~5 划分为地埋管地源热泵不适宜区，分值 5~6 划分为地埋管地源热泵较适宜区，分值 6~7.512 3 划分为地埋管地源热泵适宜区。考虑浅层地下水位下降漏斗、地面沉降区和地裂缝等环境地质问题，地埋管地源热泵系统适宜性评价最终结果见表 4-17、图 4-14。

表 4-17　河南省地埋管地源热泵系统适宜性评价结果

适宜性分区	面积/km^2	占全区比例/%	分布范围
适宜区	49 618.75	45.70	黄河冲积平原、沙河冲积平原、三门峡盆地、南阳盆地的中心地带
较适宜区	23 875.00	21.99	塬间平原、黄河冲积平原、沙河冲积平原
不适宜区	35 088.91	32.31	山前地带
合计	108 582.66	100	

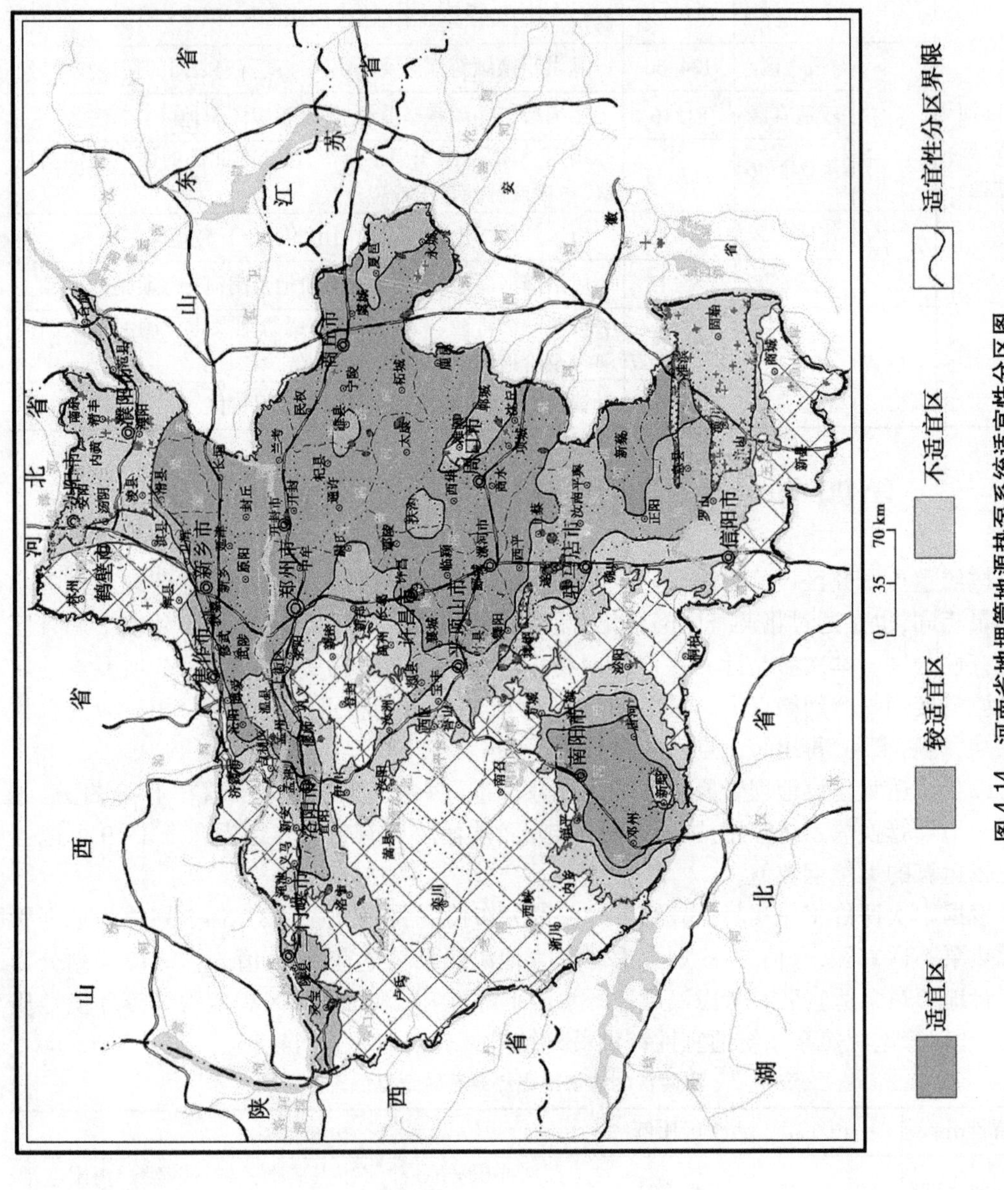

图 4-14 河南省地埋管地源热泵系统适宜性分区图

由河南省地埋管地源热泵适宜性划分结果可以看出，适宜性分区主要受松散层厚度、有效含水层厚度和地形地貌的影响，适宜区分布在松散层厚度大、有效含水层厚度大的黄河冲积平原、沙河冲积平原、三门峡盆地、南阳盆地的中心地带，较适宜区分布在松散层厚度较大、有效含水层厚度较大的塬间平原、黄河冲积平原和沙河冲积平原。其中适宜区、较适宜区的面积分别为 49 618.75 km^2、23 875.00 km^2，二者合计总面积 73 493.75 km^2。

第五节　重点研究区浅层地热能开发利用区划

在收集了重点研究区大量的地质、水文地质资料后，根据各区的水文地质特征，按照地下水热泵、地埋管热泵适宜性的分区标准，对重点研究区浅层地热能的不同利用形式的适宜性进行了开发利用区划。结果见表 4-18。

表 4-18　重点研究区浅层地热能开发利用区划结果　单位：km^2

地区	地下水热泵、地埋管热泵均适宜区	地下水热泵适宜区	地埋管热泵适宜区
郑州	751.24	26.52	82.82
开封	38.79	0	483.7
洛阳	0	485.15	268.8
平顶山	112.87	3.21	0
漯河	249.64	0	274.23
许昌	6.66	0	370.09
濮阳	110.11	0	347.87
焦作	96.45	0	87.32
周口	272.07	0	116.99
驻马店	153.26	0	205.45
信阳	0	37.15	81.73
三门峡	89.38	24.27	0
新乡	6.76	1.84	440.97
鹤壁	42.24	7.48	85.8
商丘	22.7	0	226.38
郑州航空港	260.01	0	134.55
南阳	16.55	57.96	300.62
济源	165.81	49.95	50.88
安阳	83.74	87.62	221.41

由表 4-18 可看出，浅层地热能利用方式在不同地质条件下的适宜性既存在一定的差异，也存在一定的联系。地下水换热的适宜性主要考虑的是良好的水文地质条件，如单井

的出水量和回灌量；地埋管换热的经济性主要考虑的是影响成井经济性的地质因素，如地层结构、颗粒度等。两者考虑的因素有相同部分，如地层的渗透性、水位埋深、径流大小等，只是考虑的侧重点不同。同时存在不同的部分，如地埋管热泵经济性主要考虑地层可钻性以及基岩埋深，而不考虑地层的回灌能力。所以，一般在地下水热泵适宜的地区地埋管热泵的经济性不是最好的，在地埋管热泵经济性最好的地区地下水热泵适宜性一般，两者有一定的互补性。在过渡地带两者的适用性相差不大，可以综合考虑多种因素（包括非地质因素）来决定该地区的浅层地热能开发利用方式。

重点研究区浅层地热能开发利用适宜区分布情况如下：

郑州市地下水源热泵、地埋管热泵均适宜区总面积为 751.24 km^2，主要分布在除北部黄土台塬和西南部的马寨、侯寨黄土台塬以外的大部分地区；地埋管热泵适宜区总面积为 82.82 km^2，主要分布在西部黄土塬间平原、北部黄土台塬以及东南十八里河和南曹东南等地；地下水源热泵适宜区总面积为 26.52 km^2，呈带状分布于市区西南部黄土台塬与冲积平原衔接地带；西南部的马寨、侯寨黄土台塬区为地下水和地埋管均不适宜区。

开封市地下水源热泵、地埋管热泵均适宜区总面积为 38.79 km^2，呈小片分布于沙门村、寺屺口西、崔庄—李楼等地；地埋管热泵适宜区总面积为 483.70 km^2，广泛分布于除河道带外的全区。

洛阳市地下水地源热泵均适宜区总面积为 485.15 km^2，主要分布在洛北的洛河一、二级阶地，涧河三级阶地，洛南的伊、洛河河间地块东部；地埋管热泵适宜区总面积为 268.80 km^2，主要分布在邙山、南山、龙门山的黄土台塬、丘陵区；无地下水和地埋管地源热泵均适宜区和均不适宜区。

平顶山市地下水源热泵、地埋管热泵均适宜区总面积为 112.87 km^2，主要分布在市区南部的沙河冲积平原；地下水源热泵适宜区总面积为 3.21 km^2，主要分布在市区北部井营村呈点状分布的岩溶水区；其余地区为地下水源热泵、地埋管热泵均不适宜区，主要分布在市区及北部矿区的丘陵、山前坡洪积平原一带。

安阳市地下水、地埋管地源热泵均适宜区呈带状自西向东分布于市区中和北部，总面积为 83.74 km^2；地下水源热泵适宜区总面积为 87.62 km^2，主要分布在市区中西部，处于安阳河冲洪积扇扇体的中心；地埋管热泵适宜区总面积为 221.41 km^2，主要分布在市区外围，处于冲洪积扇下部扇缘地带；地下水源热泵、地埋管热泵均不适宜区主要分布在南部龙泉镇到马头涧一带的丘陵区。

鹤壁市地下水、地埋管地源热泵均适宜区总面积为 42.24 km^2，主要分布在淇滨新区断陷洼地和淇河冲洪积扇；地下水源热泵适宜区总面积为 7.48 km^2，主要分布在漓江路以北的城区范围；地埋管热泵适宜区总面积为 85.8 km^2，主要分布在淇滨新区东部呈北北东向展布的岗地；地下水源热泵、地埋管热泵均不适宜区主要分布在东臣村和西臣村一带。

新乡市地下水源热泵、地埋管热泵均适宜区总面积为 6.76 km^2，主要分布在研究区北部和东南角；地下水源热泵适宜区总面积为 1.84 km^2，主要分布在研究区北部和东南角；地埋管热泵适宜区总面积为 440.97 km^2，广泛分布在研究区大部分地区；地下水源热泵、地埋管热泵均不适宜区主要分布在北站—西同古—大黄屯—老道井—五陵一带。

焦作市地下水、地埋管地源热泵均适宜区总面积为96.45 km²,主要分布在市区及其中部、北部的坡洪积斜地、扇、扇前(间)洼地;地埋管热泵适宜区总面积为87.32 km²,主要分布在市区南部沁河冲积平原;地下水源热泵、地埋管热泵均不适宜区主要分布在市区北部的基岩山区。

濮阳市地下水、地埋管地源热泵均适宜区总面积为110.11 km²,主要分布在市区西北部谷家庄以西、市区南部马湖—王村—花园屯以及东部七宝寨—张家寨等地;地埋管热泵适宜区总面积为347.87 km²,分布于除水源地保护区和地下水、地埋管地源热泵均适宜区外的广大地区。

许昌市地下水、地埋管地源热泵均适宜区总面积为6.66 km²,主要分布在市区东南陈庄、高楼陈、贺庄等地;地埋管热泵适宜区总面积为370.09 km²,分布在地下水、地埋管地源热泵均适宜区以外的全区。

漯河市地下水、地埋管地源热泵均适宜区总面积为249.64 km²,主要分布在澧河以北河冲积平原;地埋管地源热泵适宜区总面积为274.23 km²,主要分布在沙、澧河以南的广大冲积平原和剥蚀缓岗区;沙河北及澧河南两处水源地为禁建区。

三门峡市地下水、地埋管地源热泵均适宜区总面积为89.38 km²,主要分布在三门峡水库南侧黄河漫滩及一级阶地、二级阶地、三级阶地及青龙涧河苍龙涧河河谷及阶地和山前冲洪积扇;地下水源热泵适宜区总面积为24.27 km²,主要分布在三门峡水库南侧黄河漫滩及一级阶地、二级阶地;地下水源热泵、地埋管热泵均不适宜区为湿地公园禁建区。

南阳市地下水、地埋管地源热泵均适宜区总面积为16.55 km²,主要分布在南阳市城区南白河两侧一级阶地上和独山外围以南;地下水源热泵适宜区总面积为57.96 km²,主要分布在市区及白河两岸的漫滩与阶地;地埋管热泵适宜区总面积为300.62 km²,主要分布在市区外围及独山和磨山周围;地下水源热泵、地埋管热泵均不适宜区主要分布在独山和磨山。

商丘市地下水、地埋管地源热泵均适宜区总面积为22.7 km²,主要分布在研究区东部冯庄—四营—平台集一带,面积较小;地埋管热泵适宜区总面积为226.38 km²,主要分布在商丘市整个研究区;地下水源热泵、地埋管热泵均不适宜区为研究区西部的水源地保护区。

信阳市地下水源热泵适宜区总面积为37.15 km²,主要分布在建成区及浉河河谷;地埋管热泵适宜区总面积为81.73 km²,主要分布在市区北部豫南软岩分布丘陵岗地。

周口市地下水、地埋管地源热泵均适宜区总面积为272.07 km²,主要分布在研究区西北部—中部—东南部一带,包括西北部马营、盐场、李方口,市区中部及东南部李埠口、张庙、苑寨的区域,西南部产业聚集区,东北部清水河、新运河以东地区;地下水地源热泵适宜区总面积为116.99 km²,主要分布在研究区西南部沙河以南地区、东北部清运河、新运河以东地区。

驻马店市地下水、地埋管地源热泵均适宜区总面积153.26 km²,主要分布在驻马店市中心一带、王文—双高楼—党楼一带;地埋管地源热泵均适宜区总面积为205.45 km²,分布在麦子张—南魏庄一带、李楼—袁庄—杨楼一带、后张庄—大张庄—刘楼等地。

济源市地下水、地埋管地源热泵均适宜区总面积为165.81 km^2,主要分布在市区建成区、辛庄乡以东沁河以西等地,属洪积微倾斜地区坡洪积缓倾斜区;地下水源地源热泵适宜区总面积为49.95 km^2,主要分布在沁蟒河冲洪积扇;地埋管地源热泵适宜区总面积为50.88 km^2,主要分布在五龙口镇西部、马头、梨林中部,属交接洼地区;地下水、地埋管地源热泵均不适宜区主要分布在南部软岩组成的低山与丘陵区以及西部和北部的低山与丘陵区。

重点研究区浅层地热能开发利用区划见表4-19。

表4-19 重点研究区浅层地热能开发利用区划表

地区	地貌、水文地质单元	行政区域	浅层地热能基本条件	开发利用方案
郑州市	东部黄河冲积平原	京广铁路东的城区、郑东新区	含水介质为中细砂,地下水埋深10 m左右,单井涌水量小于2 000 m^3/d	地下水地源热泵系统 地埋管地源热泵系统
	塬间平原	市区西部的中原区、高新区	含水介质为细砂,地下水埋深10 m左右,单井涌水量1 300 m^3/d	地下水地源热泵系统 地埋管地源热泵系统
	北部黄土台塬	古荥北部	含水介质为粉砂,地下水埋深大于10 m,单井涌水量小于500 m^3/d	地埋管地源热泵系统
	南部黄土台塬	市区西南部的马寨、侯寨	含水介质为粉砂,地下水埋深小于10 m,单井涌水量小于500 m^3/d,下伏基岩	均不适宜
开封市	黄河冲积平原大部	城市规划区大部	含水介质为中细砂,地下水埋深5~20 m,单井涌水量1 000~3 000 m^3/d	地埋管地源热泵系统
	黄河冲积平原河间带	北部柳园口以北,中部龙亭到前台,南部西御林、火神庙	含水介质为粉细砂,地下水埋深5~10 m,单井涌水量小于1 000 m^3/d	地下水地源热泵系统 地埋管地源热泵系统
洛阳市	伊、洛河河间地块东部	洛南魏屯—关林以东	含水层以砂卵石为主,漫滩区水位埋深2~8 m。一级阶地区水位埋深8~15 m,单井涌水量大于3 000 m^3/d	地下水地源热泵系统
	洛河一、二级阶地,涧河三级阶地	市区建成区	一级阶地含水层以砂卵石层为主,水位埋深3~15 m;洛河二级阶地及涧河三级阶地以砂卵石及透镜体为主,单井涌水量1 000~3 000 m^3/d	地下水地源热泵系统
	黄土台塬、丘陵	邙山、南山、龙门山	含水层为泥质砂砾石,地下水位埋深10~30 m。单井涌水量小于1 000 m^3/d	地埋管地源热泵系统

续表 4-19

地区	地貌、水文地质单元	行政区域	浅层地热能基本条件	开发利用方案
平顶山	岩溶水分布区	市区西北靠近白龟山水库井营一带	中上寒武系、太原组岩溶水岩溶发育，单孔涌水量 1 000～3 000 m^3/d	地下水地源热泵系统
	丘陵、山前坡洪积平原	市区及北部矿区	地下水主要赋存于黏性土孔隙及砂砾石含水层孔隙中。单井涌水量一般小于 500 m^3/d	均不适宜
	沙河冲积平原	市区南部	地下水主要赋存于厚 20～30 m 的砂砾石含水层，单井涌水量 1 000～3 000 m^3/d	地下水地源热泵系统 地埋管地源热泵系统
安阳市	安阳河冲洪积扇	建成区到安阳西站	含水介质为卵砾石，水位埋深 10～35 m，单井涌水量一般为 3 000～5 000 m^3/d	地下水地源热泵系统
	安阳河冲洪积扇外围	市区外围	冲洪积扇的前缘地带含水介质为中细砂，单井涌水量一般为 100～1 000 m^3/d，水位埋深小于 10 m	地下水地源热泵系统 地埋管地源热泵系统
	丘陵区	南部龙泉镇到马头涧一带	含水层呈多层透镜状，含水介质为半固结砾岩、砂岩，单井涌水量 100～1 000 m^3/d	均不适宜
	安阳河冲洪积扇下部扇缘地带	市区建成区及东南	含水层以砂为主，含水层厚 30～43 m，单位涌水量 100～300 m^3/d	地埋管地源热泵系统
鹤壁市	断陷洼地、淇河冲洪积扇	淇滨新区	含水层为下、中更新统冲洪积砂、砂砾石层，厚度 5～10 m，单井涌水量 1 000～3 000 m^3/d	地下水地源热泵系统 地埋管地源热泵系统
	淇河冲洪积扇群	七里村铺、小李庄村、西臣村西等地	含水层由中更新统冲洪积砂、砂砾石层组成，厚度 5～10 m，单井涌水量 3 000～5 000 m^3/d	地下水源热泵系统
	东部岗地	淇滨新区东部	主要为上新统含水岩组，由泥岩隔水层夹砾岩、泥灰岩含水层组成。多层含水结构。厚度 200～400 m，单井涌水量一般为 100～2 000 m^3/d	地埋管热泵系统

续表 4-19

地区	地貌、水文地质单元	行政区域	浅层地热能基本条件	开发利用方案
新乡市	黄河冲积平原	建成区及外围大部分地区	含水层岩性为中细砂、细砂，地下水位埋深 9~10 m，单井出水量 1 000~3 000 m³/d 为主，地温空调井回灌较容易	地埋管地源热泵系统
	共产主义渠两侧交接洼地	共产主义渠两侧	含水层岩性为中细砂、中砂及细砂，水位埋深 1~12 m 不等，单井出水量 3 000~5 000 m³/d，地温空调井回灌一般	地下水地源热泵系统 地埋管地源热泵系统
	山前微倾斜地	北部北站及老道井一带	含水层岩性为薄层砂、粉质黏土夹卵砾石透镜体，富水性差，单井涌水量小于 1 000 m³/d	均不适宜区
焦作市	坡洪积斜地、扇、扇前(间)洼地	市区及其中部、北部	含水层岩性以砂砾石、中细砂、细砂为主，水位埋深一般为 3~6 m，单井出水量 1 000~3 000 m³/d，地温空调井回灌较容易	地下水地源热泵系统 地埋管地源热泵系统
	沁河冲积平原	市区南部	含水层岩性以细砂为主，且多含有泥质，水位埋深小于 5 m，单井出水量小于 1 000 m³/d	地埋管热泵系统
	基岩山地与丘陵	市区北部	分布有寒武系、奥陶系和石炭系地层，富水性极不均匀	均不适宜
濮阳市	黄河冲积平原	市区西北部谷家庄以西、市区南部马湖—王村—花园屯以及东部七宝寨—张家寨等地	含水层岩性主要为粉细砂和中砂，水位埋深 6~20 m，单井出水量 1 000~2 000 m³/d，地温空调井回灌较容易	地下水地源热泵系统 地埋管地源热泵系统
	黄河冲积平原	市区建成区北部及外围其他地区	含水层多呈透镜体，黏性土发育，水位埋深 4~6 m，单井出水量小于 1 000 m³/d，地温空调井回灌较难	地埋管热泵系统
许昌市	双洎河—清沂河冲积平原	市区东南陈庄、高楼陈、贺庄等地	含水层岩性为粉砂、粉细砂、中砂、中粗砂，水位埋深 5~14 m，单井出水量 1 000~2 000 m³/d	地下水地源热泵系统 地埋管地源热泵系统
	双洎河—清沂河冲积平原	除陈庄、高楼陈、贺庄等地以外的全区	含水层以细砂、粉细砂、粉砂为主，局部含砂砾石。水位埋深在 11.6~30 m，单井涌水量为小于 1 000 m³/d	地埋管热泵系统

续表 4-19

地区	地貌、水文地质单元	行政区域	浅层地热能基本条件	开发利用方案
漯河市	沙颍河冲洪积平原	市区北部	含水层以细砂为主，水位埋深小于 5 m，单井涌水量大于 5 000 m^3/d	地下水地源热泵系统 地埋管地源热泵系统
	沙颍河冲洪积平原、剥蚀缓岗区	市区南部	含水层以粉细砂为主，水位埋深 2~6 m，单井涌水量小于 5 000 m^3/d	地埋管地源热泵系统
三门峡市	黄河三级阶地及青龙涧河苍龙涧河河谷及阶地和山前冲洪积扇	三门峡市区	含水层为第四系冲积、冲洪积、冲湖积形成的卵石、中粗砂、粉细砂层，水位埋深 8~70 m，单井涌水量大于 3 500 m^3/d	地下水地源热泵系统 地埋管地源热泵系统
	三门峡水库南侧黄河漫滩及一级阶地、二级阶地	三门峡水库南侧	含水层岩性为卵石、中粗砂、粉细砂。具多层结构，揭示含水层厚度 16~40 m，水位埋深一般为 40~85 m，15 m 降深单井涌水量 500~1 500 m^3/d，导水系数 100~300 m^2/d	地下水源热泵系统
南阳市	白河冲积平原、剥蚀丘陵	市区南白河两岸漫滩及阶地、独山外围以南	含水层为卵砾石、粗砂，地下水埋深 10~20 m，单井涌水量 2 000~3 000 m^3/d	地下水地源热泵系统 地埋管地源热泵系统
	白河冲洪积倾斜平原	市区及白河两岸漫滩及阶地	含水层为砂砾石、中粗砂，地下水埋深小于 10 m，单井涌水量 1 000~2 000 m^3/d	地下水地源热泵系统
	冲洪积倾斜平原、剥蚀垄岗和丘陵	市区外围及独山和磨山周围	含水层为中细砂含砾石，地下水埋深小于 5 m，单井涌水量小于 1 000 m^3/d	地埋管地源热泵系统
南阳市	剥蚀残山丘陵	市区北部独山和西北部磨山	块状岩类裂隙水，岩性为侵入的石英闪长岩，富水程度差	均不适宜
商丘市	黄河冲积平原	东部冯庄—四营—平台集一带	含水层岩性以细砂、粉细砂为主，水位埋深 10~20 m，单井涌水量一般小于 500 m^3/d	地下水地源热泵系统 地埋管地源热泵系统
	黄河冲积平原	除水源地保护区外的地区	含水层岩性以细砂、粉细砂为主，水位埋深 5~10 m，单井涌水量一般小于 500 m^3/d	地埋管地源热泵系统

续表 4-19

地区	地貌、水文地质单元	行政区域	浅层地热能基本条件	开发利用方案
信阳市	浉河河谷	建成区及浉河河谷	地下水赋存于第四系砂砾石含水层、粉质黏土和古近系泥岩、砂岩、砂砾岩层中。浉河河床带冲洪积砂砾石底板深度一般小于 12 m，单井涌水量一般小于 1 000 m^3/d，单井回灌量小于 1 000 m^3/d	地下水地源热泵系统
	豫南软岩分布丘陵岗地	市区北部	浅部以冲洪积粉质黏土为主，厚度 40 m 左右，局部赋存黏土裂隙水，地下水贫乏。下伏白垩系砂岩、砂砾岩夹泥质砂岩	地埋管地源热泵系统
周口市	黄河冲积平原、沙颍河冲积平原	西北部马营、盐场、李方口，市区中部及东南部李埠口、张庙、苑寨的区域，西南部产业聚集区，东北部清水河、新运河以东地区	含水层岩性为细砂、中细砂，上部颗粒细，且含泥质；下部颗粒粗。水位埋深 2~6 m，单井出水量大于 1 200 $m^3/(d \cdot m)$	地下水地源热泵系统 地埋管地源热泵系统
		西南部沙河以南地区、东北部清运河、新运河以东地区	含水层岩性为粉细砂、粉砂、泥质粉砂及含钙质结核粉质黏土，水位埋深 1~6 m，单井出水量小于 1 200 m^3/d	地下水地源热泵系统
驻马店市	冲湖积缓倾斜平原	市中心一带、王文—双高楼—党楼一带	含水层岩性主要为泥质中粗砂，局部为泥质含砾中粗砂，单井涌水量 1 200~3 000 m^3/d。含水层呈多层结构	地下水地源热泵系统 地埋管地源热泵系统
		麦子张—南魏庄一带、李楼—袁庄—杨楼一带、后张庄—大张庄—刘楼等地	含水层为溶蚀泥灰岩。由于泥灰岩溶蚀不均匀导致水量分布极不均匀，含水层岩性主要为细砂，单井涌水量小于 1 200 m^3/d	地埋管地源热泵系统

续表 4-19

地区	地貌、水文地质单元	行政区域	浅层地热能基本条件	开发利用方案
济源市	洪积微倾斜地区坡洪积缓倾斜区	市区建成区、辛庄乡以东沁河以西等地	含水层为卵砾石、砂砾石、中粗砂，含水层厚度一般为 40~80 m，富水性强，单井涌水量大于 3 000 m^3/d，向周边厚度变薄，富水性变弱，单井涌水量 1 000~3 000 m^3/d	地下水地源热泵系统 地埋管地源热泵系统
	沁蟒河冲洪积扇	市区西蟒河两岸、沁河东北	含水岩组总厚度 50~200 m。由五龙口向下游，厚度渐大，强透水层岩性由卵石、砾石渐变为砂层，颗粒变细，厚度由大于 60 m 渐变为不足 20 m，单井涌水量大于 1 000 $m^3/(d \cdot m)$	地下水地源热泵系统
济源市	交接洼地	五龙口镇西部、马头、梨林中部	由西向东，强透水层颗粒渐细，层数增多，单层厚度变薄，透水性渐差，单位涌水量亦呈现出沿轴线向两侧和从西向东由大变小的规律：即由 $>500\ m^3/(d \cdot m)$ 逐渐过渡到 $<120\ m^3/(d \cdot m)$	地埋管地源热泵系统
	软岩组成的低山与丘陵 硬岩组成的低山与丘陵	西部、北部的低山与丘陵区	岩性包括寒武系、石炭系、二叠系、三叠系组成，地下水主要赋存于风化带或构造破碎带的裂隙、孔隙中。厚度不大，富水性较弱	均不适宜

第六节 全省浅层地热能开发利用区划

浅层地热能利用方式在不同地质条件下的适宜性既存在一定的差异，也存在一定的联系。地下水换热方式的适宜分区主要考虑的是含水层的富水性、含水层岩性、地下水水位埋深和补给模数等；地埋管换热方式的适宜性分区主要考虑的是松散层厚度、有效含水层厚度和地形地貌等。根据前述层次分析法得出的适宜性分区结果，结合水文地质条件及开发利用现状进行区划。

河南省地下水换热方式(较)适宜区主要分布在东部黄河冲积平原、沙河冲积平原及洛阳、三门峡、南阳盆地中心地带，总面积为 30 357.66 km^2，占地源热泵(较)适宜区总面积的 40.44%，占评价区总面积的 27.96%。河南省地埋管换热方式(较)适宜区主要分布在除了山前地带的其他地区，总面积为 73 493.75 km^2，占地源热泵(较)适宜区总面积的 97.89%，占评价区总面积的 67.68%。

河南省浅层地热能开发利用区划见图 4-15。由图 4-15 可知，黄河冲积平原、沙河冲积平原及三门峡、南阳盆地中心地带可以开发利用地下水地源热泵系统，也可以开发地埋管地源热泵系统，总面积为 28 776.94 km^2，单独开发利用地下水地源热泵系统的面积为 1 580.71 km^2，单独开发利用地埋管地源热泵系统的面积为 44 716.81 km^2。

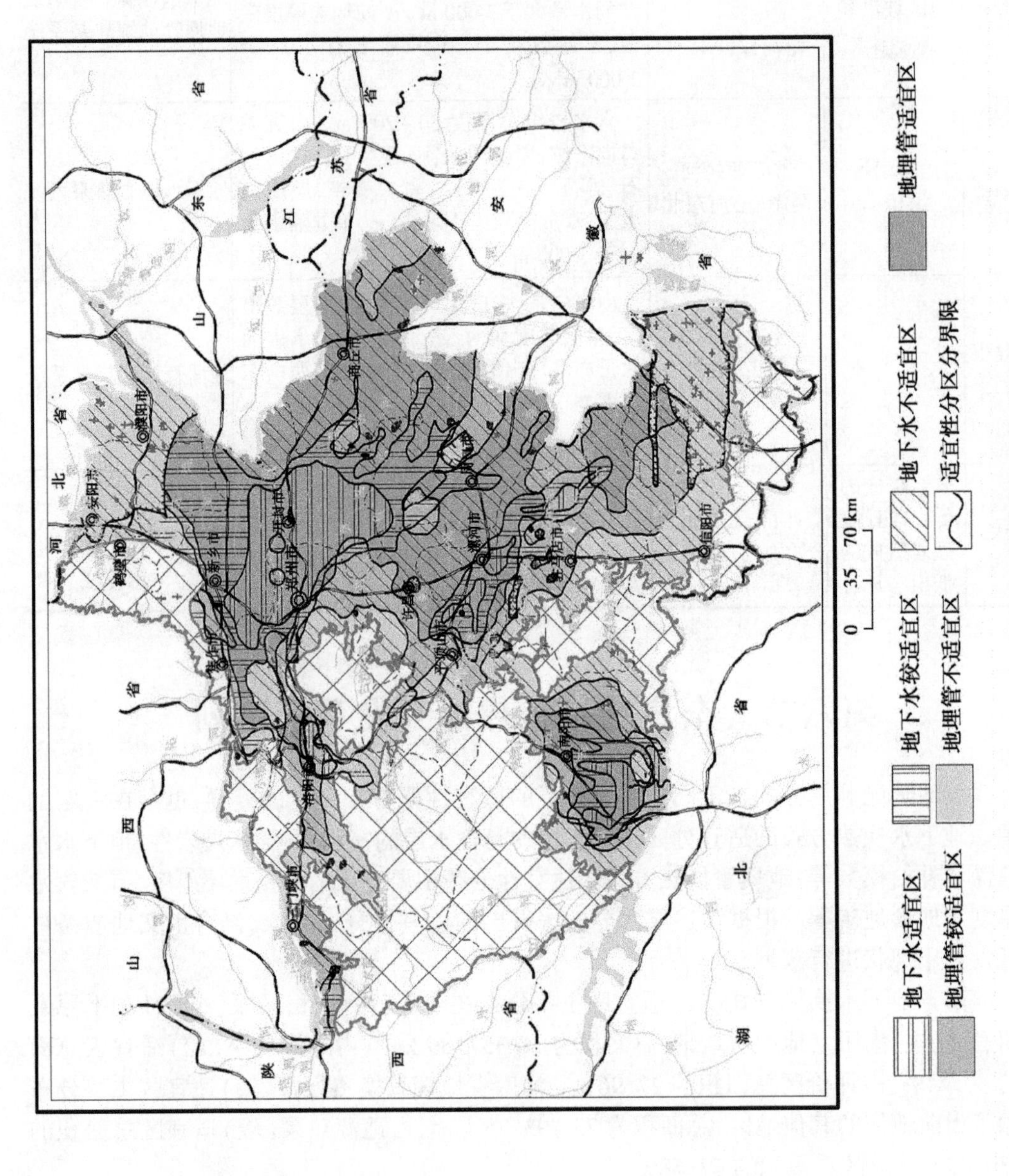

图 4-15　河南省浅层地热能开发利用区划图

第五章　浅层地热能资源评价

第一节　浅层地热容量计算

本次计算浅层地热容量是指河南省主要城市浅层岩土体、地下水中储存的单位温差热量。

一、评价原则

(1)计算深度的确定:根据《浅层地热能勘查评价规范》(DZ/T 0225—2009)5.6.3条,“用体积法计算浅层地热容量,计算深度可根据当地浅层地热能利用深度确定,宜为地表以下200 m深度以内”,据此结合研究区地质条件,本次计算深度确定为地表以下200 m。

(2)计算面积的确定:为适宜浅层地热能开发利用的面积(全部扣去区内河流的面积)。

二、评价方法

采用体积法计算浅层地热容量。分别计算在包气带和含水层中单位温差储藏的热量,然后合并计算评价区内地质体的地热容量。其表达式分别如下:

(1)在包气带中,浅层地热容量按下式计算:

$$Q_R = Q_S + Q_W + Q_A \tag{5-1}$$

式中　Q_R——浅层地热容量,kJ/℃;

Q_S——岩土体中的热容量,kJ/℃;

Q_W——岩土体所含水中的热容量,kJ/℃;

Q_A——岩土体中所含空气中的热容量,kJ/℃。

其中:

$$Q_S = \rho_S C_S (1 - \varphi) M d_1 \tag{5-2}$$

式中　ρ_S——岩土体密度,kg/m^3;

C_S——岩土体比热容,kJ/(kg·℃);

φ——岩土体的孔隙率或裂隙率;

M——计算面积,即评价区域面积,m^2;

d_1——包气带厚度,m。

$$Q_W = \rho_W C_W \omega M d_1 \tag{5-3}$$

式中　ρ_W——水密度,kg/m^3;

C_W——水比热容,kJ/(kg·℃);

ω——岩土体含水量。

$$Q_A = \rho_A C_A(\varphi - \omega) M d_1 \tag{5-4}$$

式中 ρ_A——空气的密度,kg/m³;

C_A——空气的比热容,kJ/(kg·℃)。

(2)在饱水带中,浅层地热容量按下式计算:

$$Q_R = Q_S + Q_W \tag{5-5}$$

式中 Q_R——浅层地热容量,kJ/℃;

Q_S——岩土体骨架的热容量,kJ/℃;

Q_W——岩土体所含水中的热容量,kJ/℃。

其中,Q_S 的计算公式同式(5-2),Q_W 的计算公式如下:

$$Q_W = \rho_W C_W \varphi M d_2 \tag{5-6}$$

式中 d_2——潜水面至计算下限岩土体厚度,m。

三、参数确定

在含水介质分区的基础上,结合地形地貌、地下水位埋深等地质条件进行浅层地热容量计算分区,在此基础上确定各区参数。

(1)计算面积 M:为浅层地热容量计算分区面积。

(2)水的密度 ρ_W 与比热容 C_W、空气的密度 ρ_A 与比热容 C_A:均按常量选取。

(3)包气带厚度 d_1:以本次调查成果和收集成果为主。

(4)地下水面至计算下限的岩土体厚度 d_2:200 m 的土体总厚度减去包气带厚度即为 d_2。

(5)岩土体密度 ρ_S、比热容 C_S、孔隙率 φ、含水量 ω:以本次试验成果和收集的试验成果为基础,结合收集资料与《浅层地热能勘查评价规范》(DZ/T 225—2009)确定各单层土体参数,再根据垂向土体结构组合特征进行加权平均,确定计算深度的平均参数。

四、重点研究区浅层地热容量计算

(一)郑州市

郑州市浅层地热容量分区见表 5-1,各区计算取值见图 5-1。

根据前述评价方法,按表 5-1 的参数取值,计算可知,郑州市浅层地热能开发利用适宜区的总面积为 866.99 km²,区内的浅层地热容量为 493.85×10¹²kJ/℃,其中包气带热容量为 40.09×10¹²kJ/℃,饱水带热容量为 453.76×10¹²kJ/℃。

表 5-1 郑州市浅层地热容量计算参数取值

项目		单位	各区参数						
			Ⅰ	Ⅱ	Ⅲ	Ⅳ	Ⅴ	Ⅵ	Ⅶ
公共	M	km²	134.81	257.80	391.18	31.21	14.89	14.38	22.72
	ρ_W	kg/m³	1 000	1 000	1 000	1 000	1 000	1 000	1 000
	C_W	kJ/(kg·℃)	4.182	4.182	4.182	4.182	4.182	4.182	4.182

续表 5-1

项目		单位	各区参数						
			Ⅰ	Ⅱ	Ⅲ	Ⅳ	Ⅴ	Ⅵ	Ⅶ
包气带	ρ_S	kg/m³	1 980	1 980	1 980	1 980	1 865	1 865	1 865
	C_S	kJ/(kg·℃)	1.34	1.355	1.355	1.355	1.392	1.392	1.392
	φ		0.32	0.34	0.34	0.34	0.41	0.41	0.41
	d_1	m	6	10	25	10	50	40	50
	ω		0.198	0.198	0.185	0.198	0.175	0.175	0.175
	ρ_A	kg/m³	1.29	1.29	1.29	1.29	1.29	1.29	1.29
	C_A	kJ/(kg·℃)	1	1	1	1	1	1	1
饱水带	ρ_S	kg/m³	2 037	1 927	1 927	1 927	1 834	1 834	1 834
	C_S	kJ/(kg·℃)	1.145	1.215	1.215	1.215	1.4	1.4	1.4
	d_2	m	194	190	175	190	150	160	150
	φ		0.27	0.29	0.29	0.29	0.36	0.36	0.36

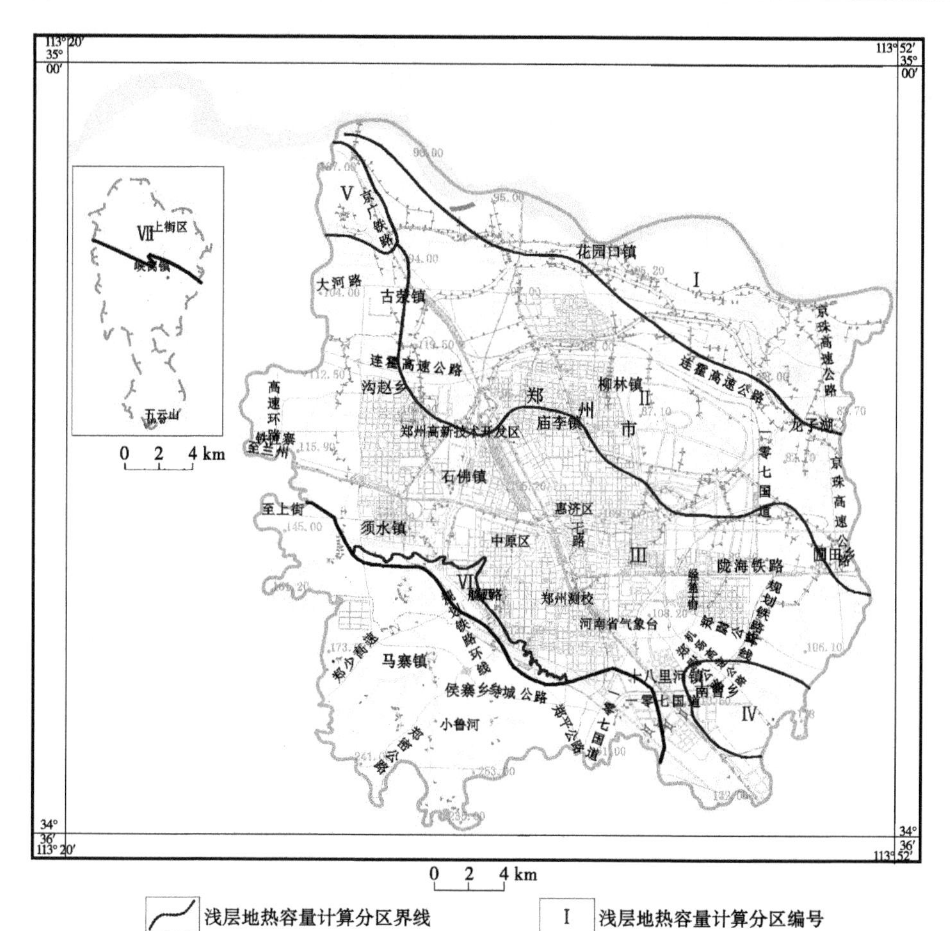

图 5-1　郑州市浅层地热容量计算分区图

(二)洛阳市

洛阳市浅层地热容量分区及参数取值见表 5-2,其中Ⅰ区为地下水源热泵(较)适宜区,Ⅱ区为地埋管地源热泵较适宜区。

表 5-2　洛阳市浅层地热容量计算分区及参数取值

项目		单位	各区参数	
			Ⅰ	Ⅱ
公共	M	km^2	485.15	268.80
	ρ_W	kg/m^3	1 000	1 000
	C_W	kJ/(kg · ℃)	4.182	4.182
包气带	ρ_S	kg/m^3	2 063	1 607
	C_S	kJ/(kg · ℃)	1.506	1.383
	φ		0.38	0.41
	d_1	m	15	96
	ω		0.24	0.22
	ρ_A	kg/m^3	1.29	1.29
	C_A	kJ/(kg · ℃)	1.003	1.003
饱水带	ρ_S	kg/m^3	1 873	1 756
	C_S	kJ/(kg · ℃)	1.262	1.152
	d_2	m	185	104
	φ		0.29	0.26

根据前述评价方法,按表 5-2 的参数取值,计算可知,洛阳市浅层地热能开发利用适宜区的总面积为 753.95 km^2,区内的浅层地热容量为 420.29×10^{12}kJ/℃,其中包气带热容量为 82.84×10^{12}kJ/℃,饱水带热容量为 337.45×10^{12}kJ/℃。

(三)周口市

周口市浅层地热容量分区见图 5-2,各区计算取值见表 5-3,其中Ⅴ区为禁建区,面积为 1.73 km^2。

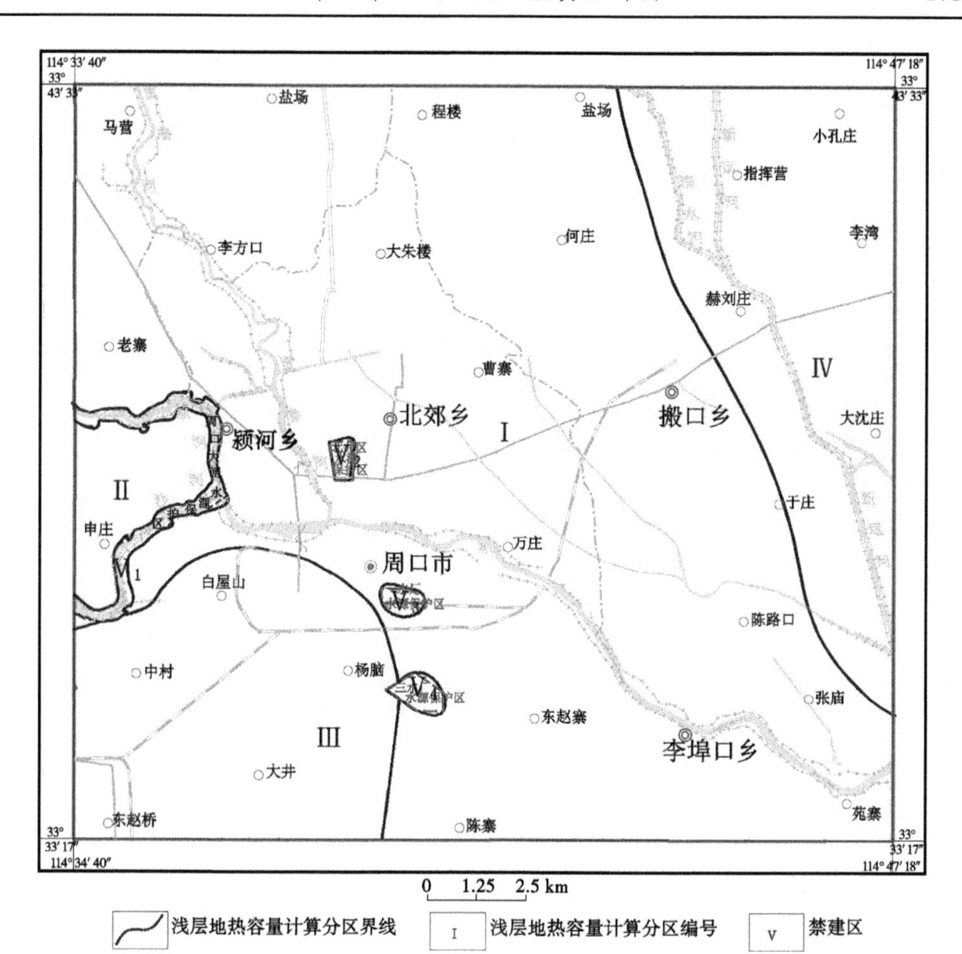

图 5-2　周口市浅层地热容量计算分区图

表 5-3　周口市浅层地热容量计算参数取值

项目		单位	各区参数			
			Ⅰ	Ⅱ	Ⅲ	Ⅳ
公共	M	km^2	253.06	19.01	60.88	56.11
	ρ_W	kg/m^3	1 000	1 000	1 000	1 000
	C_W	kJ/(kg·℃)	4.182	4.182	4.182	4.182
包气带	ρ_S	kg/m^3	1 913	1 940	1 850	1 923
	C_S	kJ/(kg·℃)	1.613	1.615	1.437	1.571
	φ		0.46	0.44	0.44	0.43
	d_1	m	5	4	6	4
	ω		0.292	0.277	0.204	0.269
	ρ_A	kg/m^3	1.29	1.29	1.29	1.29
	C_A	kJ/(kg·℃)	1.003	1.003	1.003	1.003

续表 5-3

项目		单位	各区参数			
			Ⅰ	Ⅱ	Ⅲ	Ⅳ
饱水带	ρ_S	kg/m³	1 988	2 020	1 992	1 996
	C_S	kJ/(kg·℃)	1.13	1.382	1.355	1.225
	d_2	m	195	196	194	196
	φ		0.4	0.39	0.4	0.4

根据前述评价方法，按表 5-3 的参数取值，计算可知，周口市浅层地热能开发利用适宜区的总面积为 389.06 km²，区内的浅层地热容量为 240.27×10¹²kJ/℃，其中包气带热容量为 5.37×10¹²kJ/℃，饱水带热容量为 234.90×10¹²kJ/℃。

(四)驻马店市

驻马店市浅层地热容量分区见图 5-3，各区计算取值见表 5-4。

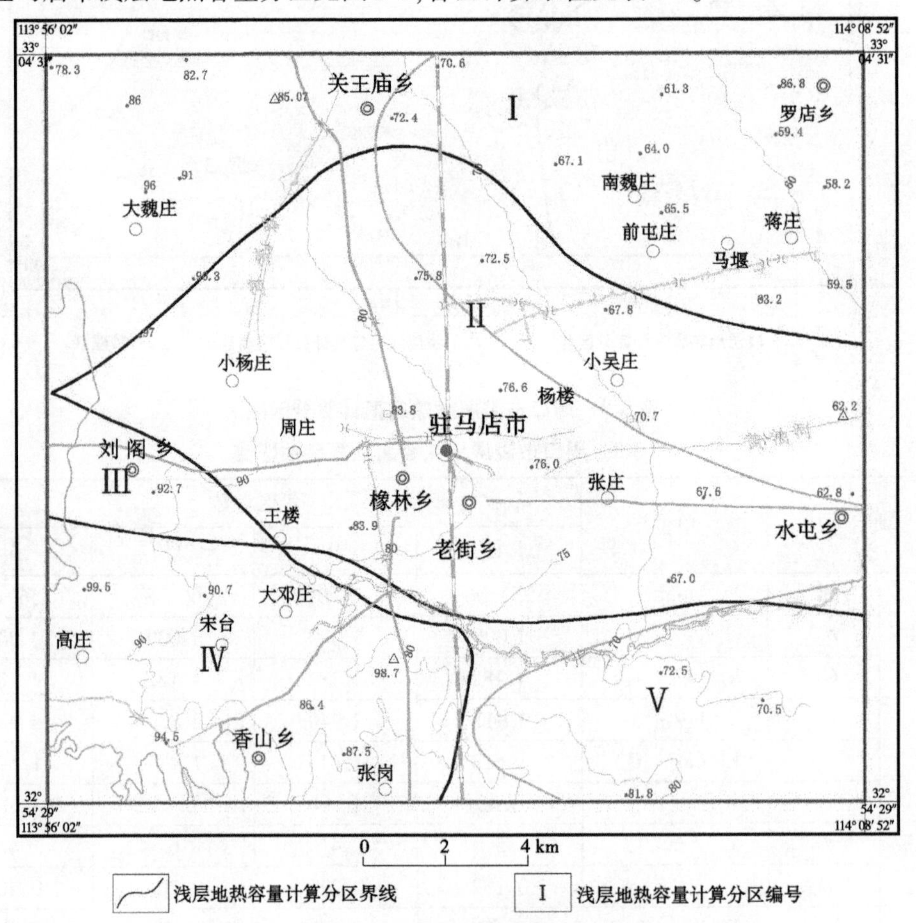

图 5-3 驻马店市浅层地热容量计算分区图

表 5-4　驻马店市浅层地热容量计算参数取值

项目		单位	各区参数				
			Ⅰ	Ⅱ	Ⅲ	Ⅳ	Ⅴ
公共	M	km^2	99.56	142.06	11.2	58.69	47.2
	ρ_W	kg/m^3	1 000	1 000	1 000	1 000	1 000
	C_W	kJ/(kg·℃)	4.182	4.182	4.182	4.182	4.182
包气带	ρ_S	kg/m^3	1 950	1 950	1 980	1 940	1 950
	C_S	kJ/(kg·℃)	1.484	1.484	1.503	1.596	1.54
	φ		0.431	0.431	0.416	0.431	0.43
	d_1	m	15	15	20	15	15
	ω		0.255	0.255	0.244	0.254	0.253
	ρ_A	kg/m^3	1.29	1.29	1.29	1.29	1.29
	C_A	kJ/(kg·℃)	1.003	1.003	1.003	1.003	1.003
饱水带	ρ_S	kg/m^3	1 977	1 977	1 976	1 922	1 984
	C_S	kJ/(kg·℃)	1.361	1.361	1.47	1.491	1.449
	d_2	m	185	185	180	185	185
	φ		0.417	0.417	0.406	0.422	0.386

根据前述评价方法，按表 5-4 的参数取值，计算可知，驻马店市浅层地热能开发利用适宜区的总面积为 358.71 km^2，区内的浅层地热容量为 236.53×10^{12}kJ/℃，其中包气带热容量为 14.90×10^{12}kJ/℃，饱水带热容量为 221.63×10^{12}kJ/℃。

（五）焦作市

焦作市浅层地热容量分区及参数取值见表 5-5，其中Ⅰ区为地埋管地源热泵适宜区，Ⅱ区为地埋管地源热泵较适宜区。

根据前述评价方法，按表 5-5 的参数取值，计算可知，焦作市浅层地热能开发利用适宜区的总面积为 183.77 km^2，区内的浅层地热容量为 128.34×10^{12}kJ/℃，其中包气带热容量为 3.60×10^{12}kJ/℃，饱水带热容量为 124.74×10^{12}kJ/℃。

（六）新乡市

新乡市浅层地热容量分区见图 5-4，各区计算取值见表 5-6。

根据前述评价方法，按表 5-6 的参数取值，计算可知，新乡市浅层地热能开发利用适宜区的总面积为 447.73 km^2，区内的浅层地热容量为 307.27×10^{12}kJ/℃，其中包气带热容量为 8.44×10^{12}kJ/℃，饱水带热容量为 298.83×10^{12}kJ/℃。

表 5-5　焦作市浅层地热容量计算分区及参数取值

项目		单位	各区参数	
			Ⅰ	Ⅱ
公共	M	km^2	97.75	86.02
	ρ_W	kg/m^3	1 000	1 000
	C_W	kJ/(kg·℃)	4.182	4.182
包气带	ρ_S	kg/m^3	2 063	1 607
	C_S	kJ/(kg·℃)	1.506	1.383

续表 5-5

项目		单位	各区参数	
			Ⅰ	Ⅱ
包气带	φ		0.38	0.41
	d_1	m	15	96
	ω		0.24	0.22
	ρ_A	kg/m^3	1.29	1.29
	C_A	kJ/(kg · ℃)	1.003	1.003
饱水带	ρ_S	kg/m^3	1 873	1 756
	C_S	kJ/(kg · ℃)	1.262	1.152
	d_2	m	185	104
	φ		0.29	0.26

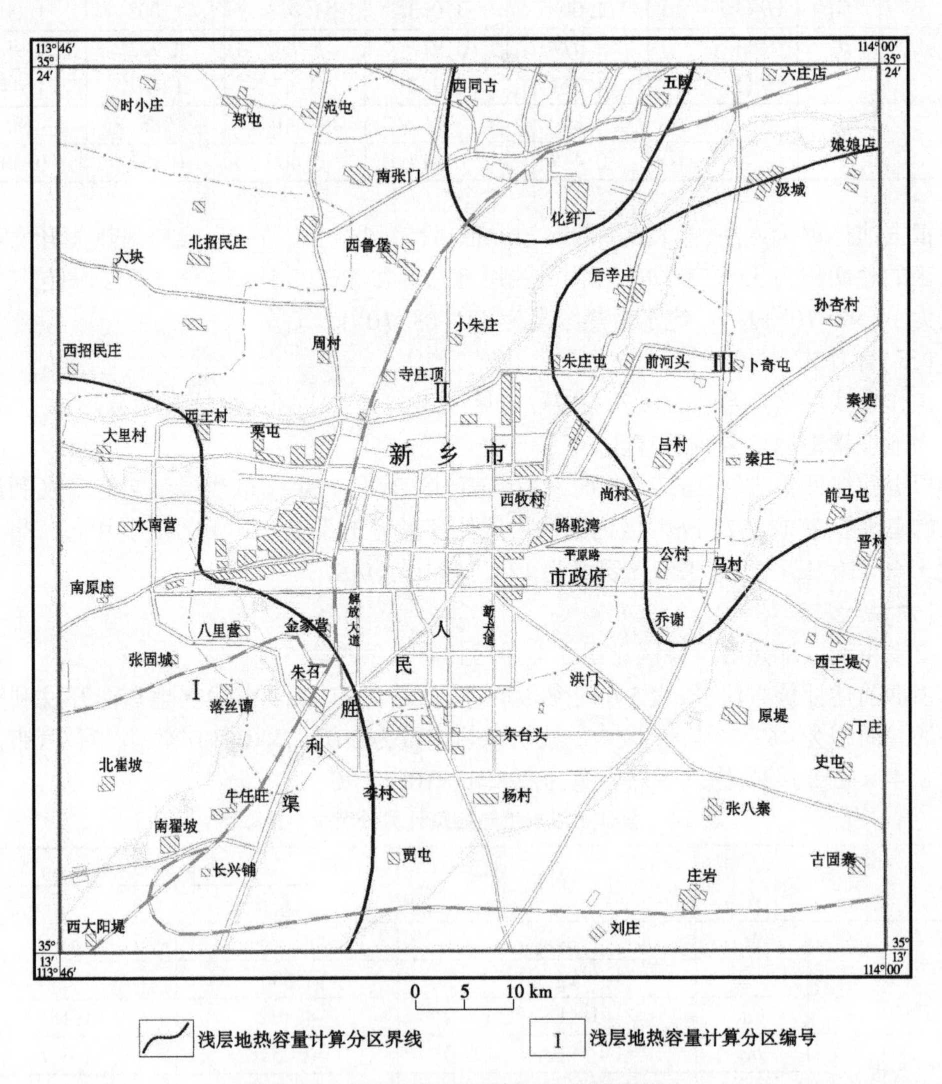

图 5-4　新乡市浅层地热容量计算分区图

表 5-6 新乡市浅层地热容量计算分区及参数取值

项目		单位	各区参数		
			Ⅰ	Ⅱ	Ⅲ
公共	M	km^2	87.75	289.91	70.07
	ρ_W	kg/m^3	1 000	1 000	1 000
	C_W	kJ/(kg · ℃)	4.182	4.182	4.182
包气带	ρ_S	kg/m^3	1 956	1 956	1 956
	C_S	kJ/(kg · ℃)	1.32	1.32	1.32
	φ		0.424 5	0.372 25	0.32
	d_1	m	5	10	5
	ω		0.16	0.16	0.16
	ρ_A	kg/m^3	1.29	1.29	1.29
	C_A	kJ/(kg · ℃)	1.003	1.003	1.003
饱水带	ρ_S	kg/m^3	1 985	1 985	1 985
	C_S	kJ/(kg · ℃)	1.53	1.53	1.53
	d_2	m	195	190	195
	φ		0.394 1	0.387 05	0.38

(七)濮阳市

濮阳市浅层地热容量分区及参数取值见表 5-7,其中Ⅱ区为地下水源热泵较适宜区,Ⅰ区为除地下水源热泵较适宜区和禁建区的其他区域。

根据前述评价方法,按表 5-7 的参数取值,计算可知,濮阳市浅层地热能开发利用适宜区的总面积为 457.98 km^2,区内的浅层地热容量为 308.18×10^{12}kJ/℃,其中包气带热容量为 17.70×10^{12}kJ/℃,饱水带热容量为 290.48×10^{12}kJ/℃。

(八)开封市

开封市浅层地热容量分区及参数取值见表 5-8,其中Ⅰ区为地埋管地源热泵适宜区,Ⅱ区为地埋管地源热泵较适宜区。

根据前述评价方法,按表 5-8 的参数取值,计算可知,开封市浅层地热能开发利用适宜区的总面积为 522.48 km^2,区内的浅层地热容量为 373.17×10^{12}kJ/℃,其中包气带热容量为 8.76×10^{12}kJ/℃,饱水带热容量为 364.41×10^{12}kJ/℃。

表 5-7 濮阳市浅层地热容量计算分区及参数取值

项目		单位	各区参数	
			Ⅰ	Ⅱ
公共	M	km^2	347.87	110.11
	ρ_W	kg/m^3	1 000	1 000
	C_W	kJ/(kg·℃)	4.182	4.182
包气带	ρ_S	kg/m^3	2 074	2 074
	C_S	kJ/(kg·℃)	1.19	1.19
	φ		0.32	0.32
	d_1	m	17	20
	ω		0.12	0.12
	ρ_A	kg/m^3	1.29	1.29
	C_A	kJ/(kg·℃)	1.003	1.003
饱水带	ρ_S	kg/m^3	2 006	2 006
	C_S	kJ/(kg·℃)	1.52	1.52
	d_2	m	183	180
	φ		0.38	0.38

表 5-8 开封市浅层地热容量计算分区及参数取值

项目		单位	各区参数	
			Ⅰ	Ⅱ
公共	M	km^2	315.67	206.81
	ρ_W	kg/m^3	1 000	1 000
	C_W	kJ/(kg·℃)	4.182	4.182
包气带	ρ_S	kg/m^3	1 980	2 000
	C_S	kJ/(kg·℃)	1.44	1.35
	φ		0.37	0.36
	d_1	m	5	9
	ω		0.199	0.179
	ρ_A	kg/m^3	1.29	1.29
	C_A	kJ/(kg·℃)	1.003	1.003
饱水带	ρ_S	kg/m^3	2 043	2 070
	C_S	kJ/(kg·℃)	1.54	1.67
	d_2	m	195	191
	φ		0.37	0.37

(九)鹤壁市

鹤壁市浅层地热容量分区见图 5-5,各区计算取值见表 5-9。

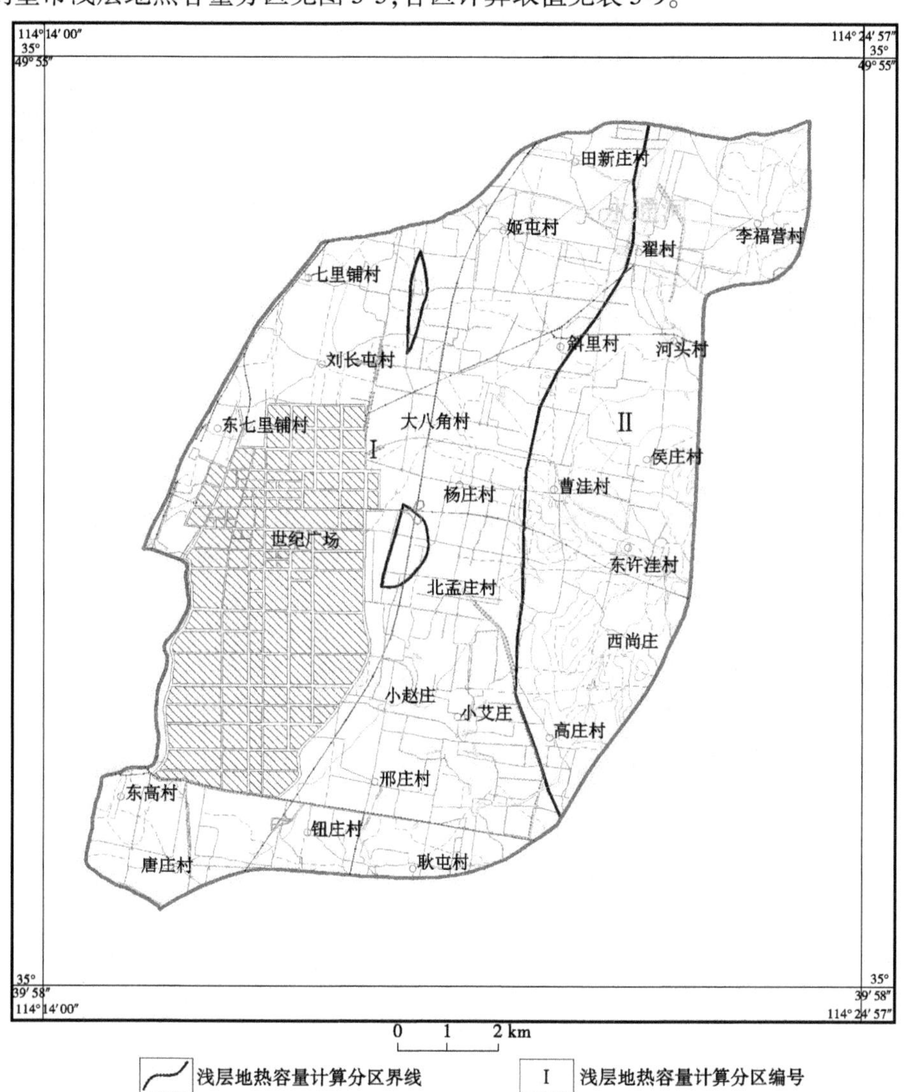

图 5-5　鹤壁市浅层地热容量计算分区图

表 5-9　鹤壁市浅层地热容量计算分区及参数取值

项目		单位	各区参数	
			Ⅰ	Ⅱ
公共	M	km^2	97.57	37.95
	ρ_W	kg/m^3	1 000	1 000
	C_W	kJ/(kg·℃)	4.182	4.182

续表 5-9

项目		单位	各区参数	
			Ⅰ	Ⅱ
包气带	ρ_S	kg/m³	2 230	2 260
	C_S	kJ/(kg·℃)	1.308	1.186
	φ		0.316	0.261
	d_1	m	12	20
	ω		0.16	0.126
	ρ_A	kg/m³	1.29	1.29
	C_A	kJ/(kg·℃)	1.003	1.003
饱水带	ρ_S	kg/m³	2 130	2 080
	C_S	kJ/(kg·℃)	1.211	1.323
	d_2	m	188	180
	φ		0.301	0.341

根据前述评价方法,按表 5-9 的参数取值,计算可知,鹤壁市浅层地热能开发利用适宜区的总面积为 135.52 km²,区内的浅层地热容量为 83.31×10^{12} kJ/℃,其中包气带热容量为 5.02×10^{12} kJ/℃,饱水带热容量为 78.29×10^{12} kJ/℃。

(十)济源市

济源市浅层地热容量分区见图 5-6,各区计算取值见表 5-10。

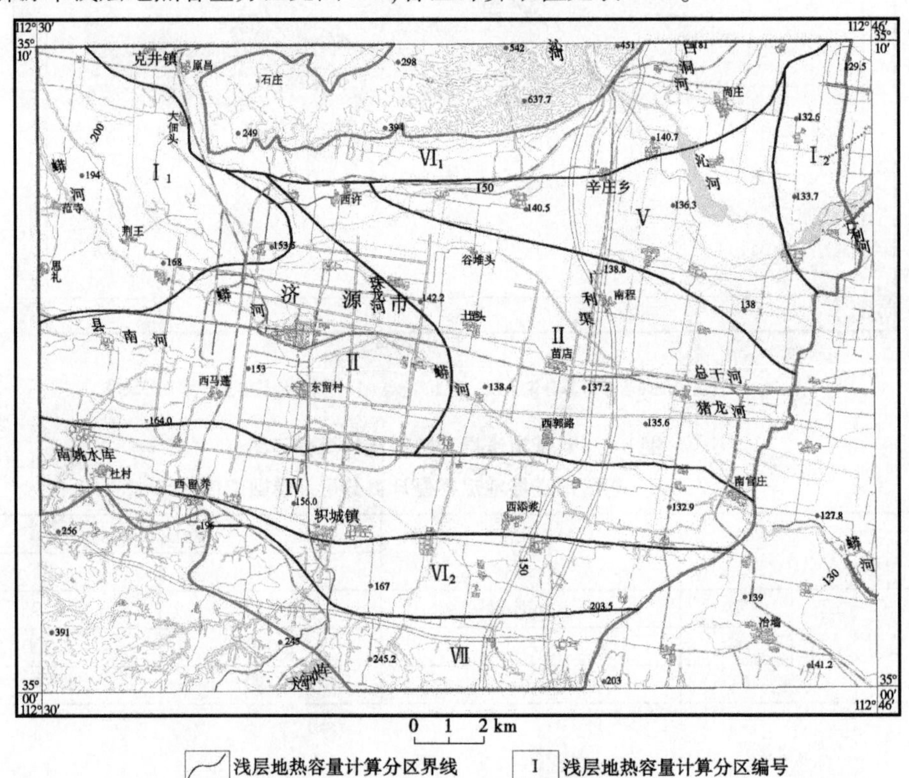

图 5-6 济源市浅层地热容量计算分区图

表 5-10　济源市浅层地热容量计算分区及参数取值

项目		单位	各区参数								
			I_1	I_2	Ⅱ	Ⅲ	Ⅳ	Ⅴ	VI_1	VI_2	Ⅶ
公共	M	km^2	36.69	12.70	52.68	62.72	45.69	34.70	34.69	26.71	25.67
	ρ_W	kg/m^3	1 000	1 000	1 000	1 000	1 000	1 000	1 000	1 000	1 000
	C_w	J/(kg·℃)	4 182	4 182	4 182	4 182	4 182	4 182	4 182	4 182	4 182
包气带	ρ_S	kg/m^3	2 050	2 050	1 980	1 980	1 865	1 865	1 285	1 285	1 285
	C_S	J/(kg·℃)	1 340	1 355	1 365	1 355	1 392	1 352	1 379	1 379	1 379
	φ		0.32	0.34	0.34	0.34	0.41	0.41	0.41	0.41	0.41
	d_1	m	12	4	8	6	8	4.5	12	7	20
	ω		0.20	0.20	0.19	0.20	0.18	0.18	0.18	0.18	0.18
	ρ_A	kg/m^3	1.29	1.29	1.29	1.29	1.29	1.29	1.29	1.29	1.29
	C_A	J/(kg·℃)	1 003	1 003	1 003	1 003	1 003	1 003	1 003	1 003	1 003
饱水带	ρ_S	kg/m^3	2 037	2 037	2 000	1 873	2 010	1 834	1 834	1 834	1 834
	C_S	J/(kg·℃)	1 040	1 040	1 060	1 060	1 185	1 185	1 262	1 262	1 262
	d_2	m	188	196	192	194	192	196	188	193	180
	φ		0.27	0.27	0.29	0.29	0.32	0.32	0.36	0.36	0.36

根据前述评价方法分析,按表 5-10 的参数取值,计算可知,济源市浅层地热能开发利用适宜区的总面积为 332.25 km^2,区内的浅层地热容量为 185.95×10^{12}kJ/℃,其中包气带热容量为 7.36×10^{12}kJ/℃,饱水带热容量为 178.59×10^{12}kJ/℃。

(十一)商丘市

商丘市浅层地热容量分区见图 5-7,各区计算取值见表 5-11。

根据前述评价方法,按表 5-11 的参数取值,计算可知,商丘市浅层地热能开发利用适宜区的总面积为 249.08 km^2,区内的浅层地热容量为 156.55×10^{12}kJ/℃,其中包气带热容量为 3.38×10^{12}kJ/℃,饱水带热容量为 153.17×10^{12}kJ/℃。

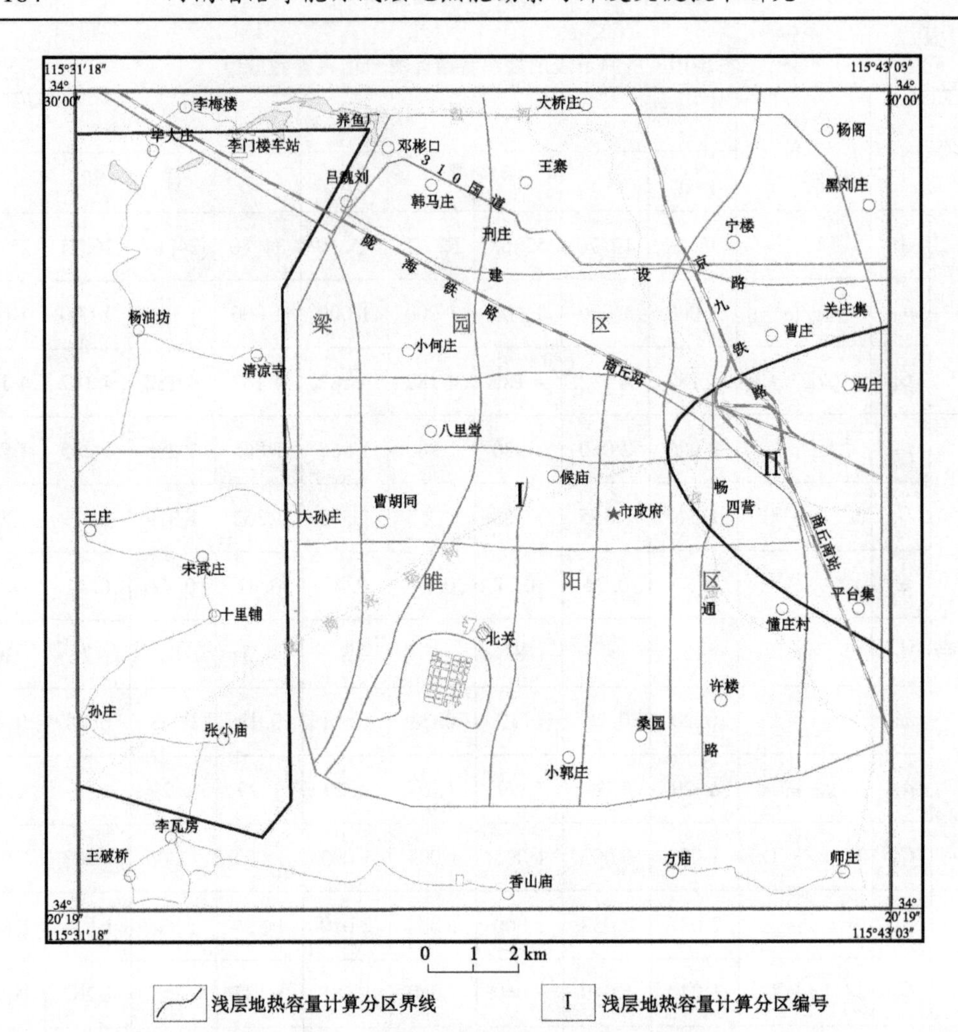

图 5-7 商丘市浅层地热容量计算分区图

表 5-11 商丘市浅层地热容量计算分区及参数取值

项目		单位	各区参数	
			I	II
公共	M	km^2	226.38	22.70
	ρ_W	kg/m^3	1 000	1 000
	C_W	kJ/(kg·℃)	4.182	4.182
包气带	ρ_S	kg/m^3	1 910	1 910
	C_S	kJ/(kg·℃)	1.575	1.575
	φ		0.44	0.44
	d_1	m	5	3
	ω		0.27	0.27
	ρ_A	kg/m^3	1.29	1.29
	C_A	kJ/(kg·℃)	1.003	1.003

续表 5-11

项目		单位	各区参数	
			Ⅰ	Ⅱ
饱水带	ρ_S	kg/m³	1 963	1 963
	C_S	kJ/(kg·℃)	1.369	1.369
	d_2	m	195	197
	φ		0.31	0.31

(十二)南阳市

南阳市浅层地热容量分区见图 5-8,各区计算取值见表 5-12。

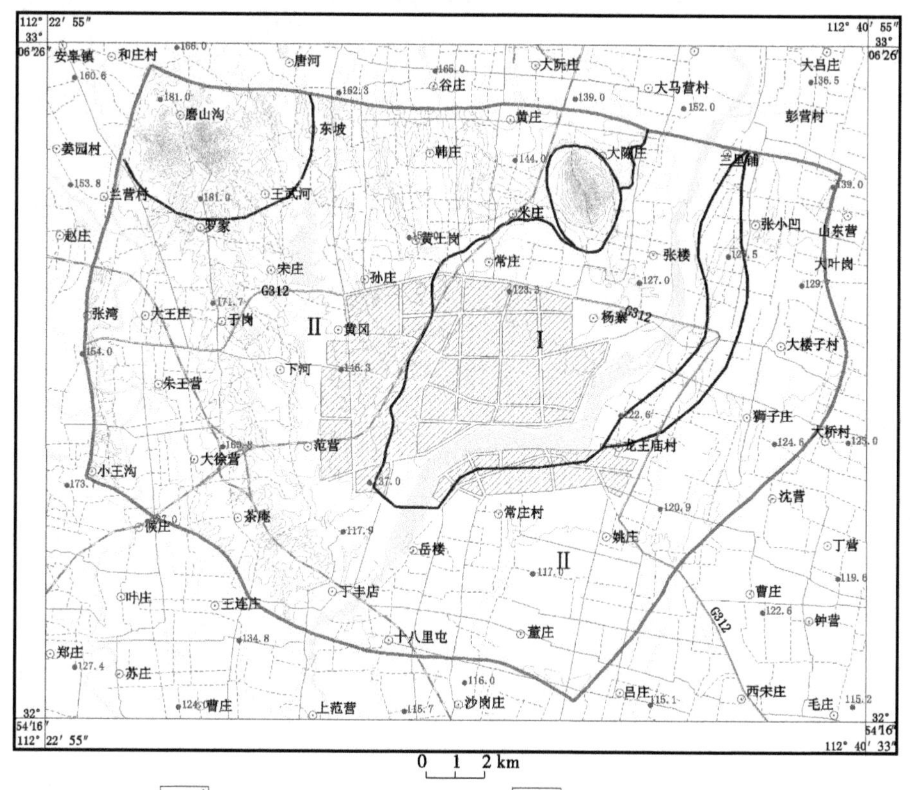

图 5-8　南阳市浅层地热容量计算分区图

表 5-12　南阳市浅层地热容量计算分区及参数取值

项目		单位	各区参数	
			Ⅰ	Ⅱ
公共	M	km²	275.175	74.51
	ρ_W	kg/m³	1 000	1 000
	C_W	kJ/(kg·℃)	4.182	4.182

续表 5-12

项目		单位	各区参数	
			Ⅰ	Ⅱ
包气带	ρ_S	kg/m³	1 890	1 958
	C_S	kJ/(kg·℃)	1.32	1.506
	φ		0.38	0.4
	d_1	m	10	10
	ω		0.25	0.25
	ρ_A	kg/m³	1.29	1.29
	C_A	kJ/(kg·℃)	1.003	1.003
饱水带	ρ_S	kg/m³	1 890	1 920
	C_S	kJ/(kg·℃)	1.323	1.444
	d_2	m	190	190
	φ		0.31	0.3

根据前述评价方法，按表 5-12 的参数取值，计算可知，南阳市浅层地热能开发利用适宜区的总面积为 349.69 km²，区内的浅层地热容量为 212.45×10^{12}kJ/℃，其中包气带热容量为 9.23×10^{12}kJ/℃，饱水带热容量为 203.22×10^{12}kJ/℃。

（十三）安阳市

安阳市浅层地热容量分区见图 5-9，各区计算取值见表 5-13。

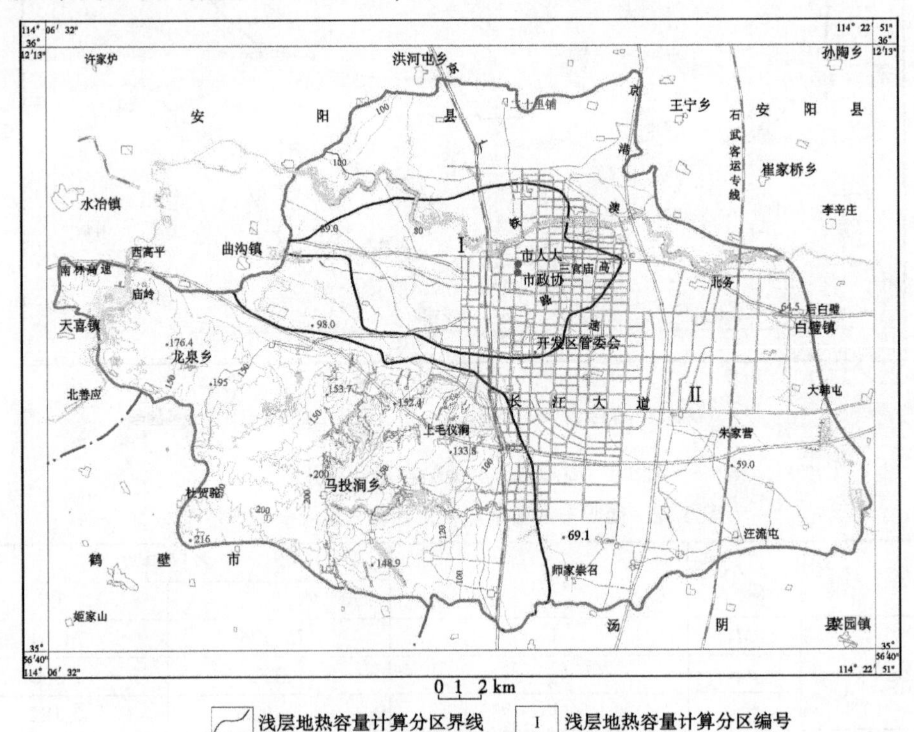

图 5-9　安阳市浅层地热容量计算分区图

表 5-13　安阳市浅层地热容量计算分区及参数取值

项目		单位	各区参数	
			Ⅰ	Ⅱ
公共	M	km^2	79.41	313.36
	ρ_W	kg/m^3	1 000	1 000
	C_W	kJ/(kg·℃)	4.18	4.18
包气带	ρ_S	kg/m^3	1 760	1 720
	C_S	kJ/(kg·℃)	1.427	1.443
	φ		0.39	0.35
	d_1	m	25	10
	ω		0.19	0.21
	ρ_A	kg/m^3	1.29	1.29
	C_A	kJ/(kg·℃)	1.003	1.003
饱水带	ρ_S	kg/m^3	1 681	1 691
	C_S	kJ/(kg·℃)	1.28	1.331
	d_2	m	125	140
	φ		0.3	0.28

根据前述评价方法，按表 5-13 的参数取值，计算可知，安阳市浅层地热能开发利用适宜区的总面积为 392.77 km^2，区内的浅层地热容量为 191.93×10^{12}kJ/℃，其中包气带热容量为 17.32×10^{12}kJ/℃，饱水带热容量为 174.61×10^{12}kJ/℃。

（十四）漯河市

漯河市浅层地热容量分区见图 5-10，各区计算取值见表 5-14。

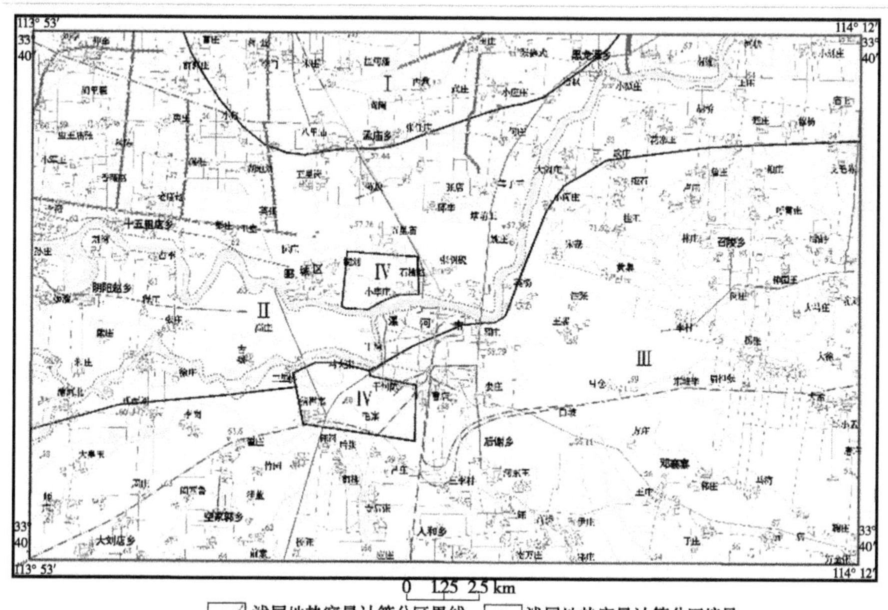

浅层地热容量计算分区界线　Ⅰ 浅层地热容量计算分区编号

图 5-10　漯河市浅层地热容量计算分区图

表 5-14 漯河市浅层地热容量计算分区及参数取值

项目		单位	各区参数			
			Ⅰ	Ⅱ	Ⅲ	Ⅳ
公共	M	km^2	45.02	204.10	204.76	69.99
	ρ_W	kg/m^3	1 000	1 000	1 000	1 000
	C_W	kJ/(kg·℃)	4.182	4.182	4.182	4.182
包气带	ρ_S	kg/m^3	1 920	1 890	1 970	1 950
	C_S	kJ/(kg·℃)	1.497	1.68	1.49	1.454
	φ		0.44	0.47	0.41	0.42
	d_1	m	4	6	4	8
	ω		0.26	0.31	0.22	0.23
	ρ_A	kg/m^3	1.29	1.29	1.29	1.29
	C_A	kJ/(kg·℃)	1.003	1.003	1.003	1.003
饱水带	ρ_S	kg/m^3	1 693	1 669	1 654	1 683
	C_S	kJ/(kg·℃)	1.395	1.452	1.434	1.459
	d_2	m	196	194	196	192
	φ		0.28	0.34	0.35	0.35

根据前述评价方法，按表 5-14 的参数取值，计算可知，漯河市浅层地热能开发利用适宜区的总面积为 523.87 km^2，区内的浅层地热容量为 318.89×10^{12}kJ/℃，其中包气带热容量为 7.90×10^{12}kJ/℃，饱水带热容量为 310.99×10^{12}kJ/℃。

（十五）三门峡市

三门峡市浅层地热容量计算参数取值见表 5-15。

表 5-15 三门峡市浅层地热容量计算参数取值

项目		单位	参数取值
公共	M	km^2	113.65
	ρ_W	kg/m^3	1 000
	C_W	kJ/(kg·℃)	4.182

续表 5-15

项目		单位	参数取值
包气带	ρ_S	kg/m^3	2 063
	C_S	kJ/(kg·℃)	1.51
	φ		0.39
	d_1	m	20
	ω		0.25
	ρ_A	kg/m^3	1.29
	C_A	kJ/(kg·℃)	1.003
饱水带	ρ_S	kg/m^3	1 896
	C_S	kJ/(kg·℃)	1.32
	d_2	m	180
	φ		0.3

根据前述评价方法,按表 5-15 的参数取值,计算可知,三门峡市浅层地热能开发利用适宜区的总面积为 113.65 km^2,区内的浅层地热容量为 68.20×10^{12}kJ/℃,其中包气带热容量为 6.70×10^{12}kJ/℃,饱水带热容量为 61.50×10^{12}kJ/℃。

(十六)郑州航空港综合实验区

郑州航空港综合实验区浅层地热容量分区见图 5-11,各区计算取值见表 5-16。

根据前述评价方法,按表 5-16 的参数取值,计算可知,郑州航空港综合实验区浅层地热能开发利用适宜区的总面积为 394.56 km^2,区内的浅层地热容量为 250.91×10^{12}kJ/℃,其中包气带热容量为 12.58×10^{12}kJ/℃,饱水带热容量为 238.33×10^{12}kJ/℃。

(十七)许昌市

许昌市浅层地热容量分区见图 5-12,各区计算取值见表 5-17。

根据前述评价方法,按表 5-17 的参数取值,计算可知,许昌市浅层地热能开发利用适宜区的总面积为 376.75 km^2,区内的浅层地热容量为 216.38×10^{12}kJ/℃,其中包气带热容量为 6.64×10^{12}kJ/℃,饱水带热容量为 209.74×10^{12}kJ/℃。

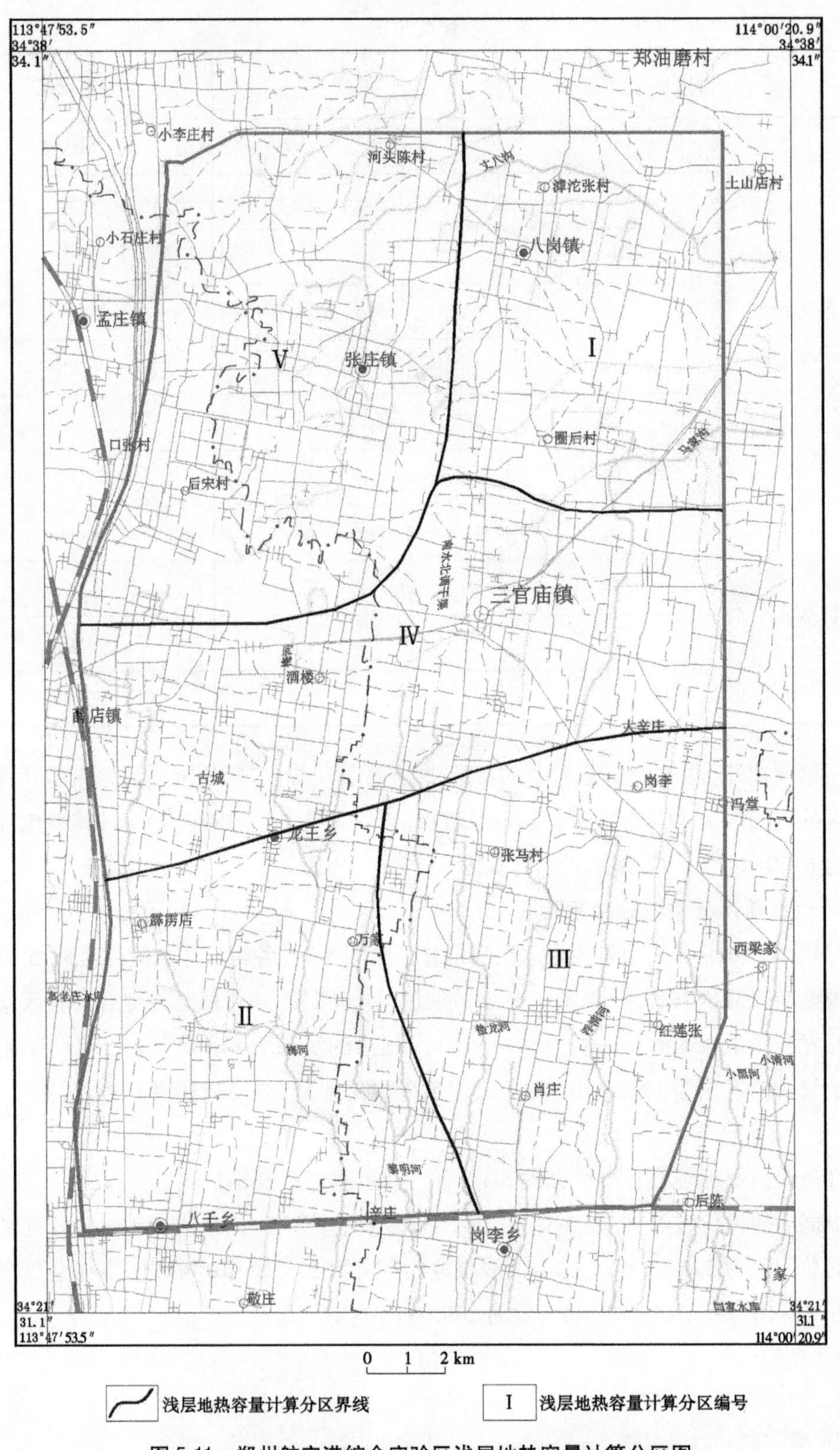

浅层地热容量计算分区界线　　I 浅层地热容量计算分区编号

图 5-11　郑州航空港综合实验区浅层地热容量计算分区图

表 5-16　郑州航空港综合实验区浅层地热容量计算分区及参数取值

项目		单位	各区参数				
			Ⅰ	Ⅱ	Ⅲ	Ⅳ	Ⅴ
公共	M	km^2	53.7	78.06	87.41	94.53	80.86
	ρ_W	kg/m^3	1 000	1 000	1 000	1 000	1 000
	C_w	J/(kg · ℃)	4.182	4.182	4.182	4.182	4.182
包气带	ρ_S	kg/m^3	1 555	2 032	2 098	1 961	1 555
	C_S	J/(kg · ℃)	1.294	1.275	1.381	1.299	1.294
	φ		0.52	0.37	0.35	0.37	0.52
	d_1	m	35	5	7	8	35
	ω		0.19	0.18	0.19	0.16	0.19
	ρ_A	kg/m^3	1.29	1.29	1.29	1.29	1.29
	C_A	J/(kg · ℃)	1.003	1.003	1.003	1.003	1.003
饱水带	ρ_S	kg/m^3	1 906	1 874	2 004	2 007	1 906
	C_S	J/(kg · ℃)	1.441	1.46	1.34	1.362	1.441
	d_2	m	165	195	193	192	165
	φ		0.38	0.39	0.4	0.38	0.38

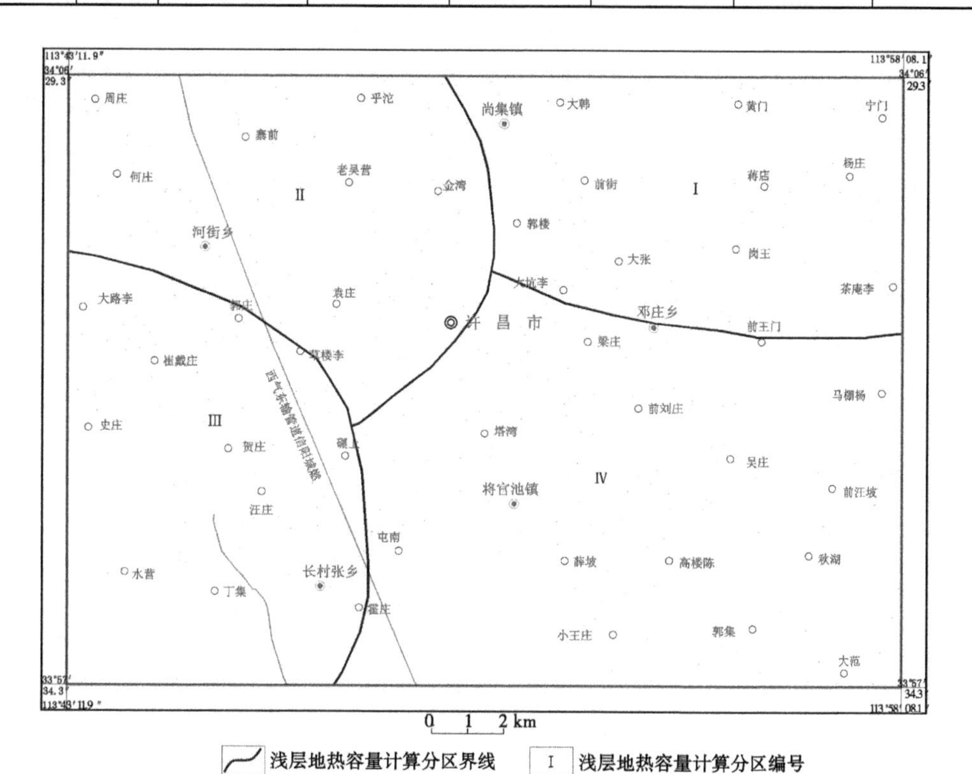

图 5-12　许昌市浅层地热容量计算分区图

表 5-17　许昌市浅层地热容量计算分区及参数取值

项目		单位	各区参数			
			Ⅰ	Ⅱ	Ⅲ	Ⅳ
公共	M	km^2	76.13	76.66	81.67	142.29
	ρ_W	kg/m^3	1 000	1 000	1 000	1 000
	C_W	kJ/(kg·℃)	4.182	4.182	4.182	4.182
包气带	ρ_S	kg/m^3	2 090	2 050	1 890	1 995
	C_S	kJ/(kg·℃)	1.26	1.12	1.03	1.225
	φ		0.35	0.37	0.49	0.37
	d_1	m	7	10	5	8
	ω		0.18	0.21	0.34	0.17
	ρ_A	kg/m^3	1.29	1.29	1.29	1.29
	C_A	kJ/(kg·℃)	1.003	1.003	1.003	1.003
饱水带	ρ_S	kg/m^3	2 068	2 030	2 058	1 952
	C_S	kJ/(kg·℃)	1	1.14	0.81	1.11
	d_2	m	193	190	195	192
	φ		0.37	0.37	0.38	0.42

(十八)平顶山市

平顶山市浅层地热容量分区见图 5-13,各区计算取值见表 5-18。

根据前述评价方法,按表 5-18 的参数取值,计算可知,平顶山市浅层地热能开发利用适宜区的总面积为 116.08 km^2,区内的浅层地热容量为 74.38×10^{12} kJ/℃,其中包气带热容量为 1.91×10^{12} kJ/℃,饱水带热容量为 72.47×10^{12} kJ/℃。

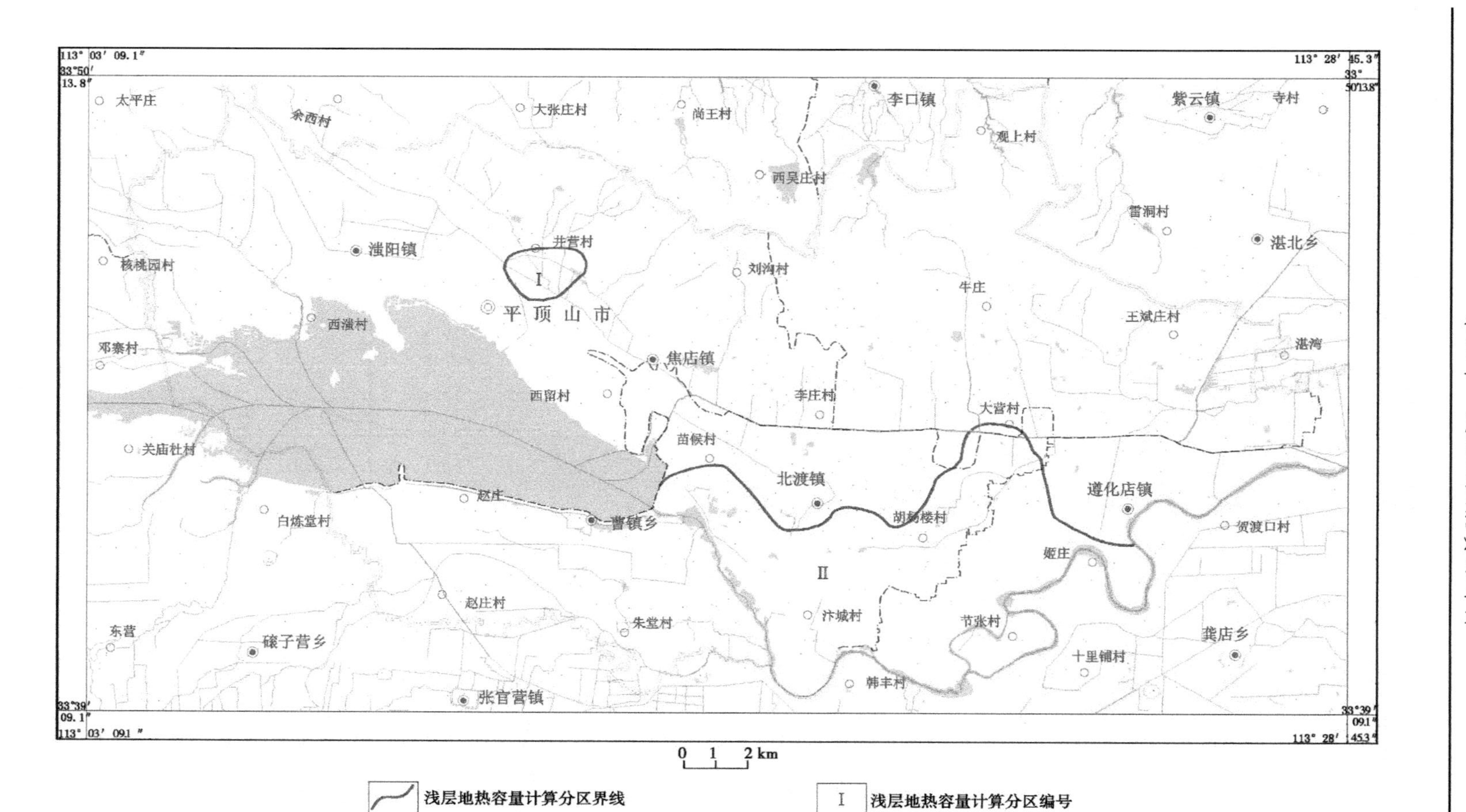

图 5-13　平顶山市浅层地热容量计算分区图

表 5-18　平顶山市浅层地热容量计算分区及参数取值

项目		单位	各区参数	
			Ⅰ	Ⅱ
公共	M	km^2	3.21	112.87
	ρ_W	kg/m^3	1 000	1 000
	C_W	kJ/(kg·℃)	4.182	4.182
包气带	ρ_S	kg/m^3	1 951	1 760
	C_S	kJ/(kg·℃)	1.386	1.133
	φ		0.4	0.42
	d_1	m	5	10
	ω		0.2	0.12
	ρ_A	kg/m^3	1.29	1.29
	C_A	kJ/(kg·℃)	1.003	1.003
饱水带	ρ_S	kg/m^3	2 252	2 086
	C_S	kJ/(kg·℃)	1.162	1.263
	d_2	m	195	190
	φ		0.3	0.28

(十九)信阳市

信阳市浅层地热容量分区见图 5-14,各区计算取值见表 5-19。

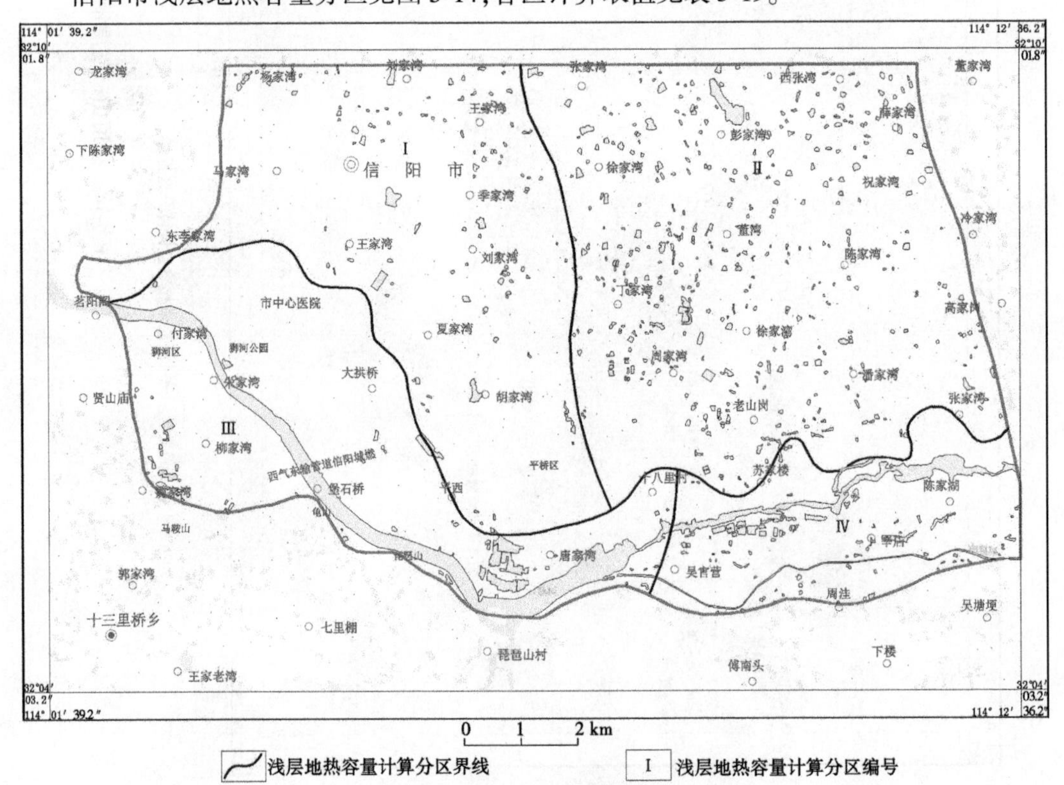

图 5-14　信阳市浅层地热容量计算分区图

表 5-19　信阳市浅层地热容量计算分区及参数取值

项目		单位	各区参数			
			Ⅰ	Ⅱ	Ⅲ	Ⅳ
公共	M	km^2	34.64	47.09	23.83	13.32
	ρ_W	kg/m^3	1 000	1 000	1 000	1 000
	C_W	kJ/(kg·℃)	4.182	4.182	4.182	4.182
包气带	ρ_S	kg/m^3	1 919	1 953	1 919	2 563
	C_S	kJ/(kg·℃)	1.647	1.614	1.647	0.908
	φ		0.44	0.43	0.44	0.43
	d_1	m	5	6	4	4
	ω		0.27	0.26	0.27	0.37
	ρ_A	kg/m^3	1.29	1.29	1.29	1.29
	C_A	kJ/(kg·℃)	1.003	1.003	1.003	1.003
饱水带	ρ_S	kg/m^3	2 193	2 200	2 193	2 447
	C_S	kJ/(kg·℃)	1.189	1.147	1.189	0.91
	d_2	m	45	44	46	46
	φ		0.4	0.39	0.4	0.42

根据前述评价方法，按表 5-19 的参数取值，计算可知，信阳市浅层地热能开发利用适宜区的总面积为 118.88 km^2，区内的浅层地热容量为 18.78×10^{12}kJ/℃，其中包气带热容量为 1.75×10^{12}kJ/℃，饱水带热容量为 17.03×10^{12}kJ/℃。

综上，重点研究区浅层地热能开发利用适宜区的总面积为 7 083.77 km^2，区内的浅层地热容量为 $4\,118.71\times10^{12}$kJ/℃。

五、河南省浅层地热容量计算

河南省浅层地热容量分区见图 5-15，各区计算取值见表 5-20，最终确定浅层地热容量各计算参数见表 5-21。

根据前述评价方法，按表 5-21 的参数取值，浅层地热容量计算结果见表 5-22。据表 5-22，浅层地热能开发利用适宜区内的浅层地热容量为 $46\,159.84\times10^{12}$kJ/℃，其中包气带热容量为 $2\,190.50\times10^{12}$kJ/℃，饱水带热容量为 $43\,969.34\times10^{12}$kJ/℃。

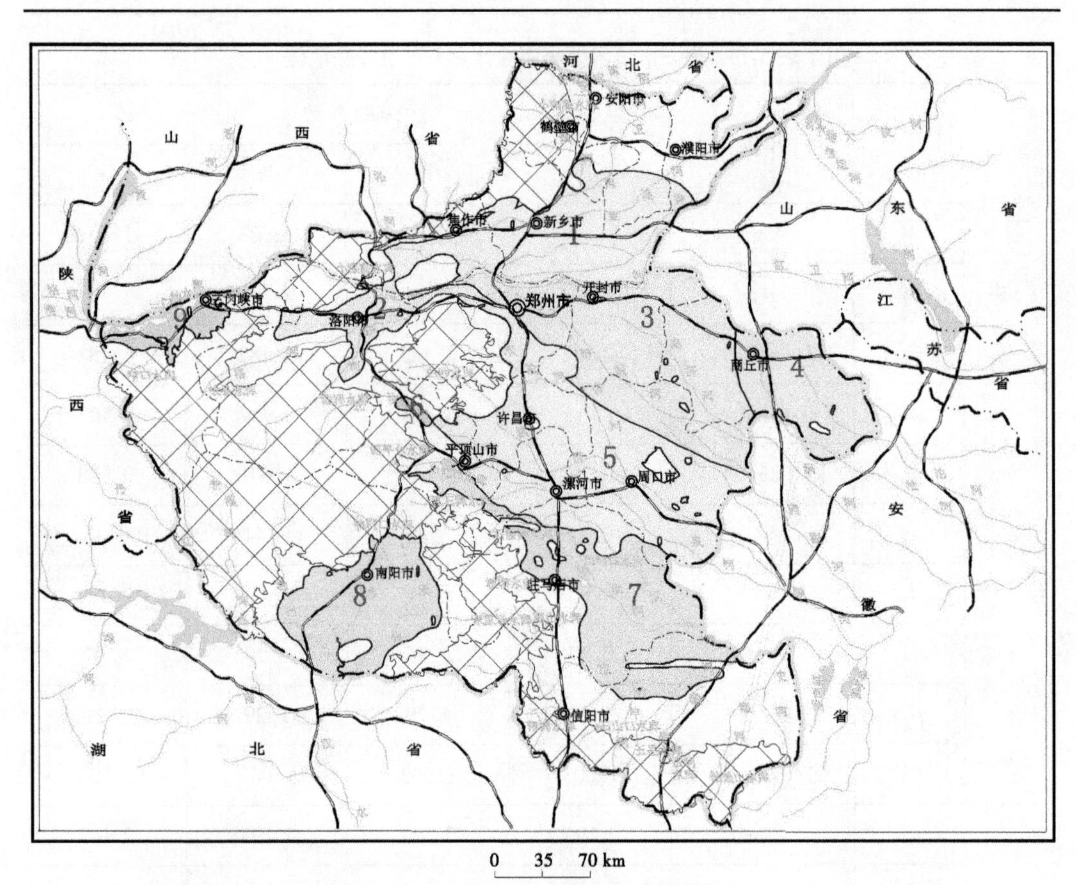

浅层地热容量计算分区界线　　1 浅层地热容量计算分区编号

图 5-15　河南省浅层地热容量计算分区图

表 5-20　河南省浅层地热容量计算分区

分区编号	1	2	3	4	5	6	7	8	9
含水介质	中粗砂	中粗砂含砾石	中粗砂	中细砂	中细砂	粗、中、细砂	黏性土	粗、中、细砂	中细砂
地貌单元	冲积平原	决口扇	冲积平原	冲积平原	冲积平原	冲积平原	冲积平原	冲积平原	冲积平原

表 5-21　河南省浅层地热容量计算参数取值

项目		单位	各区参数								
			1	2	3	4	5	6	7	8	9
公共	M	km^2	11 358. 94	2 739. 97	15 587. 54	6 061. 80	18 340. 23	226. 05	11 321. 83	7 771. 46	1 666. 64
	ρ_W	kg/m^3	1 000	1 000	1 000	1 000	1 000	1 000	1 000	1 000	1 000
	C_W	kJ/(kg · ℃)	4. 182	4. 182	4. 182	4. 182	4. 182	4. 182	4. 182	4. 182	4. 182

续表 5-21

项目		单位	各区参数								
			1	2	3	4	5	6	7	8	9
包气带	ρ_S	kg/m^3	1 956	1 835	1 780	1 910	1 947	1 856	1 954	1 958	2 063
	C_S	kJ/(kg·℃)	1.320	1.445	1.289	1.575	1.425	1.260	1.521	1.506	1.510
	φ		0.18	0.40	0.41	0.44	0.42	0.41	0.43	0.40	0.39
	d_1	m	10	55	8	5	6	8	16	10	20
	ω		0.160	0.230	0.235	0.270	0.247	0.160	0.252	0.250	0.250
	ρ_A	kg/m^3	1.29	1.29	1.29	1.29	1.29	1.29	1.29	1.29	1.29
	C_A	kJ/(kg·℃)	1.003	1.003	1.003	1.003	1.003	1.003	1.003	1.003	1.003
饱水带	ρ_S	kg/m^3	1 985	1 815	1 807	1 963	1 908	2 169	1 967	1 920	1 896
	C_S	kJ/(kg·℃)	1.530	1.207	1.186	1.369	1.247	1.213	1.426	1.444	1.320
	d_2	m	190	145	192	195	194	192	184	190	180
	φ		0.19	0.28	0.34	0.31	0.37	0.41	0.41	0.30	0.30

表 5-22 河南省浅层地热容量计算成果

分区编号	分区面积	包气带				饱水带			合计
		Q_S	Q_W	Q_A	Q_R	Q_S	Q_W	Q_R	$Q_{R总}$
	km^2	10^{12}kJ/℃		亿 kJ/℃	10^{12}kJ/℃				
1	11 358.94	240.49	76.00	29.39	316.50	5 309.19	1 714.86	7 024.05	7 340.55
2	2 739.97	241.75	144.95	321.72	386.73	631.01	456.91	1 087.92	1 474.66
3	15 587.54	170.24	122.55	274.29	292.82	4 233.17	4 255.41	8 488.58	8 781.40
4	6 061.80	51.06	34.22	66.67	85.29	2 191.84	1 532.44	3 724.28	3 809.57
5	18 340.23	175.67	113.56	253.22	289.26	5 300.69	5 562.67	10 863.36	11 152.62
6	226.05	2.49	1.21	5.85	3.70	67.34	74.42	141.76	145.46
7	11 321.83	308.14	191.06	411.58	499.24	3 450.85	3 568.44	7 019.29	7 518.54
8	7 771.46	137.50	81.25	150.83	218.76	2 865.65	1 852.51	4 718.16	4 936.92
9	1 666.64	63.34	34.85	60.38	98.20	525.56	376.38	901.94	1 000.14
合计	75 074.46	1 390.68	799.65	1 573.93	2 190.50	24 575.3	19 394.04	43 969.34	46 159.84

注:Q_S 为岩土体中的热容量,kJ/℃;Q_W 为岩土体所含水中的热容量,kJ/℃;Q_A 为岩土体中所含空气中的热容量,kJ/℃;Q_R 为浅层地热容量,kJ/℃;$Q_{R总}$ 为计算区总的浅层地热容量,kJ/℃。

第二节　浅层地热能换热功率计算

一、地下水地源热泵换热功率

(一)计算原则

(1)计算范围为地下水地源热泵适宜区和较适宜区内 200 m 以浅含水层底界。

(2)根据水文地质条件对适宜区和较适宜区划分为若干个计算区,每个计算区的地下水循环利用量根据富水性和回灌能力确定。

(二)计算方法

在地下水地源热泵系统应用适宜区和较适宜区内,根据地下水循环利用量计算换热功率。计算方法为:

(1)根据计算区不同水文地质单元的富水性确定各区域的地下水循环利用量,本次根据抽水试验与回灌试验成果,结合收集的资料确定各分区循环量。

(2)根据提取温差,按照式(5-7)、式(5-8)分别计算地下水地源热泵夏季、冬季功率。

具体计算公式如下:

$$Q_h' = Q_h \times n \tag{5-7}$$

$$Q_h = q_w \Delta T \rho_W C_W \times 1.16 \times 10^{-5} \tag{5-8}$$

式中　Q_h'——换热功率,kW,考虑抽回灌井数量的换热功率值;

Q_h——换热功率,kW,单井换热功率值;

n——计算面积内抽回灌井布井对数;

q_w——地下水循环利用量,m^3/d;

ΔT——地下水利用温差,℃。

(三)参数确定

以地下水地源热泵适宜区、较适宜区为基础,考虑涌水量、土地利用率等条件的差异进行分区,在此基础上确定各区参数。重点研究区地下水地源热泵分区及参数取值见表 5-23,河南省地下水地源热泵分区及参数取值见表 5-24、图 5-16。

表 5-23　重点研究区地下水地源热泵分区及参数取值

地区	分区编号	分区面积/km^2	计算面积内换热孔数		地下水循环利用量/(m^3/d)
			最佳井距/m	单位面积可布井对/(对/km^2)	
郑州	1	44.98	50	49	2 800
	2	24.09	50	49	2 800
	3	67.04	50	49	1 700
	4	129.45	50	49	1 700
	5	22.85	50	49	1 700

续表 5-23

地区	分区编号	分区面积/km²	计算面积内换热孔数		地下水循环利用量/(m³/d)
			最佳井距/m	单位面积可布井对/(对/km²)	
郑州	6	70.36	50	49	1 200
	7	1.97	50	49	1 200
	8	128.71	50	49	1 200
	9	28.79	50	49	1 200
	10	4.20	50	49	1 200
	11	70.15	50	49	1 200
	12	8.36	50	49	1 200
	13	2.81	50	49	1 200
	14	32.30	50	49	1 200
	15	14.97	50	49	1 200
	16	22.55	50	49	1 200
	17	87.61	50	49	1 200
	18	16.60	50	49	960
	19	6.12	50	49	600
洛阳	1	192.24	80	49	3 500
	2	292.91	50	100	2 200
周口	1	253.06	50	50	1 000
	2	19.01	50	50	1 200
驻马店	1	142.06	50	50	1 500
	2	11.20	40	78	1 200
焦作	1	96.45	50	49	1 200
新乡	1	8.60	50	8.5	4 000
濮阳	1	35.78	50	49	2 000
	2	53.01	50	49	3 000
	3	21.32	50	49	2 000
开封	1	38.79	50	49	3 000
鹤壁	1	10.94	40	87	2 000
	2	10.74	40	63	3 750

续表 5-23

地区	分区编号	分区面积/km^2	计算面积内换热孔数		地下水循环利用量/(m^3/d)
			最佳井距/m	单位面积可布井对/(对/km^2)	
鹤壁	3	8.76	40	63	5 000
	4	11.87	40	78	3 750
	5	7.41	40	78	2 000
济源	1	104.40	50	49	3 500
	2	111.32	50	49	2 000
商丘	1	22.70	45	36	950
南阳	1	74.51	100	22	3 500
安阳	1	79.25	50	98	3 000
	2	92.18	70	68	2 000
漯河	1	44.64	70	68	3 000
	2	205.00	50	132	1 500
三门峡	1	52.79	50	49	3 000
	2	60.86	50	49	2 000
郑州航空港综合实验区	1	78.06	50	49	1 500
	2	87.41	50	49	1 500
	3	94.53	50	49	1 500
许昌	1	6.66	50	49	1 500
平顶山	1	3.21	50	49	3 500
	2	112.87	50	49	2 000
信阳	1	23.83	50	49	1 000
	2	13.32	50	49	1 000

表 5-24 河南省地下水地源热泵分区及参数取值

分区编号	1	2、4~6	3、7、12	8	9、15~16	10	11	13	14、17
q_w/(m^3/d)	2 700	3 000	3 500	1 000	2 200	2 000	1 500	4 000	1 200

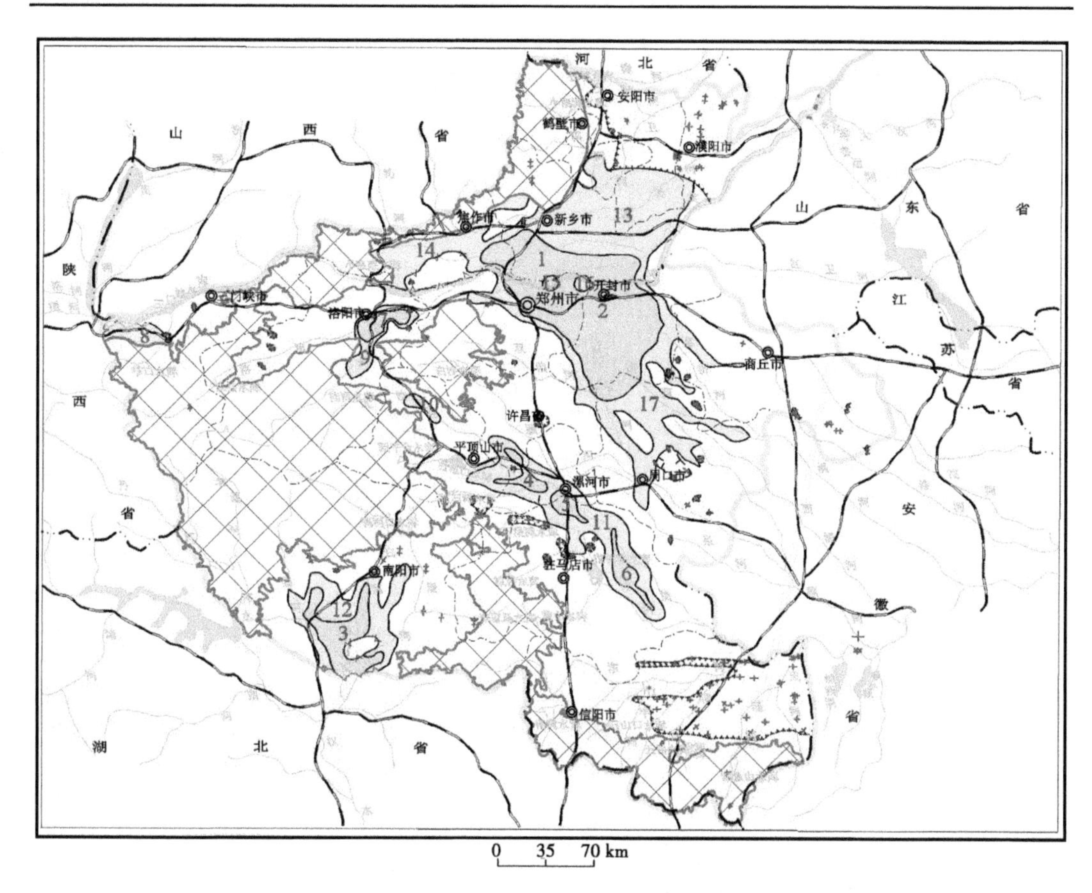

图 5-16　河南省地下水地源热泵功率计算分区图

(1)地下水循环利用量 q_w:根据前述方法选取确定。

(2)地下水利用温差 ΔT:根据河南省地下水地源热泵应用情况及本次工作规定综合确定,夏季利用温差取 10 ℃,冬季利用温差取 5 ℃。

(3)水的密度 ρ_W 与比热容 C_W 取常量。

(4)单位面积可布井对数 n:按一抽二灌方式,根据最佳井间距 d 计算单位面积内可布设井对数量。

(5)最佳井距 d:根据河南省目前水源热泵应用情况,地下水地源热泵抽灌比一般为 1∶2,即最佳井间距指一抽二灌布井方式的最佳井间距。本次最佳井间距的确定标准是:水源热泵系统运行期内,抽水井温度变化不超过利用温差的 20%,即系统的效率损失不超过 20%。

(四)计算结果

根据前述计算方法与参数,重点研究区地下水地源热泵换热功率计算结果见表 5-25。河南省地下水地源热泵换热功率计算结果见表 5-26。

表 5-25 重点研究区地下水地源热泵换热功率计算结果

地区	分区编号	分区面积	土地利用系数	$Q_{h夏}$	$Q_{h冬}$	不考虑土地利用系数		考虑土地利用系数	
						$Q'_{h夏}$	$Q'_{h冬}$	$Q'_{h夏}$	$Q'_{h冬}$
		km^2		kW		万 kW		万 kW	
郑州市	1	70.36	0.20	582.13	291.07	200.69	100.35	40.14	20.07
	2	67.04	0.21	824.69	412.35	270.90	135.45	56.89	28.44
	3	44.98	0.22	1 358.31	679.16	299.34	149.67	65.86	32.93
	4	1.97	0.15	582.13	291.07	5.63	2.81	0.84	0.42
	5	128.71	0.21	582.13	291.07	367.15	183.57	77.10	38.55
	6	28.79	0.15	582.13	291.07	82.12	41.06	12.32	6.16
	7	4.20	0.16	582.13	291.07	11.98	5.99	1.92	0.96
	8	70.15	0.15	582.13	291.07	200.10	100.05	30.02	15.01
	9	129.45	0.19	824.69	412.35	523.12	261.56	99.39	49.70
	10	24.09	0.22	1 358.31	679.16	160.35	80.18	35.28	17.64
	11	8.36	0.16	582.13	291.07	23.85	11.92	3.82	1.91
	12	2.81	0.16	582.13	291.07	8.03	4.01	1.28	0.64
	13	32.30	0.15	582.13	291.07	92.14	46.07	13.82	6.91
	14	14.97	0.19	582.13	291.07	42.71	21.35	8.11	4.06
	15	22.55	0.15	582.13	291.07	64.33	32.17	9.65	4.82
	16	87.61	0.19	582.13	291.07	249.90	124.95	47.48	23.74
	17	22.85	0.19	824.69	412.35	92.32	46.16	17.54	8.77
	18	16.60	0.18	465.71	232.85	37.88	18.94	6.82	3.41
	19	6.12	0.19	291.07	145.53	8.73	4.37	1.66	0.83
	合计	783.91				2 741.27	1 370.63	529.94	264.97
洛阳市	1	192.24	0.18	1 697.89	848.95	1 599.37	799.69	287.89	143.94
	2	292.91	0.18	1 067.25	533.62	3 126.07	1 563.04	562.69	281.35
	合计	485.15				4 725.44	2 362.73	850.58	425.29
周口市	1	253.06	0.23	485.11	242.56	613.81	306.91	140.32	70.16
	2	19.01	0.23	582.13	291.07	55.33	27.67	12.65	6.32
	合计	272.07				669.14	334.58	152.97	76.48

续表 5-25

地区	分区编号	分区面积	土地利用系数	$Q_{h夏}$	$Q_{h冬}$	不考虑土地利用系数		考虑土地利用系数	
						$Q'_{h夏}$	$Q'_{h冬}$	$Q'_{h夏}$	$Q'_{h冬}$
		km^2		kW		万 kW		万 kW	
驻马店市	1	142. 06	0. 18	727. 67	363. 83	516. 86	258. 43	95. 36	47. 68
	2	11. 20	0. 18	582. 13	291. 07	50. 86	25. 43	9. 38	4. 69
	合计	153. 26				567. 72	283. 86	104. 74	52. 37
焦作市	1	96. 45	0. 23	582. 13	291. 07	275. 12	137. 56	61. 90	30. 95
新乡市	1	8. 60	0. 16	1 940. 45	970. 22	14. 18	7. 09	2. 27	1. 13
濮阳市	1	35. 78	0. 12	970. 22	485. 11	170. 10	85. 05	20. 41	10. 21
	2	53. 01	0. 11	1 455. 34	727. 67	378. 00	189. 00	39. 69	19. 85
	3	21. 32	0. 12	970. 22	485. 11	101. 35	50. 68	12. 16	6. 08
	合计	110. 11				649. 45	324. 73	72. 26	36. 14
开封市	1	38. 79	0. 13	1 455. 34	727. 67	276. 62	138. 31	36. 85	18. 42
鹤壁市	1	10. 94	0. 14	970. 22	485. 11	142. 82	71. 41	19. 99	10. 00
	2	10. 74	0. 14	1 819. 17	909. 59	123. 08	61. 54	17. 23	8. 62
	3	8. 76	0. 14	2 425. 56	1 212. 78	251. 07	125. 53	35. 15	17. 57
	4	11. 87	0. 14	1 819. 17	909. 59	168. 43	84. 22	23. 58	11. 79
	5	7. 41	0. 14	970. 22	485. 11	56. 09	28. 05	7. 85	3. 93
	合计	49. 72				741. 49	370. 75	103. 8	51. 91
济源市	1	104. 40	0. 20	1 697. 89	848. 95	868. 57	434. 29	171. 98	85. 99
	2	111. 32	0. 20	970. 22	485. 11	529. 23	264. 61	104. 79	52. 39
	合计	215. 72				1 397. 80	698. 90	276. 77	138. 38
商丘市	1	22. 70	0. 23	460. 86	230. 43	37. 66	18. 83	8. 79	4. 40
南阳市	1	74. 51	0. 10	1 188. 52	848. 95	194. 83	139. 16	19. 48	13. 92
安阳市	1	79. 25	0. 23	1 455. 34	727. 67	1 130. 29	565. 14	261. 10	130. 55
	2	92. 18	0. 23	970. 22	485. 11	608. 16	304. 08	140. 48	70. 24
	合计	171. 43				1 738. 45	869. 22	401. 58	200. 79
漯河市	1	44. 64	0. 15	1 455. 34	727. 67	441. 77	220. 89	68. 03	34. 02
	2	205. 00	0. 18	727. 67	363. 83	1 969. 07	984. 53	346. 56	173. 28
	合计	249. 64				2 410. 84	1 205. 42	414. 59	207. 30

续表 5-25

地区	分区编号	分区面积	土地利用系数	$Q_{h夏}$	$Q_{h冬}$	不考虑土地利用系数		考虑土地利用系数	
						$Q'_{h夏}$	$Q'_{h冬}$	$Q'_{h夏}$	$Q'_{h冬}$
		km²		kW		万 kW		万 kW	
三门峡市	1	52.79	0.16	1 455.34	727.67	376.45	188.23	60.23	30.12
	2	60.86	0.16	970.22	485.11	289.33	144.67	46.29	23.15
	合计	113.65				665.78	332.90	106.55	53.27
郑州航空港综合实验区	1	78.06	0.16	727.67	363.83	278.33	139.16	44.53	22.27
	2	87.41	0.16	727.67	363.83	311.67	155.83	49.87	24.93
	3	94.53	0.14	727.67	363.83	337.05	168.53	47.19	23.59
	合计	260.00				927.05	463.52	141.59	70.79
许昌市	1	6.66	0.16	727.67	363.83	23.75	11.87	3.80	1.90
平顶山市	1	3.21	0.14	1 697.89	848.95	26.71	13.35	3.74	1.87
	2	112.87	0.16	970.22	485.11	536.59	268.30	85.86	42.93
	合计	116.08				563.3	281.65	89.60	44.80
信阳市	1	23.83	0.16	485.11	242.56	56.65	28.32	9.06	4.53
	2	13.32	0.16	485.11	242.56	31.66	15.83	5.07	2.53
	合计	37.15				88.31	44.15	14.13	7.06

表 5-26 河南省地下水地源热泵换热功率计算结果

分区编号	分区面积	土地利用系数	$Q_{h夏}$	$Q_{h冬}$	不考虑土地利用系数		考虑土地利用系数	
					$Q'_{h夏}$	$Q'_{h冬}$	$Q'_{h夏}$	$Q'_{h冬}$
	km²		kW		万 kW		万 kW	
1	2 493.38	0.17	1 309.80	654.90	2 720.44	1 360.22	16 002.59	8 001.30
2	5 382.03	0.15	1 455.34	727.67	5 757.01	2 878.50	38 380.04	19 190.02
3	1 497.10	0.10	1 697.89	848.95	1 245.54	622.77	12 455.38	6 227.69
4	67.36	0.15	1 455.34	727.67	72.05	36.03	480.35	240.18
5	39.41	0.15	1 455.34	727.67	42.16	21.08	281.04	140.52
6	72.88	0.15	1 455.34	727.67	77.96	38.98	519.72	259.86
7	53.74	0.18	1 697.89	848.95	80.48	40.24	447.10	223.55
8	519.10	0.16	485.11	242.56	197.43	98.71	1 233.93	616.96

续表 5-26

分区编号	分区面积	土地利用系数	$Q_{h夏}$	$Q_{h冬}$	不考虑土地利用系数		考虑土地利用系数	
					$Q'_{h夏}$	$Q'_{h冬}$	$Q'_{h夏}$	$Q'_{h冬}$
	km^2		kW		万 kW		万 kW	
9	613.32	0.18	1 067.25	533.62	577.33	288.66	3 207.36	1 603.68
10	226.05	0.17	970.22	485.11	182.69	91.35	1 074.66	537.33
11	3 592.60	0.18	727.67	363.83	2 305.74	1 152.87	12 809.68	6 404.84
12	2 394.45	0.1	1 697.89	848.95	1 992.10	996.05	19 921.04	9 960.52
13	5 895.94	0.16	1 940.45	970.22	8 969.56	4 484.78	56 059.75	28 029.87
14	2 049.59	0.2	582.13	291.07	1 169.27	584.64	5 846.37	2 923.19
15	85.37	0.15	1 067.25	533.62	66.97	33.48	446.44	223.22
16	100.37	0.13	1 067.25	533.62	68.24	34.12	524.89	262.44
17	5 274.96	0.2	582.13	291.07	3 009.32	1 504.66	15 046.60	7 523.30
合计	30 357.65				28 534.29	14 267.14	184 736.94	92 368.47

二、地埋管地源热泵换热功率

(一)计算原则

计算范围为地埋管适宜区和较适宜区内,恒温带深度至评价深度以浅第四系与新近系松散层厚度。

评价深度根据不同的水文地质条件、不同地貌地质单元及区域经济发展重要性综合确定,再结合地埋管地源热泵适宜区、较适宜区,考虑土地利用率的差异进行分区。

(二)计算方法

将河南省评价深度以浅地层概化为均匀层状,按照稳定传热条件计算U形地埋管的单孔换热功率,然后根据单孔换热功率计算评价区换热功率。具体计算公式如下:

$$Q_h = D \times n \times 10^{-3} \tag{5-9}$$

$$D = \frac{2\pi L|t_1 - t_4|}{\frac{1}{\lambda_1}\ln\frac{r_2}{r_1} + \frac{1}{\lambda_2}\ln\frac{r_3}{r_2} + \frac{1}{\lambda_3}\ln\frac{r_4}{r_3}} \tag{5-10}$$

式中 Q_h——换热功率,kW;

n——计算面积内换热孔数;

D——单孔换热功率,W;

λ_1——地埋管材料的热导率,W/(m·℃);

λ_2——换热孔中回填料的热导率,W/(m·℃);

λ_3——换热孔周围岩土体的平均热导率,W/(m·℃);

L——地埋管换热器长度,m;

r_1——地埋管束的等效半径,m;

r_2——地埋管束的等效外径,m;

r_3——换热孔平均半径,m;

r_4——换热温度影响半径,m;

t_1——地埋管内流体的平均温度,℃;

t_4——温度影响之外岩土体的温度,℃。

(三)参数确定

以地埋管地源热泵适宜区、较适宜区为基础,考虑地质条件、经济条件、土地利用率等条件的差异进行分区。

(1)地埋管材料的热导率 λ_1:引用《浅层地热能勘查评价规范》(DZ/T 225—2009)数据,取 0.42 W/(m·℃)。

(2)换热孔中回填料的热导率 λ_2:参考《浅层地热能勘查评价规范》(DZ/T 225—2009)及已有文献资料,综合确定。本次回填料以粉砂为主,取 1.65 W/(m·℃)。

(3)换热孔周围岩土体的平均热导率 λ_3:首先根据本次现场热响应试验成果,结合《浅层地热能勘查评价规范》(DZ/T 225—2009)确定各单层土体热导率,再根据换热孔内垂向土体结构组合特征进行加权平均,确定换热孔周围岩土体的平均热导率。

(4)地埋管换热器长度 L:根据河南省目前在建地埋管地源热泵工程情况,均按单 U 形管计算,为各计算区恒温层至计算下限深度,即 50~200 m。

(5)地埋管束的等效半径 r_1:引用《地源热泵系统工程技术规范(2009 版)》(GB 50366—2005)中 PE100 型管材规格参数(外径为 0.032 m,壁厚为 0.003 m),参照《浅层地热能勘查评价规范》(DZ/T 225—2009),取单 U 形管内径的$\sqrt{2}$倍,为 0.041 m。

(6)地埋管束的等效外径 r_2:等效半径 r_1 加壁厚,取 0.044 m。

(7)换热孔平均半径 r_3:按郑州地区已有工程经验,取 0.075 m。

(8)换热温度影响半径 r_4:按经验值,结合本区地温空调运行实践,换热孔间距 5 m,则影响半径为 5 m。

(9)地埋管内流体的平均温度 t_1:根据各区地下水温度、现场热响应试验成果,同时参考《地源热泵系统工程技术规范(2009 版)》(GB 50366—2005)综合确定,夏季取 25 ℃,冬季取 9 ℃。

(10)温度影响之外岩土体的温度 t_4:根据计算地区的恒温带温度、恒温带深度、计算深度与地温梯度综合计算,并结合现场热响应试验综合确定。地温梯度计算公式为:

$$T = G/100 \times (S - S_0)/2 + T_0 \tag{5-11}$$

式中 G——地温梯度,℃/100 m;

S——浅层地温场底界深度,m;

S_0——恒温带深度,m;

T_0——恒温带温度,℃。

最终确定重点研究区地埋管适宜区换热功率计算参数见表 5-27。河南省地埋管适宜区换热功率计算参数见表 5-28,分区见图 5-17。

表 5-27 重点研究区地埋管适宜区换热功率计算参数取值

地区	分区编号	分区面积	λ_1	λ_2	λ_3	L	r_1	r_2	r_3	r_4	$t_{1夏}$	$t_{1冬}$	t_4
		km^2	W/(m·℃)			m					℃		
郑州市	1	35.03	0.42	1.65	1.71	150	0.041	0.044	0.1	2.5	25	9	17.5
	2	7.79	0.42	1.65	1.74	150	0.041	0.044	0.1	2.5	25	9	17.5
	3	22.62	0.42	1.65	1.74	150	0.041	0.044	0.1	2.5	25	9	17.5
	4	154.92	0.42	1.65	1.76	150	0.041	0.044	0.1	2.5	25	9	17.5
	5	1.85	0.42	1.65	1.74	150	0.041	0.044	0.1	2.5	25	9	17.5
	6	1.74	0.42	1.65	1.74	150	0.041	0.044	0.1	2.5	25	9	17.5
	7	10.16	0.42	1.65	1.76	150	0.041	0.044	0.1	2.5	25	9	17.5
	8	7.89	0.42	1.65	1.71	150	0.041	0.044	0.1	2.5	25	9	17.5
	9	53.30	0.42	1.65	1.74	150	0.041	0.044	0.1	2.5	25	9	17.5
	10	150.73	0.42	1.65	1.76	150	0.041	0.044	0.1	2.5	25	9	17.5
	11	16.06	0.42	1.65	1.74	150	0.041	0.044	0.1	2.5	25	9	17.5
	12	114.36	0.42	1.65	1.71	150	0.041	0.044	0.1	2.5	25	9	17.5
	13	26.88	0.42	1.65	1.71	150	0.041	0.044	0.1	2.5	25	9	17.5
	14	29.61	0.42	1.65	1.71	150	0.041	0.044	0.1	2.5	25	9	17.5
	15	3.82	0.42	1.65	1.71	150	0.041	0.044	0.1	2.5	25	9	17.5
	16	6.20	0.42	1.65	1.74	150	0.041	0.044	0.1	2.5	25	9	17.5
	17	16.35	0.42	1.65	1.71	150	0.041	0.044	0.1	2.5	25	9	17.5
	18	48.73	0.42	1.65	1.71	150	0.041	0.044	0.1	2.5	25	9	17.5
	19	69.39	0.42	1.65	1.74	150	0.041	0.044	0.1	2.5	25	9	17.5
	20	40.07	0.42	1.65	1.76	150	0.041	0.044	0.1	2.5	25	9	17.5
	21	15.96	0.42	1.65	1.70	150	0.041	0.044	0.1	2.5	25	9	17.5
洛阳市	1	268.80	0.42	1.65	1.41	150	0.045	0.048	0.1	5	25	10	17.58
周口市	1	253.06	0.42	1.65	2.26	150	0.052	0.055	0.1	5	25	10	17.75
	2	19.01	0.42	1.65	2.03	150	0.052	0.055	0.1	5	25	10	17.85
	3	60.88	0.42	1.65	1.67	150	0.052	0.055	0.1	5	25	10	18.25
	4	56.11	0.42	1.65	1.99	150	0.052	0.055	0.1	5	25	10	17.97

续表 5-27

地区	分区编号	分区面积	λ_1	λ_2	λ_3	L	r_1	r_2	r_3	r_4	$t_{1夏}$	$t_{1冬}$	t_4
		km^2	W/(m·℃)			m					℃		
驻马店市	1	99.56	0.42	1.65	2.42	200	0.052	0.055	0.1	5	25	10	17.8
	2	142.06	0.42	1.65	2.09	200	0.052	0.055	0.1	5	25	10	17.1
	3	11.20	0.42	1.65	2.07	200	0.052	0.055	0.1	5	25	10	17.1
	4	58.69	0.42	1.65	1.42	150	0.052	0.055	0.1	5	25	10	17.1
	5	47.20	0.42	1.65	2.10	150	0.052	0.055	0.1	5	25	10	16.8
焦作市	1	183.77	0.42	1.65	1.85	150	0.041	0.044	0.06	5	25	10	16.7
新乡市	1	447.73	0.42	1.65	1.89	150	0.042	0.043	0.065	5	25	10	17.5
濮阳市	1	457.98	0.42	1.65	1.95	150	0.041	0.044	0.065	5	25	10	17.8
开封市	1	522.48	0.42	1.65	1.86	150	0.041	0.044	0.1	5	25	10	16.85
鹤壁市	1	30.64	0.42	1.65	1.74	173	0.041	0.044	0.15	5	25	10	15.5
	2	63.41	0.42	1.65	1.77	173	0.041	0.044	0.15	5	30	10	15.5
	3	33.95	0.42	1.65	1.66	173	0.041	0.044	0.15	5	30	10	15.5
济源市	1	134.66	0.42	1.65	1.82	125	0.041	0.044	0.075	2.5	25	9	17.5
	2	81.16	0.42	1.65	1.76	125	0.041	0.044	0.075	2.5	25	9	17.5
商丘市	1	249.07	0.42	1.65	2.41	131	0.041	0.044	0.075	5	32	10	16.8
南阳市	1	255.77	0.42	1.65	1.52	200	0.045	0.048	0.1	5	32	10	17.24
	2	59.08	0.42	1.65	1.52	200	0.045	0.048	0.1	5	32	10	17.24
安阳市	1	106.82	0.42	1.65	1.42	130	0.041	0.044	0.1	5	32	10	15.95
	2	198.56	0.42	1.65	1.31	130	0.041	0.044	0.1	5	32	10	15.95
漯河市	1	45.02	0.42	1.65	2.00	200	0.052	0.055	0.1	5	32	10	18.75
	2	204.10	0.42	1.65	1.62	200	0.052	0.055	0.1	5	32	10	18
	3	204.76	0.42	1.65	1.80	200	0.038	0.041	0.1	5	32	10	18.25
	4	69.99	0.42	1.65	1.70	200	0.052	0.055	0.1	5	32	10	17.4
三门峡市	1	89.38	0.42	1.65	1.41	200	0.045	0.048	0.1	5	32	10	17.58
郑州航空港综合实验区	1	53.70	0.42	1.65	1.51	200	0.052	0.055	0.1	5	25	9	18
	2	78.06	0.42	1.65	1.46	200	0.052	0.055	0.1	5	25	9	18.02
	3	87.41	0.42	1.65	1.51	200	0.052	0.055	0.1	5	25	9	17.8
	4	94.53	0.42	1.65	1.56	200	0.052	0.055	0.1	5	25	9	17.8
	5	80.86	0.42	1.65	1.51	200	0.052	0.055	0.1	5	25	9	18

续表 5-27

地区	分区编号	分区面积	λ_1	λ_2	λ_3	L	r_1	r_2	r_3	r_4	$t_{1夏}$	$t_{1冬}$	t_4
		km^2	W/(m·℃)			m					℃		
许昌市	1	76.13	0.42	1.65	1.76	200	0.052	0.055	0.1	5	25	9	17.5
	2	76.66	0.42	1.65	1.76	200	0.052	0.055	0.1	5	25	9	17.5
	3	81.67	0.42	1.65	1.76	200	0.052	0.055	0.1	5	25	9	17.5
	4	142.29	0.42	1.65	1.76	200	0.052	0.055	0.1	5	25	9	17.5
平顶山市	1	112.87	0.42	1.65	1.37	200	0.052	0.055	0.1	5	25	9	17.5
信阳市	1	34.64	0.42	1.65	1.50	200	0.052	0.055	0.1	5	25	9	17.5
	2	47.09	0.42	1.65	1.76	200	0.052	0.055	0.1	5	25	9	17.5

表 5-28　河南省地埋管适宜区换热功率计算参数取值

分区编号	λ_1	λ_2	λ_3	L	r_1	r_2	r_3	r_4	$t_{1夏}$	$t_{1冬}$	t_4
	W/(m·℃)			m					℃		
1	0.42	1.65	1.89	200	0.041	0.044	0.1	5	25	9	17.5
2	0.42	1.65	1.86	200	0.041	0.044	0.1	5	25	9	16.85
3	0.42	1.65	2.41	200	0.041	0.044	0.1	5	25	9	16.8
4	0.42	1.65	1.77	200	0.041	0.044	0.1	5	25	9	17.8
5	0.42	1.65	1.76	200	0.041	0.044	0.1	5	25	9	17.5
6	0.42	1.65	1.52	200	0.041	0.044	0.1	5	25	9	17.24
7	0.42	1.65	1.76	100	0.041	0.044	0.1	5	25	9	17.5
8	0.42	1.65	1.41	150	0.041	0.044	0.1	5	25	9	17.58
9	0.42	1.65	1.85	80	0.041	0.044	0.1	5	25	9	16.7
10	0.42	1.65	1.74	80	0.041	0.044	0.1	5	25	9	17.4
11	0.42	1.65	1.37	50	0.041	0.044	0.1	5	25	9	17.5
12	0.42	1.65	2.02	200	0.041	0.044	0.1	5	25	9	17.18
13	0.42	1.65	1.5	100	0.041	0.044	0.1	5	25	9	17.5
14	0.42	1.65	1.99	200	0.041	0.044	0.1	5	25	9	17.96
15	0.42	1.65	2.41	200	0.041	0.044	0.1	5	25	9	16.8

续表 5-28

分区编号	λ_1	λ_2	λ_3	L	r_1	r_2	r_3	r_4	$t_{1夏}$	$t_{1冬}$	t_4
	W/(m·℃)			m					℃		
16	0.42	1.65	2.05	200	0.041	0.044	0.1	5	25	9	17.85
17	0.42	1.65	2.1	200	0.041	0.044	0.1	5	25	9	16.8
18	0.42	1.65	1.52	80	0.041	0.044	0.1	5	25	9	17.24
19	0.42	1.65	1.41	150	0.041	0.044	0.1	5	25	9	17.58
20	0.42	1.65	1.41	120	0.041	0.044	0.1	5	25	9	17.58
21	0.42	1.65	1.8	80	0.041	0.044	0.1	5	25	9	16.5

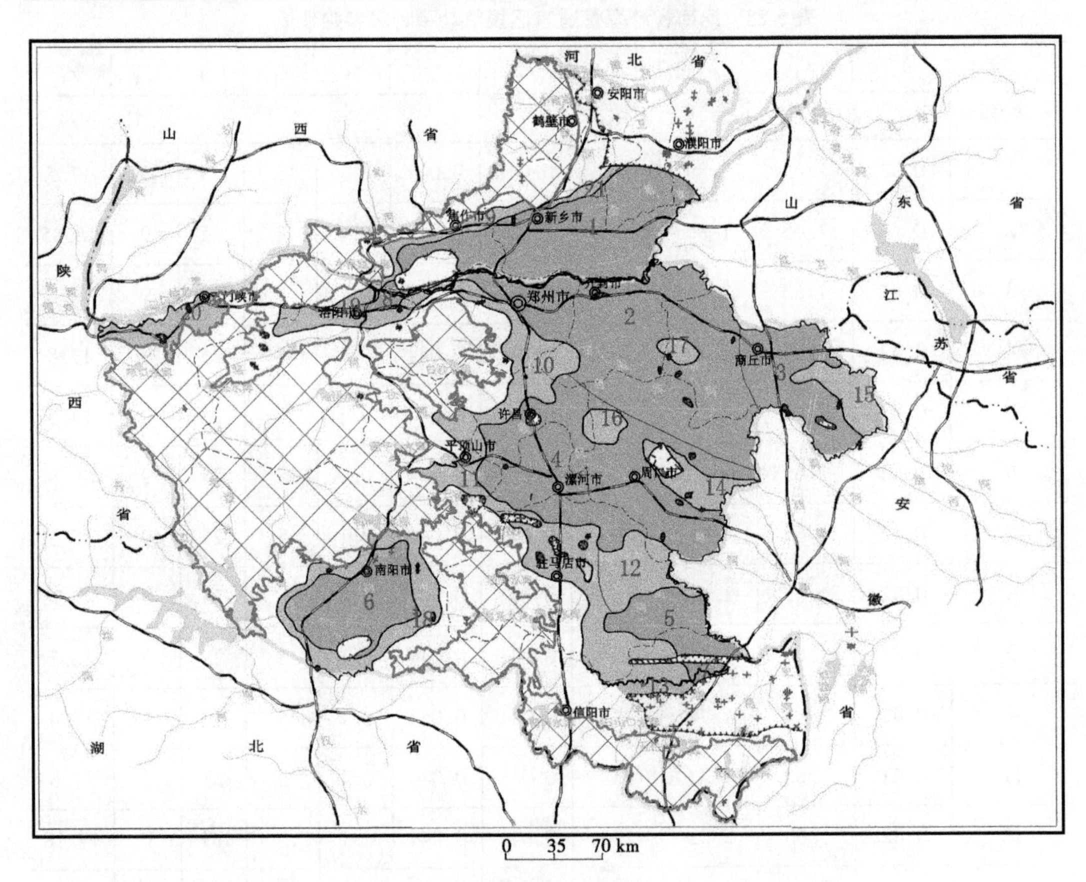

图 5-17 河南省地埋管适宜区换热地源热泵功率计算分区图

(四)计算结果

根据前述计算方法与参数,重点研究区地埋管地源热泵换热功率计算结果见表 5-29,河南省地埋管地源热泵换热功率计算结果见表 5-30。

表 5-29　重点研究区地埋管地源热泵换热功率计算结果

地区	分区编号	分区面积	土地利用系数	$D_{夏}$	$D_{冬}$	不考虑土地利用系数		考虑土地利用系数	
						$Q_{h夏}$	$Q_{h冬}$	$Q_{h夏}$	$Q_{h冬}$
		km^2		W		万 kW		万 kW	
郑州市	1	35.03	0.11	2 774.07	3 143.95	388.70	440.52	42.76	48.46
	2	7.79	0.10	2 809.86	3 184.51	87.50	99.17	8.75	9.92
	3	22.62	0.10	2 809.86	3 184.51	254.25	288.15	25.42	28.81
	4	154.92	0.12	2 833.54	3 211.35	1 755.90	1 990.02	210.71	238.80
	5	1.85	0.05	2 809.86	3 184.51	20.83	23.60	1.04	1.18
	6	1.74	0.06	2 809.86	3 184.51	19.55	22.16	1.17	1.33
	7	10.16	0.05	2 833.54	3 211.35	115.15	130.50	5.76	6.53
	8	7.89	0.05	2 774.07	3 143.95	87.58	99.26	4.38	4.96
	9	53.30	0.05	2 809.86	3 184.51	599.04	678.92	29.95	33.95
	10	150.73	0.11	2 833.54	3 211.35	1 708.39	1 936.18	187.92	212.98
	11	16.06	0.08	2 809.86	3 184.51	180.55	204.63	14.44	16.37
	12	114.36	0.10	2 774.07	3 143.95	1 268.96	1 438.15	126.90	143.82
	13	26.88	0.05	2 774.07	3 143.95	298.28	338.05	14.91	16.90
	14	29.61	0.05	2 774.07	3 143.95	328.56	372.36	16.43	18.62
	15	3.82	0.05	2 774.07	3 143.95	42.38	48.03	2.12	2.40
	16	6.20	0.05	2 809.86	3 184.51	69.72	79.01	3.49	3.95
	17	16.35	0.05	2 774.07	3 143.95	181.43	205.62	9.07	10.28
	18	48.73	0.10	2 774.07	3 143.95	540.69	612.78	54.07	61.28
	19	69.39	0.10	2 809.86	3 184.51	779.87	883.86	77.99	88.39
	20	40.07	0.12	2 833.54	3 211.35	454.11	514.66	54.49	61.76
	21	15.96	0.10	2 762.07	3 130.35	176.35	199.87	17.64	19.99
	合计	833.46				9 357.79	10 605.5	909.41	1 030.68
洛阳市	1	268.80	0.10	2 076.23	2 121.00	2 232.36	2 280.50	223.24	228.05
周口市	1	253.06	0.09	3 068.43	3 280.05	3 105.99	3 320.20	267.12	285.54
	2	19.01	0.09	2 781.17	3 053.45	211.48	232.18	18.19	19.97
	3	60.88	0.09	2 241.30	2 739.37	545.80	667.09	46.94	57.37
	4	56.11	0.09	2 691.47	3 051.35	604.07	684.84	51.95	58.90
	合计	389.06				4 467.34	4 904.31	384.20	421.78

续表 5-29

地区	分区编号	分区面积	土地利用系数	$D_{夏}$	$D_{冬}$	不考虑土地利用系数		考虑土地利用系数	
						$Q_{h夏}$	$Q_{h冬}$	$Q_{h夏}$	$Q_{h冬}$
		km^2		W		万 kW		万 kW	
驻马店市	1	99.56	0.08	4 283.15	4 640.08	1 705.72	1 847.87	131.17	142.10
	2	142.06	0.08	4 185.00	3 761.21	2 378.09	2 137.27	182.87	164.36
	3	11.20	0.08	4 161.15	3 739.77	186.42	167.54	14.34	12.88
	4	58.69	0.08	2 290.37	2 058.43	537.69	483.24	41.35	37.16
	5	47.20	0.08	3 276.46	2 717.06	618.60	512.98	47.57	39.45
	合计	358.71				5 426.52	5 148.90	417.30	395.95
焦作市	1	183.77	0.10	2 841.14	2 293.45	2 088.46	1 685.87	208.85	168.59
新乡市	1	447.73	0.08	2 714.28	2 714.28	4 861.05	4 861.05	388.88	388.88
濮阳市	1	457.98	0.10	2 578.50	2 793.37	4 723.60	5 117.24	472.36	511.72
开封市	1	522.48	0.08	2 774.05	2 331.57	5 797.55	4 872.79	481.20	404.44
鹤壁市	1	30.64	0.10	3 526.95	2 041.92	432.26	250.26	43.23	25.03
	2	63.41	0.10	5 438.41	2 062.84	1 379.40	523.22	137.94	52.32
	3	33.95	0.10	5 210.20	1 976.28	707.55	268.38	70.75	26.84
	合计	128.00				2 519.21	1 041.86	251.92	104.19
济源市	1	134.66	0.08	2 436.07	2 760.88	1 312.16	1 487.12	104.97	118.97
	2	81.16	0.08	2 371.65	2 687.86	769.93	872.59	61.59	69.81
	合计	215.82				2 082.09	2 359.71	166.56	188.78
商丘市	1	249.07	0.05	5 600.39	2 505.44	5 579.55	2 496.12	305.20	136.54
南阳市	1	255.77	0.08	5 855.83	2 872.37	5 990.99	2 938.67	479.28	235.09
	2	59.08	0.08	5 855.83	2 872.37	1 383.85	678.80	110.71	54.30
	合计	314.85				7 374.84	3 617.47	589.99	289.39
安阳市	1	106.82	0.15	3 832.57	1 420.80	1 637.58	607.08	249.08	92.34
	2	198.56	0.15	3 589.80	1 330.80	2 851.16	1 056.97	433.66	160.77
	合计	305.38				4 488.74	1 664.05	682.74	253.11

续表 5-29

地区	分区编号	分区面积	土地利用系数	$D_{夏}$	$D_{冬}$	不考虑土地利用系数		考虑土地利用系数	
						$Q_{h夏}$	$Q_{h冬}$	$Q_{h夏}$	$Q_{h冬}$
		km²		W		万 kW		万 kW	
漯河市	1	45.02	0.10	6 790.87	4 484.54	1 222.90	807.58	122.29	80.76
	2	204.10	0.10	6 044.22	3 453.84	4 934.50	2 819.71	493.45	281.97
	3	204.76	0.10	5 956.79	3 574.07	4 878.85	2 927.31	487.88	292.73
	4	69.99	0.10	6 543.46	3 316.55	1 831.91	928.50	183.19	92.85
	合计	523.87				12 868.16	7 483.10	1 286.81	748.31
三门峡市	1	89.38	0.10	5 379.91	2 828.00	1 923.42	1 011.07	192.34	101.11
郑州航空港综合实验区	1	53.70	0.10	2 849.87	3 664.12	612.15	787.05	61.22	78.71
	2	78.06	0.10	2 762.32	3 569.65	862.51	1 114.59	86.25	111.46
	3	87.41	0.10	2 931.29	3 582.69	1 024.90	1 252.65	102.49	125.27
	4	94.53	0.10	3 012.33	3 681.74	1 139.02	1 392.14	113.90	139.21
	5	80.86	0.10	2 849.87	3 664.12	921.76	1 185.12	92.18	118.51
	合计	394.56				4 560.34	5 731.55	456.04	573.16
许昌市	1	76.13	0.10	3 466.76	3 928.99	1 055.70	1 196.46	105.57	119.65
	2	76.66	0.10	3 466.76	3 928.99	1 063.05	1 204.79	106.30	120.48
	3	81.67	0.10	3 466.76	3 928.99	1 132.52	1 283.52	113.25	128.35
	4	142.29	0.10	3 466.76	3 928.99	1 973.14	2 236.23	197.31	223.62
	合计	376.75				5 224.41	5 921.00	522.43	592.10
平顶山市	1	112.87	0.10	2 812.22	3 187.18	1 269.66	1 438.95	126.97	143.89
信阳市	1	34.64	0.10	3 036.44	3 441.30	420.73	476.83	42.07	47.68
	2	47.09	0.10	3 466.76	3 928.99	653.00	740.06	65.30	74.01
	合计	81.73				1 073.73	1 216.89	107.37	121.69

表 5-30 河南省地埋管地源热泵换热功率计算结果

分区编号	分区面积	土地利用系数	$D_{夏}$	$D_{冬}$	不考虑土地利用系数		考虑土地利用系数	
					$Q_{h夏}$	$Q_{h冬}$	$Q_{h夏}$	$Q_{h冬}$
	km^2		W		万 kW		万 kW	
1	9 381.61	0.08	3 445.29	3 904.66	129 289.35	146 527.93	10 343.15	11 722.23
2	15 191.18	0.08	3 698.74	3 562.59	224 752.84	216 479.73	17 980.23	17 318.38
3	4 393.59	0.05	4 501.81	4 282.21	79 116.51	75 257.17	3 955.83	3 762.86
4	12 617.09	0.10	3 146.09	3 845.22	158 777.84	194 061.81	15 877.78	19 406.18
5	2 807.02	0.10	3 262.93	3 697.98	36 636.39	41 521.24	3 663.64	4 152.12
6	4 587.46	0.08	3 010.28	3 196.48	55 238.12	58 654.91	4 419.05	4 692.39
7	309.07	0.10	1 631.46	1 848.99	2 016.94	2 285.87	201.69	228.59
8	331.73	0.10	2 032.79	2 350.59	2 697.35	3 119.04	269.74	311.90
9	971.00	0.10	1 500.56	1 392.09	5 828.19	5 406.88	582.82	540.69
10	3 781.11	0.09	1 310.98	1 448.97	19 827.79	21 914.93	1 784.50	1 972.34
11	5 494.80	0.10	669.15	758.37	14 707.30	16 668.27	1 470.73	1 666.83
12	2 262.59	0.08	3 776.17	3 950.01	34 175.67	35 748.98	2 734.05	2 859.92
13	448.35	0.10	1 439.46	1 631.39	2 581.53	2 925.73	258.15	292.57
14	1 272.83	0.09	3 361.80	4 278.65	17 116.00	21 784.00	1 540.44	1 960.56
15	1 668.22	0.05	4 501.81	4 282.21	30 040.07	28 574.70	1 502.00	1 428.73
16	648.05	0.08	3 490.65	4 320.59	9 048.46	11 199.84	723.88	895.99
17	396.35	0.07	4 075.20	3 876.41	6 460.82	6 145.65	452.26	430.20
18	3 107.84	0.08	1 204.11	1 278.59	14 968.74	15 894.64	1 197.50	1 271.57
19	1 825.50	0.10	2 032.79	2 350.59	14 843.44	17 163.98	1 484.34	1 716.40
20	1 666.64	0.10	1 626.23	1 880.47	10 841.38	12 536.26	1 084.14	1 253.63
21	331.71	0.09	1 504.93	1 327.88	1 996.80	1 761.88	179.71	158.57
合计	73 493.74				55 223.22	59 464.94	870 961.53	935 633.44

注：$D_{夏}$、$D_{冬}$为夏季和冬季单孔换热功率，W；$Q_{h夏}$为夏季换热功率，kW；$Q_{h冬}$为冬季换热功率，kW。

第三节　浅层地热能潜力评价

一、评价原则

分别按地下水地源热泵适宜区和较适宜区、地埋管地源热泵适宜区和较适宜区进行潜力评价，并在此基础上进行浅层地热能综合潜力评价。

浅层地热能潜力评价范围：地下水地源热泵适宜和较适宜区为 200 m 以浅含水层底界，地埋管地源热泵适宜区和较适宜区为恒温带深度至 200 m 深度以浅第四系与新近系松散层厚度。

二、评价方法

利用单位面积上、单位温差可提取的浅层地热能资源量乘以相应分区的面积，取得各个适宜区的可利用资源量，再将各分区可利用资源量累加，得到整个评价区内利用地下水（地埋管）地源热泵系统浅层地热能可利用资源量。

计算公式如下：

$$Q_{年} = M' \times (Q_{夏} + Q_{冬}) \tag{5-12}$$

$$Q_{夏(冬)} = Q_{h夏(冬)} \times N \times t \tag{5-13}$$

$$Q_{夏(冬)} = D_{单夏(单冬)} \times n \times t \tag{5-14}$$

式中　$Q_{年}$——计算区浅层地热能可开采资源量，kJ/a；

M'——计算区面积，km^2；

$Q_{夏(冬)}$——单位面积上夏（冬）季浅层地热能可开采资源量，kJ/km^2；

$Q_{h夏(冬)}$——地下水地源热泵夏（冬）季换热功率，kW；

$D_{单夏(单冬)}$——地埋管地源热泵夏（冬）季单位面积换热功率，W/km^2；

N——单位面积可布抽、灌井对数；

n——单位面积可布换热孔数；

t——热泵系统运行时间，d。

三、参数确定

（一）地下水地源热泵适宜区和较适宜区

（1）计算区面积 M'：$M' = M \times$土地利用系数×可利用面积折减系数。其中：

①M：为各分区面积。

②土地利用系数：在工程实际应用中，应考虑到建筑物占地的影响，即工程建设实际可利用的土地面积，用土地利用系数体现。根据各城市发展规划中土地类别获得，土地利用系数=[（居住用地+公共服务设施用地+工业用地）/规划区总面积]×（1-小区建筑物占地面积/用地面积）。

③可利用面积折减系数：地下水地源热泵系统在评价资源量时，不同区域考虑到城市规划及已有建筑密度，取折减系数 0.6~0.9。

(2)系统运行时间 t:根据研究区实际工程运行情况,制冷期和采暖期各取 120 d。

(二)地埋管地源热泵适宜区和较适宜区

(1)计算区面积 M':土地利用系数与地下水地源热泵一致,可利用面积折减系数在地埋管地源热泵系统评价资源量时取 0.2~0.5。

(2)换热孔数:按照经验值,结合已有场地经验,取 5 m 布孔间距密度计算。

四、计算结果

(一)地下水地源热泵适宜区和较适宜区

根据前述计算方法与参数,对地下水地源热泵适宜区和较适宜区浅层地热能可利用资源量进行计算,并按"平均冬季供暖负荷 50 W/m^2、平均夏季制冷负荷 75 W/m^2。折算城市冬季可供暖总面积与夏季可制冷总面积,计算开发利用潜力。河南省主要城市计算结果见表 5-31(不考虑土地利用系数)、表 5-32(考虑土地利用系数)。

表 5-31 重点研究区地下水地源热泵浅层地热能潜力计算结果(不考虑土地利用系数)

地区	分区编号	分区面积	$Q_{夏}$	$Q_{冬}$	$Q_{年}$	折合标煤	夏季可制冷面积	冬季可供暖面积	制冷潜力	供暖潜力
		km^2	10^{12}kJ/km^2		10^{12}kJ/a	万 t/a	万 m^2/a		万 m^2/km^2	
郑州市	1	70.36	0.34	0.17	36.12	123.27	3 097.10	2 322.82	44.02	33.02
	2	67.04	0.48	0.24	48.76	166.39	4 180.49	3 135.37	62.36	46.77
	3	44.98	0.80	0.40	53.88	183.86	4 619.44	3 464.58	102.71	77.03
	4	1.97	0.34	0.17	1.01	3.46	86.86	65.15	44.02	33.02
	5	128.71	0.34	0.17	66.09	225.51	5 665.82	4 249.37	44.02	33.02
	6	28.79	0.34	0.17	14.78	50.44	1 267.26	950.44	44.02	33.02
	7	4.20	0.34	0.17	2.16	7.36	184.89	138.67	44.02	33.02
	8	70.15	0.34	0.17	36.02	122.90	3 087.99	2 315.99	44.02	33.02
	9	129.45	0.48	0.24	94.16	321.31	8 072.81	6 054.61	62.36	46.77
	10	24.09	0.80	0.40	28.86	98.49	2 474.60	1 855.95	102.71	77.03
	11	8.36	0.34	0.17	4.29	14.65	368.01	276.01	44.02	33.02
	12	2.81	0.34	0.17	1.44	4.93	123.87	92.90	44.02	33.02
	13	32.30	0.34	0.17	16.58	56.59	1 421.85	1 066.39	44.02	33.02
	14	14.97	0.34	0.17	7.69	26.23	659.06	494.29	44.02	33.02
	15	22.55	0.34	0.17	11.58	39.51	992.78	744.58	44.02	33.02
	16	87.61	0.34	0.17	44.98	153.49	3 856.45	2 892.34	44.02	33.02
	17	22.85	0.48	0.24	16.62	56.70	1 424.66	1 068.49	62.36	46.77

续表 5-31

地区	分区编号	分区面积	$Q_{夏}$	$Q_{冬}$	$Q_{年}$	折合标煤	夏季可制冷面积	冬季可供暖面积	制冷潜力	供暖潜力
		km^2	$10^{12}kJ/km^2$		$10^{12}kJ/a$	万 t/a	万 m^2/a		万 m^2/km^2	
郑州市	18	16.60	0.27	0.14	6.82	23.26	584.52	438.39	35.22	26.41
	19	6.12	0.17	0.09	1.57	5.36	134.78	101.09	22.01	16.51
	合计	783.91			493.41	1 683.71	42 303.24	31 727.43		
洛阳市	1	192.24	1.00	0.50	287.89	982.35	24 681.53	18 511.15	128.39	96.29
	2	292.91	1.28	0.64	562.69	1 920.06	48 241.53	36 181.15	164.70	123.52
	合计	485.15			850.58	2 902.41	72 923.06	54 692.30		
周口市	1	253.06	0.29	0.15	110.49	377.01	9 472.35	7 104.26	37.43	28.07
	2	19.01	0.35	0.17	9.96	33.99	853.88	640.41	44.92	33.69
	合计	272.07			120.45	411	10 326.23	7 744.67		
驻马店市	1	142.06	0.44	0.22	93.04	317.46	7 976.22	5 982.17	56.15	42.11
	2	11.20	0.54	0.27	9.15	31.24	784.80	588.60	70.07	52.55
	合计	153.26			102.19	348.70	8 761.02	6 570.77		
焦作市	1	96.45	0.34	0.17	49.52	168.98	4 245.65	3 184.23	44.02	33.01
新乡市	1	8.60	0.20	0.10	2.55	8.71	218.90	164.17	25.45	19.09
濮阳市	1	35.78	0.57	0.29	30.62	104.48	2 625.01	1 968.76	73.37	55.02
	2	53.01	0.86	0.43	68.04	232.17	5 833.36	4 375.02	110.05	82.54
	3	21.32	0.57	0.29	18.24	62.25	1 564.11	1 173.08	73.37	55.02
	合计	110.11			116.90	398.90	10 022.48	7 516.86		
开封市	1	38.79	0.86	0.43	49.79	169.90	4 268.76	3 201.57	110.05	82.54
鹤壁市	1	10.94	1.01	0.51	16.62	56.70	1 424.65	1 068.49	130.26	97.70
	2	10.74	1.38	0.69	22.16	75.60	1 899.43	1 424.58	176.86	132.65
	3	8.76	1.83	0.92	24.10	82.23	2 066.05	1 549.54	235.82	176.86
	4	11.87	1.70	0.85	30.32	103.45	2 599.23	1 949.42	218.97	164.23
	5	7.41	0.91	0.45	10.10	34.45	865.63	649.22	116.79	87.59
	合计	49.72			103.30	352.43	8 854.99	6 641.25		
济源市	1	104.40	1.00	0.50	156.34	533.49	13 403.83	10 052.87	128.39	96.29
	2	111.32	0.57	0.29	95.26	325.06	8 167.02	6 125.26	73.37	55.02
	合计	215.72			251.60	858.55	21 570.85	16 178.13		
商丘市	1	22.70	0.20	0.10	6.78	23.13	581.19	435.89	25.60	19.20

续表 5-31

地区	分区编号	分区面积	$Q_{夏}$	$Q_{冬}$	$Q_{年}$	折合标煤	夏季可制冷面积	冬季可供暖面积	制冷潜力	供暖潜力
		km^2	$10^{12}kJ/km^2$		$10^{12}kJ/a$	万 t/a	万 m^2/a		万 m^2/km^2	
南阳市	1	74.51	0.31	0.22	40.08	136.76	3 006.54	3 221.30	40.35	43.23
安阳市	1	79.25	1.71	0.86	203.45	694.23	17 442.58	13 081.94	220.10	165.07
	2	92.18	0.79	0.40	109.47	373.54	9 385.12	7 038.84	101.81	76.36
	合计	171.43			312.92	1 067.77	26 827.70	20 120.78		
漯河市	1	44.64	1.19	0.59	79.52	271.34	6 817.40	5 113.05	152.72	114.54
	2	205.00	1.15	0.58	354.43	1 209.42	30 386.68	22 790.01	148.23	111.17
	合计	249.64			433.95	1 480.76	37 204.08	27 903.06		
三门峡市	1	52.79	0.86	0.43	67.76	231.22	5 809.43	4 357.07	110.05	82.54
	2	60.86	0.57	0.29	52.08	177.71	4 465.01	3 348.76	73.37	55.02
	合计	113.65			119.84	408.93	10 274.44	7 705.83		
郑州航空港综合实验区	1	78.06	0.43	0.21	50.10	170.95	4 295.17	3 221.38	55.02	41.27
	2	87.41	0.43	0.21	56.10	191.43	4 809.64	3 607.23	55.02	41.27
	3	94.53	0.43	0.21	60.67	207.02	5 201.41	3 901.06	55.02	41.27
	合计	260.00			166.87	569.40	14 306.22	10 729.67		
许昌市	1	6.66	0.43	0.21	4.27	14.59	366.46	274.84	55.02	41.27
平顶山市	1	3.21	1.00	0.50	4.81	16.40	412.13	309.10	128.39	96.29
	2	112.87	0.57	0.29	96.59	329.58	8 280.73	6 210.55	73.37	55.02
	合计	116.08			101.40	345.98	8 692.86	6 519.65		
信阳市	1	23.83	0.29	0.14	10.20	34.79	874.15	655.61	36.68	27.51
	2	13.32	0.29	0.14	5.70	19.45	488.61	366.46	36.68	27.51
	合计	37.15			15.90	54.24	1 362.76	1 022.07		

表 5-32　重点研究区地下水地源热泵浅层地热能潜力计算结果(考虑土地利用系数)

地区	分区编号	分区面积	$Q_{夏}$	$Q_{冬}$	$Q_{年}$	折合标煤	夏季可制冷面积	冬季可供暖面积	制冷潜力	供暖潜力
		km²	10¹²kJ/km²		10¹²kJ/a	万 t/a	万 m²/a		万 m²/km²	
郑州市	1	14.07	0.34	0.17	7.22	24.65	619.42	464.57	8.80	6.60
	2	14.08	0.48	0.24	10.24	34.94	877.90	658.43	13.10	9.82
	3	9.89	0.80	0.40	11.85	40.45	1 016.28	762.21	22.60	16.95
	4	0.30	0.34	0.17	0.15	0.52	13.03	9.77	6.60	4.95
	5	27.03	0.34	0.17	13.88	47.36	1 189.82	892.37	9.24	6.93
	6	4.32	0.34	0.17	2.22	7.57	190.09	142.57	6.60	4.95
	7	0.67	0.34	0.17	0.35	1.18	29.58	22.19	7.04	5.28
	8	10.52	0.34	0.17	5.40	18.44	463.20	347.40	6.60	4.95
	9	24.60	0.48	0.24	17.89	61.05	1 533.83	1 150.38	11.85	8.89
	10	5.30	0.80	0.40	6.35	21.67	544.41	408.31	22.60	16.95
	11	1.34	0.34	0.17	0.69	2.34	58.88	44.16	7.04	5.28
	12	0.45	0.34	0.17	0.23	0.79	19.82	14.86	7.04	5.28
	13	4.85	0.34	0.17	2.49	8.49	213.28	159.96	6.60	4.95
	14	2.84	0.34	0.17	1.46	4.98	125.22	93.92	8.36	6.27
	15	3.38	0.34	0.17	1.74	5.93	148.92	111.69	6.60	4.95
	16	16.65	0.34	0.17	8.55	29.16	732.73	549.55	8.36	6.27
	17	4.34	0.48	0.24	3.16	10.77	270.69	203.01	11.85	8.89
	18	2.99	0.27	0.14	1.23	4.19	105.21	78.91	6.34	4.76
	19	1.16	0.17	0.09	0.30	1.02	25.61	19.21	4.18	3.14
	合计	148.78			95.40	325.50	8 177.92	6 133.47		
洛阳市	1	192.24	1.00	0.50	51.82	176.82	4 442.68	3 332.01	23.11	17.33
	2	292.91	1.28	0.64	101.28	345.61	8 683.48	6 512.61	29.65	22.23
	合计	485.15			153.10	522.43	13 126.16	9 844.62		
周口市	1	253.06	0.29	0.15	25.26	86.18	2 165.38	1 624.03	8.56	6.42
	2	19.01	0.35	0.17	2.28	7.77	195.20	146.40	10.27	7.70
	合计	272.07			27.54	93.95	2 360.58	1 770.43		
驻马店市	1	142.06	0.44	0.22	17.17	58.57	1 471.61	1 103.71	10.36	7.77
	2	11.20	0.54	0.27	1.69	5.76	144.80	108.60	12.93	9.70
	合计	153.26			18.86	64.33	1 616.41	1 212.31		

续表 5-32

地区	分区编号	分区面积	$Q_{夏}$	$Q_{冬}$	$Q_{年}$	折合标煤	夏季可制冷面积	冬季可供暖面积	制冷潜力	供暖潜力
		km^2	$10^{12}kJ/km^2$		$10^{12}kJ/a$	万 t/a	万 m^2/a		万 m^2/km^2	
焦作市	1	96.45	0.34	0.17	11.14	38.02	955.27	716.45	9.90	7.43
新乡市	1	8.60	0.20	0.10	0.41	1.39	35.02	26.27	4.07	3.05
濮阳市	1	35.78	0.57	0.29	3.67	12.54	315.00	236.25	8.80	6.60
	2	53.01	0.86	0.43	7.14	24.38	612.50	459.38	11.56	8.67
	3	21.32	0.57	0.29	2.19	7.47	187.69	140.77	8.80	6.60
	合计	110.11			13.00	44.39	1 115.19	836.40		
开封市	1	38.79	0.86	0.43	6.63	22.63	568.60	426.45	14.66	10.99
鹤壁市	1	10.94	1.01	0.51	2.33	7.94	199.45	149.59	18.24	13.68
	2	10.74	1.38	0.69	3.10	10.58	265.92	199.44	24.76	18.57
	3	8.76	1.83	0.92	3.37	11.51	289.25	216.94	33.01	24.76
	4	11.87	1.70	0.85	4.24	14.48	363.89	272.92	30.66	22.99
	5	7.41	0.91	0.45	1.41	4.82	121.19	90.89	16.35	12.26
	合计	49.72			14.45	49.33	1 239.70	929.78		
济源市	1	104.40	1.00	0.50	30.96	105.63	2 653.96	1 990.47	25.42	19.07
	2	111.32	0.57	0.29	18.86	64.36	1 617.07	1 212.80	14.53	10.89
	合计	215.72			49.82	169.99	4 271.03	3 203.27		
商丘市	1	22.70	0.20	0.10	1.58	5.40	135.67	101.75	5.98	4.48
南阳市	1	74.51	0.31	0.22	4.01	13.68	300.65	322.13	4.04	4.32
安阳市	1	79.25	1.71	0.86	47.00	160.37	4 029.24	3 021.93	50.84	38.13
	2	92.18	0.79	0.40	25.29	86.29	2 167.96	1 625.97	23.52	17.64
	合计	171.43			72.29	246.66	6 197.20	4 647.90		
漯河市	1	44.64	1.19	0.59	12.25	41.79	1 049.88	787.41	23.52	17.64
	2	205.00	1.15	0.58	62.38	212.86	5 348.06	4 011.04	26.09	19.57
	合计	249.64			74.63	254.64	6 397.95	4 798.45		
三门峡市	1	52.79	0.86	0.43	10.84	37.00	929.51	697.13	17.61	13.21
	2	60.86	0.57	0.29	8.33	28.43	714.40	535.80	11.74	8.80
	合计	113.65			19.17	65.43	1 643.91	1 232.93		

续表 5-32

地区	分区编号	分区面积	$Q_{夏}$	$Q_{冬}$	$Q_{年}$	折合标煤	夏季可制冷面积	冬季可供暖面积	制冷潜力	供暖潜力
		km^2	$10^{12}kJ/km^2$		$10^{12}kJ/a$	万 t/a	万 m^2/a		万 m^2/km^2	
郑州航空港综合实验区	1	78.06	0.43	0.21	8.02	27.35	687.23	515.42	8.80	6.60
	2	87.41	0.43	0.21	8.98	30.63	769.54	577.16	8.80	6.60
	3	94.53	0.43	0.21	8.49	28.98	728.20	546.15	7.70	5.78
	合计	260.00			25.49	86.96	2 184.97	1 638.73		
许昌市	1	6.66	0.43	0.21	0.68	2.33	58.63	43.98	8.80	6.60
平顶山市	1	3.21	1.00	0.50	0.67	2.30	57.70	43.27	17.97	13.48
	2	112.87	0.57	0.29	15.45	52.73	1 324.92	993.69	11.74	8.80
	合计	116.08			16.12	55.03	1 382.62	1 036.96		
信阳市	1	23.83	0.29	0.14	1.63	5.57	139.86	104.90	5.87	4.40
	2	13.32	0.29	0.14	0.91	3.11	78.18	58.63	5.87	4.40
	合计	37.15			2.54	8.68	218.04	163.53		

由表 5-31 和表 5-32 可知：

郑州市地下水地源热泵系统适宜区和较适宜区总面积 783.91 km^2。在不考虑土地利用系数的情况下，地下水地源热泵系统可利用的浅层地热能资源量 $493.41\times10^{12}kJ/a$；折合标煤 1 683.71 万 t/a；夏季可制冷面积 42 303.24 万 m^2/a，冬季可供暖面积 31 727.43 万 m^2/a；各区夏季制冷潜力 22.01 万~102.71 万 m^2/km^2，冬季供暖潜力 16.51 万~77.03 万 m^2/km^2。在考虑土地利用系数的情况下，地下水地源热泵系统可利用的浅层地热能资源量 $95.40\times10^{12}kJ/a$；折合标煤 325.50 万 t/a；夏季可制冷面积 8 177.92 万 m^2/a，冬季可供暖面积 6 133.47 万 m^2/a；各区夏季制冷潜力 4.18 万~22.60 万 m^2/km^2，冬季供暖潜力 3.14 万~16.95 万 m^2/km^2。

洛阳市地下水地源热泵系统适宜区和较适宜区总面积 485.15 km^2。在不考虑土地利用系数的情况下，地下水地源热泵系统可利用的浅层地热能资源量 $850.58\times10^{12}kJ/a$；折合标煤 2 902.41 万 t/a；夏季可制冷面积 72 923.07 万 m^2/a，冬季可供暖面积 54 692.30 万 m^2/a；各区夏季制冷潜力 128.39 万~164.70 万 m^2/km^2，冬季供暖潜力 96.29 万~123.52 万 m^2/km^2。在考虑土地利用系数的情况下，地下水地源热泵系统可利用的浅层地热能资源量 $153.10\times10^{12}kJ/a$；折合标煤 522.43 万 t/a；夏季可制冷面积 13 126.15 万 m^2/a，冬季可供暖面积 9 844.62 万 m^2/a；各区夏季制冷潜力 23.11 万~29.65 万 m^2/km^2，冬季供暖潜力 17.33 万~22.23 万 m^2/km^2。

周口市地下水地源热泵系统适宜区和较适宜区总面积 272.07 km^2。在不考虑土地利用系数的情况下，地下水地源热泵系统可利用的浅层地热能资源量 $120.45\times10^{12}kJ/a$；

折合标煤 411 万 t/a;夏季可制冷面积 10 326.23 万 m^2/a,冬季可供暖面积 7 744.67 万 m^2/a;各区夏季制冷潜力 37.43 万~44.92 万 m^2/km^2,冬季供暖潜力 28.07 万~33.69 万 m^2/km^2。在考虑土地利用系数的情况下,地下水地源热泵系统可利用的浅层地热能资源量 27.53×10^{12}kJ/a;折合标煤 93.95 万 t/a;夏季可制冷面积 2 360.58 万 m^2/a,冬季可供暖面积 1 770.43 万 m^2/a;各区夏季制冷潜力 8.56 万~10.27 万 m^2/km^2,冬季供暖潜力 6.42 万~7.70 万 m^2/km^2。

驻马店市地下水地源热泵系统适宜区和较适宜区总面积 153.26 km^2。在不考虑土地利用系数的情况下,地下水地源热泵系统可利用的浅层地热能资源量 102.19×10^{12} kJ/a;折合标煤 348.70 万 t/a;夏季可制冷面积 8 761.02 万 m^2/a,冬季可供暖面积 6 570.77 万 m^2/a;各区夏季制冷潜力 56.15 万~70.07 万 m^2/km^2,冬季供暖潜力 42.11 万~52.55 万 m^2/km^2。在考虑土地利用系数的情况下,地下水地源热泵系统可利用的浅层地热能资源量 18.86×10^{12}kJ/a;折合标煤 64.33 万 t/a;夏季可制冷面积 1 616.41 万 m^2/a,冬季可供暖面积 1 212.31 万 m^2/a;各区夏季制冷潜力 10.36 万~12.93 万 m^2/km^2,冬季供暖潜力 7.77 万~9.70 万 m^2/km^2。

焦作市地下水地源热泵系统适宜区和较适宜区总面积 96.45 km^2。在不考虑土地利用系数的情况下,地下水地源热泵系统可利用的浅层地热能资源量 49.52×10^{12}kJ/a;折合标煤 168.98 万 t/a;夏季可制冷面积 4 245.65 万 m^2/a,冬季可供暖面积 3 184.23 万 m^2/a;各区夏季制冷潜力 44.02 万 m^2/km^2,冬季供暖潜力 33.01 万 m^2/km^2。在考虑土地利用系数的情况下,地下水地源热泵系统可利用的浅层地热能资源量 11.14×10^{12}kJ/a;折合标煤 38.02 万 t/a;夏季可制冷面积 955.27 万 m^2/a,冬季可供暖面积 716.45 万 m^2/a;各区夏季制冷潜力 9.90 万 m^2/km^2,冬季供暖潜力 7.43 万 m^2/km^2。

新乡市地下水地源热泵系统适宜区和较适宜区总面积 8.60 km^2。在不考虑土地利用系数的情况下,地下水地源热泵系统可利用的浅层地热能资源量 2.55×10^{12}kJ/a;折合标煤 8.71 万 t/a;夏季可制冷面积 218.90 万 m^2/a,冬季可供暖面积 164.17 万 m^2/a;各区夏季制冷潜力 25.45 万 m^2/km^2,冬季供暖潜力 19.09 万 m^2/km^2。在考虑土地利用系数的情况下,地下水地源热泵系统可利用的浅层地热能资源量 0.41×10^{12}kJ/a;折合标煤 1.39 万 t/a;夏季可制冷面积 35.02 万 m^2/a,冬季可供暖面积 26.27 万 m^2/a;各区夏季制冷潜力 4.07 万 m^2/km^2,冬季供暖潜力 3.05 万 m^2/km^2。

濮阳市地下水地源热泵系统适宜区和较适宜区总面积 110.11 km^2。在不考虑土地利用系数的情况下,地下水地源热泵系统可利用的浅层地热能资源量 116.90×10^{12}kJ/a;折合标煤 398.90 万 t/a;夏季可制冷面积 10 022.48 万 m^2/a,冬季可供暖面积 7 516.86 万 m^2/a;各区夏季制冷潜力 73.37 万~110.05 万 m^2/km^2,冬季供暖潜力 55.02 万~82.54 万 m^2/km^2。在考虑土地利用系数的情况下,地下水地源热泵系统可利用的浅层地热能资源量 13.00×10^{12}kJ/a;折合标煤 44.39 万 t/a;夏季可制冷面积 1 115.19 万 m^2/a,冬季可供暖面积 836.40 万 m^2/a;各区夏季制冷潜力 8.80 万~11.56 万 m^2/km^2,冬季供暖潜力 6.60 万~8.67 万 m^2/km^2。

开封市地下水地源热泵系统适宜区和较适宜区总面积 38.79 km^2。在不考虑土地利用系数的情况下，地下水地源热泵系统可利用的浅层地热能资源量 49.79×10^{12} kJ/a；折合标煤 169.90 万 t/a；夏季可制冷面积 4 268.76 万 m^2/a，冬季可供暖面积 3 201.57 万 m^2/a；各区夏季制冷潜力 110.05 万 m^2/km^2，冬季供暖潜力 82.54 万 m^2/km^2。在考虑土地利用系数的情况下，地下水地源热泵系统可利用的浅层地热能资源量 6.63×10^{12} kJ/a；折合标煤 22.63 万 t/a；夏季可制冷面积 568.60 万 m^2/a，冬季可供暖面积 426.45 万 m^2/a；各区夏季制冷潜力 14.66 万 m^2/km^2，冬季供暖潜力 10.99 万 m^2/km^2。

鹤壁市地下水地源热泵系统适宜区和较适宜区总面积 49.72 km^2。在不考虑土地利用系数的情况下，地下水地源热泵系统可利用的浅层地热能资源量 103.30×10^{12} kJ/a；折合标煤 352.43 万 t/a；夏季可制冷面积 8 854.99 万 m^2/a，冬季可供暖面积 6 641.25 万 m^2/a；各区夏季制冷潜力 116.79 万～235.82 万 m^2/km^2，冬季供暖潜力 87.59 万～176.86 万 m^2/km^2。在考虑土地利用系数的情况下，地下水地源热泵系统可利用的浅层地热能资源量 14.45×10^{12} kJ/a；折合标煤 49.33 万 t/a；夏季可制冷面积 1 239.70 万 m^2/a，冬季可供暖面积 929.78 万 m^2/a；各区夏季制冷潜力 16.35 万～33.01 万 m^2/km^2，冬季供暖潜力 12.26 万～24.76 万 m^2/km^2。

济源市地下水地源热泵系统适宜区和较适宜区总面积 215.72 km^2。在不考虑土地利用系数的情况下，地下水地源热泵系统可利用的浅层地热能资源量 251.60×10^{12} kJ/a；折合标煤 858.55 万 t/a；夏季可制冷面积 21 570.85 万 m^2/a，冬季可供暖面积 16 178.13 万 m^2/a；各区夏季制冷潜力 73.37 万～128.39 万 m^2/km^2，冬季供暖潜力 55.02 万～96.29 万 m^2/km^2。在考虑土地利用系数的情况下，地下水地源热泵系统可利用的浅层地热能资源量 49.82×10^{12} kJ/a；折合标煤 169.99 万 t/a；夏季可制冷面积 4 271.03 万 m^2/a，冬季可供暖面积 3 203.27 万 m^2/a；各区夏季制冷潜力 14.53 万～25.42 万 m^2/km^2，冬季供暖潜力 10.89 万～19.07 万 m^2/km^2。

商丘市地下水地源热泵系统适宜区和较适宜区总面积 22.70 km^2。在不考虑土地利用系数的情况下，地下水地源热泵系统可利用的浅层地热能资源量 6.78×10^{12} kJ/a；折合标煤 23.13 万 t/a；夏季可制冷面积 581.19 万 m^2/a，冬季可供暖面积 435.89 万 m^2/a；各区夏季制冷潜力 25.60 万 m^2/km^2，冬季供暖潜力 19.20 万 m^2/km^2。在考虑土地利用系数的情况下，地下水地源热泵系统可利用的浅层地热能资源量 1.58×10^{12} kJ/a；折合标煤 5.40 万 t/a；夏季可制冷面积 135.67 万 m^2/a，冬季可供暖面积 101.75 万 m^2/a；各区夏季制冷潜力 5.98 万 m^2/km^2，冬季供暖潜力 4.48 万 m^2/km^2。

南阳市地下水地源热泵系统适宜区和较适宜区总面积 74.51 km^2。在不考虑土地利用系数的情况下，地下水地源热泵系统可利用的浅层地热能资源量 40.08×10^{12} kJ/a；折合标煤 136.76 万 t/a；夏季可制冷面积 3 006.54 万 m^2/a，冬季可供暖面积 3 221.30 万 m^2/a；各区夏季制冷潜力 40.35 万 m^2/km^2，冬季供暖潜力 43.23 万 m^2/km^2。在考虑土地利用系数的情况下，地下水地源热泵系统可利用的浅层地热能资源量 4.01×10^{12} kJ/a；折合标煤 13.68 万 t/a；夏季可制冷面积 300.65 万 m^2/a，冬季可供暖面积 322.13 万 m^2/a；各区夏季制冷潜力 4.04 万 m^2/km^2，冬季供暖潜力 4.32 万 m^2/km^2。

安阳市地下水地源热泵系统适宜区和较适宜区总面积 171.43 km^2。在不考虑土地利用系数的情况下,地下水地源热泵系统可利用的浅层地热能资源量312.92×10^{12}kJ/a;折合标煤1 067.77万t/a;夏季可制冷面积26 827.70万m^2/a,冬季可供暖面积20 120.78万m^2/a;各区夏季制冷潜力101.81万~220.10万m^2/km^2,冬季供暖潜力76.36万~165.07万m^2/km^2。在考虑土地利用系数的情况下,地下水地源热泵系统可利用的浅层地热能资源量72.29×10^{12}kJ/a;折合标煤246.66万t/a;夏季可制冷面积6 197.20万m^2/a,冬季可供暖面积4 647.90万m^2/a;各区夏季制冷潜力23.52万~50.84万m^2/km^2,冬季供暖潜力17.64万~38.13万m^2/km^2。

漯河市地下水地源热泵系统适宜区和较适宜区总面积249.64 km^2。在不考虑土地利用系数的情况下,地下水地源热泵系统可利用的浅层地热能资源量433.95×10^{12}kJ/a;折合标煤1 480.76万t/a;夏季可制冷面积37 204.08万m^2/a,冬季可供暖面积27 903.06万m^2/a;各区夏季制冷潜力148.23万~152.72万m^2/km^2,冬季供暖潜力111.17万~114.54万m^2/km^2。在考虑土地利用系数的情况下,地下水地源热泵系统可利用的浅层地热能资源量74.63×10^{12}kJ/a;折合标煤254.64万t/a;夏季可制冷面积6 397.94万m^2/a,冬季可供暖面积4 798.45万m^2/a;各区夏季制冷潜力23.52万~26.09万m^2/km^2,冬季供暖潜力17.64万~19.57万m^2/km^2。

三门峡市地下水地源热泵系统适宜区和较适宜区总面积113.65 km^2。在不考虑土地利用系数的情况下,地下水地源热泵系统可利用的浅层地热能资源量119.84×10^{12}kJ/a;折合标煤408.93万t/a;夏季可制冷面积10 274.44万m^2/a,冬季可供暖面积7 705.83万m^2/a;各区夏季制冷潜力73.37万~110.05万m^2/km^2,冬季供暖潜力55.02万~82.54万m^2/km^2。在考虑土地利用系数的情况下,地下水地源热泵系统可利用的浅层地热能资源量19.17×10^{12}kJ/a;折合标煤65.43万t/a;夏季可制冷面积1 643.91万m^2/a,冬季可供暖面积1 232.93万m^2/a;各区夏季制冷潜力11.74万~17.61万m^2/km^2,冬季供暖潜力8.80万~13.21万m^2/km^2。

郑州航空港综合实验区地下水地源热泵系统适宜区和较适宜区总面积260.00 km^2。在不考虑土地利用系数的情况下,地下水地源热泵系统可利用的浅层地热能资源量166.87×10^{12}kJ/a;折合标煤569.40万t/a;夏季可制冷面积14 306.22万m^2/a,冬季可供暖面积10 729.67万m^2/a;各区夏季制冷潜力55.02万m^2/km^2,冬季供暖潜力41.27万m^2/km^2。在考虑土地利用系数的情况下,地下水地源热泵系统可利用的浅层地热能资源量25.49×10^{12}kJ/a;折合标煤86.96万t/a;夏季可制冷面积2 184.97万m^2/a,冬季可供暖面积1 638.73万m^2/a;各区夏季制冷潜力7.70万~8.80万m^2/km^2,冬季供暖潜力5.78万~6.60万m^2/km^2。

许昌市地下水地源热泵系统适宜区和较适宜区总面积6.66 km^2。在不考虑土地利用系数的情况下,地下水地源热泵系统可利用的浅层地热能资源量4.27×10^{12}kJ/a;折合标煤14.59万t/a;夏季可制冷面积366.46万m^2/a,冬季可供暖面积274.84万m^2/a;各区夏季制冷潜力55.02万m^2/km^2,冬季供暖潜力41.27万m^2/km^2。在考虑土地利用系数的情况下,地下水地源热泵系统可利用的浅层地热能资源量0.68×10^{12}kJ/a;折合标煤2.33万t/a;夏季可制冷面积58.63万m^2/a,冬季可供暖面积43.98万m^2/a;各区夏季制冷潜力 8.80 万 m^2/km^2,冬季供暖潜力 6.60 万 m^2/km^2。

平顶山市地下水地源热泵系统适宜区和较适宜区总面积 116.08 km^2。在不考虑土地利用系数的情况下,地下水地源热泵系统可利用的浅层地热能资源量 101.39×10^{12} kJ/a;折合标煤 345.98 万 t/a;夏季可制冷面积 8 692.86 万 m^2/a,冬季可供暖面积 6 519.65 万 m^2/a;各区夏季制冷潜力 73.37 万~128.39 万 m^2/km^2,冬季供暖潜力 55.02 万~96.29 万 m^2/km^2。在考虑土地利用系数的情况下,地下水地源热泵系统可利用的浅层地热能资源量 16.13×10^{12}kJ/a;折合标煤 55.03 万 t/a;夏季可制冷面积 1 382.62 万 m^2/a,冬季可供暖面积 1 036.96 万 m^2/a;各区夏季制冷潜力 11.74 万~17.97 万 m^2/km^2,冬季供暖潜力 8.80 万~13.48 万 m^2/km^2。

信阳市地下水地源热泵系统适宜区和较适宜区总面积 37.15 km^2。在不考虑土地利用系数的情况下,地下水地源热泵系统可利用的浅层地热能资源量 15.90×10^{12}kJ/a;折合标煤 54.24 万 t/a;夏季可制冷面积 1 362.76 万 m^2/a,冬季可供暖面积 1 022.07 万 m^2/a;各区夏季制冷潜力 36.68 万 m^2/km^2,冬季供暖潜力 27.51 万 m^2/km^2。在考虑土地利用系数的情况下,地下水地源热泵系统可利用的浅层地热能资源量 2.54×10^{12}kJ/a;折合标煤 8.68 万 t/a;夏季可制冷面积 218.04 万 m^2/a,冬季可供暖面积 163.53 万 m^2/a;各区夏季制冷潜力 5.87 万 m^2/km^2,冬季供暖潜力 4.40 万 m^2/km^2。

重点研究区地下水地源热泵系统适宜区和较适宜区总面积 3 304.40 km^2。在不考虑土地利用系数的情况下,地下水地源热泵系统可利用的浅层地热能资源量 $3\,392.10\times10^{12}$kJ/a;折合标煤 11 574.75 万 t/a;夏季可制冷面积 290 386.17 万 m^2/a,冬季可供暖面积 218 756.02 万 m^2/a。在考虑土地利用系数的情况下,地下水地源热泵系统可利用的浅层地热能资源量 613.50×10^{12}kJ/a;折合标煤 2 093.41 万 t/a;夏季可制冷面积 52 554.09 万 m^2/a,冬季可供暖面积 39 512.21 万 m^2/a。

重点研究区地下水地源热泵系统潜力评价按照冬季供暖和夏季制冷潜力进行分区:潜力高区>8.5 万 m^2/km^2;潜力中等区 5.5 万~8.5 万 m^2/km^2;潜力低区<5.5 万 m^2/km^2,结果见表 5-33、表 5-34。

表 5-33　重点研究区地下水地源热泵潜力评价(供暖)结果

地貌单元	地区	适宜性	面积/km^2	分布范围
山前冲洪积倾斜平原	安阳	潜力高区	171.43	研究区中北部天盛寺—城区—白壁一带
	焦作	潜力中等区	96.45	研究区中北部嘉耗—王褚—马村一带的坡洪积斜地、冲洪积扇
	平顶山	潜力高区	116.08	市区南部沙河两侧冲积平原,北部井营一带
	信阳	潜力低区	37.15	南部浉河河谷平原一级、二级阶地
	鹤壁	潜力高区	49.72	研究区西部主城区范围

续表 5-33

地貌单元	地区	适宜性	面积/km²	分布范围
冲洪积平原	郑州	潜力高区	288.41	黄河岸边,市区中东部一带
		潜力中等区	301.65	黄河冲积平原和塬间平原
		潜力低区	193.85	西南部和西北部的黄土台塬
	开封	潜力高区	38.79	市区东南部地区及西北部和中部局部地区
	新乡	潜力低区	8.60	北部杨九屯一带冲洪积平原、古固寨南部古背河洼地等局部地区
	濮阳	潜力高区	53.01	市区西南部黄河故道
		潜力中等区	57.10	研究区西北部黄河决口扇东部七堡寨—张家寨一带黄河故道
	许昌	潜力中等区	6.66	研究区西南部高楼陈局部地区
	漯河	潜力高区	249.64	研究区西北部冲积平原区
	商丘	潜力低区	22.7	研究区东南部许楼
	周口	潜力中等区	272.07	黄河冲积平原及东南部颍河冲积平原沙颍河河间地带
	驻马店	潜力中等区	142.06	橡林—水屯一带的中部平原区
		潜力高区	11.2	刘阁一带
	航空港	潜力中等区	260.00	山前坡洪积倾斜平原南部、黄河冲积洼地区
内陆河谷型盆地	南阳	潜力低区	74.51	白河中上段一级阶地上与西侧二级阶地
	济源	潜力高区	215.72	沁河冲洪积扇前缘、蟒河冲洪积微倾斜地区、坡洪积缓倾斜地区
	洛阳	潜力高区	485.15	魏屯—关林以东的伊洛河河间地块及河漫滩、一级阶地,洛河二级阶地及涧河三级阶地
	三门峡	潜力高区	113.65	黄河漫滩及一级阶地、二级阶地,青龙涧河、苍龙涧河河谷及阶地

表 5-34 重点研究区地下水地源热泵潜力评价(制冷)结果

地貌单元	地区	适宜性	面积/km²	分布范围
山前冲洪积倾斜平原	安阳	潜力高区	171.43	研究区中北部天盛寺—城区—白壁一带
	焦作	潜力高区	96.45	研究区中北部嘉秇—王褚—马村一带的坡洪积斜地、冲洪积扇
	平顶山	潜力高区	116.08	市区南部沙河两侧冲积平原,北部井营一带
	信阳	潜力中等区	37.15	南部浉河河谷平原一级、二级阶地
	鹤壁	潜力高区	49.72	研究区西部主城区范围
冲洪积平原	郑州	潜力高区	464.63	黄河岸边,市区中东部一带
		潜力中等区	296.56	黄河冲积平原和塬间平原,西南部和西北部的黄土台塬
		潜力低区	22.72	上街区
	开封	潜力高区	38.79	市区东南部地区及西北部和中部局部地区
	新乡	潜力低区	8.60	北部杨九屯一带冲洪积平原、古固寨南部古背河洼地等局部地区
	濮阳	潜力高区	110.11	研究区西北部黄河决口扇、中部黄河故道
	许昌	潜力高区	6.66	研究区西南部高楼陈局部地区
	漯河	潜力高区	249.64	研究区西北部冲积平原区
	商丘	潜力中等区	22.7	研究区东南部许楼
	周口	潜力高区	272.07	黄河冲积平原及东南部颍河冲积平原沙颍河河间地带
	驻马店	潜力高区	153.26	刘阁—水屯一带的中部平原区
	航空港	潜力高区	165.47	山前坡洪积倾斜平原南部、黄河冲积洼地区
		潜力中等区	94.53	山前坡洪积倾斜平原中部
内陆河谷型盆地	南阳	潜力低区	74.51	白河中上段侧一级阶地上与西侧二级阶地
	济源	潜力高区	215.72	沁河冲洪积扇前缘、蟒河冲洪积微倾斜地区、坡洪积缓倾斜地区
	洛阳	潜力高区	485.15	魏屯—关林以东的伊洛河河间地块及河漫滩、一级阶地,洛河二级阶地及涧河三级阶地
	三门峡	潜力高区	113.65	黄河漫滩及一级阶地、二级阶地,青龙涧河、苍龙涧河河谷及阶地

河南省地下水地源热泵适宜区和较适宜区浅层地热能可利用资源量计算结果见表5-35(不考虑土地利用系数)、表5-36(考虑土地利用系数)。

表5-35 河南省地下水地源热泵浅层地热能潜力计算结果(不考虑土地利用系数)

分区编号	分区面积	$Q_{夏}$	$Q_{冬}$	$Q_{年}$	折合标煤	夏季可制冷面积	冬季可供暖面积	制冷潜力	供暖潜力
	km^2	$10^{12}kJ/km^2$		$10^{12}kJ/a$	万 t/a	万 m^2/a		万 m^2/km^2	
1	2 493.38	0.77	0.39	2 880.47	9 828.93	246 952.00	185 214.00	99.04	74.28
2	5 382.03	0.86	0.43	6 908.41	23 573.36	592 280.84	444 210.63	110.05	82.54
3	1 497.10	1.00	0.50	2 241.97	7 650.20	192 211.41	144 158.56	128.39	96.29
4	67.36	0.86	0.43	86.46	295.04	7 412.82	5 559.62	110.05	82.54
5	39.41	0.86	0.43	50.59	172.62	4 336.99	3 252.74	110.05	82.54
6	72.88	0.86	0.43	93.55	319.22	8 020.29	6 015.22	110.05	82.54
7	53.74	1.00	0.50	80.48	274.61	6 899.63	5 174.73	128.39	96.29
8	519.10	0.29	0.14	222.11	757.89	19 041.95	14 281.46	36.68	27.51
9	613.32	0.63	0.31	577.33	1 969.99	49 496.00	37 122.00	80.70	60.53
10	226.05	0.57	0.29	193.44	660.07	16 584.21	12 438.16	73.37	55.02
11	3 592.60	0.43	0.21	2 305.74	7 867.82	197 678.96	148 259.22	55.02	41.27
12	2 394.45	1.00	0.50	3 585.79	12 235.67	307 421.42	230 566.07	128.39	96.29
13	5 895.94	1.14	0.57	10 090.75	34 432.38	865 114.04	648 835.53	146.73	110.05
14	2 049.59	0.34	0.17	1 052.35	3 590.89	90 221.19	67 665.89	44.02	33.01
15	85.37	0.63	0.31	80.36	274.21	6 889.51	5 167.13	80.70	60.53
16	100.37	0.63	0.31	94.48	322.39	8 100.04	6 075.03	80.70	60.53
17	5 274.96	0.34	0.17	2 708.39	9 241.76	232 199.21	174 149.40	44.02	33.01
合计	30 357.65			33 252.67	113 467.05	2 850 860.51	2 138 145.39		

表 5-36　河南省地下水地源热泵浅层地热能潜力计算结果(考虑土地利用系数)

分区编号	分区面积	计算面积	$Q_{夏}$	$Q_{冬}$	$Q_{年}$	折合标煤	夏季可制冷面积	冬季可供暖面积	制冷潜力	供暖潜力
	km^2		$10^{12}kJ/km^2$		$10^{12}kJ/a$	万 t/a	万 m^2/a		万 m^2/km^2	
1	2 493.38	423.87	0.77	0.39	489.68	1 670.92	41 981.84	31 486.38	16.84	12.63
2	5 382.03	807.30	0.86	0.43	1 036.26	3 536.00	88 842.13	66 631.59	16.51	12.38
3	1 497.10	149.71	1.00	0.50	224.20	765.02	19 221.14	14 415.86	12.84	9.63
4	67.36	10.10	0.86	0.43	12.97	44.26	1 111.92	833.94	16.51	12.38
5	39.41	5.91	0.86	0.43	7.59	25.89	650.55	487.91	16.51	12.38
6	72.88	10.93	0.86	0.43	14.03	47.88	1 203.04	902.28	16.51	12.38
7	53.74	9.67	1.00	0.50	14.49	49.43	1 241.93	931.45	23.11	17.33
8	519.10	83.06	0.29	0.14	35.54	121.26	3 046.71	2 285.03	5.87	4.40
9	613.32	110.40	0.63	0.31	103.92	354.60	8 909.28	6 681.96	14.53	10.89
10	226.05	38.43	0.57	0.29	32.88	112.21	2 819.32	2 114.49	12.47	9.35
11	3 592.6	646.67	0.43	0.21	415.03	1 416.21	35 582.21	26 686.66	9.90	7.43
12	2 394.45	239.45	1.00	0.50	358.58	1 223.57	30 742.14	23 056.61	12.84	9.63
13	5 895.94	943.35	1.14	0.57	1 614.52	5 509.18	138 418.25	103 813.68	23.48	17.61
14	2 049.59	409.92	0.34	0.17	210.47	718.18	18 044.24	13 533.18	8.80	6.60
15	85.37	12.81	0.63	0.31	12.05	41.13	1 033.43	775.07	12.11	9.08
16	100.37	13.05	0.63	0.31	12.28	41.91	1 053.00	789.75	10.49	7.87
17	5 274.96	1 054.99	0.34	0.17	541.68	1 848.35	46 439.84	34 829.88	8.80	6.60
合计	30 357.65	4 969.62			5 136.17	17 526.00	440 340.97	330 255.72		

由表 5-35 和表 5-36 可知，河南省地下水地源热泵系统适宜区和较适宜区总面积 30 357.65 km^2。不考虑土地利用系数的情况下，地下水地源热泵系统可利用的浅层地热能资源量 33 252.67×10^{12}kJ/a；折合标煤 113 467.05 万 t/a；夏季可制冷面积 2 850 860.51 万 m^2/a，冬季可供暖面积 2 138 145.39 万 m^2/a；各区夏季制冷潜力 44.02 万～128.39 万 m^2/km^2，冬季供暖潜力 27.51 万～110.05 万 m^2/km^2。在考虑土地利用系数的情况下，地下水地源热泵系统可利用的浅层地热能资源量 5 136.17×10^{12}kJ/a；折合标煤

17 526.00 万 t/a；夏季可制冷面积 440 340.97 万 m^2/a，冬季可供暖面积 330 255.72 万 m^2/a；各区夏季制冷潜力 5.87 万～23.48 万 m^2/km^2，冬季供暖潜力 4.40 万～17.61 万 m^2/km^2。按照冬季供暖潜力进行分区：潜力高区 8.5 万～17.61 万 m^2/km^2；潜力中等区 5.5 万～8.5 万 m^2/km^2；潜力低区 4.40 万～5.5 万 m^2/km^2，不同区域冬季供暖潜力绘制潜力分区图，见图 5-18、表 5-37。

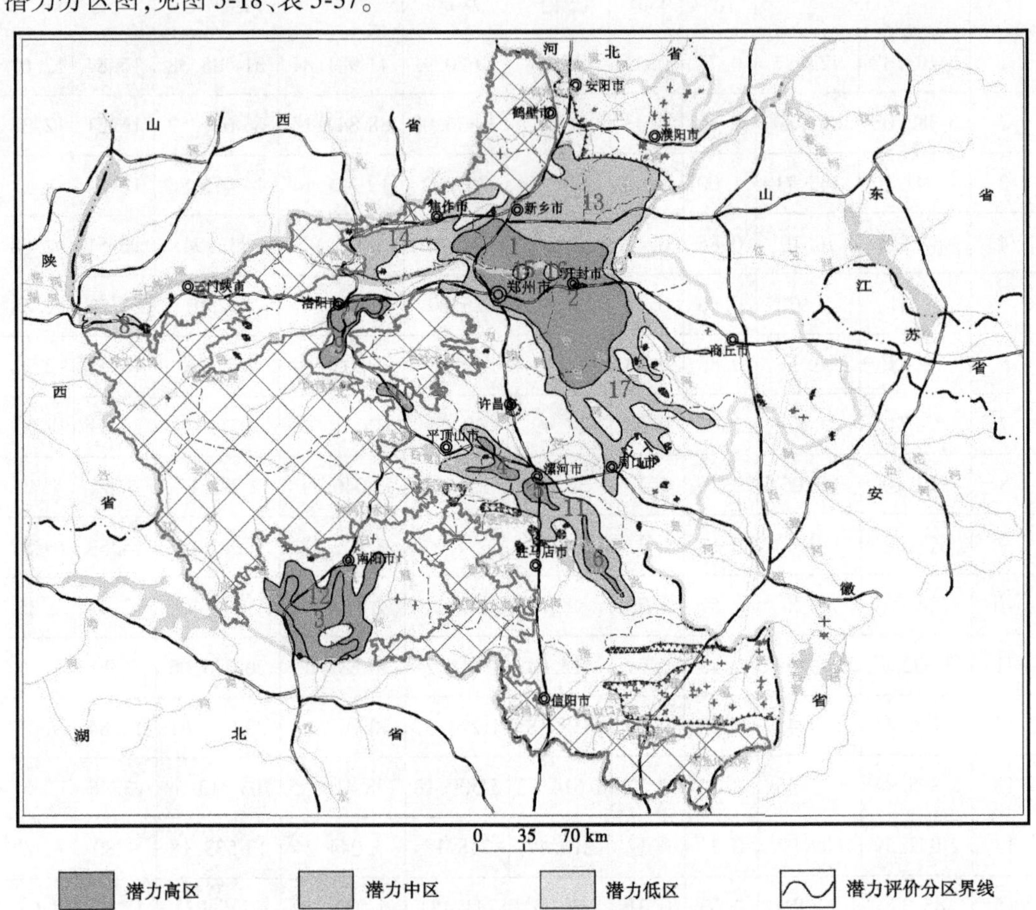

图 5-18　河南省地下水地源热泵系统潜力评价图

表 5-37　地下水地源热泵(较)适宜区供暖潜力分区说明

供暖能力分区	分区编号	供暖潜力/(万 m^2/km^2)	面积/km^2	占(较)适宜区比例/%	占全区比例/%	分布区域
高	1、2、3、4、5、6、7、9、10、12、13、15	8.5～17.61	18 821.03	62.00	17.33	黄河冲积平原、沙河冲积平原、洛阳盆地
中	11、14、16、17	5.5～8.5	11 017.52	36.29	10.15	黄河冲积平原、沙河冲积平原
低	8	<5.5	519.1	1.71	0.48	三门峡盆地
合计			30 357.65	100	27.96	

(二)地埋管地源热泵适宜区和较适宜区

按照前述计算公式及参数,计算地埋管热泵适宜(较适宜)区浅层地热能潜力。重点研究区计算结果见表 5-38(不考虑土地利用系数)、表 5-39(考虑土地利用系数)。

表 5-38　重点研究区地埋管地源热泵系统适宜区浅层地热能潜力计算结果(不考虑土地利用系数)

地区	分区编号	计算面积	$D_{单夏}$	$D_{单冬}$	$Q_{夏}$	$Q_{冬}$	$Q_{年}$	折合标煤	夏季可制冷面积	冬季可供暖面积	制冷潜力	供暖潜力
		km^2	亿 W/km^2		$10^{12}kJ/km^2$		$10^{12}kJ/a$	万 t/a	万 m^2/a		万 m^2/km^2	
郑州市	1	35.03	1.11	1.26	1.15	1.30	85.97	293.37	5 182.60	8 810.43	147.95	251.51
	2	7.79	1.12	1.27	1.17	1.32	19.35	66.04	1 166.69	1 983.37	149.86	254.76
	3	22.62	1.12	1.27	1.17	1.32	56.24	191.89	3 389.95	5 762.91	149.86	254.76
	4	154.92	1.13	1.28	1.18	1.33	388.38	1 325.25	23 411.83	39 800.10	151.12	256.91
	5	1.85	1.12	1.27	1.17	1.32	4.61	15.72	277.69	472.07	149.86	254.76
	6	1.74	1.12	1.27	1.17	1.32	4.32	14.76	260.68	443.15	149.86	254.76
	7	10.16	1.13	1.28	1.18	1.33	25.47	86.91	1 535.32	2 610.04	151.12	256.91
	8	7.89	1.11	1.26	1.15	1.30	19.37	66.10	1 167.77	1 985.20	147.95	251.51
	9	53.30	1.12	1.27	1.17	1.32	132.50	452.12	7 987.19	13 578.23	149.86	254.76
	10	150.73	1.13	1.28	1.18	1.33	377.87	1 289.39	22 778.44	38 723.35	151.12	256.91
	11	16.06	1.12	1.27	1.17	1.32	39.94	136.27	2 407.36	4 092.52	149.86	254.76
	12	114.36	1.11	1.26	1.15	1.30	280.67	957.73	16 919.31	28 762.82	147.95	251.51
	13	26.88	1.11	1.26	1.15	1.30	65.97	225.12	3 977.00	6 760.90	147.95	251.51
	14	29.61	1.11	1.26	1.15	1.30	72.67	247.97	4 380.72	7 447.22	147.95	251.51
	15	3.82	1.11	1.26	1.15	1.30	9.37	31.98	565.02	960.53	147.95	251.51
	16	6.20	1.12	1.27	1.17	1.32	15.42	52.62	929.57	1 580.27	149.86	254.76
	17	16.35	1.11	1.26	1.15	1.30	40.13	136.93	2 419.01	4 112.33	147.95	251.51
	18	48.73	1.11	1.26	1.15	1.30	119.59	408.08	7 209.18	12 255.61	147.95	251.51
	19	69.39	1.12	1.27	1.17	1.32	172.50	588.60	10 398.27	17 677.05	149.86	254.76
	20	40.07	1.13	1.28	1.18	1.33	100.44	342.74	6 054.83	10 293.20	151.12	256.91
	21	15.96	1.10	1.25	1.15	1.30	39.01	133.10	2 351.38	3 997.34	147.31	250.43
	合计	833.46			24.43	27.58	2 069.79	7 062.69	124 769.81	212 108.64		
洛阳	1	268.80	0.83	0.85	0.86	0.88	467.89	1 596.58	29 764.60	45 609.63	110.73	169.68

续表 5-38

地区	分区编号	计算面积	$D_{单夏}$	$D_{单冬}$	$Q_{夏}$	$Q_{冬}$	$Q_{年}$	折合标煤	夏季可制冷面积	冬季可供暖面积	制冷潜力	供暖潜力
		km^2	亿 W/km^2		$10^{12}kJ/km^2$		$10^{12}kJ/a$	万 t/a	万 m^2/a		万 m^2/km^2	
周口	1	253.06	1.23	1.31	1.27	1.36	666.27	2 273.48	41 412.95	66 403.53	163.65	262.40
	2	19.01	1.11	1.22	1.15	1.27	46.00	156.96	2 819.72	4 643.66	148.33	244.27
	3	60.88	0.90	1.10	0.93	1.14	125.75	429.10	7 277.32	13 341.75	119.54	219.15
	4	56.11	1.08	1.22	1.12	1.27	133.63	456.00	8 054.25	13 696.80	143.54	244.11
	合计	389.06			4.47	5.04	971.65	3 315.54	59 564.24	98 085.74		
驻马店	1	99.56	1.71	1.86	1.78	1.92	368.44	1 257.20	22 742.83	36 957.10	228.43	371.20
	2	142.06	1.67	1.50	1.74	1.56	468.15	1 597.46	31 707.62	42 745.09	223.20	300.89
	3	11.20	1.66	1.50	1.73	1.55	36.70	125.23	2 485.58	3 350.81	221.93	299.18
	4	58.69	0.92	0.82	0.95	0.85	105.85	361.19	7 169.11	9 664.69	122.15	164.67
	5	47.20	1.31	1.09	1.36	1.13	117.32	400.33	8 247.88	10 259.56	174.74	217.36
	合计	358.71			7.56	7.01	1 096.46	3 741.41	72 353.02	102 977.25		
焦作	1	183.77	1.14	0.92	1.18	0.95	391.32	1 335.30	27 846.02	33 717.17	151.53	183.47
新乡	1	447.73	1.09	1.09	1.13	1.13	1 007.99	3 439.53	64 813.59	97 220.39	144.76	217.14
濮阳	1	457.98	1.03	1.12	1.07	1.16	1 020.30	3 481.53	62 980.96	102 344.06	137.52	223.47
开封	1	522.48	1.11	0.93	1.15	0.97	1 106.30	3 775.00	77 300.19	97 455.15	147.95	186.52
鹤壁	1	30.64	1.41	0.82	1.46	0.85	70.76	241.46	5 763.47	5 005.11	188.10	163.35
	2	63.41	2.18	0.83	2.26	0.86	197.26	673.12	18 391.86	10 464.33	290.05	165.03
	3	33.95	2.08	0.79	2.16	0.82	101.18	345.27	9 433.88	5 367.55	277.88	158.10
	合计	128.00			5.88	2.53	369.20	1 259.85	33 589.21	20 836.99		
济源	1	134.66	0.97	1.10	1.01	1.14	290.23	990.34	17 495.40	29 742.18	129.92	220.87
	2	81.16	0.95	1.08	0.98	1.11	170.30	581.10	10 265.68	17 451.66	126.49	215.03
	合计	215.82			1.99	2.25	460.53	1 571.44	27 761.08	47 193.84		
商丘	1	249.07	2.24	1.00	2.32	1.04	837.29	2 857.04	74 393.59	49 922.01	298.69	200.43
南阳	1	255.77	2.34	1.15	2.43	1.19	925.83	3 159.17	79 879.31	58 772.99	312.31	229.79
	2	59.08	2.34	1.15	2.43	1.19	213.86	729.73	18 451.22	13 575.90	312.31	229.79
	合计	314.85			4.86	2.38	1 139.69	3 888.90	98 330.53	72 348.89		

续表 5-38

地区	分区编号	计算面积	$D_{单夏}$	$D_{单冬}$	$Q_{夏}$	$Q_{冬}$	$Q_{年}$	折合标煤	夏季可制冷面积	冬季可供暖面积	制冷潜力	供暖潜力
		km^2	亿 W/km^2		$10^{12}kJ/km^2$		$10^{12}kJ/a$	万 t/a	万 m^2/a		万 m^2/km^2	
安阳	1	106.82	1.53	0.57	1.59	0.59	232.73	794.12	21 834.24	12 141.47	204.40	113.66
安阳	2	198.56	1.44	0.53	1.49	0.55	405.20	1 382.64	38 015.21	21 139.30	191.45	106.46
安阳	合计	305.38			3.08	1.14	637.93	2 176.76	59 849.45	33 280.77		
漯河	1	45.02	2.72	1.79	2.82	1.86	210.52	718.35	16 305.23	16 151.41	362.18	358.76
漯河	2	204.10	2.42	1.38	2.51	1.43	803.96	2 743.32	65 792.88	56 393.90	322.36	276.31
漯河	3	204.76	2.38	1.43	2.47	1.48	809.34	2 761.70	65 050.89	58 545.80	317.69	285.92
漯河	4	69.99	2.62	1.33	2.71	1.38	286.20	976.59	24 425.28	18 569.90	348.98	265.32
漯河	合计	523.87			10.51	6.15	2 110.02	7 199.96	171 574.28	149 661.01		
三门峡	1	89.38	2.15	1.13	2.23	1.17	304.25	1 038.18	25 645.50	20 221.17	286.93	226.24
郑州航空港综合实验区	1	53.70	1.14	1.47	1.18	1.52	145.07	495.02	8 161.97	15 740.95	151.99	293.13
郑州航空港综合实验区	2	78.06	1.10	1.43	1.15	1.48	204.99	699.47	11 500.04	22 291.62	147.32	285.57
郑州航空港综合实验区	3	87.41	1.17	1.43	1.22	1.49	236.14	805.76	13 665.22	25 052.90	156.33	286.61
郑州航空港综合实验区	4	94.53	1.20	1.47	1.25	1.53	262.43	895.49	15 186.88	27 842.61	160.66	294.54
郑州航空港综合实验区	5	80.86	1.14	1.47	1.18	1.52	218.44	745.38	12 290.08	23 702.30	151.99	293.13
郑州航空港综合实验区	合计	394.56			5.98	7.54	1 067.07	3 641.12	60 804.19	114 630.38		
许昌	1	76.13	1.39	1.57	1.44	1.63	233.50	796.78	14 075.87	23 928.98	184.89	314.32
许昌	2	76.66	1.39	1.57	1.44	1.63	235.13	802.32	14 173.86	24 095.57	184.89	314.32
许昌	3	81.67	1.39	1.57	1.44	1.63	250.50	854.76	15 100.18	25 670.30	184.89	314.32
许昌	4	142.29	1.39	1.57	1.44	1.63	436.43	1 489.21	26 308.36	44 724.22	184.89	314.32
许昌	合计	376.75			5.76	6.52	1 155.56	3 943.07	69 658.27	118 419.07		
平顶山	1	112.87	1.12	1.27	1.17	1.32	280.83	958.26	16 928.71	28 778.80	149.98	254.97
信阳	1	34.64	1.21	1.38	1.26	1.43	93.06	317.54	5 609.69	9 536.47	161.94	275.30
信阳	2	47.09	1.39	1.57	1.44	1.63	144.43	492.84	8 706.59	14 801.20	184.89	314.32
信阳	合计	81.73			2.70	3.06	237.49	810.38	14 316.28	24 337.67		

表 5-39 重点研究区地埋管地源热泵系统适宜区浅层地热能潜力计算成果(考虑土地利用系数)

地区	分区编号	计算面积	$D_{单夏}$	$D_{单冬}$	$Q_{夏}$	$Q_{冬}$	$Q_{年}$	折合标煤	夏季可制冷面积	冬季可供暖面积	制冷潜力	供暖潜力
		km^2	亿 W/km^2		$10^{12}kJ/km^2$		$10^{12}kJ/a$	万 t/a	万 m^2/a		万 m^2/km^2	
郑州	1	3.85	1.11	1.26	1.15	1.30	9.46	32.27	570.09	969.15	16.27	27.67
	2	0.78	1.12	1.27	1.17	1.32	1.94	6.60	116.67	198.34	14.99	25.48
	3	2.26	1.12	1.27	1.17	1.32	5.62	19.19	338.99	576.29	14.99	25.48
	4	18.59	1.13	1.28	1.18	1.33	46.61	159.03	2 809.42	4 776.01	18.13	30.83
	5	0.09	1.12	1.27	1.17	1.32	0.23	0.79	13.88	23.60	7.49	12.74
	6	0.10	1.12	1.27	1.17	1.32	0.26	0.89	15.64	26.59	8.99	15.29
	7	0.51	1.13	1.28	1.18	1.33	1.27	4.35	76.77	130.50	7.56	12.85
	8	0.39	1.11	1.26	1.15	1.30	0.97	3.31	58.39	99.26	7.40	12.58
	9	2.66	1.12	1.27	1.17	1.32	6.62	22.61	399.36	678.91	7.49	12.74
	10	16.58	1.13	1.28	1.18	1.33	41.57	141.83	2 505.63	4 259.57	16.62	28.26
	11	1.29	1.12	1.27	1.17	1.32	3.19	10.90	192.59	327.40	11.99	20.38
	12	11.44	1.11	1.26	1.15	1.30	28.07	95.77	1 691.93	2 876.28	14.79	25.15
	13	1.34	1.11	1.26	1.15	1.30	3.30	11.26	198.85	338.04	7.40	12.58
	14	1.48	1.11	1.26	1.15	1.30	3.63	12.40	219.04	372.36	7.40	12.58
	15	0.19	1.11	1.26	1.15	1.30	0.47	1.60	28.25	48.03	7.40	12.58
	16	0.31	1.12	1.27	1.17	1.32	0.77	2.63	46.48	79.01	7.49	12.74
	17	0.82	1.11	1.26	1.15	1.30	2.01	6.85	120.95	205.62	7.40	12.58
	18	4.87	1.11	1.26	1.15	1.30	11.96	40.81	720.92	1 225.56	14.79	25.15
	19	6.94	1.12	1.27	1.17	1.32	17.25	58.86	1 039.83	1 767.71	14.99	25.48
	20	4.81	1.13	1.28	1.18	1.33	12.05	41.13	726.58	1 235.18	18.13	30.83
	21	1.60	1.10	1.25	1.15	1.30	3.90	13.31	235.14	399.73	14.73	25.04
	合计	80.9			24.43	27.58	201.15	686.39	12 125.40	20 613.14		
洛阳	1	26.88	0.83	0.85	0.86	0.88	46.79	159.66	2 976.46	4 560.96	11.07	16.97
周口	1	21.76	1.23	1.31	1.27	1.36	57.30	195.52	3 561.51	5 710.70	14.07	22.57
	2	1.63	1.11	1.22	1.15	1.27	3.96	13.50	242.50	399.35	12.76	21.01
	3	5.24	0.90	1.10	0.93	1.14	10.81	36.90	625.85	1 147.39	10.28	18.85
	4	4.83	1.08	1.22	1.12	1.27	11.49	39.22	692.67	1 177.93	12.34	20.99
	合计	33.46			4.47	5.04	83.56	285.14	5 122.53	8 435.37		

续表 5-39

地区	分区编号	计算面积	$D_{单夏}$	$D_{单冬}$	$Q_{夏}$	$Q_{冬}$	$Q_{年}$	折合标煤	夏季可制冷面积	冬季可供暖面积	制冷潜力	供暖潜力
		km^2	亿 W/km^2		$10^{12}kJ/km^2$		$10^{12}kJ/a$	万 t/a	万 m^2/a		万 m^2/km^2	
驻马店	1	7.66	1.71	1.86	1.78	1.92	28.33	96.68	1 748.92	2 842.00	17.57	28.55
	2	10.92	1.67	1.50	1.74	1.56	36.00	122.84	2 438.32	3 287.10	17.16	23.14
	3	0.86	1.66	1.50	1.73	1.55	2.82	9.63	191.14	257.68	17.07	23.01
	4	4.51	0.92	0.82	0.95	0.85	8.14	27.78	551.30	743.21	9.39	12.66
	5	3.63	1.31	1.09	1.36	1.13	9.02	30.79	634.26	788.96	13.44	16.72
	合计	27.57			7.56	7.01	84.31	287.72	5 563.94	7 918.96		
焦作	1	18.38	1.14	0.92	1.18	0.95	39.13	133.53	2 784.60	3 371.72	15.15	18.35
新乡	1	35.82	1.09	1.09	1.13	1.13	80.64	275.16	5 185.09	7 777.63	11.58	17.37
濮阳	1	45.80	1.03	1.12	1.07	1.16	102.03	348.15	6 298.10	10 234.41	13.75	22.35
开封	1	43.37	1.11	0.93	1.15	0.97	91.82	313.32	6 415.92	8 088.78	12.28	15.48
鹤壁	1	3.06	1.41	0.82	1.46	0.85	7.08	24.15	576.35	500.51	18.81	16.34
	2	6.34	2.18	0.83	2.26	0.86	19.73	67.31	1 839.19	1 046.43	29.00	16.50
	3	3.40	2.08	0.79	2.16	0.82	10.12	34.53	943.39	536.76	27.79	15.81
	合计	12.80			5.88	2.53	36.93	125.99	3 358.93	2 083.70		
济源	1	10.77	0.97	1.10	1.01	1.14	23.22	79.23	1 399.63	2 379.37	10.39	17.67
	2	6.49	0.95	1.08	0.98	1.11	13.62	46.49	821.25	1 396.13	10.12	17.20
	合计	17.26			1.99	2.25	36.84	125.72	2 220.88	3 775.50		
商丘	1	13.62	2.24	1.00	2.32	1.04	45.80	156.28	4 069.33	2 730.73	16.34	10.96
南阳	1	20.46	2.34	1.15	2.43	1.19	74.07	252.73	6 390.34	4 701.84	24.98	18.38
	2	4.73	2.34	1.15	2.43	1.19	17.11	58.38	1 476.10	1 086.07	24.98	18.38
	合计	25.19			4.86	2.38	91.18	311.11	7 866.44	5 787.91		
安阳	1	16.25	1.53	0.57	1.59	0.59	35.40	120.79	3 320.99	1 846.72	31.09	17.29
	2	30.20	1.44	0.53	1.49	0.55	61.63	210.30	5 782.11	3 215.29	29.12	16.19
	合计	46.45			3.08	1.14	97.03	331.09	9 103.10	5 062.01		

续表 5-39

地区	分区编号	计算面积	$D_{单夏}$	$D_{单冬}$	$Q_{夏}$	$Q_{冬}$	$Q_{年}$	折合标煤	夏季可制冷面积	冬季可供暖面积	制冷潜力	供暖潜力
		km²	亿 W/km²		10^{12}kJ/km²		10^{12}kJ/a	万 t/a	万 m²/a		万 m²/km²	
漯河	1	4.50	2.72	1.79	2.82	1.86	21.05	71.84	1 630.52	1 615.14	36.22	35.88
	2	20.41	2.42	1.38	2.51	1.43	80.40	274.33	6 579.29	5 639.39	32.24	27.63
	3	20.48	2.38	1.43	2.47	1.48	80.93	276.17	6 505.09	5 854.58	31.77	28.59
	4	7.00	2.62	1.33	2.71	1.38	28.62	97.66	2 442.53	1 856.99	34.90	26.53
	合计	52.39			10.51	6.15	211.00	720.00	17 157.43	14 966.10		
三门峡	1	8.94	2.15	1.13	2.23	1.17	30.42	103.82	2 564.55	2 022.12	28.69	22.62
郑州航空港综合实验区	1	5.37	1.14	1.47	1.18	1.52	14.51	49.50	816.20	1 574.10	15.20	29.31
	2	7.81	1.10	1.43	1.15	1.48	20.50	69.95	1 150.00	2 229.16	14.73	28.56
	3	8.74	1.17	1.43	1.22	1.49	23.61	80.58	1 366.52	2 505.29	15.63	28.66
	4	9.45	1.20	1.47	1.25	1.53	26.24	89.55	1 518.69	2 784.26	16.07	29.45
	5	8.09	1.14	1.47	1.18	1.52	21.84	74.54	1 229.01	2 370.23	15.20	29.31
	合计	39.46			5.98	7.54	106.70	364.12	6 080.42	11 463.04		
许昌	1	7.61	1.39	1.57	1.44	1.63	23.35	79.68	1 407.59	2 392.90	18.49	31.43
	2	7.67	1.39	1.57	1.44	1.63	23.51	80.23	1 417.39	2 409.56	18.49	31.43
	3	8.17	1.39	1.57	1.44	1.63	25.05	85.48	1 510.02	2 567.03	18.49	31.43
	4	14.23	1.39	1.57	1.44	1.63	43.64	148.92	2 630.84	4 472.42	18.49	31.43
	合计	37.68			5.76	6.52	115.55	394.31	6 965.84	11 841.91		
平顶山	1	11.29	1.12	1.27	1.17	1.32	28.08	95.83	1 692.87	2 877.88	15.00	25.50
信阳	1	3.46	1.21	1.38	1.26	1.43	9.31	31.75	560.97	953.65	16.19	27.53
	2	4.71	1.39	1.57	1.44	1.63	14.44	49.28	870.66	1 480.12	18.49	31.43
	合计	8.17			2.70	3.06	23.75	81.03	1 431.63	2 433.77		

郑州市地埋管地源热泵系统适宜区和较适宜区总面积为 833.46 km²。根据表 5-38、表 5-39 计算结果,在不考虑土地利用系数的情况下,地埋管地源热泵系统可利用的浅层地热能资源量 2 069.79×10^{12}kJ/a;折合标煤 7 062.69 万 t/a;夏季可制冷面积 124 769.84 万 m²/a,冬季可供暖面积 212 108.64 万 m²/a;各区夏季制冷潜力 147.31 万~151.12 万 m²/km²,冬季供暖潜力 250.43 万~256.91 万 m²/km²。在考虑土地利用系数的情况

下，地埋管地源热泵系统可利用的浅层地热能资源量 201. 15×10^{12}kJ/a；折合标煤 686. 39 万 t/a；夏季可制冷面积 12 125. 40 万 m^2/a，冬季可供暖面积 20 613. 14 万 m^2/a；各区夏季制冷潜力 7. 40 万～18. 13 万 m^2/km^2，冬季供暖潜力 12. 58 万～30. 83 万 m^2/km^2。

洛阳市地埋管地源热泵系统适宜区和较适宜区总面积为 268. 80 km^2。在不考虑土地利用系数的情况下，地埋管地源热泵系统可利用的浅层地热能资源量 467. 89×10^{12}kJ/a；折合标煤 1 596. 58 万 t/a；夏季可制冷面积 29 764. 60 万 m^2/a，冬季可供暖面积 45 609. 63 万 m^2/a；夏季制冷潜力 110. 73 万 m^2/km^2，冬季供暖潜力 169. 68 万 m^2/km^2。在考虑土地利用系数的情况下，地埋管地源热泵系统可利用的浅层地热能资源量 46. 79×10^{12}kJ/a；折合标煤 159. 66 万 t/a；夏季可制冷面积 2 976. 46 万 m^2/a，冬季可供暖面积 4 560. 96 万 m^2/a；夏季制冷潜力 11. 07 万 m^2/km^2，冬季供暖潜力 16. 97 万 m^2/km^2。

周口市地埋管地源热泵系统适宜区和较适宜区总面积为 389. 06 km^2。在不考虑土地利用系数的情况下，地埋管地源热泵系统可利用的浅层地热能资源量 971. 65×10^{12}kJ/a；折合标煤 3 315. 54 万 t/a；夏季可制冷面积 59 564. 24 万 m^2/a，冬季可供暖面积 98 085. 74 万 m^2/a；各区夏季制冷潜力 119. 54 万～163. 65 万 m^2/km^2，冬季供暖潜力 219. 15 万～262. 40 万 m^2/km^2。在考虑土地利用系数的情况下，地埋管地源热泵系统可利用的浅层地热能资源量 83. 56×10^{12}kJ/a；折合标煤 285. 14 万 t/a；夏季可制冷面积 5 122. 53 万 m^2/a，冬季可供暖面积 8 435. 37 万 m^2/a；各区夏季制冷潜力 10. 28 万～14. 0 万 m^2/km^2，冬季供暖潜力 18. 85 万～22. 57 万 m^2/km^2。

驻马店市地埋管地源热泵系统适宜区和较适宜区总面积为 358. 71 km^2。在不考虑土地利用系数的情况下，地埋管地源热泵系统可利用的浅层地热能资源量 1 096. 46×10^{12}kJ/a；折合标煤 3 741. 41 万 t/a；夏季可制冷面积 72 353. 02 万 m^2/a，冬季可供暖面积 102 977. 25 万 m^2/a；各区夏季制冷潜力 122. 15 万～228. 43 万 m^2/km^2，冬季供暖潜力 164. 67 万～371. 20 万 m^2/km^2。在考虑土地利用系数的情况下，地埋管地源热泵系统可利用的浅层地热能资源量 84. 31×10^{12}kJ/a；折合标煤 287. 72 万 t/a；夏季可制冷面积 5 563. 94 万 m^2/a，冬季可供暖面积 7 918. 96 万 m^2/a；各区夏季制冷潜力 9. 39 万～17. 57 万 m^2/km^2，冬季供暖潜力 12. 66 万～28. 55 万 m^2/km^2。

焦作市地埋管地源热泵系统适宜区和较适宜区总面积为 183. 77 km^2。在不考虑土地利用系数的情况下，地埋管地源热泵系统可利用的浅层地热能资源量 391. 32×10^{12}kJ/a；折合标煤 1 335. 30 万 t/a；夏季可制冷面积 27 846. 02 万 m^2/a，冬季可供暖面积 33 717. 17 万 m^2/a；夏季制冷潜力 151. 53 万 m^2/km^2，冬季供暖潜力 183. 47 万 m^2/km^2。考虑土地利用系数的情况下，地埋管地源热泵系统可利用的浅层地热能资源量 39. 13×10^{12}kJ/a；折合标煤 133. 53 万 t/a；夏季可制冷面积 2 784. 60 万 m^2/a，冬季可供暖面积 3 371. 72 万 m^2/a；夏季制冷潜力 15. 15 万 m^2/km^2，冬季供暖潜力 18. 35 万 m^2/km^2。

新乡市地埋管地源热泵系统适宜区和较适宜区总面积为 447. 73 km^2。在不考虑土地利用系数的情况下，地埋管地源热泵系统可利用的浅层地热能资源量 1 007. 99×10^{12}kJ/a；折合标煤 3 439. 53 万 t/a；夏季可制冷面积 64 813. 59 万 m^2/a，冬季可供暖面积 97 220. 39 万 m^2/a；夏季制冷潜力 144. 76 万 m^2/km^2，冬季供暖潜力 217. 14 万 m^2/km^2。在考虑土地利用系数的情况下，地埋管地源热泵系统可利用的浅层地热能资源量 80. 64×

10^{12}kJ/a；折合标煤 275.16 万 t/a；夏季可制冷面积 5 185.09 万 m^2/a，冬季可供暖面积 7 777.63 万 m^2/a；夏季制冷潜力 11.58 万 m^2/km^2，冬季供暖潜力 17.37 万 m^2/km^2。

濮阳市地埋管地源热泵系统适宜区和较适宜区总面积为 457.98 km^2。在不考虑土地利用系数的情况下，地埋管地源热泵系统可利用的浅层地热能资源量 1 020.30×10^{12}kJ/a；折合标煤 3 481.53 万 t/a；夏季可制冷面积 62 980.96 万 m^2/a，冬季可供暖面积 102 344.06 万 m^2/a；夏季制冷潜力 137.52 万 m^2/km^2，冬季供暖潜力 223.47 万 m^2/km^2。在考虑土地利用系数的情况下，地埋管地源热泵系统可利用的浅层地热能资源量 102.03×10^{12}kJ/a；折合标煤 348.15 万 t/a；夏季可制冷面积 6 298.10 万 m^2/a，冬季可供暖面积 10 234.41 万 m^2/a；夏季制冷潜力 13.75 万 m^2/km^2，冬季供暖潜力 22.35 万 m^2/km^2。

开封市地埋管地源热泵系统适宜区和较适宜区总面积为 522.48 km^2。在不考虑土地利用系数的情况下，地埋管地源热泵系统可利用的浅层地热能资源量 1 106.30×10^{12}kJ/a；折合标煤 3 775.00 万 t/a；夏季可制冷面积 77 300.19 万 m^2/a，冬季可供暖面积 97 455.15 万 m^2/a；夏季制冷潜力 147.95 万 m^2/km^2，冬季供暖潜力 186.52 万 m^2/km^2。在考虑土地利用系数的情况下，地埋管地源热泵系统可利用的浅层地热能资源量 91.82×10^{12}kJ/a；折合标煤 313.32 万 t/a；夏季可制冷面积 6 415.92 万 m^2/a，冬季可供暖面积 8 088.78 万 m^2/a；夏季制冷潜力 12.28 万 m^2/km^2，冬季供暖潜力 15.48 万 m^2/km^2。

鹤壁市地埋管地源热泵系统适宜区和较适宜区总面积为 128.00 km^2。在不考虑土地利用系数的情况下，地埋管地源热泵系统可利用的浅层地热能资源量 369.20×10^{12}kJ/a；折合标煤 1 259.85 万 t/a；夏季可制冷面积 33 589.21 万 m^2/a，冬季可供暖面积 20 836.99 万 m^2/a；各区夏季制冷潜力 118.10 万~290.05 万 m^2/km^2，冬季供暖潜力 158.10 万~165.03 万 m^2/km^2。在考虑土地利用系数的情况下，地埋管地源热泵系统可利用的浅层地热能资源量 36.93×10^{12}kJ/a；折合标煤 125.99 万 t/a；夏季可制冷面积 3 358.93 万 m^2/a，冬季可供暖面积 2 083.70 万 m^2/a；各区夏季制冷潜力 18.81 万~29.00 万 m^2/km，冬季供暖潜力 15.81 万~16.50 万 m^2/km^2。

济源市地埋管地源热泵系统适宜区和较适宜区总面积为 215.82 km^2。在不考虑土地利用系数的情况下，地埋管地源热泵系统可利用的浅层地热能资源量 460.53×10^{12}kJ/a；折合标煤 1 571.44 万 t/a；夏季可制冷面积 27 761.08 万 m^2/a，冬季可供暖面积 47 193.84 万 m^2/a；各区夏季制冷潜力 126.49 万~129.92 万 m^2/km^2，冬季供暖潜力 215.03 万~220.87 万 m^2/km^2。在考虑土地利用系数的情况下，地埋管地源热泵系统可利用的浅层地热能资源量 36.84×10^{12}kJ/a；折合标煤 125.72 万 t/a；夏季可制冷面积 2 220.88 万 m^2/a，冬季可供暖面积 3 775.50 万 m^2/a；各区夏季制冷潜力 10.12 万~10.39 万 m^2/km，冬季供暖潜力 17.20 万~17.67 万 m^2/km^2。

商丘市地埋管地源热泵系统适宜区和较适宜区总面积为 249.07 km^2。在不考虑土地利用系数的情况下，地埋管地源热泵系统可利用的浅层地热能资源量 837.29×10^{12}kJ/a；折合标煤 2 857.04 万 t/a；夏季可制冷面积 74 393.59 万 m^2/a，冬季可供暖面积 49 922.01 万 m^2/a；夏季制冷潜力 298.69 万 m^2/km^2，冬季供暖潜力 200.43 万 m^2/km^2。在考虑土地利用系数的情况下，地埋管地源热泵系统可利用的浅层地热能资源量 45.80×10^{12}kJ/a；折合标煤 156.28 万 t/a；夏季可制冷面积 4 069.33 万 m^2/a，冬季可供暖面积 2 730.73 万 m^2/a；夏季制冷潜力 16.34 万 m^2/km^2，冬季供暖潜力 10.96 万 m^2/km^2。

南阳市地埋管地源热泵系统适宜区和较适宜区总面积为314.85 km^2。在不考虑土地利用系数的情况下，地埋管地源热泵系统可利用的浅层地热能资源量1 139.69×10^{12}kJ/a；折合标煤3 888.90万t/a；夏季可制冷面积98 330.53万m^2/a，冬季可供暖面积72 348.89万m^2/a；各区夏季制冷潜力312.31万m^2/km^2，冬季供暖潜力229.79万m^2/km^2。在考虑土地利用系数的情况下，地埋管地源热泵系统可利用的浅层地热能资源量91.18×10^{12}kJ/a；折合标煤311.11万t/a；夏季可制冷面积7 866.44万m^2/a，冬季可供暖面积5 787.91万m^2/a；各区夏季制冷潜力24.98万m^2/km，冬季供暖潜力18.38万m^2/km^2。

安阳市地埋管地源热泵系统适宜区和较适宜区总面积为305.38 km^2。在不考虑土地利用系数的情况下，地埋管地源热泵系统可利用的浅层地热能资源量637.93×10^{12}kJ/a；折合标煤2 176.76万t/a；夏季可制冷面积59 849.45万m^2/a，冬季可供暖面积33 280.77万m^2/a；各区夏季制冷潜力191.45万~204.40万m^2/km^2，冬季供暖潜力106.46万~113.66万m^2/km^2。在考虑土地利用系数的情况下，地埋管地源热泵系统可利用的浅层地热能资源量97.03×10^{12}kJ/a；折合标煤331.09万t/a；夏季可制冷面积9 103.10万m^2/a，冬季可供暖面积5 062.01万m^2/a；各区夏季制冷潜力29.12万~31.09万m^2/km，冬季供暖潜力16.19万~17.29万m^2/km^2。

漯河市地埋管地源热泵系统适宜区和较适宜区总面积为523.87 km^2。在不考虑土地利用系数的情况下，地埋管地源热泵系统可利用的浅层地热能资源量2 110.02×10^{12}kJ/a；折合标煤7 199.96万t/a；夏季可制冷面积171 574.28万m^2/a，冬季可供暖面积149 661.01万m^2/a；各区夏季制冷潜力317.69万~362.18万m^2/km^2，冬季供暖潜力265.32万~358.76万m^2/km^2。在考虑土地利用系数的情况下，地埋管地源热泵系统可利用的浅层地热能资源量211.00×10^{12}kJ/a；折合标煤720.00万t/a；夏季可制冷面积17 157.43万m^2/a，冬季可供暖面积14 966.10万m^2/a；各区夏季制冷潜力31.77万~36.22万m^2/km，冬季供暖潜力26.53万~35.88万m^2/km^2。

三门峡市地埋管地源热泵系统适宜区和较适宜区总面积为89.38 km^2。在不考虑土地利用系数的情况下，地埋管地源热泵系统可利用的浅层地热能资源量304.25×10^{12}kJ/a；折合标煤1 038.18万t/a；夏季可制冷面积25 645.50万m^2/a，冬季可供暖面积20 221.17万m^2/a；夏季制冷潜力286.93万m^2/km^2，冬季供暖潜力226.24万m^2/km^2。在考虑土地利用系数的情况下，地埋管地源热泵系统可利用的浅层地热能资源量30.42×10^{12}kJ/a；折合标煤103.82万t/a；夏季可制冷面积2 564.55万m^2/a，冬季可供暖面积2 022.12万m^2/a；夏季制冷潜力28.69万m^2/km^2，冬季供暖潜力22.62万m^2/km^2。

郑州航空港综合实验区地埋管地源热泵系统适宜区和较适宜区总面积为394.56 km^2。在不考虑土地利用系数的情况下，地埋管地源热泵系统可利用的浅层地热能资源量1 067.07×10^{12}kJ/a；折合标煤3 641.12万t/a；夏季可制冷面积60 804.19万m^2/a，冬季可供暖面积114 630.38万m^2/a；各区夏季制冷潜力151.99万~160.66万m^2/km^2，冬季供暖潜力285.57万~294.54万m^2/km^2。在考虑土地利用系数的情况下，地埋管地源热泵系统可利用的浅层地热能资源量106.70×10^{12}kJ/a；折合标煤364.12万t/a；夏季可制冷面积6 080.42万m^2/a，冬季可供暖面积11 463.04万m^2/a；各区夏季制冷潜力14.73万~16.07万m^2/km，冬季供暖潜力28.56万~29.45万m^2/km^2。

许昌市地埋管地源热泵系统适宜区和较适宜区总面积为376.75 km^2。在不考虑土地利用系数的情况下，地埋管地源热泵系统可利用的浅层地热能资源量 1 155.50×10^{12}kJ/a；折合标煤 3 943.07 万 t/a；夏季可制冷面积 69 658.27 万 m^2/a，冬季可供暖面积 118 419.07 万 m^2/a；各区夏季制冷潜力 184.89 万 m^2/km^2，冬季供暖潜力 314.32 万 m^2/km^2。在考虑土地利用系数的情况下，地埋管地源热泵系统可利用的浅层地热能资源量 115.55×10^{12}kJ/a；折合标煤 394.31 万 t/a；夏季可制冷面积 6 965.84 万 m^2/a，冬季可供暖面积 11 841.91 万 m^2/a；各区夏季制冷潜力 18.49 万 m^2/km，冬季供暖潜力 31.43 万 m^2/km^2。

平顶山市地埋管地源热泵系统适宜区和较适宜区总面积为 112.87 km^2。在不考虑土地利用系数的情况下，地埋管地源热泵系统可利用的浅层地热能资源量 280.83×10^{12}kJ/a；折合标煤 958.26 万 t/a；夏季可制冷面积 16 928.71 万 m^2/a，冬季可供暖面积 28 778.8 万 m^2/a；夏季制冷潜力 149.98 万 m^2/km^2，冬季供暖潜力 254.97 万 m^2/km^2。在考虑土地利用系数的情况下，地埋管地源热泵系统可利用的浅层地热能资源量 28.08×10^{12}kJ/a；折合标煤 95.83 万 t/a；夏季可制冷面积 1 692.87 万 m^2/a，冬季可供暖面积 2 877.88 万 m^2/a；夏季制冷潜力 15.00 万 m^2/km^2，冬季供暖潜力 25.50 万 m^2/km^2。

信阳市地埋管地源热泵系统适宜区和较适宜区总面积为 81.73 km^2。在不考虑土地利用系数的情况下，地埋管地源热泵系统可利用的浅层地热能资源量 237.49×10^{12}kJ/a；折合标煤 810.38 万 t/a；夏季可制冷面积 14 316.28 万 m^2/a，冬季可供暖面积 24 337.67 万 m^2/a；各区夏季制冷潜力 161.94 万～184.89 万 m^2/km^2，冬季供暖潜力 275.30 万～314.32 万 m^2/km^2。在考虑土地利用系数的情况下，地埋管地源热泵系统可利用的浅层地热能资源量 23.75×10^{12}kJ/a；折合标煤 81.03 万 t/a；夏季可制冷面积 1 431.63 万 m^2/a，冬季可供暖面积 2 433.77 万 m^2/a；各区夏季制冷潜力 16.19 万～18.49 万 m^2/km，冬季供暖潜力 27.53 万～31.43 万 m^2/km^2。

重点研究区地埋管地源热泵系统适宜区和较适宜区总面积为 6 254.27 km^2。在不考虑土地利用系数的情况下，地埋管地源热泵系统可利用的浅层地热能资源量 16 731.54×10^{12}kJ/a；折合标煤 57 092.54 万 t/a；夏季可制冷面积 1 172 243.52 万 m^2/a，冬季可供暖面积 1 469 148.67 万 m^2/a。在考虑土地利用系数的情况下，地埋管地源热泵系统可利用的浅层地热能资源量 1 552.73×10^{12}kJ/a；折合标煤 5 298.32 万 t/a；夏季可制冷面积 108 983.42 万 m^2/a，冬季可供暖面积 136 045.64 万 m^2/a。河南省主要城市地埋管地源热泵系统潜力评价按照冬季供暖潜力和夏季制冷潜力进行分区：潜力高区 26 万～30.81 万 m^2/km^2；潜力中等区 15 万～26 万 m^2/km^2；潜力低区<15 万 m^2/km^2。结果见表 5-40（供暖）和表 5-41（制冷）。

河南省全区地埋管地源热泵系统适宜区和较适宜区总面积为 73 493.74 km^2。根据表 5-42、表 5-43 计算结果，在不考虑土地利用系数的情况下，地埋管地源热泵系统可利用的浅层地热能资源量 187 307.77×10^{12}kJ/a；折合标煤 639 144.77 万 t/a；夏季可制冷面积 11 612 746.12 万 m^2/a，冬季可供暖面积 18 712 548.99 万 m^2/a；各区夏季制冷潜力 35.69 万～240.10 万 m^2/km^2，冬季供暖潜力 72.45 万～256.93 万 m^2/km^2。

在考虑土地利用系数的情况下，地埋管地源热泵系统可利用的浅层地热能资源量 15 525.90×10^{12}kJ/a；折合标煤 52 978.58 万 t/a；夏季可制冷面积 956 068.96 万 m^2/a，冬季可供暖面积 1 560 843.06 万 m^2/a；各区夏季制冷潜力 3.57 万～16.14 万 m^2/km^2，冬季供暖潜力 6.07 万~30.76 万 m^2/km^2。按照冬季供暖潜力进行分区:潜力高区 26 万~30.76 万 m^2/km^2;潜力中等区 15 万~26 万 m^2/km^2;潜力低区<15 万 m^2/km^2,不同区域冬季供暖潜力绘制潜力分区图,见图 5-19、表 5-44。

表 5-40　重点研究区地埋管地源热泵潜力评价结果(供暖)

地貌类型	地区	适宜性	面积	分布范围
山前冲洪积倾斜平原	安阳	潜力中等区	305.38	中北部和中南部的市区外围安阳河冲积扇
	焦作	潜力高区	183.77	研究区中南部冲洪积斜地、冲洪积扇及扇前(间)洼地
	平顶山	潜力中等区	112.87	市区南部沙河两侧冲积平原
	信阳	潜力高区	81.73	市区北部丘陵区
	鹤壁	潜力高区	128.00	除研究区北部小李庄、中西部臣投等地外的其他地区
冲洪积平原	郑州	潜力高区	380.75	市区东北黄河冲积平原
		潜力中等区	296.65	市区西部塬间平原、中部黄河冲积平原,上街区北部
		潜力低区	156.06	中心城区
	开封	潜力中等区	522.48	全区
	新乡	潜力中等区	447.73	市区大部分地区
	濮阳	潜力高区	457.98	除水源地保护区外的全部地区
	许昌	潜力高区	376.75	全区
	漯河	潜力高区	523.87	全区
	商丘	潜力低区	249.07	除水源地保护区外的地区
	周口	潜力中等区	389.06	除水源地保护区外的地区
	驻马店	潜力高区	99.56	北部冲洪积、冲湖积平原区
		潜力中等区	200.46	刘阁—水屯一带的中部、东南部平原区
		潜力低区	58.69	西南部香山冲洪积倾斜平原区
	航空港	潜力高区	394.56	除水源保护区、机场及配套服务区以外的地区
内陆河谷型盆地	南阳	潜力中等区	314.85	西南部冲洪积倾斜平原及白河二级阶地与下段一级阶地,独山和磨山周围坡洪积倾斜平原
	济源	潜力中等区	215.82	冲洪积、坡洪积缓微倾斜地,沁蟒河冲洪积扇及其之间的交接洼地
	洛阳	潜力中等区	253.06	伊洛河河间地块,洛河二级阶地及涧河三级阶地、河漫滩
	三门峡	潜力中等区	89.38	黄河二级阶地、三级阶地及青龙涧河苍龙涧河河谷及山前冲洪积扇一带

表 5-41 重点研究区地埋管地源热泵潜力评价结果(制冷)

地貌类型	地区	适宜性	面积	分布范围
山前冲洪积倾斜平原	安阳	潜力高区	305.38	中北部和中南部的市区外围安阳河冲积扇
	焦作	潜力中等区	183.77	研究区中南部冲洪积斜地、冲洪积扇及扇前(间)洼地
	平顶山	潜力低区	112.87	市区南部沙河两侧冲积平原
	信阳	潜力中等区	81.73	市区北部丘陵区
	鹤壁	潜力高区	97.36	除研究区北部小李庄、中西部臣投等地以外的其他地区
冲洪积平原	郑州	潜力中等区	380.75	市区东北黄河冲积平原、西部塬间平原、中部黄河冲积平原
		潜力低区	452.71	中心城区、上街区
	开封	潜力低区	522.48	全区
	新乡	潜力低区	447.73	市区大部分地区
	濮阳	潜力高区	457.98	全区
	许昌	潜力中等区	376.75	全区
	漯河	潜力高区	523.87	全区
	商丘	潜力中等区	249.07	除水源地保护区外的地区
	周口	潜力低区	389.06	除水源地保护区外的地区
	驻马店	潜力中等区	252.82	中部刘阁—水屯一带的中部、东南部平原区
		潜力低区	105.89	西南部香山冲洪积倾斜平原区
	航空港	潜力中等区	316.50	山前坡洪积倾斜平原中部、黄河冲积洼地区
		潜力低区	78.06	研究区西南角龙王—八千一带
内陆河谷型盆地	南阳	潜力中等区	314.85	西南部冲洪积倾斜平原及白河二级阶地与下段一级阶地,独山和磨山周围坡洪积倾斜平原
	济源	潜力低区	215.82	冲洪积、坡洪积缓微倾斜地,沁蟒河冲洪积扇及其之间的交接洼地
	洛阳	潜力低区	253.06	伊洛河河间地块,洛河二级阶地及涧河三级阶地、河漫滩
	三门峡	潜力高区	89.38	黄河二级阶地、三级阶地及青龙涧河苍龙涧河河谷及山前冲洪积扇一带

表 5-42 河南省地埋管地源热泵系统适宜区浅层地热能潜力计算成果表(不考虑土地利用系数)

分区编号	分区面积	$D_{单夏}$	$D_{单冬}$	$Q_{夏}$	$Q_{冬}$	$Q_{年}$	折合标煤	夏季可制冷面积	冬季可供暖面积	制冷潜力	供暖潜力
	km^2	亿 W/km^2		$10^{12}kJ/km^2$		$10^{12}kJ/a$	万 t/a	万 m^2/a		万 m^2/km^2	
1	9 381.61	1.38	1.56	1.43	1.62	28 596.74	97 579.80	1 723 846.99	2 930 539.89	183.75	312.37
2	15 191.18	1.48	1.43	1.53	1.48	45 746.99	156 101.11	2 996 685.34	4 329 566.85	197.26	285.01
3	4 393.59	1.80	1.71	1.87	1.78	16 005.46	54 614.97	1 054 880.03	1 505 133.70	240.10	342.57
4	12 617.09	1.26	1.54	1.30	1.59	36 582.41	124 829.10	2 117 024.33	3 881 211.28	167.79	307.62
5	2 807.02	1.31	1.48	1.35	1.53	8 103.38	27 650.94	488 482.10	830 419.58	174.02	295.84
6	4 587.46	1.20	1.28	1.25	1.33	11 808.43	40 293.55	736 503.52	1 173 090.66	160.55	255.72
7	309.07	0.65	0.74	0.68	0.77	446.12	1 522.27	26 892.43	45 717.13	87.01	147.92
8	331.73	0.81	0.94	0.84	0.97	603.04	2 057.75	35 964.46	62 380.40	108.41	188.05
9	971.00	0.60	0.56	0.62	0.58	1 164.85	3 974.79	77 708.74	108 136.85	80.03	111.37
10	3 781.11	0.52	0.58	0.54	0.60	4 327.88	14 767.91	264 368.84	438 295.71	69.92	115.92
11	5 494.80	0.27	0.30	0.28	0.31	3 253.02	11 100.18	196 096.06	333 363.30	35.69	60.67
12	2 262.59	1.51	1.58	1.57	1.64	7 249.79	24 738.24	455 672.70	714 974.94	201.39	316.00
13	448.35	0.58	0.65	0.60	0.68	570.99	1 948.38	34 420.16	58 514.27	76.77	130.51
14	1 272.83	1.34	1.71	1.39	1.77	4 033.15	13 762.21	228 211.88	435 677.22	179.29	342.29
15	1 668.22	1.80	1.71	1.87	1.78	6 077.18	20 736.98	400 531.67	571 490.32	240.10	342.57
16	648.05	1.40	1.73	1.45	1.79	2 099.34	7 163.53	120 645.36	223 995.41	186.17	345.65
17	396.35	1.63	1.55	1.69	1.61	1 307.04	4 459.97	86 143.66	122 912.30	217.34	310.11
18	3 107.84	0.48	0.51	0.50	0.53	3 199.92	10 918.98	199 581.91	317 890.78	64.22	102.29
19	1 825.50	0.81	0.94	0.84	0.97	3 318.53	11 323.72	197 911.30	343 277.42	108.41	188.05
20	1 666.64	0.65	0.75	0.67	0.78	2 423.79	8 270.64	144 550.82	250 723.59	86.73	150.44
21	331.71	0.60	0.53	0.62	0.55	389.70	1 329.76	26 623.82	35 237.41	80.26	106.23
合计	73 493.74					187 307.75	639 144.78	11 612 746.12	18 712 549.01		

表 5-43　河南省地埋管地源热泵系统适宜区浅层地热能潜力计算成果表(考虑土地利用系数)

分区编号	分区面积	计算面积	$D_{单夏}$	$D_{单冬}$	$Q_{夏}$	$Q_{冬}$	$Q_{年}$	折合标煤	夏季可制冷面积	冬季可供暖面积	制冷潜力	供暖潜力
	km²		亿 W/km²		10^{12}kJ/km²		10^{12}kJ/a	万 t/a	万 m²/a		万 m²/km²	
1	9 381.61	750.53	1.38	1.56	1.43	1.62	2 287.74	7 806.38	137 907.76	234 443.19	14.70	24.99
2	15 191.18	1 215.29	1.48	1.43	1.53	1.48	3 659.76	12 488.09	239 734.83	346 365.35	15.78	22.80
3	4 393.59	219.68	1.80	1.71	1.87	1.78	800.27	2 730.75	52 744.00	75 256.68	12.00	17.13
4	12 617.09	1 261.71	1.26	1.54	1.30	1.59	3 658.24	12 482.91	211 702.43	388 121.13	16.78	30.76
5	2 807.02	280.70	1.31	1.48	1.35	1.53	810.34	2 765.09	48 848.21	83 041.96	17.40	29.58
6	4 587.46	367.00	1.20	1.28	1.25	1.33	944.67	3 223.48	58 920.28	93 847.25	12.84	20.46
7	309.07	30.91	0.65	0.74	0.68	0.77	44.61	152.23	2 689.24	4 571.71	8.70	14.79
8	331.73	33.17	0.81	0.94	0.84	0.97	60.30	205.77	3 596.45	6 238.04	10.84	18.80
9	971.00	97.10	0.60	0.56	0.62	0.58	116.49	397.48	7 770.87	10 813.69	8.00	11.14
10	3 781.11	340.30	0.52	0.58	0.54	0.60	389.51	1 329.11	23 793.20	39 446.61	6.29	10.43
11	5 494.80	549.48	0.27	0.30	0.28	0.31	325.30	1 110.02	19 609.61	33 336.33	3.57	6.07
12	2 262.59	181.01	1.51	1.58	1.57	1.64	579.98	1 979.06	36 453.82	57 198.00	16.11	25.28
13	448.35	44.84	0.58	0.65	0.60	0.68	57.10	194.84	3 442.02	5 851.43	7.68	13.05
14	1 272.83	114.55	1.34	1.71	1.39	1.77	362.98	1 238.60	20 539.07	39 210.95	16.14	30.81
15	1 668.22	83.41	1.80	1.71	1.87	1.78	303.86	1 036.85	20 026.58	28 574.52	12.00	17.13
16	648.05	51.84	1.40	1.73	1.45	1.79	167.95	573.08	9 651.63	17 919.63	14.89	27.65
17	396.35	27.74	1.63	1.55	1.69	1.61	91.49	312.20	6 030.06	8 603.86	15.21	21.71
18	3 107.84	248.63	0.48	0.51	0.50	0.53	255.99	873.52	15 966.55	25 431.26	5.14	8.18
19	1 825.50	182.55	0.81	0.94	0.84	0.97	331.85	1 132.37	19 791.13	34 327.74	10.84	18.80
20	1 666.64	166.66	0.65	0.75	0.67	0.78	242.38	827.06	14 455.08	25 072.36	8.67	15.04
21	331.71	29.85	0.60	0.53	0.62	0.55	35.07	119.68	2 396.14	3 171.37	7.22	9.56
合计	73 493.74	6 276.95					15 525.88	52 978.57	956 068.96	1 560 843.06		

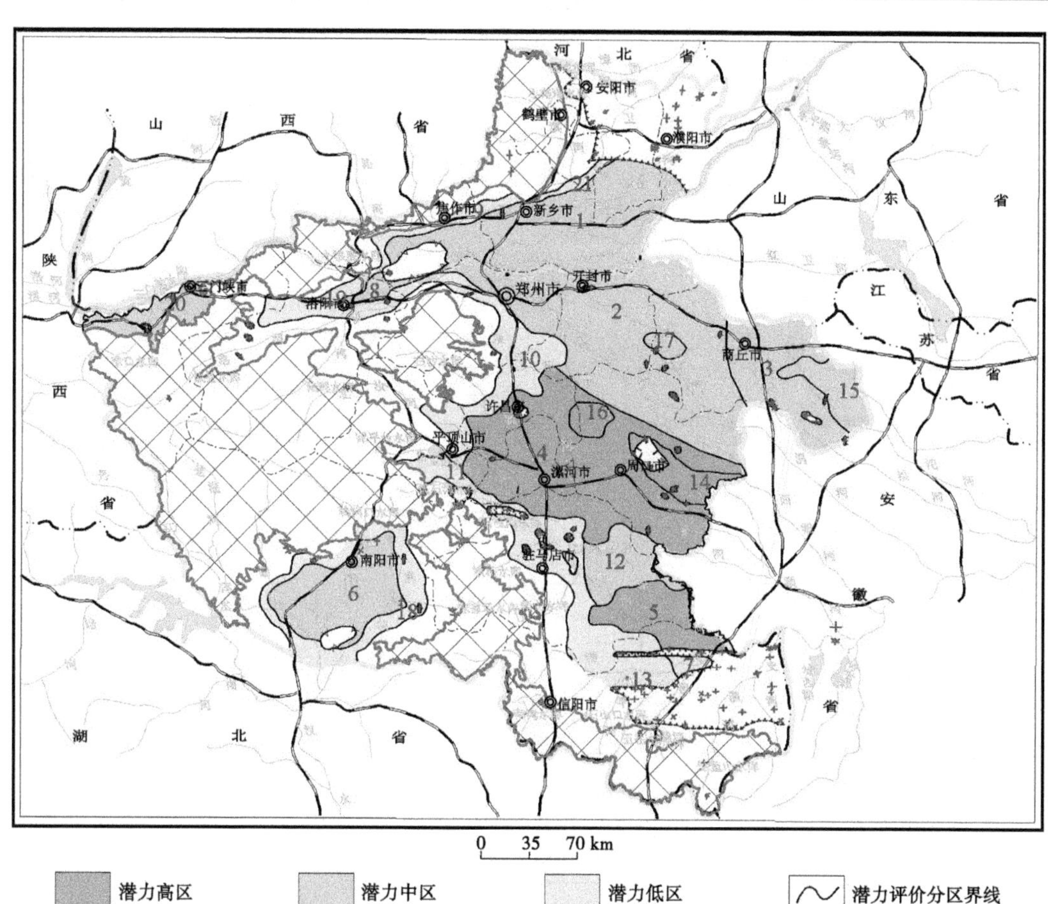

图 5-19　河南省地埋管地源热泵系统潜力评价图

表 5-44　地埋管地源热泵(较)适宜区供暖潜力分区说明

供暖能力分区	分区编号	供暖潜力/(万 m^2/km^2)	面积/km^2	占(较)适宜区比例/%	占全区比例/%	分布区域
高	4、5、14、16	26~30.81	17 344.99	23.60	15.97	沙河冲积平原
中	1、2、3、6、8、12、15、17、20、	15~26	39 879.37	54.26	36.73	黄河冲积平原、南阳盆地中心地带
低	7、9、10、11、13、18、19、21	6.07~15	16 269.38	22.14	14.98	洛阳盆地、南阳盆地边缘地带、丘陵区
合计			73 493.74	100.00	67.68	

五、浅层地热能潜力综合评价

(一)重点研究区潜力综合评价

重点研究区的大部分地区既是地下水地源热泵适宜区,又是地埋管地源热泵适宜区。在进行浅层地热能潜力综合评价时,各分区资源量的计算原则为:在二者重合的区域计算资源量时,按照地埋管资源量占2/3、地下水资源量占1/3的标准进行合计;在不重复的区域,各自计算资源量,三者合计为重点研究区浅层地热能总资源量,见表5-45。

表5-45 重点研究区浅层地热能潜力综合评价计算结果(考虑土地利用系数)

地区	$Q_{h夏}$	$Q_{h冬}$	$Q_{夏}$	$Q_{冬}$	$Q_{年}$	折合标煤	夏季制冷面积	冬季供暖面积	制冷潜力	供暖潜力
	万kW		$10^{12}kJ/km^2$		$10^{12}kJ/a$	万t/a	10^6m^2		万m^2/km^2	
郑州市	825.93	1 215.67	24.89	25.65	174.95	596.97	114.07	166.38	319.23	453.32
洛阳市	463.80	370.94	0.84	0.72	91.37	311.79	65.98	77.29	13.60	15.93
周口市	324.52	334.80	1.94	2.13	69.59	237.46	44.32	67.75	23.28	36.73
驻马店市	371.84	328.50	2.62	2.35	73.37	250.35	50.23	66.19	27.74	36.25
焦作市	195.50	151.48	2.11	1.67	36.48	124.48	26.50	30.62	28.93	33.51
新乡市	401.29	398.18	3.44	2.68	83.04	283.36	53.64	79.73	51.01	53.04
濮阳市	463.97	490.42	2.01	2.06	99.46	339.40	62.30	98.41	26.30	40.18
开封市	433.76	360.39	2.00	1.59	82.64	281.99	58.09	72.27	23.27	26.84
鹤壁市	406.13	176.60	7.50	3.35	61.29	209.13	54.90	35.88	106.21	71.92
济源市	260.36	208.83	2.71	2.41	51.98	177.37	37.57	43.91	43.73	49.03
商丘市	590.97	264.59	7.77	3.48	88.80	303.02	78.88	52.98	56.72	38.28
南阳市	632.15	310.58	5.35	2.64	99.04	337.94	85.39	62.95	58.43	43.23
安阳市	649.97	261.46	2.96	1.22	98.38	335.70	89.99	54.79	67.63	43.09
漯河市	1 183.04	683.51	4.57	2.65	195.27	666.31	159.23	137.82	60.47	52.31
三门峡市	154.12	80.33	1.97	1.02	24.97	85.19	21.11	16.49	29.21	22.64
航空港区	398.76	467.61	2.12	2.57	90.96	310.38	54.14	94.25	28.19	50.18
许昌市	516.67	584.75	2.52	2.77	114.23	389.77	68.91	116.97	33.51	54.19
平顶山市	124.16	115.35	1.82	1.40	25.81	88.08	17.39	23.70	30.11	32.02
信阳市	119.76	126.78	1.63	1.66	25.91	88.41	16.27	25.58	23.10	33.70
合计			80.77	64.02	1 587.54	5 417.10	1 158.91	1 323.96		

在考虑土地利用系数的情况下，郑州市浅层地热能可开采资源量为174.95×10^{12}kJ/a，折合标煤596.97万t/a；夏季换热功率825.93万kW，冬季换热功率1 215.67万kW；夏季可制冷面积114.07×10^{6} m^2/a，冬季可供暖面积166.38×$10^{6}$$m^2$/a；夏季制冷潜力319.2万$m^2$/$km^2$，冬季供暖潜力453.32万$m^2$/$km^2$。

洛阳市浅层地热能可开采资源量为91.37×10^{12}kJ/a，折合标煤311.79万t/a；夏季换热功率463.80万kW，冬季换热功率370.94万kW；夏季可制冷面积65.98×10^{6} m^2/a，冬季可供暖面积77.29×$10^{6}$$m^2$/a；夏季制冷潜力13.60万$m^2$/$km^2$，冬季供暖潜力15.93万$m^2$/$km^2$。

周口市浅层地热能可开采资源量为69.59×10^{12}kJ/a，折合标煤237.46万t/a；夏季换热功率324.52万kW，冬季换热功率334.80万kW；夏季可制冷面积44.32×10^{6} m^2/a，冬季可供暖面积67.75×$10^{6}$$m^2$/a；夏季制冷潜力23.28万$m^2$/$km^2$，冬季供暖潜力36.73万$m^2$/$km^2$。

驻马店市浅层地热能可开采资源量为73.37×10^{12}kJ/a，折合标煤250.35万t/a；夏季换热功率371.84万kW，冬季换热功率328.50万kW；夏季可制冷面积50.23×$10^{6}$$m^2$/a，冬季可供暖面积66.19×$10^{6}$$m^2$/a；夏季制冷潜力27.74万$m^2$/$km^2$，冬季供暖潜力36.25万$m^2$/$km^2$。

焦作市浅层地热能可开采资源量为36.48×10^{12}kJ/a，折合标煤124.48万t/a；夏季换热功率195.50万kW，冬季换热功率151.48万kW；夏季可制冷面积26.50×$10^{6}$$m^2$/a，冬季可供暖面积30.62×$10^{6}$$m^2$/a；夏季制冷潜力28.93万$m^2$/$km^2$，冬季供暖潜力33.51万$m^2$/$km^2$。

新乡市浅层地热能可开采资源量为82.04×10^{12}kJ/a，折合标煤283.36万t/a；夏季换热功率401.29万kW，冬季换热功率398.18万kW；夏季可制冷面积53.64×$10^{6}$$m^2$/a，冬季可供暖面积79.73×$10^{6}$$m^2$/a；夏季制冷潜力51.01万$m^2$/$km^2$，冬季供暖潜力53.04万$m^2$/$km^2$。

濮阳市浅层地热能可开采资源量为99.46×10^{12}kJ/a，折合标煤339.40万t/a；夏季换热功率463.97万kW，冬季换热功率490.42万kW；夏季可制冷面积62.30×$10^{6}$$m^2$/a，冬季可供暖面积98.41×$10^{6}$$m^2$/a；夏季制冷潜力26.30万$m^2$/$km^2$，冬季供暖潜力40.18万$m^2$/$km^2$。

开封市浅层地热能可开采资源量为83.64×10^{12}kJ/a，折合标煤281.99万t/a；夏季换热功率433.76万kW，冬季换热功率360.39万kW；夏季可制冷面积58.09×10^{6} m^2/a，冬季可供暖面积72.27×$10^{6}$$m^2$/a；夏季制冷潜力23.27万$m^2$/$km^2$，冬季供暖潜力26.84万$m^2$/$km^2$。

鹤壁市浅层地热能可开采资源量为61.29×10^{12}kJ/a，折合标煤209.13万t/a；夏季换热功率406.13万kW，冬季换热功率176.60万kW；夏季可制冷面积54.90×10^{6} m^2/a，冬季可供暖面积35.88×10^{6} m^2/a；夏季制冷潜力106.21万m^2/km^2，冬季供暖潜力71.92万m^2/km^2。

济源市浅层地热能可开采资源量为51.98×10^{12}kJ/a，折合标煤177.37万t/a；夏季换热功率260.36万kW，冬季换热功率208.82万kW；夏季可制冷面积37.57×10^{6} m^2/a，冬季可供暖面积43.91×10^{6} m^2/a；夏季制冷潜力43.73万m^2/km^2，冬季供暖潜力49.03万m^2/km^2。

商丘市浅层地热能可开采资源量为 88. 80×10^{12}kJ/a，折合标煤 303. 02 万 t/a；夏季换热功率 590. 97 万 kW，冬季换热功率 264. 59 万 kW；夏季可制冷面积 78. 88×10^6 m^2/a，冬季可供暖面积 52. 98×10^6 m^2/a；夏季制冷潜力 56. 72 万 m^2/km^2，冬季供暖潜力 38. 28 万 m^2/km^2。

南阳市浅层地热能可开采资源量为 99. 04×10^{12}kJ/a，折合标煤 337. 94 万 t/a；夏季换热功率 632. 15 万 kW，冬季换热功率 310. 58 万 kW；夏季可制冷面积 85. 39×10^6 m^2/a，冬季可供暖面积 62. 95×10^6 m^2/a；夏季制冷潜力 58. 43 万 m^2/km^2，冬季供暖潜力 43. 23 万 m^2/km^2。

安阳市浅层地热能可开采资源量为 98. 38×10^{12}kJ/a，折合标煤 335. 70 万 t/a；夏季换热功率 649. 97 万 kW，冬季换热功率 261. 46 万 kW；夏季可制冷面积 89. 99×10^6 m^2/a，冬季可供暖面积 54. 79×10^6 m^2/a；夏季制冷潜力 67. 63 万 m^2/km^2，冬季供暖潜力 43. 09 万 m^2/km^2。

漯河市浅层地热能可开采资源量为 195. 27×10^{12}kJ/a，折合标煤 666. 31 万 t/a；夏季换热功率 1 183. 04 万 kW，冬季换热功率 683. 51 万 kW；夏季可制冷面积 159. 23×10^6 m^2/a，冬季可供暖面积 137. 82×10^6 m^2/a；夏季制冷潜力 60. 47 万 m^2/km^2，冬季供暖潜力 52. 31 万 m^2/km^2。

三门峡市浅层地热能可开采资源量为 24. 97×10^{12}kJ/a，折合标煤 85. 19 万 t/a；夏季换热功率 154. 12 万 kW，冬季换热功率 80. 33 万 kW；夏季可制冷面积 21. 11×10^6 m^2/a，冬季可供暖面积 16. 49×10^6 m^2/a；夏季制冷潜力 29. 21 万 m^2/km^2，冬季供暖潜力 22. 64 万 m^2/km^2。

郑州航空港综合实验区浅层地热能可开采资源量为 90. 96×10^{12}kJ/a，折合标煤 310. 38 万 t/a；夏季换热功率 398. 76 万 kW，冬季换热功率 467. 61 万 kW；夏季可制冷面积 54. 14×10^6 m^2/a，冬季可供暖面积 94. 25×10^6 m^2/a；夏季制冷潜力 28. 19 万 m^2/km^2，冬季供暖潜力 50. 18 万 m^2/km^2。

许昌市浅层地热能可开采资源量为 114. 23×10^{12}kJ/a，折合标煤 389. 77 万 t/a；夏季换热功率 516. 67 万 kW，冬季换热功率 584. 75 万 kW；夏季可制冷面积 68. 91×10^6 m^2/a，冬季可供暖面积 116. 97×10^6 m^2/a；夏季制冷潜力 33. 51 万 m^2/km^2，冬季供暖潜力 54. 19 万 m^2/km^2。

平顶山市浅层地热能可开采资源量为 25. 81×10^{12}kJ/a，折合标煤 88. 08 万 t/a；夏季换热功率 124. 16 万 kW，冬季换热功率 115. 35 万 kW；夏季可制冷面积 17. 39×10^6 m^2/a，冬季可供暖面积 23. 70×10^6 m^2/a；夏季制冷潜力 30. 11 万 m^2/km^2，冬季供暖潜力 32. 02 万 m^2/km^2。

信阳市浅层地热能可开采资源量为 25. 91×10^{12}kJ/a，折合标煤 88. 41 万 t/a；夏季换热功率 119. 76 万 kW，冬季换热功率 126. 78 万 kW；夏季可制冷面积 16. 27×10^6 m^2/a，冬季可供暖面积 25. 58×10^6 m^2/a；夏季制冷潜力 23. 10 万 m^2/km^2，冬季供暖潜力 33. 70 万 m^2/km^2。

综上可知，重点研究区浅层地热能可开采资源量为 1 587. 54×10^{12}kJ/a，折合标煤 5 417. 10 万 t/a；夏季可制冷面积 1 158. 91×$10^6$$m^2$/a，冬季可供暖面积 1 323. 96×$10^6$$m^2$。

(二)河南省潜力综合评价

河南省大部分地区既是地下水地源热泵适宜区,又是地埋管地源热泵适宜区。在进行浅层地热能潜力综合评价时,各分区资源量的计算原则与重点研究区相同。综合评价分区见图 5-20。

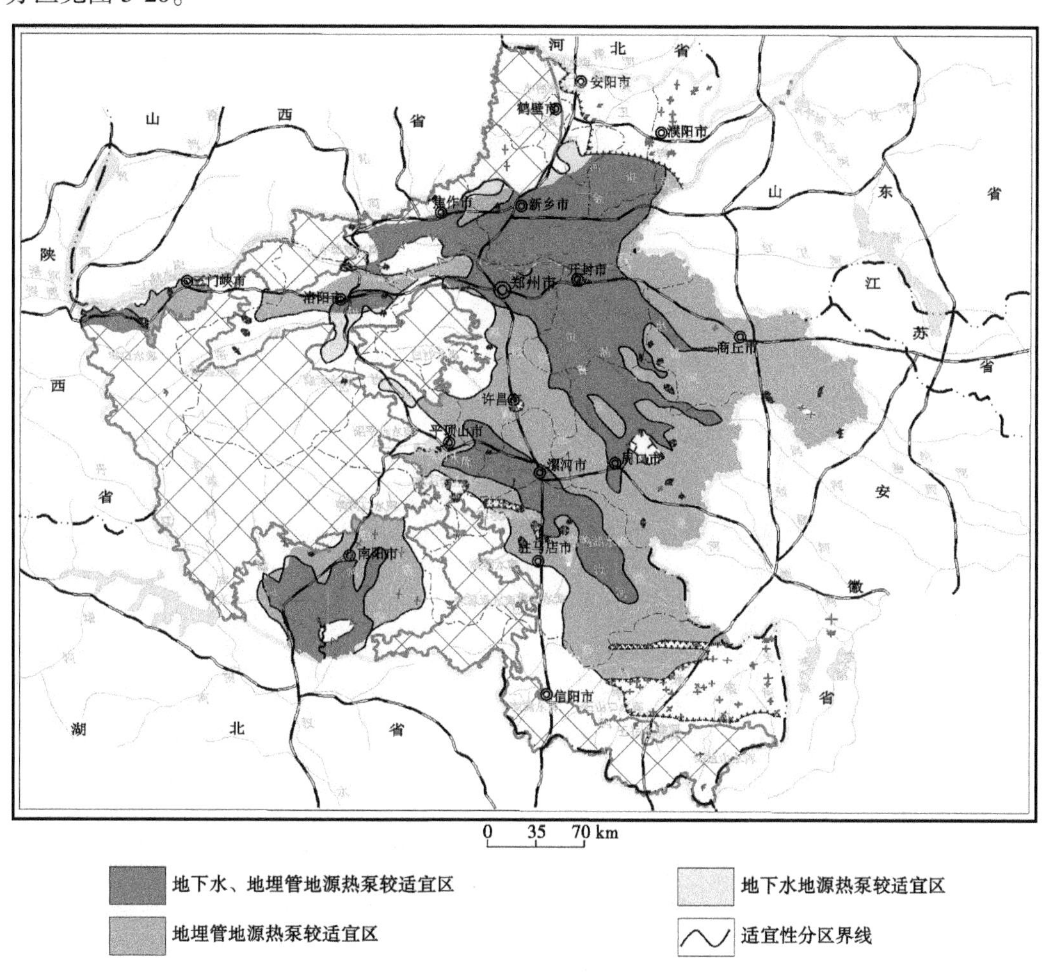

图 5-20 河南省浅层地热能潜力综合评价分区图

按照不考虑土地利用系数进行资源量综合评价,计算结果见表 5-46。考虑土地利用系数进行资源量综合评价的计算结果见表 5-47。

地下水和地埋管地源热泵适宜区和较适宜区总面积为 75 074.46 km^2,其中,地下水和地埋管(较)适宜区重合区面积 28 776.94 km^2;不重合区域内,地下水地源热泵(较)适宜区面积 1 580.71 km^2,地埋管地源热泵适宜区面积 44 716.81 km^2。

根据表 5-46、表 5-47 计算结果:不考虑土地利用系数的情况下,浅层地热能可开采资源量为 197.58×10^{15} kJ/a,折合标煤 67.42 亿 t/a;夏季换热功率 343 797.79 kW,冬季换热功率 184 366.19 kW;夏季可制冷面积 13.14×10^{10} m^2/a,冬季可供暖面积 18.40×10^{10} m^2/a。

表 5-46　河南省浅层地热能潜力综合评价计算结果(不考虑土地利用系数)

参数	重合区					地下水地源热泵适宜区	地埋管地源热泵适宜区	合计
	地下水地源热泵适宜区		地埋管地源热泵适宜区		小计			
	总量	折算后	总量	折算后				
夏季换热功率/kW	820 850.29	273 616.76	15 049.28	10 032.86	283 649.62	37 574.25	22 573.92	343 797.79
冬季换热功率/kW	410 425.14	136 808.38	13 278.78	8 852.52	145 660.90	18 787.12	19 918.17	184 366.19
$Q_{夏}$/(10^{12}kJ/km^2)	3.42	1.14	6.24	4.16	5.30	2.28	9.36	16.95
$Q_{冬}$/(10^{12}kJ/km^2)	1.43	0.48	5.51	3.67	4.15	1.14	8.26	13.55
$Q_{年}$/(10^{15}kJ/a)	24.63	8.21	84.52	56.35	64.55	1.69	131.34	197.58
折合标煤/(亿 t/a)	8.40	2.80	28.84	19.23	22.03	0.58	44.82	67.42
夏季制冷面积/(10^{10}m^2)	2.11	0.70	5.77	3.85	4.55	0.14	8.44	13.14
冬季供暖面积/(10^{10}m^2)	1.58	0.53	7.64	5.09	5.62	0.11	12.67	18.40
制冷潜力/(万 m^2/km^2)	73.37	24.46	200.66	133.77	158.23	73.37	593.71	825.30
供暖潜力/(万 m^2/km^2)	55.02	18.34	265.57	177.05	195.39	55.02	1 009.30	1 259.71

注: $Q_{年}$为计算区浅层地热能可开采资源量,kJ/a;$Q_{夏(冬)}$为单位面积上夏(冬)季浅层地热能可开采资源量,kJ/km^2。

表 5-47　河南省浅层地热能潜力综合评价计算结果(考虑土地利用系数)

参数	重合区					地下水地源热泵适宜区	地埋管地源热泵适宜区	合计
	地下水地源热泵适宜区		地埋管地源热泵适宜区		小计			
	总量	折算后	总量	折算后				
夏季换热功率/kW	820 850.29	273 616.76	15 049.28	10 032.86	283 649.62	37 574.25	22 573.92	343 797.79
冬季换热功率/kW	410 425.14	136 808.38	13 278.78	8 852.52	145 660.90	18 787.12	19 918.17	184 366.19
$Q_{夏}$/(10^{12}kJ/km^2)	3.42	1.14	6.24	4.16	5.30	2.28	8.81	16.39
$Q_{冬}$/(10^{12}kJ/km^2)	1.43	0.48	5.51	3.67	4.15	1.14	8.81	14.10

续表 5-47

参数	重合区					地下水地源热泵适宜区	地埋管地源热泵适宜区	合计
	地下水地源热泵适宜区		地埋管地源热泵适宜区		小计			
	总量	折算后	总量	折算后				
$Q_{年}$/(10^{15}kJ/a)	3.94	1.31	7.61	5.07	6.38	0.27	14.45	21.10
折合标煤/(亿 t/a)	1.34	0.45	2.60	1.73	2.18	0.09	4.93	7.20
夏季制冷面积/($10^{10}m^2$)	0.34	0.11	0.52	0.35	0.46	0.02	0.93	1.41
冬季供暖面积/($10^{10}m^2$)	0.25	0.08	0.69	0.46	0.54	0.02	1.39	1.95
制冷潜力/(万 m^2/km^2)	11.74	3.91	18.06	12.04	15.95	14.67	20.77	51.40
供暖潜力(万 m^2/km^2)	8.80	2.93	23.90	15.93	18.87	11.00	31.16	61.03

注: $Q_{年}$为计算区浅层地热能可开采资源量,kJ/a;$Q_{夏(冬)}$为单位面积上夏(冬)季浅层地热能可开采资源量,kJ/km²。

在考虑土地利用系数的情况下,浅层地热能可开采资源量为 21.10×10^{15}kJ/a,折合标煤 7.20 亿 t/a;夏季换热功率 343 797.79 kW,冬季换热功率 184 366.19 kW;夏季可制冷面积 1.41×$10^{10}m^2$/a,冬季可供暖面积 1.95×$10^{10}m^2$。

由河南省开发利用现状可知,河南省地下水地源热泵系统 809 家,供暖制冷面积 2 353.51 万 m^2,与计算潜力相比,实际供暖潜力还有约 32 476.37 万 m^2,实际制冷潜力还有约 44 086.33 万 m^2;地埋管地源热泵系统 79 家,供暖制冷面积 219.04 万 m^2,与计算潜力相比,实际供暖潜力还有约 20 394.12 万 m^2,实际制冷潜力还有约 11 906.37 万 m^2。

第六章 浅层地热能开发利用现状及存在的问题

第一节 浅层地热能开发利用现状

河南省浅层地热能开发利用始于20世纪90年代初,从1993年开始,以水源热泵为主的大型地源热泵已经商业化,打破了空气源热泵一统天下的局面。随着地源热泵技术的日益成熟,特别是民间力量的积极推动,河南省的地源热泵技术正在迅速推广,并进入高速发展阶段。

浅层地热能开发利用已有20余年的发展历程,特别是最近十年内,河南省的浅层地热能的开发利用发展迅猛。目前,河南省18个省辖市及郑州航空港综合实验区均有浅层地热能开发利用工程(地源热泵)项目,全省采用浅层地热能来实现供暖制冷的建筑面积2 572.55万 m^2,年节约标煤使用量74.6万t,年减少 CO_2 排放量186.5万t。已经投入使用的浅层地热能地源热泵工程项目有1 000余个,主要集中在郑州、洛阳、南阳、新乡、安阳、鹤壁、濮阳、三门峡、灵宝、漯河等城市,其供暖制冷的建筑面积均大于100万 m^2。采用浅层地热能供暖制冷的县城(县级市)有灵宝、滑县、长垣、永城和新蔡等,供暖制冷的建筑面积402.65万 m^2。

浅层地热能用户大体可分为三类:洗浴酒店和商业用户,建筑规模一般小于1万 m^2;单位办公楼及宾馆、医院,建筑规模一般在1万~5万 m^2;商品房小区或家属楼,建筑规模一般在5万~10万 m^2(少数可达20万 m^2 以上)。

河南省浅层地热能供暖占全省总供暖面积的12.0%;多数地市浅层地热能供暖占总供暖面积的3.9%~25.0%;三门峡市、南阳市、漯河市最高,浅层地热能供暖面积占总供暖面积的36.2%、53.3%、64.2%。郑州市浅层地热能供暖面积占总供暖面积的5.8%。提高浅层地热能供暖的空间较大。

根据收集和调查的资料,重点研究区浅层地热能在用建筑面积大约为1 572万 m^2(见表6-1、表6-2)。其中大部分是地下水源热泵,由于地埋管形式的土壤源热泵起步较晚,应用面积较小。重点研究区地下水源热泵浅层地热能开发利用基本情况如下。

一、郑州市

郑州市浅层地热能应用发展迅速,已有包括学校、行政机关、企事业单位、酒店等各类地温空调用户近百家,并且新用户不断增加。

(一)地温空调井基本情况

目前郑州市地温空调井井深一般为80~150 m,个别小于80 m或大于150 m,市区东部和东北部井深较浅,市区西部和地下水降落漏斗区井深稍深。井数一般为3~6眼,井管材质为水泥管或钢管,孔径一般为500~600 mm,井径一般为300 mm左右。施工中多采用回转钻进或冲击钻进,利用泥浆护壁,潜水泵洗井。单井出水量一般为20~70 m^3/h,最大达100 m^3/h。

表6-1　河南省浅层地热能开发利用现状

地区	开发利用方式				制热制冷总面积/万 m^2	总用户数量
	地下水源热泵		地埋管热泵			
	用户数量	制热制冷面积/万 m^2	用户数量	制热制冷面积/万 m^2		
郑州	130	260.00	70	140.00	400.00	200
开封	122	45.00	0	0	45.00	122
南阳	38	210.00	0	0	210.00	38
洛阳	80	160.00	0	0	160.00	80
新乡	46	109.8	0	0	109.80	46
安阳	49	130.00	0	0	130.00	49
濮阳	21	288.43	1	1.57	290.00	22
焦作	10	24.58	0	0	24.58	10
济源	24	36.65	0	0	36.65	24
商丘	7	38.83	1	21.17	60.00	8
许昌	10	7.50	4	41.00	48.50	14
周口	7	10.00	0	0	10.00	7
漯河	47	169.00	1	10.00	179.00	48
驻马店	17	24.90	2	5.30	30.20	19
平顶山	10	23.27	0	0	23.27	10
信阳	5	8.00	0	0	8.00	5
鹤壁	56	307.10	0	0	307.10	56
三门峡	90	90	0	0	90.00	90
郑州航空港	8	7.8	0	0	7.8	8
灵宝	15	261.12	0	0	261.12	15
永城	2	6.50	0	0	6.50	2
长垣	3	40.17	0	0	40.17	3
滑县	10	94.27	0	0	94.27	10
新蔡	2	0.59	0	0	0.59	2
合计	809	2 353.51	79	219.04	2 572.55	888

表 6-2　河南省供暖现状

地市	燃煤集中供暖			浅层地热能供暖			供暖总面积/万 m^2	浅层地温能供暖所占比例/%
	供暖面积/万 m^2	折合标准煤/万 t/a	排放 CO_2/万 t	供暖面积/万 m^2	节约标准煤/万 t/a	减排 CO_2/万 t		
郑州	6 525.00	189.2	473.1	400	11.6	29.0	6 925.00	5.8
开封	1 111.12	32.2	80.6	45	1.3	3.3	1 156.12	3.9
南阳	184.00	5.3	13.3	210	6.1	15.2	394.00	53.3
洛阳	2 315.85	67.2	167.9	160	4.6	11.6	2 475.85	6.5
新乡	1 080.00	31.3	78.3	109.8	3.2	8.0	1 229.97	8.9
安阳	1 260.00	36.5	91.4	130	3.8	9.4	1 484.27	8.8
濮阳	1 150.00	33.4	83.4	290	8.4	21.0	1 440.00	20.1
焦作	1 100.00	31.9	79.8	24.58	0.7	1.8	1 124.58	2.2
济源	362.80	10.5	26.3	36.65	1.1	2.7	399.45	9.2
商丘	360.00	10.4	26.1	60	1.7	4.4	420.00	14.3
许昌	804.00	23.3	58.3	47.5	1.4	3.4	851.50	5.6
周口	100.00	2.9	7.3	10	0.3	0.7	116.50	8.6
漯河	100.00	2.9	7.3	179	5.2	13.0	279.00	64.2
驻马店	212.00	6.1	15.4	30.79	0.9	2.2	242.79	12.7
平顶山	789.00	22.9	57.2	60	1.7	4.4	849.00	7.1
信阳	100.00	2.9	7.3	8	0.2	0.6	120.00	6.7
鹤壁	969.00	28.1	70.3	307.1	8.9	22.3	1 276.10	24.1
三门峡	620.00	18.0	45.0	90	2.6	6.5	971.12	9.3
合计	19 142.77	555.0	1 387.3	2 198.42	63.70	159.5	21 755.25	10.1

注:表中数据为调查访问数据和收集资料。

地温空调井包括抽水井和回灌井,受水文地质条件制约,一组空调井需一眼抽水井和两眼回灌井,即抽、注水井数比例一般为 1∶2。应用建筑面积一般为 10 000～20 000 m^2。抽水井和回灌井间距一般为 20～30 m 或稍大。

郑州市地温空调井因所处地貌位置不同,井深和开采层位有所不同。京广线以东为黄河冲积平原,井深一般较浅,开采层位一般为全新统、上更新统和中更新统砂层,含水层岩性为中细砂、细砂等,厚度 20～40 m,埋深一般在 100 m 以上,由于这里水位埋藏较浅,故抽水水量较大,而回灌效果不佳。市中心附近,地下水埋藏较深,开采层位可达中更新统和下更新统砂层中。市区西部为塬前冲洪积倾斜平原区,井深一般稍深,开采层位主要为上更新统、中更新统和下更新统砂层,含水层岩性为细砂、中细砂、砂砾石,厚度 25～50

m,砂及砂砾石层局部钙质胶结成砂岩,影响空调井的出水量和回灌量。

(二)地温空调运行效果

一般制冷期为5月底至9月底,供暖期为11月上旬至翌年3月上旬。供暖期间,井水进主机温度一般为16~19 ℃,出主机温度一般为45~55 ℃,回灌水温度为8~15 ℃。室外环境温度-5~0 ℃时,室内环境温度可达到20 ℃左右;制冷期间,井水进主机温度一般为16~20 ℃,出主机温度一般为8~12 ℃,回灌水温度19~27 ℃。室外环境温度33~37 ℃时,室内环境温度可达到21 ℃左右。

二、开封市

(一)地温空调井基本情况

开封市现有地温空调用户122家,地温空调井井深为80~200 m。用户成井数一般为3~6眼,抽、注水井比例一般为1:2或1:3。井间距15~30 m不等。井管材质为水泥管或钢管,井径300~400 mm不等。单井出水量一般为30~50 m^3/h。

(二)地温空调运行情况

一般制冷期为5月底至9月底,供暖期为11月上旬至翌年3月上旬。供暖期间,井水进主机温度一般为16~19 ℃,出主机温度一般为45~55 ℃,回灌水温度8~15 ℃。室外环境温度-5~0 ℃时,室内环境温度可达到20 ℃左右;制冷期间,井水进主机温度一般为16~20 ℃,出主机温度一般为8~12 ℃,回灌水温度19~27 ℃。室外环境温度33~37 ℃时,室内环境温度可达到21 ℃左右。

三、新乡市

(一)地温空调井基本情况

新乡市现有地温空调用户46家,地温空调井井深为80~100 m,个别小于80 m。用户成井数一般为3~6眼,抽、注水井比例一般为1:2。井间距10~20 m不等。井管材质为水泥管或钢管,井径300~400 mm不等。单井出水量一般为30~40 m^3/h。

(二)地温空调运行情况

一般制冷期为6月初至9月上旬,供暖期为11月中旬至翌年3月中旬。供暖期间,井水进主机温度一般为16~19 ℃,出主机温度一般为43~54 ℃。回灌水温度10~15 ℃。室外环境温度-5~0 ℃时,室内环境温度可达到18~20 ℃;制冷期间,井水进主机温度一般为16~19 ℃,出主机温度一般为8~12 ℃。室外环境温度35~37 ℃时,室内环境温度可达到18~21 ℃。

四、安阳市

(一)地温空调井基本情况

目前安阳市有49余家地温空调用户。使用地温空调主机设备为郑州克莱门特、开封国立等品牌,应用面积最大的为安阳市五中,达40 000 m^2,最小的为喜相逢大酒店,为3 000 m^2,多数为10 000~20 000 m^2。地温空调井井深为80~100 m,用户成井数一般为3~5眼,只有喜相逢大酒店为2眼。井间距15~30 m不等。井管材质为水泥管,个别为钢管，井径 300～500 mm 不等。

抽、注水井比例为 1∶1的有文峰时代广场、喜相逢大酒店、安阳市五中；抽、注水井比例 1∶1.5 的为银基商贸城；抽、注水井比例为 1∶2的有中国农科院棉花研究所；市广播电视局 5 眼井中有二抽二注，1 眼抽注兼用。抽水井单井出水量一般为 30～80 m^3/h。

(二)地温空调运行情况

一般制冷期为 6 月初至 9 月中旬，供暖期为 11 月中旬至翌年 3 月中旬。供暖期间，井水进主机温度一般为 15～18 ℃，出主机温度一般为 44～55 ℃。回灌水温度 8～15 ℃。室外环境温度-5～0 ℃时，室内环境温度可达到 20 ℃左右；制冷期间，井水进主机温度一般为 16～19 ℃，出主机温度一般为 8～12 ℃。回灌水温度 19～29 ℃。室外环境温度 35～37 ℃时，室内环境温度可达到 18～19 ℃。

五、濮阳市

(一)地温空调井基本情况

濮阳市现仅有 21 家地温空调用户。其中濮鹤高速公路管理处有地温空调井 3 眼，其中 1 眼为抽水井，2 眼注水井，井间距 10 m。井深均为 100 m，井径 45 cm，井管材质为钢管，额定取水量 30 m^3/h。使用地温空调主机设备品牌为麦克维尔，应用面积 7 000 m^2。

(二)地温空调运行情况

一般制冷期为 5 月 30 日至 9 月 10 日，供暖期为 11 月 20 日至翌年 3 月 20 日。供暖期间，井水进主机温度一般为 20 ℃，出主机温度一般为 45 ℃。回灌水温度约 17 ℃；制冷期间，井水进主机温度一般为 20 ℃，出主机温度一般为 12 ℃。回灌水温度 22 ℃。

六、焦作市

(一)地温空调井基本情况

焦作市现有地温空调用户 10 家。井深一般为 100～150 m(其中名豪洗浴中心抽注水井深度不同，抽水井深 150 m，注水井深 50 m)，井间距 10～20 m 不等。井径 30～50 cm，井管材质为钢管或水泥管，额定取水量 30～70 m^3/h。抽注水井比例有一抽二注，二抽三注，最多的是明豪洗浴中心，共有 3 眼抽水井和 10 眼注水井。应用面积 8 000～10 000 m^2。

(二)地温空调运行情况

一般制冷期为 5 月 30 日至 9 月 20 日，供暖期为 11 月 20 日至翌年 3 月 20 日。供暖期间，井水进主机温度一般为 15～17 ℃，出主机温度一般为 45～53 ℃。回灌水温度约 12 ℃；制冷期间，井水进主机温度一般为 15～17 ℃，出主机温度一般为 7～10 ℃。回灌水温度 18～25 ℃。夏季室外环境温度 35～37 ℃时，室内温度可达 18～24 ℃。

七、洛阳市

(一)地温空调井基本情况

洛阳市现有地温空调用户 80 余家。截至 2006 年 6 月，在已统计的浅层地热能(地下水源热泵)应用面积中，居住建筑约 18.38 万 m^2，公共建筑约 17.2 万 m^2。

洛阳市地温空调井井深一般小于100 m。井间距40~80 m不等。井径30~50 cm,井管材质为钢管,额定取水量一般大于100 m^3/h。抽注水井比例一般为1∶1。

(二)地温空调运行情况

洛阳市地温空调运行时间夏季一般为6月15日至9月15日,冬季一般从11月15日至翌年3月15日,回灌水温度夏季一般为29 ℃,冬季一般为8 ℃。应用效果较好,冬季在室外温度-5 ℃时,室内温度可达到18~25 ℃,夏季室外温度35~36 ℃时,室内温度可达到25~26 ℃。

八、许昌市

(一)地温空调井基本情况

许昌市现有地温空调用户10家。地温空调井井深一般小于150 m。井间距20~40 m。井径30~50 cm,井管材质为水泥管,额定取水量一般小于50 m^3/h。抽注水井比例一般为1∶3。

(二)地温空调运行情况

许昌市地温空调运行时间夏季一般为5月底至9月底,供暖期为11月下旬至翌年3月下旬。供暖期间,井水进主机温度一般为18.5 ℃,出主机温度一般为45~53 ℃。回灌水温度约12 ℃;制冷期间,井水进主机温度一般为18.5 ℃,出主机温度一般为7~10 ℃。回灌水温度18~25 ℃。夏季室外环境温度35~37 ℃时,室内温度可达20~26 ℃。

九、周口市

(一)地温空调井基本情况

周口市现有地温空调用户7家。地温空调井井深一般小于150 m。井间距20~30 m。井径30~50 cm,井管材质为水泥管,额定取水量一般小于40 m^3/h。抽注水井比例一般为1∶3,但不能全额回灌。

(二)地温空调运行情况

周口市地温空调运行时间夏季一般为5月底至9月底,供暖期为11月下旬至翌年3月下旬。供暖期间,井水进主机温度一般为16.5 ℃,出主机温度一般为42~50 ℃。回灌水温度约12 ℃;制冷期间,井水进主机温度一般为16.5 ℃,出主机温度一般为7~9 ℃。回灌水温度18~25 ℃。夏季室外环境温度35~37 ℃时,室内温度可达20~26 ℃。

十、漯河市

(一)地温空调井基本情况

漯河市现有地温空调用户47家。地温空调井井深一般小于150 m。井间距20~30 m。井径30~50 cm,井管材质为水泥管,额定取水量一般小于40 m^3/h。抽注水井比例一般为1∶3,但不能全额回灌。

(二)地温空调运行情况

地温空调运行时间夏季一般为5月底至9月底,供暖期为11月下旬至翌年3月下旬。供暖期间,井水进主机温度一般为18~19 ℃,出主机温度一般为42~50 ℃。回灌水温度约 12 ℃;制冷期间,井水进主机温度一般为 18~19 ℃,出主机温度一般为 7~9 ℃。回灌水温度 18~25 ℃。夏季室外环境温度 35~37 ℃时,室内温度可达 20~26 ℃。

十一、南阳市

(一)地温空调井基本情况

南阳市现有地温空调用户约 38 家。地温空调井井深一般小于 100 m。井间距 40~50 m。井径 30~50 cm,井管材质为水泥管或钢管,额定取水量从 30 m^3/h 到大于 100 m^3/h 不等。抽注水井比例一般为 1:1或 1:2。

(二)地温空调运行情况

南阳市地温空调运行时间夏季一般为 5 月底至 9 月底,供暖期为 11 月下旬至翌年 3 月下旬。供暖期间,井水进主机温度一般为 17~18 ℃,出主机温度一般为 40~50 ℃。回灌水温度约 11 ℃;制冷期间,井水进主机温度一般为 17~18 ℃,出主机温度一般为 8 ℃左右。回灌水温度 18~25 ℃。夏季室外环境温度 35~37 ℃时,室内温度可达 18~25 ℃。

十二、三门峡市

(一)地温空调井基本情况

三门峡市现有地温空调用户 90 家。在已统计的浅层地热能(地下水源热泵)应用面积中,居住建筑面积约 8.38 万 m^2,公共建筑面积约 11.2 万 m^2。

三门峡市地温空调井井深一般为 100~150 m。井间距 15~30 m 不等。井径 30~50 cm,井管材质为钢管,额定取水量一般大于 60 m^3/h。抽注水井比例一般为 1:1到 1:2不等。

(二)地温空调运行情况

三门峡市地温空调运行时间夏季一般为 6 月 15 日至 9 月 15 日,冬季一般从 11 月 15 日至翌年 3 月 15 日,回灌水温度夏季一般为 29 ℃,冬季一般为 8 ℃。应用效果较好,冬季在室外温度-5 ℃时,室内温度可达到 18~25 ℃,夏季室外温度 35~36 ℃时,室内温度可达到 25~26 ℃。

十三、鹤壁市

鹤壁市新城区浅层地热能开发利用始于 2000 年左右,当时仅为零星小规模应用,其迅速发展应用是伴随着新城区的扩张及房地产的开发。截至 2011 年底,鹤壁市新城区已建成地源热泵系统约 56 家。均位于新城区建成区内,均采用地下水换热方式。

其地下水换热井井深多在 80~100 m。井管材料多采用水泥管,孔径多 600 mm、井径多 300 mm。抽、注水井比例一般为 1:2,井间距 15~30 m 不等,单井抽水量在 30~40 m^3/h。

十四、济源市

(一)地温空调井基本情况

济源市地温空调用户有 24 家,均为地下水换热系统用户。建筑规模一般在 1 万~10

万 m^2。地温空调井井深一般小于 100 m。井间距 40~80 m 不等。井径 40~60 cm,管径一般为 30 cm,井管材质为钢管或高强度水泥井管,额定取水量一般大于 100 m^3/h。抽注水井比例一般为 1:2~1:3,部分为 1:1。

(二)地温空调运行情况

济源市地温空调运行时间夏季一般为 6 月 15 日至 9 月 15 日,冬季一般从 11 月 15 日至翌年 3 月 15 日,回灌水温度夏季一般为 29~32 ℃,冬季一般为 8~12 ℃。应用效果较好,冬季在室外温度-5 ℃时,室内温度可达到 18~25 ℃,夏季室外温度 35~36 ℃时,室内温度可达到 25~26 ℃。

十五、商丘市

(一)地温空调井基本情况

商丘市地温空调用户有 7 家,目前商丘市地源热泵系统井深一般在 100~150 m,个别大于 150 m,井径一般为 300~500 mm,井管材质一般为水泥管,个别选用钢管,施工中多采用回转钻进,利用泥浆护壁,潜水泵洗井。取水段从 30 m 左右以下含水层取水,单井出水量一般为 20~50 m^3/h,抽灌水井比例 1:3,井间距一般为 30~50 m。

(二)地温空调运行情况

地温空调运行时间一般制冷期为 6 月初至 9 月底,供暖期为 11 月上旬至翌年 3 月中旬。供热期间,井水进主机温度一般为 15~18 ℃,出主机温度 45~54 ℃,回灌水温度 8~13 ℃。室外环境温度为-5~0 ℃,室内环境温度可达 20 ℃左右。制冷期间,井水进主机温度一般为 15~19 ℃,出主机温度 8~12 ℃,回灌水温度 19~27 ℃。室外环境温度为 33~38 ℃,室内环境温度可达 18~24 ℃。

十六、平顶山市

(一)地温空调井基本情况

平顶山市现有地温空调用户 10 余家。地温空调井井深一般小于 50~200 m。井间距 20~40 m。井径 30~50 cm,井管材质为水泥管,额定取水量一般小于 50 m^3/h。抽注水井比例一般为 1:3。

(二)地温空调运行情况

平顶山市地温空调运行时间夏季一般为 5 月底至 9 月底,供暖期为 11 月下旬至翌年 3 月下旬。供暖期间,井水进主机温度一般为 20~22 ℃,出主机温度一般为 45~53 ℃。回灌水温度约 12 ℃;制冷期间,井水进主机温度一般为 15~17 ℃,出主机温度一般为 23~25 ℃,回灌水温度 18~25 ℃。

十七、驻马店市

(一)地温空调井基本情况

驻马店市现有地温空调用户 17 余家。井深都在 50~200 m,井间距 20~40 m,井径 30~50 cm,井管材质为水泥管及钢管,额定取水量一般小于 40 m^3/h。全部为异井抽回灌项目,抽灌水井比例一般为 1:1和 1:2。调查到的地埋管换热系统应用工程仅有 2 家在建工程,工程应用建筑面积约 5 万 m^2。其中广安大厦建筑楼层为 25 层,设计换热孔总计为 600 眼。设计孔深为 90 m,孔内埋设 32 mm PE 管,孔间距 3 m。

(二)地温空调运行情况

驻马店市地源热泵系统工程的运行时间夏季一般为 6 月至 9 月,供暖期为 11 月中旬至翌年 3 月中旬。供暖期间,井水进主机温度一般为 18~20 ℃,出主机温度一般为 42~50 ℃。回灌水温度 8~10 ℃;制冷期间,井水进主机温度一般为 18~20 ℃,出主机温度一般为 7~9 ℃,回灌水温度 23~28 ℃。夏季室外环境温度 35~37 ℃时,室内温度可达 22~27 ℃。冬季室外温度-5~5 ℃,室内温度保持在 18 ℃以上,最高 22 ℃。

十八、信阳市

(一)地温空调井基本情况

信阳市现有地温空调用户 5 余家。地温空调井井深一般小于 100 m。井间距 40~80 m 不等。井径 30~50 cm,井管材质一般水泥管居多。抽注水井比例一般为 1∶1。

(二)地温空调运行情况

信阳市地温空调运行时间夏季一般为 6~9 月,冬季一般为 60 日,回灌水温度夏季一般为 29 ℃,冬季一般为 8 ℃。应用效果较好,冬季在室外温度-5 ℃时,室内温度可达到 18~25 ℃,夏季室外温度 35~36 ℃时,室内温度可达到 25~26 ℃。

十九、航空港综合实验区

(一)地温空调井基本情况

航空港区现有地温空调用户 8 家。地温空调井井深一般为 100~150 m。井间距 20~40 m。井径 30~50 cm,井管材质为水泥管,额定取水量一般小于 50 m^3/h。抽注水井比例一般为 1∶2。

(二)地温空调运行情况

航空港区地温空调运行时间夏季一般为 5 月底至 9 月底,供暖期为 11 月下旬至翌年 3 月下旬。供暖期间,井水进主机温度一般为 16~18 ℃,出主机温度一般为 45~53 ℃。回灌水温度约 12 ℃;制冷期间,井水进主机温度一般为 15~17 ℃,出主机温度一般为 10 ℃左右。回灌水温度 18~25 ℃。

其他地区如灵宝、永城、长垣、滑县、新蔡等县级城市浅层地热能利用程度更低,这里不再详述。

总体来看,河南省城市地温空调运行效果较好,特别是在颗粒较粗,回灌相对容易的地区,地下水源热泵发展较快。地温空调运行时间与运行效果:一般制冷期为 5 月底至 9 月底,供暖期为 11 月上旬至翌年 3 月上旬。供暖期间,井水进主机温度一般为 16~19 ℃,出主机温度一般为 45~55 ℃,回灌水温度 8~15 ℃。室外环境温度-5~0 ℃时,室内环境温度可达到 20 ℃左右;制冷期间,井水进主机温度一般为 16~20 ℃,出主机温度一般为 8~12 ℃,回灌水温度 19~27 ℃。室外环境温度 33~37 ℃时,室内环境温度可达到 21 ℃左右。

由于河南省地处中原,夏季与冬季日数基本相当,夏季建筑物空调天数与冬季供暖天数相当。河南省夏热冬冷的气候条件为浅层地热能的利用奠定了基础,尤其是热泵技术在建筑节能上的应用,使人们对居住环境有了更高的要求,地温空调既有效又节能,广泛应用于城市的各类建筑物。因此,从2000年起,河南省浅层地热能的开发利用首先从城市开始,逐步向县城推广。

第二节　浅层地热能开发利用存在的问题

一、没有对浅层地热能的开发利用进行系统的评价研究

目前河南省已建成的项目以地下水源热泵系统为主。地下水源热泵需根据循环水量的大小及当地的水文地质条件施工一定数量的抽、回灌井,以实现换热后的地下水全部回灌至地下含水层中。因此,地下水源热泵项目能否运行的关键是在一定技术、经济条件下,能否"抽得出、灌得进"。而当前缺乏浅层地热能循环特征研究,出现井间距过小或抽回水量过大,造成运行期间地下水水温急剧升高(夏季)或降低(冬季),影响地热能利用效果;回灌技术方法不合理。河南省浅层地热能开发利用场地条件不清,未进行过不同水文地质条件区抽、回水井间距,成井工艺与技术,抽、回水井合理抽、回水量等内容的试验与研究工作,缺乏对岩土热物参数的现场试验和测试以及回灌前后水质变化监测工作。

二、开发利用设计人员缺乏对当地水文地质条件的认识

(1)一是在水文地质条件较差的地区建设地下水源热泵系统,造成回灌困难;二是抽水井出水量设计过大,造成地下水水位降深大,井中涌砂,使抽水井报废;三是没考虑地下水水质,造成抽水井腐蚀报废等。

(2)个别业主和设计单位为了节省费用,设计同井抽灌技术,有的单位还在研究和推广,这种方法不仅会造成"热突破"现象,而且会对其他含水层水质和温度造成污染。

(3)设计中没有对抽、回水井施工工艺进行要求,造成抽灌井出回水量减少甚至报废。

三、项目建设前期未进行详细的场地浅层地热能勘察

《地源热泵系统工程技术规范(2009版)》(GB 50366—2005)强制要求地源热泵系统方案设计前,应进行工程场地状况调查,并应对浅层地热能进行勘察。《浅层地热能勘查评价规范》(DZ/T 0225—2009)也已颁布,但到目前为止,绝大多数工程未进行专门的浅层地热能勘查评价工作。

随着地源热泵技术的快速发展,河南省地温空调用户不断增加,商家过分简化设计、忽视地质勘察,热泵系统设计、施工商家良莠不齐,系统建设中忽视设计,忽视地质条件,不做前期勘察,仅凭经验数据和主观认识进行安装。由于前期未进行详细的场地浅层地热能勘察评价工作,项目设计和施工单位盲目设计和施工,造成井间距不合理,开采层位和回灌层位不清,地下水难以全部回灌,不能达到预期目的,也不利于政府职能部门的管理。

四、地源热泵系统大多没有监测系统

根据本次调查,现有的浅层地热能开发利用方式主要为地下水换热系统用户,近两年的用户取水申报手续齐全,取回水量监控较严,空调使用效果较好。但是,多数地温空调用户在空调运行过程中仅安排专人看护空调机组的正常运行,缺乏水质、水位、水温等动态监测数据,同时用户方也缺乏对地源热泵机组功率、耗能、制热、制冷量等的监测记录。不能够为浅层地热能整体开发利用规划提供必要的地质数据,也不能为进一步深入研究地下水源热泵系统应用对地下水环境产生的影响提供必要的基础资料。

五、新技术、新工艺、新材料、新设备等使用、推广不到位

热泵系统设计、施工商家出于成本考虑,图省钱,系统建设中不使用新技术、新工艺、新材料、新设备,导致地温空调系统能量交换效率低,使用时间大大缩短,甚至建成即落后淘汰。

六、开发管理无序

浅层地热能地源热泵系统项目建设施工没有报批登记手续,不按地质条件开发,施工队伍技术水平不高、施工过程监管空白,验收标准不统一。浅层地热能开发主要是开发商与业主结合的市场商业行为,各级政府还未出台相关的管理政策,缺少规范管理的规定,要么管理缺位,要么管理越位,对“假回灌”单位处理不力,或无人过问,对勘察、开发、设计、施工企业缺乏有效的管理,施工质量良莠不齐,严重影响开发效果。因此,在浅层地热开发利用方面,急需形成一个统一管理、统一规划、统一论证的模式和权威性的业务管理工作与决策机构。

第七章　浅层地热能开发利用示范工程运行监测

第一节　示范工程运行监测

一、示范工程概况

本示范工程运行监测选择在郑州东区地质科技园进行，即郑东新区河南省地质矿产勘查开发局地质科技园办公楼，属公用建筑，使用功能为办公。其浅层地热能开发条件和方式在河南省具有较好的代表性。

郑东新区地质科技园位于郑东新区岗李村郑开大道南、康庄路东、大有路西，处于黄河冲洪积扇上，取水为180.00 m以浅，含水层累计厚度约80.00 m，岩性以粉细砂、细砂、中砂为主且厚度较大、分布广，其水文地质条件优越，渗透性和富水性好，易开采，可恢复性强，地下水水温一般在18.0~20.0 ℃，温度变化范围满足水源热泵要求。

目前项目占地面积32 000.00 m^2，共施工浅层地热能地下水地源热泵换热井7眼，井深138.00 m，单井出水量80.00 m^3/h，取水位置24.00~134.00 m，钻孔全孔孔径为650 mm，管井结构为全孔下入井管为ϕ 273×6 mm螺旋钢管及同径T型丝滤水管，回水管为ϕ 89×4 mm无缝钢管，砾料采用砾径1~3 mm优质天然河砂，止水采用优质黏土球止水，主要使用功能是制冷、供暖，运行状况良好，夏季26 ℃、冬季22 ℃，于2014年启用。使用初期至今一直采用2眼抽水井和5眼回灌井的取退水方案，为保持长期回灌效果，应定期回扬，抽水井、回灌井定期互换。示范工程换热井位置及井深见图7-1。

系统冷热源使用由克莱门特公司生产的水源热泵螺杆式机组两台，型号为PSRHH4802-Y，制冷量1 487.30 kW，消耗功率230.40 kW，制热量1 537.10 kW，消耗功率315.10 kW。

夏季提供冷冻水的供回水温度为7.0 ℃/12.0 ℃，冬季提供的热水温度为45.0 ℃/40.0 ℃；空调形式采用卧式安装风机盘管；全楼共使用各型风机盘管639台。空调水系统采用闭式系统，两管制，夏冬季冷热兼用；采用同程式的定流量系统。定压方式：采用制冷站内膨胀稳压器定压补水。

系统运行采用两套系统，压缩机吸入从蒸发器过来的较低压力的蒸汽，经压缩后变成高温高压的蒸汽进入冷凝器，在冷凝器中放热后变成低温高压的液体，经膨胀阀节流后，变成低温低压的液体，送进蒸发器吸热蒸发后变成压力较低的蒸汽开始下一循环。制热原理跟这个相同，只不过改变了井水与末端水的流通路径，夏季井水进入冷凝器，吸热后回灌入水井，末端水从蒸发器流出在房间吸热后回到蒸发器放热后流出。冬季时，井水进入蒸发器发热后回灌入水井，末端水从冷凝器出来在房间放热后回到冷凝器再吸热。

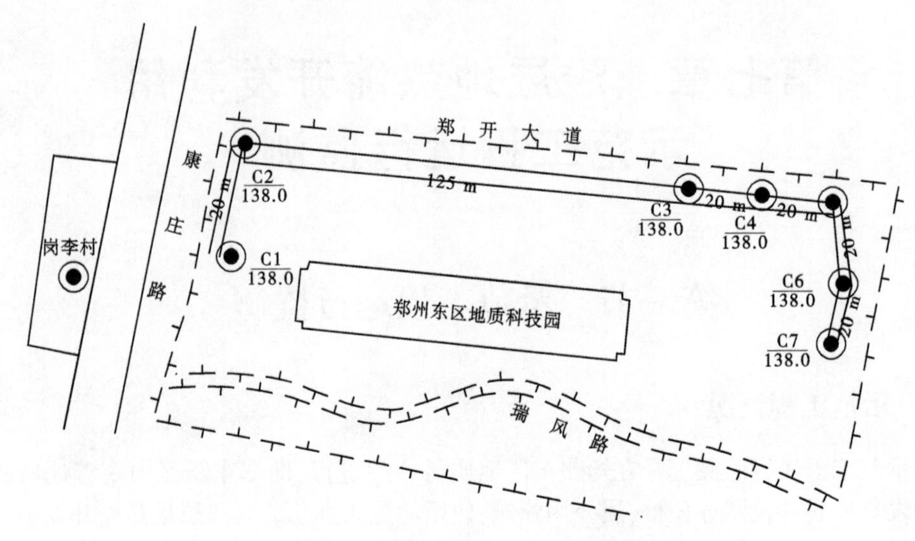

图 7-1　示范工程换热井位置示意图

浅层地热能井夏季制冷期为 6 月至 9 月,冬季供暖期为 11 月至翌年 3 月。供暖与制冷时间相当,冷暖负荷基本相同。浅层地热能的利用需要在冬季提取地下热能用于冬季供暖,而在夏季则需要向地下储存热能,这样可保持地下温度场平衡。

二、生产性回灌试验

尽管地下水源热泵系统在改善大气环境质量、节约能源、减少污染等方面贡献突出,但也会导致一些地质环境问题。水源热泵空调系统的应用越来越广泛,回灌是水源热泵运行过程中的决定性因素。近年来回灌堵塞研究较多,但多数是在室内进行模拟试验。群抽、群回的水源热泵空调系统生产性回灌试验研究仍然很少。本次试验在利用新研发安装的井头系统基础上,以取得较好的回灌效果为目的,来探究较好回灌效果的回灌模式。

回灌试验过程中,回灌阀门全开,回灌试验采用自流回灌方式进行,杜绝或减少气体进入含水层,提高回灌系统综合回灌量。本次试验采用 C2、C4 井抽水,C1、C3、C5、C6、C7 井回灌。两次回灌试验成果见表 7-1、表 7-2,回灌试验回灌井回灌历时曲线见图 7-2~图 7-6,总抽水量、总回灌量历时曲线图见图 7-7。

回灌试验中 C2 井抽水流量 90. 71 m^3/h、C4 井抽水流量 59. 55 m^3/h,抽水总流量共计 150. 26 m^3/h;C1 井回水流量 33. 78 m^3/h、C3 井回水流量 43. 65 m^3/h、C5 井回水流量 46. 9 m^3/h 、C6 井回水流量 14. 82 m^3/h、C7 井回水流量 11. 11 m^3/h,回灌量共计 150. 26 m^3/h。历时 87 h,回灌井水位接近井口位置。之后根据办公楼空调的能量实际需求,改为第二阶段回灌(小回灌量与大回灌量相结合的形式,便于回灌系统排气),每天晚上 10 点至第二天早上 5 点 C5 号井抽水(90%)70. 44 m^3/h,回灌 70. 44 m^3/h,早上 5 点至晚上 10 点抽水 150. 26 m^3/h,回灌 150. 26 m^3/h,持续监测 5 d。

表 7-1　第一阶段回灌试验成果表

项目	孔号	落程	降深/m	回升/m	流量/(m^3/h)	单位流量/[m^3/(h·m)]	延续时间/h	稳定时间/h
第一阶段回灌试验	C2 井抽	1	11.8		90.71	7.68	87	85
	C4 井抽	1	7.8		59.55	7.63	87	84.5
	总抽水量				150.26			
	C1 井灌	1		19.94	33.78	1.69	87	62.5
	C3 井灌	1		11.68	43.65	3.66	87	83
	C5 井灌	1		10.89	46.9	4.21	87	81.5
	C6 井灌	1		11.48	14.82	1.29	87	78.5
	C7 井灌	1		12.26	11.11	0.9	87	78
	总回灌量				150.26			

表 7-2　第二阶段回灌试验成果表

项目	孔号	落程	降深/m	回升/m	流量/(m^3/h)	延续时间/h	稳定时间/h
第二阶段回灌试验	C2 井抽	1	0		0	0	0
	C4 井抽	1	9.64		70.44	35	25
	总抽水量				70.44		
	C1 井灌	1		15.86~16.41	15.21~15.23	35	30
	C3 井灌	1		8.7~8.85	20.1~20.2	35	30
	C5 井灌	1		8.48~8.93	21.06~21.08	35	30
	C6 井灌	1		9.19~9.48	7.78~7.8	35	27.5
	C7 井灌	1		8.01~8.68	6.26~6.28	35	27.5
	总回灌量				70.44		

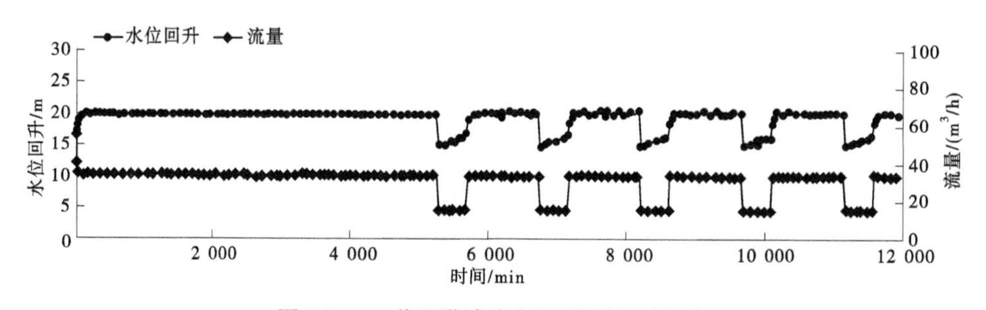

图 7-2　C1 井回灌试验水位、流量历时曲线

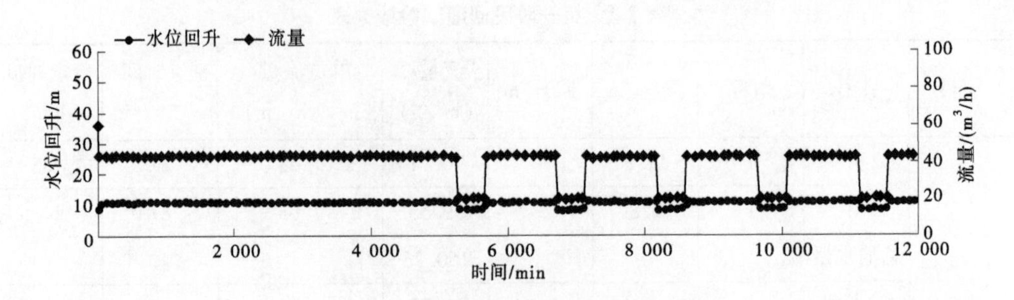

图 7-3 C3 井回灌试验水位、流量历时曲线

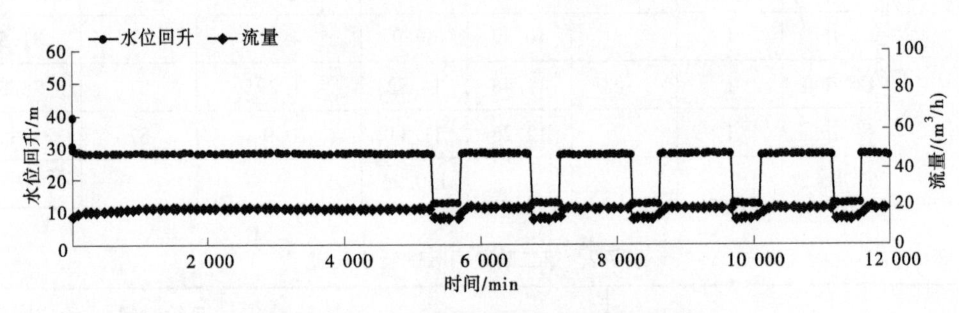

图 7-4 C5 井回灌试验水位、流量历时曲线

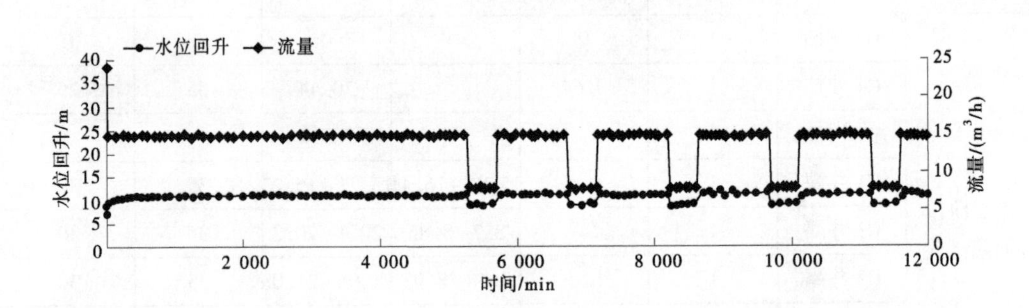

图 7-5 C6 井回灌试验水位、流量历时曲线

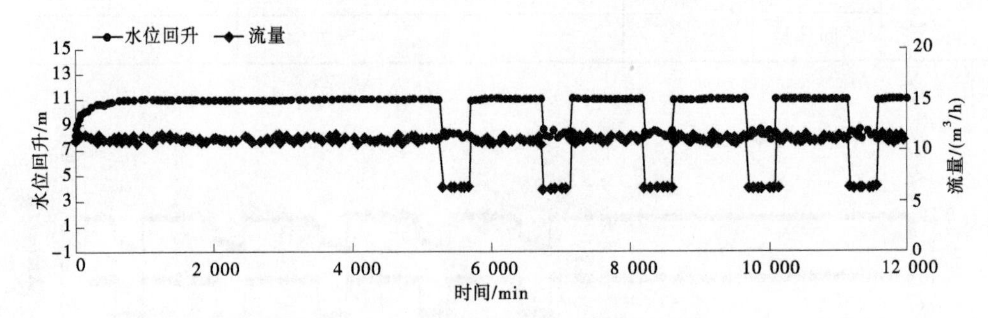

图 7-6 C7 井回灌试验水位、流量历时曲线

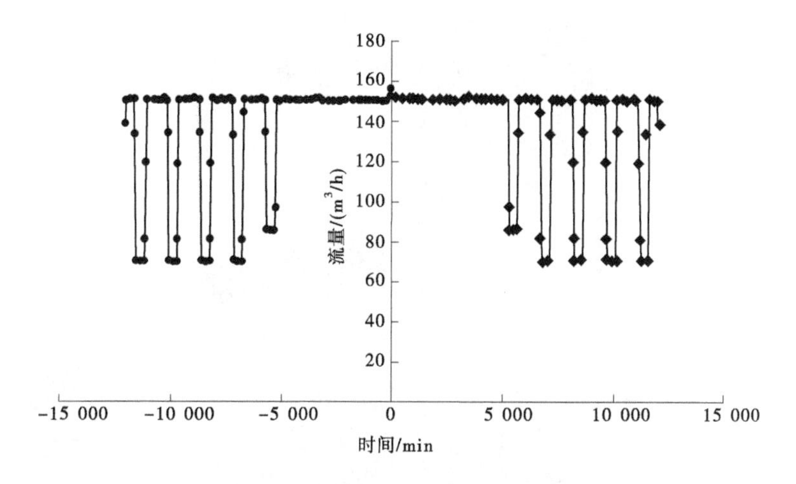

图 7-7　总抽水量、总回灌量历时曲线

三、工程运行监测概况

本次工作主要是利用地下水地源热泵监测系统对 7 眼换热井水量(抽水量、回灌量)、水位、水温等进行监测,并通过定期采集水样进行化验分析,对换热井水质进行监测。示范工程运行监测时间共 9 个月。

(一)对换热井水量、水位、水温等进行监测

开展 7 眼换热井水位、水温、水量(抽水量、回灌量)监测(见图 7-8、图 7-9),采用青岛诚鑫通智能仪器传输数据,每 5 min 传输一次,共传输 312 569 组监测数据,传输数据包括抽水井的温度、液位、抽出水流量、回灌水井的回灌水流量,满足工作需要。

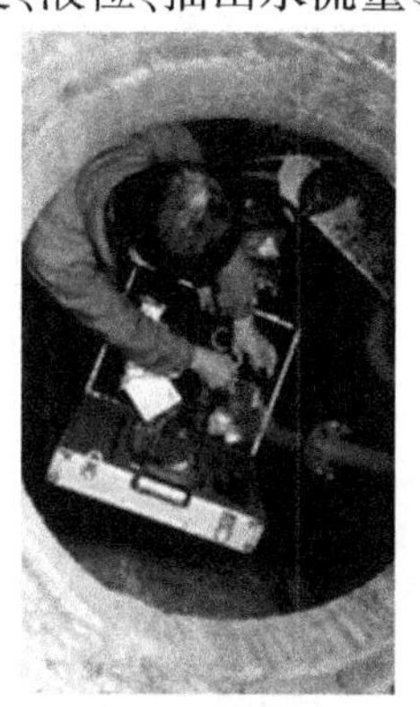

图 7-8　实测流量读数验证

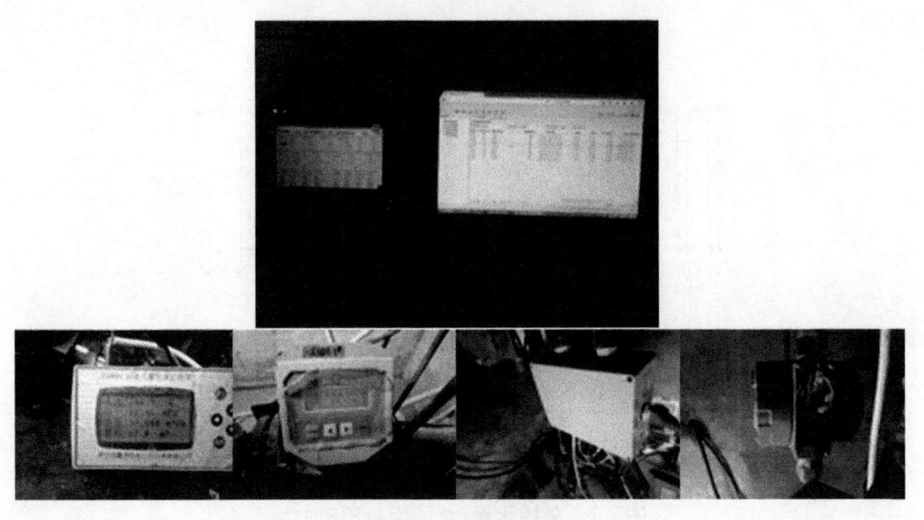

图 7-9　实时监测设备

(二)对换热井水质进行监测,定期采集水样并进行化验分析

共采取水质全分析样 64 组,分析项目 38 项,取样分夏季制冷期、冬季供暖期以及中间的停止期,分 13 批次,采样过程严格按照设计要求进行,现场取样、现场添加保护剂,当天取样当天送入实验室。项目所取水样由河南省地质工程勘察院实验室分析测试,水样采集与测试依据《供水水文地质勘察规范》(GB 50027—2001)。

完成监测工作量情况见表 7-3。

表 7-3　完成监测工作量

项目	完成工作量						备注
监测	9 个月	井号	水温点次	水位点次	抽出水量点次	回灌水量点次	换热井抽出水量、回灌水量、水位、水温等
		C1	5 931	5 931	5 931	53 191	
		C2	17 153	4 714		17 162	
		C3	17 161	17 161	17 161	16 189	
		C4	12 530	12 530		15 841	
		C5	16 830	16 830	11 747		
		C6	4 289	4 289		4 267	
		C7	11 227	15 781	4 602	4 121	
水样采集与化验分析	64 组						38 项

四、热泵系统运行动态监测与分析

（一）抽水量与回灌量的变化

1. 热泵系统总抽水量与总回灌量对比分析

空调水系统采用闭式系统，两管制，冬夏季冷热兼用，水由井中抽出后经过换热系统，经过触媒交换热量，水再回灌入井中。

总抽水量与总回灌量根据记录可以看出，即时流量基本相同，流量记录在一天抽水回灌时即时测量其流量，一天一次、两次或三次，每次测得流量并不相同，说明不同时段使用量不同，抽水量与回灌量也不相同，有时抽水量大于回灌量，有时回灌量大于抽水量，但可以看出，抽水量大致能够回灌入井中，而且抽水井与回灌井是 2∶5的关系，回灌效果较好。见表 7-4、图 7-10。

表 7-4　抽水量与回灌量对比

夏季运行期				冬季运行期			
日期	抽水量/m^3	回灌量/m^3	气温/℃	日期	抽水量/m^3	回灌量/m^3	气温/℃
8 月 27 日	76.50	77.66	23～32	11 月 15 日	137.02	131.23	7～16
8 月 28 日	74.78	77.36	23～32	11 月 18 日	96.82	96.85	1～14
8 月 29 日	116.22	126.56	23～32	11 月 23 日	91.39	84.75	2～15
	73.05	76.11	23～32				
8 月 30 日	129.44	126.84	22～30				
	74.97	77.64	22～30				
8 月 31 日	104.55	116.49	21～27				
	129.88	124.04	21～27				
9 月 3 日	137.47	132.31	21～35				
	128.70	128.39	21～35				
	76.36	77.14	21～35				
9 月 4 日	131.34	127.90	21～32				
	127.95	127.03	21～32				
9 月 5 日	75.72	75.06	22～30				
	132.20	131.99	22～30				
	128.17	126.76	22～30				
	75.75	79.85	22～30				

续表 7-4

夏季运行期				冬季运行期			
日期	抽水量/m^3	回灌量/m^3	气温/℃	日期	抽水量/m^3	回灌量/m^3	气温/℃
9月6日	126.73	127.01	19~35				
	128.59	125.35	19~35				
	128.14	125.80	19~35				
9月7日	75.27	79.06	17~29				
	131.45	129.54	17~29				
	127.45	125.58	17~29				
	127.05	125.05	17~29				
9月11日	133.62	135.99	18~29				
	124.59	122.25	18~29				
	75.56	75.67	18~29				
9月12日	74.74	76.25	19~30				
	73.42	69.89	19~30				
	127.06	123.99	19~30				
9月13日	139.08	133.84	18~27				

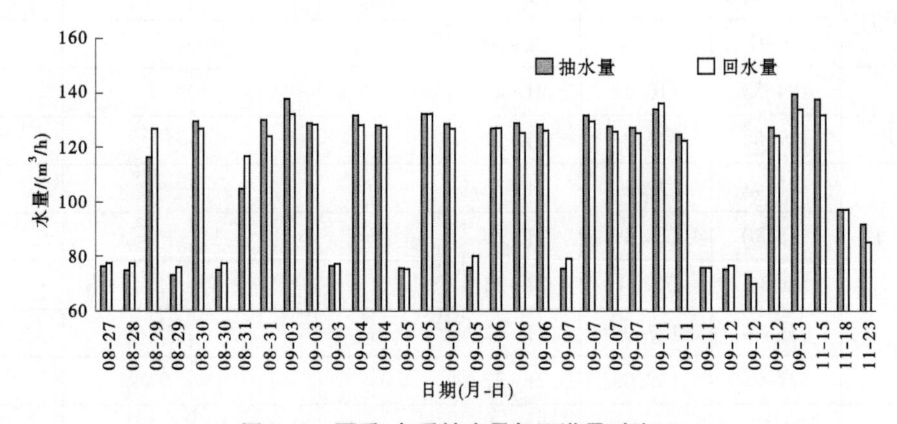

图 7-10 夏季、冬季抽水量与回灌量对比

由表 7-4 可看出，夏季气温越高，用水量也越高，工作时间用水量高于休息时间用水量，由此可根据工作时间与气温进行调节，节约能源，保护地质环境。

2. 各换热井抽水量与回灌量对比分析

本工程换热井在运行过程中一般为 2 抽 5 回，抽水井抽水后经换热系统回灌入井中，不经过回灌系统末端系统，抽水量并不能全部回灌，但相差不大（见图 7-11），抽水量在回灌系统中运行，随后慢慢回灌入井中，由于抽出井水全部回灌入井中，短期对地质环境影响较小。

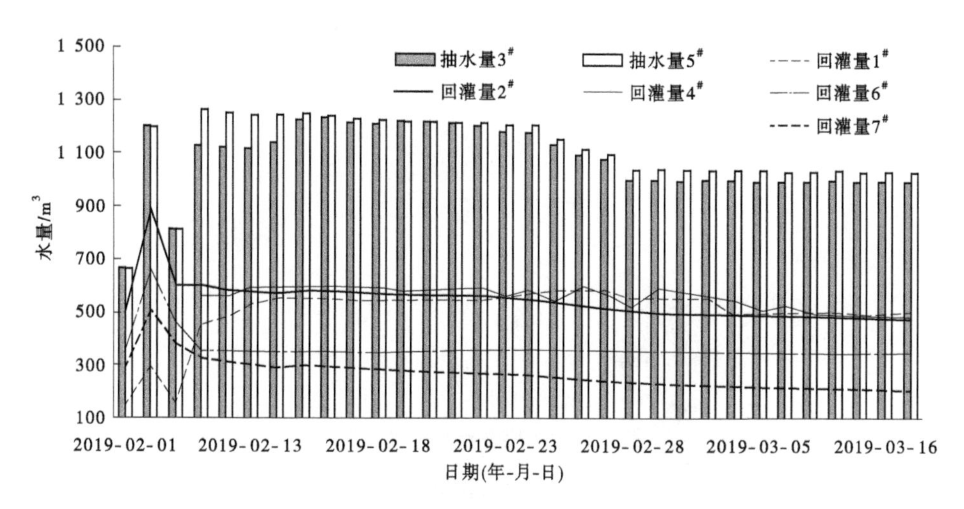

图 7-11　各井抽水量与回灌量对比

由图 7-11 可知,抽水井抽水量高于回灌量,但由于是 2 抽 5 回,目前抽水量能够回灌入井中,随着温度回升,抽水量减少,回灌能力不变,抽水量能够全部得到回灌。

(二)地下水水位的变化

本工程于 2009 年开始施工,中间停工,最终完成七眼井施工,于 2014 年开始运行,2018 年对其进行试验改进。

根据 2009 年至 2018 年近 10 年资料,2005 年该区水位井深 3.87 m,2009 年当时水井埋深为 12.10~12.50 m,在此期间,该区水量开采较大,水位埋深下降较快;随着系统的运行,2014 年 11 月水位埋深 11.40~13.10 m;2017 年 4 月水位埋深为 10.93~12.28 m,水位略有回升;2018 年 10 月降为 12.93~14.16 m,水位降幅 0.60~1.54 m,降幅较小。见表 7-5、图 7-12。

表 7-5　换热井历年水位埋深统计

井号	2#	3#	4#	5#	6#	7#
2009 年 9 月水位埋深/m	12.50	12.30	12.30	12.30	12.10	12.10
2014 年 11 月水位埋深/m	13.10	12.10	11.50	11.70	11.30	11.40
2017 年 4 月水位埋深/m	11.33	11.21	10.93	11.40	11.52	12.28
2018 年 10 月水位埋深/m	12.93	13.41	13.15	13.55	13.38	14.16
最大水位埋深/m	13.10	13.41	13.15	13.55	13.38	14.16
最小水位埋深/m	11.33	11.21	10.93	11.40	11.30	11.40
平均水位埋深/m	12.46	12.25	11.97	12.24	12.07	12.48

由表 7-5、图 7-12 可知,各换热井水位历年变幅较小,在 1.60~2.70 m,历年水位 2018 年水位最低,2017 年水位最高,也就是说随着系统正式运行,水位受到一定程度影响,2017 年水位最高,高于 2014 年初运行水位,可能与当年降水量有关。

2017 年降水量 573.80 mm,2014 年降水量 552.00 mm,2017 年降水量高于 2014 年,

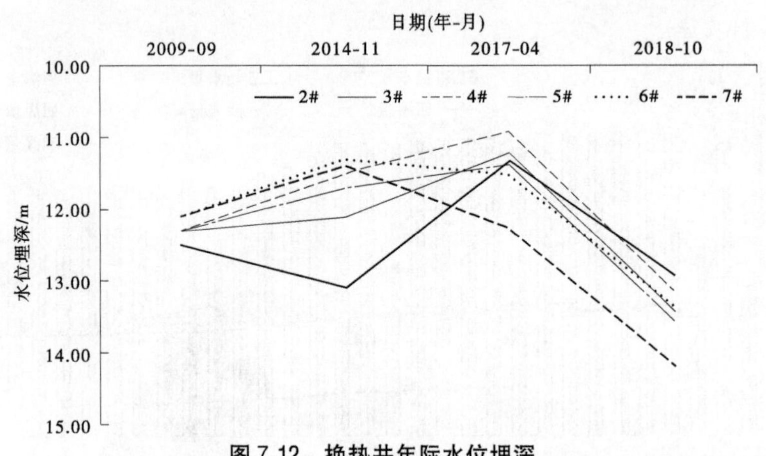

图 7-12 换热井年际水位埋深

同时 2014 年运行,对温度的控制还较弱,抽水量较大,同时附近也有浅层地热能井进行开采,使用量较大,引起水位变幅较大,后根据运行效果进行改造,降低运行成本,减少能源消耗,降低抽水量,使水位降幅减缓。2009~2018 年 2#井、3#井、4#井、6#井、7#井变幅 1 m 左右;5#井变幅 1~2 m,总体水位下降速度较慢。在全部回灌条件下,地下水地源热泵系统运行对地下水位影响较小。

(三)地下水温度的变化

1. 单井水温季节变化

本工程 2007 年浅层地热能井施工时水温为 17.0 ℃,2011 年该区再次进行施工浅层地热能井,进行抽水试验,水温为 18.0 ℃。

2018 年浅层地热能井系统运行时,C5 井在冬季为抽水井,水温变化较小,随着运行趋于平稳,在夏季为回灌井,水温变化较大,水温夏季高于冬季,一般冬季 19.0~19.5 ℃,变温幅度 0.5 ℃;夏季 24.0~28.0 ℃,平均变温幅度 4.0 ℃,冬夏温差 5.0~10.0 ℃。随着系统运行,冬季抽水井温度较平稳,夏季回灌水井温度变幅较大,随着系统运行水温逐渐平稳。受回灌水温度的影响,制冷期使地下水温度略有升高,供暖期略有下降,但在一个完整的制冷与供暖周期内,浅层地热能空调井回灌对地下水温度持续性的影响不明显。见图 7-13、图 7-14。

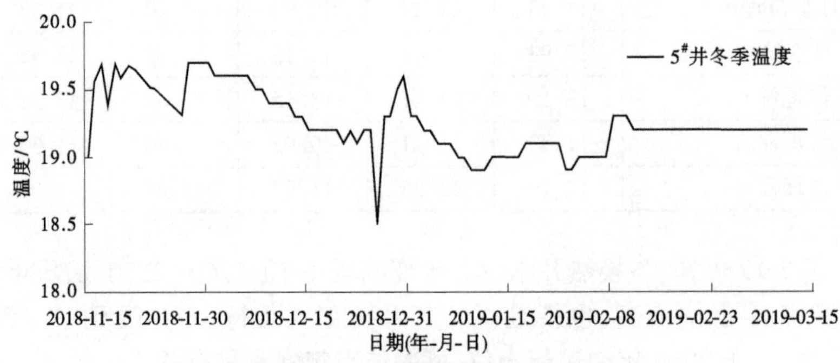

图 7-13 C5 井冬季供暖温度(抽水井)

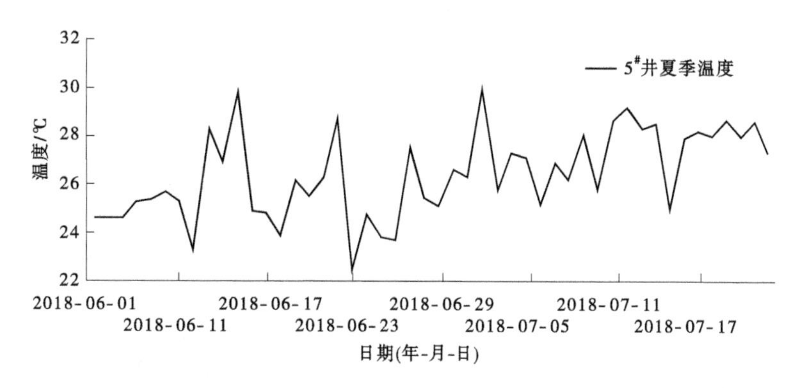

图 7-14　C5 井夏季制冷期温度(回灌井)

2. 抽水井与回灌井水温季节变化

1)夏季水温变化

夏季制冷期浅层地热能井水温变化也较大,C2 井为抽水井,C3 井为回灌水井,C3 井水温较高,变幅较大,随着浅层地热能井的运行水温逐渐平稳,8 月温度较 7 月温度变幅减小,而且 8 月水温低于 7 月;而 C2 井水温较低,变幅较小,但 C2 作为抽水井,水温则与 C3 相反,7 月水温平稳,8 月变幅较大,7 月水温低于 8 月水温。见图 7-15。

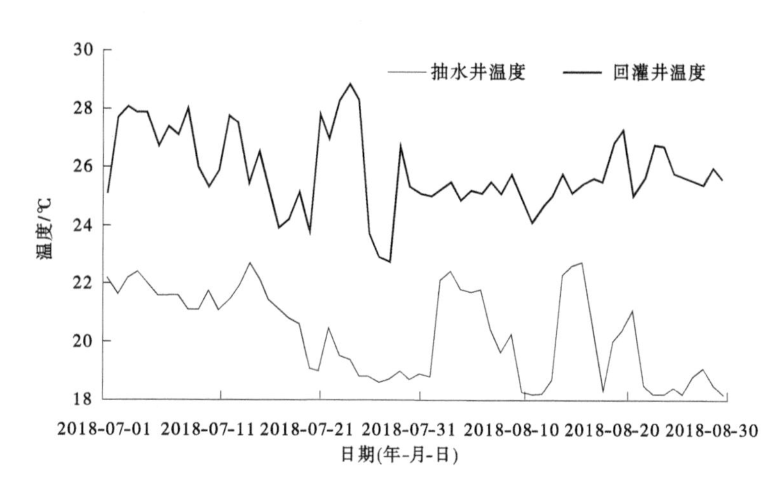

图 7-15　抽回灌井(C2、C3)夏季制冷期温度

7 月 C2 与 C3 水温相差平均大于 5 ℃,地下水地源热泵的效能较好,但 8 月部分时间水温温差小于 5 ℃,地下水地源热泵的效能有所降低,但时间较短,对地质环境影响较小,不易造成地下水冷热污染,引发生态平衡问题。

2)冬季水温变化

冬季制冷期地热井水温变化较小,C3 为抽水井,C2 为回灌水井,C3 水温较高,变幅较小,C2 水温稍低,变幅较大;随着地热井的运行抽水井水温逐渐平稳,但回灌水井水温变幅仍较大;而且随着运行的进行,水温有所降低,逐渐趋于平稳,见图 7-16。

C5 为抽水井、C7 为回灌井,冬季水温较低,抽水井水温较稳定,基本保持恒定,相差 0.5~1.0 ℃,回灌井变幅较大,7#变幅较大,相差 2.0~3.0 ℃,最大可达 5.0 ℃,抽回灌井温差较大，相差 5.0～8.0 ℃，地下水地源热泵的效能较好，如果抽回灌井温差小于 5.0 ℃，地下水地源热泵的效能会降低。见图 7-17。

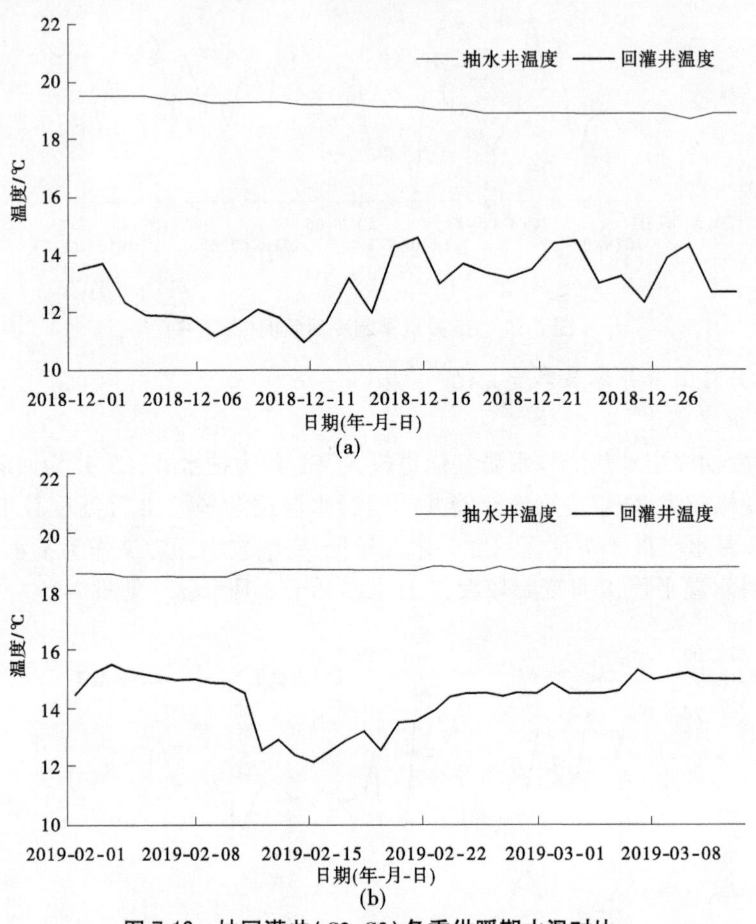

图 7-16　抽回灌井（C2、C3）冬季供暖期水温对比

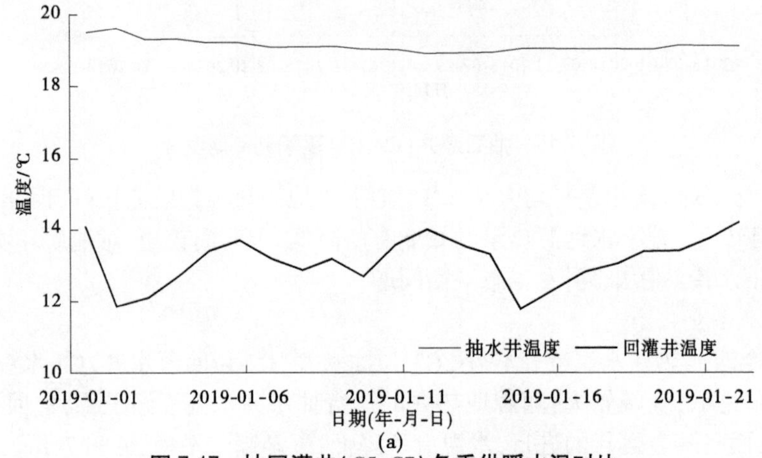

图 7-17　抽回灌井（C5、C7）冬季供暖水温对比

由此可以看出抽水井与回灌水井在夏季制冷、冬季供暖期均有明显差距，抽水井水温

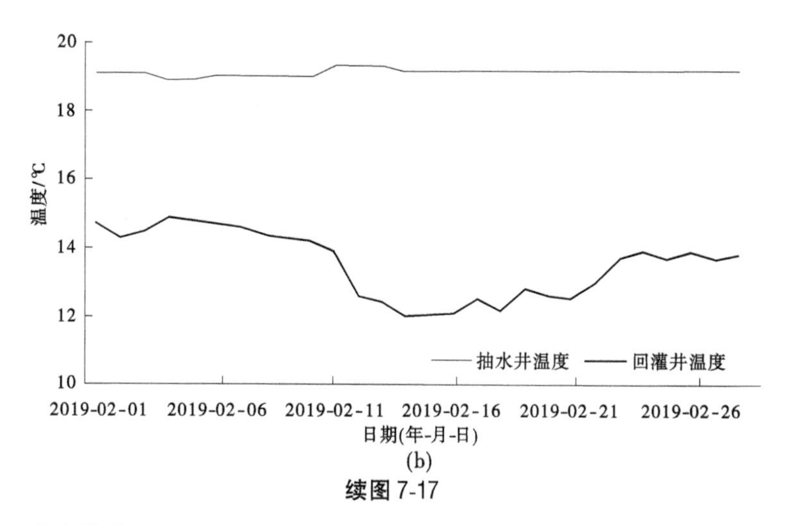

(b)

续图 7-17

较为平稳,回灌水井水温变幅较大,且夏季较冬季变幅大,抽水井水温变幅较小,说明浅层地热能系统短期对地下水影响较小,地下水温度基本无变化。

在水源热泵开发浅层地热能时,回灌水的温度与地下水的温度存在差异,长期持续会导致抽水井的出水温度上升或降低,这种现象称为热贯通。由图可知,抽水井温度在冬季或者夏季变幅均较小,热贯通现象存在可能性较小,热污染现象存在可能性也较小。

郑州是夏热冬冷地区,建筑物的冷负荷远大于热负荷,所以夏季地温升幅明显比冬季地温降幅大,通过运行结果来看,水温升幅不会对系统运行稳定性造成影响,其原因主要为郑州冬季热负荷太小,夏季冷负荷过大,不能充分利用夏季排放到土壤中的热能。

3)水温距离变化

浅层地热能井相距较小,井间距均为 20 m,C3 与 C5 为抽水井,C4 与 C7 为回灌井,C5 水温高于 C3,为 0.5 ℃左右,C4 水温高于 C7,最高可达 1.0 ℃,局部 C4 水温低于 C7;见图 7-18。

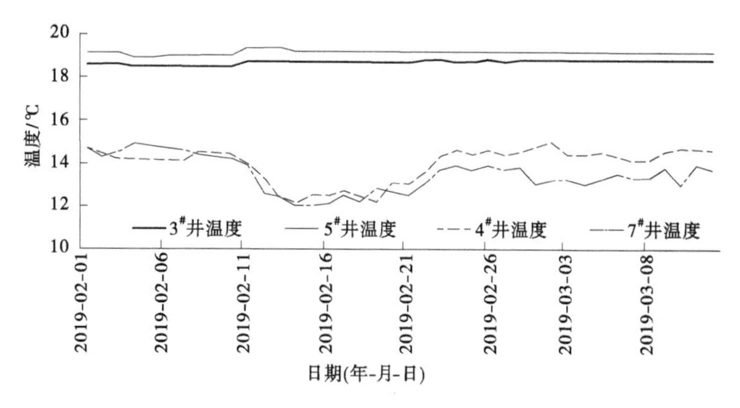

图 7-18 C3、C5 与 C4、C7 冬季水温对比

以 C5 为主,距离 C4 较近,C7 较远,C4 水温高于 C7 水温,说明在冬季回灌井水温较低,C4 水温高于 C7 可能与抽水井有关,距离较近,受其影响也较大。

3. 工程运行对地下水温度的影响分析

本工程浅层地热能热泵系统主机系统有两套，水由井中抽出后经过换热系统，经过触媒交换热量，水再回灌入井中，水温经触媒作用后水温变化较大，没经触媒的水井水温较平稳，但经过后水温变化较大，其水能交换给浅层地热能系统，水温随之变化，其水温回灌对地下水水温有一定程度的影响，见图 7-19、图 7-20。

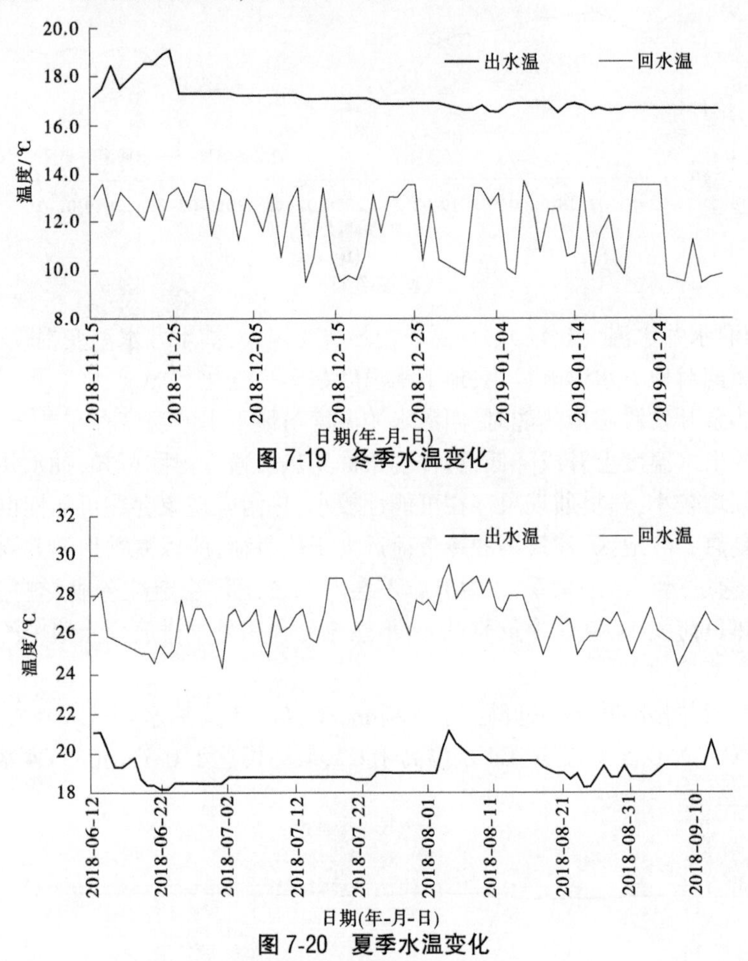

图 7-19 冬季水温变化

图 7-20 夏季水温变化

由图 7-19、图 7-20 可知，冬季与夏季回灌水温度相差较大，冬季一般为 9.5～13.7 ℃，夏季为 24.2～29.5 ℃，温差约 15.0 ℃。但抽水温度相差不大，冬季为 16.5～18.9 ℃，夏季为 18.0～22.0 ℃。

地下水初始水温 18.0 ℃，在 60.0～240.0 m 深度的浅层承压地下水水温 17.0 ℃，分析多年来本地区地下水温度资料，常年保持稳定，没有发现其有明显的变化。说明浅层地热能系统水温大致保持恒定，但是回灌水局部有水温变幅较大的现象，对环境有影响，应加强监测，预防浅层地热能开发对地质环境的影响。

综上，本工程受回灌水温度的影响，制冷期使地下水温度略有升高，供暖期略有下降，但在一个完整的制冷与供暖周期内，浅层地热空调井回灌对地下水温度总的持续性影响不明显，对地质环境影响较小。

(四)地下水水质的变化

1. 换热井水质总体情况

根据地下水源热泵水质标准,对照本次水质分析成果(见表7-6),区内水质除硬度、游离二氧化碳、含砂量有局部超标外,其他指标均符合地下水源热泵水质要求。

表7-6　地下水源热泵换热井水质一览表

序号	项目名称	允许值	实测区间值/(mg/L)
1	含砂量	<1/20万(体积比)	5.15~40.13
2	浊度	≤20 NTU	未检出~10
3	pH	6.5~8.5	7.06~7.90
4	硬度	≤200 mg/L	277.39~552.70
5	总碱度	≤500 mg/L	318.75~493.55
6	Fe^{2+}	<1 mg/L	未检出~0.03
7	Cl^-	<100 mg/L(300)	43.11~114.98
8	游离氯	0.5~1.0 mg/L	未检出
9	CaO	<200 mg/L	51.45~190.60
10	SO_4^{2-}	<200 mg/L	74.27~185.10
11	SiO_2	≤50 mg/L	10.52~37.52
12	Cu^{2+}	≤0.2 mg/L	未检出~0.063
13	溶解性总固体	<3 g/L	497.60~851.51
14	油污	<5 mg/L	未检出
15	游离 CO_2	<10 mg/L	4.31~30.18
16	H_2S	<0.5 mg/L	未检出~0.16

根据地下水水质标准《地下水质量标准》(GB/T 14848—2017),换热井水质为Ⅳ类水,主要定类因子为总硬度、锰、硫化物。

总之,地下水源热泵换热井水质较好,仅含砂量、总硬度、游离性二氧化碳、氯离子含量稍高,因水井水不进入末端系统,不影响末端系统运行,但影响水井回灌。

2. 地下水物理特性变化

1)地下水色度、浑浊度、臭和味、肉眼可见物

换热井地下水物理特性主要有色度、浑浊度、臭和味、肉眼可见物,根据水质动态监测结果可知,在热泵系统运行状态下,物理特性较好,色度<5、浑浊度<1、臭和味无、肉眼可见物无;但在停滞状态下色度、浑浊度稍差,色度最大可达12、浑浊度可达15,有少量黄色沉淀,可能为微小泥沙。

2)地下水含砂量

因本工程所在位置地层细砂层厚度较大,井水中砂含量也较高,一般运行期含砂量偏低,停止期含砂量增高,系统运行初期因受停止期影响也偏高,但随着系统运行含砂量逐渐降低;而且抽水井含量低,回灌井含量偏高。见表7-7。

表 7-7　含砂量统计表　　单位：mg/L

运行周期	日期(年-月-日)	$3^{\#}$	$4^{\#}$	$5^{\#}$	$7^{\#}$
制冷期	2018-07-30	6.62	5.89		6.78
	2018-08-21	6.21	7.01		6.89
供暖期	2018-11-15	7.75	22.35	25.69	23.16
	2018-12-03	7.52	10.61	6.66	7.58
	2018-12-18	6.66	6.52	6.12	6.89
	2019-01-03	6.66	6.52	6.12	6.89
	2019-01-22	6.02	6.50	6.67	6.51
	2019-02-20	6.98	7.05	7.12	6.95
	2019-03-12	5.69	6.56	6.62	6.33
停止期	2018-09-09	18.69	11.23	6.15	8.11
	2018-09-20	8.26	10.01	11.35	10.26
	2018-10-25	21.36	6.98	40.13	6.21
	2019-03-22	5.51	8.98	6.23	6.15

3. 地下水化学特性变化

1) 游离 CO_2 含量变化

在热泵系统运行过程中，抽水井与回灌井含量增高不明显，但未开采时含量升高。$5^{\#}$井与$3^{\#}$井、$4^{\#}$井含量偏高，局部停止期降低，$5^{\#}$井与$4^{\#}$井未使用时含量偏高，冬季取暖开始时含量降低，随着使用时间的延长含量逐渐增高，$4^{\#}$井作为回灌水井逐渐增高(见表 7-8)。

表 7-8　游离 CO_2 含量统计表　　单位：mg/L

运行周期	日期(年-月-日)	$3^{\#}$	超标倍数	$4^{\#}$	超标倍数	$5^{\#}$	超标倍数	$7^{\#}$	超标倍数
制冷期	2018-08-21	12.93	1.29	12.93	1.29			17.24	1.72
供暖期	2018-11-15	8.62		8.62		12.93	1.29	4.31	
	2018-12-03	17.24	1.72	8.62		12.93	1.29	17.24	1.72
	2018-12-18	17.24	1.72	12.93	1.29	12.93	1.29	8.62	
	2019-01-03	17.24	1.72	12.93	1.29	8.62		8.62	
	2019-01-22	17.24	1.72	17.24	1.72	12.93	1.29	4.31	
	2019-02-20	17.24	1.72	12.93	1.29	17.24	1.72	17.24	1.72
	2019-03-12	4.31		8.62		12.93	1.29	8.62	
停止期	2018-09-09	17.24	1.72	12.93	1.29	12.93	1.29	21.56	2.16
	2018-09-20	21.56	2.16	34.49	3.45	25.87	2.59	30.18	3.02
	2018-10-25	8.62		8.62		17.24	1.72	12.93	1.29
	2019-03-22	8.62		12.93	1.29	12.93	1.29	12.93	1.29

由表 7-8 可知，游离 CO_2 含量主要在供暖期、制冷期增加较快，超标倍数：制冷期一般

为1.29倍，供暖期超标倍数主要为1.29倍和1.72倍，在系统运行期增加，而停止期含量逐渐降低，到运行期又逐渐升高，但有滞后现象；3#井、5#井冬季为抽水井，表现明显，游离CO_2含量超标。游离CO_2含量超标并不高，一般不会溶解碳酸钙、碳酸镁腐蚀混凝土。

2）重碳酸盐含量变化

在工程运行过程中，重碳酸盐含量变化明显，3#井、4#井、7#井随着系统运行的停止含量逐渐升高，而随着系统运行的开始，含量逐渐降低，局部有起伏，总体趋势降低。而工程周边岗李村在运行过程中含量也发生变化，运行期增长，含量升高，见图7-21。

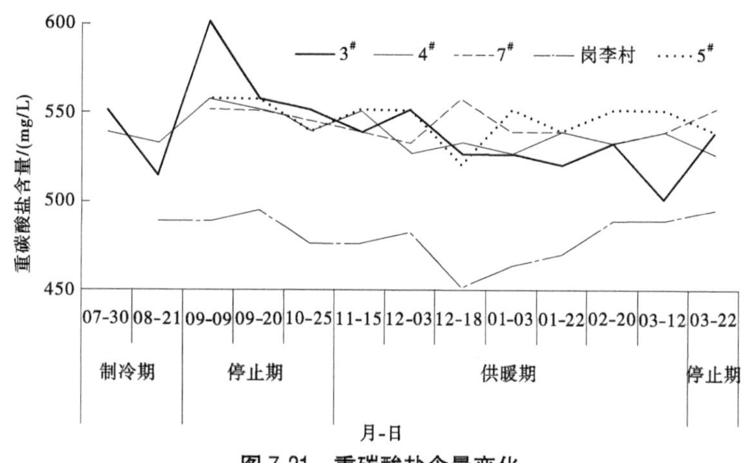

图7-21　重碳酸盐含量变化

由图7-21可知，制冷期重碳酸盐含量未见明显变化，但可看出含量均在减少；在供暖期时，重碳酸盐含量变动幅度较大，但随着运行，变动逐渐减少，4#井和7#井含量趋于一致，5#井为抽水井含量逐渐增高，而3#井同为抽水井，含量却逐渐降低；停止期可以看出变化幅度较小，仅3#井初期较高，然后降低与其他换热井含量一致，因其含量未超标，对地下水影响较小。

3）钙离子含量变化

在夏季运行过程中，钙离子含量明显增高，2#井、3#井为抽水井，含量较高，增幅较小，4#井、7#井为回水井，含量增幅较快，但冬季供暖开始后，含量总体逐渐降低，局部略有起伏；停止期含量平稳，局部略有升高，但幅度较小。岗李村为生活饮用水井，钙离子含量变幅与换热井近似，一般变幅较小，局部略有起伏。见图7-22。

4）硫酸盐含量变化

硫酸盐含量在换热井运行过程中变幅较大，夏季制冷期升高，2#井与3#井为抽水井，升幅较小，4#井与7#井为回灌井，可见升幅明显较大；冬季供暖含量变幅均较大，3#井、4#井、5#井距离较近，变幅较大，而7#井距离3#井、4#井、5#井相对较远，变幅较小；停止期含量逐渐升高，较制冷期、供暖期含量较高，其中4#井升幅较大，其他井变幅规律一致。硫酸盐的溶解反应为放热反应，其溶解度随温度的升高而升高，换热井运行过程中夏季温度比冬季温度高，因此硫酸盐夏季含量升高冬季降低。而岗李村为村民饮用水井，在换热井运行过程中其含量波动程度较轻。见图7-23。

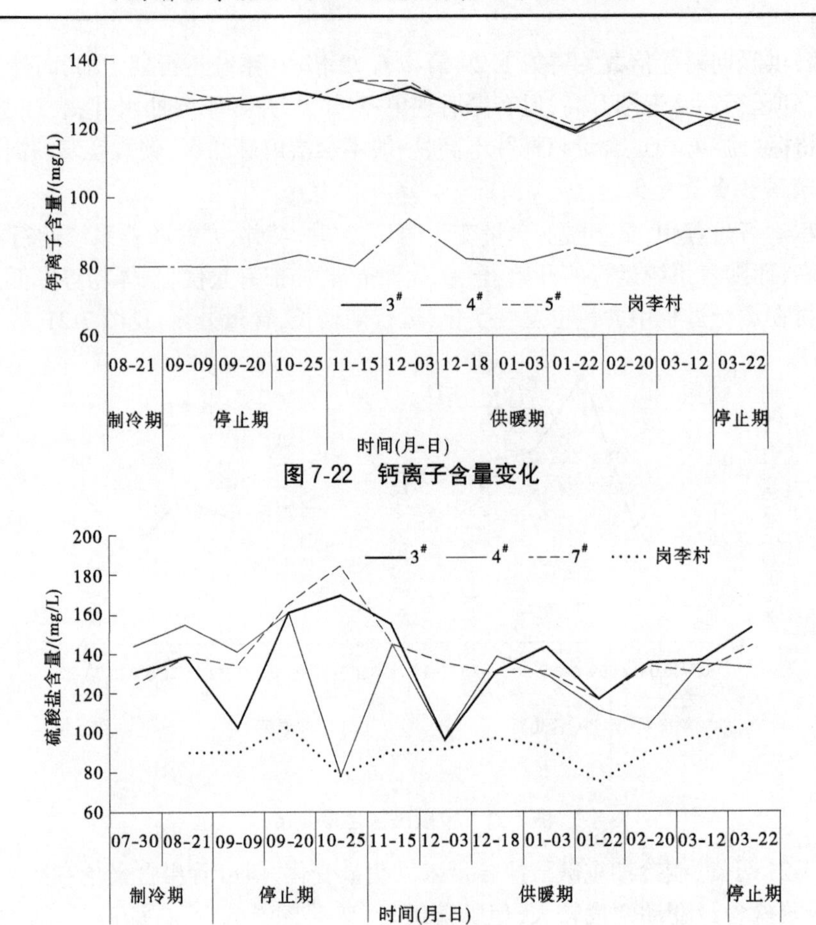

图 7-22　钙离子含量变化

图 7-23　硫酸盐含量变化

5) 硝酸盐含量变化

3#井、5#井、4#井在运行过程中硝酸盐含量逐渐降低，而区外岗李村饮用水井受其影响较小，含量变化规律与浅层地热能井相似，但可看出运行期含量高于停止期，而且有滞后现象。见图 7-24。

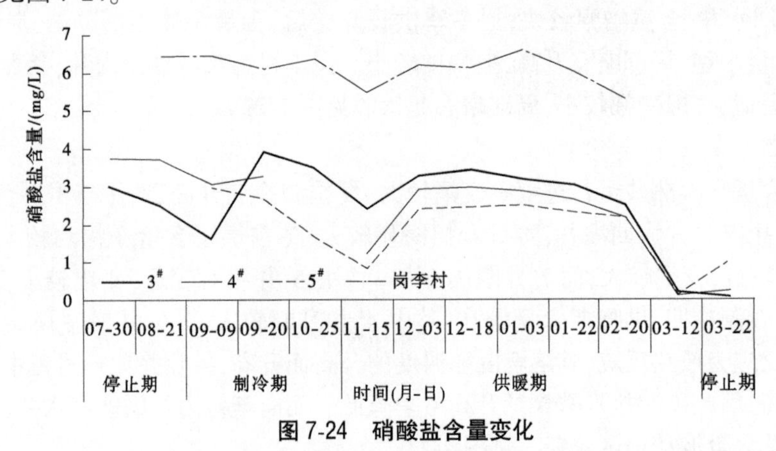

图 7-24　硝酸盐含量变化

硝酸盐在夏季制冷期含量变幅较小,仅3#井变幅稍大,含量减少,3#井为抽水井,可能是地下水波动较大导致;供暖期先升后降,整体变幅较小,仅在运行初期由于停止期降低而出现含量升高现象,但随着运行的进行,含量趋于平稳,但随着供暖结束,含量降低;停止期波动稍大,先升后降。

6)溶解性总固体含量变化

在换热井运行过程中,溶解性总固体含量变化明显,制冷期2#井、3#井为抽水井,含量降低,而4#井、7#井为回灌井,含量增高;供暖期含量变幅较小;停止期含量有轻微上升现象,变幅较小;换热井溶解性总固体含量整体冬季低于夏季;而岗李村溶解性总固体含量变化幅度较小。见图7-25。

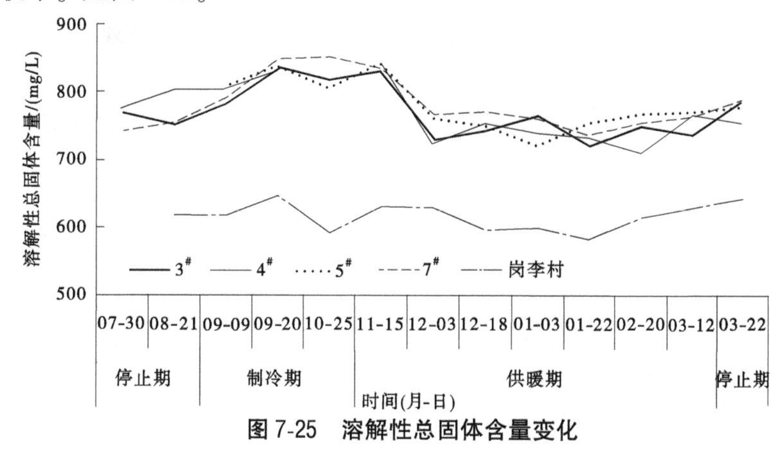

图7-25　溶解性总固体含量变化

7)总硬度含量变化

制冷期总硬度含量增高,抽水井增幅较小,回灌井增幅较大,总体含量偏低;供暖期含量变化较大,随着运行时间延续,气温降低,含量变幅明显加大,可能与抽水井抽水量增大有关;停止期含量逐渐升高;抽水井相较回灌井含量偏高。见表7-9。

表7-9　总硬度含量统计表　　单位:mg/L

运行周期	日期(年-月-日)	3#	4#	5#	7#	岗李村
制冷期	2018-07-30	473.45	506.82		460.93	
	2018-08-21	481.79	515.16		488.04	364.99
供暖期	2018-11-15	506.82	523.50	527.67	527.67	381.68
	2018-12-03	527.67	523.50	529.76	517.24	427.56
	2018-12-18	515.16	531.84	523.50	506.82	385.85
	2019-01-03	540.19	515.16	519.33	531.84	381.68
	2019-01-22	485.96	502.64	519.33	502.64	377.50
	2019-02-20	552.70	529.76	523.50	523.50	412.96
	2019-03-12	469.27	506.82	510.99	498.47	410.88
停止期	2018-09-09	500.561	504.73	510.99	502.64	364.99
	2018-09-20	498.47	515.16	502.64	506.82	364.99
	2018-10-25	527.67	277.39	510.99	536.02	390.02
	2019-03-22	508.90	492.22	506.82	515.16	402.53

制冷期总硬度含量增高,抽水井增幅较小,回灌井增幅较大,总体含量偏低;供暖期含量变化较大,随着运行时间延续,气温降低,含量变幅明显加大,可能与抽水井抽水量增大有关;停止期含量逐渐升高;抽水井相较回灌井含量偏高。

总硬度主要由钙、镁离子组成,含量过高的情况下水垢较多,易堵塞管道,影响水井回灌,水井回灌量减少,滞留管内引起水质、水位变化,影响周围水质、水位,地质环境发生变化,将影响居民生活。如出现结垢较多,定期进行洗井,若时间过长,影响较大,考虑更换井管。

8)氟离子含量变化

在工程运行过程中,氟离子含量明显降低,3#井、5#井与4#井在夏季制冷时氟离子含量降低;供暖期氟离子含量有起伏,抽水井与回灌井变幅一致,总体呈现增长状态,变幅不超过0.10 mg/L;停止期含量呈降低状态,降幅0.20 mg/L。岗李村为生活饮用水井,氟离子含量随生活使用起伏有变化,起伏幅度与换热井较近似,局部起伏较大。见图7-26。

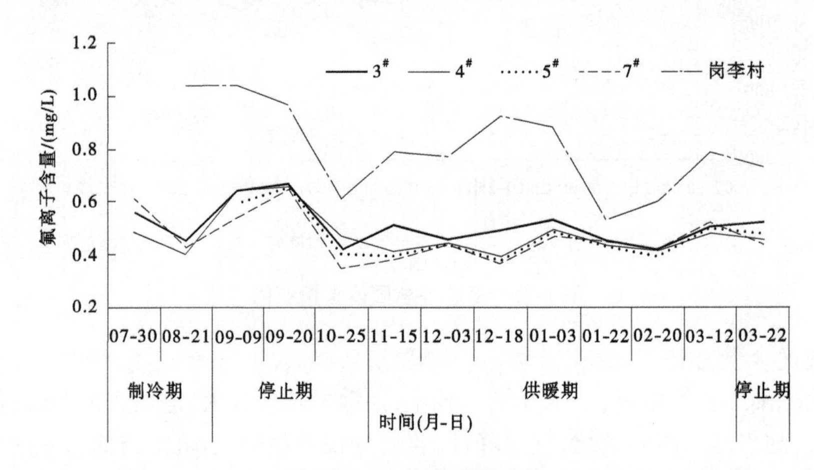

图7-26 氟离子含量变化

9)溶解氧含量变化

溶解氧在制冷期含量呈降低状态,但7#井相反溶解氧含量增加,7#井为回灌井,距离2#井、3#井、4#井稍远;供暖期溶解氧含量降低,低于制冷期,变幅较小,基本处于含量降低状态;停止期含量变幅基本较小,低于运行期溶解氧含量,仅4#变幅较大,其为回灌井。岗李村的变化幅度与换热井相似,含量相关不大。见图7-27。

工程运行过程中,回灌系统密封稍差,地下水与大气接触,因此水中溶解氧含量降低,对地下水的二价铁等还原成分产生氧化作用,铁含量降低。

10)氧化钙含量变化

氧化钙溶解反应为吸热反应,溶解度随温度的升高而升高,温度升高促进矿物溶解,浅层地热能换热井夏季运行期温度高,氧化钙含量增加,冬季温度低,氧化钙含量降低。见图7-28。

11)钠含量变化

钠溶解反应为吸热反应,溶解度随温度的升高而升高,温度升高促进矿物溶解,换热井夏季运行温度高,钠含量偏高,冬季温度低,钠含量降低。同时也可以夏季制冷期含量

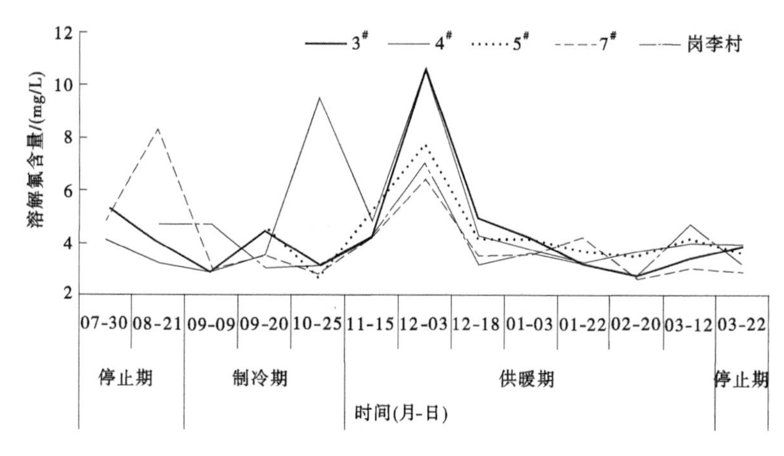

图 7-27　溶解氧含量变化

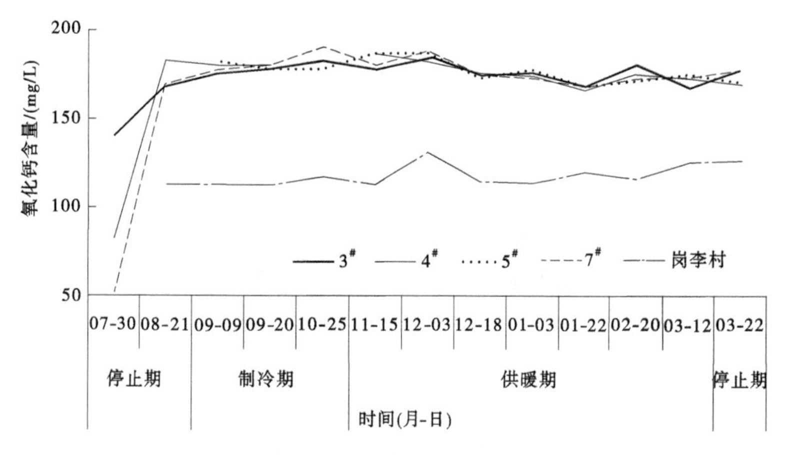

图 7-28　氧化钙含量变化

逐渐降低,最大降幅 20.00 mg/L 左右,冬季供暖期降低后趋于平稳,钠含量变幅不大,但停止期变幅较大,先升后降又缓慢上升,最大降幅 30.00 mg/L 左右。见图 7-29。

从各因子含量变化历时曲线图可以看出,水质变化没有出现持续增高或减少的现象。说明地质科技园办公楼水源热泵中央空调系统在制暖供冷期运行过程中地下水水质没有大的变化。

4. 抽水井与观测井地下水各因子含量变化

根据历次取样分析,抽水井处于运行状态,地下水流动较快,其水质大多差于监测井,运行状态的浅层地热能井总硬度、溶解性总固体、碳酸盐、硫酸盐、总碱度、氯离子高于区外生活饮用水井的含量;而氟离子、硝酸盐低于区外生活饮用水井的含量。

抽水井在运行停止期总硬度含量变化不大,变幅较小,但运行时间延长含量变幅增大,3#井变幅大于 5#井,可能 3#井位于边缘,5#井位于中心,3#井易于受外界影响变幅增大。溶解性总固体受其影响较小,在浅层地热能井停止期与冬季供暖期,3#井与 5#井变幅一致,随着运行的延长含量逐渐减少,而随着运行结束,其含量有增长趋势。氯化物、硫酸盐含量高于周边生活饮用水井,氯化物运行期低于停止期,但变化较小;硫酸盐变幅较大,

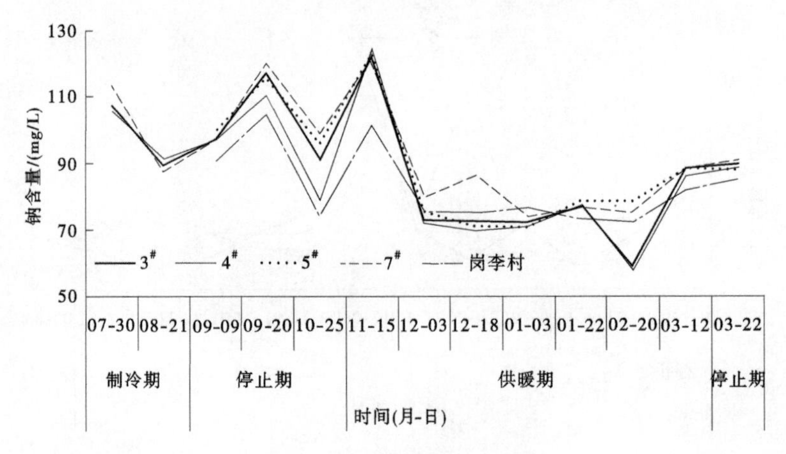

图 7-29　钠含量变化

停止期升高,系统开始运行,含量减小;Cl^-在很大程度上促进碳的腐蚀。CO_2 含量偏高溶解在水中,加速氧化及对高强度低合金钢的腐蚀。SO_4^{2-} 主要对水泥起腐蚀作用。井管、井壁受影响,浅层地热能井运行时间较长以后对地下水水质有一定程度影响。重碳酸盐与总碱度随着系统运行,含量逐渐减少,但 3#井变幅大于 5#井;总硬度、重碳酸盐、含量高于周边生活饮用水井,含量增加,水源容易生锈,会对设备造成损坏,对地下水回灌有一定影响。

氟化物与硝酸盐含量均小于监测井,氟化物含量变化较小,运行期与停止期含量相差不大;但硝酸盐变幅较大,运行期含量增大,停止期减小,说明系统运行对硝酸盐含量变化影响较大。

5. 回灌井与观测井各因子含量变化

根据历次取样分析,回灌井水质大多差于监测井,运行状态的浅层地热能井中总硬度、溶解性总固体、碳酸盐、硫酸盐、总碱度、氯离子高于区外生活饮用水井的含量;而氟离子、硝酸盐低于区外生活饮用水井的含量。

回灌井在运行停止期总硬度含量变化不大,变幅较小。溶解性总固体受其影响较小,在浅层地热能井停止期与冬季供暖期,3#井与 5#井变幅一致,随着运行的延长含量逐渐减少,而随着运行结束,其含量有增长趋势。

氯化物含量高于周边生活饮用水井,氯化物运行期低于停止期,但变化较小,超标较小。

CO_2 含量偏高溶解在水中,加速氧化及对高强度低合金钢的腐蚀。

重碳酸盐与总碱度随着系统运行,含量逐渐减小,但 3#井变幅大于 5#井。

总硬度、重碳酸盐含量高于周边生活饮用水井,含量增加,水源容易生锈,会对设备造成损坏,对地下水回灌有一定的影响。

硫酸盐含量高于周边生活饮用水井,硫酸盐变幅较大,停止期升高,系统开始运行,含量减小,且 4#井变幅高于 7#井,4#井距 5#井抽水井距离近于 7#井,受抽水井影响变幅较大,但总体含量小于限值,且硫酸盐主要对水泥起腐蚀作用,井管、井壁受影响,浅层地热能井运行时间较长以后对地下水水质有一定程度的影响。

氟化物与硝酸盐含量均小于观测井,氟化物含量变化较小,运行期与停止期含量相差不大;但硝酸盐变幅较大,运行期含量增大,停止期减小,说明系统运行对硝酸盐含量变化影响较大。

6. 抽水井与回灌井各因子含量变化

在冬季供暖期间抽水井与回灌井水质稍有变化,由表 7-10、表 7-11 可知回灌井水质稍差于抽水井,随着运行进行,抽水井因子含量高于回灌井,如总硬度、溶解性总固体、硫酸盐、氯化物、重碳酸盐、总碱度、氟化物一般含量抽水井高于回灌井,但硝酸盐则相反。见表 7-10、表 7-11。

表 7-10　抽水井(5#)与回灌井(4#)水质对比(供暖期)

日期(年-月-日)	用水井	NO_3^-	F^-	含砂量	溶解氧	Cl^-	SO_4^{2-}	HCO_3^-	总硬度($CaCO_3$ 计)
2018-11-15	抽水井	0.83	0.39	25.69	5.18	114.98	144.00	551.69	527.67
	回灌井	1.19	0.41	22.35	4.89	109.59	144.40	551.69	523.50
	差值	-0.36	-0.02	3.34	0.29	5.39	-0.40	0	4.17
2018-12-03	抽水井	2.42	0.44	6.66	7.82	104.35	120.30	551.69	529.76
	回灌井	2.9	0.44	10.61	10.62	107.83	96.20	526.61	523.50
	差值	-0.48	0	-3.95	-2.80	-3.48	24.10	25.08	6.26
2018-12-18	抽水井	2.46	0.37	6.12	4.13	100.87	139.00	520.34	523.50
	回灌井	2.97	0.39	6.52	4.26	95.65	138.60	532.88	531.85
	差值	-0.51	-0.02	-0.40	-0.13	5.22	0.40	-12.54	-8.34
2019-01-03	抽水井	2.51	0.49	6.12	4.16	102.53	91.90	551.69	519.33
	回灌井	2.88	0.49	6.52	3.74	97.31	128.80	551.69	515.16
	差值	-0.37	0	-0.40	0.42	5.21	-36.90	0	4.17
2019-01-22	抽水井	2.31	0.43	6.67	3.69	104.27	125.29	539.15	519.33
	回灌井	2.67	0.43	6.50	3.27	100.79	111.20	539.15	502.65
	差值	-0.36	0	0.17	0.42	3.48	14.09	0	16.69
2019-02-20	抽水井	2.17	0.39	7.12	3.50	102.53	132.70	551.69	523.50
	回灌井	2.12	0.41	7.05	3.69	102.53	103.10	532.88	529.76
	差值	0.05	-0.02	0.07	-0.18	0	29.60	18.81	-6.26
2019-03-12	抽水井	0.11	0.5	6.62	4.18	102.53	129.60	551.69	510.99
	回灌井	0.09	0.48	6.56	4.00	102.53	135.30	539.15	506.82
	差值	0.02	0.02	0.06	0.18	0	-5.70	12.54	4.17

总硬度运行期高于停止期,但抽水井含量一般高于回灌井;溶解性总固体则相反,运行期低于停止期,并且随着系统运行,抽水井含量由低于回灌井渐高于回灌井;硫酸盐、氯化物运行期低于停止期,而且一般抽水井高于回灌井。

表 7-11　抽水井(5[#])与回灌井(7[#])水质对比(供暖期)

日期(年-月-日)	用水井	NO_3^-	F^-	含砂量	溶解氧	Cl^-	SO_4^{2-}	HCO_3^-	总硬度($CaCO_3$ 计)
2018-11-15	抽水井	0.83	0.39	25.69	5.18	114.98	144.00	551.69	527.67
	回灌井	0.83	0.38	23.16	4.26	114.98	144.90	539.15	527.67
	差值	0.00	0.01	2.53	0.92	0.00	−0.90	12.54	0
2018-12-03	抽水井	2.42	0.44	6.66	7.82	104.35	120.30	551.69	529.76
	回灌井	2.90	0.44	7.58	6.43	100.87	135.60	532.88	517.25
	差值	−0.48	0.00	−0.92	1.39	3.48	−15.30	18.81	12.51
2018-12-18	抽水井	2.46	0.37	6.12	4.13	100.87	139.00	520.34	523.50
	回灌井	2.90	0.37	6.89	3.52	99.13	130.00	557.96	506.82
	差值	−0.44	0.00	−0.77	0.61	1.74	9.00	−37.62	16.69
2019-01-03	抽水井	2.51	0.49	6.12	4.16	102.53	91.90	551.69	519.33
	回灌井	2.84	0.47	6.89	3.56	102.53	131.50	539.15	531.85
	差值	−0.33	0.02	−0.77	0.60	0.00	−39.60	12.54	−12.51
2019-01-22	抽水井	2.31	0.43	6.67	3.69	104.27	125.29	539.15	519.33
	回灌井	2.66	0.45	6.51	4.24	100.79	117.03	539.15	502.65
	差值	−0.35	−0.02	0.16	−0.55	3.48	8.26	0.00	16.69
2019-02-20	抽水井	2.17	0.39	7.12	3.50	102.53	132.70	551.69	523.50
	回灌井	2.62	0.42	6.95	2.62	100.79	133.50	532.88	523.50
	差值	−0.45	−0.03	0.17	0.89	1.74	−0.80	18.81	0.00
2019-03-12	抽水井	0.11	0.50	6.62	4.18	102.53	129.60	551.69	510.99
	回灌井	1.68	0.52	6.33	3.03	100.79	130.80	539.15	498.47
	差值	−1.57	−0.02	0.29	1.15	1.74	−1.20	12.54	12.51
2019-03-22	抽水井	1.01	0.48	6.23	3.61	102.53	144.60	539.15	506.82
	回灌井	0.28	0.44	6.15	2.90	100.79	144.20	551.69	515.16
	差值	0.73	0.04	0.08	0.71	1.74	0.40	−12.54	−8.34

氟化物与硝酸盐含量均小于监测井,氟化物含量变化较小,运行期与停止期含量相差不大;但硝酸盐变幅较大,运行期含量增大,停止期减小,说明系统运行对硝酸盐含量变化影响较大。

7. 地下水各因子含量变化相关性分析

为了更好地分析水质变异成因,选取 3[#]井、4[#]井 Ca^{2+}、Mg^{2+}、HCO_3^- 离子和溶解性总固体(R)进行相关性分析,结果见图 7-30、图 7-31。由图 7-30、图 7-31 可知:Ca^{2+} 与 Mg^{2+} 离子高度相关,与 HCO_3^- 离子中度相关;HCO_3^- 离子与溶解性总固体高度相关,与 Ca^{2+} 离子中度相关。

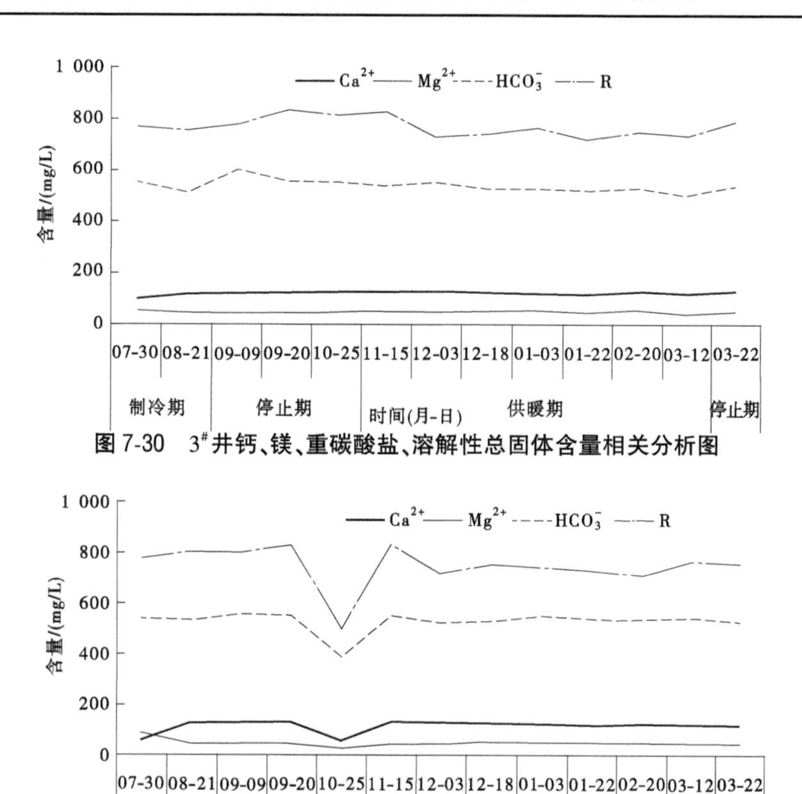

图 7-30 3#井钙、镁、重碳酸盐、溶解性总固体含量相关分析图

图 7-31 4#井钙、镁、重碳酸盐、溶解性总固体含量相关分析图

水中钠离子与氟离子相关性中度,钠离子含量升高,氟离子含量随之升高,其下降也随之下降,但升高、降低幅度不同,局部升幅相反,钠离子含量上升,氟离子含量下降。见表 7-12、图 7-32。

表 7-12 钠离子与氟离子含量相关分析表　　单位:mg/L

日期(年-月-日)	3#井		4#井	
	Na^+	F^-	Na^+	F^-
2018-07-30	107.60	0.56	105.60	0.48
2018-08-21	89.57	0.45	91.50	0.40
2018-09-09	97.15	0.64	96.65	0.64
2018-09-20	116.70	0.67	110.10	0.65
2018-10-25	90.58	0.42	78.52	0.47
2018-11-15	123.00	0.51	124.00	0.41
2018-12-03	72.99	0.46	71.77	0.44
2018-12-18	72.70	0.49	69.51	0.39
2019-01-03	72.06	0.53	71.25	0.49
2019-01-22	77.96	0.45	77.83	0.43
2019-02-20	58.91	0.41	57.55	0.41
2019-03-12	88.45	0.50	86.07	0.48
2019-03-22	89.92	0.52	88.51	0.46

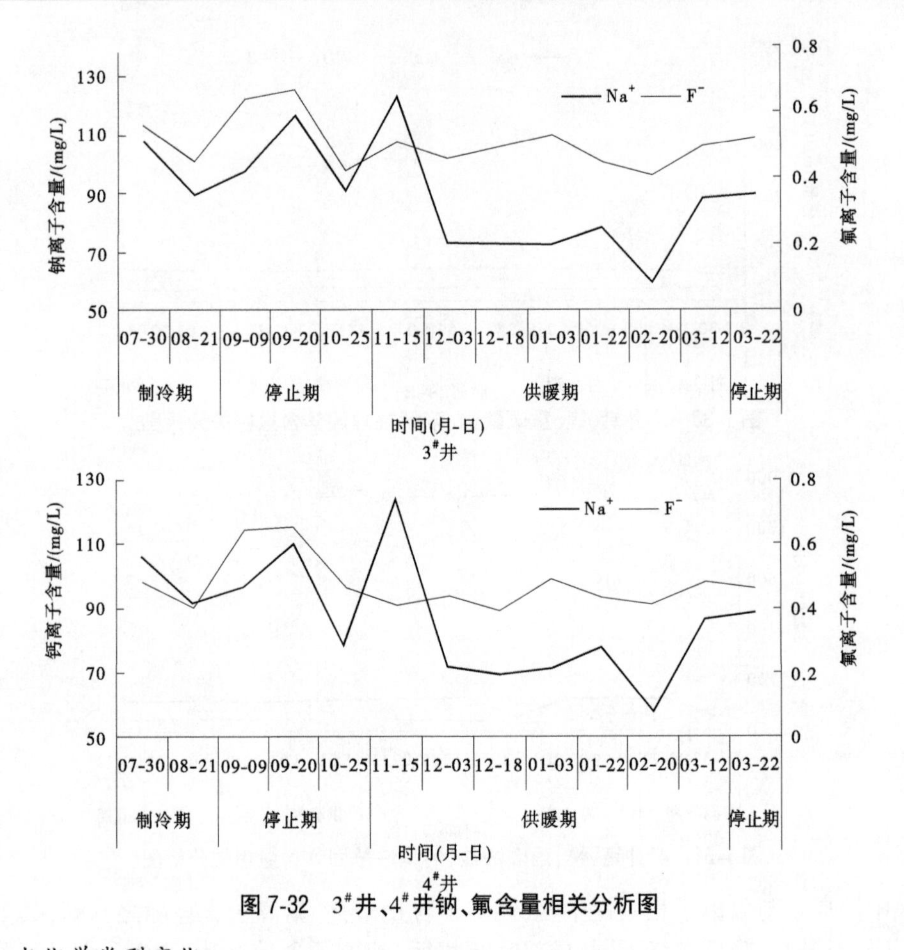

图 7-32　3#井、4#井钠、氟含量相关分析图

8. 水化学类型变化

工程所在地段水化学类型为 HCO_3-Ca · Na · Mg，随着系统运行，逐渐变为 HCO_3-Ca · Na、HCO_3-Ca · Mg，当系统运行停止时，水化学类型则恢复为 HCO_3-Ca · Na · Mg 型，邻近生活饮用水井水化学类型变化较小，基本为 HCO_3-Ca · Na · Mg 型。冬季运行期间钠离子含量逐渐降低，与地下水温有一定关系，浅层地热能井运行过程中，夏季温度一般在 20.00~30.00 ℃，冬季温度 19.00 ℃左右，水中钠离子一般在 20.00 ℃以下就析出，在 20.00 ℃以上就溶解，因此水化学类型到冬季主要以 HCO_3-Ca · Mg 为主，夏季钠离子含量偏高，水化学类型为 HCO_3-Ca · Na · Mg。

第二节　典型工程水热运行模拟

为了明晰地下水源热泵地下部分的工作机制，更好地应用、推广地下水源热泵，本次选择三门峡一处典型浅层地热能利用示范工程，针对地下水源热泵运行过程中地下水、热的运行过程进行了模拟研究，主要是通过试验和数值模拟的方法。

一、模拟场地概况

模拟场地位于三门峡市河堤路与上官路交叉口西北角,市自然资源和规划局家属楼院内,场地面积约 10 000 m^2。该场地有浅层地热井 7 眼,孔径 600 mm,管径 325 mm,井深 150 m。抽灌井分布见图 7-33。

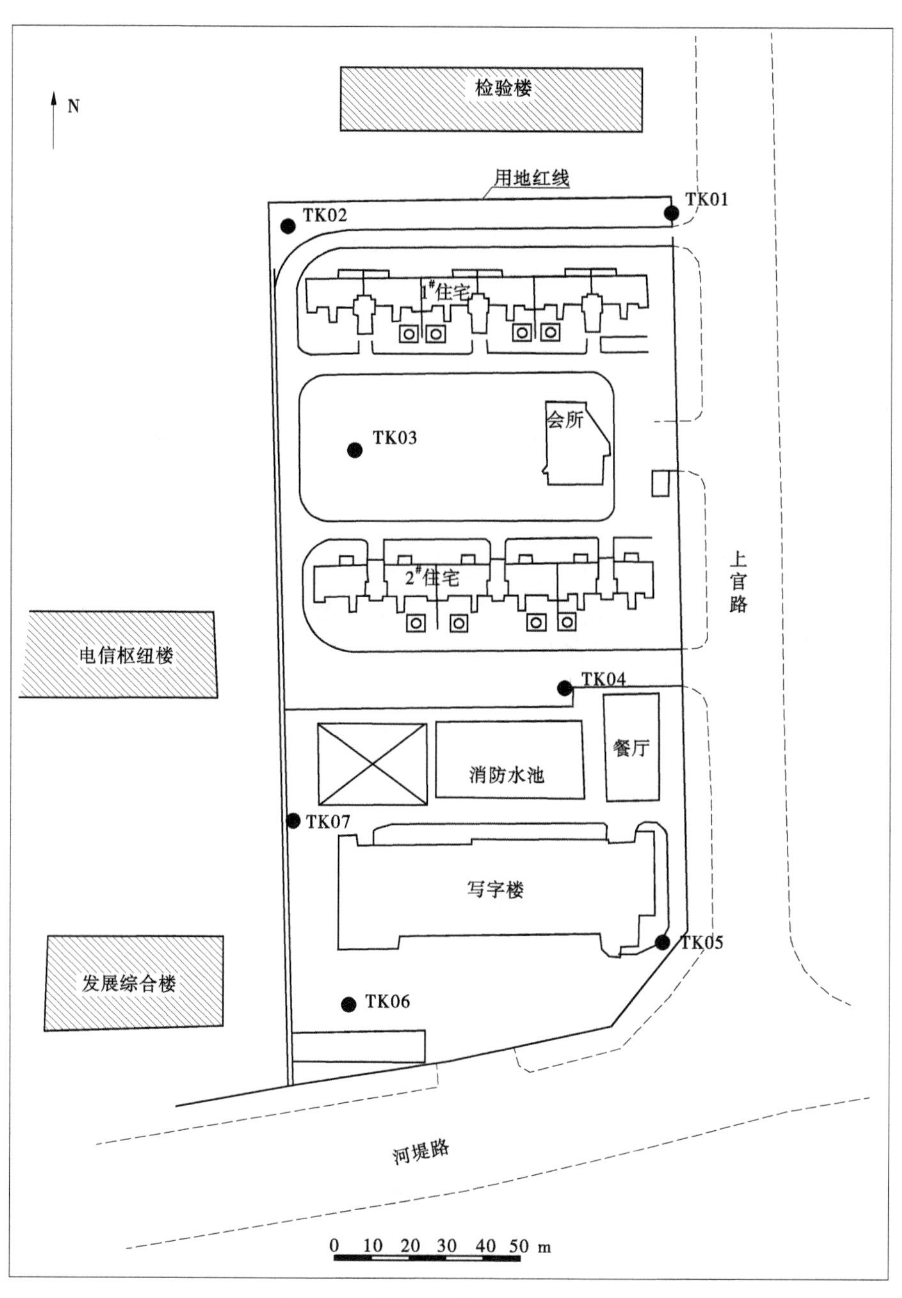

图 7-33　模拟场地抽灌井分布图

二、地下水源热泵水热模拟基础

本书应用中国地质大学(北京)水资源与环境学院基于 HST3D 开发的地下水热模拟软件 FlowHeat 进行水、热模拟评价。

(一)HST3D 软件简介

伴随人类对地下水热资源的开发利用,关于含水层-井孔系统的渗流和热质迁移问题在学术研究以及工程技术层面上都越来越受到重视。

HST3D 是英文 three-dimensional flow, heat and solute transport model 的简称,它是美国地质调查局(USGS)于 20 世纪 80 年代末开发的一套开放型研究应用程序。HST3D 包容了含水层中水流、热流、溶质运移的耦合数值算法,并且对井孔局部渗流建立了比常规模型更加精细和准确的计算方法。HST3D 采用控制容积的能量平衡法对三维流动、传热和传质微分方程进行离散求解,能够实现饱和含水层中流动、传热和溶质运移过程的非稳态模拟,可用于饱和地下含水层相关流动、传热和传质问题的模拟,包括热田和土壤热、海水入侵、放射性核废料填埋等问题。HST3D 具有很强的实用性,其性能包括程序设计结构的模块化、离散方法的简单化和求解方法的多样化、允许采用多种坐标系及不等距网络等,其开放性的模块化结构使得科研人员可以根据需要添加、修改或删除相应的模块。

具体地说,HST3D 可进行以下工作:

(1)评价井的性能,包括井孔类型。

(2)分析密度和黏度可变的饱和区水力驱动流、热和溶质运移。

(3)进行地下水水流、热或溶质运移耦合模拟或单独进行地下水流模拟。

(4)预测化学组分迁移,包括填埋场污染物运移。

(5)预测废物向盐水含水层的注入。

(6)分析盐水含水层中淡水及滨海含水层盐水入侵。

(7)分析含水层中液相地热系统和热储藏。

(8)模拟原生水中海水处置及迁移。

(9)模拟复杂的三维含水层中单组分污染物的迁移。

(10)模拟水障、底垫和水质保护系统。

2005 年,中国地质大学(北京)水资源与环境学院的王旭升等,以 Ken Kipp 博士开发的 HST3D 程序为基础,加以改进,包括引入更加灵活的分布参数设置、处理连续变化的井流量和温度等,形成了 HST3D-cug 版本,并以其为核心程序,编制了基于 Windows 平台的处理程序 FlowHeat 1.0。其目的在于模拟水流和热流,并不解决溶质运移问题。

FlowHeat 及其核心程序 HST3D-cug 最初是为模拟地下水源热泵而设计的,考虑了许多与地下水开采和回灌有关的特殊条件,因而最适合于模拟受井流影响的含水层水头演变和温度变化问题,模拟空间的尺度与建筑物占地面积、井群布置相适应。FlowHeat 的主要功能是模拟地下水源热泵作用下含水层的水热迁移过程,可以处理连续变化的抽注水井流量和注水井温度,即使两者的变化并不是同步的。但是,对于其他类似的水热迁移问题,也可以尝试运用 FlowHeat。模拟结果的可靠性主要取决于所建立模型的适宜程度,也需要用户了解 HST3D-cug 本身可能存在的一些局限。如果用户利用 FlowHeat 的目的只是模拟地下水流,可以取消模拟热流的选项。

(二)数学模型

含水层地下水的流动和热质的迁移存在相互影响。自然界的热质迁移可以通过热传导、辐射、表面热交换等方式进行,但含水层最重要的热质迁移是地下水引起的对流传热,这种对流包括水力驱动的对流和热力驱动的对流。水力驱动的对流指由于含水层水头分布不均匀引起的水流运动,地下水动力学对此已经有成熟的描述。热力驱动的对流指由于温度分布不均匀而引起的宏观水流运动,例如贝纳德-瑞利(Benald-Reili)环流。在忽略辐射传热条件下,可以把含水层的热质迁移称为对流-弥散传热过程,非稳定的对流-弥散传热过程引起温度场的变化。反过来,温度的分布和变化也会影响到地下水的流动,主要是两种方式:①含水层的渗透系数依赖于温度,因为地下水的黏度对温度变化比较敏感;②温度变化会改变地下水的密度,造成热胀冷缩,当温度变化不均匀时会改变地下水的流动状态。因此,在考虑温度的作用时,地下水的运动可称为热感地下水流过程。

含水层内的热感地下水流过程和对流-弥散传热过程,可以借助于多孔介质的渗流和传热理论进行解释。然而,对上述两个过程建立完备的耦合理论十分困难,需要很多假设,忽略一些次要的自然过程,以建立简化的理论模型。

1. 地下水流动方程

基本假设:

(1)饱和流。

(2)满足 Darcy 定律。

(3)含水层为弹性可压缩。

(4)地下水是弹性不可压缩的。

(5)坐标系与含水层各向异性的主轴方向一致。

(6)铅直坐标(z)向上为正。

(7)地下水的黏度随温度变化。

(8)与对流相比,密度梯度引起的水流可以忽略。

以流体压强 p 作为(相对大气压)自变量,在上述假设条件下可以建立地下水的渗流方程为:

$$\frac{\partial(n\rho)}{\partial t} = \nabla\left[\frac{\rho k}{\mu}(\nabla p + \rho g \nabla z)\right] + \rho_s q \tag{7-1}$$

式中　p——流体压强,Pa;

t——时间,s;

n——孔隙度(-);

ρ——流体的密度,kg/m^3;

ρ_s——源点的流体密度,kg/m^3;

k——含水层介质的渗透率张量,m^2;

μ——流体的动力黏度,$kg/(m \cdot s)$;

g——重力加速度,m/s;

q——源点流体进入介质的体积通量强度,$m^3/(m^3 \cdot s)$。

需要注意的是当 $q>0$ 时，ρ_s 是进入含水层的流体密度；但是，当 $q<0$ 时，ρ_s 是流出地下水的密度。式(7-1)中所描述的水流运动不包含热力驱动的对流。

2. 地下水的流速

地下水的平均实际流速为：

$$v=-\frac{k}{n\mu}(\nabla p+\rho g\nabla z) \tag{7-2}$$

式中　v——流速向量，m/s；

其他符号意义同前。

而地下水的 Darcy 流速(与流量对应)为：

$$V=nv=-\frac{k}{\mu}(\nabla p+\rho g\nabla z) \tag{7-3}$$

式中　V——Darcy 流速向量，m/s；

其他符号意义同前。

3. 地下水热传导方程

基本假设：

(1)忽略流体的动能。

(2)热弥散与溶质弥散类似。

(3)发生在流体与孔隙介质中的热传导是同时的。

(4)坐标系与含水层各向异性的主轴方向一致。

(5)热辐射可以忽略。

(6)流体黏度变化的热效应可以忽略。

(7)比热和导热系数均为常数。

(8)流体相与固相物质总是处于热平衡状态。

(9)压力变化引起的焓变化可以忽略。

(10)多孔介质变形的热效应可以忽略。

在上述假设条件下，以温度为控制变量的传热方程写为

$$\begin{aligned}\frac{\partial[n\rho c_f+(1-n)\rho_m c_m]T}{\partial t}=&\nabla[(n\lambda_f+(1-n)\lambda_m)I\nabla T]+\\&\nabla[nD_H\nabla T]-\nabla[\rho Vc_fT]+c_fq\rho_sT_s+q_H\end{aligned} \tag{7-4}$$

式中　T——含水层的温度，℃；

T_s——源点的流体温度，℃；

ρ_m——介质固相密度，kg/m³；

C_f、C_m——流体相和固相的比热，J/(kg · K)；

λ_f、λ_m——流体相和固相的热传导系数，W/(m · ℃)；

I——三维单位向量；

D_H——热的机械弥散系数张量，W/(m · ℃)；

q_H——热源强度，W/m³。

注意流体源汇项的温度和密度取值。

直接热传导和弥散项可以进行合并,引入如下定义的热扩散系数

$$D_{ij} = nD_{H,ij} + [n\lambda_f + (1-n)\lambda_m]\delta_{ij} \tag{7-5}$$

式中　D_{ij}——热扩散系数张量的分量,W/(m·℃);

δ——狄拉克符号:$\delta_{ij}=1, i=j$, $\delta_{ij}=0, i\neq j$。

这样,传热方程可以改写为:

$$\frac{\partial[n\rho c_f + (1-n)\rho_m c_m]T}{\partial t} = \nabla[D\nabla T] - \nabla[\rho V c_f T] + c_f q \rho_s T_s + q_H \tag{7-6}$$

式中　D——热扩散系数张量,W/(m·℃)。

在假定热弥散与溶质弥散类似条件下,热弥散系数可以表示为

$$D_{H,ij} = \rho c_f D_{s,ij} = \rho c_f[(\alpha_L - \alpha_T)\frac{V_i V_j}{V} + \alpha_T V \delta_{ij}] \tag{7-7}$$

式中　$D_{s,ij}$——溶质弥散系数,m^2/s;

α_L、α_T——纵向与横向热弥散度,m,假定在热弥散方面具有各向同性。

4. 地下水的密度函数

假定地下水的密度与温度、压力成线性函数关系[65]:

$$\rho(p,T,\xi) = \rho_0 + \rho_0\beta_p(p-p_0) - \rho_0\beta_h(T-T_0) \tag{7-8}$$

其中压缩系数β_p(1/kPa)和热膨胀系数β_h(1/℃)可以认为是常数,定义为

$$\beta_p = \frac{1}{\rho}\frac{\partial\rho}{\partial p}; \beta_h = -\frac{1}{\rho}\frac{\partial\rho}{\partial T}$$

于是有$\frac{d\rho}{dt} = \rho\beta_p\frac{\partial p}{\partial t} - \rho\beta_h\frac{\partial T}{\partial t}$。

由于流体的密度随着温度升高而减小,式(7-8)出现负值。

5. 地下水的黏度函数

地下水黏度主要是温度的函数,动力黏度与温度的经验关系为

$$\mu = \mu_0 \exp[B_\mu(\frac{1}{T} - \frac{1}{T_0})] \tag{7-9}$$

其中B_μ是一个与溶质浓度有关的系数。由于渗透系数同时与动力黏度和密度有关,在此考虑运动黏度更加合适

$$\eta = \frac{\mu}{\rho} = \mu_0 \exp[B_\mu(\frac{1}{T} - \frac{1}{T_0})]/[1-\beta_h(T-T_0)] \tag{7-10}$$

式中　η——运动黏度,m^2/s。

6. 数值方法

一定的边界条件和初始条件可以与其他方程构成含水层水流-热流耦合的定解问题,但对三维空间获得其解析解是非常困难的,通常需要利用数值方法进行求解。HST3D对此采用节点型网格差分模型做模拟计算,即用矩形网格离散化模拟空间,自变量定义在节点上,对每个节点写出方程节点型网格(见图7-34)或边界条件的差分格式,然后求解离散化的方程组。

这种节点型网格差分模型的重要特点之一,是介质参数的定义方式,含水层介质被定

义在节点与节点之间的空白区域。因此,模型空间内存在两种单元体,一种是单个节点的水均衡控制单元,由相邻节点的中垂面围绕而成的六面体;另一种是由相邻的8个节点组成的介质单元体。孔隙流体压强、水头和温度等变量定义在水均衡控制单元内,而渗透系数、热弥散系数等介质参数定义在介质单元体中。差分方程是根据水均衡控制单元的水热存贮与界面通量之间的关系建立的。

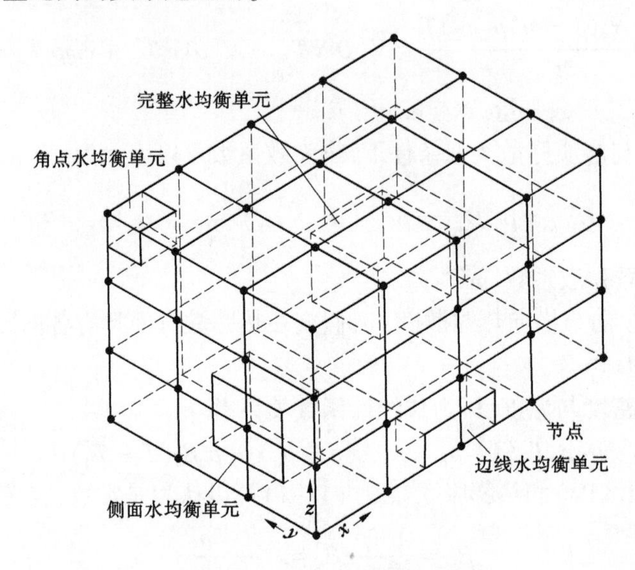

图 7-34　HST3D 节点型差分网格

在时间离散化方面,HST3D 可以采用全隐式或半隐式(Crank-Nicolson 格式)差分格式。耦合过程的处理需要用到迭代法,HST3D 以地下水密度的相对变化达到一个规定的极小值为收敛条件(模型中默认迭代精度为 10^{-6})。

(三)相关参数

FlowHeat 模型需要一系列的参数,包括物理常数、流体参数、常规参考指标、介质参数、水井参数等。在 FlowHeat 中,物理常数为固定数值,不需要用户输入,如重力加速度和水的黏度函数中的常数。流体参数一般为地下水的经验参数,见表 7-13。其中,基础温度和基础压强是用来计算密度变化的状态参数。

表 7-13　FlowHeat 中地下水的缺省参数

参数名称	符号	缺省值	单位
基础温度	T_0	20	℃
基础压强	p_0	0.101 3	MPa
基础密度	ρ_0	1 000	kg/m^3
基础动力黏度	μ_0	0.001	Pa · s
压缩系数	β_p	0.000 476	MPa^{-1}
导热系数	λ_f	0.599	W/(m · K)
质量比热	c_f	4 182	J/(kg · K)
热膨胀系数	β_h	1.0×10^{-5}	K^{-1}

对于含水层介质参数，软件自带的默认值见表 7-14。渗透率和固相导热系数都是张量，HST3D 中假定其各向异性的主轴方向与三个坐标轴的方向一致，因此只需要输入三个分量。在设置弥散度时，需要考虑尺度效应。常规参考指标是大气压等参数，见表 7-15。其中标准热力温度与压强是用来计算热能(焓)变化的状态参数，基准面高程和基准面压强是用来自动设置初始水头的基准面状态参数。

表 7-14　FlowHeat 中含水层的缺省参数

参数名称	符号	缺省值	单位
渗透率	K_{xx}, K_{yy}, K_{zz}	0.12	$10^{-10}m^2$
固相导热系数	C_{xx}, C_{yy}, C_{zz}	2.0	W/(m·℃)
纵向弥散度	α_L	10	m
横向弥散度	α_T	3	m
体积比热	c_m	2.0	$10^6 J/m^3$
垂向压缩系数	α	0.001	mPa^{-1}
孔隙度	n	0.25	—

表 7-15　FlowHeat 中常规参考指标

参数名称	符号	缺省值	单位
大气压	at	0.1	MPa
标准热力温度	T_s	0	℃
标准热力压强(相对大气压)	p_s	0.0	MPa
基准面高程	z_{bas}	0.0	m
基准面压强	p_{bas}	0.101 3	MPa

以上参数的输入分别由菜单“编辑/常规参数”和“编辑/岩性参数”实现。在 FlowHeat 中，温度单位℃有时表示为”C，长度单位为 m，时间单位可以是 second、hour、day 等，用符号 T 表示。

三、地下水源热泵运行模拟

为确定地下水源热泵运行过程中的水、热变化情况，为后续确定抽、灌井间距适宜范围的模拟提供必要的参考，有必要对地下水源热泵工程实例进行运行模拟，最大限度地模拟地下水源热泵运行中真实的水、热运移过程，并将模拟的结果与抽水回灌试验观测数据进行对比，调整、选取最佳的模拟参数，分析该工程布井方式的合理性，并在现阶段选取最优的抽灌井组合方案。

(一)模拟模型及参数

1. 概念模型及数学模型

根据钻孔 TK01-TK07 资料，该地下水源热泵利用场地地层自上而下依次为砂卵石层、含砾中砂层、黏土层、砂卵石层、黏土层、含砾中砂层、黏土层、含砾中砂层、黏土层、中砂层和黏土层。整体上看场地横向和纵向上地层厚度及埋深均稍有变化。但考虑到该区地处一级阶地或河漫滩区，且场地面积很小，仅 10 000 m^2，考虑到模拟软件本身的局限性，故将地层视为水平且无限延伸。

根据研究区的钻孔资料、水文地质条件及地形地貌，模拟区设定为规则的矩形水文地质单元，为松散岩类孔隙水，含水层均质水平无限延展。

假设研究区内地下水径流对水源热泵运行过程中的影响可以忽略。抽水为其主要的排泄方式。根据岩性及水文地质条件，上、下边界均为隔水层，无越流。四周边界为定水头及定温度边界。并且，假设工程运行过程中，抽出的水全部回灌到含水层中。

对于上述的概念模型，其相应的地下水流动及热量传输微分方程，对应的假设条件等如方程(7-1)及方程(7-4)所描述，在此不再赘述。

2. 生产井结构

模拟场地布设有 7 眼抽灌井，各井孔揭露地层稍有变化，井孔的实管、花管分布也稍有差异。考虑到模拟软件本身的局限性，7 个井孔差异小，在模拟的过程中将 7 个井孔视为结构一致。取 TK06 孔作为 7 个井孔的代表，井管实际深度 150 m，井径 325 mm，实管总长 95 m，滤水管总长 45 m，滤水管孔眼直径为 1.5 cm，采用梅花形排列，孔隙率大于 20%，外壁垫筋骨架包尼龙网(60 目)缠铁丝。管壁与井壁间砾料填至孔口以下 18.0 m，砾料直径为 2~5 mm 的石英砂，18.0 m 以上用风干黏土球(直径为 2~3 cm)捣实至地面，见图 7-35。

地下水源热泵利用模拟过程中按照图 7-35 中实际揭露地层进行初始化，发现数据运算量超出程序运行限制，没有办法完成相应模拟。故对钻孔揭露地层进行了合并概化，考虑到薄层中砂对单孔供水能力提升有限，将部分薄层砂层与黏土层合并。垂向上概化为四层，从上到下依次为砂砾石层、黏土层、中砂层、黏土层，厚度分别为 63 m、57 m、20 m、10 m。根据钻孔实际情况，表层砂砾石层 18 m 以上位置开采井管为实管，18~63 m 为花管，63~120 m 为实管，120~140 m 为花管，140~150 m 为实管及沉淀管。各层参数设置均有所区别。

概化后钻孔成井图见图 7-36。

3. 含水层基本参数

通过水文地质勘察、抽水试验及回灌试验等，模拟场地可以确定的参数有：取水井深 150 m，井半径为 325 mm，花管长 65 m，位置为-63~-18 m 和-140~-120 m(相对位置，井口位置为 0)；取水层渗透系数均值为 3.27 m/d，影响半径取最大值为 170 m。抽水强度大于 50 m^3/h 时，地下水降深为 4.5~9.1 m。

地下水源热泵工程场地的地下水埋深年均值一般受季节性影响，在此次模拟中取用的是抽灌井常年平均地下水埋深，约 15 m，地下水的初始温度为 17 ℃，制冷期回灌水温为 25 ℃，制热期回灌水温为 12.5 ℃。

4. 模拟参数(定解条件)的确定

根据生产井的分布、抽水试验的影响半径，模拟范围定为 800 m×800 m。

采用 FlowHeat 1.0 进行模拟，受计算机硬件条件及软件本身的限制，将模型在平面上

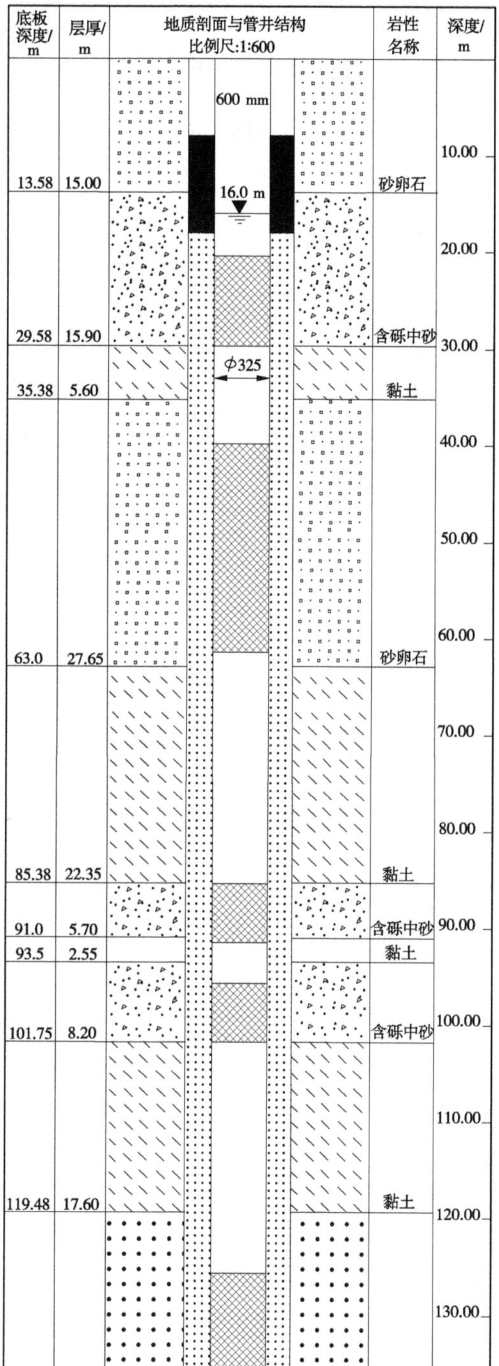

底板深度/m	层厚/m	地质剖面与管井结构 比例尺:1:600	岩性名称
13.58	15.00	600 mm	砂卵石
29.58	15.90	16.0 m	含砾中砂
35.38	5.60	Φ325	黏土
63.0	27.65		砂卵石
85.38	22.35		黏土
91.0	5.70		含砾中砂
93.5	2.55		黏土
101.75	8.20		含砾中砂
119.48	17.60		黏土
140.53	21.30		中砂
150.0	9.38		黏土

深度/m: 10.00, 20.00, 30.00, 40.00, 50.00, 60.00, 70.00, 80.00, 90.00, 100.00, 110.00, 120.00, 130.00, 140.00, 150.00

图 7-35　TK06 抽灌井柱状图

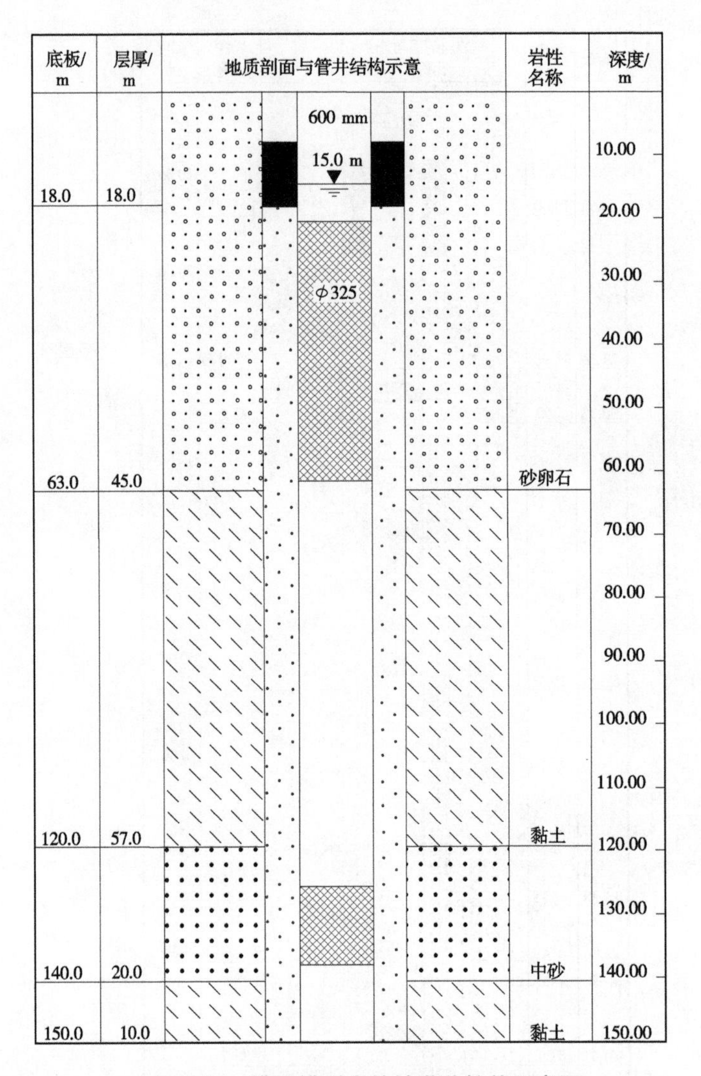

图 7-36　模拟模型中的抽灌井柱状示意图

进行 20 m×20 m 的等距网格剖分,垂向上划分为 5 个节点,即 4 层。整个模型共划分为 10 404 个节点,9 600 个单元格。

由于条件所限,部分参数无法实测,只能参考前人的研究成果,采用经验参数,利用反演求参的方法,经过不断的校正,对此工程实例的模拟模型参数选择如表 7-16 所示。

几个比较重要参数的获取:

(1)渗透系数 K、影响半径 R:通过抽水试验数据,利用完整井稳定流抽水试验模型计算求得。各口井有差异,取最小的渗透系数和最大的影响半径参与模拟。

(2)含水层厚度 L:根据概化钻孔揭露地层及滤水管长度求取。

(3)初始地下水埋深:根据各抽灌井的平均地下水埋深。

(4)初始水头:设井孔内最后一层含水层底部为参考位置,故井孔内水位以下初始水头为 125 m(不考虑动水头和大气压变化产生的影响)。

表 7-16　模型选取(参考)参数一览表

参数名称	符号	选用值	单位	备注
基础温度	T_0	20	℃	经验参数
基础压强	p_0	0.101 3	MPa	经验参数
基础密度	ρ_0	1 000	kg/m^3	经验参数
基础动力黏度	μ_0	0.001	Pa·s	经验参数
压缩系数	β_p	0.000 476	MPa^{-1}	经验参数
导热系数	λ_f	0.599	W/(m·℃)	经验参数
质量比热	C_f	4 182	J/kg	实测
热膨胀系数	β_h	1.0×10^{-5}	$℃^{-1}$	经验参数
渗透率(含水层)		0.035	$10^{-10}m^2$	实测参数
渗透率(黏土层)		0.001	$10^{-10}m^2$	实测参数
固相导热系数		2.0	W/(m·℃)	经验参数
纵向弥散度(含水层)		2	m	经验参数
横向弥散度(含水层)		0.3	m	经验参数
纵向弥散度(隔水层)		0	m	经验参数
横向弥散度(隔水层)		0	m	经验参数
体积比热		2.0	$10^6J/m^3$	经验参数
垂向压缩系数		0.001	MPa^{-1}	经验参数
孔隙度(含水层)		0.25	—	实测参数
孔隙度(隔水层)		0.45	—	经验参数
大气压		0.1	MPa	经验参数
标准热力温度		0	℃	经验参数
标准热力压强(相对大气压)		0.0	MPa	经验参数
基准面高程	z_{hax}	0.0	m	经验参数
基准面压强	p_{hax}	0.1013	MPa	经验参数
含水层厚度	M	65	m	实测参数
井径	r_w	0.325	m	实测参数
含水层渗透系数	K	3.27	m/d	实测参数
影响半径	R_s	170	m	实测参数
初始地下水埋深	H	15	m	实测参数
初始温度	T_0	17	℃	实测参数
回灌水温	T_1	25(夏)/12.5(冬)	℃	实测参数

(5)渗透率 k:渗透率是土体的固有渗透性,与流体性质无关;它只与颗粒或孔隙的形状、大小及其排列方式有关。含水层渗透率可根据渗透系数 K、地下水动力黏滞系数 μ、地下水重度利用计算模型求取。

$$k = \frac{K\mu}{\rho g} \tag{7-11}$$

式中　k——含水层渗透率,$10^{-10}m^2$;

K——地下水渗透系数,m/s,通过抽水试验计算求得后转换单位即可;

μ——地下水的水动力黏滞系数,Pa·s,查表知地下水 17 ℃时黏度为 1.01×10^{-3} Pa·s;

ρ——地下水的密度,kg/m³,取值为 0.998×10^{3} kg/m³;

g——重力加速度,m/s²,取值为 9.8 m/s²。

按照上述计算模型,求得模拟场地含水层渗透率:$k=0.035\times10^{-10}$ m²。

(二)模拟方案

利用 FlowHeat 模拟软件对运行方案 A、方案 B 和方案 C 进行模拟,各方案具体情况见表 7-17。将模拟结果与实际运行的监测结果相对比,分析模型参数选取的合理性及工程实例的抽灌井选择的合理性。

表 7-17 各运行方案概况

方案	运行时间	抽、灌井组合方案	单井抽/灌水量/(m³/h)
A	7~9 月,共 92 d	TK01、TK05 抽,余井灌	60/24
B	11 月至翌年 2 月,共 120 d	TK06、TK02 抽,余井灌	60/24
C	7~9 月,共 92 d	7、9 月 TK01、TK05 抽; 8 月 TK02、TK06 抽;余井灌	60/24

1. 模拟方案 A

1)模拟方案 A 设计

根据三门峡市的气象及人为习惯,当地取冷主要集中在 7~9 月。方案 A 地下水源热泵模拟设计为在夏季(7~9 月,共 92 d,为制冷期)利用地下水制冷的情况。根据方案 A 井群组合方案,利用 TK01、TK05 为开采井,每天满负荷运行,抽水量为 60 m³/h,初始水位为 15 m,水温为 17 ℃;TK02、TK03、TK04、TK06 和 TK07 井为回灌井,回灌水量均为 24 m³/h,与抽水同步进行,回灌水温恒定为 25 ℃。

模拟方案 A 分别运行 10 h、30 d 和 92 d 之后,通过 FlowHeat 查看各抽、灌水井的水头、温度变化情况并反映含水层水位和温度场的分布情况。

2)方案 A 模拟结果

从图 7-37~图 7-45 共 9 张模拟图,它们分别从含水层水头(或地下水水位)、含水层水温、隔水层水温、开采井和回灌井的温度、开采井和回灌井的水位多方面的反映模拟方案 A 的模拟结果。

通过图 7-37 可以看出,系统运行 10 h 后,各抽灌井水位埋深基本稳定。抽水孔 TK01、TK05 水位稳定在 22.5~23.5 m,这与我们通过抽水试验(无井群干扰)获得的结果基本一致。模拟方案 A 中回灌孔 TK02、TK03、TK04、TK05、TK07 水位稳定在 10.0~11.5 m,而场区回灌试验时回灌水位稳定在 0~3 m,主要是因为模拟模型忽略井孔本身在回灌过程中产生的阻力。

图 7-38~图 7-39(模拟结果图的坐标原点上方为北向,右方为东向,刻度数值单位为 m)为地下水源热泵利用系统(制冷期)运行 10 h 的含水层水头、水温分布情况。

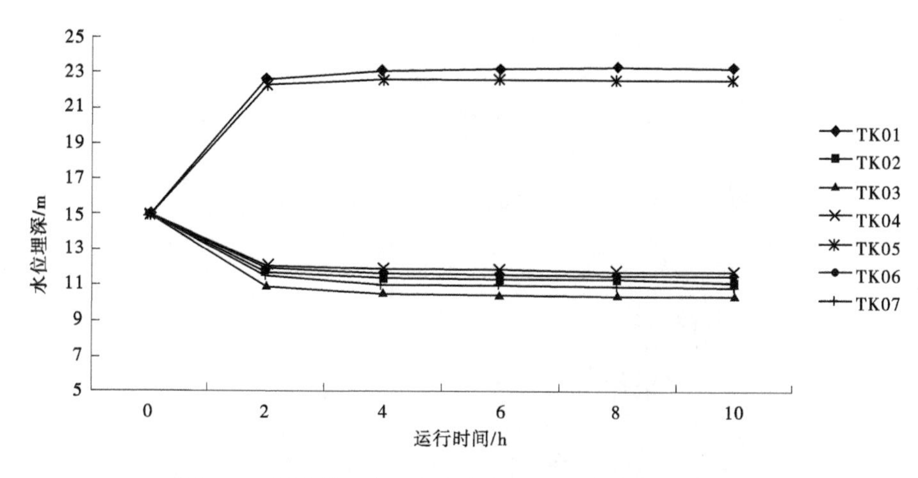

图 7-37　制冷期方案 A 工程运行 10 h 各井水位变化曲线

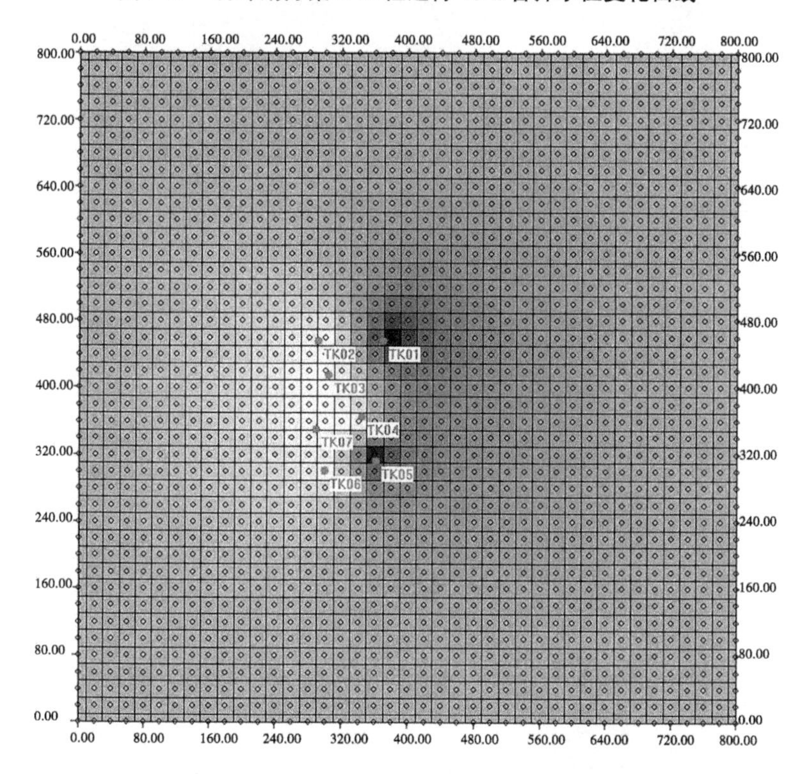

（暗色表示水位埋深小区域，亮色表示水位埋深大区域）

图 7-38　方案 A 制冷期工程运行 10 h 水位埋深分布

下一步将延长模拟运行时间，查验随着工程运行时间的增加，含水层温度上升范围是否会增大，乃至出现“热贯通”现象。图 7-40～图 7-42 是地下水源热泵工程模拟运行 30 d 后不同时段的模拟结果。需要注意的是图 7-41 为 30 d 后隔水层水温变化，由于影响范围和变化幅度都很小，最高仅 0.2 ℃，集中在回灌井所在单元格区域，图面显示很难分辨出。

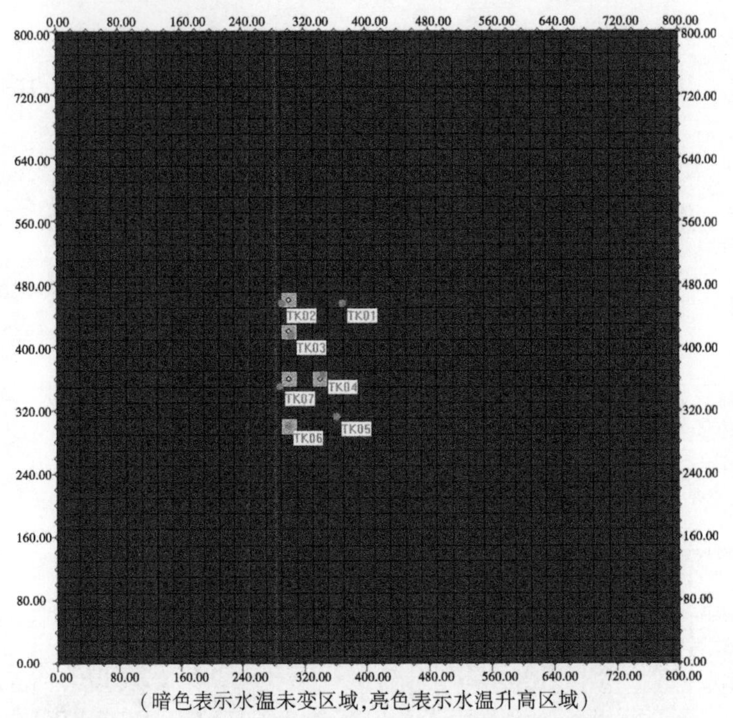

(暗色表示水温未变区域,亮色表示水温升高区域)

图 7-39　方案 A 制冷期工程运行 10 h 含水层水温分布

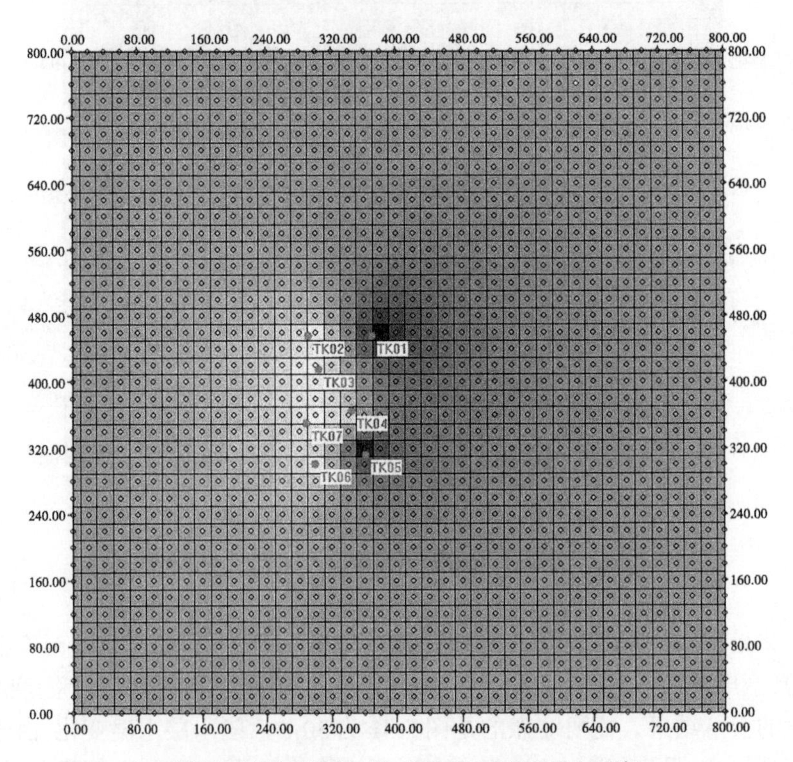

(暗色表示水位埋深小区域,亮色表示水位埋深大区域)

图 7-40　方案 A 制冷期工程运行 30 d 含水层水位埋深分布

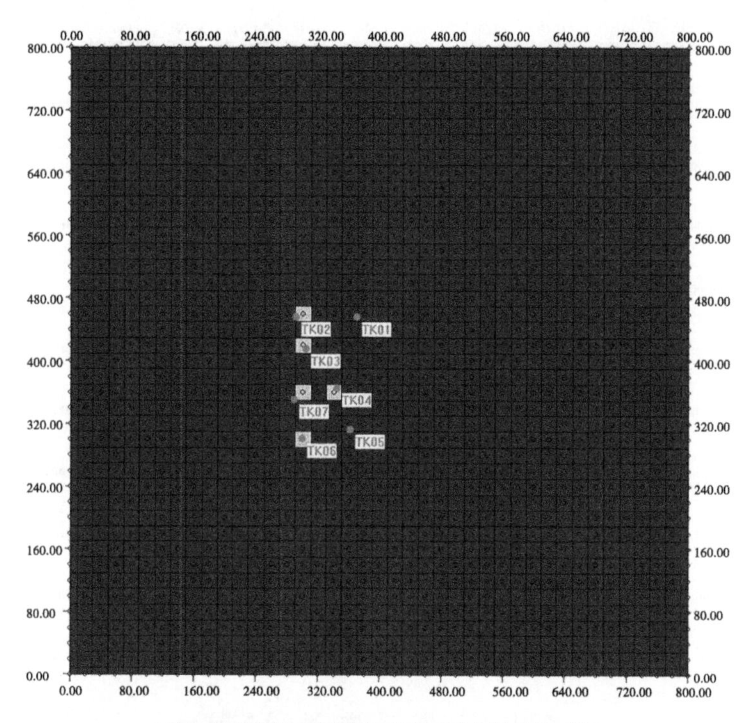

（暗色表示水温未变区域，亮色表示水温升高区域）

图 7-41　方案 A 制冷期工程运行 30 d 含水层水温分布

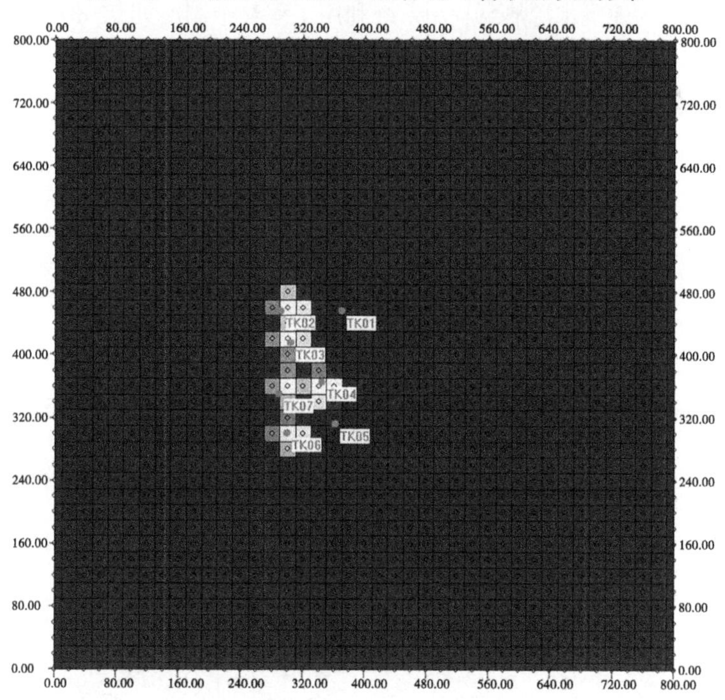

（暗色表示水温未变区域，亮色表示水温升高区域）

图 7-42　方案 A 制冷期工程运行 30 d 含水层水温分布

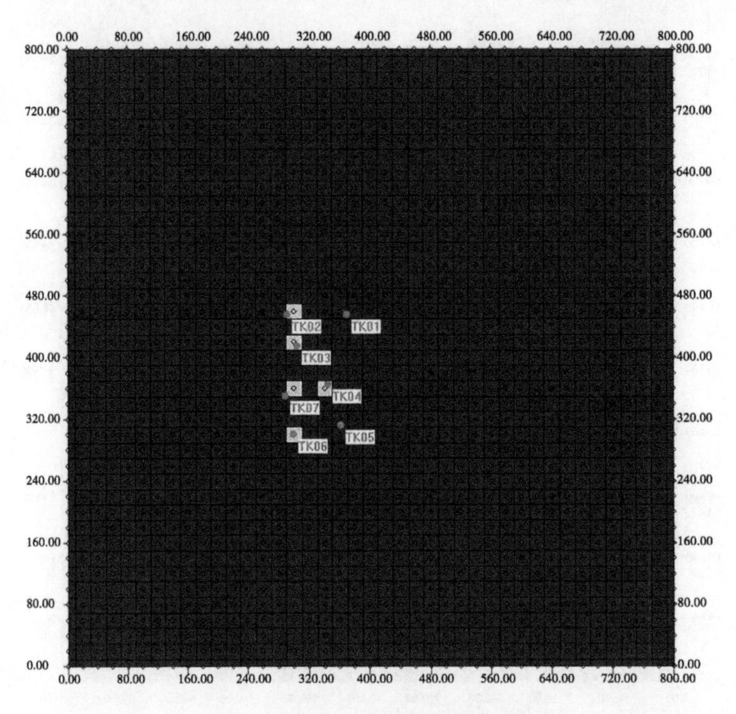

(暗色表示初始水温,亮色表示高水温)

图 7-43　方案 A 制冷期工程运行 30 d 隔水层水温分布

图 7-44、图 7-45 为地下水源热泵利用系统利用工程整个制冷期 92 d 后含水层、隔水层水温变化情况。因水位在 10 h、2 d、30 d 时就已经稳定,此处未加入水位变化模拟结果图。

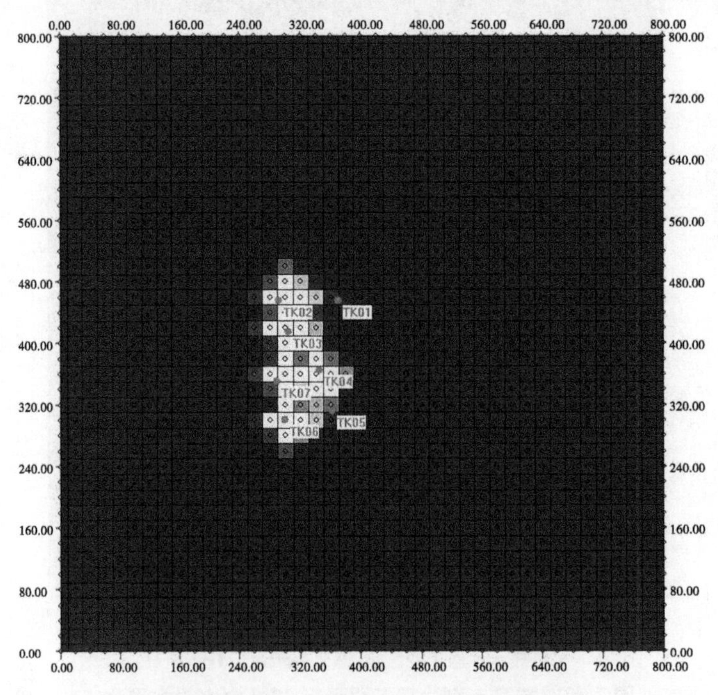

(暗色表示水温未变区域,亮色表示水温升高区域)

图 7-44　方案 A 制冷期工程运行 92 d 含水层水温分布

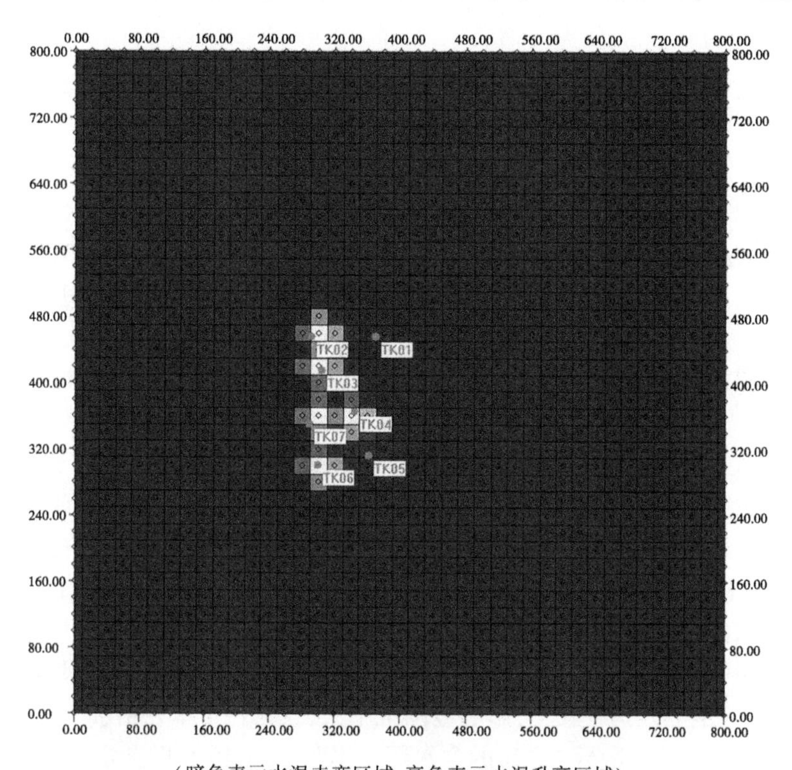

(暗色表示水温未变区域,亮色表示水温升高区域)

图 7-45 方案 A 制冷期工程运行 92 d 隔水层水温分布

制冷期地下水源热泵工程运行 92 d 后,地下水位与运行 30 d 后水位情况一致,说明地下水水位(水头)运行较短的一段时间即可达到稳定。

我们发现,抽水井 TK01 和 TK05 在抽水 92 d 后,水温均有所上升。特别是 TK05,该井水温上升幅度将近 0.5 ℃;TK01 仅上升 0.15 ℃。从图 7-46 可以看出,TK01 水温的变化趋势平稳,TK05 随时间的增长,抽水井水温仍然保持上升的态势。

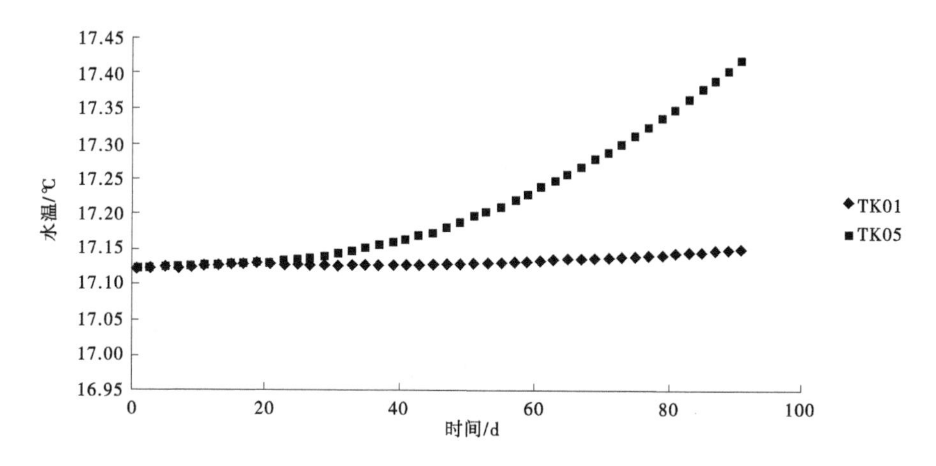

图 7-46 制冷期工程运行 92 d 内抽水井水温变化曲线

3) 方案 A 模拟结果分析

从图 7-38 中可以看出,地下水源热泵系统利用工程运行 10 h 后,回灌孔处水位上升明显,尤以 TK02、TK03 处明显;抽水孔位置及其周边水位有下降,但距回灌孔位置近的 TK05 孔周边水位下降不明显。

对比图 7-38～图 7-40 可以看出,运行 2 d 后的水头与运行 10 h 后的水头基本一致,运行 30 d 后的水头与运行 2 d 和 10 h 后的水头结果一致;运行 10 h、2 d、30 d、92 d 的水位埋深基本无变化。通过图 7-37 可以看出,地下水源热泵开始运行 2 h 后水位不再明显变化,趋于稳定,8 h 后达到稳定。抽水井 TK01、TK05 井水位降深分别为 8.3 m 和 7.6 m。回灌井水位模拟初始阶段突然上升,然后略有下降,6 h 后达到稳定,TK02、TK03、TK04、TK06、TK07 的水位上升幅度分别为 3.8 m、4.7 m、3.2 m、3.5 m、4.2 m。

水位稳定后,按照图 7-38 即抽水 10 h 后含水层水位埋深情况来确定干扰抽水的最大影响半径(本研究定义水位变幅大于 1 cm)达到了 240 m。与抽水试验按照近河潜水完整井稳定流抽水试验模型计算获得的影响半径相比较,模拟获取的最大影响半径与抽水试验计算得到的 TK01、TK02、TK03 的影响半径基本一致,而大于剩余几孔的影响半径,这是符合干扰抽水的实际运行规律的。

从图 7-39 中可以看出,地下水源热泵工程运行 10 h 造成回灌孔处及附近区域含水层水温有所上升,但是上升幅度较小,影响范围也不大,仅为一个单元格,即 400 m^2 范围。

从图 7-41 可以发现,运行 2 d 后的含水层水温与运行 10 h 后含水层水温相比,含水层水温升高范围增加。

从图 7-42 可以看出,运行 30 d 后的含水层水温上升的区域继续增大,回灌井周边超过 1 000 m^2 出现水温上升,且靠近抽水井一侧的含水层水温上升的范围更大。

从图 7-44 可以看出,运行 92 d 后,回灌井点附近含水层水温达 23.18 ℃,含水层水温升幅超过 0.3 ℃的影响范围达 24 000 m^2。抽水井点 TK01、TK05 的水温也上升了,水温上升幅度较大、热扩散速度较快的方向为靠近抽水井的方向,这与地下水流方向是一致的。

从图 7-43、图 7-45 可以看出,运行 30 d、92 d 后,隔水层水温上升的区域小,且温度升幅较低,回灌井所在单元格的平均水温升幅不超过 1 ℃,对生产过程产生的影响很小,可能尚不及自然变温幅度。前期运行 10 h、2 d 均未发现隔水层的水温变化。

对比图 7-39、图 7-41、图 7-42、图 7-44,运行 10 h、2 d、30 d、92 d 后的含水层水温变化明显。随着时间的增加,回灌井点所在单元水温逐渐上升;随时间增加,回灌井对工程场地的含水层水温的影响范围逐渐增加,且仍有继续增加的趋势。

对比图 7-43、图 7-44,含水层水温变化幅度与范围明显强于隔水层水温的变化。

为了解整个取冷季含水层水温的变化情况,本研究通过图 7-46 查看抽水孔 TK01、TK05 运行 92 d 内的水温变化情况:0～40 d 内两井水温变化均不明显,运行 40～90 d,TK05 井水温逐渐上升,上升幅度逐渐增加;运行 40～80 d, TK01 孔水温变化不明显,80～90 d 水温略有上升;随着抽水时间的增加,抽水井 TK01、TK05 的水温还会继续增加,水温上升速率还将不断变大。总体来看,在整个制冷期 92 d 内,抽水井水温上升幅度还是较小的,最高仅 0.45 ℃,不会对水源热泵利用工程产生太大的影响。若抽水井和回灌井间距过小或运行时间过长，则可能发生较为严重的“热贯通”现象，造成地下水源热泵工程运行的成本大大增加。

2. 模拟方案 B

1）模拟方案设计

模拟分析在冬季（11 月至翌年 2 月，共 120 d，为制热期）利用地下水制热的情况。根据设计的井群工作顺序，抽水井与回灌井需适时轮换。因此，模拟方案 B 设计 TK02、TK06 井为开采井，单井抽水量为 60 m^3/h，初始水位埋深为 15 m，水温为 18.5 ℃；TK01、TK03、TK04、TK05 、TK07 井为回灌，单井回灌水量为 24 m^3/h，回灌水温为 12.5 ℃。模拟与方案 A 类似也是采用定流量方式。

研究模拟工程分别运行 10 h、30 d 和 120 d 之后，各抽、灌水井的水头、温度变化情况及含水层水位、温度场的变化情况。

2）方案 B 模拟结果

按照模拟方案 B 设计，初始化模拟模型，设置时间步长为 1 h，运行时间为 10 h。

根据 FlowHeat 运行 10 h 的各水井水位模拟结果获取该段时间内各井孔内水头高度，数据整理后获得水位埋深情况，并整理成图 7-47。

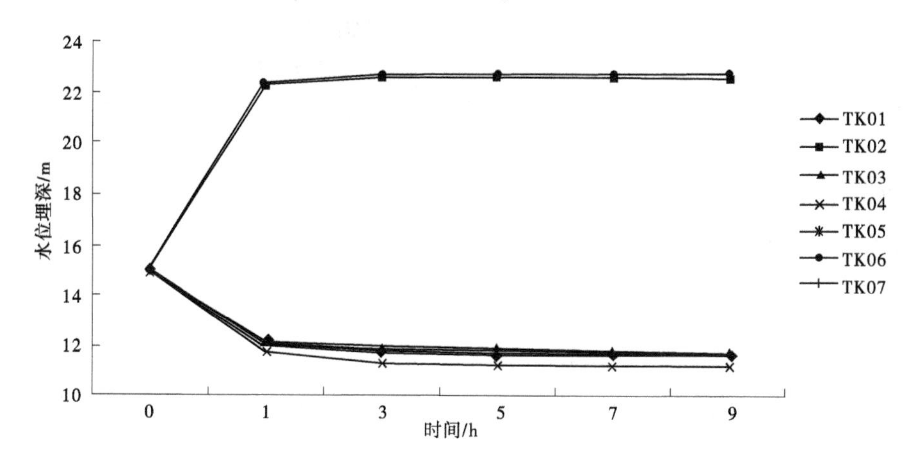

图 7-47　方案 B 工程运行 10 h 各井水位变化曲线图

根据模拟方案 B 设计，调整时间步长为 1 d，最大运行时间为 30 d，我们选择了两个结点，分别是 2 d 和 30 d。

根据模拟方案 B 的设计，调整最大运行时间为 120 d。记录模拟水井结果的水位、水温数据。

3）方案 B 模拟结果分析

模拟时分别从含水层水头（或地下水水位埋深）、含水层水温、隔水层水温、开采井和回灌井的温度、开采井和回灌井的水位埋深多方面的反映模拟方案 B 的模拟结果。下面，我们根据这些结果对方案 B 进行分析，以更好地指导实际工作。

与模拟方案 A 结果类似，工程运行 10 h 后，各井水位埋深基本稳定，抽水孔 TK02、TK06 水位稳定在 22 ~ 24 m，回灌孔 TK01、TK03、TK04、TK05 及 TK07 水位稳定在 9 ~ 11 m。方案 B 开始运行 2 h 后水位变化不再明显，8 h 后达到稳定。在方案 B 中，抽水井

TK02、TK06 井水位降深约为 7.6 m。回灌井水位运行初期突然上升，然后略有下降，6 h 后完全达到稳定，TK01、TK03、TK04、TK05、TK07 的水位上升幅度为 3.2~3.5 m。

方案 B 运行 10 h 后，回灌孔处水位上升明显，尤以 TK02、TK03 处明显；抽水孔位置及其周边水位下降，但距回灌孔位置近的 TK05 孔周边水位下降不明显。回灌孔周边一个单元格范围内的水温下降，下降幅度很小，仅约 0.03 ℃。总体的影响范围也很小，共计 4 个单元格，即 1 600 m^2。

方案 B 运行 2 d 后，含水层水位、水温的分布情况与方案 B 运行 10 h 的情况相比，变化并不明显。水位变化情况基本保持一致，温度下降的范围也基本保持一致；仅是温度下降的单元格温度下降温度幅度略有增大，达到了 0.16 ℃。

方案 B 运行 30 d 后，含水层水温、水位的分布情况与方案 B 运行 10 h、2 d 的情况相比：水头结果基本保持不变，这也佐证了前面所论述的运行 8 h 后，水位基本保持稳定的观点；而含水层温度变化的范围大大增加，变化幅度也大大提升。含水层最大水温降幅出现在回灌孔所在单元格，达到了 2.9 ℃，含水层温度变化的范围达到了 20 个单元格，即 8 000 m^2。与方案 A 类似，靠近抽水井一侧的水温下降更加明显。

方案 B 运行 120 d 后，回灌井点附近含水层最低水温为 13.08 ℃，下降了将近 4 ℃；温度异常影响范围达 22 400 m^2。抽水井点 TK02、TK06 的水温也下降了，这说明发生了一定程度的“热贯通”现象。由此可确定水温上升幅度较大、热扩散速度较快的方向为靠近抽水井的方向，这说明抽水引起的地下水流方向是该区地下水运动在该地区起到了主导作用。

方案 B 运行 30 d、120 d 后，隔水层水温下降的范围较小，且温度下降幅度很小，最高不超过 0.75 ℃，对生产过程中产生的影响很小。前期运行 10 h、2 d 均未发现隔水层的水温变化。

由此可得出，方案 B 运行 10 h、2 d、30 d、120 d 后的含水层水温变化明显。随着时间的增加，回灌井点所在单元水温逐渐下降；随时间增加，回灌井对工程场地的含水层水温的影响范围逐渐增加，且仍有继续增加的趋势。而且含水层水温变化幅度与范围明显强于隔水层水温的变化。

下面主要讨论整个采暖期地下水温的变化情况。抽水孔 TK02、TK06 运行 120 d 内的水温变化情况为：0~65 d 内两井水温变化均不明显，运行 65~120 d，TK02 井水温逐渐下降，降幅最高达到了 0.4 ℃；运行 65~120 d，TK06 孔水温变化不明显；随着抽水时间的增加，抽水井 TK02、TK06 的水温还会继续下降。总体来看，在采暖期 120 d 内，抽水井水温下降幅度还是较小的，最高仅 0.4 ℃，不会对水源热泵利用工程产生太大的影响。但是若抽水井和回灌井间距过小或运行时间过长，极易发生较为严重的“热贯通”，造成地下水源热泵工程运行的成本大大增加。

3. 模拟方案 C

地下水源热泵利用井一般都要求适时交换抽灌井，基本上都采取冬、夏换井运行的方式。曾经有人模拟在制冷期每月交换一次抽、灌井，最终模拟结果是抽水井、回灌井的水温持续上升，不利于系统的正常运行，增加系统的运行成本。造成水温上升的原因也很简单，前 1 个月回灌井中的热水在换井后马上被抽出，导致第 2 个月的抽水井水温异常上升,为了保证系统的正常运行,必须提高回灌水的温度。这样,第3个月抽水井的水温会更高,这就进入一个不良循环。这种换井工作方式完全不适宜地下水源热泵的运行。此次我们不再以此作为一种模拟方案。

1)模拟方案C设计

地下水源热泵利用井位置在场区内非均匀展布,改变抽水井和回灌井位置也可能造成模拟结果的不同。模拟方案C主要是针对模拟方案A、B中发生的抽水井出现轻微的“热贯通”现象进行调整,改变抽水井与回灌井的相对位置,查看是否可以降低或者消除“热贯通”现象,以寻找一最优的布井方案。

模拟分析在夏季(7~9月,共92 d,为制冷期)利用地下水制冷的情况,任意不同的2眼井(除去方案A中TK01、TK05这一组合)作为抽水孔,余孔做为回灌孔;单井抽水量为60 m^3/h,抽水水温为17 ℃;单井回灌量为24 m^3/h,回灌水温为25 ℃;每天满负荷运行24 h。

模拟工程运行92 d制冷期之后,对比不同组合情况下各抽、灌水井的水头、温度变化情况及含水层水位及温度场的分布情况,进行结果对比,选出最优方案。

模拟方案C共有21种抽灌方案,除去方案A中的一种组合,共20种方案,见表7-18。

表7-18　模拟方案C抽灌组合简表

编号	抽水井	回灌井	单井抽/灌量/(m^3/d)
C-1	TK01、TK02	TK03、TK04、TK05、TK06、TK07	60/24
C-2	TK01、TK03	TK02、TK04、TK05、TK06、TK07	60/24
C-3	TK01、TK04	TK02、TK03、TK05、TK06、TK07	60/24
C-4	TK01、TK06	TK02、TK03、TK04、TK05、TK07	60/24
C-5	TK01、TK07	TK02、TK03、TK04、TK05、TK06	60/24
C-6	TK02、TK03	TK01、TK04、TK05、TK06、TK07	60/24
C-7	TK02、TK04	TK01、TK03、TK05、TK06、TK07	60/24
C-8	TK02、TK05	TK01、TK03、TK04、TK06、TK07	60/24
C-9	TK02、TK06	TK01、TK03、TK04、TK05、TK07	60/24
C-10	TK02、TK07	TK01、TK03、TK04、TK05、TK06	60/24
C-11	TK03、TK04	TK01、TK02、TK05、TK06、TK07	60/24
C-12	TK03、TK05	TK01、TK02、TK04、TK06、TK07	60/24
C-13	TK03、TK06	TK01、TK02、TK04、TK05、TK07	60/24
C-14	TK03、TK07	TK01、TK02、TK04、TK05、TK06	60/24
C-15	TK04、TK05	TK01、TK02、TK03、TK06、TK07	60/24
C-16	TK04、TK06	TK01、TK02、TK03、TK05、TK07	60/24
C-17	TK04、TK07	TK01、TK02、TK03、TK05、TK06	60/24
C-18	TK05、TK06	TK01、TK02、TK03、TK04、TK07	60/24
C-19	TK05、TK07	TK01、TK02、TK03、TK04、TK06	60/24
C-20	TK06、TK07	TK01、TK02、TK03、TK04、TK05	60/24

2) 方案 C 模拟结果

由于模拟方案 C 中模拟组合很多,含水层温度变化情况、含水层水位变化情况、隔水层水温变化情况全部在报告中罗列会占用太多篇幅,选取了对地源热泵利用最密切的含水层水温变化进行重点分析。

3) 方案 C 模拟结果分析

(1) 回灌井与抽水井的相对位置的不同并未导致含水层温度变化影响范围的增大或者缩小,它们基本保持在 18 000~20 000 m^2。

(2) 回灌井周边温度变化幅度较大,受抽水井的影响,偏向抽水井方向的影响范围较大,背向抽水井方向的影响范围较小。

(3) 回灌井与抽水井位置的变化影响了开采区含水层地下水分布情况,但影响范围(或群孔抽灌的影响半径)基本未发生变化。

(4) 抽水井与回灌井的相对位置直接影响到抽水井运行一段时间后受干扰程度。从表 7-19 中可以看出方案 C-4、C-6、模拟方案 A 的抽水井受回灌井干扰很小,温度变化在 0. 2~0. 3 ℃;方案 C-14、C-11 中的两口抽水井受回灌井影响大,温度上升达到 0. 7 ℃以上;方案 C-7、C-10 的抽水井温度上升幅度也达到了 0. 65 ℃以上。

根据抽水井位置和抽水井温度变化情况的分析,抽水井位于井群内部时,抽水井温度变化大,受影响程度高;而当抽水井位于井群边缘时,则受影响程度较低;两口抽水井之间的距离对抽水井温度变化影响不大。

(5) 根据受干扰严重抽水井与基本未受干扰抽水井的位置情况,初步判定抽水井与回灌井距离大于 60 m 的情况下,干扰较小;抽水井与回灌井间距小于 35 m 的情况下,干扰较严重。

一般情况下,抽水井温度上升幅度小于本身温度的 2%,即可忽略其影响。通过表 7-19 可以看出,抽水井受回灌干扰较小的方案有 C-4、C-6、模拟方案 A,而 C-4 即为夏季运行的最佳方案。

表 7-19　方案 C-1~C-20 运行 92 d 抽水井最大水温变化

方案编号	抽水井号	平均温度/℃
C-1	TK01、TK02	17. 452
C-2	TK01、TK03	17. 373
C-3	TK01、TK04	17. 472
C-4	TK01、TK06	17. 202
C-5	TK01、TK07	17. 42
C-6	TK02、TK03	17. 241
C-7	TK02、TK04	17. 677
C-8	TK02、TK05	17. 511
C-9	TK02、TK06	17. 461
C-10	TK02、TK07	17. 669

续表 7-19

方案编号	抽水井号	平均温度/℃
C-11	TK03、TK04	17.700
C-12	TK03、TK05	17.484
C-13	TK03、TK06	17.434
C-14	TK03、TK07	17.768
C-15	TK04、TK05	17.471
C-16	TK04、TK06	17.418
C-17	TK04、TK07	17.355
C-18	TK05、TK06	17.356
C-19	TK05、TK07	17.453
C-20	TK06、TK07	17.453
方案 A	TK01、TK05	17.286

4. 模拟合理性分析

结合三个不同方案的运行模拟结果可以看出,系统运行过程中,抽水水头的变化与实际抽水试验结果基本相吻合。但在模拟的过程中,存在诸多假设条件,与实际情况有不同程度的出入,所以模拟结果必然存在某种程度的误差。

目前尚无法取得实际运行过程中的水位及水温等监测资料,因此模拟的精度无法确定,模拟的结果有待实践检验。

抽水井、回灌井长期使用容易造成含水层结构的破坏,回灌井更容易造成堵塞,影响回灌效果,对于地下水资源的保护不利。同时需要争取做到“冬灌夏用,夏灌冬用”。因此,在实际的地下水源热泵设计中,冬夏一般采取不同的抽灌井顺序,即轮换抽灌井。这一方面为了利用回灌的能量,另一方面是减少回灌井的堵塞,降低系统的运行成本。针对本次三门峡地下水源热泵利用系统,选出较好的方案是 TK01、TK06 作为一组抽水井(可为制冷期,也可为取暖期),TK02、TK03 为另一组抽水井,这一方案满足了地源热泵抽水回灌的设计原则,也尽量避免或减小抽水井回灌井之间的“热通导”现象对生产成本造成的负面影响。

四、不同抽灌组合的水热模拟

抽、灌井的数目和位置布局,对于地下水源热泵利用系统的实用性、经济性至关重要。国内在这方面的基础理论研究不多。在实际的工程运行中,由于受到场地和成本的限制,水井的布置不可能有统一标准,但必然要求水井布置更为紧凑,减少不必要的投资,且在系统运行过程中均存在一定程度的井群干扰现象。不同的抽灌井数相互干扰的程度不同,不同的布井方式也会产生不同程度的干扰。因此,应因地制宜,根据实际情况确定最佳的组合方案。

(一)地下水灌抽比

回灌能力大小与水文地质条件、成井工艺、回灌方法等因素有关,其中水文地质条件是影响回灌量的主要因素。地下水灌抽比指的是在同一个抽灌系统中,单位回灌量与单位出水量之比。地下水灌抽比在理论上可以达到100%,但是,往往由于含水层参数不同,回灌量会受到很大限制。特别是在细砂含水层中,回灌的速度远远低于抽水速度。对于砂粒较粗的含水层,由于孔隙较大,相对而言,回灌比较容易。

在一个回灌年度内,回灌水位和单位回灌量变化都不大。在砾卵石含水层中,单位回灌量一般为单位出水量的80%以上;在粗砂含水层中,回灌量是出水量的50%~70%;细砂含水层中,单位回灌量是单位出水量的30%~50%,因此灌抽比是确定抽灌井数的主要依据。表7-20列出了国内针对不同地下含水层情况,典型的灌抽比、井的布置和单井出水量情况。

表7-20 不同地质条件下的地下水抽、灌井设计参数

含水层类型	灌抽比/%	井的布置	抽水井最大流量/(m^3/h)
砾石	>80	一抽一灌	200
中粗砂	50~70	一抽两灌	100
细砂	30~50	一抽三灌	50

(二)抽灌井间距及布局

利用地下水源热泵采能,因浅部含水层中的热能密度较低,在供暖或制冷负荷较大的情况下,所需抽灌水量通常较大。出于地下水资源保护目的,同时为维持地下水动力场的平衡以保证开采井的稳定供水量,热交换后的地下水需要全部回灌。考虑到工程的经济投入和建筑物场地条件等制约因素,抽、灌井(群)通常布设在建筑物周围,甚至抽水与回灌在同一口井的不同段位同步进行。因此,地下水集中抽、灌区附近的水动力循环相当活跃。在这种高强度的地下水抽、灌条件下,若抽、灌区之间的渗透性较好,则抽水井(段)将在短时间内发生热突破事件,从而导致热泵机组工作效率降低。

抽、灌井之间的距离(或单井系统抽、灌段的间距)是实际工程中生产井设计的重要参数之一,对集中抽、灌井区地温场的演化起重要制约作用。张远东等应用数值模拟方法,在合理的假设条件下,对理想孔隙含水层中不同井间距条件下地温场的演化规律进行了定量模拟和定性分析,并应用井群映射理论对地温场演化规律与井对间距之间的内在关系进行论证和剖析。研究结果表明:抽、灌井间距离越大,抽水井温度变化速度越迟缓,且温度变化幅度越小。其原因是井间距越大,从回灌井到抽水井的径流途径越大,抽、灌区等效渗流速度越小,回灌水向抽水井运动过程中散热(吸热)越充分。

地下水源热泵系统的显著特征是因"地"而异,因系统而异。其中的"地"是指不同的水文地质条件的含水层具有不同的特性。在设计地下水源热泵系统时,不仅要保证系统连续运行、储能和用能匹配,也应该综合考虑含水层的特性参数,利用流动系统和传热模型对系统的设计进行优化。

确定同层回灌地下水源热泵生产井的布置,就是确定抽、灌井间的井距,调整抽、灌井间的相对位置,寻找合适的办法,以避免发生热贯通问题或降低热贯通对系统的不良影响。首先预测单个回灌井的“影响半径”。然后,研究原有地下水的流动特点。最后,综合考虑各种影响因素,合理布置调节井,达到人为控制热影响区域的目的。因此,为了避免冷、热的贯通,实际的地下水源热泵系统必须合理地设计井距。

20 世纪 80 年代,上海针对地下水储能试验总结了一套经验公式,其中包括回灌井距离计算的经验公式,这对地下水源热泵生产井的布置具有一定的参考意义。

根据灌入含水层里的冷水或热水体积扩散公式计算:

$$\left.\begin{aligned} V &= C_w/C_a \cdot Q_{inj}, V = \pi R^2 H \\ R &= \sqrt{Q_{inj} C_w / \pi C_a H} \end{aligned}\right\} \tag{7-12}$$

式中　V——灌入含水层里的冷水或热水体积,m^3;

C_w——水的比热容,Cal/(g·℃)(1 kCal=4.187 kJ);

C_a——含水层砂比热容,Cal/(g·℃);

Q_{inj}——灌入的总水量,m^3;

R——冷水或热水影响半径,m;

H——含水层厚度,m。

在三门峡地下水源热泵利用系统工程实例中,制冷期理论单井灌入的水量为 720 m^3/d,经过以上经验公式计算得到运行 92 d 之后热影响半径 R=40.3 m。根据模拟方案 A 中 92 d 运行模拟结果显示,在未受井群干扰的温度场的影响半径达到了 54 m 时,比模拟结果略小。因为经验公式单从灌注水的体积进行计算,未完全考虑含水层的其他特性参数,势必造成结果粗糙;即便如此,本经验公式对于确定井距的范围仍然有一定的参考价值。

(三)不同抽灌组合的模拟

研究表明,夏季制冷工况下,在较高的井水入口温度条件下,应该适当选用较大的进出口温差,才能使系统的 COP(热泵机组的制热性能系数,指热泵机组的制热量与电动机输出功率之比)不至于降低过多,同时可以降低井水的用量。而随着抽水井温度的升高,导致制冷量减少,增加系统能耗。因此,夏季(制冷期)应该尽量避免抽水井出水温度大幅度升高。同理,冬季(制热期)也应尽量避免抽水井温度的明显降低。

有关学者的研究成果表明,为保证系统节能和空调负荷的要求,若保持回灌水温度不变,则抽水井出水温度变化幅度以小于 2 ℃为宜。当然,抽水井的温度完全不受影响且又能有效回灌对于系统的运行最为理想,但这将造成投资成本或运行维护成本的大幅度增加,造成不必要的资源浪费。因此,本研究中认为保持回灌水温不变的情况下,抽水井温度变化参考值为 0.5~2.0 ℃。

根据含水层的特征,结合前人的研究成果以及对三门峡地下水源热泵利用系统实例的模拟结果,为了保证回灌水量,同时考虑到系统的投资成本,认为三门峡市漫滩区孔隙含水层中抽灌井数的比例为 1:2~1:2.5(灌抽比为 40%~50%)较为合适。水井之间的间距应该在 50 m 左右较为合适,且在场地条件允许的情况下,布井应该尽可能均匀,有利于冬夏换井运行,达到最大节能效果。

下面将采用数值模拟的方式,针对三门峡市漫滩区孔隙水含水层,取其他条件相同,但灌抽比和布井方式不同的条件下,在最大运行时间(制冷期,92 d)内的不同井间距进行运行模拟,以此得到不同井间距时抽水井温度变化结果。由此判断在这一水文地质条件下地下水源热泵较为合适的最小井间距范围值。

根据已有地下水源热泵的统计数据,结合含水层特征,将模拟的单井最大出水量设定为 60 m^3/h。因此,单井日耗水量为 1 440 m^3/d。其余参数均与三门峡市国土局家属院地下水源热泵系统相同。

模拟方案如表 7-21 所示。在均匀布井的前提下,通过不断地调整抽灌井的井间距,得到系统运行整个制冷期后,抽水井温度与最小井间距之间的关系曲线,由此判断合适的井间距的范围。

表 7-21　不同灌抽比和布井方式条件下的模拟方案

序号	抽灌井数	布井方式 (●抽水井　○回灌井)	单井最大抽、灌水量/ (m^3/d)
Ⅰ	一抽二灌	1. ○●○ 2. ●○○ 3. ○ 4. ● ●○ ○○	抽:1 440 灌:720
Ⅱ	二抽四灌	1. ●○○ 2. ○●○ 3. ○●○ ●○○ ●○○ ○●○ 4. ●●○ 5. ●○● 6. ●○○ ○○○ ○○○ ○○●	抽:1 440 灌:720
Ⅲ	二抽五灌	1. ● ○ ○ ○ 2. ○ ● ○ ○ 3. ○ ○ ● ○ ● ○ ○ ● ○ ○ ● ○ ○ 4. ● ● ○ ○ 5. ● ○ ○ ● 6. ○ ○ ○ ○ ○ ○ ○ ○ ○ ○ ● ● ○	抽:1 440 灌:576
Ⅲ	三抽六灌	1. ●○○ 2. ○●○ 3. ○●○ ●○○ ●○○ ○●○ ●○○ ●○○ ○●○ 4. ●○○ 5. ○●○ 6. ●○○ ●○○ ○●○ ○●○ ○○● ●○○ ○○●	抽:1 440 灌:720

1. 一抽两灌

1) 布井方式 1

从图 7-48 可以看出,随着抽水井与回灌井间距的减小,抽水井的温度不断上升。在抽水井与回灌井间距为 40 m 时,抽水井温度变化幅度远小于 2 ℃,是干扰较小的情况,也是在实际运行过程中允许出现的情况。在抽水井与回灌井间距为 30 m 时,抽水井温度升幅为 2.494 ℃,会对系统的正常运行产生不利影响。根据曲线变化情况,推断当抽水井与回灌井间距约为 34 m 时,抽水井水温变幅为 2 ℃。故在该布井方式下,抽水井与回灌井间距应大于 34 m。

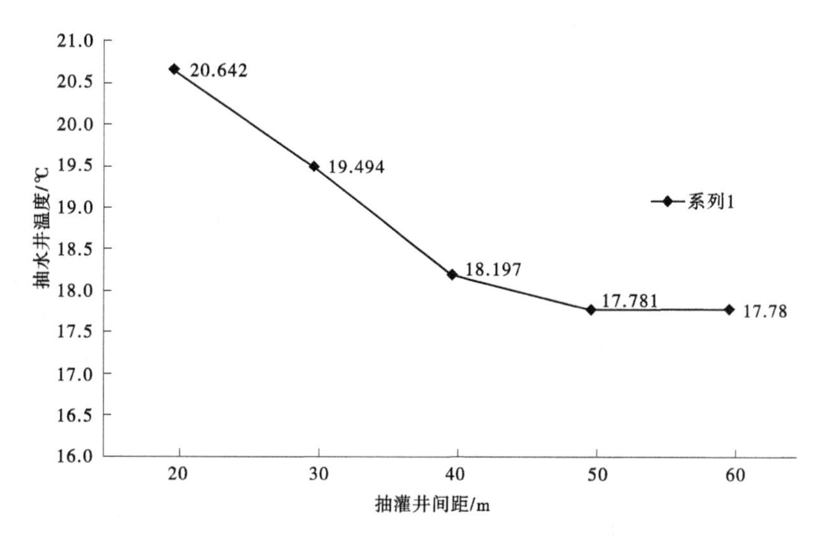

图 7-48　制冷期工程运行 92 d 抽水井温度随与回灌井间距变化曲线

2)布井方式 2

与图 7-48 情况类似,从图 7-49 可以看出,随着抽水井与回灌井间距的减小,抽水井的温度不断上升;当距离小于 40 m 时,水温增长速率急剧增大。在抽水井与回灌井间距大于 30 m 时,抽水井温度变化幅度小于 2 ℃,是干扰较小的情况,也是在实际运行过程中允许出现的情况。根据曲线变化情况,推断当抽水井与回灌井间距约为 29 m 时,抽水井水温变幅为 2 ℃。故在该布井方式下,抽水井与回灌井间距应大于 29 m。

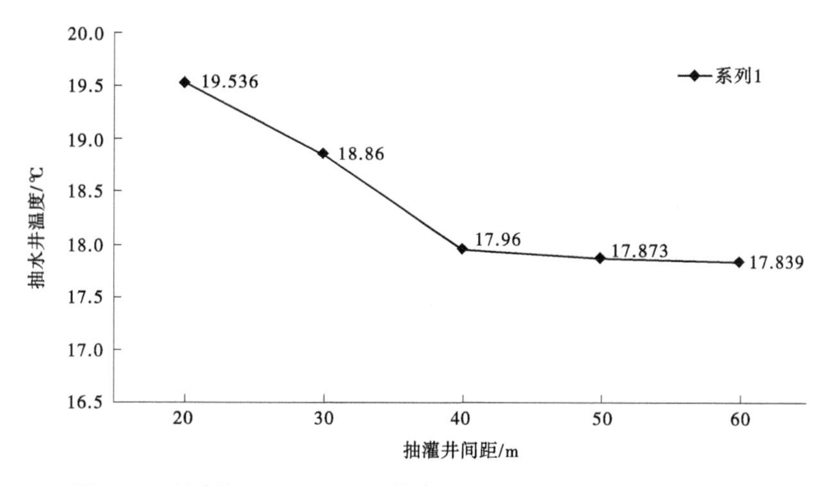

图 7-49　制冷期工程运行 92 d 抽水井温度随与回灌井间距变化曲线

3)其他布井方式

与布井方式 1 和方式 2 类似,制冷期工程运行 92 d 后,布井方式 3 和方式 4 均为随着抽水井与回灌井间距的减小,抽水井的水温不断上升;相同距离的情况下布井方式 2 的温度上升幅度最小，布井方式 2 抽水井与回灌井距离 40 m 条件下，抽水井温度升幅仅为 0.96 ℃，低于其他各种布井方式；布井方式 3 抽水井的温度升幅最大，远高于其他各种布井方式。故在实际情况中，宜采用布井方式 2，不仅占地面积较小，而且可以最有效地控制因为热传导而造成的损失。

一般来说，单井供冷供热多属于为居民小区的小型地下水源热泵利用系统情况，场地面积都不会太大，规模较小，场地条件调整较难，故太大的距离较难达到。在此种情况之下，29~34 m 的最小井间距是可以接受的。

2. 二抽四灌

抽水井与回灌井的相对位置直接影响着抽水井的温度变化，而二抽四灌的组合方案较多，我们在场地模拟方案 C 中已经可以初步看出，一般抽水井位于角落的，抽水井温度变化相对较小，位于井群内部的抽水井温度上升幅度较大。我们选择抽水井位于角落的布井方式 5、布井方式 6 以及抽水井位于井群内部的布井方式 3 作为代表进行水热模拟。

1) 二抽四灌布井方式 3

二抽四灌布井方式 3 两抽水井均匀分布，两井抽水 92 d 后温度基本一致。从图 7-50 的模拟结果可以看出，在抽水井与回灌井距离为 60 m 时，水温上升仅 0.378 ℃，不会对生产造成影响，但随着距离的减小，水温上升幅度逐渐上升，至 50 m 即达到 1.43 ℃，至 40 m 水温变幅就接近 2.5 ℃。在布井方式 3 情况下，井间距小于 50 m 即会对系统运行产生较严重的影响。根据曲线变化情况，推断当抽水井与回灌井间距约为 44 m 时，水温最大变幅为 2 ℃。故在该布井方式下，抽水井与回灌井间距应大于 44 m。

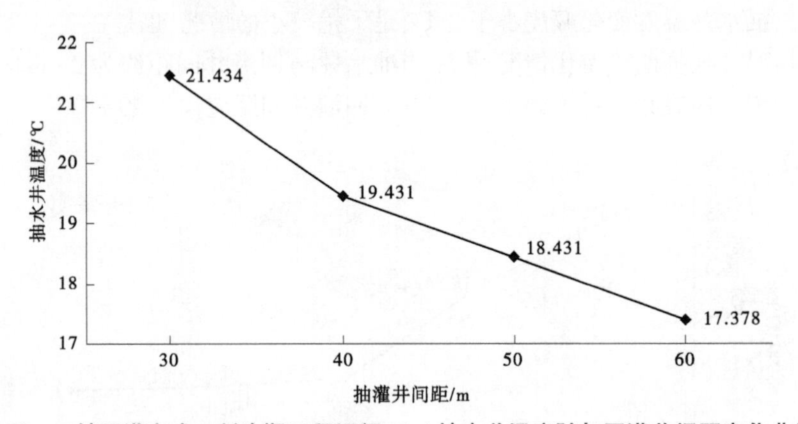

图 7-50 二抽四灌方式 3 制冷期工程运行 92 d 抽水井温度随与回灌井间距变化曲线

2) 二抽四灌布井方式 5

二抽四灌布井方式 5 两抽水井水平方向上对称，故两抽水井运行 92 d 后温度变化一致。从图 7-51 可以看出，抽水井与回灌井间距在 60 m 时，抽水井水温上升仅 0.345 ℃；随着抽水井与回灌井井间距减小，抽水井水温逐渐增大；间距为 50 m 时，抽水井水温上升 1.28 ℃，间距为 40 m 时，抽水井水温上升 2.31 ℃。根据曲线变化情况，推断当抽水井与回灌井间距约为 43 m 时，水温最大变幅为 2 ℃。在二抽四灌布井方式 5 的情况下，抽水井与回灌井间距应大于 43 m。

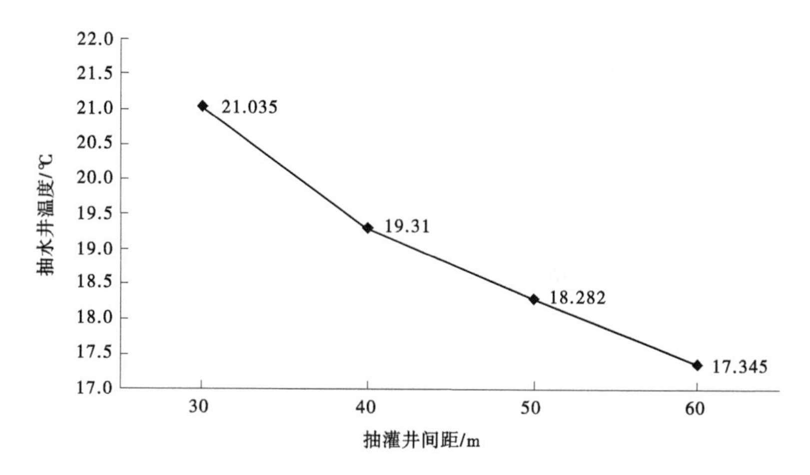

图 7-51　二抽四灌方式 5 制冷期工程运行 92 d 抽水井温度随与回灌井间距变化曲线

3) 二抽四灌布井方式 6

二抽四灌布井方式 6 情况下，两抽水井位于矩形场地对角处。从图 7-52 可以看出，模拟结果与布井方式 3、布井方式 5 基本一致，处于两组模拟结果的中间。相同井间距情况下，抽水井水温上升幅度高于布井方式 5，而低于布井方式 3。在二抽四灌布井方式 6 的情况下，参考的井距范围为 40～60 m。

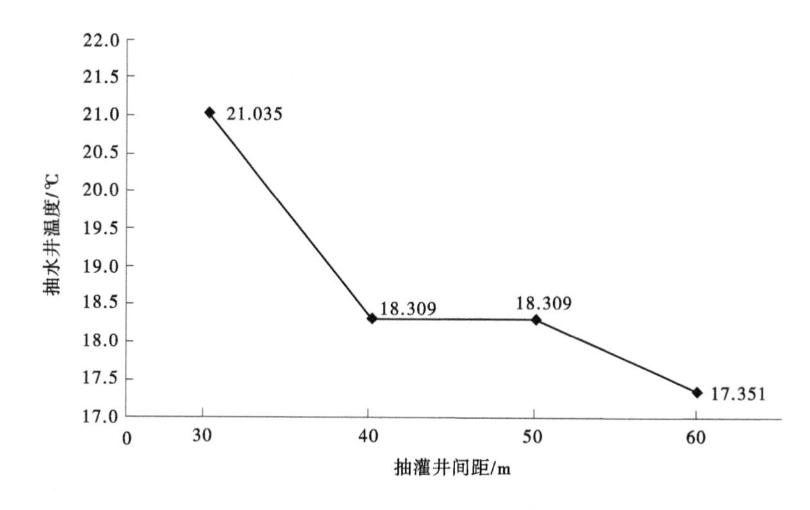

图 7-52　二抽四灌方式 6 制冷期工程运行 92 d 抽水井温度随与回灌井间距变化曲线

结合上述具有代表性的三种布井方式模拟结果可以看出，抽水井与回灌井间距越小，抽水井水温受干扰的程度越大。一般来说，抽水井与回灌井间距小于 40 m 时，系统运行 92 d，抽水井水温上升幅度超过 2 ℃；抽水井与回灌井间距大于 60 m 时，系统运行 92 d，抽水井水温上升幅度小于 0.5 ℃。考虑到抽水井温上升幅度范围应在 0.5～2 ℃，故二抽四灌各种布井方式的情况下，抽水井与回灌井间距应大于 37 m。

3. 二抽五灌

二抽五灌的布井方式众多，我们选择其中具有代表性的三种进行模拟，以期掌握二抽五灌较为合理的井距。

1)二抽五灌布井方式1

从图7-53可以看到与二抽四灌、一抽二灌一致的规律,即随着井距的减小,抽水井受干扰程度增大。二抽五灌方式1井距在40 m时,工程运行92 d抽水井水温上升1.432 ℃;二抽五灌方式1井距在30 m时,工程运行92 d抽水井水温上升2.38 ℃,对系统的正常运行产生较为严重的影响;二抽五灌方式1井距在60 m时,工程运行92 d抽水井水温上升0.29 ℃,对系统无影响。根据曲线变化情况,推断当抽水井与回灌井间距约为35 m时,水温最大变幅为2 ℃。故二抽五灌方式1情况下,抽水井与回灌井间距应大于35 m。

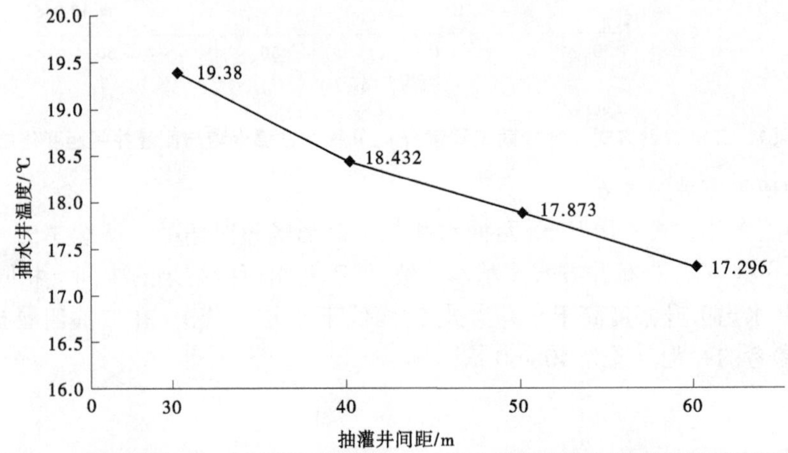

图7-53 二抽五灌方式1制冷期工程运行92 d抽水井温度随与回灌井间距变化曲线

2)二抽五灌布井方式5

从图7-54看出,二抽五灌方式5情况下,工程运行92 d后两抽水井水温变化不一致,抽水井1水温增幅大于抽水井2,这与地下水流向有关。井距在40 m时,工程运行92 d两抽水井水温上升分别为1.42 ℃和2.03 ℃;二抽五灌方式5井距在30 m时,工程运行92 d抽水井水温上升超过2.5 ℃,对系统的正常运行产生较为严重的影响;二抽五灌方式5井距在60 m时,工程运行92 d抽水井水温升幅远小于0.5 ℃,对系统无影响。根据曲线变化情况,推断当抽水井与回灌井间距约为40 m时,水温最大变幅为2 ℃。故二抽五灌方式5情况下,抽水井与回灌井间距应大于40 m。

3)二抽五灌布井方式6

从图7-55看出,二抽五灌方式6情况下,工程运行92 d后两抽水井水温变化不一致,抽水井1水温增幅略大于抽水井2。井距在40 m时,工程运行92 d两抽水井水温上升约1.5 ℃;二抽五灌方式6井距在30 m时,工程运行92 d抽水井水温上升超过2 ℃,对系统的正常运行产生较为严重的影响;二抽五灌方式6井距在60 m时,工程运行92 d抽水井水温升幅小于0.5 ℃,对系统无影响。根据曲线变化情况,推断当抽水井与回灌井间距为39 m时,水温变幅为2 ℃。故二抽五灌方式6情况下,抽水井与回灌井间距应大于37 m。

其他布井方式与二抽五灌布井方式1、布井方式5、布井方式6类似,抽水井水温升幅随着井距的减小而增大。综合二抽五灌各种方式模拟所得的结果,各种布井方式井温变化趋势基本一致;升幅变化也不大;二抽五灌布井方式1抽水井水温升幅相对小一些。根

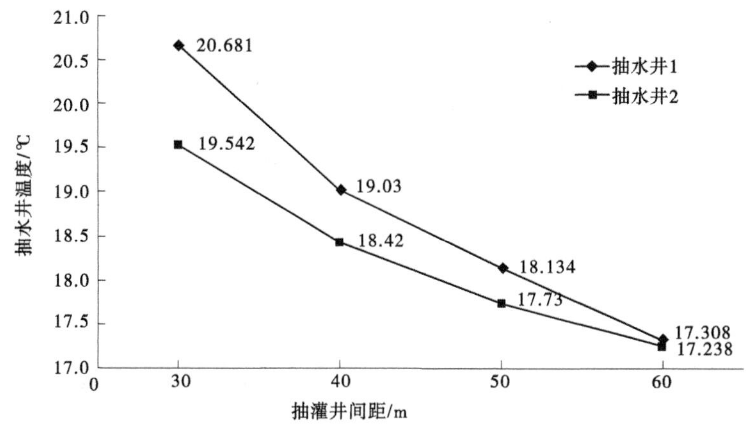

图 7-54　二抽五灌方式 5 制冷期工程运行 92 d 抽水井温度随与回灌井间距变化曲线

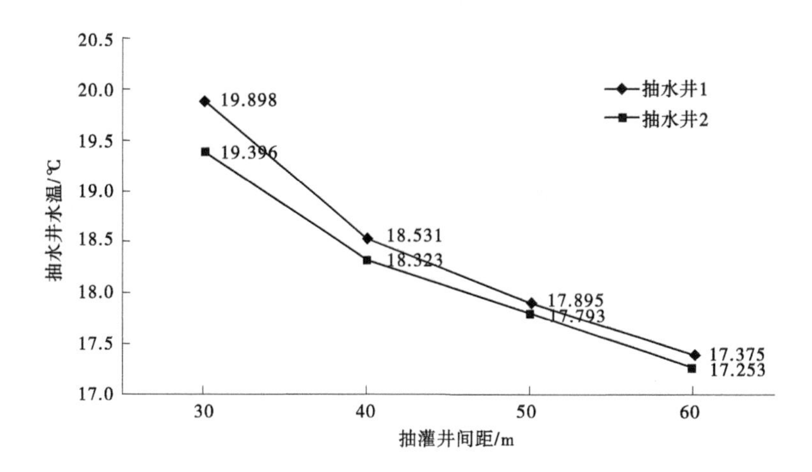

图 7-55　二抽五灌方式 6 制冷期工程运行 92 d 抽水井温度随与回灌井间距变化曲线

据各方式模拟结果,兼之考虑到成本因素,均匀布井情况下抽水井与回灌井间距及抽水井间距应该为 35~55 m。

4. 三抽六灌

1) 三抽六灌布井方式 1

图 7-56 显示:随着抽水井与回灌井间距的减小,抽水井的温度不断上升,在间距 30~60 m 范围内,呈反比关系,三口抽水井水温变化幅度一致。在抽水井与回灌井间距为 40 m 时,抽水井温度升幅约为 1.89 ℃;在抽水井与回灌井间距为 30 m 时,抽水井温度升幅约为 2.88 ℃,影响系统正常运行。根据曲线变化情况,推断当抽水井与回灌井间距为 39 m 时,水温变幅为 2 ℃。故此种布井方式选择井间距范围应该大于 39 m。

2) 三抽六灌布井方式 3

图 7-57 显示:随着抽水井与回灌井间距的减小,抽水井的温度不断上升。抽水井 2 水温变幅在三口抽水井中最大,其次为抽水井 3,变幅最小的为抽水井 1。在抽水井与回灌井间距为 40 m 时,抽水井最大温度升幅约为 1.87 ℃;在抽水井与回灌井间距为 30 m 时,抽水井温度最大升幅约为 3.53 ℃,影响系统正常运行;在抽水井与回灌井间距为

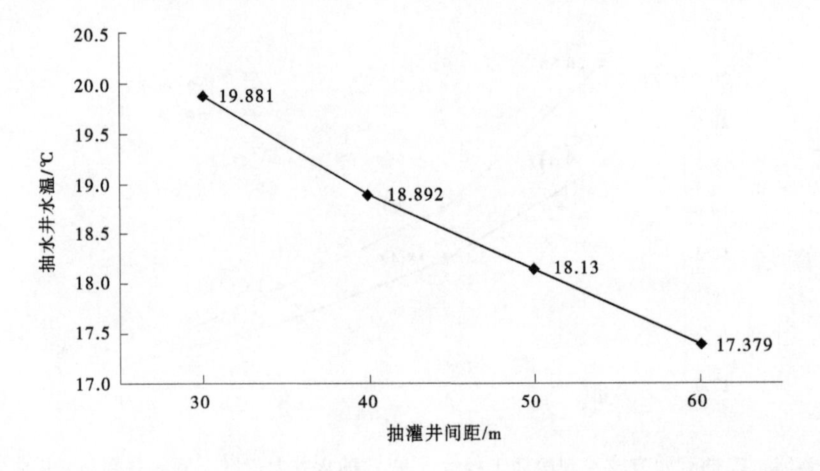

图 7-56　三抽六灌方式 1 制冷期工程运行 92 d 抽水井温度随与回灌井间距变化曲线

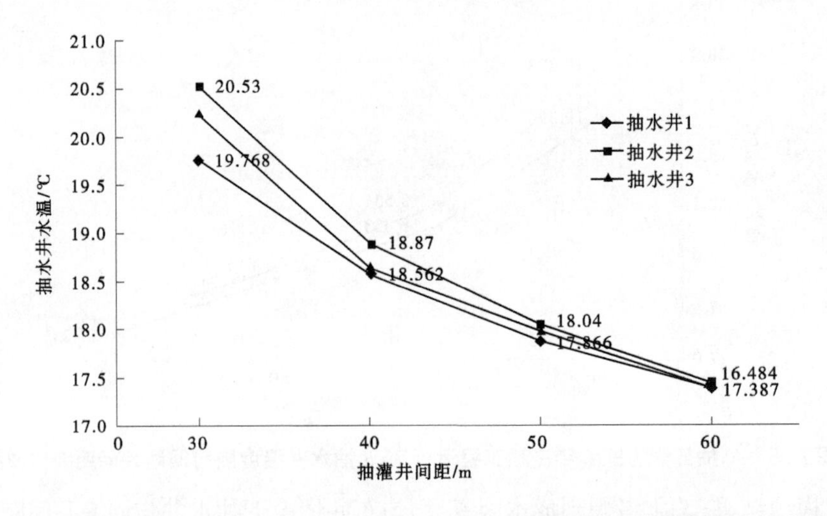

图 7-57　三抽六灌方式 3 制冷期工程运行 92 d 抽水井温度随与回灌井间距变化曲线图

60 m 时,抽水井温度变化小于 0. 5 ℃,不会对系统运行产生不利影响。根据曲线变化情况,推断当抽水井与回灌井间距为 38 m 时,水温变幅为 2 ℃。三抽六灌布井方式 3 情况下,为保证系统的正常运行,抽水井与回灌井间距应大于 38 m。

3)三抽六灌布井方式 6

从图 7-58 我们可以看出,抽水井 1 和抽水井 3 曲线重叠,水温随井间距变化趋势一致。总体来看,三口抽水井水温随着井间距的减小不断上升,抽水井 2 的温度变化幅度较抽水井 1 和抽水井 3 要更明显。在抽水井与回灌井间距 40 m 时,抽水井最大温度升幅约为 2. 162 ℃;在抽水井与回灌井间距 30 m 时,抽水井温度最大升幅约为 4. 247 ℃,影响系统正常运行;在抽水井与回灌井间距为 60 m 时,抽水井温度变化小于 0. 5 ℃,不会对系统运行产生不利影响。根据曲线变化情况,推断当抽水井与回灌井间距为 42 m 时,水温变幅为 2 ℃。三抽六灌布井方式 6 情况下,为保证系统的正常运行,抽水井与回灌井间距应大于 42 m。

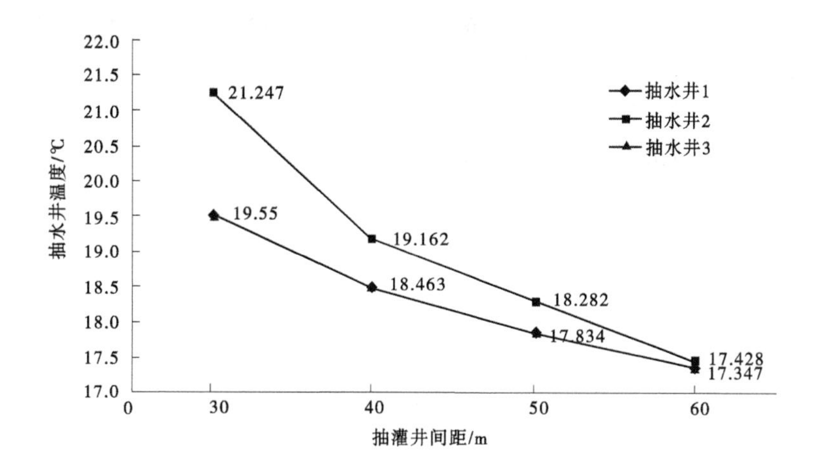

图 7-58　三抽六灌方式 6 制冷期工程运行 92 d 抽水井温度随与回灌井间距变化曲线

其他布井方式与上述三种方式变化基本一致,就不在此一一叙述。通过三抽六灌多种布井方式的模拟,发现抽水井在井群中的位置对抽水井温度变化有着较为明显的影响;三抽六灌布井方式 6 影响最大,而三抽六灌布井方式 1 影响最小。以井距 40 m 为例,三抽六灌布井方式 1 抽水井水温上升 1.892 ℃,三抽六灌布井方式 6 抽水井水温上升 2.162 ℃。总体来看,各种方式对井间距的最低要求都在 40 m 左右,在“冬夏换井抽灌”背景下,三抽六灌布井方式 1 为最佳的选择。

(四)模拟结果分析

对比不同灌抽比及布井方式的模拟结果,可以得出如下结论:

(1)在不同的抽灌比和布井方式下,抽水井出水温度升幅在 2 ℃以内,井间距范围处于 29~44 m。其中一抽二灌,井距要求较低;而二抽四灌与三抽六灌对井距要求较高。随着抽水井井数的增加,相互干扰程度增大,最小井间距是随之增大的。

(2)同一抽灌比不同布井方式且相同井间距情况下,抽水井出水温度随着位置的变化而发生变化。以三抽六灌 40 m 井间距为例,布井方式 1 抽水井出水水温升幅为 1.892 ℃,而布井方式 6 的抽水井 2 出水水温升幅达到了 2.162 ℃。随着井间距减小,差异会更加明显。抽水井所在位置影响抽水井温度变化。一般来说,抽水井周围存在两口或两口以上的回灌井,由于井间的相互干扰很大,抽水井出水水温升幅明显增大。

(3)同一灌抽比同一布井方式且相同井间距情况下,抽水井出水温度也会随着位置的变化而发生变化。以三抽六灌布井方式 6 下 30 m 井间距为例,抽水井 1 出水水温升幅为 2.55 ℃;而抽水井 2 出水水温升幅达到了 4.247 ℃,远高于抽水井 1。造成这种差异的原因也是抽水井周围回灌井数量不同而导致的井间相互干扰程度不同。

(4)当抽水井受周围存在两口或两口以上的回灌井直接影响时,最小间距小于一定的范围(40~50 m,因组合方案而异)均出现温度变化幅度加快的现象,原因是井数多,受影响的程度较大,井间距小于一定的数值时,由于井间的相互干扰程度增大,水力梯度增加,渗流速度加快,受影响程度均明显增大,一旦发生热突破,容易形成较大的不利影响,此时已不适合地下水源热泵系统的正常运行。

(5)均匀布井为前提的二抽四灌各布井方式与三门峡市地下水源热泵利用系统的实际布井进行对比:均匀布井二抽四灌井距 60 m 条件下,制冷期系统运行 92 d 后,各方式抽水井温变幅基本一致,升幅在 0.25~0.4 ℃;三门峡实际工程运行 92 d 后,升幅在 0.2~0.9 ℃,造成升幅变化大的原因是非均匀布井而导致井间相互干扰不同。因为实际布井为非均匀布井情况,需要优选方案以尽量减小发生热导通的可能性。三门峡地下水源热泵利用系统若采用合理井孔作为抽水井,其升温幅度在 0.2~0.3 ℃,与均匀布井条件无明显差别,还是较为合理的。

第八章　浅层地热能开发利用对地质环境影响及防治措施

第一节　对地下水温度的影响

本次示范工程运行监测及收集其他浅层地热能开发利用工程的地下水监测资料表明,地下水地源热泵运行时对地下水温度阶段性影响较明显。地温空调系统在制冷期回灌水温度一般在19~30 ℃,最高可达35 ℃;供暖期回灌水温度一般在8~15 ℃。受回灌水温度的影响,制冷期使地下水温度略有升高,供暖期略有下降,但在一个完整的制冷与供暖周期内,地温空调井回灌对地下水温度持续性的影响不明显,见图8-1~图8-4。根据安阳市民政局、公安局和文峰时代广场地温空调井水温实测资料,地下水温上升幅度平均在1 ℃左右变化(见图8-5)。济源市贝迪空调厂区、中原国际商贸城、恒泰商业广场及大上海国际购物城的动态观测数据(见图8-6)及其他地温空调工程的调查访问资料,地温空调井抽水井中水温一般为16~20 ℃,回水管道中水温供暖期一般在10~15 ℃,比抽水井中地下水温度低2~7 ℃,制冷期一般在18~25 ℃,比抽水井中地下水温度高1~8 ℃。

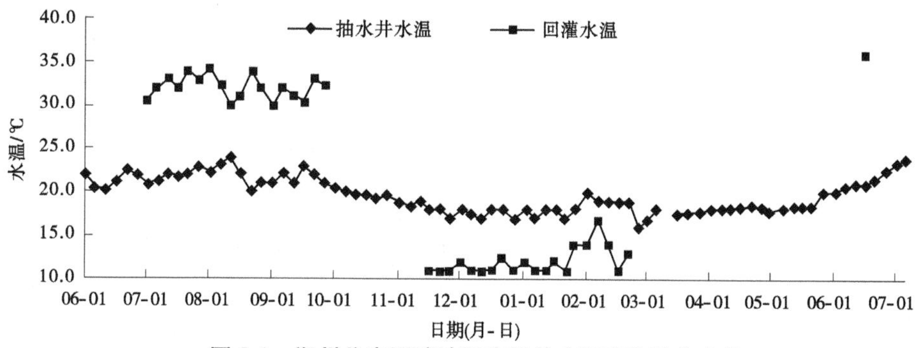

图8-1　郑州儿童医院地温空调井水温变化动态曲线

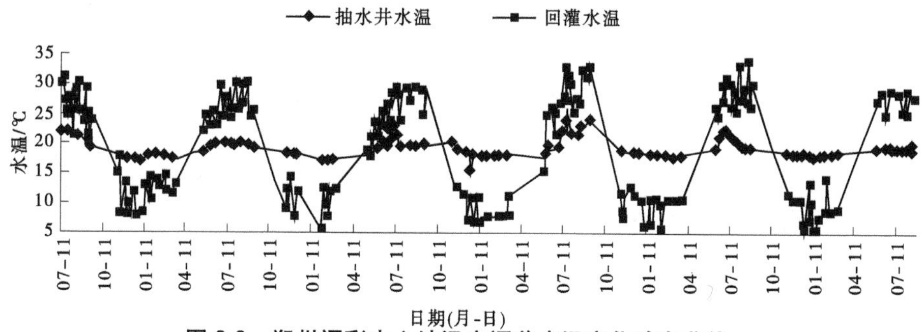

图8-2　郑州福彩中心地温空调井水温变化动态曲线

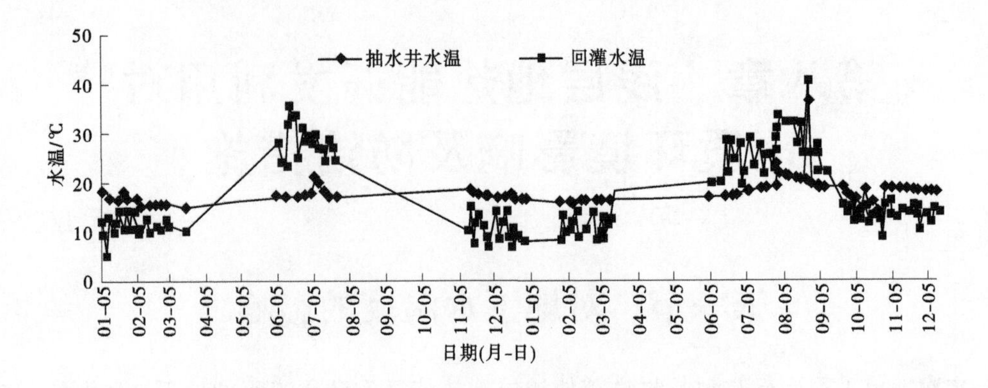

图 8-3 郑州美景天城地温空调井水温变化动态曲线

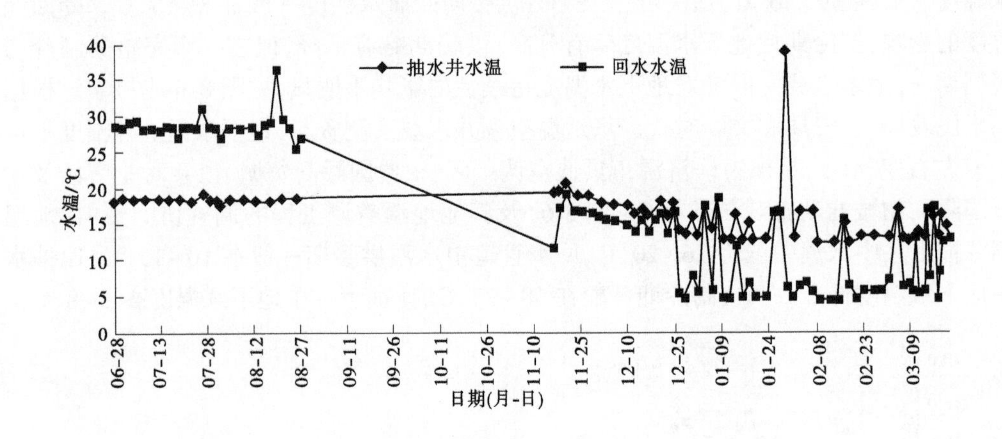

图 8-4 郑州中国大唐河南分公司地温空调井水温变化动态曲线

综合其他城市的研究资料及以上图可以看出,大部分地温空调系统在制冷期回灌水温一般在 19~30 ℃,最高可达 35 ℃;供暖期回灌水温一般在 8~15 ℃。受回灌水温的影响,制冷期使地下水温度略有升高,供暖期略有下降,但在一个完整的制冷与供暖周期内,地温空调井回灌对地下水温度总的持续性影响不明显。这些城市的多年温度动态曲线也表明地下水换热系统工程运行未造成地下水或土体温度持续性的升高或降低,没有观测到明显的热污染现象。

第二节 对地下水水质的影响

根据本次示范工程运行监测资料及收集以往郑州市、安阳市、济源市等地浅层地热能开发利用工程的地下水水质监测资料(见图 8-7、图 8-8、图 8-9 和表 8-1、表 8-2),综合分析表明,地下水换热系统工程的运行,绝大部分地下水化学组分没有明显的变化,地下水质没有明显的影响。如:郑州市郑州儿童医院地温空调井不同时段水质对比,绝大多数成分含量未有明显的变化。其中 Na^+、Mg^{2+}、Cl^-、SO_4^{2-}、HCO_3^-、NO_3^-等随丰、枯水期略有波动,

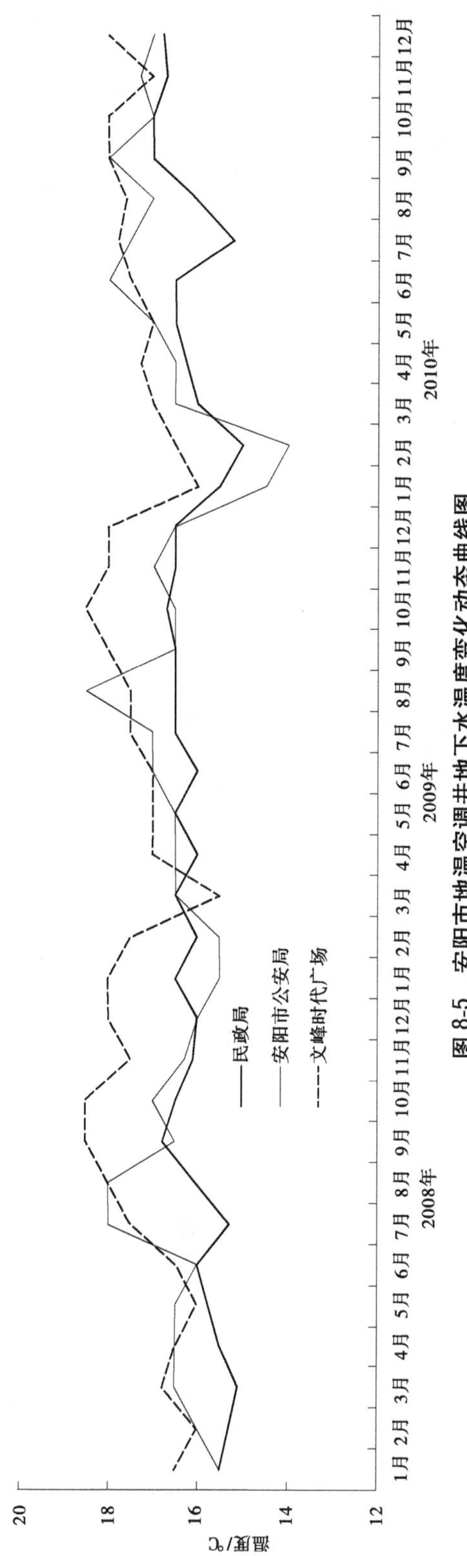

图 8-5　安阳市地温空调井地下水温度变化动态曲线图

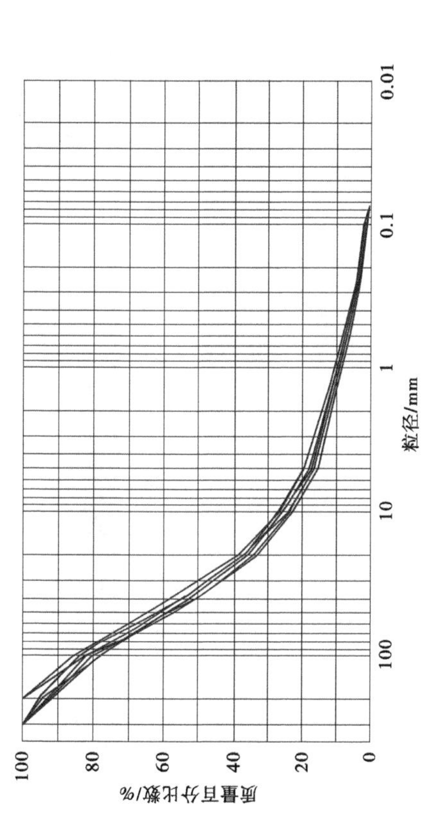

图 8-6　济源市大上海国际购物城抽水井进水水温变化动态曲线图

没有监测到趋势性的变化。安阳市抽回水井总硬度和硫酸盐大部分超标,水质已不符合生活饮用水标准,不能直接作为生活饮用水。而且抽回水井的水质已有变化,安阳市南湾湖地温空调抽回水井和金秋能源地温空调抽回水井水质变幅较大,变幅分别为+282.82 mg/L和-464.32 mg/L,其他地段水质也有变化。济源市丹尼斯时代广场、大商新世纪、钢铁有限公司、中原国际商贸城、公路工程公司的抽水井和回灌井分析结果表明:抽水井和回灌井各离子成分基本一致,表明回灌水对地下水质影响不明显。

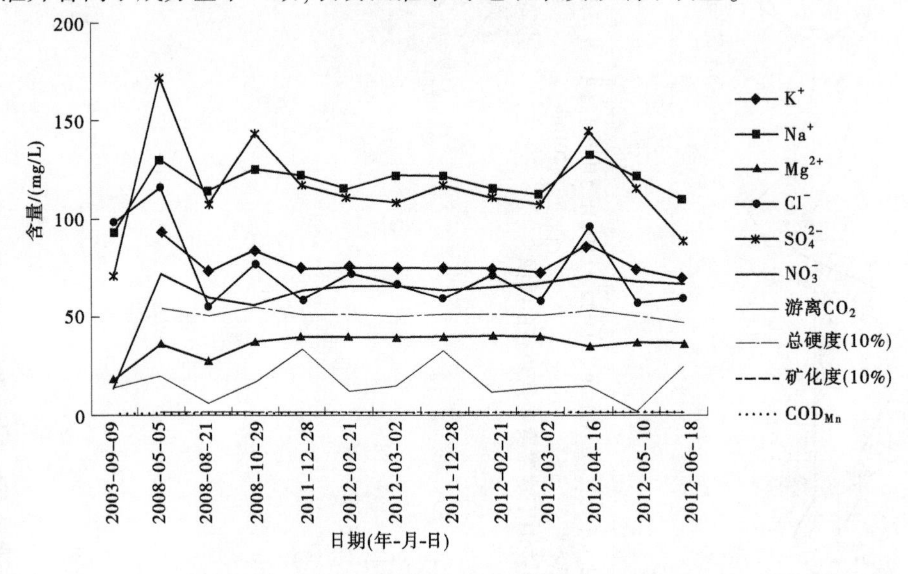

图 8-7　郑州儿童医院地温空调井不同时段水质对比

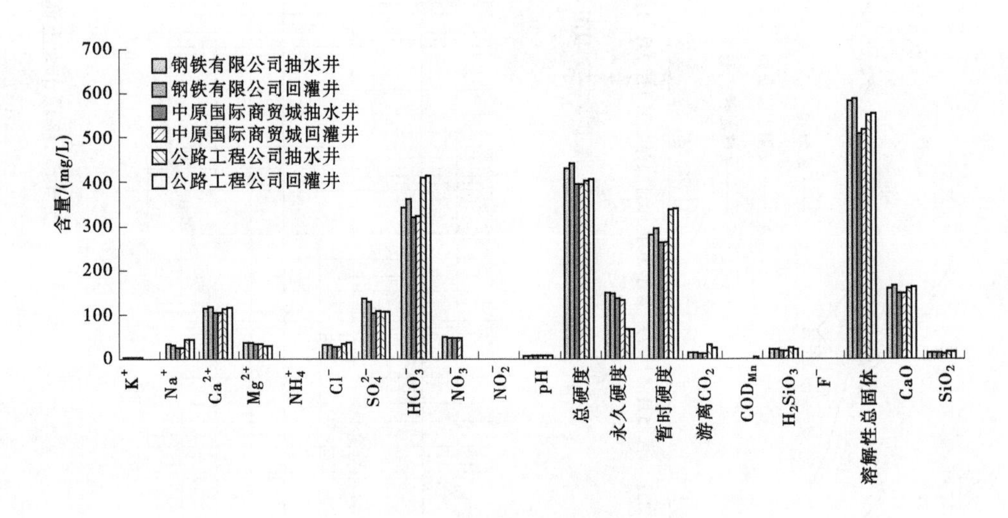

图 8-8　济源市抽、回灌井水质对比

表 8-1 安阳市 2011 年 12 月地温空调系统抽水井与回水井水质对比

取样地点	pH	总硬度 $\rho(CaCO_3)$/(mg/L)	氯化物/(mg/L)	硫酸盐/(mg/L)	硝酸盐(以氮计)/(mg/L)	溶解性总固体/(mg/L)	锌/(mg/L)	锰/(mg/L)
检察院地温空调抽水井	7.11	649.57	174.48	140.54	11.69	836	0.01	<0.01
检察院地温空调回水井	7.19	611.99	171.86	106.91	11.24	782	0.01	<0.01
变幅	+0.08	-37.58	-2.62	-33.63	-0.45	-54	0	—
南湾湖地温空调抽水井	7.75	245.3	96.96	112.92	12.73	731	1.48	0.09
南湾湖地温空调回水井	7.19	528.12	100.47	116.52	13.78	706	0.06	<0.01
变幅	-0.56	+282.82	+3.51	+3.6	+1.05	-25	-1.43	—
居家宜地温空调抽水井	7.46	525.62	114.57	104.51	13.05	680	0.02	0.02
居家宜地温空调回水井	8.39	173.99	92.52	21.61	0.07	256	0.63	0.04
变幅	+0.93	-351.63	-22.05	-82.9	-12.98	-424	+0.61	+0.02
银基商贸城地温空调抽水井	7.08	609.44	128.68	141.74	28.56	890	0.01	0.03
银基商贸城地温空调回水井	7.7	376.7	88.13	97.31	1.11	478	0.52	0.1
变幅	+0.62	-232.74	-40.55	-44.43	-27.45	-412	+0.51	+0.07
文字博物馆地温空调抽水井	7.3	685.85	143.64	166.95	41.31	974	0.01	0.02
文字博物馆地温空调回水井	7.24	728.38	144.53	205.42	43.46	1 021	<0.01	<0.01
变幅	-0.06	+42.53	+0.89	+38.47	+2.15	+47	—	—
金秋能源地温空调抽水井	7.34	589.47	151.58	152.54	10.92	777	<0.01	0.04
金秋能源地温空调回水井	9.68	125.15	56.4	22.81	4.56	210	12.24	0.23
变幅	+2.34	-464.32	-95.18	-129.73	-6.36	-567	—	+0.19

注:变幅为回水井与抽水井数值之差("+"表示含量增加,"-"表示含量减少)。

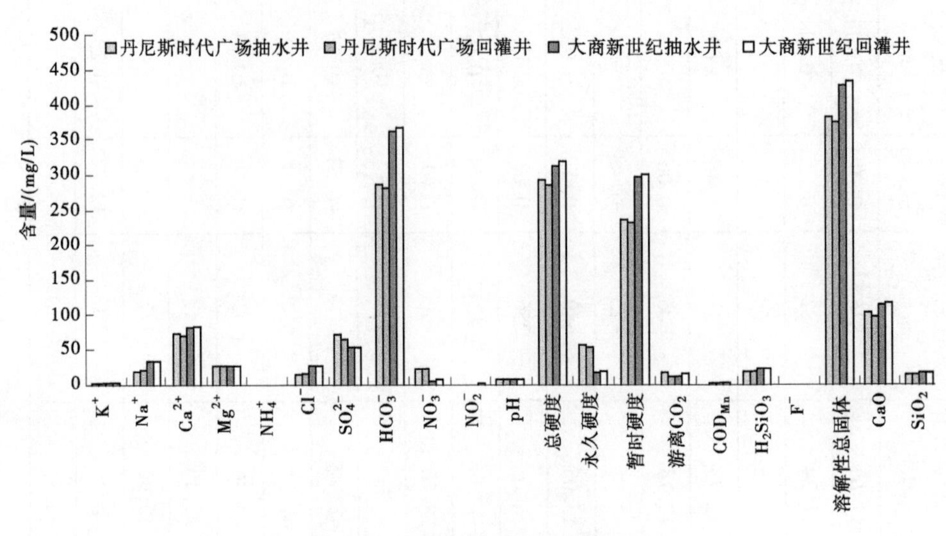

图 8-9 济源市抽、回灌井水质对比

表 8-2 济源市抽水井与回灌井水质对比表 单位:mg/L

检测项目	丹尼斯时代广场		大商新世纪		钢铁有限公司		中原国际商贸城		公路工程公司	
	抽水	回灌	抽水	回灌	抽水	回灌	抽水	回灌	抽水	回灌
K^+	1.14	1.12	0.98	0.98	2.3	2.26	1.4	1.34	0.8	0.66
Na^+	18.2	20	34.4	34.4	33.2	30	23.2	23.8	41	41.2
Ca^{2+}	72.81	70.04	81.74	83.33	112.89	118.04	104.75	105.15	114.27	116.45
Mg^{2+}	26.48	26.48	26.24	26.85	35.87	35.75	32.38	32.5	29.14	28.41
NH_4^+	0.03	<0.02	0.23	0.02	<0.02	0.07	0.02	<0.02	0.2	0.08
Cl^-	14.04	14.75	27.37	27.37	30.17	30.88	25.98	25.63	35.8	36.87
SO_4^{2-}	70.36	65.61	52.78	52.78	135.54	129.83	102.69	109.36	107.01	107.92
HCO_3^-	286	280.57	360.69	366.79	341.28	360.14	317.61	321.88	411.7	414.75
NO_3^-	22.1	22.5	5.32	7.42	47.8	47.6	47.4	46.8	0.22	<0.2
NO_2^-	0.026	0.013	0.625	1.065	0.088	0.31	0.665	0.445	<0.04	<0.04
pH	7.67	7.81	7.75	7.56	7.62	7.56	7.62	7.6	7.45	7.44
总硬度	290.78	283.88	312.1	318.55	429.49	441.85	394.82	396.32	405.22	407.68
永久硬度	56.24	53.79	16.31	17.76	149.62	146.52	134.36	132.36	67.6	67.55
暂时硬度	234.54	230.08	295.79	300.79	279.87	295.34	260.46	263.96	337.62	340.12
游离 CO_2	16.4	10.93	10.51	15.14	14.3	14.3	10.93	10.93	29.43	23.13
COD_{Mn}	0.51	0.77	1.29	2.04	1.09	1.22	1.03	0.9	1.23	1.81
H_2SiO_3	17.99	17.63	21.79	21.87	18.88	18.56	16.67	15.5	22.59	22.15

续表 8-2

检测项目	丹尼斯时代广场		大商新世纪		钢铁有限公司		中原国际商贸城		公路工程公司	
	抽水	回灌	抽水	回灌	抽水	回灌	抽水	回灌	抽水	回灌
F^-	0.18	0.2	0.31	0.29	0.19	0.19	0.12	0.11	0.4	0.38
溶解性总固体	382	374	427	434	583	589	510	518	552	556
CaO	101.88	98	114.37	116.6	157.96	165.16	146.57	147.13	159.89	162.94
SiO_2	13.84	13.56	16.76	16.82	14.52	14.28	12.82	11.92	17.38	17.04
TFe	<0.04	<0.04	<0.04	<0.04	<0.04	<0.04	<0.04	<0.04	<0.04	<0.04
Al^{3+}	<0.008	<0.008	<0.008	<0.008	<0.008	<0.008	<0.008	<0.008	<0.008	<0.008
Cu^{2+}	<0.01	<0.01	<0.01	<0.01	<0.01	<0.01	<0.01	<0.01	<0.01	<0.01
Zn^{2+}	<0.01	<0.01	<0.01	<0.01	<0.01	0.01	<0.01	<0.01	0.04	0.03
Mn^{2+}	<0.01	<0.02	<0.01	<0.01	<0.01	<0.01	0.02	<0.01	0.11	0.11

第三节 对地下水中细菌总数的影响

在地下水环境中,温度是影响细菌生长的重要指标。土壤温度的升高会造成以下危害:①土壤温度升高会增强越冬类昆虫的繁殖能力,使病虫害增加;②近地表土壤温度升高会加快土壤的干燥过程,而土壤中的微生物和菌类的繁殖和生存要靠较高的湿度才能进行,土壤的干燥会使微生物失去生存的环境,从而引发生态灾害。

根据郑州 2 个地下水地源热泵工程运行过程中抽、灌井水样微生物监测资料(见图 8-10、图 8-11)。

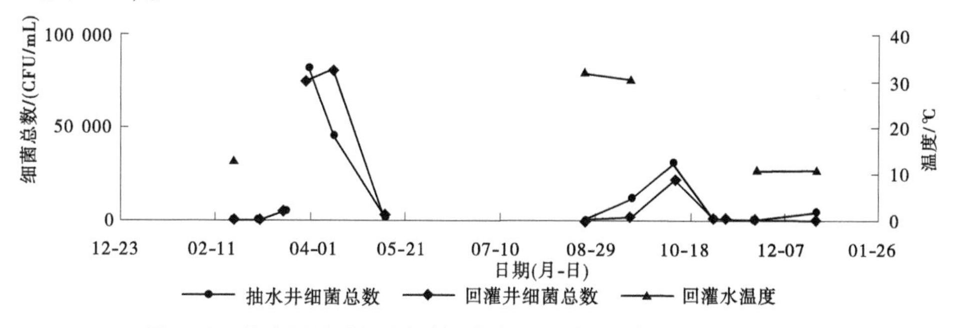

图 8-10 儿童医院地温空调抽、灌井不同时段细菌含量变化对比

从样品中的细菌数量变化来看,地下水地源热泵工程运行过程中,回灌对地下水中细菌总数有明显影响,回灌水中细菌总数与抽水井中细菌总数有同步增减迹象,且一般情况下较抽水井中细菌总数少,可能的原因是,热泵机组运行过程中的水温变化改变了微生物生活环境,影响了其活动性。在回灌地下后,温度逐渐恢复,微生物生活环境得以逐渐还原,表明地质条件对微生物生存环境具有显著的调节能力。

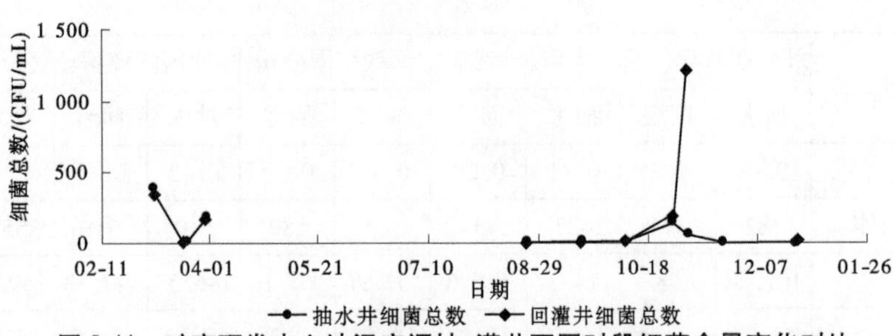

图 8-11　矿产研发中心地温空调抽、灌井不同时段细菌含量变化对比

第四节　回灌不力造成水资源浪费并加剧地面沉降

研究区有部分已建成的地源热泵工程是建在地下水开采降落漏斗区,由于地下水开采量大于补给量,地下水位逐年下降,且已引起市区地面沉降。为地下水源换热系统不适宜区,如不采取回灌技术改良措施,放任建设新的地下水换热系统,且忽视对其地下水回灌的监督,势必在地下水资源浪费的同时,加剧地面沉降。

因此,在研究区地下水源换热系统不适宜区不宜建设新的地下水换热系统,对已有系统应采取回灌改良措施,并加强监督管理。

第五节　土壤热堆积问题

一、土壤源热泵温度场预测分析

本次从地下水温度场入手,采用大型多场耦合数值模拟软件 Comsol 进行模拟预测有渗流和无渗流两种工况下的地温度场随时间变化的分布情况。以开封市为例进行土壤源热泵温度场预测分析模拟。考虑到地下水渗流对地埋管系统运行情况的影响,在进行地埋管地源热泵系统的设计和建设时,应选择合适的间距,尽量减小热干扰问题对系统运行效率的影响。对科学利用与保护研究区浅层地热能资源、促进浅层地热能的合理开发利用、减小投资风险等提供技术依据。

(一)温度场计算分析模型

地源热泵换热器与周围土体的传热是十分复杂的非稳态传热过程,需要进行较长时间的运算,且传热过程中所涉及的几何尺寸、物理条件等也很复杂,为了便于分析,我们对模型做必要的简化和假设如下:

(1)土壤为各项同性、均匀的固体材料。

(2)U 形管中流体在流动方向上导热忽略不计,只考虑径向传热。

(3)在传热过程中各层土壤的热物性(密度、导热系数、比热)恒定不变。

(4)忽略埋管与回填土、回填土与周围土壤之间的接触热阻。

(5)忽略地表温度波动对土壤温度的影响以及埋管深度范围内土壤温度的改变,即考虑土壤温度恒定,初始温度为当地年平均气温。

(6)对于U形埋管,考虑到其孔径相对于温度场影响范围较小,故采用当量直径,当量管直径为$\sqrt{2}d$,d为地埋管外径。

根据上述模型简化和假设条件,建立地埋管温度场3D数值模型如下:

土壤温度场传热数值模型为半径10 m、高40 m的圆柱体,当量孔径为184 mm即X-Y截面为外径10 m,内径为184 mm的圆环,Z方向高为40 m的圆柱体;土壤传热介质为饱水各向同性砂层;地埋管温度场3D数值模型如图8-12、图8-13所示。

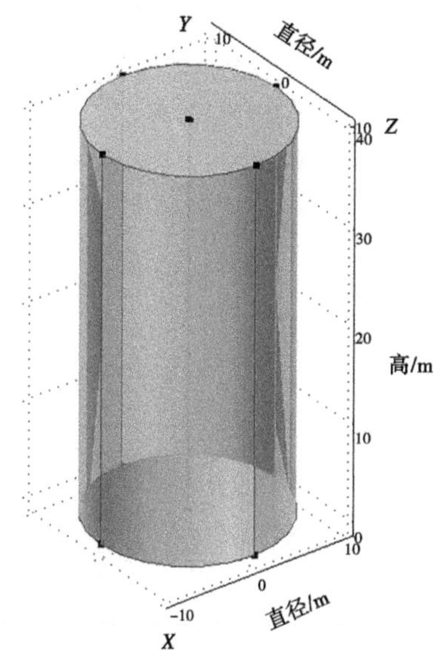

图8-12　地埋管温度场分析3D数值模型

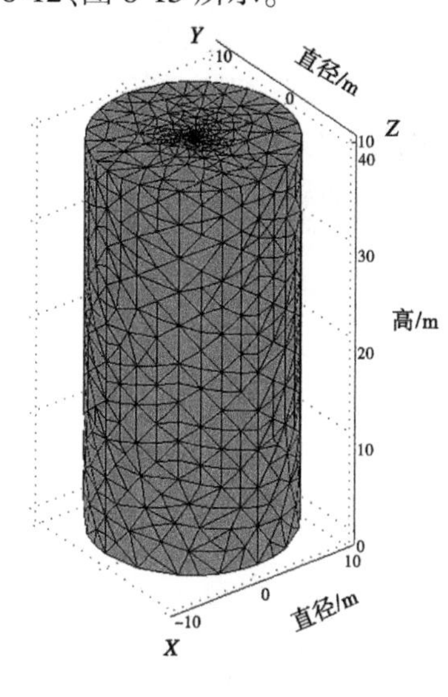

图8-13　3D数值模型网格剖分图

(二)模型材料参数

根据规范及现场测试数据,本次计算将地埋管周围土壤视为均匀各向同性多孔饱水砂层,土壤及流体模型材料的热物性参数如表8-3所列。

表8-3　数值模型材料热物性参数表

物理参数	流体	砂层
体积比	0.37	0.63
密度/(kg/m^3)	1 000	1 650
比热容/[J/(kg·K)]	4 180	1 390
热传导率/[W/(m·K)]	0.599	1.87

(三)初始及边界条件

数值分析的初始条件一般为温度初始条件,最常用的就是固定温度初始值,根据《开封市城区热响应实验技术报告》及相关勘查资料,将3D圆柱形数值模型中土壤初始温度限定为16.85 ℃,即T_0=289.85 K。

数值分析的边界条件中最常用的就是温度边界条件。此次模型分析中,考虑到位于地埋管最远端处的边界土壤地带不会受到地埋管温度影响,因此设定最远边界土壤保持

恒定的温度初始值，即 $T|_{r=10} = T_0 = 289.85$ K；地埋管当量孔壁边界条件设定为恒定温度，即 $T|_{r=0.09191} = 306$ K。

（四）网格划分

水-热耦合问题进行数值计算的第一步就是对计算区域的离散化即网格划分。所谓计算区域离散化，实质上就是用一组有限个离散的节点来代替原来的连续空间。在对模型进行网格划分时，采用以下原则：

在温度、速度场变化较剧烈的区域和方向对网格进行密集划分，而在变化相对较缓慢的区域和方向对网格可进行适当的疏松划分。本模型中，地下换热器传热过程中温度在埋管周围变化较大，离埋管较远的地方变化缓慢，故在埋管周围密集布置网格，而在较远区域网格布置疏松。所建模型如图 8-14 所示。

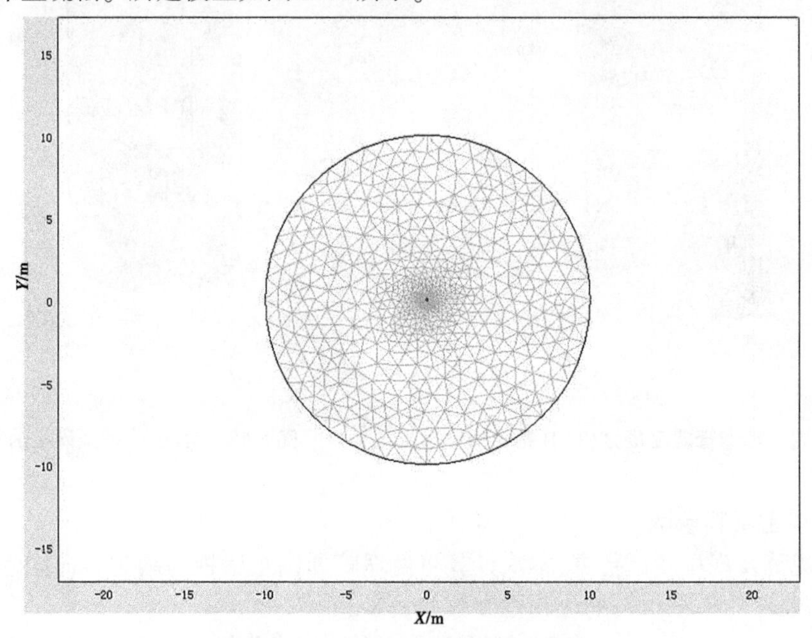

图 8-14　3D 数值模型网格划分图

（五）忽略渗流因素下土壤温度场传热模拟

此次模拟工作基于忽略地下水渗流情况而进行，在给定以上数值传热模型物理参数及边界、初始值的情况下，分别对地埋管连续运行 30 d、60 d 及 90 d 后三个工况下埋管周围土壤温度场分布情况进行模拟预测。在不考虑渗流情况下，埋管换热对周围土壤产生的热效应或温度场随时间变化如图 8-15～图 8-18 所示。

由图 8-15～图 8-17 可看出，在不存在地下水渗流的情况下，土壤温度场是以钻孔为中心对称分布，且温度分布规律为：距离钻孔中心越远，温度越低。由图 8-17 可知，在距离钻孔中心相同的位置，在地埋管连续运行 30 d、60 d、90 d 三种工况下，该点的温度会随着运行时间的增长而升高，但温度升高幅度较缓；另外，在距离钻孔中心 2.7 m 及更远范围内，土壤温度保持恒定，为初始温度值。由此可知，在不考虑地下水渗流因素的影响下，地埋管温度场热影响半径为 2.7 m。

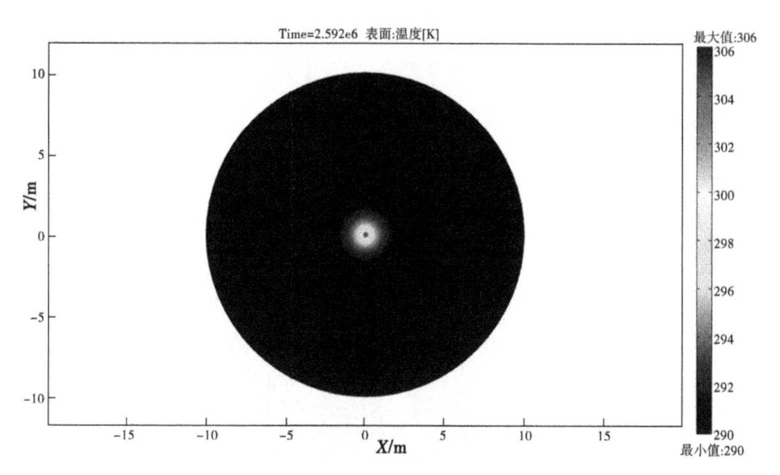

图 8-15　不考虑渗流情况下,30 d 后地埋管周围温度场分布

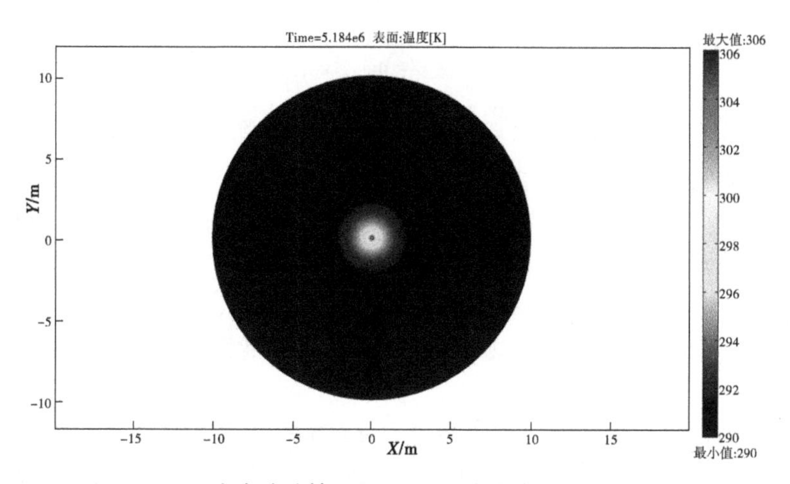

图 8-16　不考虑渗流情况下,60 d 后地埋管周围温度场分布

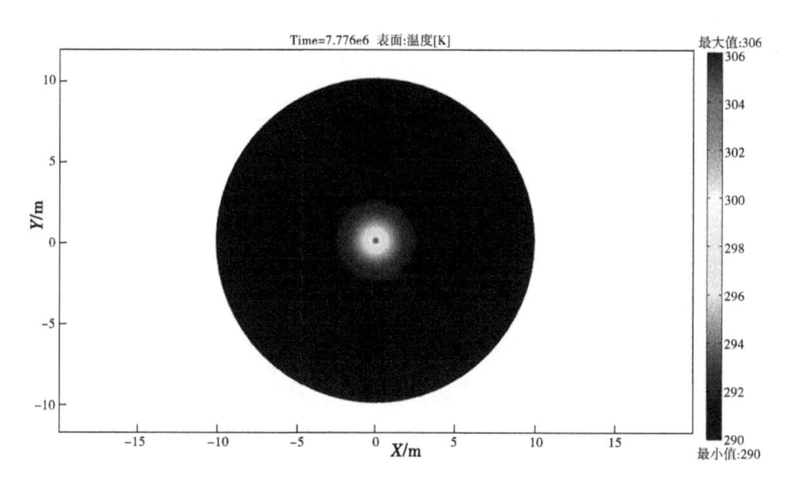

图 8-17　不考虑渗流情况下,90 d 后地埋管周围温度场分布

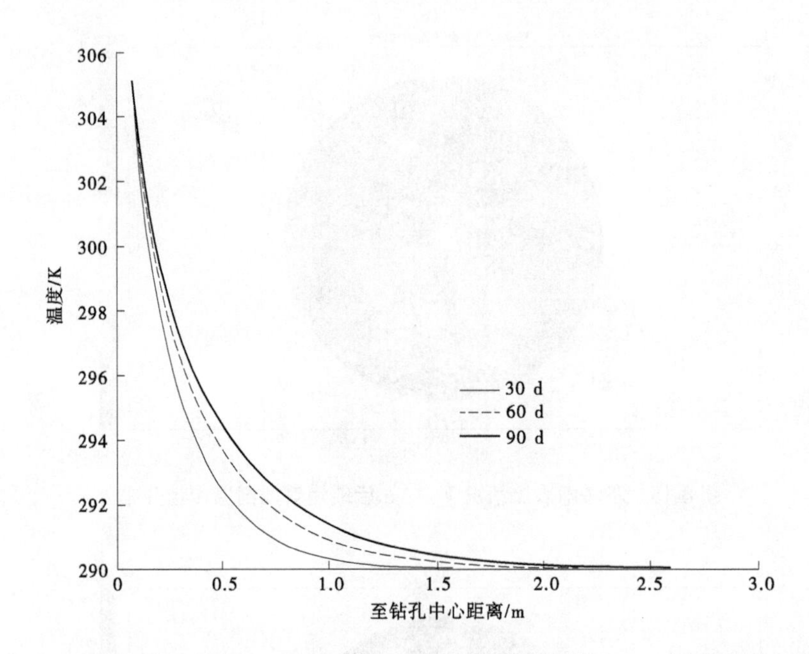

图 8-18 忽略地下水渗流工况下,30 d、60 d、90 d 后,钻孔附近 10 m 范围内温度场曲线

(六)热渗耦合工况下土壤温度场传热模拟

研究区地下含水层富水程度高,地下水渗流对地埋管向周围土壤传热过程影响较大,因此考虑热渗耦合作用对土壤温度场的影响将对此次勘察工作更具有实际意义。

开封市浅层地下水含水层渗透系数为 15~20 m/d,浅层水流径流水力坡降为 1.08‰~1.20‰,在开采漏斗区水力坡降为 2‰~4‰,故推算开封市浅层地下水径流速度为 0.027~0.08 m/d。

针对热渗耦合工况,分别采用地下水渗流速度 v=0.01 m/d、0.04 m/d、0.16 m/d 三种不同情况下,模拟地埋管连续运行 30 d、60 d、90 d 三个时间段后,钻孔周围土壤温度场分布情况。另外,根据前人的研究成果,考虑到在地下水渗流工况下,渗流对沿水流方向的温度场影响范围较大,而对逆水流方向影响较小(影响直径约 2 m),故本次模拟主要考虑对顺流方向半径范围内的温度场影响。地埋管换热产生的温度场随时间变化如图 8-19~图 8-30 所示。

从模拟结果中可以看出:

(1)在考虑热渗耦合的情况下,地埋管周围土壤温度场分布与忽略地下水渗流影响因素工况下存在明显差异;由于地下水流动引起了热的迁移,上游区域的热量被带到下游区域,此时钻孔周围温度场分布并不是围绕钻孔中心呈对称分布,而是沿地下水渗流方向无规则延伸。

(2)在考虑地下水渗流的情况下,地埋管连续运行 30 d、60 d、90 d 后,周围土壤的温度场分布曲线存在较明显的差异。以渗流速度为 0.01 m/d 为例,在钻孔附近 0.4 m 范围内三个时间段下温度分布曲线重合即在该区域内,温度不随地埋管运行时间的长短而发生变化;0.4~6.5 m 热影响半径内,三个时间段内温度曲线存在显著差异,随着运行时间的增长,土壤温度随之升高,但在 6.5 m 半径以外,土壤温度保持恒定初始温度,说明在

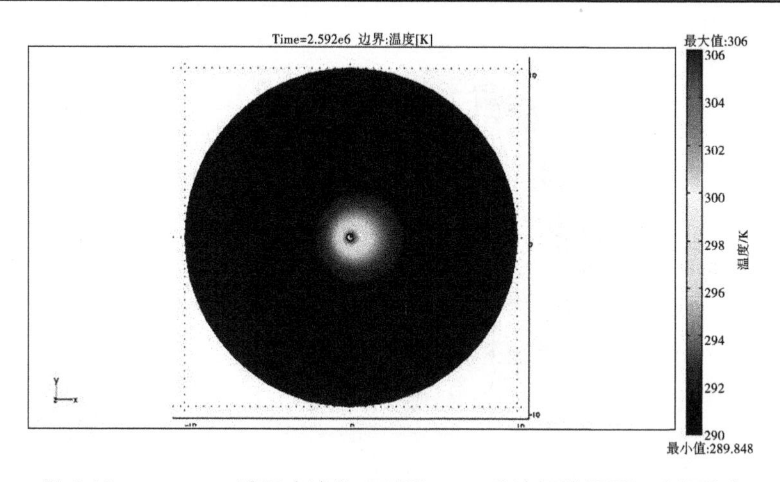

图 8-19　0.01 m/d 地下水渗流工况下,30 d 后地埋管周围温度场分布

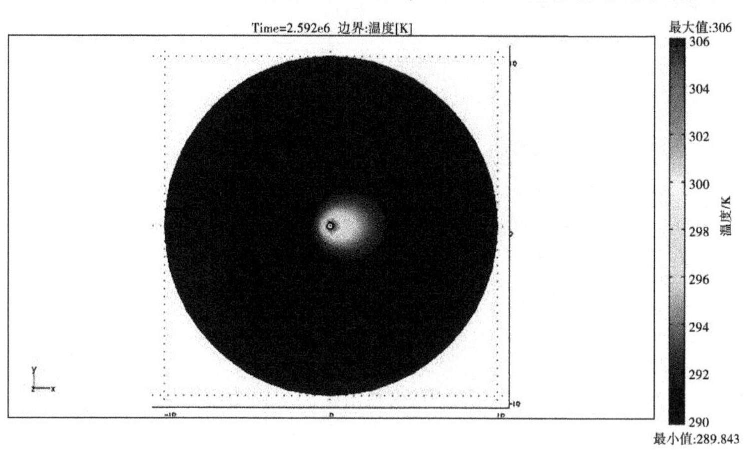

图 8-20　0.04 m/d 地下水渗流工况下,30 d 后地埋管周围温度场分布

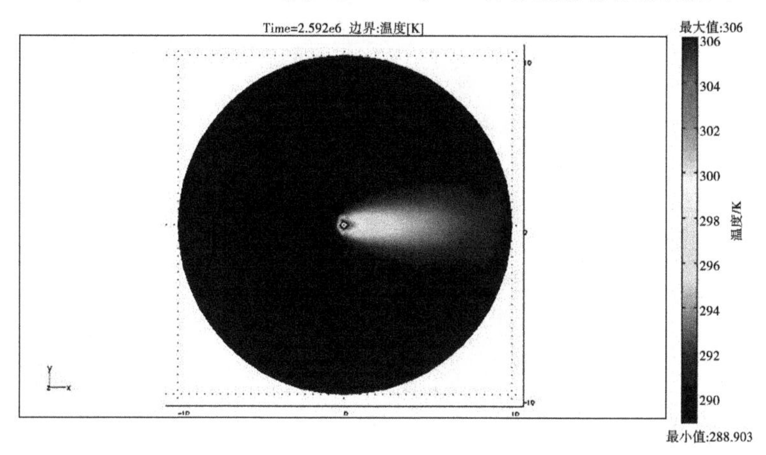

图 8-21　0.16 m/d 地下水渗流工况下,30 d 后地埋管周围温度场分布

0.01 m/d 的地下水渗流速度下,地埋管热干扰影响半径为 6.5 m。

(3)地下水渗流速度为 0.04 m/d、0.16 m/d 的情况下,与 0.01 m/d 工况相比,随着

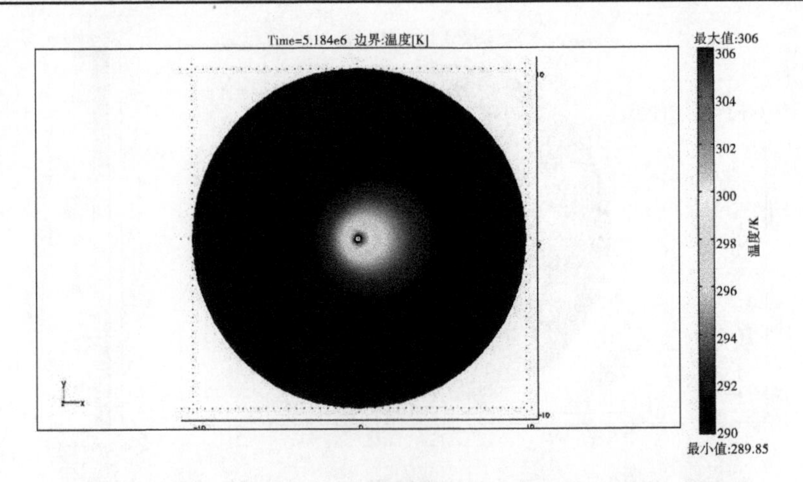

图 8-22　0.01 m/d 地下水渗流工况下,60 d 后地埋管周围温度场分布

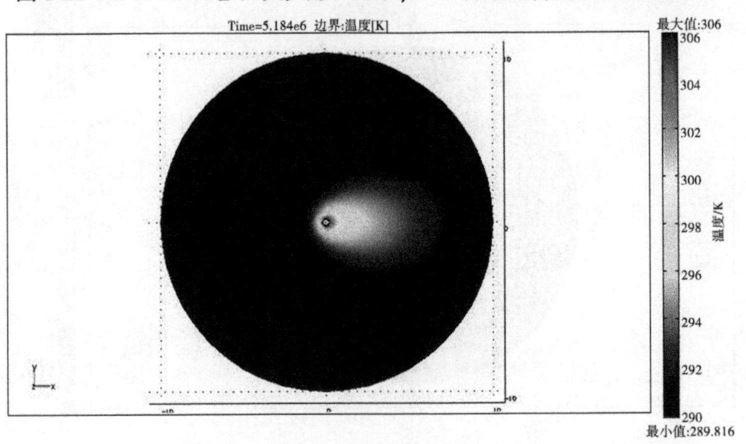

图 8-23　0.04 m/d 地下水渗流工况下,60 d 后地埋管周围温度场分布

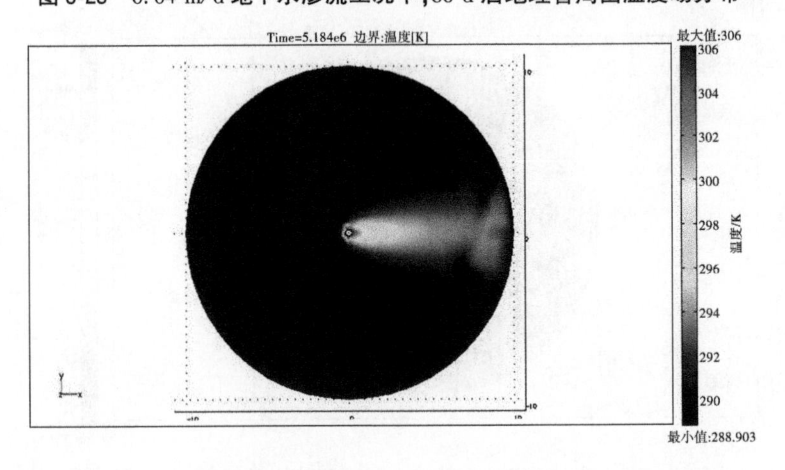

图 8-24　0.16 m/d 地下水渗流工况下,60 d 后地埋管周围温度场分布

地下水流速的增加,温度分布变化更剧烈,随着流速的增加,对流换热的影响越来越显著,

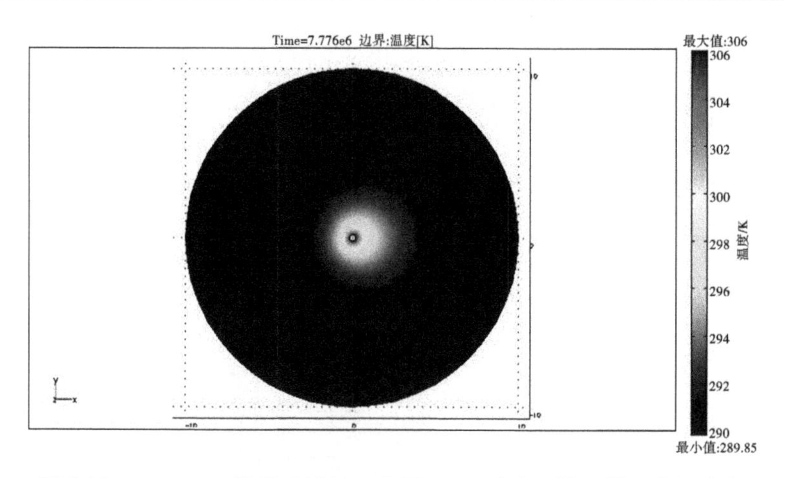

图 8-25　0.01 m/d 地下水渗流工况下,90 d 后地埋管周围温度场分布

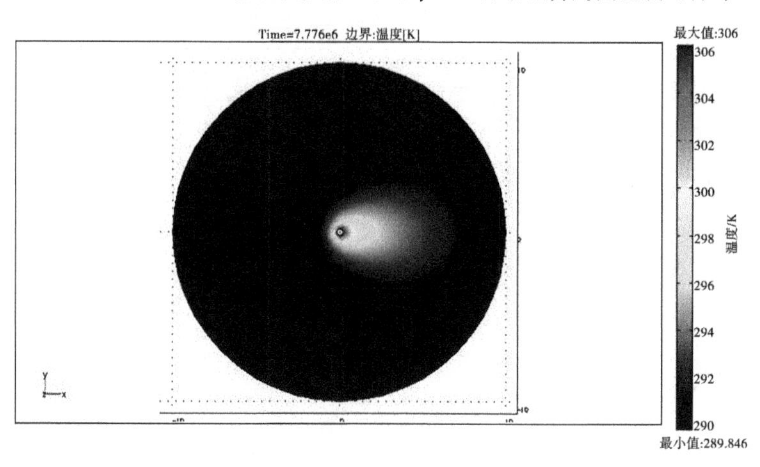

图 8-26　0.04 m/d 地下水渗流工况下,90 d 后地埋管周围温度场分布

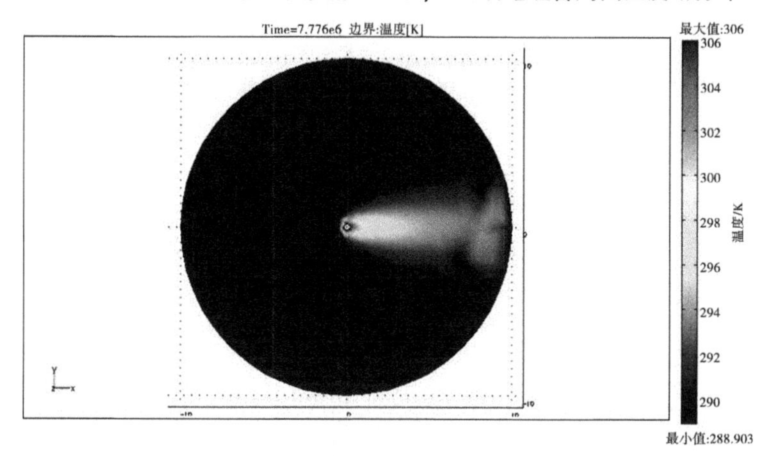

图 8-27　0.16 m/d 地下水渗流工况下,90 d 后地埋管周围温度场分布

在距离钻孔同一位置,温度相对较高,影响半径也逐渐增大。对于 0.04 m/d 的工况,60 d 和 90 d 两个时间阶段地温场分布曲线十分接近,而对于渗流速度为 0.16 m/d 的工况,

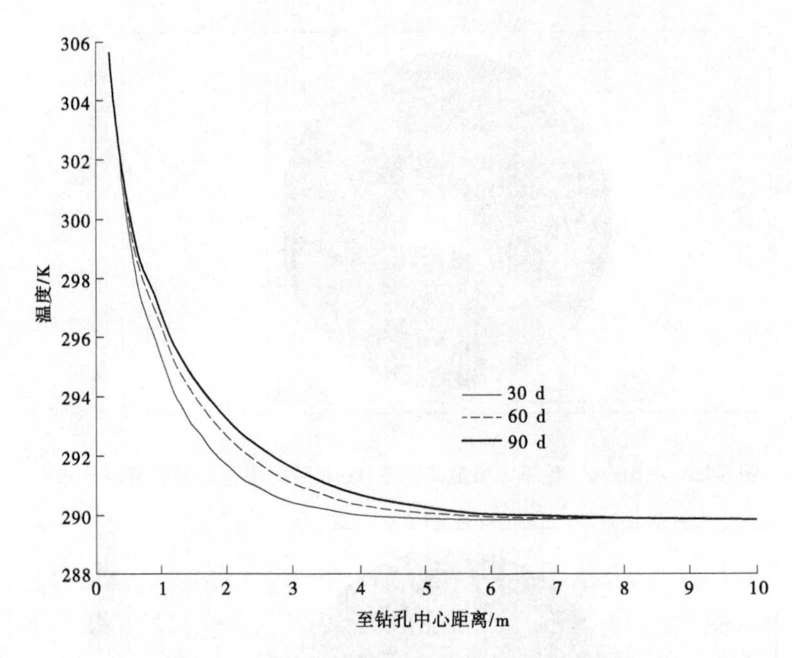

图 8-28　0.01 m/d 地下水渗流工况下,30 d、60 d、90 d 后,钻孔附近 10 m 范围内温度分布

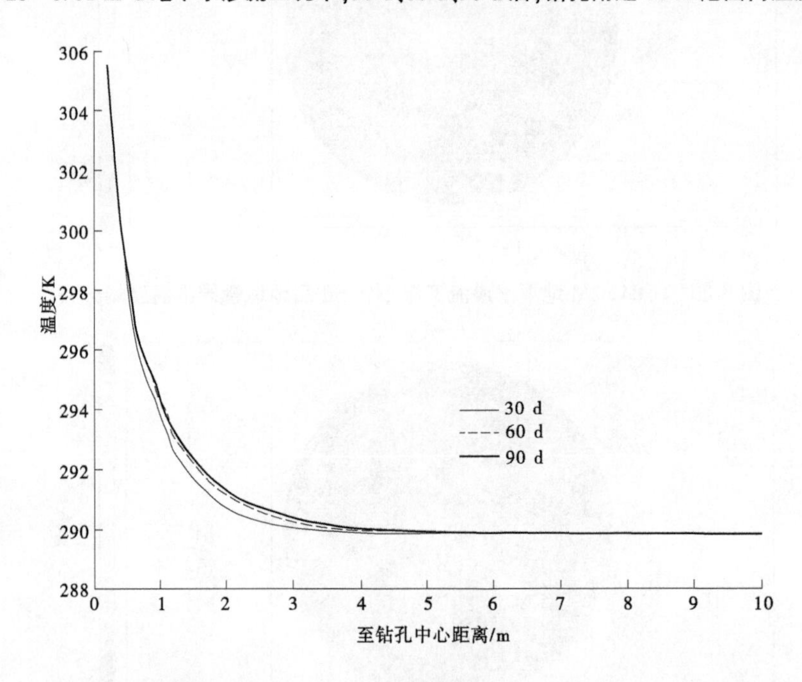

图 8-29　0.04 m/d 地下水渗流工况下,30 d、60 d、90 d 后,钻孔附近 10 m 范围内温度分布

60 d 和 90 d 两个时间阶段地温场分布曲线基本重合。这说明无论哪种渗流速度,随着时间增长,地温温度场分布趋于稳态,渗流速度越大,温度场可在越短的时间内稳定。

(4)比较无渗流及热渗耦合两种不同工况下地温场温度分布状况可以发现:在存在地下水渗流的情况下,距离地埋管 10 m 半径范围内,各点温度均高于无渗流工况下对应

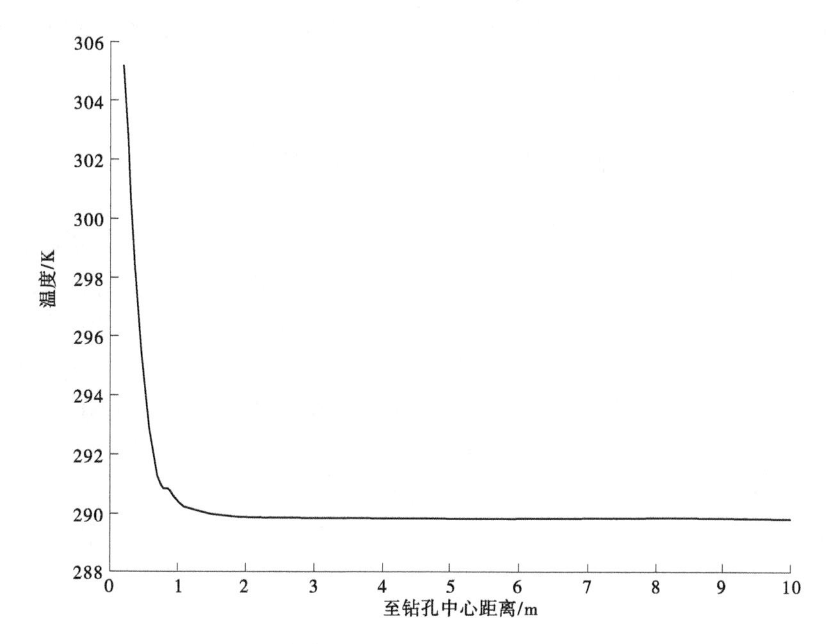

图 8-30　0.16 m/d **地下水渗流工况下**,30 d、60 d、90 d **后**,**钻孔附近** 10 m **范围内温度分布**

的温度且随着渗流速度的增大,土壤温度也相对越高。

综上所述,在进行实际地埋管建设时,应考虑到地下水渗流对地埋管系统运行情况的影响,以采取合适的间距,尽量减小热干扰问题对系统运行效率的影响。

(七)土壤温度场传热数值模拟可靠性

在进行土壤温度场传热数值模拟之前,首先对换热过程进行了深入分析,对换热器换热特性进行了研究,测出了土壤的导热系数。模型建立过程中,参考了前人的研究成果,在此基础上对模型做必要的合理的简化。本次计算依据《浅层地热能勘查评价规范》(DZ/T 0225—2009)、《开封市城区热响应实验技术报告》、《开封凹陷区地热资源》等现场测试数据报告,选取了土壤及流体模型材料的热物性参数。用大型多场耦合数值模拟软件 Comsol 进行了有渗流和无渗流两种工况下的地温度场随时间变化的分布情况。限于条件,未能进行土壤源热泵换热器试验研究。

根据李斌、陆观立等的研究成果,基于合理的模型概化条件下的数值模拟结果与试验结果拟合程度较高,具有较高的可信性。采用以上模型和数值模拟方法对哈尔滨工业大学范蕊、李斌等建立的试验系统进行模拟,并与其发表的试验数据对比,可以发现本次数值模拟结果与其试验得到的结果拟合程度较高,因此本次数值模拟的结果是可信的。

通过对模拟得到的地埋管出水温度和埋管周围温度场的试验验证,可以证明本次采用的模型和数值计算方法是合理的。

二、引起土壤热堆积的可能性

地埋管地源热泵换热会向周围的土壤中释放热量或是从周围的土壤中吸收热量,从而导致局部土壤温度改变,通过地埋管换热模拟及实际运行的经验发现,地埋管长时间运行后,土壤温度通常都会有一定的升高。

本次对地埋管地源热泵工程未进行监测，但已有的研究资料认为，系统夏季排放的热量与冬季吸收的热量相差10%～20%，均可认为达到季节性平衡。

第六节　防冻液对环境的影响

在地埋管地源热泵系统中，通过向埋管循环水中加适量防冻液的方法来提高埋管换热器的换热量，这种做法不会对地下环境造成影响，但是如果防冻液泄露，就会对埋管周围的土壤环境、水环境以及大气环境造成严重的影响。防冻液泄露的方式有两种：一是热泵系统运行过程中管道的破裂或者接缝开裂；二是管道安装过程中防冻液的泄露。防冻液的泄露主要与液体的张力有关，张力越小，泄露的可能性越大。试验表明，一般条件下向地埋管换热器中注入防冻液，甲醇无泄漏，乙醇和乙二醇有少量的泄露。由于防冻液大多是有机物，会使地下水受到较为严重的污染，治理难度也较大。

因此，在地埋管设计时应禁止添加防冻液和使用其他循环液，而应使用优质地下水，从根本上杜绝这个隐患。

第七节　综合防治措施

根据实际工程运行监测研究，地源热泵长期运行对地质环境的影响主要表现在对地下水质、地下水位及地层温度的影响几方面，其中地下水和地埋管地源热泵系统有各自的特点。

一、地下水地源热泵系统防治措施

地下水地源热泵系统需要采取以下几方面的防治措施：

(1)合理控制井间距、开采层位。根据地区水文地质条件，制订合理的开采井布局方案，确定合理的开采层位，避开薄弱含水层及城市限采层位，以防出现地下水位持续下降从而出现地面沉降、地面塌陷等问题。

(2)严格控制回灌水量、水质、水温。严格要求同层100%回灌，对回灌水质、水温进行持续监控，以保证回灌水对地质环境条件的影响最小化。

二、地埋管地源热泵系统防治措施

地埋管地源热泵系统需要控制冬季取暖量和夏季制冷量的均衡，以防出现土壤热堆积。

针对此问题，在夏季炎热、冬季暖和的南方地区，夏季采取的制冷量远大于冬季的取热量，可采用冷却塔的方式进行辅助散热；而对于冬季严寒、夏季温度较适宜的北方地区，冬季取热量远大于夏季制冷量，可采用辅助热源方式，如太阳能、生产生活废热等提供热量；在中部地区，冬夏季节长度和温度较为均衡，应尽量控制其运行时间，以期获得制冷量和取热量的平衡。

第九章　浅层地热能开发利用效益分析

浅层地热能是一种清洁的、可再生的能源，是国家要求大力探索和发展的新能源。随着我国能源结构政策的调整和地源热泵技术的逐步提高完善，城市对浅层地热能需求不断加大，为实现我国“碳达峰、碳中和”战略发展目标要求，浅层地热能必将成为我国今后开发利用中的新型能源，建筑物供暖（或制冷）中，浅层地热能所占的比重也将愈来愈高。该研究成果推广应用前景十分广阔。

根据《河南统计年鉴（2020）》，河南省2019年能源消耗总量折合标准煤年能源消耗总量及其结构，见表9-1。

表9-1　河南省能源消耗结构　　单位：万吨标准煤

煤炭		石油		天然气		一次电力及其他		能源消耗总量	
总量	占比	总量	占比	总量	占比	总量	占比	总量	占比
15 031	67.4%	3 502	15.7%	1 361	6.1%	2 386	10.7%	22 300	100%

第一节　地源热泵节能分析

根据《北京市浅层地温能资源》（北京市地质矿产勘查开发局、北京市地质勘察技术院，2008），从一次能源利用率分析，地源热泵比电锅炉加热节省60%以上的电能，比燃料锅炉节省50%以上的能量，比空气源热泵系统节省40%以上能源。根据《工业建筑供暖通风与空气调节设计规范》（GB 50019—2015）并结合河南省气象条件等，确定区内空调负荷指标、热泵机组能效比（制冷能效比EER：4和制热能效比COP：3.5）。

一、与空气源热泵比较

（一）冬季供暖

空气源热泵实际工作时的性能系数一般为2.2左右，则冬季采用地源热泵系统与采用空气源热泵相比节能$(3.5-2.2)/2.2\times100\%=59.1\%$。考虑到空气源热泵在冬季运行时室外机会结霜，会增加耗电量，地埋管地源热泵在冬季的节能效果会更显著。

（二）夏季制冷

空气源热泵实际工作时的性能系数一般为2.2左右，夏季采用地源热泵系统与采用空气源热泵相比节能$(4.0-2.2)/2.2\times100\%=81.8\%$。

二、与锅炉供暖比较

地源热泵供暖消耗的是电能，而锅炉供暖则是直接燃烧一次能源，两者消耗的不是同等品质的能源,要评价地源热泵的节能效果,就必须采用一次能利用率(能量利用率)的概念。地源热泵的能源利用率是指热泵的制热量与一次能耗的比值。一次能利用率(或能量利用率)的计算公式为

$$E = \frac{Q}{P/\beta} = COP_h\beta \tag{9-1}$$

式中 E——一次能利用率;

Q——供暖季总的制热量,kW · h;

P——供暖季总的电能消耗,kW · h;

β——发电厂的发配电效率;

COP_h——供热期地源热泵的平均制热性能系数。

按国家的有关标准规定,平均发配电效率β取0.284,按式(9-1)计算后,地源热泵一次能利用率为0.994。目前,中型供暖锅炉房供暖的一次能利用率一般为0.65左右,有的会更低,则冬季采用地源热泵系统与采用锅炉房供暖相比节能(0.994-0.65)/0.65×100%=52.9%,地源热泵系统节能明显。

第二节 经济效益分析

浅层地热能是一种非常规能源,在计算其经济价值时通常采用类比常规能源(燃煤)的方法。首先,了解地温空调系统夏季制冷天数与每天运行小时数,冬季供热天数与每天运行小时数。据此计算出夏、冬季建筑通过热泵与浅层地热能的交换量,二者之和即为本区浅层地热能总能量,将其折算为原煤量及标煤量即可得出相应的经济效益。

一、计算方法与参数确定

浅层地温能开发利用的总能量按下式计算:

$$Q = g + h \tag{9-2}$$

其中:

$$g = 0.0036 \times a \times c \times d \times (1 + 1/COP_X) \tag{9-3}$$

$$h = 0.0036 \times b \times e \times f \times (1 - 1/COP_D) \tag{9-4}$$

式中 Q——浅层地温能开发利用的总能量,GJ;

g——夏季交换量,GJ;

h——冬季交换量,GJ;

a——夏季热泵系统换热功率,kW;

b——冬季热泵系统换热功率,kW;

c——热泵夏季制冷天数,d,河南地区为120 d;

e——热泵冬季供热天数,d,河南地区为120 d;

d——夏季热泵运行小时数,h,河南地区为12 h;

f——冬季热泵运行小时数,h,河南地区为12 h;

COP_X——夏季热泵运行能效比系数;

COP_D——冬季热泵运行能效比系数。

根据《综合能耗计算通则》(GB/T 2589—2020)中原煤的折算系数,以及考虑燃煤与换热效率等因素,选取转换系数0.6(参考《关于地热利用与节煤减排的计算方法》)计算出节省的原煤量。

节约燃烧原煤量(kg):

$$G = 10^6/20\ 908/0.6 \times Q = 79.71 \times Q \tag{9-5}$$

相当于节约标煤量(kg):

$$G_B = 79.71 \times 0.714\ 3 \times Q = 56.94 \times Q \tag{9-6}$$

节煤量(kg):按浅层地温能开发利用能效率35%计算,也即"折合标准煤"×35%="节煤量"。其他减排量在此"节煤量"的基础上计算。

经济价值按照式(9-7)进行折算。

$$V = G_B \cdot p \tag{9-7}$$

式中　V——热资源价值,元;

p——燃煤价格,按700元/t计。

二、计算结果

(一)重点研究区

按照前述"重点研究区浅层地热能潜力综合评价计算成果表",分别计算获得的地下水换热方式、地埋管换热方式(较)适宜区的总资源量进行经济效益计算。河南省重点研究区地下水地源热泵系统适宜区和较适宜区总面积3 304.40 km^2,可利用的浅层地热能资源量613.50×10^{12}kJ/a,夏季交换量21 881.30 GJ,冬季交换量为6 234.00 GJ,总能量为28 115.29 GJ,相当于节约原煤量为2 241.07万t,相当于节约标煤量为1 600.80万t,按浅层地热能开发利用能效35%计,其节煤量为560.28万t;折算经济效益约为39.22亿元。重点研究区地埋管换热方式适宜区和较适宜区总面积为6 254.27 km^2,可利用的浅层地热能资源量1 552.73×10^{12}kJ/a,夏季交换量52 159.14 GJ,冬季交换量为24 673.81 GJ,总能量为76 832.96 GJ,节约原煤量为6 124.35万t,节约标煤量为4 374.63万t,按浅层地热能开发利用能效35%计,其节煤量为1 531.12万t;折算经济效益约为107.18亿元。结果见表9-2和表9-3。

表9-2　重点研究区地下水换热方式社会效益分析

地区	夏季交换量/GJ	冬季交换量/GJ	总能量/GJ	节约原煤量/万t	节约标煤量/万t	节煤量/万t	经济效益/(亿元/a)
郑州市	3 381.60	961.11	4 342.72	346.16	247.26	86.54	6.06
洛阳市	5 427.75	1 542.63	6 970.38	555.61	396.87	138.90	9.72
周口市	976.14	277.41	1 253.55	99.92	71.37	24.98	1.75
驻马店市	668.37	189.96	858.33	68.42	48.87	17.10	1.20

续表 9-2

地区	夏季交换量/GJ	冬季交换量/GJ	总能量/GJ	节约原煤量/万 t	节约标煤量/万 t	节煤量/万 t	经济效益/(亿元/a)
焦作市	395.00	112.26	507.26	40.43	28.88	10.11	0.71
新乡市	14.49	4.10	18.58	1.48	1.06	0.37	0.03
濮阳市	461.17	131.05	592.22	47.21	33.72	11.80	0.83
开封市	235.15	66.81	301.96	24.07	17.19	6.02	0.42
鹤壁市	897.52	255.10	1 152.62	91.88	65.63	22.97	1.61
济源市	1 766.07	501.94	2 268.01	180.78	129.13	45.20	3.16
商丘市	56.09	15.96	72.05	5.74	4.10	1.44	0.10
南阳市	124.31	50.49	174.80	13.93	9.95	3.48	0.24
安阳市	2 562.57	728.31	3 290.89	262.32	187.37	65.58	4.59
漯河市	2 645.59	751.89	3 397.48	270.81	193.44	67.70	4.74
三门峡市	679.79	193.19	872.98	69.59	49.70	17.40	1.22
航空港区	903.52	256.77	1 160.29	92.49	66.06	23.12	1.62
许昌市	24.25	6.89	31.14	2.48	1.77	0.62	0.04
平顶山市	571.76	162.50	734.26	58.53	41.81	14.63	1.02
信阳市	90.17	25.61	115.78	9.23	6.59	2.31	0.16
合计	21 881.30	6 234.00	28 115.29	2 241.07	1 600.80	560.28	39.22

表 9-3　重点研究区地埋管换热方式社会效益分析

地区	夏季交换量/GJ	冬季交换量/GJ	总能量/GJ	节约原煤量/t	节约标煤量/t	节煤量/t	经济效益/(亿元/a)
郑州市	5 803.28	3 738.56	9 541.84	760.58	543.28	190.15	13.31
洛阳市	1 424.55	827.19	2 251.74	179.49	128.21	44.87	3.14
周口市	2 451.60	1 529.86	3 981.47	317.36	226.69	79.34	5.55
驻马店市	2 662.89	1 436.21	4 099.09	326.74	233.39	81.69	5.72
焦作市	1 332.72	611.52	1 944.24	154.98	110.70	38.74	2.71
新乡市	2 481.53	1 410.56	3 892.09	310.24	221.60	77.56	5.43
濮阳市	3 014.24	1 856.13	4 870.37	388.22	277.30	97.06	6.79
开封市	3 070.65	1 467.00	4 537.65	361.70	258.36	90.43	6.33
鹤壁市	1 607.56	377.92	1 985.48	158.26	113.05	39.57	2.77
济源市	1 062.92	684.75	1 747.67	139.31	99.51	34.83	2.44

续表 9-3

地区	夏季交换量/GJ	冬季交换量/GJ	总能量/GJ	节约原煤量/t	节约标煤量/t	节煤量/t	经济效益/(亿元/a)
商丘市	1 947.55	495.26	2 442.81	194.72	139.09	48.68	3.41
南阳市	3 764.86	1 049.72	4 814.59	383.77	274.13	95.94	6.72
安阳市	4 356.72	918.06	5 274.78	420.45	300.33	105.12	7.36
漯河市	8 211.49	2 714.30	10 925.80	870.90	622.08	217.73	15.24
三门峡市	1 227.37	366.75	1 594.12	127.07	90.76	31.77	2.22
航空港区	2 910.03	2 078.99	4 989.02	397.67	284.06	99.42	6.96
许昌市	3 333.81	2 147.69	5 481.50	436.93	312.10	109.23	7.65
平顶山市	810.22	521.92	1 332.15	106.19	75.85	26.55	1.86
信阳市	685.15	441.40	1 126.55	89.80	64.14	22.45	1.57
合计	52 159.14	24 673.81	76 832.96	6 124.35	4 374.63	1 531.12	107.18

(二)河南省

按照前述“浅层地热能潜力综合评价计算成果表”,分别计算获得的地下水换热方式、地埋管换热方式(较)适宜区的总资源量进行经济效益计算。根据该表,河南省地下水换热方式适宜区和较适宜区总面积为 31 627.04 km^2,总的可开采资源量为 83.68×10^{12}kJ/a,夏季换热功率 18 655.60 万 kW,冬季换热功率 9 368.30 万 kW;河南省地埋管换热方式适宜区和较适宜区总面积为 73 493.75 km^2,总的可开采资源量为 77.67×10^{12}kJ/a,夏季换热功率 95 278.12 万 kW,冬季换热功率 76 800.47 万 kW;据此进行计算,结果见表 9-4。

表 9-4　河南省浅层地热能开发利用社会效益分析

分区面积(km^2)	夏季交换量 g/GJ	冬季交换量 h/GJ	总能量 Q/GJ	节约原煤量 G/t	节约标煤量 G_B/t	节煤量/t	经济效益/(万元/a)	说明
31 627.04	1 190 456 305	339 810 933	1 530 267 238	121 977 602	87 128 601	30 495 010	2 134 651	地下水换热方式
73 493.75	6 079 914 457	2 785 739 986	8 865 654 443	706 681 316	504 782 464	176 673 862	12 367 170	地埋管换热方式

注:能效比取值根据空调公司在河南省对项目运行情况的监控,并按照某设计运行参数进行计算,河南省夏季为 4.33,冬季为 3.33。

从表 9-4 可知,河南省地下水换热系统(较)适宜区夏季热交换量 g=1 190 456 305 GJ,冬季热交换量 h=339 810 933 GJ,总能量 Q=1 530 267 238 GJ,相当于节约原煤量 G=121 977 602 t,相当于节约标煤量 G_B=87 128 601 t,按浅层地温能开发利用能效 35%计,其节煤量为 30 495 010 t,折算经济效益约为 2 134 651 万元/a;河南省地埋管换热系统(较)适宜区夏季热交换量 g=6 079 914 457 GJ,冬季热交换量 h=2 785 739 986 GJ,总

能量 Q=8 865 654 443 GJ,相当于节约原煤量 G=706 681 316 t,相当于节约标煤量 G_B=504 782 464 t,按浅层地温能开发利用能效 35%计,其节煤量为 176 673 862 t,折算经济效益约为 12 367 170 万元/a。

第三节　社会环境效益分析

浅层地热能开发利用可减少向大气排放的粉尘、氮氧化物、二氧化硫和二氧化碳等污染物的数量,并可减少因燃煤产生的灰渣。据此,参照《地热资源地质勘查规范》(GB/T 11615—2010),计算浅层地热能开发利用带来的社会效果和环境效益。

一、计算方法

减少二氧化硫排放量(kg):

$$G_{SO_2} = 0.017 \times G_B \times 0.35 \tag{9-8}$$

减少氮氧化物排放量(kg):

$$G_{NO_X} = 0.006 \times G_B \times 0.35 \tag{9-9}$$

减少二氧化碳排放量(kg):

$$G_{CO_2} = 2.386 \times G_B \times 0.35 \tag{9-10}$$

减少悬浮质粉尘排放量(kg):

$$G_{尘} = 0.008 \times G_B \times 0.35 \tag{9-11}$$

减少灰渣排放量(kg):

$$G_{SO_2} = 0.1G \tag{9-12}$$

减排后节省的环境治理费(元):

$$F = 0.282\ 1G \tag{9-13}$$

其中灰渣运输费按照 40 元/t 计算。

二、计算结果

根据以上公式进行计算,计算结果见表 9-5 和表 9-6。

表 9-5　重点研究区地下水换热方式开发社会效益分析

地区	节约标煤量/万 t	二氧化硫/万 t	氮氧化物/万 t	二氧化碳/万 t	粉尘/万 t	灰渣/万 t	节省的环境治理费/亿元	减少灰渣运输费/万元
郑州市	247.26	1.47	0.52	206.49	0.69	34.62	9.77	1 384.63
洛阳市	396.87	2.36	0.83	331.43	1.11	55.56	15.67	2 222.43
周口市	71.37	0.42	0.15	59.60	0.20	9.99	2.82	399.68

续表 9-5

地区	节约标煤量/万 t	二氧化硫/万 t	氮氧化物/万 t	二氧化碳/万 t	粉尘/万 t	灰渣/万 t	节省的环境治理费/亿元	减少灰渣运输费/万元
驻马店市	48.87	0.29	0.10	40.81	0.14	6.84	1.93	273.67
焦作市	28.88	0.17	0.06	24.12	0.08	4.04	1.14	161.74
新乡市	1.06	0.01	0.00	0.88	0.00	0.15	0.04	5.93
濮阳市	33.72	0.20	0.07	28.16	0.09	4.72	1.33	188.82
开封市	17.19	0.10	0.04	14.36	0.05	2.41	0.68	96.28
鹤壁市	65.63	0.39	0.14	54.80	0.18	9.19	2.59	367.50
济源市	129.13	0.77	0.27	107.84	0.36	18.08	5.10	723.13
商丘市	4.10	0.02	0.01	3.43	0.01	0.57	0.16	22.97
南阳市	9.95	0.06	0.02	8.31	0.03	1.39	0.39	55.73
安阳市	187.37	1.11	0.39	156.48	0.52	26.23	7.40	1 049.27
漯河市	193.44	1.15	0.41	161.54	0.54	27.08	7.64	1 083.25
三门峡市	49.70	0.30	0.10	41.51	0.14	6.96	1.96	278.34
航空港区	66.06	0.39	0.14	55.17	0.18	9.25	2.61	369.95
许昌市	1.77	0.01	0.00	1.48	0.00	0.25	0.07	9.93
平顶山市	41.81	0.25	0.09	34.91	0.12	5.85	1.65	234.11
信阳市	6.59	0.04	0.01	5.50	0.02	0.92	0.26	36.91
合计	1 600.80	9.52	3.36	1 336.83	4.48	224.11	63.22	8 964.28

表 9-6　重点研究区地埋管换热方式开发社会效益分析表

地区	节约标煤量/万 t	二氧化硫/万 t	氮氧化物/万 t	二氧化碳/万 t	粉尘/万 t	灰渣/万 t	节省的环境治理费/亿元	减少灰渣运输费/万元
郑州市	543.28	3.23	1.14	453.70	1.52	76.06	21.46	3 042.32
洛阳市	128.21	0.76	0.27	107.07	0.36	17.95	5.06	717.94
周口市	226.69	1.35	0.48	189.31	0.63	31.74	8.95	1 269.45
驻马店市	233.39	1.39	0.49	194.90	0.65	32.67	9.22	1 306.96
焦作市	110.70	0.66	0.23	92.44	0.31	15.50	4.37	619.90
新乡市	221.60	1.32	0.47	185.06	0.62	31.02	8.75	1 240.96
濮阳市	277.30	1.65	0.58	231.58	0.78	38.82	10.95	1 552.87

续表 9-6

地区	节约标煤量/万 t	二氧化硫/万 t	氮氧化物/万 t	二氧化碳/万 t	粉尘/万 t	灰渣/万 t	节省的环境治理费/亿元	减少灰渣运输费/万元
开封市	258.36	1.54	0.54	215.76	0.72	36.17	10.20	1 446.78
鹤壁市	113.05	0.67	0.24	94.41	0.32	15.83	4.46	633.05
济源市	99.51	0.59	0.21	83.10	0.28	13.93	3.93	557.23
商丘市	139.09	0.83	0.29	116.15	0.39	19.47	5.49	778.87
南阳市	274.13	1.63	0.58	228.92	0.77	38.38	10.83	1 535.08
安阳市	300.33	1.79	0.63	250.80	0.84	42.05	11.86	1 681.81
漯河市	622.08	3.70	1.31	519.50	1.74	87.09	24.57	3 483.58
三门峡市	90.76	0.54	0.19	75.80	0.25	12.71	3.58	508.27
航空港区	284.06	1.69	0.60	237.22	0.80	39.77	11.22	1 590.70
许昌市	312.10	1.86	0.66	260.63	0.87	43.69	12.33	1 747.72
平顶山市	75.85	0.45	0.16	63.34	0.21	10.62	3.00	424.74
信阳市	64.14	0.38	0.13	53.57	0.18	8.98	2.53	359.19
合计	4 374.63	26.03	9.19	3 653.25	12.25	612.44	172.77	24 497.42

重点研究区地下水换热系统(较)适宜区内的浅层地热能总能量按标准煤折算,可减排二氧化硫 9.52 万 t,或减排氮氧化物 3.36 万 t,或减排二氧化碳 1 336.83 万 t,或减排粉尘 4.48 万 t,或减少灰渣 224.11 万 t,减排后节省的环境治理费 63.22 亿元,减少灰渣运输费 8 964.28 万元。重点研究区地埋管换热系统(较)适宜区内的浅层地热能总能量按标准煤折算,可减排二氧化硫 26.03 万 t,或减排氮氧化物 9.19 万 t,或减排二氧化碳 3 653.25 万 t,或减排粉尘 12.25 万 t,或减少灰渣 612.44 万 t,减排后节省的环境治理费 172.77 亿元,减少灰渣运输费 24 497.42 万元。

根据以上公式进行计算,计算结果见表 9-7。

表 9-7　河南省浅层地热能开发利用社会效益分析表

分区面积/km^2	折算标准煤/(t/a)	二氧化硫/万 t	氮氧化物/万 t	二氧化碳/万 t	粉尘/万 t	灰渣/万 t	节省的环境治理费/万元	减少灰渣运输费/万元	说明
31 627.04	87 128 601	51.84	18.30	7 276.11	24.40	1 219.78	3 440 988	48 791	地下水换热方式
73 493.75	504 782 464	300.35	106.00	42 154.38	141.34	7 066.81	19 935 480	282 673	地埋管换热方式

计算结果:河南省地下水换热系统(较)适宜区内的浅层地热能总能量按标准煤折算,可减排二氧化硫 51.84 万 t,或减排氮氧化物 18.30 万 t,或减排二氧化碳 7 276.11

万 t,或减排粉尘 24.40 万 t,或减少灰渣 1 219.78 万 t,减排后节省的环境治理费 3 440 988 万元,减少灰渣运输费 48 791 万元;河南省地埋管换热系统(较)适宜区内的浅层地热能总能量按标准煤折算,可减排二氧化硫 300.35 万 t,或减排氮氧化物 106.00 万 t,或减排二氧化碳 42 154.38 万 t,或减排粉尘 141.34 万 t,或减少灰渣 7 066.81 万 t,减排后节省的环境治理费 19 935 480 万元,减少灰渣运输费 282 673 万元。

第十章　结　语

第一节　主要成果及认识

一、基本查明了河南省浅层地热能赋存条件和开发利用现状

河南省主要城市浅层地热能的赋存层位主要为第四系及新近系上部的各类松散堆积物,其所含地下水为松散岩类孔隙水,含水层分布广,厚度大,水量较丰富,易开采,可恢复性强。平原区人口密集,城镇密布,地质、水文地质和浅层地热能开发利用条件优越,是浅层地热能开发利用的重点地区。河南省 18 个省辖市,有 3 个城市位于盆地(河谷平原),其他 15 个城市均位于山前冲洪积倾斜平原和河流冲积平原上,利于浅层地热能的开发利用。尤其是位于盆地的洛阳、南阳、三门峡和山前地带的安阳、鹤壁、新乡、焦作、济源、郑州、信阳、平顶山等水文地质条件优越的城市或地段,开发利用浅层地热能时,宜采用地下水换热方式。西部山间盆地及山前丘陵区,第四系下更新统为冲、湖积砂及砂砾石、黏土等,厚度大于 100 m。东部平原区第四系松散堆积物厚度 100~400 m。河南多数城市区分布的地层岩性以冲积、冲湖积、湖沼相等细粒相沉积为主的松散地层,适于竖直地埋管换热系统。城市区分布的地层岩性以冲积、冲洪积为主的松散地层,且沉积物以粗粒相的砂卵石、砂砾石、粗砂、中砂为主或厚度较大时,考虑地下水的影响,适于地下水换热方式。

河南省浅层地热能的开发利用主要集中在 18 个地级城市及郑州航空港实验区,部分县(区)也有少数利用,已经投入使用的浅层地热能地源热泵工程项目有 1 000 余个,供暖制冷的建筑面积 2 572.55 万 m^2,其中,90%以上采用地下水源地源热泵系统。浅层地热能用户大体可分为三类:洗浴酒店和商业用户,建筑规模一般小于 1 万 m^2;单位办公楼及宾馆、医院,建筑规模一般在 1 万~5 万 m^2;商品房小区或家属楼,建筑规模一般在 5 万~10 万 m^2(少数可达 20 万 m^2 以上)。

二、进行了浅层地热能开发利用适宜性分区评价与区划

根据不同地段地质条件和浅层地热能赋存特点,分别采用指标法和层次分析法,按地下水地源热泵和地埋管地源热泵两种方式,分别选取供水条件、回灌条件、水化学条件 3 类 7 项因子及水文地质条件、地层属性、热物性特征 3 类 7 项因子,分别对重点研究区及河南省全区进行了开发利用适宜性分区评价,分区结果如下所述。

(一)地下水地源热泵适宜性分区结果

全省地下水换热方式适宜区主要分布在东部黄河岸边、沙河岸边以及洛阳、南阳盆地的中心部位,较适宜区分布在东黄河冲积平原、沙河冲积平原和三门峡盆地、洛阳、南阳盆地外围地带。这些地区第四系及新近系厚度一般大于 200 m,含水层颗粒较粗且单层厚

度较大,富水性好,地下水回灌条件较好(抽灌井比例小于1:3的地区)。从行政区划来说,包括郑州市大部、新乡市一部分、开封市全部、洛阳城区、三门峡沿黄地带、南阳市南部及邓县、新野等区域。不适宜区分布在富水性较差、岩性颗粒较细的其他地区。其中适宜区和较适宜区的面积分别为9 605.91 km^2和20 751.75 km^2,不适宜区面积78 225.00 km^2。

冲洪积平原区:郑州市适宜区分布于黄河岸边,市区中东部一带,面积265.79 km^2,较适宜区分布于黄河冲积平原和塬间平原,面积518.12 km^2,不适宜区分布于西南部和西北部的黄土台塬,面积284.69 km^2;开封市适宜区分布于市区东南部地区及西北部和中部局部地区,面积38.79 km^2,不适宜区分布于开封市城区广大地区,面积483.69 km^2;新乡市较适宜区分布于市区南部黄河冲积平原、北部冲洪积微倾斜地,面积8.60 km^2,不适宜区分布于全区大部分地区,面积463.01 km^2;濮阳市较适宜区分布于市区西北部、中部黄河冲积平原,面积110.11 km^2,不适宜区分布于市区北部、东南部黄河冲积平原,面积361.78 km^2;许昌市较适宜区分布于市区南部冲洪积平原,面积6.66 km^2,不适宜区分布于市区大部分地区,面积370.09 km^2;漯河市适宜区分布于市区北部冲积平原,面积44.64 km^2,较适宜区分布于市区中部自西向东、沙河两岸,面积205.00 km^2,不适宜区分布于市区东南部广大地区,面积287.48 km^2;商丘市较适宜区分布于市区中西部漏斗区,面积22.70 km^2,不适宜区分布于市区外围,面积298.83 km^2;周口市较适宜区分布于近期和早期黄河冲积平原及东南部颍河冲积平原之上、周口大闸水源保护区上游沙颍河河间地带,面积272.07 km^2,不适宜区分布于沙河以南地区、东北部清运河、新运河以东地区,面积118.72 km^2;驻马店市分布于刘阁—水屯一带的中部平原区,面积153.26 km^2,不适宜区分布于北部平原区及南部剥蚀缓岗区,面积205.45 km^2;郑州航空港综合实验区较适宜区分布于山前坡洪积倾斜平原南部、黄河冲积洼地区,面积260.00 km^2,不适宜区分布于山前坡洪积倾斜平原、黄河古冲积平原,面积153.99 km^2。

山前冲洪积倾斜平原:安阳市适宜区分布于魏屯—关林以东的伊洛河河间地块及河漫滩,面积79.25 km^2,较适宜区分布于一级阶地,洛河二级阶地及涧河三级阶地,面积92.18 km^2,不适宜区分布于研究区北部及研究区西南部丘陵一带,面积427.94 km^2;焦作市适宜区分布于市区中部的坡洪积斜地、冲洪积扇、扇前(间)洼地,面积96.45 km^2,不适宜区分布于北部基岩山地与丘陵、市区南部冲积平原,面积118.16 km^2;平顶山市适宜区分布于市区北部井营一带,面积3.21 km^2,较适宜区分布于市区南部沙河两岸,面积112.87 km^2,不适宜区分布于市区北部采矿区,面积282.32 km^2;信阳市较适宜区分布于市区南部浉河两岸冲积平原区,面积37.15 km^2,不适宜区分布于市区北部丘陵区,面积81.73 km^2;鹤壁市较适宜区主要分布在漓江路以北的城区范围,面积49.72 km^2,不适宜区主要分布在断陷洼地地貌区,面积87.12 km^2。

内陆河谷型盆地区:南阳市较适宜区分布于南阳市城区及白河两侧一级阶地上,面积74.51 km^2,不适宜区分布于市区西部剥蚀岗地,市区北部剥蚀残山丘陵,面积320.77 km^2;济源市适宜区分布于沁河、蟒河冲洪积扇及蟒河冲洪积微倾斜地区,面积104.40 km^2,较适宜区沁河冲洪积扇前缘、蟒河冲洪积微倾斜地区、坡洪积缓倾斜地区,面积111.32 km^2,不适宜区分布于市区南北部的坡洪积倾斜地区、市区南部的黄土丘陵地区及沁蟒河冲洪积扇之间的交接洼地区，面积117.53 km^2；洛阳市适宜区分布于魏屯—关林以东的伊洛河河间地块及河漫滩，面积192.24 km^2，较适宜区分布于伊洛河一级阶地，洛河二级阶地及涧河三级阶地，面积292.91 km^2，不适宜区分布于市区外围的黄土丘陵地区，面积268.80 km^2；三门峡市适宜区分布于三门峡水库南侧黄河漫滩及一级阶地、二级阶地及青龙涧河苍龙涧河河谷及阶地，面积52.79 km^2，较适宜区分布于三门峡市区黄河路以北黄河三级阶地、涧河三级阶地及山前冲洪积扇，面积60.86 km^2，不适宜区分布于水源地保护区，面积2.58 km^2。

(二)地埋管地源热泵适宜性分区结果

全省地埋管换热方式适宜区分布在松散层厚度大、有效含水层厚度大的黄河冲积平原、沙河冲积平原、三门峡盆地、南阳盆地的中心地带，较适宜区分布在松散层厚度较大、有效含水层厚度较大的塬间平原、黄河冲积平原和沙河冲积平原。其中，适宜区、较适宜区的面积分别为49 618.75 km^2、23 875.00 km^2。不适宜区分布在山前地带，面积35 088.91 km^2。

冲洪积平原区：郑州市适宜区分布于市区东北黄河冲积平原，面积355.88 km^2，较适宜区分布于市区西部塬间平原、中部黄河冲积平原，上街区北部，面积461.62 km^2，不适宜区分布于南部黄土台塬(下伏基岩)、上街区南部，面积193.76 km^2；开封市适宜区分布于市区外围广大地区，面积315.67 km^2，较适宜区主要分布在城区中心、西南等地，面积206.81 km^2；新乡市较适宜区分布于全区大部分地区，面积447.73 km^2，不适宜区分布于北部冲洪积微倾斜地，面积23.88 km^2；濮阳市较适宜区分布于除水源地保护区外的地区，面积457.98 km^2，不适宜为水源地保护区，面积13.91 km^2；许昌市适宜区分布于全研究区，面积376.75 km^2；漯河市适宜区分布于除水源地保护区外的地区，面积523.87 km^2，不适宜区为水源地保护区，面积13.25 km^2；商丘市适宜区分布于研究区大部分地区，面积234.01 km^2，较适宜区分布于研究区东南部许楼和南部李瓦房地区，面积15.06 km^2，不适宜区为水源地保护区，面积72.46 km^2；周口市较适宜区为除水源地保护区外的全区，面积389.06 km^2，较适宜区为南部剥蚀缓岗区，面积69.57 km^2；驻马店市分布于北部平原区，面积289.14 km^2，不适宜区分布于北部平原区及南部剥蚀缓岗区，面积205.45 km^2；郑州航空港综合实验区较适宜区分布于除机场及配套服务区以外的地区，面积394.56 km^2，不适宜区分布于机场及配套服务区，面积19.43 km^2。

山前冲洪积倾斜平原：安阳市适宜区分布于冲洪积扇下部扇缘地带，面积106.82 km^2，较适宜区分布于中北部和中南部，面积198.56 km^2，不适宜区分布于研究区中部和南部—安阳城区和丘陵一带，面积293.99 km^2；焦作市适宜区分布于南部冲积平原，面积97.75 km^2，较适宜区分布于市区中部的坡洪积斜地、冲洪积扇、扇前(间)洼地，面积86.02 km^2，不适宜区分布于北部基岩山地与丘陵、市区南部冲积平原，面积30.84 km^2；平顶山市较适宜区分布于市区南部沙河两岸，面积112.87 km^2，不适宜区分布于市区北部采矿区，面积285.53 km^2；信阳市较适宜区分布于市区北部丘陵区，面积81.73 km^2，不适宜区分布于市区南部浉河两岸冲积平原区，面积37.15 km^2；鹤壁市较适宜区主要分布在断陷洼地地貌区，面积128.00 km^2，不适宜区主要分布在市区南部浉河两岸冲积平原区，面积8.84 km^2。

内陆河谷型盆地区：南阳市适宜区分布于市区西部剥蚀岗地，市区北部剥蚀残山丘陵，面积 255.77 km^2，较适宜区分布于独山和磨山周围，面积 59.08 km^2，不适宜区分布于市城区及白河两侧一级阶地上、独山和磨山一带，面积 80.43 km^2；济源市适宜区分布于冲洪积微倾斜地区及沁蟒河冲洪积扇之间的交接洼地区，面积 134.66 km^2，较适宜区分布于沁河蟒河冲洪积扇前缘、坡洪积缓倾斜地区，面积 81.16 km^2，不适宜区分布于沁河、蟒河冲洪积扇主流带、市区南北部的坡洪积倾斜地区、市区南部的黄土丘陵地区，面积 117.43 km^2；洛阳市较适宜区分布于市区外围邙山、南山、龙门山的黄土丘陵地区，面积 268.80 km^2，不适宜区分布于伊洛河河间地块，洛河二级阶地及涧河三级阶地河漫滩，面积 485.15 km^2；三门峡市较适宜区分布于黄河二级阶地、三级阶地及青龙涧河苍龙涧河河谷及山前冲洪积扇一带，面积 52.79 km^2，不适宜区主要分布于三门峡水库南侧，黄河一级阶地及漫滩，面积 26.85 km^2。

河南省黄河冲积平原、沙河冲积平原及三门峡、南阳盆地中心地带可以开发利用地下水地源热泵系统，也可以开发地埋管地源热泵系统，总面积为 28 776.94 km^2，单独开发利用地下水地源热泵系统的面积为 1 580.71 km^2，单独开发利用地埋管地源热泵系统的面积为 44 716.81 km^2。

郑州市地下水源热泵、地埋管热泵均适宜开发利用的面积为 751.24 km^2，主要分布在除北部黄土台塬和西南部的马寨、侯寨黄土台塬以外的大部分地区；适宜地埋管热泵开发利用的面积为 82.82 km^2，主要分布在西部黄土塬间平原、北部黄土台塬以及东南十八里河和南曹东南等地；适宜地下水地源热泵开发利用的总面积为 26.52 km^2，呈带状分布于市区西南部黄土台塬向与冲积平原衔接地带；西南部的马寨、侯寨黄土台塬区为地下水和地埋管均不适宜区。开封市地下水源热泵、地埋管热泵均适宜区总面积为 38.79 km^2，呈小片状沙门村、寺屺口西、崔庄—李楼等地；地埋管热泵适宜区总面积为 483.70 km^2，广泛分布于除河道带外的全区。洛阳市地下水地源热泵均适宜区总面积为 485.15 km^2，主要分布在洛北的洛河一、二级阶地，涧河三级阶地，洛南的伊、洛河河间地块东部；地埋管热泵适宜区总面积为 268.80 km^2，主要分布在邙山、南山、龙门山的黄土台塬、丘陵区；无地下水和地埋管地源热泵均适宜区和均不适宜区。平顶山市地下水源热泵、地埋管热泵均适宜区总面积为 112.87 km^2，主要分布在市区南部的沙河冲积平原；地下水源热泵适宜区总面积为 3.21 km^2，主要分布在市区北部井营村呈点状分布的岩溶水区；其余地区为地下水源热泵、地埋管热泵均不适宜区，主要分布在市区及北部矿区的丘陵、山前坡洪积平原一带。安阳市地下水、地埋管地源热泵均适宜区呈带状自西向东分布于市区中和北部，总面积为 83.74 km^2；地下水源热泵适宜区总面积为 87.62 km^2，主要分布在市区中西部，处于安阳河冲洪积扇扇体的中心；地埋管热泵适宜区总面积为 221.41 km^2，主要分布在市区外围，处于冲洪积扇下部扇缘地带；地下水源热泵、地埋管热泵均不适宜区主要分布在南部龙泉镇到马头涧一带的丘陵区。鹤壁市地下水、地埋管地源热泵均适宜区总面积为 10.56 km^2，主要分布在淇滨新区断陷洼地和淇河冲洪积扇；地下水源热泵适宜区总面积为 1.87 km^2，主要分布在漓江路以北的城区范围；地埋管热泵适宜区总面积为 21.45 km^2，主要分布在淇滨新区东部呈北北东向展布的岗地；地下水源热泵、地埋管热泵均不适宜区主要分布在东臣村和西臣村一带。新乡市地下水源热泵、地埋管热泵均适宜区总面积为 6.76 km^2,主要分布在研究区北部和东南角;地下水源热泵适宜区总面积为 1.84 km^2,主要分布在研究区北部和东南角;地埋管热泵适宜区总面积为 440.97 km^2,广泛分布于研究区大部分地区;地下水源热泵、地埋管热泵均不适宜区主要分布在北站—西同古—大黄屯—老道井—五陵一带。焦作市地下水、地埋管地源热泵均适宜区总面积为 96.45 km^2,主要分布在市区及其中部、北部的坡洪积斜地、扇、扇前(间)洼地;地埋管热泵适宜区总面积为 87.32 km^2,主要分布在市区南部沁河冲积平原;地下水源热泵、地埋管热泵均不适宜区主要分布在市区北部的基岩山区。濮阳市地下水、地埋管地源热泵均适宜区总面积为 110.11 km^2,主要分布在市区西北部谷家庄以西、市区南部马湖—王村—花园屯以及东部七宝寨—张家寨等地;地埋管热泵适宜区总面积为 347.87 km^2,分布于除水源地保护区和地下水、地埋管地源热泵均适宜区外的广大地区。许昌市地下水、地埋管地源热泵均适宜区总面积为 6.66 km^2,主要分布在市区东南陈庄、高楼陈、贺庄等地;地埋管热泵适宜区总面积为 370.09 km^2,分布在地下水、地埋管地源热泵均适宜区以外的全区;漯河市地下水、地埋管地源热泵均适宜区总面积为 249.64 km^2,主要分布在澧河以北河冲积平原;地埋管地源热泵适宜区总面积为 274.23 km^2,主要分布在沙、澧河以南的广大冲积平原和剥蚀缓岗区;沙河北及澧河南两处水源地为禁建区。三门峡市地下水、地埋管地源热泵均适宜区总面积为 89.38 km^2,主要分布在三门峡水库南侧黄河漫滩及一级阶地、二级阶地、三级阶地及青龙涧河苍龙涧河河谷及阶地和山前冲洪积扇;地下水源热泵适宜区总面积为 24.27 km^2,主要分布在三门峡水库南侧黄河漫滩及一级阶地、二级阶地;地下水源热泵、地埋管热泵均不适宜区为湿地公园禁建区。南阳市地下水、地埋管地源热泵均适宜区总面积为 179.63 km^2,主要分布在南阳市城区南白河两侧一级阶地上和独山外围以南;地下水源热泵适宜区总面积为 57.96 km^2,主要分布在市区及白河两岸的漫滩与阶地;地埋管热泵适宜区总面积为 300.62 km^2,主要分布在市区外围及独山和磨山周围;地下水源热泵、地埋管热泵均不适宜区主要分布在独山和磨山。商丘市地下水、地埋管地源热泵均适宜区总面积为 22.7 km^2,主要分布在研究区东部冯庄—四营—平台集一带,面积较小;地埋管热泵适宜区总面积为 226.38 km^2,主要分布在商丘市整个研究区;地下水源热泵、地埋管热泵均不适宜区为研究区西部的水源地保护区。信阳市地下水源热泵适宜区总面积为 37.15 km^2,主要分布在建成区及浉河河谷;地埋管热泵适宜区总面积为 81.73 km^2,主要分布在市区北部豫南软岩分布丘陵岗地。周口市地下水、地埋管地源热泵均适宜区总面积为 272.07 km^2,主要分布在研究区西北部—中部—东南部一带,包括西北部马营、盐场、李方口,市区中部及东南部李埠口、张庙、苑寨的区域,西南部产业聚集区,东北部清水河、新运河以东地区;地下水地源热泵适宜区总面积为 116.99 km^2,主要分布在研究区西南部沙河以南地区、东北部清运河、新运河以东地区。驻马店市地下水、地埋管地源热泵均适宜区总面积 153.26 km^2,主要分布在驻马店市中心一带、王文—双高楼—党楼一带;地埋管地源热泵均适宜区总面积为 205.45 km^2,分布在麦子张—南魏庄一带、李楼—袁庄—杨楼一带、后张庄—大张庄—刘楼等地。济源市地下水、地埋管地源热泵均适宜区总面积为 315.15 km^2,主要分布在市区建成区、辛庄乡以东沁河以西等地,属洪积微倾斜地区坡洪积缓倾斜区;地下水源地源热泵适宜区总面积为 49.95 km^2,主要分布在沁蟒河冲洪积扇;地埋管地源热泵适宜区总面积为 50.88 km^2,主要分布在五龙口镇西部、马头、梨林中部,属交接洼地区;地下水、地埋管地源热泵均不适宜区主要分布在南部软岩组成的低山与丘陵区,以及西部和北部的低山与丘陵区。

三、评价了浅层地热能资源量与开发利用潜力

通过综合研究,结合本次试验成果确定了相关参数,计算了浅层地热容量和换热功率(包括地下水地源热泵换热功率和地埋管地源热泵换热功率),在此基础上对浅层地热能开发利用潜力进行了评价。河南省浅层地热能开发利用适宜区总面积为 75 074.46 km^2,区内的浅层地热容量为 46 159.84×10^{12}kJ/℃,其中 19 个重点研究区浅层地热能开发利用适宜区的总面积为 7 013.60 km^2,区内的浅层地热容量 4 118.71×10^{12}kJ/℃。在不考虑土地利用系数的情况下,河南省全区浅层地热能可开采资源量为 197.58×10^{15}kJ/a,折合标煤 67.42×10^8t/a;夏季换热功率 343 797.79 kW,冬季换热功率 184 366.19 kW;夏季可制冷面积 13.14×10^{10} m^2/a,冬季可供暖面积 18.40×10^{10} m^2/a。

河南省地下水地源热泵系统适宜区和较适宜区总面积 30 357.66 km^2。在不考虑土地利用系数的情况下,地下水地源热泵系统可利用的浅层地热能资源量 33 252.65×10^{12}kJ/a;折合标煤 113 467.04 万 t/a;夏季可制冷面积 2 850 860.49 万 m^2/a,冬季可供暖面积 2 138 145.37 万 m^2/a;各区夏季制冷潜力(44.02~128.39)万 m^2/km^2,冬季供暖潜力(27.51~110.05)万 m^2/km^2。在考虑土地利用系数的情况下,地下水地源热泵系统可利用的浅层地热能资源量 5 136.17×10^{12}kJ/a;折合标煤 17 526.00 万 t/a;夏季可制冷面积 440 340.97 万 m^2/a,冬季可供暖面积 330 255.73 万 m^2/a;各区夏季制冷潜力(5.87~23.48)万 m^2/km^2,冬季供暖潜力(4.40~17.61)万 m^2/km^2。其中 19 个重点研究区地下水地源热泵系统适宜区和较适宜区总面积 3 304.40 km^2。不考虑土地利用系数的情况下,地下水地源热泵系统可利用的浅层地热能资源量 3 392.10×10^{12}kJ/a;折合标煤 11 574.75 万 t/a;夏季可制冷面积 290 386.17 万 m^2/a,冬季可供暖面积 218 756.02 万 m^2/a。在考虑土地利用系数的情况下,地下水地源热泵系统可利用的浅层地热能资源量 613.50×10^{12}kJ/a;折合标煤 2 093.41 万 t/a;夏季可制冷面积 52 554.09 万 m^2/a,冬季可供暖面积 39 512.21 万 m^2/a。

河南省地埋管地源热泵系统适宜区和较适宜区总面积为 73 493.74 km^2。在不考虑土地利用系数的情况下,地埋管地源热泵系统可利用的浅层地热能资源量 187 307.77×10^{12}kJ/a;折合标煤 639 144.77 万 t/a;夏季可制冷面积 11 612 746.12 万 m^2/a,冬季可供暖面积 18 712 548.99 万 m^2/a;各区夏季制冷潜力(35.69~240.10)万 m^2/km^2,冬季供暖潜力(72.45~256.93)万 m^2/km^2。在考虑土地利用系数的情况下,地埋管地源热泵系统可利用的浅层地热能资源量 15 525.90×10^{12}kJ/a;折合标煤 52 978.58 万 t/a;夏季可制冷面积 956 068.96 万 m^2/a,冬季可供暖面积 1 560 843.06 万 m^2/a;各区夏季制冷潜力(3.57~16.14)万 m^2/km^2,冬季供暖潜力(6.07~30.76)万 m^2/km^2。其中 19 个重点研究区地埋管地源热泵系统适宜区和较适宜区总面积为 6 254.27 km^2。在不考虑土地利用系数的情况下,地埋管地源热泵系统可利用的浅层地热能资源量 16 731.54×10^{12}kJ/a;折合标煤 57 092.54 万 t/a;夏季可制冷面积 1 172 243.52 万 m^2/a,冬季可供暖面积 1 469 148.67 万 m^2/a。在考虑土地利用系数的情况下,地埋管地源热泵系统可利用的浅

层地热能资源量 1 552. 73×10^{12}kJ/a；折合标煤 5 298. 32 万 t/a；夏季可制冷面积 108 983. 42 万 m^2/a，冬季可供暖面积 136 045. 64. 16 万 m^2/a。

由河南省开发利用现状可知，河南省地下水地源热泵系统 809 家，供暖制冷面积 2 353. 51 万 m^2，与计算潜力相比，实际供暖潜力还有约 32 476. 37 万 m^2，实际制冷潜力还有约 44 086. 33 万 m^2；地埋管地源热泵系统 79 家，供暖制冷面积 219. 04 万 m^2，与计算潜力相比，实际供暖潜力还有约 20 394. 12 万 m^2，实际制冷潜力还有约 11 906. 37 万 m^2。

四、开展了典型地下水源热泵工程运行对地下水环境的影响研究

利用典型地源热泵工程开展回灌试验和动态监测研究了地下水动力场、温度场、化学场、微生物等主要地质环境要素变化特征。通过对浅层地热能示范工程运行的动态监测，分析了地下水地源热泵运行期间地下水量、水位、水温和水质的变化情况，分别对浅层地热能开发利用过程中的地下水环境变化进行研究，得出以下认识：在合理布置抽灌井和回灌系统正常条件下，空调系统运行期间抽水量能够全部得到回灌；在一个完整的制冷与供暖周期内，地温空调井回灌对地下水温度持续性的影响不明显；不同时段水质对比，绝大多数成分含量未有明显的变化；地质条件对微生物生存环境具有显著的调节能力。

五、开展了典型工程地下水水热运移数值模拟研究

构建了典型工程的地下水水热概念模型，采用 FlowHeat（地下水热模拟软件）对典型工程地下水源热泵运行过程中的水、热变化进行了模拟，确定了抽、灌井间距适宜范围和最优的抽、灌井组合方案，提出了浅层地热能开发工程方案，为工程运行提供了可靠保障，为确定地下水源热泵运行过程中的水、热变化情况，为后续确定抽、灌井间距适宜范围的模拟提供必要的参考，结合典型工程实例，对地下水源热泵工程实例进行了模拟，模拟研究了地下水源热泵运行中水、热运移过程，最大限度地模拟地下水源热泵运行中真实的水、热运移过程，并将模拟的结果与抽水回灌试验观测数据进行对比，调整、选取最佳的模拟参数，分析该工程布井方式的合理性，并在现阶段选取最优的抽灌井组合方案。模拟试验通过在不同的抽灌比和布井方式下、同一抽灌比不同布井方式且相同井间距情况下、同一抽灌比同一布井方式且相同井间距情况下、当抽水井受周围存在两口或两口以上的回灌井直接影响时、均匀布井为前提的二抽四灌各布井方式与典型地下水源热泵利用工程系统的实际布井进行对比等状况下，对比不同抽灌比及布井方式的模拟结果提出了最优工程布井方案。对优化地下水地源热泵系统设计具有较高的参考价值。

六、分析了浅层地热能开发利用对地质环境影响并提出防治措施

根据本次监测成果及收集的实例工程运行监测研究，地源热泵长期运行对地质环境的影响主要表现在对地下水质、地下水位及地层温度的影响几方面，需要采取相应的防治措施，使其影响最小化：地下水地源热泵系统须合理控制井间距、开采层位，严格控制回灌水量、水质、水温；地埋管地源热泵系统需控制取暖量和制冷量的均衡。对河南省乃至全国浅层地热能合理开发利用提供了重要的借鉴和指导意义。

第二节　存在的主要问题及建议

一、存在的主要问题

鉴于工作量控制全区的考虑及实际工作中出现的问题，在研究的深度上有欠缺，比如：不同孔径热响应试验数据的对比、单双U试验数据的对比、同一水文地质单元不同取水深度灌采比的研究等，在以后的工作中尚需补充相应工作，或设立专题进行研究，使数据更有说服力。

鉴于研究工作周期及工作量控制全区的限制，在地级以上主要城市研究精度高，而农村地区的研究精度有待提高，浅层地热能利用工程不多；典型浅层地热能利用工程运行监测时间还不够长，对工程运行10年以上或更长时间的应用效果及其对地质环境影响需进一步研究。

二、建议

（1）建立河南省洁净能源浅层地热能勘查与开发利用统一管理体系。首先，完善浅层地热能开发管理法规，制定浅层地热能勘查与开发利用管理办法。加强统一管理，在所有浅层地热能开发利用前，做好前期论证和审批工作。其次，要加强监督管理和市场规范工作，对现有浅层地热能开发利用用户进行全面规范和监管，规范市场开发行为。

（2）加强浅层地热能开发利用动态监测。建立浅层地热能开发利用动态监测系统，对浅层地热能开发利用进行实时动态监测，为浅层地热能可持续利用提供保障。严格进行地下水换热系统水质、水位、水温、开采量和回灌量等动态监测工作，做好水量、水位和水质变化的预测工作，防止地下水水质恶化和水量超采。根据本次调查研究，河南省现有的浅层地热能开发利用方式以地下水地源热泵为主，因此在未来工作中应加强地下水地源热泵工程的监测力度，制定相应的浅层地热能开发利用的监测措施，对水源热泵系统回灌水的水质、水量、水温定时监测，防止污染地下水，杜绝水资源浪费现象，并为进一步深入研究地下水地源热泵系统应用对地下水环境产生的影响提供必要的基础资料，为政府决策、制定管理政策提供技术支持及技术依据。

（3）加强浅层地热能勘查与开发利用技术、设备及新材料研究，提高浅层地热能开发利用水平。在浅层地热能开发的同时进行勘查与开发新技术、设备和材料研究，加强对地热开发利用过程中出现问题的研究工作。通过各种新型材料的研发，提高浅层地热能资源的开发利用效率，降低浅层地热能开发利用过程中的成本，同时也带动新型材料生产企业经济的发展和技术的创新。

（4）河南省浅层地热能资源非常丰富，它又是一种清洁的、可再生的能源，是我国要求大力探索和发展的新能源，考虑到地埋管地源热泵开采过程中只进行热交换不开采地下水，对地质环境的影响较小，建议结合城市发展方向加强地埋管地源热泵系统的开发与政府引导工作。

（5）在今后的科研与实践中，加大科技投入，加强农村地区浅层地热能的研究与推广应用。

参 考 文 献

[1] 王春晖,刘海风,狄艳松,等.河南省主要城市浅层地温能开发区 1:5万水文地质调查报告[R].河南省地质矿产勘查开发局第五地质勘查院,2015.

[2] 赵云章,闫震鹏,刘新号,等.河南省城市浅层地温能[M].地质出版社,2010.

[3] 田良河,龚晓洁,闫震鹏,等.郑州市浅层地温能调查评价报告[R].河南省地质调查院,2013.

[4] 田良河,龚晓洁,刘新号,等.河南省洛阳市浅层地温能调查评价报告[R].河南省地质调查院,2011.

[5] 岳超俊,刘占时,朱洪生,等.开封市城区浅层地温能调查评价报告[R].河南省地质环境监测院,2011.

[6] 葛雁,周奇蒙,翟小洁,等.河南省安阳市浅层地温能调查评价报告[R].河南省地质矿产勘查开发局第二地质环境调查院,2013.

[7] 龚晓洁,田良河,谭菊萍,等.济源市城区浅层地温能调查评价报告[R].河南省地质调查院,2013.

[8] 张建瑞,朱军涛,李莲花,等.焦作市浅层地温能调查评价报告[R].河南省地质矿产勘查开发局第一地质环境调查院,2014.

[9] 朱卉,郭山峰,王献坤,等.漯河市区浅层地温能调查评价报告[R].河南省地质矿产勘查开发局第五地质勘查院,2012.

[10] 朱立杰,朱卫民,黄亮,等.南阳市城市规划区浅层地温能调查评价报告[R].河南省地质矿产勘查开发局测绘地理信息院,2013.

[11] 张建斌,石巍巍,张方亮,等.河南省濮阳市重点经济区浅层地温能勘查评价报告[R].河南省地质矿产勘查开发局第一地质环境调查院,2012.

[12] 王现国,葛燕,周奇蒙,等.三门峡市城区浅层地温能调查评价报告[R].河南省地质矿产勘查开发局第二水文地质工程地质队,2011.

[13] 唐石山,张映钱,周建,等.商丘市城区浅层地温能调查评价报告[R].河南省地质矿产勘查开发局第四地质矿产调查院,2012.

[14] 苗长军,魏永齐,王悦,等.新乡市浅层地温能勘查评价报告[R].河南省地矿局第一地质环境调查院.

[15] 邢会,狄艳松,吕志涛,等.周口市区浅层地温能调查评价报告[R].河南省地质矿产勘查开发局第五地质勘查院,2012.

[16] 古艳艳,邢会,狄艳松,等.驻马店市区浅层地温能调查评价报告,河南省地质矿产勘查开发局第五地质勘查院,2012.

[17] 王献坤,杨小双,刘海风,等.河南平原地区地下水污染调查评价(淮河流域),河南省地质调查院、河南省地质矿产勘查开发局第五地质勘查院,2010.

[18] 张连胜,仝长水,王瑞龙,等.河南地下水污染调查评价(华北平原)[R].河南省地质调查院,2010.

[19] 刘玉梓,朱中道,陈晓宇,等.河南省区域环境地质调查报告[R].河南省地勘局第一地质工程院、河南省地质环境监测总站,2001.

[20] 张德祯,闫银花,王宏,等.水源热泵热源井群布局及供水—回灌系统可行性分析[J].工程建设与设计,2008.

[21] 李宇,张远东,魏加华,等.利用水源热泵开采浅层地温能若干问题的探讨[J].理论探讨,2007.

[22] 河南省统计局. 河南省统计年鉴[R]. 2014.
[23] 沈利亚. 地源热泵技术与钻探工程[J]. 地质装备,2006.
[24] 赵云章,杨晓华. 河南省环境地质基本问题研究[M]. 北京:中国大地出版社,2003.
[25] 中国资源综合利用协会地温资源综合利用专业委员会. 地温资源与地源热泵技术应用论文集(第一集)[M]. 北京:中国大地出版社,2007.
[26] 国土资源部地质环境司组织. 浅层地温能—全国地热(浅层地温能)开发利用现场经验交流论文集[M]. 北京:地质出版社,2007.
[27] 北京市地质矿产勘查开发局,北京市地质勘查技术院. 北京浅层地温能资源[M]. 北京:中国大地出版社,2008.
[28] 赵云章. 邵景力,闫震鹏,等. 黄河下游影响带地下水资源评价及可持续开发利用[M]. 北京:中国大地出版社,2002.
[29] 河南省地质矿产局. 河南省区域地质志[M]. 北京:地质出版社,1982.
[30] 河南省地质调查院. 河南省中原城市群城市地质调查[R],2007.
[31] 韩再生. 浅层地温能的属性和利用[C]//中国资源综合利用协会地温资源综合利用专业委员会. 地温资源与地源热泵技术应用论文集(第二集). 北京:地质出版社,2008.
[32] 李宇,张远东,魏加华. 利用水源热泵开采浅层地温能若干问题的探讨[J]. 城市地质,2007,2(3):11-16.
[33] 王旭升. 地下水地源热泵的特点和地下工程问题[C]//中国资源综合利用协会地温资源综合利用专业委员会. 地温资源与地源热泵技术应用论文集(第二集). 北京:地质出版社,2008.
[34] 王理许,方红卫. 水源热泵空调系统应用对地下水环境影响研究[J]. 北京市水利科学研究院, 清华大学 2004.
[35] 王贵玲,刘云, 蔺文静,等. 我国地下水地源热泵应用适宜性评价[C]//地温资源与地源热泵技术应用论文集(第二集). 北京:地质出版社,2008.
[36] 何满潮,刘斌,姚磊华,等,地下热水回灌过程中渗透系数研究[J]. 吉林大学学报(地球科学版),2002,32(4):374-377.
[37] 甄习春,朱中道,王继华,等. 河南省地下水资源与环境问题研究[M]. 北京:中国大地出版社,2008.
[38] 王大纯,张人权,史毅虹,等. 水文地质学基础[M]. 2 版. 北京:地质出版社,1998.
[39] 中国地质调查局. 水文地质手册[M]. 2 版. 北京:中国地质出版社,2012.
[40] 倪龙,马最良,等. 地下水地源热泵回灌分析[J]. 暖通空调 HV&AC,2006.
[41] 高俊明,高桂芝,田继民. U 型地埋管地源热泵系统换热试验研究[J],河北工程技术高等专科学校学报,2011,12(4):12-15.
[42] 宋建中,程海峰. 垂直地埋管换热器热响应测试与分析[J]. 山西建筑,2012,38(7):125-126.
[43] 胡平放,於仲义,孙启明,等. 地埋管地源热泵系统冬季运行试验研究[J]. 流体机械,2009,37(1):59-63.
[44] 杨俊伟,冉伟彦,佟红兵,等. 地埋管换热系数及其在工程设计中的应用研究[J]. 技术应用,2011,6(2).
[45] 毛炳文,余跃进. 地埋管换热器换热性能影响因素的研究[J]. 建筑节能,2011,39(247):27-31.
[46] 杨索硕,胡志高,陈飞,等. 地埋管系统水力平衡与换热效果评估[J]. 制冷与空调,2011,11(5):76-79.
[47] 赵丽博,段飞,李政. 地源热泵垂直地埋管传热性能影响因子分析[J]. 山西建筑,2011,37(26),139-140.

[48] 索凤,何妨,赵淑娟. 地源热泵中央空调设计及运行费用分析[J]. 中国新技术新产品,2011(3):172-173.
[49] 李永,李效禹,王智超,等. 对岩土热响应试验的几点思考[J]. 制冷与空调,2011,11(4):52-55.
[50] 苏永强,刘忠凯. 河北省衡水市区浅层地温能特征及应用前景分析[J]. 地质调查与研究,2011,34(1):40-45.
[51] 程小菲,夏智先,张娟娟,等. 换热介质的流速对地埋管换热器换热性能的影响[J]. 建筑节能,2011,25(4):517-519.
[52] 李隆建,鲍建镇,廖全,等. 回填料对地埋管换热器性能的影响[J]. 土木建筑与环境工程,2011,33(5):90-94.
[53] 张磊,刘玉旺,王京. 两种地埋管换热器热响应实验方法的比较[J]. 制冷与空调,2011,25(3):277-280.
[54] 郑凯,方红卫,王理许. 地下水水源热泵系统中的细菌生长[J]. 清华大学学报(自然科学版),2006,1608-1612.
[55] 张博,余振国,白雪华,等. 浅层地温能供热制冷的节能减排效益分析[J]. 中国国土资源经济,2011(4):24~25.
[56] 高新宇,范伯元,张宏光,等. 浅层地温能开发利用对地质环境影响程度的探索性研究[J]. 现代地质,2009,23(6):1185-1193.
[57] 赵军,刘泉声,张程远. 水源热泵回灌困难颗粒阻塞试验研究[J]. 岩石力学与工程学报,2012,31(3):604-609.
[58] 李梵,王健,陈汝东,等. 地源热泵地下换热系统热响应测试与分析[J]. 流体机械,2009,37(8):63-65.
[59] 姜宝良,张英举,魏思民,等. 安阳枫林水郡小区水源热泵热源井的设计与施工[J]. 探矿工程(岩土钻掘工程),2012,39(2).
[60] 张香兰. 地下水换热系统的应用[J]. 内蒙古石油化工, 2009(1).
[61] 曾宪斌,李娟. 地源热泵的地域特性及热平衡问题[J]. 能源技术,2007,28(6): 347-349.
[62] 任孝刚,曹磊,狄艳松,等. 郑东新区浅层地温能回灌试验研究与示范工程成果报告[R]. 河南省地质矿产勘查开发局第五地质勘查院,河南省水文地质应用工程技术研究中心,2019.
[63] 杨小双,吕志涛,左伟,等. 基于地下水地源热泵技术浅层地热能开发的地质环境影响研究报告[R]. 河南省地质矿产勘查开发局第五地质勘查院,河南省水文地质应用工程技术研究中心,2020.
[64] 王贵玲,刘彦广,朱喜,等. 中国地热资源现状及发展趋势[J]. 地学前缘,2020,27(1):1-9.
[65] 周总瑛,刘世良,刘金侠. 中国地热资源特点与发展对策[J]. 自然资源学报,2015,30(7):1-7.
[66] 耿莉萍. 中国地热资源的地理分布与勘探[J]. 地质与勘探,1998,34(1):51-52.
[67] 张金华,魏伟,杜东,等. 地热资源的开发利用及可持续发展[J]. 中外能源,2013,22(1):8-9.
[68] 张金华,魏伟. 我国的地热资源分布特征及其利用[J]. 中国国土资源经济,2011,24(8):7-12.
[69] 李宏伟,米利华. 河南伊川中生代盆地控油构造及石油勘探前景分析[J]. 河南理工大学学报(自然科学版),2009,36(4):8-10.
[70] 王转转,欧成华,王红印,等. 国内地热资源类型特征及其开发利用进展[J]. 水利水电技术,2019,50(6):10-14.
[71] 杨守渠,孙天立,邹乾胜,等. 洛阳市龙门高温地热井的综合物探勘查[J]. 物探与化探,2012,36(4):562-566
[72] 郑敏,黄洁. 冰岛地热资源的开发利用[J]. 西部资源,2007,4(1):50-51.

[73] 刘凯,王珊珊,孙颖,等. 北京地区地热资源特征与区划研究[J]. 中国地质,2017,44(6):30-34.
[74] 柯柏林. 北京城区地热田西北部地热地质特征[J]. 现代地质,2009,23(1):56-59.
[75] 马凤如,林黎,王颖萍,等. 天津地热资源现状与可持续性开发利用问题[J]. 地质调查与研究,2006,35(3):41-43.
[76] 王福花,侯欣英,孙鹏,等. 山东菏泽地区地热田地质特征[J]. 山东国土资源,2008,24(4):40-43.
[77] 马晓东,周长祥,王强,等. 聊城东部地热田地质特征研究[J]. 山东科技大学学报(自然科学版),2008,27(4):16-18
[78] 徐九儒. 洛阳龙门地热的形成及赋存特征的分析[J]. 城市地质,2011,6(3):67-69.
[79] 王现国,董永志,杨现国,等. 洛阳盆地地热资源形成条件与开发利用研究[J]. 地下水,2007,29(4):76-78.
[80] 阎留运,徐九儒. 洛阳盆地地热资源与龙门地热田的关系[J]. 中国煤田地质,2002,14(1):37-41,56.
[81] 王建锋. 洛阳龙门石窟地温场研究[J]. 中国岩溶,1995,39(4):9-12.
[82] 王现国,葛雁. 洛阳盆地地热地质特征研究[C]//中国地热资源开发与保护:全国地热资源开发利用与保护考察研讨会论文集. 北京:中国能源研究会地热专业委员会,2007:114-118
[83] 王现国,彭涛,张领,等. 洛阳盆地浅层地下水资源数值模拟评价[J]. 工程勘察,2010,38(6):38-43.
[84] 许文峰,王现国,刘记成,等. 洛阳盆地地下水动力场环境演化研究[J]. 人民黄河,2007,29(2):54-55.
[85] 吕志涛,王伟峰. 河南省洛阳盆地地热资源成因类型分析[J]. 地下水,2006,28(1):36-39,43.
[86] 杨守渠,孙天立,邹乾胜,等. 洛阳市龙门同一隐伏断裂构造上热水、凉水井勘探[J]. 物探与化探,2005,29(4):326-328.
[87] 杨国华,吴琦. 洛阳市龙门温泉成因探讨[J]. 水文地质工程地质,2003,30(6):58-61.
[88] 马传明,张心勇. 河南开封凹陷区地热水的同位素研究[C]//中国矿物岩石地球化学学会第12届学术年会论文集. 贵阳:中国矿物岩石地球化学学会,2009:88-92.
[89] 阚巍. 吉林省松原市宁江区晨光地热资源普查实施方案研究[J]. 吉林地质,2019,38(4):69-73.
[90] 王佳部. 油田地热资源现状研究[J]. 云南化工,2019,50(1):87-90.
[91] 宫利梅,贺腾. 山西省地热资源分布及开发利用现状[J]. 华北国土资源,2018,17(6):19-20.
[92] 畅忠昌. 试论运城盆地干热岩地热资源的存在[J]. 华北自然资源,2019,19(4):121-122.
[93] 王现国,郭立. 洛河冲积平原包气带对入渗水污染物净化能力研究[J]. 水文地质工程地质,2009,36(6):123-126,130.
[94] 王现国,龚晓凌,吴东民,等. 襄城县供水工程地下水取水水源论证与影响评价[J]. 中国水利,2011,31(17):57-60.
[95] 王现国. 洛阳市地下水源热泵应用研究[J]. 人民黄河,2009,31(9):52-53,56.
[96] 张娟娟,刘记成,王现国,等. 开封凹陷区地下热水的化学特征[J]. 地下水,2007,29(4):60-63.
[97] 杨奇儒,郑笑平,王现国. 黄河流域人口变化与水权制度变迁研究[J]. 人民黄河,2010,32(4):7-9.
[98] 王飞,张宇航,于超,等. 地源热泵系统应用适宜性评价:以洛阳盆地为例[J]. 资源信息与工程,2019,34(6):33-35.
[99] 王现国,谷芳莹,孙春叶,等. 洛阳盆地地下水同位素特征分析[J]. 人民黄河,2017,39(11):95-98.
[100] 詹亚辉,王现国,钱建立,等. 豫北内黄凸起地热田成因机制分析[J]. 人民黄河,2018,40(9):74-77.
[101] 齐玉峰. 河南省开封凹陷区地热田地热资源分析[J]. 西南科技大学学报,2009,24(3):75-78.

[102] 翟小洁,齐玉峰,任静. 洛阳盆地浅层地热能开发利用现状及发展前景[J]. 河南科学,2014,32(9):1827-1829.

[103] 宋书印. 洛阳盆地屯1井录井技术应用探讨[J]. 石油地质与工程,2012,26(3):46-48.

[104] 王现国,梁龙豹,冯劼东,等. 洛阳盆地地下水人工调控试验研究[J]. 人民黄河,2006,28(7):67-68.

[105] 赵东. 对洛阳市南部万安山一带几个地质构造问题的探讨[J]. 内蒙古煤炭经济,2019,37(4):164-156.

[106] 葛雁,张建良,王现国. 河南省地热资源分布图及说明书[R]. 郑州:河南省地矿局环境二院,2017:20-24.

[107] 张本昀,吴国玺. 全新世洛阳盆地的水系变迁研究[J]. 信阳师范学院学报(自然科学版),2006,19(4):490-493.

[108] 杨志勇,王现国. 豫西山前典型地段地表水环境重金属污染评价[J]. 人民黄河,2019,41(11):54-59.

[109] 龚晓凌,王现国,杨国华,等. 渑池盆地岩溶含水系统地下水资源评价[J]. 人民黄河,2018,40(8):51-54.

[110] 王现国,杨国华,谷芳莹,等. 三门峡盆地地下水化学成分演化机理与模拟[J]. 人民黄河,2018,40(6):82-86.

[111] 葛雁,王现国,杨晓华,等. 灵宝盆地地下水同位素特征分析[J]. 人民黄河,2012,34(4):48-54.